全国电力行业"十四五"规划教材
高等教育构建新型电力系统系列教材

普通高等教育"十一五"国家级规划教材

中国电力教育协会高校电气类专业精品教材

电力系统继电保护

POWER SYSTEM PROTECTIVE RELAYING

主编　张保会　尹项根

编写　何奔腾　陆于平

主审　贺家李　陈德树　裘愉涛

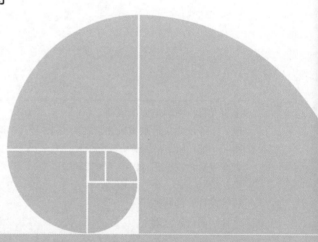

中国电力出版社
CHINA ELECTRIC POWER PRESS

内 容 提 要

本书为全国电力行业"十四五"规划教材，主要介绍电力系统继电保护的工作原理、实现技术及解决继电保护问题的基本思想方法。

全书共分为9章。第1章概述，第2、3章介绍电网的电流保护、输电线路距离保护，第4、5章介绍输电线路的纵联保护和自动重合闸，第6、7、8章分别介绍电力变压器、发电机和母线等集中参数元件的保护，第9章介绍数字式继电保护的硬、软件基本知识。本书的多数章节采用故障特征分析→基本原理→实现技术→相关知识四个层次的叙述方法，讲解常用的继电保护理论与技术。

本书可作为电气工程及其自动化等电气类专业本科教材，还可作为研究生、继电保护工作人员的参考书。

图书在版编目（CIP）数据

电力系统继电保护/张保会，尹项根主编 .—北京：中国电力出版社，2022.9（2025.1重印）
ISBN 978－7－5198－5230－6

Ⅰ.①电…　Ⅱ.①张…②尹…　Ⅲ.①电力系统－继电保护－教材　Ⅳ.①TM77

中国版本图书馆 CIP 数据核字（2020）第 253985 号

出版发行：中国电力出版社
地　　　址：北京市东城区北京站西街 19 号（邮政编码 100005）
网　　　址：http://www.cepp.sgcc.com.cn
责任编辑：雷　锦（010－63412530）
责任校对：黄　蓓　朱丽芳
装帧设计：郝晓燕
责任印制：吴　迪

印　　刷：三河市万龙印装有限公司
版　　次：2022 年 9 月第一版
印　　次：2025 年 1 月北京第九次印刷
开　　本：787 毫米×1092 毫米　16 开本
印　　张：22.5　4 插页
字　　数：570 千字
定　　价：59.00 元

前　言

　　本教材是在《普通高等教育"十五"国家级规划教材 电力系统继电保护 》《普通高等教育"十一五"国家级规划教材 电力系统继电保护（第二版)》两本书的基础上增补、修改的。

　　本教材最早的版本曾列入了 1995 年原电力工业部电力工程类教学指导委员会的第四轮教材"重编"计划，1996 年编写出大纲，并经当时的继电保护教学指导小组讨论修改，后因电力工业部撤销，原教学指导委员会随之停止活动，教材编写中断。故《普通高等教育"十五"国家级规划教材 电力系统继电保护》《普通高等教育"十一五"国家级规划教材 电力系统继电保护（第二版)》继承了 1996 年编写大纲的合理部分，吸取了《电力系统继电保护原理》（天津大学贺家李教授等主编）前三版的教学经验，结合 20 世纪初继电保护的原理发展和数字式保护工业现场的实际应用情况编写而成，出版后被 200 多所院校选为继电保护课程教材。

　　随着智能控制技术、信息技术的日新月异，继电保护新技术不断引入，电力系统继电保护教材的内容应有更多新技术、新理论和新设备的介绍，且考虑到不同特色、不同层次院校的教学要求和教材需求，本教材编写组每年召开一次编写小组会议，吸纳教材使用中的反馈意见，并两次邀请继电保护运行管理专家、保护设备研发生产专家，对目前继电保护的现场使用和运行情况进行交流。本教材编写组对以上多方面意见汇总、集思广益，完成了教材的编写。

　　本教材采用多所高校联合编写模式，试图编写出符合更多高校教学实际并能与国际教材风格相近的继电保护课程教材。考虑到电力系统及电力工业的发展需要众多技术的支撑，为使学生清晰了解继电保护与其他相关技术的关系，本教材强调了继电保护的根本任务是保障电力系统安全稳定运行；继电保护原理及继电保护技术随着电力系统的技术进步而发展，在第 1 章概述中增加了继电保护发展历程。随着目前及今后电力系统构成元件物理特性及控制特性的变化、实时控制设备与系统实现技术手段以及信息技术的发展，继电保护的原理与技术仍然在不断发展中，作为继电保护的入门教科书，本教材仅讲述目前在电力系统中广泛采用的、非常成熟的继电保护原理与技术，方便各院校在有限的课时内对继电保护的思维方法、分析和解决问题能力等进行训练。

　　此外，本教材还有如下显著特点贯穿始终。

　　（1）原理叙述的层次渐进化：每种继电保护原理讲解前总是先以故障特征分析开始，寻找不同运行状态间的差异。讲解利用某种差异构成的保护原理，其他的差异留给读者去思考，并挖掘新的可能原理，引导开放式思维。

　　（2）原理和技术的现代化：随着数字和通信技术的发展，过去曾经广泛使用的电磁型、整流型保护很多已被数字式保护所取代，纵联保护已由电力线载波通信发展到数字光纤通信。本教材主要介绍当前还在使用的继电保护实现技术及其发展变化，原理框图多采用功能框图表述，不局限于某种实现手段。同时编者针对技术手段变化促进了新原理发展的情况，对一些已经应用的继电保护新原理也做了部分介绍。本书还增加了四幅关于保护配置的彩图，可在书后或扫码观看。

（3）多学时和少学时的通用化：各高校在教学改革实践中，对继电保护课程的内容深度要求不同，授课学时数不统一。本教材的多数章节在编写中遵从故障特征分析→基本原理→实现技术→相关知识四个层次的思路。各高校可根据学时数选择讲授相关层次，各取所需。

（4）技术用语的国际化：为提高学生国际交流的能力并顺利阅读国外教材，继电保护的专业技术用语和章节标题标准化、国际化，并以英文标注。

本教材的第 1、2、5 章由西安交通大学张保会教授编写，第 3、9 章由华中科技大学尹项根教授编写，第 4、6 章由浙江大学何奔腾教授编写，第 7、8 章由东南大学陆于平教授编写。感谢国电南京自动化股份有限公司对教材编写的大力支持并协助绘制保护配置的相关图纸。天津大学贺家李老师、华中科技大学陈德树老师审阅了本书及前两版，提出了很多宝贵建议；国网浙江电力杭州供电公司裘愉涛教授级高工在本书编写过程中提出了很多建设性意见，在此对三位主审表示衷心的感谢！

由于水平和精力所限，书中难免有不妥或纰漏之处，恳请读者批评指正。

编者
2022 年 6 月

本书部分符号说明

一、系数

K_b——分支系数；

K_{con}——电流互感器的接线系数；

K_{re}——继电器返回系数；

K_{rel}——可靠系数；

K_{sen}——灵敏系数；

K_{ss}——自启动系数。

二、角标

ph——相（相或相对地）分量的相别，ph 表示 A、B、C（一次）或 a、b、c（二次）；

l——线（相间或两相差）分量的相别，l 表示 AB、BC、CA；

1、2、0——正序、负序、零序；

Ⅰ、Ⅱ、Ⅲ——Ⅰ段、Ⅱ段、Ⅲ段保护；

load——负荷；

m——测量；

max——最大；

re——返回；

res——制动；

k——短路点；

min——最小；

N——额定；

op——动作；

T——过渡；

set——整定；

unb——不平衡。

目　录

1 概　述
Summary

1.1　电力系统的正常运行状态、不正常运行状态和故障状态
(Power System Normal Operating, Abnormal Operating and Fault Condition)

1.1.1　正常运行状态 (Standard of Normal Operating Condition)

电力系统是电能生产、变换、输送、分配和使用过程中各种电气设备按照一定的技术与经济要求有机组成的一个联合系统。一般将电能通过的设备称为电力系统的一次设备，如发电机、变压器、断路器、母线、输电线路、补偿电容器、电动机及其他用电设备等。对一次设备的运行状态进行监视、测量、控制和保护的设备，称为电力系统的二次设备。当前电能一般还不能大容量地进行存储，生产、输送和消费是在同一时间完成的。因此，电能的生产量应时刻与电能的消费量保持平衡，并满足质量要求。由于一年内夏、冬季的负荷较春、秋季的大，一周内工作日的负荷较休息日的大，一天内的负荷也有高峰与低谷之分，电力系统中的某些设备也随时会因绝缘材料的老化、制造中的缺陷、自然灾害等原因出现故障而退出运行，因此，为了满足时刻变化的负荷用电需求和电力设备安全运行的要求，电力系统的运行状态随时都在变化。

电力系统运行状态是指电力系统在不同运行条件（如负荷水平、出力配置、系统接线、故障等）下的系统与设备的工作状况。电力系统的运行条件一般可用三组方程式描述：一组微分方程式（略）用来描述系统元件及其控制的动态规律，两组代数方程式分别构成电力系统正常运行的等式和不等式约束条件。

等式约束条件是由电能性质本身决定的，即系统发出的有功功率和无功功率应在任一时刻与系统中随机变化的负荷功率（包括传输损耗）相等，即

$$\sum P_{Gi} - \sum P_{Lj} - \sum \Delta P_S = 0 \tag{1.1}$$

$$\sum Q_{Gi} - \sum Q_{Lj} - \sum \Delta Q_S = 0 \tag{1.2}$$

式中　P_{Gi}、Q_{Gi}——第 i 个发电机或其他电源设备发出的有功功率和无功功率；

P_{Lj}、Q_{Lj}——第 j 个负荷使用的有功功率和无功功率；

ΔP_S、ΔQ_S——电力系统中各种元件有功功率和无功功率损耗。

不等式约束条件涉及供电质量和电气设备安全运行的某些参数，它们应处于安全运行的范围（上限及下限）内，例如

$$\left. \begin{aligned} S_k &\leqslant S_{k.\,max} \\ U_{i.\,min} &\leqslant U_i \leqslant U_{i.\,max} \\ I_{ij} &\leqslant I_{ij.\,max} \\ f_{min} &\leqslant f \leqslant f_{max} \end{aligned} \right\} \tag{1.3}$$

式中　S_k、$S_{k.\max}$——发电机、变压器或用电设备的容量及其上限；

U_i、$U_{i.\max}$、$U_{i.\min}$——母线电压及其上、下限；

I_{ij}、$I_{ij.\max}$——输、配电线路中的电流及其上限；

f、$f_{\max}$、$f_{\min}$——系统频率及其上、下限。

　　根据不同的运行条件，可以将电力系统的运行状态分为正常运行状态、不正常运行状态和故障状态。电力系统运行控制的目的就是通过自动控制和人工控制，使电力系统尽快摆脱不正常运行状态和故障状态，能够长时间在正常运行状态下运行。

　　正常运行状态运行的电力系统，所有的等式和不等式约束条件均满足，表明：电力系统以足够、高质量的电功率满足负荷对电能的需求；电力系统中各发电、输电和用电设备均在规定的长期安全工作限额内运行；电力系统中各母线电压和频率均在允许的偏差范围内，提供合格的电能。一般在正常运行状态下的电力系统，其发电、输电和变电设备还保持一定的备用容量，能满足负荷随机变化的需要，同时在保证安全的条件下，可以实现经济运行；能承受常见的干扰（如部分设备的正常和故障操作），从一个正常运行状态和不正常运行状态、故障状态通过预定的控制连续变化到另一个正常运行状态，而不至于进一步产生有害影响。

1.1.2　常见的不正常运行状态及其危害（Frequently Occurred Abnormal Operating Conditions and Their Threats to the Power System）

　　部分等式、不等式约束条件不满足，但又不是故障的电力系统工作状态，称为不正常运行状态。例如，负荷电流超过电气设备的额定上限（又称为过负荷），系统中出现功率缺额（发电机机械注入功率不足）而引起的频率降低，发电机突然甩负荷（丧失电磁输出功率）引起的发电机频率升高，中性点不接地系统和非有效接地系统中的单相接地引起的非接地相对地电压的升高，以及电力系统发生振荡等，都属于不正常运行状态。

　　1. 电流异常

　　电流超过额定值时引起的过负荷，会使电气设备的载流部分和绝缘材料的温度超过散热条件的允许值而不断升高，造成载流导体的熔断或加速绝缘材料的老化和损坏，可能会发展成故障。

　　2. 电压异常

　　电压过低时，会使占负荷比重最大的异步电动机的转差增大、转速降低，使绕组中电流增大、温升增加、寿命缩短；电动机转速降低会使其拖动的发电厂厂用机械（如风机、泵等）的出力减小，影响锅炉、汽轮机和发电机的出力；用户的电热设备，将因电压的降低而减少发热量，使产品产量和质量下降。电压的升高有可能超过绝缘介质的耐压水平，造成绝缘击穿，酿成短路；使照明设备的寿命明显缩短，例如白炽灯在电压长期升高＋10％时寿命将缩短一半；使变压器和电动机铁芯饱和，损耗和温升增加。另外，电压的过大偏移还会引起电力系统无功潮流的改变，增加有功损耗等，不利于系统的经济、安全运行。

　　3. 频率异常

　　电力系统中的发电和用电设备，都是按照额定频率设计和制造的，只有在额定频率附近运行时，才能发挥最好效能。频率变化对用户的不利影响主要有：频率变化引起异步电动机转速变化，使驱动的纺织、造纸等机械制造的产品质量受到影响，甚至出现残次品；电动机转速和功率的降低，导致传动机械的出力降低；工业上和国防部门使用的测量、控制等电子设备将因频率的波动而影响其准确性和工作性能，甚至无法工作。频率变化对发电厂和电力系统的主要影响有：频率下降时，汽轮机叶片的振动变大，当频率由额定的 50Hz 降低至 45Hz 附近时，某些汽轮机叶片可能发生共振而断裂；异步电动机驱动的火力发电厂厂用机械（如风机、磨煤机和水泵等）的出力降低，导致发电机出力下降，使系统频率进一步下降，特别是当频率下降到 47～48Hz 以下时，将在几分钟内使火力发电厂的正常工作受到破坏，从而引发频率崩溃；系统频率降低时，异步电动机和变压器的励磁电流增加，所消耗的无功功率增加，引起电压下降，如果原来系统的电压就较低，还可能引发电压崩溃。

4. 电力系统振荡

并联运行的电力系统或发电厂之间出现功率角大范围周期性变化的现象，称为电力系统振荡（power swing），分为同步振荡和失步振荡。电力系统同步振荡时，系统两侧等效电动势间的夹角 δ 可能在 0°～180° 范围内作周期性变化，从而使系统中各点的电压、线路电流、功率大小和方向以及距离保护的测量阻抗也都呈现周期性变化。电力系统失步振荡时，功角在 0°～360° 之间变化，以电压、电流、功率、阻抗等为测量对象的各种保护的测量元件，就有可能因系统振荡而动作。电力系统的振荡属于不正常运行状态，而不是故障状态。发生同步振荡时，系统能够通过自身阻尼和自动装置的调节自行恢复稳定运行。而失步振荡需要在预定的地点由专门的振荡解列装置动作解开已经失步的系统。如果在振荡过程中继电保护装置无计划地动作，切除了重要的联络线，或断开了电源和负荷，不仅不利于振荡的自动恢复，还有可能使事故扩大，造成更为严重的后果。

因此必须识别电力系统的不正常运行状态，通过自动和人工的方式消除这种不正常现象，使系统尽快恢复到正常运行状态。由于不正常运行状态对电力系统和电力设备造成的经济损失与运行时间的长短有关，加之引起不正常运行状态的原因复杂，一般由普遍配置的电力系统安全自动装置进行控制，而继电保护装置检测到局部元件不正常运行状态后发出信号，由运行人员判别造成不正常的原因后进行处理，或延时切除不正常运行的元件但需要保证不造成新的不正常。

1.1.3　故障状态及其危害（State of Fault and Its Threats）

电力系统的所有一次设备在运行过程中由于外力、绝缘老化、过电压、误操作、设计制造缺陷等原因会发生短路、断线等故障。最常见同时也是最危险的故障是各种类型的短路。发生短路时可能产生以下后果：

（1）流过短路点的很大短路电流和所燃起的电弧，会使故障元件损坏。

（2）流过短路电流的非故障元件，由于发热和电动力的作用，会缩短使用寿命甚至损坏。

（3）靠近短路点的部分地区电压大大降低，使大量电力用户的正常工作遭到破坏。

（4）可能破坏电力系统中发电厂之间并列运行的稳定性，引起系统振荡，甚至使系统瓦解。此现象在超、特高压电网中尤为明显。

各种类型的短路包括三相短路、两相短路、两相接地短路和单相接地短路。根据现场设备和运行场景，首次故障发生后的暂短时间内还会引发其他地点的故障或转化为其他类型的故障，称为复故障或转换故障。不同类型短路发生的概率是不同的，不同类型短路电流的大小也不同，一般为额定电流的几倍到几十倍。大量的现场统计数据表明，在超高压电网中，单相接地短路次数占所有短路次数的 85% 以上。近期某年国家电网有限公司统计超高压电网部分：220kV 电网共有输电线路 15329 条，线路总长度 379 090.087km，共发生故障 1820 次，故障率为 0.48 次/（100km·年）。330kV 电网共有输电线路 789 条，线路总长度

33 647.867km，共发生故障 276 次，故障率为 0.821 次/（100km•年）。500kV 电网共有输电线路 2591 条，线路总长度 170 720.674km，共发生故障 498 次，故障率为 0.291 7 次/（100km•年）。750kV 电网共有输电线路 141 条，线路总长度 21 706.993km，共发生故障 17 次，故障率为 0.078 次/（100km•年）。1000kV 电网共有输电线路 25 条，线路总长度 5239.34km，共发生故障 2 次，故障率为 0.038 次/（100km•年）。表 1.1 给出近期某年 220kV 电网输电线路各种类型故障发生的次数和百分比。

表 1.1　　　　　近期某年国家电网有限公司 220kV 电网输电线路故障统计表

故障类型	三相短路	两相短路	两相接地短路	单相接地短路	其他故障
故障次数	12	86	53	1642	27
故障百分比（%）	0.66	4.73	2.91	90.22	1.48

故障和不正常运行状态都可能在电力系统中引起事故。事故，是指系统或其中一部分的正常工作遭到破坏，并造成用户停电或电能质量变坏而达不到要求，甚至造成人身伤亡和电气设备损坏。事故的发生，除了由于自然因素（如遭受雷击、架空线路倒杆等）以外，也可能由设备制造上的缺陷、设计和安装的错误、检修质量不高或运行维护不当而引起，还可能由于故障切除迟缓或设备被错误地切除，致使故障发展成为事故甚至引起事故的扩大。

1.2　继电保护的作用、基本原理及其组成
(Functions, Basic Principle and Elements of Relay Protection)

1.2.1　继电保护的作用 (Functions of Relay Protection)

随着自动化技术的发展，在电力系统的正常运行、故障期间以及故障后的恢复过程中，许多控制操作日趋高度自动化。这些控制操作的技术与装备大致可分为两大类：其一是为保证电力系统正常运行的经济性和电能质量的自动化技术与装备，主要进行电能生产消费过程的连续自动调节，动作速度相对迟缓，调节稳定性高，把整个电力系统或其中的一部分作为调节对象，这就是通常理解的电力系统自动化（控制）。其二是当电网或电气设备发生故障，或出现影响安全运行的异常情况时，通过紧急控制快速消除异常状态的技术与装备，其特点是动作速度快，其性质是非连续调节性的，这就是通常理解的电力系统继电保护与安全自动装置。在我国继电保护和安全自动装置是两个不同的专业术语，在西方国家有时使用电力系统保护（power system protection）这同一个术语。

电力系统安全自动装置的控制作用是在扰动后迅速恢复电力系统的正常运行，或尽快消除运行中的异常情况，以防止大面积停电和保证对重要用户连续供电。常采用以下自动控制措施，如输电线路自动重合闸、备用电源自动投入、低电压切负荷、按频率自动减负荷、电气制动、振荡解列以及为维持系统的暂态稳定而配备的稳定性紧急控制系统，完成这些任务的自动装置统称为电力系统安全自动装置。

电力系统中的发电机、变压器、输电线路、母线以及用电设备，一旦发生故障，应迅速而有选择性地切除故障设备，这样既能保护电气设备免遭损坏，又能提高电力系统运行的稳定性（而这一点在超、特高压电网中特别重要），是保证电力系统及其设备安全运行最经济有效的方法之一。切除故障的时间通常要求小到几十毫秒到几百毫秒，实践证明，只有装设

在每个电力元件上的继电保护装置，才有可能完成这个任务。继电保护装置（relay protection）就是指能反应电力系统中电气设备发生故障或处于不正常运行状态，并动作于断路器跳闸或发出信号的一种自动装置。

电力系统继电保护（power system protective relaying）一词泛指继电保护技术和由各种继电保护装置组成的继电保护系统，包括：①继电保护的原理设计、功能及装置配置、定值整定、设备及回路调试等技术；②获取电量信息的电压、电流互感器二次回路以及继电保护装置出口到断路器跳闸线圈的一整套具体设备及线缆；③通信通道及信息交换设备（如果需要利用通信手段传送信息）。随着数字化、智能化变电站技术的发展，数字链路交换信息越来越普遍，数据交换链路的快速性与可靠性将极大地影响继电保护动作的快速性与可靠性。

电力系统继电保护的基本任务是：

（1）当电力系统短路时，自动、迅速、有选择性地通过断路器将故障元件从电力系统中切除，使故障元件免于继续遭到损坏，保证其他无故障部分迅速恢复正常运行。

（2）反应电气设备的不正常运行状态，并根据运行维护条件，动作于发出信号或延时跳闸。延时跳闸由保护大型设备安全向兼顾电力系统安全的目标发展，当可能造成新的不安全时，配合安全自动装置进行电力系统的安全性紧急控制。

1.2.2　继电保护的基本原理（Basic Principle of Relay Protection）

要完成电力系统继电保护的基本任务，首先必须区分电力系统的正常、不正常和故障三种运行状态，甄别出发生故障和出现异常的元件。而要进行区分和甄别，必须寻找电力元件在这三种运行状态下的可测参量（继电保护主要测电气量）的差异，提取和利用这些可测参量的差异，实现对正常、不正常和故障元件的快速区分。

依据可测电气量的不同差异，可以构成不同原理的继电保护装置。目前已经发现不同运行状态下具有明显差异的电气量有：流过电力元件的相电流、序电流、功率及其方向；元件运行时的相电压幅值、序电压幅值；元件的电压与电流的比值，即测量阻抗等。发现并正确利用能可靠区分三种运行状态的可测参量或参量的新差异，就可以形成新的继电保护原理。

对于图 1.1（a）所示我国常用的 110kV 及以下单侧电源供电网络，在正常运行时，每条线路上都流过负荷电流 i_L，越靠近电源端，负荷电流越大。假定在线路 BC 上发生三相短路［如图 1.1（b）所示］，从电源到短路点之间将流过很大的短路电流 i_k。利用流过被保护元件中电流幅值的增大，可以构成过电流保护。

正常运行时，各变电站母线上的电压一般都在额定电压的 $\pm 5\% \sim \pm 10\%$ 范围内变化，且靠近电源端母线上的电压略高。发生短路后，各变电站母线电压有不同程度的降低，离短路点越近，电压降得越低，短路点处的电压降低到零。利用短路时电压幅值的降低，可以构成

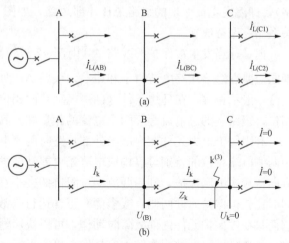

图 1.1　单侧电源供电网络接线
（a）正常运行情况；（b）三相短路情况

低电压保护。

同样，在正常运行时，线路始端的电压与电流之比反映的是该线路与供电负荷的等效阻抗及负荷阻抗角（功率因数角），阻抗数值一般较大，阻抗角较小。短路后，线路始端的电压与电流之比反映的是该测量点到短路点之间线路段的阻抗，其值较小。如不考虑分布电容，阻抗一般正比于该线路段的距离（长度），阻抗角为线路阻抗角，其值较大。利用测量阻抗幅值的降低和阻抗角的变大，可以构成距离（低阻抗）保护。

如果发生的不是三相对称短路，而是不对称短路，则在供电网络中会出现某些不对称分量，如负序或零序电流、电压等，并且其幅值较大。而在正常运行时，系统对称，负序和零序分量不会出现。利用这些反应系统不对称序分量构成的保护，一般都具有良好的选择性和灵敏性，获得了广泛的应用。

短路点到电源之间的所有元件中诸如以上的电气量，在正常运行与短路时都有相同规律的差异。利用这些差异构成的保护装置，短路时都有可能作出反应，但还需要甄别出哪一个是发生短路的元件。若是发生短路的元件，则保护动作跳开该元件，切除故障；若是短路点到电源之间的非故障元件，则保护应可靠不动作。常用的方法是借助断路器可最小范围隔离故障的区域，预先划定各电力元件保护的保护范围，求出保护范围末端发生短路时的电气量，考虑适当的可靠性裕度后作为保护装置的动作整定值，将短路时测得的电气量与之进行比较，作出本被保护元件范围内部是否短路的判别。但是，当故障发生在本线路末端与下级线路的首端出口处时，在本线路首端测得的电气量差别不大，为了保证本线路短路被快速切除而下级线路短路时不动作，本端快速动作的保护只保护本线路的一部分，缩短了保护范围。对末端部分的短路，则采用慢速的保护，等待下级线路快速保护不动作时才切除本级线路。这种利用单端电气量的保护，需要上、下级保护（离电源的近、远）动作整定值和动作时间的配合，才能完成切除任意点短路的保护任务，被称为阶段式保护特性。

对于220kV及以上多侧电源的输电网络中的任一电力元件，如图1.2中的线路AB，在正常运行的任一瞬间，负荷电流总是从一侧流入而从另一侧流出，如图1.2（a）所示。如果规定电流的正方向是从母线流向线路，那么AB两侧电流的大小相等，相位相差180°，两侧电流的相量和为零。并且只要被保护的线路AB内部没有短路（电流没有其他的流通回路），即使发生被保护的线路AB外部短路，如图1.2（b）所示的k1点短路情况下，这种关系始终保持成立。

但是，当发生被保护的线路AB内部k2点短路［如图1.2（c）所示］时，两侧电源分别向短路点供给短路电流 $\dot{I}'_{k2}$ 和 $\dot{I}''_{k2}$，线路AB两侧的电流都是由母线流向线路，此时两个电流一般不相等，在理想条件（两侧电动势同相位且全系统的阻抗角相等）下，两个电流同相位，短路点的总电流等于两个电流的相量和，其值较大。

利用每个电力元件在内部与外部短路时两侧电流相量的差别可以构成电流差动保护，利用两侧电流相位的差别可以构成电流相位差动保护，利用两侧功率方向的差别可以构成功率方向比较式纵联保护，利用两侧测量阻抗的大小和方向等还可以构成阻抗原理的纵联保护。同时比较被保护元件两侧（或多侧）正常运行与故障时电气量差异的保护，称为纵联保护。它们只在被保护元件内部故障时动作，可以快速甄别出被保护元件内部任意点的故障，具有绝对的选择性，常被用作较大容量发电机、母线、变压器、电动机等电力元件的主保护。当纵联保护原理用于220kV及以上输电线路时，两侧保护装置共同工作构成全线路内部任一点

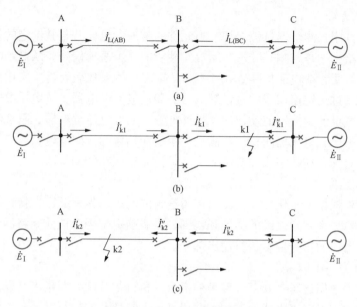

图 1.2　双侧电源网络接线

（a）正常运行；（b）k1 点短路；（c）k2 点短路

短路的两侧快速切除。由于线路两端相距很远，需要通过通信手段将两侧的电气量交换，根据采用的信息交换技术的不同，线路纵联保护曾被称为高频保护、微波保护、光纤保护等，通信系统成为保护的一部分，其快速性、可靠性也同时决定着整套保护的快速性和可靠性。

除反应上述各种电气量变化特征的保护外，还可以根据电力元件的特点实现反应非电量特征的保护。例如，当变压器油箱内部的绕组短路时，反应于变压器油受热所产生的气泡体积以及变压器油受热膨胀的油流速、温度等，构成瓦斯保护；反应于电动机绕组温度的升高而构成的过热保护等。

风力发电、太阳能发电电源不是同步发电机特性，随着这种电源接入系统比例的增大，电源的故障特征已经不完全取决于同步机的故障特征。高压直流输电已经成为我国重要的输电方式，我国已经形成了复杂的交直流混联电网，其联网结构、直流系统的控制方式都会影响直流元件的故障特征，并且交直流电网故障特征相互渗透、传播。受新能源电源特性与直流输电网络故障特性的影响，现代电力系统的故障特性需要不断地研究分析，继电保护的原理与技术正是在满足电力系统故障区分的要求下，依据故障特征的变化，考察和完善已有的保护原理，研究和发展新的保护原理，电力系统继电保护的原理随电力系统的发展变化而发展、丰富。

1.2.3　保护装置的构成（Elements of Relay Protection）

一般继电保护装置由测量比较元件、逻辑判断元件和执行输出元件三部分组成，如图1.3 所示。

图 1.3　继电保护装置的组成方框图

1. 测量比较元件

测量比较元件用于测量通过被保护电力元件的物理参量，并与其给定的值进行比较，根据比较的结果，给出"是""非"或"0""1"性质的一组逻辑信号，从而判断保护装置是否应该启动。根据需要，继电保护装置往往有一个或多个测量比较元件。常用的测量比较元件有：被测电气量超过给定值动作的过量继电器，如过电流继电器、过电压继电器、高频率继电器等；被测电气量低于给定值动作的欠量继电器，如低电压继电器、阻抗继电器、低频率继电器等；被测电压、电流之间相位角满足一定值而动作的方向继电器等。继电器在这里是器件或某算法的总称，在数字式保护中更多的是指完成该功能的算法。

2. 逻辑判断元件

逻辑判断元件根据测量比较元件输出逻辑信号的性质、先后顺序、持续时间等，使保护装置按一定的逻辑关系判定故障的类型和范围，最后确定是否应该使断路器跳闸、发出信号或不动作，并将对应的指令传给执行输出部分。

3. 执行输出元件

执行输出元件根据逻辑判断部分传来的指令，执行跳开断路器指令（发出跳闸脉冲）或其他的操作指令，如发出警报或不动作，并记录显示本环节的执行结果。

1.2.4　继电保护的工作回路（Working Circuit of Relay Protection）

要完成继电保护的任务，除需要继电保护装置外，必须通过可靠的继电保护工作回路的正确工作，才能最后完成跳开故障元件的断路器、对系统或电力元件的不正常运行状态发出警报、正常运行时不动作等任务。

继电保护工作回路设备一般包括：将通过一次电力设备的电流、电压线性地传变为适合继电保护等二次设备使用的电流、电压并使一次设备与二次设备隔离的设备（如电流、电压互感器及其与保护装置连接的电缆等）；断路器跳闸线圈及与保护装置出口间的连接电缆，指示保护装置动作情况的信号设备；保护装置及跳闸、信号回路设备的工作电源等。过电流保护工作回路原理接线示例如图 1.4 所示。

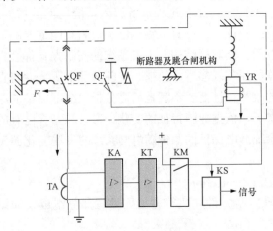

图 1.4　过电流保护工作回路原理接线示例图

电流互感器 TA 确定二次额定电流为 5A 或 1A，按照一次额定电流选择变比。正比于一次电流的二次电流流过电流继电器 KA（测量比较元件），当流过电流继电器的电流大于其预定的动作值（整定值，可调整）时，其输出启动时间继电器 KT（逻辑部分）。经预定（可调整）的延时（逻辑运算）后，时间继电器的输出启动中间继电器 KM（执行输出）并使其触点闭合，接通断路器的跳闸回路，同时使信号继电器 KS 发出动作信号。在正常运行时，由于负荷电流小于电流继电器的整定电流，电流继电器不动作，整套保护不动作。当被保护的线路发生短路后，线路中流过的短路电流一般是额定负荷电流的数倍至数十倍，电流互感器二次侧输出的电流线性增大，流过电流继电器的电流大于整定电流而动作，启动时间继电器，经预定的延时后，时间继电器的触点闭合启动中间继电器，中间继电器的触点瞬时闭合。当断路器 QF 处于合闸位置时，其位置触点 QF 是闭合的，当中间继电器的触点闭合时，断路器的跳闸线圈 YR 带电（直流操作电源），在电磁力的作用下使脱扣机构释放，断路器 QF 在跳闸弹簧力 F 的作用下跳开，故障设备被切除，短路电流消失，电流继电器返回，整套保护装置复归。一旦断路器 QF 合闸，保护回路做好了下次动作的准备。

可见，为安全可靠地完成继电保护的工作任务，继电保护回路中的任一个元件、连接线及其电源都必须时时刻刻正确工作。

1.2.5　电力系统继电保护的工作配合（Coordination of Relay Protection）

每一套保护都有预先严格划定的保护范围［有时也称保护区（zone of protection）］，只有在保护范围内发生故障，该保护才动作。保护范围划分的基本原则是任一个元件的故障都能可靠地被切除，并且造成的停电范围最小或对系统正常运行的影响最小。一般借助于断路器实现保护范围的划分。

图 1.5 给出了一个简单电力系统保护范围和配合关系示意图，其中每个虚线框表示一个保护范围。由图 1.5 可见，发电机保护区与低压母线保护区、低压母线保护区与变压器保护区等上下级电力元件的保护区间必须重叠，这是为了保证任意处的故障都置于保护区内。保护重叠区越小越好，因为在重叠区内发生短路时，会造成两个保护区内所有的断路器跳闸，扩大停电范围。

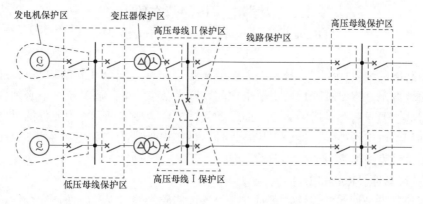

图 1.5　保护范围和配合关系示意图

为了确保故障元件能够从电力系统中被切除，一般每个重要的电力元件配备两套保护，一套称为主保护（primary protection），一套称为后备保护（back-up protection）。图 1.5 示出的是各电力设备主保护的保护区。实践证明，保护装置拒动、保护回路中的其他环节损坏、断路器拒动、工作电源不正常乃至消失等时有发生，造成主保护不能快速切除故障，这时需要后备保护来切除故障。

一般下级电力元件的后备保护安装在上级（近电源侧）元件的断路器处，称为远后备保护。当多个电源向该电力元件供电时，需要在所有电源侧的上级元件处配置远后备保护。远后备保护动作将切除所有上级电源侧的断路器，造成事故扩大。同时，远后备保护的保护范围覆盖所有下级电力元件的主保护范围，它能解决远后备保护范围内所有故障元件由任何原因造成的不能切除问题。实现远后备保护的功能需要一定的系统接线条件，即满足切除故障元件的选择性与灵敏性的兼顾，而在多端电源的高压电网中往往不能满足灵敏度的要求，不得已时采用近后备附加断路器失灵保护的方案。近后备保护与主保护安装在同一断路器处，主保护拒动时由近后备保护启动断路器跳闸，断路器失灵时由失灵保护启动跳开本变电站所有与故障元件相连的电源侧断路器。然而，当本变电站失去控制电源时，这种近后备附加断路器失灵保护的方案将不能切除故障，因而这种方案对变电站的控制电源可靠性要求极高，一般配备多套电源。

由后备保护动作切除故障，一般会扩大故障造成的影响。为了最大限度地减小故障对电力系统运行产生的影响，应保证由主保护快速切除任何类型的故障，一般后备保护都延时动作，等待主保护确实不动作后才动作。因此，主保护与后备保护之间存在动作时间和动作灵敏度的配合。

由上述可见，电力系统中的每一个重要元件都必须配备至少两套保护，电力系统的每一处都应在保护范围的覆盖下，系统任意点的故障都能被自动发现并切除。现代电力系统离开完善的继电保护系统是不能运行的，没有安装保护的电力元件，不允许接入电力系统工作。由成千上万个电力元件组成的现代电力系统，每一个电力元件如何配置保护、配备几套继电保护，以及各电力元件继电保护之间怎么配合，需要视电力元件的重要程度、电力元件对电力系统影响的重要程度等因素决定，参见 GB/T 14285—2006《继电保护和安全自动装置技术规程》。

1.3　对继电保护的基本要求
(Basic Requirements for Relay Protection)

动作于跳闸的继电保护，在技术上一般应满足可靠性（安全性和信赖性）、选择性、速动性和灵敏性四个基本要求。这几个要求之间，紧密联系，既矛盾又统一，必须根据具体电力系统运行的主要矛盾和矛盾的主要方面，配置、配合、整定每个电力元件的继电保护，充分发挥和利用继电保护的科学性、工程技术性，使继电保护为提高电力系统运行的安全性、稳定性和经济性发挥最大效能。

1.3.1　可靠性（Reliability）

可靠性包括安全性和信赖性，是对继电保护性能的最根本要求。所谓安全性，是要求继电保护在不需要它动作时可靠不动作，即不发生误动。所谓信赖性，是要求继电保护在规定的保护范围内发生应该动作的故障时可靠动作，即不发生拒动。

安全性和信赖性主要取决于保护装置本身的保护原理、制造质量、保护回路的连接和运行维护的水平。一般而言，保护装置的原理越简单、构成元件越少，产品质量越容易保证，回路接线和信息交换越简单，保护的工作就越可靠。同时，正确地调试、整定和良好地运行维护，以及丰富的运行经验，对于提高保护的可靠性具有重要的作用。可靠性是继电保护技术对电力系统安全稳定运行所做贡献的最终综合指标，也是统领和协调继电保护专业各技术环节的最重要的指标。

继电保护的误动和拒动都会对电力系统造成严重危害。然而，提高不误动的安全性措施与提高不拒动的信赖性措施往往是矛盾的。由于不同的电力系统结构不同，电力元件在电力系统中的位置不同，误动和拒动的危害程度不同，因而提高保护安全性和信赖性的侧重点在不同情况下有所不同。例如，对 220kV 及以上等级的电网，由于电网联系比较紧密，联络线较多，系统备用容量较多，如果保护误动作，使某条线路、某台发电机或变压器误切除，给整个电力系统带来的直接经济损失较小；但如果保护装置拒绝动作，将会造成电力元件的损坏或者引起系统稳定的破坏，造成大面积的停电事故。在这种情况下一般应该更强调保护不拒动的信赖性，一般要求每回 220kV 及以上电压输电线路都装设两套工作原理不同、工作回路完全独立的快速保护，采取各自独立跳闸的方式，提高不拒动的信赖性。而对于母线保护，它的误动将切除连接在该母线上的所有电力元件，会给电力系统带来严重后果，此时更强调不误动的安全性，一般采用两套保护出口触点串联后跳闸的方式。

即使对于相同的电力元件，随着电网的发展，保护不误动和不拒动对系统的影响也会发生变化。例如，一个更高一级电压网络建设初期或大型电厂投产初期，由于联络线较少，输送容量较大，切除一条线路就会对系统产生很大影响，防止误动是最重要的；随着电网建设的发展，联络线越来越多，联系越来越紧密，防止拒动可能变成最重要了。在说明防止误动更重要的时候，并不是说防止拒动不重要，而是说，在保证防止误动的同时要充分防止拒动；反之亦然。一般用继电保护正确动作率来表达其可靠性，正确动作率越高，保护的可靠性越高。正确动作率计算如下：

$$正确动作率＝\frac{保护正确动作次数}{保护总动作次数}$$

我国继电保护整体已经具有相当高的正确动作率（＞99％），具有国际的领先和先进水平。

1.3.2　选择性（Selectivity）

继电保护的选择性是指保护装置动作时，在尽可能最小的区间内将故障元件从电力系统中切除，最大限度地保证系统中无故障部分仍能继续安全运行。选择性包含两种意思：①只应由装在故障元件上的保护装置动作切除故障；②要力争装在相邻元件上的保护装置对它起后备切除作用或相关的保护装置能在最小范围内切除故障元件。

在图 1.6 所示的网络中，当线路 AB 上 k1 点短路时，应由线路 AB 的保护动作跳开断路器 QF1 和 QF2，故障被切除，没有变电站被停电。而在线路 CD 上 k3 点短路时，由线路 CD 的保护动作跳开断路器 QF6，只有变电站 D 停电。故障元件上的保护装置如此有选择性地切除故障，可以使停电的范围最小，甚至不停电。如果 k3 点故障时，由于种种原因造成断路器 QF6 跳不开，相邻线路 BC 的保护动作跳开断路器 QF5，C、D 母线停电，停电范围也相对较小，相邻线路的保护对它起到了远后备作用，这种保护的动作也是有选择性的。若线路 AB 的保护抢先跳开了断路器 QF1 和 QF3，造成 B、C、D 母线停电，则线路 AB 的保护动作是无选择性的。

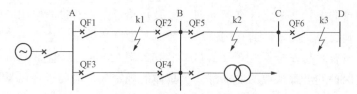

图 1.6　保护选择性说明图

这种选择性的保证，除利用一定的延时使本线路的主保护与后备保护正确配合外，还必须注意相邻元件后备保护之间的正确配合：①上级元件后备保护的灵敏度要低于下级元件后备保护的灵敏度；②上级元件后备保护的动作时间要大于下级元件后备保护的动作时间。在短路电流水平较低、保护处于动作边缘情况下，两个条件缺一不可。

1.3.3　速动性（Speed）

继电保护的速动性是指尽可能快地切除故障，缩短设备及用户在大短路电流、低电压下运行的时间，降低设备的损坏程度，提高电力系统并列运行的稳定性。动作迅速而又能满足选择性要求的保护装置，一般结构都比较复杂，价格比较昂贵，对大量的中、低电压电力元件来说，不一定都采用快速动作的保护。对保护速动性的要求是相对于故障持续对电力系统及对设备造成危害的严重程度而言的，应根据电力系统的接线和被保护元件的具体情况，经技术、经济比较后确定。

必须快速切除的故障有：

（1）使发电厂或重要用户的母线电压低于允许值（一般为 0.8 倍额定电压）的故障；

（2）大容量的发电机、变压器和电动机内部发生的故障；

（3）中、低压线路导线截面积过小，为避免过热不允许延时切除的故障；

（4）可能危及人身安全、对通信系统或铁路信号系统有强烈干扰的故障。

在高压输电网中，维持电力系统的暂态稳定性往往成为继电保护快速性要求的决定性因素，电压等级越高，故障切除越快，暂态稳定极限（维持故障切除后系统的稳定性所允许的故障前输送功率）越高，越能发挥电网的输电效能，故而电压等级越高的继电保护在保证可靠性的前提下要求动作速度越快。图 1.7 给出某 220kV 电网同一点发生不同类型短路时，暂态稳定极限随故障切除时间的变化曲线。

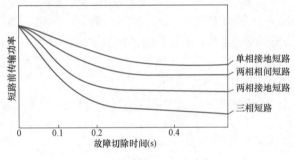

图 1.7　暂态稳定极限随故障切除时间的
变化曲线

故障切除时间等于保护装置的出口动作发出跳闸命令时间和断路器跳闸熄弧时间的总和。用于配电网的阶段式主保护，动作时间一般为 50～500ms；用于超特高压的全线速动主保护，最快的可达 10～40ms。一般的断路器电流在一次或两次过零后熄弧，因此断路器故障切除时间为 30～60ms。

1.3.4　灵敏性（Sensitivity）

继电保护的灵敏性，是指对于其保护范围内发生故障或出现不正常运行状态的反应能力。满足灵敏性要求的保护装置应该是在规定的保护范围内部故障时，在系统任意的运行条件下，无论短路点的位置、短路的类型如何，以及短路点是否有过渡电阻，当发生短路时都能敏锐感觉、正确反应。灵敏性通常用灵敏系数或灵敏度来衡量，增大灵敏度就会增加保护动作的信赖性，但有时与安全性相矛盾。GB/T 14285—2006《继电保护和安全自动装置技术规程》对各类保护的灵敏系数的要求都作了具体的规定，一般要求灵敏系数在 1.2～2.0。

以上四个基本要求是评价和研究继电保护性能的基础，它们之间，既有矛盾的一面，又要根据被保护元件在电力系统中的作用，使以上四个基本要求在所配置的保护中得到统一。继电保护的科学研究、设计、制造和运行的大部分工作也是围绕如何处理好这四者的辩证统一关系进行的。相同原理的保护装置在电力系统的不同位置的元件上如何配置和配合，相同的电力元件在电力系统不同位置安装时如何配置相应的继电保护，如何最大限度地发挥被保护电力系统的运行效能，充分体现着继电保护工作的科学性和继电保护工程实践的技术性。

1.4　继电保护发展简史
(Brief History of the Development of Relay Protection)

继电保护的任务是在电力系统中最小范围内快速隔离故障元件，保障无故障部分正常运行，这依靠故障元件与非故障元件在故障发生时特征差异来完成。随着电力系统的电网结构变化和电源特性变化，其故障元件与非故障元件的故障特征差异也发生变化。随着电压等级的提高，要求保护的动作时间缩短。为了完成保障电力系统安全稳定运行的任务，继电保护的原理与技术伴随电力系统的发展而发展，因此回顾继电保护的发展同时涉及电力系统的发展。

1.4.1　电力技术的发展 (The Development of Electric Power Technology)

1875 年，巴黎北火车站建成世界上第一座火电厂，为附近照明供电。最早采用熔断器串联于供电线路中以保护发电机，当发生短路时，短路电流首先熔断熔断器，断开短路的设备。由于这种保护方式简单，时至今日仍广泛应用于低压线路和用电设备。随着用电设备的功率、发电机的容量增大，电网的接线日益复杂，由于熔断器的开断能力与开断速度的限制，单靠熔断器已经不能满足有选择性和快速切除故障的要求。1895 年，举世闻名的尼亚加拉水电站在加拿大安大略省和美国纽约州的尼亚加拉河上建成，安装了三台 3675kW 水电机组，建设了至美国纽约州的布法罗 35km 的交流输电线路，确立了交流输电的主导地位。1900 年，Stillwell 第一个提出了用于保护的过电流继电器、方向性过电流继电器，这是继电保护技术发展的开端。基于电磁感应原理的反时限过电流继电器、定时限过电流继电器不断被开发完善、实用化，应用于线路保护的电流继电器动作时间一般在 0.5～1.5s。

1904 年，Kramer、Chr. 和 F&G 最早提出了距离保护原理。1908 年，Kuhlmann 和 K. 研发了基于法拉第盘由电流驱动、电压线圈制动的旋转盘距离继电器，其动作时间取决于故障距离，在机电式距离保护装置中实现了阻抗圆特性。

1916 年，美国建成第一条 132kV 线路，全长 90km。1918 年，美国制造了第一台容量 6×10^4 kW 的汽轮发电机。1923 年，美国开始使用 230kV 线路，超高压电力网络开始形成。同年，西屋公司生产的距离保护继电器应用于美国的变电站，并于 1925 年开始在欧洲 50kV 电网使用。1923～1927 年，为了缩短故障的切除时间，距离保护广泛应用于大电网，并开展了一系列在 Elektrowerke AG 电力系统的试验，其中 100kV 电网在 1924 年共故障 43 次，过电流保护误动达到 32 次，保护动作时间 0.5～1.5s。1927 年更换为距离保护后，一年的 27 次故障中保护仅误动 2 次。距离保护几经改进，AEG 于 1934 年推出了快速阻抗继电器，动作时间可以达到 0.3～0.4s。此后，距离保护在提高动作速度、提高测量准确度、增加振荡闭锁功能、改进耐受过渡电阻能力等方面不断提高。1950 以后，阶段式配合的三段式距离保护以及全线速动的距离保护配合自动重合闸装置广泛应用于输、配电网。

20 世纪 30～40 年代，美国成为电力工业的先进国家，拥有单机 2×10^5 kW 容量的机组数十台，容量为 3×10^5 kW 以上的中型火电厂数十座。1935～1937 年，美国首次将输电电压等级从 110～220kV 提高到 287kV，出现了超高压输电网络，阶段式配合的三段式电流保护和距离保护切除故障速度已经不能满足快速性的要求。20 世纪 70 年代，电力工业进入大机组、大电厂、超高压以至特高压输电时代，总装机容量几百万千瓦的大型水电站、大型火电厂和核电站的建成，促进了超高压、特高压输电、直流输电和联合电力系统的发展，具有全线快速切除故障能力的纵联保护得到更多的研究、完善和普遍应用，成为电力系统的主保护。

1.4.2　纵联保护的发展（The Development of Pilot Protection）

1904 年，Charles Hestermann Merz 和 Bernhard Price（英国）提出比较线路两侧电流来识别故障的电流差动保护原理，并提出了两种电流比较的电路结构，被认为是纵联保护原理的诞生。该原理于 1907 年被用于 20kV 电缆线上，两侧二次电流的连接使用导引线，又称导引线保护。随着输送功率的增大，电压等级提高，输电线路距离增长，使用导引线完成线路两侧二次电流连接构成电流纵联保护变得越来越困难。1927 年前后出现了利用高压输电线载波传送输电线路两端功率方向（功率方向为正或为负时发送高频信号）和电流相位（电流为正半波或负半波时发送高频信号）的高频保护原理。1936 年，AEG 公司推出了电流相位比较式纵联保护和功率方向比较式纵联保护装置。1980 年左右，反应工频故障分量（或称工频突变量）原理的保护被大量研究。1990 年后，该原理的保护装置被广泛应用。

以上保护的原理由反映故障时工频量（50 或 60Hz）特征构成，如果要求全线速动，保护在原理上故障甄别的数据窗长至少需要一个工频周期，保护的动作速度受到限制。为了提高保护速度，往往缩短数据窗，配备具有部分保护范围的辅助保护。

随着电压等级的进一步提高和直流输电系统的接入，1950 年后提出了利用故障点产生的行波（波速度约 $3.0 \times 10^8 \text{m/s}$）到达保护安装处的时间区分故障的距离，实现超快速保护的设想，由于当时尚不具备高速的数据记录手段，在 1975 年前后生产了由模拟器件实现的行波保护装置，虽在中国 500kV 线路上运行效果不能令人满意，但是其超高速的故障甄别原理令人难忘。进入 21 世纪以后，随着数字记录与处理技术的发展，以及突变信号分析算法（小波分析、小矢量分析等）的成熟，基于故障行波和暂态高频量的保护原理研究得以发展，保护原理仅反应故障点与保护安装位置的关系，而与电源特性、电量控制特性等无关，从而不受分布式能源电源的接入和交直流混联电网中变流器控制特性对故障特征的影响。由于使用故障行波、故障高频分量等，数据窗可以很短，保护可以实现超高速，当故障波到达保护安装处后，保护甚至可以在 1～3ms 内做出区内外故障的甄别。随着我国交流 1000kV 和直流 ±800kV 输电及交直流特高压电网的运行，希望继电保护在保证动作可靠性的前提下动作速度越快越好，反应故障暂态特征的超高速保护技术研究与装置开发目前进入高潮。

1.4.3　继电保护实现技术的发展（The Development of Relay Protection Technology）

继电保护理论和技术的载体是继电保护装置（或继电器），其实现与当时的实现条件紧密相关。随着材料、器件、制造技术等相关学科的发展，继电保护装置的结构、型式和制造工艺也发生着巨大的变化，经历了机电式保护装置、静态继电保护装置和数字式继电保护装置三个发展阶段。

机电式保护装置由具有机械转动部件带动触点开、合的机电式继电器（如电磁型、感应型和电动型继电器）所组成，由于其工作比较可靠，不需要外加工作电源，抗干扰性能好，因此，这种保护装置使用了相当长的时间，如电流继电器、电压继电器，目前仍在电力系统中广泛使用。但这种保护装置体积大、动作速度慢、触点易磨损和黏连，难以满足超高压、大容量电力系统的需要。

20 世纪 50 年代，随着晶体管的发展，出现了晶体管式继电保护装置。这种保护装置体积小、动作速度快、无机械转动部分、无触点。经过 20 余年的研究与实践，晶体管式保护装置的抗干扰问题从理论和实践上得到满意的解决。20 世纪 70 年代，晶体管式保护在我国被大量采用。集成电路技术的发展，可以将众多的晶体管集成在一块芯片上，从而出现了体积更小、工作更可靠的集成电路保护。20 世纪 80 年代后期，静态继电保护装置由晶体管式向集成电路式过渡，成为静态继电保护的主要形式。

20 世纪 60 年代末，已有了用小型计算机实现继电保护的设想，但由于小型计算机当时价格昂贵，难以实际采用。由此开始了对继电保护计算机算法的大量研究，为后来微型计算机式保护的发展奠定了理论基础。随着微处理器技术的快速发展和价格的急剧下降，在 20 世纪 70 年代后期，出现了性能比较完善的微机保护样机并投入系统试运行。80 年代，微机保护在硬件结构和软件技术方面已趋成熟。进入 90 年代，微机保护已在我国大量应用，主运算器由 8 位机、16 位机，发展到 32 位机；数据转换器件由模数转换（A/D）器发展到数字处理器（DSP）。这种由计算机技术构成的继电保护称为数字式继电保护。这种保护可用相同的硬件实现不同原理的保护，使制造大为简化，生产标准化、批量化，硬件可靠性高；具有强大的存储、记忆和运算能力，可以实现复杂原理的保护，为新原理保护的发展提供了实现条件；除了实现保护功能外，还可兼有故障录波、故障测距、事件顺序记录和与保护管理中心计算机以及调度自动化系统通信等功能，这对于保护的运行管理、电网事故分析以及事故后的处理等具有重要意义。另外，它可以不断地对本身的硬件和软件自检，发现装置的异常情况并通知运行维护中心，工作的可靠性很高。

20 世纪 90 年代后半期，在数字式继电保护技术和调度自动化技术的支撑下，变电站自动化技术和无人值守运行模式得到迅速发展，融测量、控制、保护和数据通信为一体的变电站综合自动化装备成为配电变电站的标准配置。但是在超高压、特高压变电站，由于继电保护要求的快速性和高可靠性以及大信息量，继电保护仍然使用独立的测量、运算和跳闸回路，仅将出口动作信号及辅助信息送给综合信息系统。目前变电站设备正在逐步智能化过程中，智能变电站已经成为电力系统发展的基础支持装备，其中的继电保护工作回路及装置的实现模式尚在优化比较中。

综上所述，继电保护为完成快速切除故障保障电力系统安全稳定运行的任务，其原理伴随电力系统故障特征的变化而发展，其实现技术随着相关学科技术的发展而变化。可以预言，只要电力系统发展变化，继电保护的研究发展就不会停歇；只要通信、器件、数字处理技术等发展，继电保护技术与装置就会发展。

习题及思考题
(Exercise and Questions)

1.1 如果电力系统没有配备完善的继电保护系统，想象一下会出现什么情景。

1.2 继电保护装置在电力系统中所起的作用是什么？

1.3 继电保护装置通过哪些主要环节完成预定的保护功能？各环节的作用是什么？

1.4 依据电力元件正常运行、不正常运行和短路状态下的电气量幅值差异，已经构成哪些原理的保护？这些保护单靠保护整定值能切除保护范围内任意点的故障吗？

　　1.5　依据电力元件两端电气量在正常运行和短路状态下的差异，可以构成哪些原理的保护？

　　1.6　如图1.8所示，线路上装设两组电流互感器，线路保护和母线保护应各接哪组互感器？

　　1.7　结合电力系统分析课程知识，说明为什么加快继电保护的动作时间可以提高电力系统的稳定性。

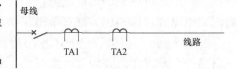

图1.8　电流互感器选用示意图

　　1.8　后备保护的作用是什么？阐述远后备保护和近后备保护的优缺点。

　　1.9　从对继电保护的"四性"要求及其间的矛盾，阐述继电保护工作既是理论性很强又是工程实践性很强的工作。

　　1.10　从继电保护的发展史，谈谈与其他学科技术发展的相关性。

电网的电流保护
Overcurrent Protection

电流保护反应短路时电流幅值较正常负荷电流的突然增大（或幅值与相位变化），甄别故障及发生故障的元件，并将故障元件从电网中切除。其原理最简单，实现最方便，是发明最早、应用最广泛、仍在 35kV 及以下配电网、风力发电场、光伏发电站等大量电力网络内使用的主要保护。同时，几乎所有的用电设备上都配备有过电流继电器（或熔断器），用于切除电流超过安全电流值的设备，保证电力设备长期安全运行。在中性点直接接地的高压电网中，接地短路故障存在较大的零序电流，且接地短路占各种故障的概率高，因此零序电流保护作为后备保护和辅助保护被广泛使用。

2.1 单侧电源网络相间短路的电流保护
(Overcurrent Protection for Phase Faults in Single Source Network)

2.1.1 继电器 (Protection Relay)

1. 继电器的分类和要求

继电器是一种能自动执行断续控制的部件，当其输入量达到一定值时，能使其输出的被控制量发生预计的状态变化，如触点打开、闭合或电平由高变低、由低变高等，具有对被控电路实现通、断控制的作用。

在电力系统继电保护回路中，继电器的实现原理随相关技术的发展而变化。继电器按照动作原理可分为电磁型、感应型、整流型、电子型和数字型等，按照反应的物理量可分为电流继电器、电压继电器、功率方向继电器、阻抗继电器、频率继电器和气体（瓦斯）继电器等，按照继电器在保护回路中所起的作用可分为启动继电器、量度继电器、时间继电器、中间继电器、信号继电器和出口继电器等。

对继电器的基本要求是工作可靠，动作过程具有继电特性。继电器的可靠工作是最重要的，主要通过各部分结构设计合理、制造工艺先进、经过高质量检测等来保证。其次要求继电器动作值误差小、功率损耗小、动作迅速、动稳定和热稳定性好以及抗干扰能力强。另外，还要求继电器安装、整定方便，运行维护少，价格便宜等。

2. 过电流继电器原理框图

量度继电器是实现保护的关键测量元件，量度继电器中有过量继电器和欠量继电器。过量继电器包括过电流继电器、过电压继电器、高频率继电器等，欠量继电器包括低电压继电器、距离继电器、低频率继电器等。过电流继电器是实现电流保护的基本元件，也是反应于一个电气量而动作的简单过量继电器的典型。因此，通过对电流继电器的构成原理分析来说明一般量度继电器的构成原理。

过电流继电器原理框图如图 2.1 所示，来自电流互感器 TA 二次侧的电流 I，加入继电

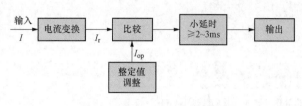

图 2.1　过电流继电器原理框图

器的输入端（根据电流继电器的实现型式，例如电磁型，则不需要经过变换，直接接入过电流继电器的线圈；若是电子型和数字型，由于实现电路是弱电回路，需要线性变换成弱电回路所需的信号电压）。根据继电器的安装位置和工作任务给定动作值 I_{op}（为使继电器有普遍的使用价值，动作值 I_{op} 可以调整）。当加入继电器的电流 I_r 大于动作值时，比较环节有输出。在电磁型继电器中，由于需要靠电磁转矩驱动机械触点的转动、闭合，需要一定的功率和时间，继电器有自身固有动作时间（几毫秒），一般的干扰不会造成误动；对于电子型和数字型继电器，动作速度快、功率小，为提高动作的可靠性，防止干扰信号引起的误动作，故考虑必须使测量值大于动作值的持续时间不小于 $2\sim3\text{ms}$ 时，才能动作于输出。为保证继电器动作后有可靠的输出，防止当输入电流在整定值附近波动时输出不停地跳变，在加入继电器的电流小于返回电流 I_{re} 时，继电器才返回，返回电流 I_{re} 小于动作电流 I_{op}。电流由较小值上升到动作电流及以上，继电器由不动作到动作；电流减小到返回电流 I_{re} 及以下，继电器由动作再到返回。其整个过程中输出应满足继电特性的要求。

　　3. 继电器的继电特性

　　为了保证继电保护可靠工作，对其动作特性有明确的继电特性要求。对于过量继电器（如过电流继电器），流过正常状态下的电流 I 时是不动作的，输出高电平（或其触点是打开的），只有其流过的电流大于整定的动作电流 I_{op} 时，继电器能够突然迅速地动作，稳定和可靠地输出低电平（或闭合其触点）；在继电器动作以后，只当电流减小到小于返回电流 I_{re} 以后，继电器又能立即突然地返回到输出高电平（或触点重新打开）。图 2.2 给出用输出电平低高表示过电流继电器动作与返回的继电特性曲线。无论启动和返回，继电器的动作都是明确干脆的，不可能停留在某一个中间位置，这种特性称之为继电特性。

　　返回电流与动作电流的比值称为继电器的返回系数 K_{re}，可表示为

$$K_{re} = \frac{I_{re}}{I_{op}} \qquad (2.1)$$

　　为了保证动作后输出状态的稳定性和可靠性，过电流继电器（以及一切过量动作的继电器）的返回系数恒小于

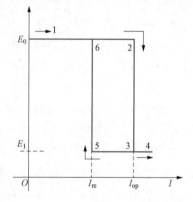

图 2.2　继电特性曲线

1。在实际应用中，常常要求过电流继电器有较高的返回系数，如 $0.85\sim0.90$。过电流继电器动作电流的调整，一般利用调整整定环节的设定值来实现。

　　2.1.2　单侧电源网络相间短路时电流量值特征 (Characteristics of Short Circuit Current for Phase Faults in Single Source Network)

　　我国运行中的电网，采用较多的交流电压等级有 1000、750、500、330、220、110、66、35、10、6kV 和 380/220V。110kV 及以上电压等级的电网，主要承担输电任务，形成多电源环网，采用中性点直接接地方式，其主保护一般由纵联保护担任，全线路上任意点故

障都能快速切除。110kV 以下电压等级的电网，主要承担供、配电任务，发生单相接地后为保证继续供电，中性点采用非直接接地方式，为了便于继电保护的整定配合和运行管理，通常采用双电源互为备用、正常时单侧电源供电的运行方式。其主保护一般由阶段式动作特性的电流保护或距离保护担任。

对于图 2.3 所示的单侧电源供电网络，正常运行时，各条线路中流过所供的负荷电流，越是靠近电源侧的线路，流过的电流越大。负荷电流的大小，取决于用户负荷接入的多少，当用户的负荷同时接入时，形成最大负荷电流。负荷电流与供电电压之间的相位差角就是通常所说的功率因数角，一般小于 $30°$。各条线路中流过的最大负荷电流幅值如图 2.3 中折线 1 所示。

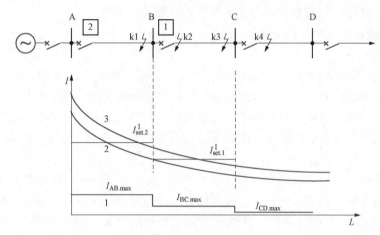

图 2.3　单侧电源供电网络

当供电网络中任意点发生三相短路和两相短路时，流过短路点与电源间线路的短路电流包括短路工频周期分量、暂态高频分量和衰减直流分量，其短路工频周期分量近似计算式为

$$I_k = \frac{E_{ph}}{Z_\Sigma} = K_{ph} \frac{E_{ph}}{Z_S + Z_k} \tag{2.2}$$

式中　E_{ph}——系统等效电源的相电动势；

　　　　Z_k——短路点至保护安装处之间的阻抗；

　　　　Z_S——保护安装处到系统等效电源之间的阻抗；

　　　　K_{ph}——短路类型系数，三相短路取 1，两相短路取 $\frac{\sqrt{3}}{2}$。

随整个电力系统开机方式、保护安装处到电源之间电网的网络拓扑以及负荷水平的变化，E_{ph} 和 Z_S 都会变化，造成短路电流的变化。随短路点距离保护安装处远近的变化和短路类型的不同，Z_k 和 K_{ph} 的值不同，短路电流也不同。总可以找到这样的系统运行方式：在相同地点发生三相短路时流过保护安装处的电流最大，该运行方式对继电保护而言称为系统最大运行方式，对应的系统等值阻抗最小，$Z_S = Z_{S.min}$。也可以找到这样的系统运行方式：在相同地点发生两相短路时流过保护安装处的电流最小，该运行方式对继电保护而言称为系统最小运行方式，对应的系统等值阻抗最大，$Z_S = Z_{S.max}$。取最大运行方式下三相短路和最小运行方式下两相短路，经计算后绘出流经保护安装处的短路电流随短路点距等值电源距离变化的两条曲线，如图 2.3 中曲线 3、2 所示。在系统所有的运行方式下，在相同地点发生不同类型的短路时流过保护安装处的电流都介于这两条短路电流曲线之间。

比较折线 1 与曲线 2、3 可以发现，在保护范围内短路电流的幅值大于负荷电流的幅值，而且要大很多，因此利用流过保护安装处电流幅值的大小来区分运行状态来实现保护简单可靠、方便易行。但是，流过保护安装处短路电流的大小与以下因素紧密相关：

（1）电力系统运行方式（Z_S）的变化；

（2）电力系统正常运行状态（E_{ph}）的变化；

（3）不同的短路类型（K_{ph}）；

（4）随短路点距等值电源的距离变化，短路电流连续变化，距离越远电流越小，并且在本线路末端和下级线路出口短路，电流没有差别。

以上特点，都是在构成完善的电流保护时必须考虑的问题。

2.1.3　电流速断保护（Instantaneous Overcurrent Protection）

1. 工作原理

反应短路电流幅值增大而瞬时动作的电流保护，称为电流速断保护。为了保证其选择性，一般只能保护线路的一部分。以图 2.3 所示的网络接线为例，假定在每条线路上均装有电流速断保护，当线路 AB 上发生故障时希望保护 2 能瞬时动作，而当线路 BC 上故障时希望保护 1 能瞬时动作，它们的保护范围最好能达到本线路全长的 100%。但是这种愿望能否实现，需要进行具体分析。

以保护 2 为例，当相邻线路 BC 的始端（习惯上又称为出口处）k2 点短路时，按照选择性的要求，速断保护 2 就不应该动作，因为该处的故障应由速断保护 1 动作切除。而当本线路末端 k1 点短路时，希望速断保护 2 能够瞬时动作切除故障。但是实际上，k1 点和 k2 点短路时，从保护 2 安装处所流过的电流的数值几乎相同。因此，希望 k1 点短路时速断保护 2 能动作，而 k2 点短路时又不动作的要求就不可能同时得到满足。同理，保护 1 也无法区别 k3 点和 k4 点的短路。

为解决这个矛盾可以有两种办法：通常采用的办法是优先保证动作的选择性，即从保护装置启动参数的整定上保证下一条线路出口处短路时不启动，在继电保护技术中，这又称为按躲开下一条线路出口处短路的条件整定。另一种办法就是在个别情况下，当快速切除故障是首要条件时，就采用无选择性的速断保护，而以自动重合闸来纠正这种无选择性动作。无选择性速断保护将在本书第 5 章进行分析，下面只介绍有选择性的电流速断保护。

对反应电流升高而动作的电流速断保护而言，能使该保护装置启动的最小电流值称为保护装置的整定电流，以 I_{set} 表示，显然仅当实际的短路电流 $I_k \geqslant I_{set}$ 时，保护装置才会动作。保护装置的整定电流 I_{set}，是用电力系统一次侧的参数表示的。它所代表的意义是：当被保护线路的一次侧电流达到这个数值时，安装在该处的这套保护装置就能够动作。以保护 2 为例，为保证动作的选择性，保护装置的整定动作电流 $I_{set.2}^{I}$ 必须大于下一条线路出口处短路时可能的最大短路电流，从而造成在本线路末端短路时保护不能启动，保护不能启动的范围随运行方式、故障类型的变化而变化。在各种运行方式下，发生各种短路保护都能动作切除故障的短路点位置的最小范围称为最小保护范围，例如保护 2 的最小保护范围为图 2.3 中直线 $I_{set.2}^{I}$ 与曲线 2 的交点前面的部分，仅为线路 AB 全长的一部分。

2. 电流速断保护的整定计算原则

（1）动作电流的整定。为了保证电流速断保护动作的选择性，对保护 1 来讲，其整定的动作电流 $I_{set.1}^{I}$ 必须大于 k4 点短路时可能出现的最大短路电流，即大于在最大运行方式下变

电站 C 母线上三相短路时电流 $I_{\text{k. C. max}}$

$$I_{\text{set. 1}}^{\text{I}} > I_{\text{k. C. max}} = \frac{E_{\text{ph}}}{Z_{\text{S. min}} + Z_{\text{BC}}} \tag{2.3}$$

动作电流为

$$I_{\text{set. 1}}^{\text{I}} = K_{\text{rel}}^{\text{I}} I_{\text{k. C. max}} \tag{2.4}$$

式中　$K_{\text{rel}}^{\text{I}}$——可靠系数，取 $1.2 \sim 1.3$。

引入 $K_{\text{rel}}^{\text{I}}$ 是考虑非周期分量的影响、实际的短路电流可能大于计算值、保护装置的实际动作值可能小于整定值和一定的裕度等因素。

对保护 2 来讲，按照同样的原则，其动作电流应整定得大于变电站 B 母线上短路时的最大短路电流 $I_{\text{k. B. max}}$，即

$$I_{\text{set. 2}}^{\text{I}} = K_{\text{rel}}^{\text{I}} I_{\text{k. B. max}} \tag{2.5}$$

计算出保护的一次动作电流后，还需要求出继电器的二次动作电流

$$I_{\text{op}}^{\text{I}} = \frac{I_{\text{set}}^{\text{I}}}{n_{\text{TA}}} K_{\text{con}} \tag{2.6}$$

式中　n_{TA}——电流互感器的变比；

　　　K_{con}——电流互感器的接线系数，其值与电流互感器的接线方式有关，二次侧为三相星形或两相星形接线时其值为 1，二次侧为三角形接线时其值为 $\sqrt{3}$。

速断保护的动作时间取决于继电器本身固有的动作时间，一般小于 10ms。考虑到躲过线路中避雷器的放电时间为 $40 \sim 60$ms，一般加装一个动作时间为 $60 \sim 80$ms 的保护出口中间继电器，一方面提供延时，另一方面扩大触点的容量和增加触点数量。

（2）保护范围的校验。在已知保护的动作电流后，大于一次动作电流的短路电流对应的短路点区域，就是保护范围。保护范围随运行方式、故障类型的变化而变化，最小的保护范围在系统最小运行方式下两相短路时出现。一般情况下，应按这种运行方式和故障类型来校验保护的最小范围，要求大于被保护线路全长的 $15\% \sim 20\%$。保护的最小范围计算式为

$$I_{\text{set}}^{\text{I}} = I_{\text{k. I. min}} = \frac{\sqrt{3}}{2} \frac{E_{\text{ph}}}{Z_{\text{S. max}} + z_1 L_{\text{min}}} \tag{2.7}$$

式中　L_{min}——电流速断保护的最小保护范围长度；

　　　z_1——线路单位长度的正序阻抗。

3. 电流速断保护的构成

电流速断保护的单相原理接线如图 2.4 所示。过电流继电器 KA 接于电流互感器 TA 的二次侧，当流过它的电流大于它的动作电流 I_{op}^{I} 后，比较环节 KA 有输出。在某些特殊情况下需要闭锁跳闸回路，设置闭锁环节。闭锁环节在保护不需要闭锁时输出为 1，在保护需要闭锁时输出为 0。当比较环节 KA 有输出并且不被闭锁时，与门有输出，发出跳闸命令的同时，启动信号回路的信号继电器 KS。

4. 电流速断保护的主要优缺点

电流速断保护的优点是简单可靠、动作迅速，因而获得了广泛的应用；缺点是不可能保护线路的全长，并

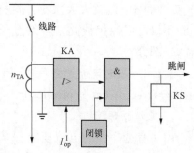

图 2.4　电流速断保护的单相原理接线

且保护范围直接受运行方式变化的影响。

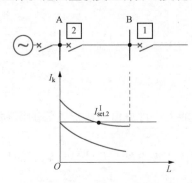

图 2.5　运行方式变化对电流速断
保护范围的影响

当系统运行方式变化很大，或者被保护线路的长度很短时，速断保护就可能没有保护范围，因而不能采用。例如图 2.5 所示为系统运行方式变化很大的情况，当保护 2 电流速断按最大运行方式下保护选择性的条件整定以后，在最小运行方式下就没有保护范围。

当电流速断保护安装于网络中不同位置时，其最小保护范围的变化也不同。图 2.6 所示为被保护线路长度对电流速断保护的影响。当线路较长时，线路阻抗占短路总阻抗的比例较大，其始端和末端短路电流 I_k 的差别较大，因而短路电流变化曲线比较陡，保护范围比较大，如图 2.6（a）所示。而当线路短时，由于短路电流曲线变化平缓，速断保护的整定值在考虑了可靠系数以后，其保护范围将很小甚至没有保护范围，如图 2.6（b）所示。

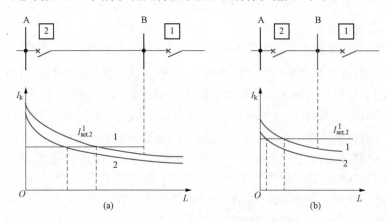

图 2.6　被保护线路长度对电流速断保护的影响
（a）长线路；（b）短线路

但在个别情况下，有选择性的电流速断保护也可以保护线路的全长。如图 2.7 所示，当电网的终端线路上采用线路 - 变压器组的接线方式时，由于线路和变压器可以看成是一个元件，而变压器短路阻抗是集中参数，因此速断保护就可以按照躲开变压器低压侧线路出口处 k1 点的短路电流来整定，由于变压器的阻抗较大，k1 点的短路电流就大大减小，这样整定之后，电流速断不仅可以保护线路 AB 的全长，还能保护变压器的一部分。

2.1.4　限时电流速断保护（Time Delay Instantaneous Overcurrent Protection）

1. 工作原理

由于有选择性的电流速断保护不能保护本线路的全长，因此可考虑增加一段带时限动作的保护，用来切除本线路上速断保护范围以外的故障，同时

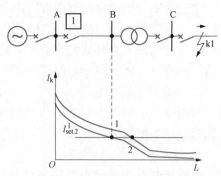

图 2.7　用于线路 - 变压器组的电流速
断保护

也能作为速断保护的后备,这就是限时电流速断保护。

对限时电流速断保护的要求:①在任何情况下能保护本线路的全长,并且具有足够的灵敏性;②在满足上述要求的前提下,力求具有最小的动作时限;③在下级线路短路时,保证下级保护优先切除故障,满足选择性要求。

例如图2.8所示系统线路保护2,由于要求限时电流速断保护必须保护线路的全长,因此它的保护范围必然要延伸到下级线路中,当下级线路出口处发生短路时,保护启动,在这种情况下,为了保证动作的选择性,就必须使保护的动作带有一定的时限,此时限的大小与其延伸的范围有关。为了使这一时限尽量缩短,首先要考虑使它的保护范围不超过下级线路速断保护的范围,而动作时限则比下级线路的速断保护高出一个时间阶梯,此时间阶梯以 Δt 表示。与下级线路的速断保护配合后,如果本线路末端短路灵敏性不足,

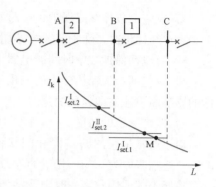

图2.8 限时电流速断动作特性的分析

则此限时电流速断保护范围继续延伸与下级线路的限时电流速断保护范围配合,动作时限比下级的限时速断保护高出一个时间阶梯。通过上下级保护间保护定值与动作时间的配合,使全线路的故障都可以在一个 Δt(少数与限时电流速断保护配合时为两个 Δt)内灵敏切除。

2. 限时电流速断保护的整定

(1) 动作电流的整定。设图2.8所示系统保护1装有电流速断,其动作电流 $I_{\text{set.1}}^{\text{I}}$ 按式(2.4)计算,它与最大短路电流变化曲线的交点为M,M点到母线B即为保护1电流速断的最大保护范围。当在M点发生短路时,短路电流即为 $I_{\text{set.1}}^{\text{I}}$,速断保护刚好能动作。根据以上分析,保护2的限时电流速断范围不应超出保护1电流速断的范围。因此,单侧电源供电方式时动作电流应整定为

$$I_{\text{set.2}}^{\text{II}} \geqslant I_{\text{set.1}}^{\text{I}} \tag{2.8}$$

在式(2.8)中,如果选取等号,就意味着保护2限时速断的保护范围正好和保护1速断保护的范围相重合。这在理想情况下虽是可以的,但在实践中是不允许的。因为保护2和保护1安装在不同的地点,使用不同的电流互感器和继电器,它们之间的特性很难完全一样。如果正好遇到保护1的电流速断出现负误差,其保护范围比计算值小,而保护2的限时速断是正误差,其保护范围比计算值大,那么实际上,当计算的保护范围末端短路时,就会出现保护1的电流速断已不能动作,而保护2的限时速断仍然会启动的情况。为了避免这种情况的发生,不能采用两个电流相等的整定方法,而必须采用

$$I_{\text{set.2}}^{\text{II}} > I_{\text{set.1}}^{\text{I}} \tag{2.9}$$

引入可靠性配合系数 $K_{\text{rel}}^{\text{II}}$,一般取为 1.1~1.2,则得

$$I_{\text{set.2}}^{\text{II}} = K_{\text{rel}}^{\text{II}} I_{\text{set.1}}^{\text{I}} \tag{2.10}$$

(2) 动作时限的选择。从以上分析中已经得出,限时速断的动作时限 t_2^{II},应比下级线路速断保护的动作时限 t_1^{I} 高出一个时间阶梯 Δt,即

$$t_2^{\text{II}} = t_1^{\text{I}} + \Delta t \tag{2.11}$$

从尽快切除故障的观点来看,Δt 越小越好,但是为了保证两个保护之间动作的选择性,其值又不能选择得太小。现以线路BC上发生故障时,保护2与保护1的配合关系为例,说

明确定 Δt 的原则。

1）应包括故障线路断路器跳闸时间、灭弧时间（从接通跳闸线圈带电的瞬时算起，直到断路器中电弧熄灭时为止），因为在这一段时间里，故障电流并未消失，保护 2 仍处于启动状态。

2）应包括故障线路保护 1 中时间继电器的实际动作时间比整定时间大的正误差。（当保护 1 为速断保护时，保护装置中不用时间继电器，即可不考虑这一影响。）

3）应包括保护 2 中时间继电器可能比预定时间提前动作的负误差。

4）应包括如果保护 2 中的测量元件（机电式电流继电器）在外部故障切除后，由于惯性的影响而不能立即返回的延时。

5）考虑一定的裕度。

对于通常采用的断路器和间接作用于断路器的二次式继电器而言，Δt 一般取 0.3～0.5s，通常多取为 0.5s。随着真空断路器和数字式继电器的采用，该时限可取为 0.3s。

按照上述原则整定的时限特性如图 2.9（b）所示，在保护 1 电流速断范围以内的故障，将以 t_1^{I} 的时间被切除，此时保护 2 的限时电流速断虽然可能启动，但由于 t_2^{II} 较 t_1^{I} 大一个 Δt，保护 1 电流速断动作切除故障后，保护 2 返回，因而从时间上保证了选择性。又如当故障发生在保护 2 电流速断的范围以内时，则将以 t_2^{I} 的时间被切除，而当故障发生在速断的范围以外同时又在线路 AB 以内时，则将以 t_2^{II} 的时间被切除。

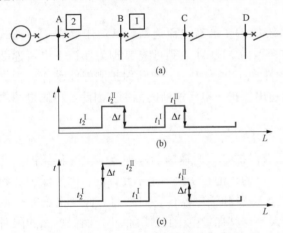

图 2.9　限时电流速断动作时限的配合关系

（a）系统接线图；（b）与电流速断配合；

（c）与限时电流速断配合

由此可见，当线路上装设了电流速断保护和限时电流速断保护以后，它们的联合工作就可以保证全线路范围内的故障都能够在 0.5s 的时间内予以切除，在一般情况下都能够满足速动性的要求。具有这种快速切除全线路各种故障能力的保护称为该线路的主保护，在中低压的配电网中，往往由电流速断、电流限时速断共同组成线路的主保护。

3. 保护装置灵敏性的校验

为了能够保护本线路的全长，限时电流速断保护必须保证在系统最小运行方式下线路末端发生两相短路时，具有足够的反应能力，这个能力通常用灵敏系数 K_{sen} 来衡量。对反应数值上升而动作的过量保护装置，灵敏系数的含义是

$$K_{\mathrm{sen}} = \frac{\text{保护范围内发生金属性短路时故障参数的计算值}}{\text{保护装置的动作参数值}} \quad (2.12)$$

式（2.12）中，故障参数（如电流、电压等）的计算值，应根据实际情况合理采用最不利于保护动作的系统运行方式和故障类型来选定，但不必考虑可能性很小的特殊情况。

对保护 2 的限时电流速断而言，应采取系统最小运行方式下线路 AB 末端发生两相短路时的短路电流作为故障参数的计算值。设此电流为 $I_{\mathrm{k.B.min}}$，代入式（2.12），则灵敏系数为

$$K_{sen} = \frac{I_{k.B.min}}{I_{set.2}^{II}} \tag{2.13}$$

为了保证在线路末端短路时，保护装置一定能够动作，要求 $K_{sen} \geq 1.3 \sim 1.5$。

要求灵敏系数大于 1.3 的原因是考虑可能会出现一些不利于保护启动的因素，而在实际上存在这些因素时，为使保护仍然能够动作，必须留有一定的裕度。不利于保护启动的因素如下：

（1）故障点一般不是金属性短路，存在过渡电阻，会使短路电流减小，不利于保护装置动作；

（2）由于计算误差或其他原因，实际的短路电流小于计算值；

（3）保护装置所使用的电流互感器，在短路电流通过时，一般具有负误差，因此使实际流入保护装置的电流小于按额定变比折合的电流；

（4）保护装置中的继电器的实际启动数值可能具有正误差；

（5）考虑一定的裕度。

当灵敏系数不能满足要求时，意味着真正发生内部故障时，由于上述不利因素的影响保护可能启动不了，达不到保护线路全长的目的，这是不允许的。因此，通常降低限时电流速断的整定值，使之与下级线路的限时电流速断相配合，使其动作时限比下级线路限时速断时限增加 Δt，此时限时电流速断的动作时限为 $1.0 \sim 1.2s$。按照这个原则整定的时限特性如图 2.9（c）所示，此时

$$t_2^{II} = t_1^{II} + \Delta t \tag{2.14}$$

可见，保护范围的伸长，必然导致动作时限升高。

4. 限时电流速断保护的单相原理接线

限时电流速断保护的单相原理接线如图 2.10 所示。它与电流速断保护接线（见图 2.4）的主要区别是增加了时间继电器 KT，当电流继电器 KA 启动后，必须经过时间继电器 KT 的延时 t_2^{II} 才能动作于跳闸。而如果在 t_2^{II} 以前故障已经切除，则电流继电器 KA 立即返回，整个保护随即复归原状，而不会形成误动作。

2.1.5　定时限过电流保护（Definite Time Overcurrent Protection）

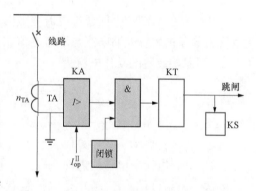

图 2.10　限时电流速断保护的单相原理接线

过电流保护可作为下级线路主保护拒动和断路器拒动时的远后备保护，同时作为本线路主保护拒动时的近后备保护，也可作为过负荷时的保护。过电流保护通常是指其动作电流按照躲开最大负荷电流来整定的保护，当电流的幅值超过最大负荷电流值时启动。过电流保护有两种：①保护启动后出口动作时间是固定的整定时间，称为定时限过电流保护；②出口动作时间与过电流的倍数相关，电流越大，出口动作越快，称为反时限过电流保护。过电流保护在正常运行时不启动，而在电网发生故障时，则能反应电流的增大而动作。在一般情况下，它不仅能够保护本线路的全长，而且能保护相邻线路的全长，可以起到远后备保护的作用。下面只介绍定时限过电流保护，反时限过电流保护在 2.1.7 中介绍。

1. 工作原理和动作电流计算

为保证在正常情况下各条线路上的过电流保护绝对不动作，显然保护装置的动作电流必

须大于该线路上出现的最大负荷电流 $I_{\text{L.max}}$；同时还必须考虑在外部故障切除后电压恢复、负荷自启动电流作用下保护装置必须能够返回，其返回电流应大于负荷自启动电流。例如在图 2.11 所示的接线中，当 k2 点短路时，短路电流将通过保护 5、4、3、2，这些保护都要启动，但是按照选择性的要求应由保护 2 动作切除故障，然后保护 3、4、5 由于电流已经减小而立即返回原位。

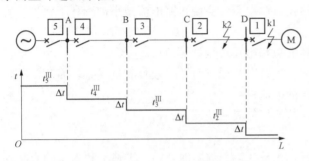

图 2.11　单侧电源放射形网络中过电流保护

实际上当 k2 点故障切除后，流经保护 3、4、5 的电流为仍然在继续运行中的负荷电流。还必须考虑到，由于短路时电压降低，变电站 A、B、C 母线上所接负荷的电动机被制动，因此，在故障切除后电压恢复时，电动机要有一个自启动的过程。电动机的自启动电流要大于它正常工作的电流，因此引入一个自启动系数 K_{ss} 来表示自启动时最大电流 $I_{\text{ss.max}}$ 与正常运行时最大负荷电流 $I_{\text{L.max}}$ 之比，即

$$I_{\text{ss.max}} = K_{\text{ss}} I_{\text{L.max}} \tag{2.15}$$

保护 3、4、5 在各自启动电流的作用下必须立即返回，为此应使保护装置的返回电流（一次值）I'_{re} 大于 $I_{\text{ss.max}}$。引入可靠系数 $K^{\text{III}}_{\text{rel}}$，则

$$I'_{\text{re}} = K^{\text{III}}_{\text{ss}} I_{\text{ss.max}} = K^{\text{III}}_{\text{rel}} K_{\text{ss}} I_{\text{L.max}} \tag{2.16}$$

保护装置的启动和返回通过电流继电器来实现，因此继电器返回电流与动作电流之间的关系代表着保护装置返回电流与动作电流之间的关系。根据式（2.1）引入继电器的返回系数 K_{re}，则保护装置的动作电流为

$$I^{\text{III}}_{\text{set}} = \frac{1}{K_{\text{re}}} I'_{\text{re}} = \frac{K^{\text{III}}_{\text{rel}} K_{\text{ss}}}{K_{\text{re}}} I_{\text{L.max}} \tag{2.17}$$

式中　　$K^{\text{III}}_{\text{rel}}$——可靠系数，一般采用 $1.15\sim1.25$；

　　　　K_{ss}——自启动系数，数值大于 1，应由网络具体接线和负荷性质确定；

　　　　K_{re}——电流继电器的返回系数，一般采用 $0.85\sim0.95$。

由这一关系可见，K_{re} 越小，保护装置的动作电流越大，因而其灵敏性就越差；K_{re} 越大，其动作可靠性越低，这就是要求过电流继电器应有合适的返回系数的原因。

2. 按选择性的要求整定过电流保护的动作时限

如图 2.11 所示，假定在每个电力元件上均装有过电流保护，各保护的动作电流均按照躲开被保护元件上各自的最大负荷电流来整定。这样当 k1 点短路时，保护 1~5 在短路电流的作用下都可能启动，为满足选择性要求，应该只有保护 1 动作切除故障，而保护 2~5 在故障切除之后应立即返回。这个要求只有依靠各保护装置带有不同的时限来满足。

保护 1 位于电力系统的最末端，电动机内部发生故障时，它就可以瞬时动作予以切除，t^{III}_1 即为保护装置本身的固有动作时间。对保护 2 来讲，为了保证 k1 点短路时动作的选择性，则应整定其动作时限 $t^{\text{III}}_2 > t^{\text{III}}_1$。引入时间阶段 Δt，则保护 2 的动作时限为

$$t^{\text{III}}_2 = t^{\text{III}}_1 + \Delta t \tag{2.18}$$

依此类推，保护 3、4、5 的动作时限均应比相邻各元件保护的动作时限高出至少一个

Δt，只有这样才能充分保证动作的选择性。例如在图 2.12 所示的电力系统中，对保护 4 而言即应同时满足

$$t_4^{\text{III}} = \max\{t_1^{\text{III}} + \Delta t, t_2^{\text{III}} + \Delta t, t_3^{\text{III}} + \Delta t\} \qquad (2.19)$$

式中　t_1^{III}——保护 1（电动机保护）的动作时间；

　　　t_2^{III}——保护 2（变压器保护）的动作时间；

　　　t_3^{III}——保护 3（线路 BC 保护）的动作时间。

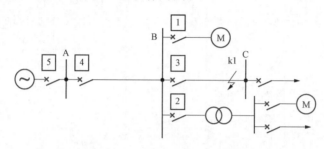

图 2.12　选择过电流保护动作电流和动作时间的网络接线图

这种保护的动作时限，经整定计算确定之后，即由专门的时间元件予以保证，其动作时限与短路电流的大小无关，因此称为定时限过电流保护。实现保护的单相式原理接线与图 2.10 相同。

3. 过电流保护灵敏系数的校验

过电流保护灵敏系数的校验仍采用式（2.12）。当过电流保护作为本线路的主保护时，应采用最小运行方式下本线路末端两相短路时的电流进行校验，要求 $K_{\text{sen}} \geqslant 1.3$；当作为相邻线路的后备保护时，则应采用最小运行方式下相邻线路末端两相短路时的电流进行校验，此时要求 $K_{\text{sen}} \geqslant 1.2$。

此外，在各个过电流保护之间，还必须要求灵敏系数互相配合，即对同一故障点而言，要求越靠近故障点的保护具有越高的灵敏系数。例如在图 2.11 所示的网络中，当 k1 点短路时，应要求各保护的灵敏系数之间具有下列关系

$$K_{\text{sen.1}} > K_{\text{sen.2}} > K_{\text{sen.3}} > K_{\text{sen.4}} > \cdots \qquad (2.20)$$

在单侧电源的网络接线中，越靠近电源端时，负荷电流越大，从而保护装置的定值越大，而发生故障后，各保护装置均流过同一个短路电流，因此上述灵敏系数应相互配合的要求是自然能够满足的，而在其他原理的保护配合时，则应当着意予以保证。

在后备保护之间，只有当灵敏系数和动作时限都互相配合时，才能切实保证动作的选择性，这一点在复杂网络的保护中尤其应该注意。以上要求同样适用于零序电流Ⅲ段保护和距离Ⅲ段保护。

2.1.6　阶段式电流保护的配合及应用（Co - ordination of Overcurrent Protection Zones and Its Application）

电流速断保护、限时电流速断保护和过电流保护都是反应电流升高而动作的保护。它们之间的区别主要在于按照不同的原则来选择动作电流。电流速断保护按照躲开本线路末端的最大短路电流来整定，限时电流速断保护按照躲开下级各相邻元件电流速断保护的最大动作电流来整定，而过电流保护则是按照躲开本元件最大负荷电流来整定。

由于电流速断保护不能保护线路全长，限时电流速断保护又不能作为相邻元件的后备保护，因此为保证迅速而有选择性地切除故障，常常将电流速断保护、限时电流速断保护和过电流保护组合在一起，构成阶段式电流保护。具体应用时，可以只采用电流速断保护加过电流保护，或限时电流速断保护加过电流保护，也可以三者同时采用。现以图 2.13 所示的网络接线为例予以说明。

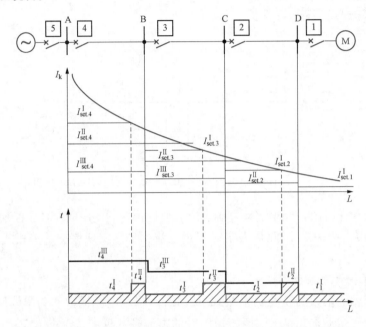

图 2.13　阶段式电流保护的配合和实际动作时间的示意图

在电网最末端的用户电动机或其他受电设备上，保护 1 采用瞬时动作的过电流保护即可满足要求，其动作电流按躲开电动机启动时的最大电流整定，与电网中其他保护的定值和时限上都没有配合关系。在电网的倒数第二级上，保护 2 应首先考虑采用 0.5s 动作的过电流保护；如果在电网中线路 CD 上的故障没有提出瞬时切除的要求，则保护 2 只装设一个 0.5s 动作的过电流保护也是完全允许的；而如果要求线路 CD 上的故障必须快速切除，则可增设一个电流速断保护，此时保护 2 就是一个电流速断保护加过电流保护的两段式保护。保护 3 的过电流保护由于要和保护 2 配合，因此动作时限要整定为 1.0～1.2s，一般在这种情况下，需要考虑增设电流速断保护或同时装设电流速断保护和限时电流速断保护，此时保护 3 可能是两段式保护也可能是三段式保护。越靠近电源端，过电流保护的动作时限就越长，因此，一般都需要装设三段式保护。

具有上述配合关系的保护装置配置情况，以及各点短路时实际切除故障的时间如图 2.13 所示。由图可见，当全系统任意一点发生短路时，如果不发生保护或断路器拒绝动作的情况，则故障都可以在 0.5s 以内的时间予以切除。

具有电流速断保护、限时电流速断保护和过电流保护的三段式电流保护的单相原理框图如图 2.14 所示。电流速断保护部分由电流元件 KA^I 和信号元件 KS^I 组成，限时电流速断保护部分由电流元件 KA^{II}、时间元件 KT^{II} 和信号元件 KS^{II} 组成，过电流保护部分由电流元件 KA^{III}、时间元件 KT^{III} 和信号元件 KS^{III} 组成。三段的动作电流和动作时间整定的均不相同，因此必须分别使用三个串联的电流元件和两个不同时限的时间元件，而信号元件则分别用以发出Ⅰ、Ⅱ、Ⅲ段保护动作的信号。

使用Ⅰ段、Ⅱ段或Ⅲ段组成的阶段式电流保护，其主要的优点是简单、可靠，并且在一般情况下也能够满足快速切除故障的要求，因此在电网中，特别是在35kV及以下较低电压的网络中获得广泛的应用。此保护的缺点是它的保护范围直接受电网的接线以及电力系统的运行方式变化的影响，例如整定值必须按系统最大运行方式来选择，而灵敏性则必须用系统最小运行方式来校验，这就使它往往不能满足灵敏系数或保护范围的要求。

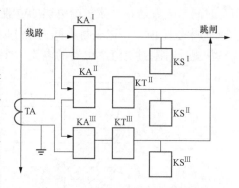

图 2.14　具有三段式电流保护的单相原理框图

2.1.7　反时限过电流保护（Inverse Time Relay with Definite Minimum Time Overcurrent Protection）

在阶段式动作特性的电流保护中，继电器动作具有继电特性，当流入过电流继电器中的电流大于整定的动作电流时，过电流继电器的触点瞬时闭合。为了有选择地、快速地切除靠近电源侧的短路，必须使用多个过电流继电器和时间继电器组成三段式保护回路，使用的继电器较多，并且短路点越靠近电源，过电流保护段动作时间越长。为克服上述缺点，可以采用动作时间与流过继电器中电流的大小有关的继电器，利用继电器的反时限动作特性，构成反时限过电流保护，电流大时保护的动作时限短，而电流小时动作时限长。

1. 反时限动作特性

反时限动作特性是指动作量越大动作时间越短的特性，常用的反时限过电流继电器的时限特性如图 2.15 所示。为了获得这一特性，在保护装置中曾先后广泛采用通过输入电流感应带动转动圆盘转动的感应型反时限继电器和由静态电路等构成的反时限继电器，通过改变转盘的阻尼或电路的参数可以改变其动作特性。

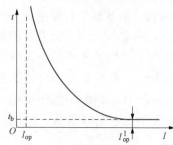

图 2.15　反时限过电流继电器时限特性

对于图 2.15 所示的常规反时限特性，一般用动作电流 I_{op}、瞬时动作电流 I_{op}^{I}（瞬时动作触点闭合时间 t_b）和系数 K 三个参数来描述。常用的反时限过电流继电器的动作特性方程为

$$t = \frac{0.14K}{\left(\dfrac{I}{I_{op}}\right)^{0.02} - 1} \tag{2.21}$$

在数字式保护中，改变式（2.21）的系数 K 可以获得不同的动作特性，选定系数 K 后，实时测量输入电流，当大于动作电流时，实时计算动作时间。此时电流元件和时间元件的职能由同一个继电器来完成，在一定程度上它具有图 2.14 所示的三段式电流保护的功能，即近处故障时动作时限短，而远处故障时动作时限自动加长，可以同时满足速动性和选择性的要求。

当流过继电器的电流小于动作电流 I_{op} 时，继电器不启动。当电流大于瞬时动作电流 I_{op}^{I} 时，继电器以最小动作时间 t_b 动作。当电流在两者之间时，电流继电器启动后，延时触点的闭合时间与电流倍数（流过继电器的电流 I 与动作电流 I_{op} 之比）有关。K 为时间整定系数，选择不同的 K 值，可以获得不同的动作时间曲线，K 值越大，动作时间越长。

常规反时限过电流继电器的电流 - 时间对数特性曲线族如图 2.16 所示。

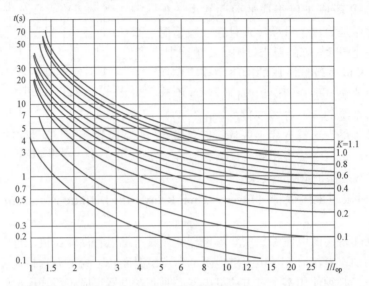

图 2.16　常规反时限过电流继电器的电流 - 时间对数特性曲线族

2. 反时限过电流保护的整定和配合

反时限过电流保护的整定和配合如图 2.17 所示。

（1）反时限特性上下级间的配合。反时限过电流保护装置的动作电流仍应按照式（2.17）躲过最大负荷电流的原则进行整定。同时为了保证各保护之间动作的选择性，其动作时限也应该逐级配合确定。图 2.17（b）为最大运行方式下短路电流的分布曲线，假设在各线路始端（k1、k2、k3、k4 点，也称配合点）发生短路时的最大短路电流分别为 $I_{k1.max}$、$I_{k2.max}$、$I_{k3.max}$ 和 $I_{k4.max}$，则在此电流的作用下，各线路自身的保护装置的动作时限均应为最小。为了在各线路保护装置之间保证动作的选择性，各保护可按下列步骤进行整定。

1）从距电源最远的保护 1 开始，其动作电流按式（2.17）整定为 $I_{op.1}$，如果要求其动作时间为 t_1，可以确定 a1 点。当 k1 点短路时，在 $I_{k1.max}$ 的作用下，保护 1 可整定为继电器的固有动作时间 t_b，从而确定 b 点。这样保护 1 的时限特性曲线（或 K 值）即可根据以上两个条件确定，使之通过 a1 和 b 两点，如图 2.17（d）中的曲线①。根据需要的 K 值，整定数字式反时限过电流继电器特性式（2.21）的系数 K，或者根据继电器制造厂提供的 K 值曲线族选用对应的特性曲线。

2）整定保护 2，其动作电流仍按式（2.17）整定为 $I_{op.2}$，确定 a2 点的坐标。当 k1 点短路时（保护 1、2 的配合点），为保证动作的选择性，就必须选择当电流为 $I_{k1.max}$ 时，保护 2 的动作时限比保护 1 高出一个时间阶梯 Δt，即 $t_c = t_b + \Delta t$，因此保护 2 的时限特性曲线应通过 c 点。在继电器的特性曲线族中选取一条适当的曲线，使之通过 a2 和 c 两点，如图 2.17（d）中的曲线②，该曲线为保护 2 的特性曲线。这样选择之后，当被保护线路始端 k2 点短路时，在短路电流 $I_{k2.max}$ 的作用下，其动作时间为 t_d，此时间小于 t_c，因此能较快地切除近处的故障。这是反时限保护的最大优点。

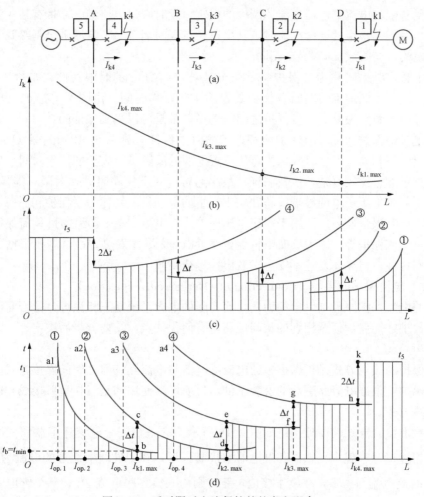

图 2.17　反时限过电流保护的整定和配合

(a) 网络接线；(b) 最大运行方式下短路电流分布曲线；(c) 各保护动作的时限特性；
(d) 整定值的选择与配合关系

3) 保护 3 的整定，可类似以上的原则进行，即首先按式 (2.17) 算出其动作电流 $I_{op.3}$，确定特性曲线的 a3 点，然后按照在 k2 点短路时与保护 2 相配合的原则，选取当电流为 $I_{k2.max}$ 时的动作时间为 $t_e = t_d + \Delta t$，即确定了特性曲线的 e 点，通过 a3 和 e 两点的曲线为保护 3 的特性曲线，如图 2.17 (d) 中的曲线③。当被保护线路始端 k3 短路时，其动作时间为 t_f，仍小于 t_e。同理可以整定保护 4，得出图 2.17 (d) 中的曲线④。

显然，在以上的整定计算中，通过保证配合点的动作时间配合使得任意点短路时动作时间取得了配合，这是以不同地点的继电器都具有式 (2.21) 表达的特性曲线保证的。当上、下级保护使用不同类型的动作特性曲线族时，还应保证在特性曲线上任意点的配合。

(2) 反时限过电流保护与电源侧定时限过电流保护的配合。对于安装在发电机侧的保护 5，一般采用定时限特性作为后备保护，其动作时间应与保护 4 的反时限特性配合。作为远后备，在 k3 点短路时，保护 5 的动作时间应比保护 4 延迟 Δt，在保护 4 的动作特性曲线上查出对应 k3 点短路时的动作时间，保护 5 的动作时间比它大 Δt，或者比在 k4 点短路时保护 4 的动作时间大 $2\Delta t$。

（3）反时限过电流继电器电流速断段的整定。反时限过电流继电器带有独立整定的电流速断段，当达到其整定的动作电流时，其出口触点瞬时闭合。整定原则仍是躲开下级母线的最大短路电流，与式（2.4）完全相同。

将以上整定结果转化为各保护装置动作时限 $t = f(L)$ 的时限特性，如图 2.17（c）所示，图中示出了不同地点短路时各保护装置的实际动作时间。由图 2.17（c）也可以看出，在保护范围内任意点短路时，各保护之间的选择性都是可以得到保证的。

对比定时限保护和反时限保护两种保护的时限特性［见图 2.13 和图 2.17（c）］可见，其基本整定原则相同，但反时限保护可使靠近电源的故障具有较少的切除时间。反时限保护的缺点是整定配合比较复杂，以及系统在最小运行方式下短路时动作时限可能较长。因此，它主要用于单侧电源供电的终端线路和较小容量的电动机上，作为主保护和后备保护使用。

另外，反时限特性还广泛用于零序电流保护、发电机 - 变压器组的过负荷保护、发电机定子负序过电流保护等，因为反时限特性更接近电流 - 导体发热特性，需要根据导体散热条件选择动作特性，当导体发热不安全时发出信号或跳闸。

2.1.8 电流保护的接线 （Connection of Overcurrent Protection）

上述的电流保护原理是以单相为例，而实际的电力系统是三相系统，是否需要每相都装设单相式保护才能保护任意相别的相间短路，有何优缺点，需要分析后决定。

1. 接线方式

电流保护的接线方式是指保护中的电流继电器与电流互感器之间的连接方式。对相间短路的电流保护，根据电流互感器的安装条件，目前广泛使用的是三相星形接线和两相星形接线两种接线方式。

三相星形接线方式的原理接线如图 2.18 所示。它是将三个电流互感器和三个电流继电器分别按相连接在一起，互感器和继电器均接成星形，在中性线上流过的电流为 $\dot{I}_a + \dot{I}_b + \dot{I}_c$，正常时此电流约为零，在发生接地短路时则为三倍零序电流 $3\dot{I}_0$；三个继电器的启动跳闸回路是并联连接的，相当于"或"回路，其中任一输出均可动作于跳闸或启动时间继电器。在该接线方式中，每相上均装有电流继电器，可以反应各种相间短路和中性点直接接地系统中的单相接地短路。

两相星形接线方式的原理接线如图 2.19 所示。它将装设在 A、C 两相上的两个电流互感器与两个电流继电器分别按相连接在一起。它和三相星形接线的主要区别在于 B 相上不装设电流互感器和相应的继电器，因此不能反应 B 相中所流过的电流。在这种接线中，中性线的电流是 $\dot{I}_a + \dot{I}_c$。

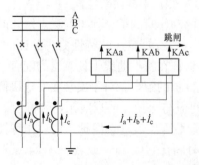

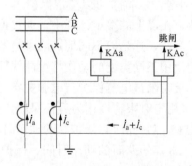

图 2.18 三相星形接线方式的原理接线图 　　 图 2.19 两相星形接线方式的原理接线图

使用电流、电压互感器时，其一、二次电量的相位关系用同名端标记，图 2.19 中的黑点表示电流互感器的同名端。参照电磁感应定律的相关规定，同名端含义为：当一次电流由同名端流入时，互感器二次电流由同名端流出，此时一次、二次电流同相位。

当采用以上两种接线方式时，流入继电器的电流就是互感器的二次电流 I_2，设电流互感器的变比为 $n_{TA}=\dfrac{I_1}{I_2}$，则 $I_2=\dfrac{I_1}{n_{TA}}$。因此，当保护装置的一次动作电流整定为 I_{set} 时，反应到继电器上的动作电流应为

$$I_{op}=\frac{I_{set}}{n_{TA}} \tag{2.22}$$

2. 两种接线方式故障反应能力比较

(1) 中性点直接接地系统和非直接接地系统中的各种相间短路。两种接线方式均能正确反应这些故障，不同之处仅在于继电器的动作个数不一样，三相星形接线方式在各种两相短路时，均有两个继电器动作，而两相星形接线方式在 AB 和 BC 相间短路时只有一个继电器动作。

(2) 中性点非直接接地系统中的两点接地短路。由于中性点非直接接地系统中，允许单相接地时继续短时运行，因此，发生两点接地短路时，希望只切一个故障点。

例如，在图 2.20 所示的串联线路上发生两点接地短路时，希望只切除距电源较远的那条线路 BC，而不切除线路 AB，继续保证对变电站 B 的供电。当保护 1、2 均采用三相星形接线时，由于两个保护之间在定值和时限上都是按照选择性的要求配合整定，因此能够 100% 保证只切除线路 BC。如果采用两相星形接线，则当线路 BC 上 b 相接地时，保护 1 就不能动作，此时只能由保护 2 动作切除线路 AB，扩大了停电范围。由此可见，这种接线方式在不同相别的两点接地短路组合中，只能保证有 2/3 的机会有选择性地切除后面一条线路。

又如图 2.21 所示，在变电站引出的并联线路上发生两点接地短路时，希望任意切除一条线路即可。当保护 1、2 均采用三相星形接线时，两套保护均动作，若保护 1 和保护 2 的时限整定相同，即 $t_1=t_2$，则保护 1、2 将同时动作切除两条线路，不必要切除两条线路的机会较多。如采用两相星形接线，只要某一条线路上具有 B 相一点接地，由于 B 相未装保护，因此该线路就不被切除，即使出现 $t_1=t_2$ 的情况，也能保证有 2/3 的机会只切除任一条线路。

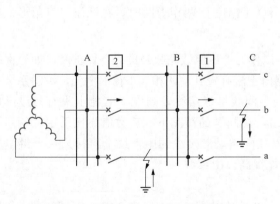

图 2.20　串联线路上两点接地的示意图

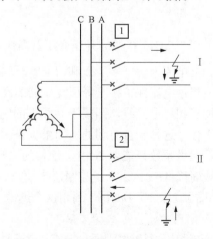

图 2.21　并联线路上两点接地的示意图

（3）对 Yd11 接线变压器一侧两相短路流过另一侧保护中电流的分析。现以图 2.22（a）所示的 Yd11 接线的降压变压器为例，分析三角形（低压）侧发生 A、B 两相短路时在星形（高压）侧的各相电流关系。

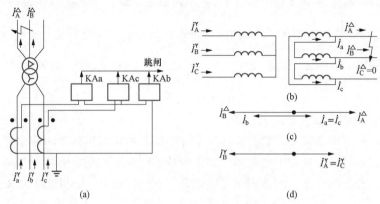

图 2.22　Yd11 接线降压变压器两相短路时的电流分析及过电流保护的原理接线

（a）电流保护原理接线图；（b）绕组中电流分布；（c）三角形侧电流相量图；（d）星形侧电流相量图

在故障点，$\dot{I}_A^{\triangle} = -\dot{I}_B^{\triangle}$，$\dot{I}_C^{\triangle} = 0$，设三角形侧各相绕组中的电流分别为 $\dot{I}_a$、$\dot{I}_b$、$\dot{I}_c$，则

$$\left. \begin{array}{l} \dot{I}_a + \dot{I}_b + \dot{I}_c = 0 \\ \dot{I}_b - \dot{I}_c = \dot{I}_B^{\triangle} = -\dot{I}_A^{\triangle} \\ \dot{I}_c - \dot{I}_a = \dot{I}_C^{\triangle} = 0 \end{array} \right\} \tag{2.23}$$

由此可求出

$$\left. \begin{array}{l} \dot{I}_a = \dot{I}_c = \dfrac{1}{3}\dot{I}_A^{\triangle} \\ \dot{I}_b = -\dfrac{2}{3}\dot{I}_A^{\triangle} = \dfrac{2}{3}\dot{I}_B^{\triangle} \end{array} \right\} \tag{2.24}$$

根据变压器的工作原理，即可求得星形侧电流的关系为

$$\dot{I}_A^Y = \dot{I}_C^Y$$
$$\dot{I}_B^Y = -2\dot{I}_A^Y$$

而当 Yd11 接线的升压变压器高压（星形）侧 B、C 两相短路时，在低压（三角形）侧各相的电流为 $\dot{I}_A^{\triangle} = \dot{I}_C^{\triangle}$ 和 $\dot{I}_B^{\triangle} = -2\dot{I}_A^{\triangle}$。

当过电流保护接于降压变压器的高压侧以作为低压侧线路故障的后备保护时，如果保护采用三相星形接线，则接于 B 相上的继电器由于流有较其他两相大 1 倍的电流，灵敏系数增大 1 倍，这是十分有利的。如果保护采用的是两相星形接线，则由于 B 相上没有装设继电器，灵敏系数只能由 A 相和 C 相的电流决定，在同样的情况下，其数值要比采用三相星形接线时降低 50%。为了克服这个缺点，可以在两相星形接线的中性线上再接入一个继电器［如图 2.22（a）所示］，利用这个继电器就能提高灵敏系数。

　　3. 两种接线方式的应用

三相星形接线需要 3 个电流互感器、3 个电流继电器和 4 根二次电缆，相对来讲是复杂和不经济的。三相星形接线广泛用于发电机、变压器等大型贵重电气设备的保护中，能提高保护动作的可靠性和灵敏性。此外，它也可以用在中性点直接接地系统中，作为相间短路和单相接地短路的保护。实际上，单相接地短路均采用专门的零序电流保护，采用三相星形接线方式的并不多。

两相星形接线（包括图 2.22 的情况）较为简单经济，因此在中性点直接接地系统和非直接接地系统中，被广泛用作相间短路的保护。在分布很广的中性点非直接接地系统中，两点接地短路发生在图 2.21 所示网络中的可能性要比图 2.20 所示网络中的可能性大得多。这种情况下，采用两相星形接线就可保证有 2/3 的机会只切除一条线路。当电网中的电流保护采用两相星形接线方式时，应在所有线路上将保护装置安装在相同的两相上（一般都装于A、C相上），以保证在不同线路上发生两点及多点接地时能切除故障。

4. 三段式电流保护的接线图举例

继电保护接线图一般用原理接线图和展开图两种形式来表示。原理接线图中的每个功能块，在由电磁型继电器实现时可能是一个独立的元件，但在数字式保护和集成电路式保护中，往往将几个功能块用一个元件实现。三段式电流保护的原理接线图如图 2.23 所示。图 2.23（a）中，每个继电器的线圈和触点都画在一个图形内，所有元件都用设备文字符号标注，如 KA 表示电流继电器、KT 表示时间继电器、KS 表示信号继电器等。原理接线图对整个保护的工作原理给出完整的概念，使初学者容易理解，但是交、直流回路合在一张图上，有时难以进行回路的分析和检查。

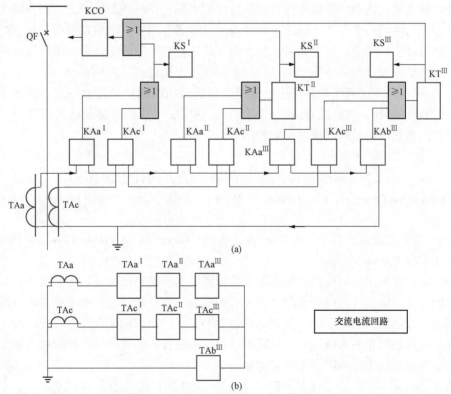

图 2.23 三段式电流保护的原理接线图（一）

（a）原理接线图；（b）交流回路展开图

KCO—保护跳闸继电器；YR—断路器的跳闸线圈；QF1—断路器 QF 的位置辅助触点

注：各触点的位置对应于被保护线路的正常运行状态。

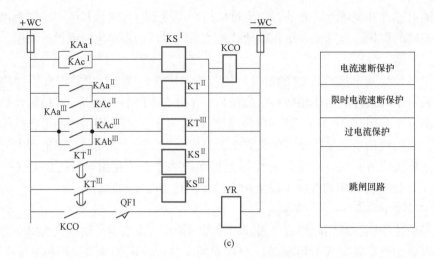

图 2.23　三段式电流保护的原理接线图（二）

（c）直流回路展开图

KCO—保护跳闸继电器；YR—断路器的跳闸线圈；QF1—断路器 QF 的位置辅助触点

注：各触点的位置对应于被保护线路的正常运行状态。

展开图中交流回路和直流回路分开表示，分别如图 2.23（b）、（c）所示。其特点是每个继电器的输入量（线圈）和输出量（触点）根据实际动作的回路情况分别画在图中不同的位置上，但仍然用同一个符号来标注，以便查对。在展开图中，继电器线圈和触点的连接尽量按照故障后动作的顺序，自左而右、自上而下依次排列。展开图接线简单，层次清楚，在掌握了其构成的原理以后，更便于阅读和检查，在生产中得到广泛的应用。

图 2.23 中，电流速断保护和限时电流速断保护采用两相星形接线方式，过电流保护采用图 2.22 所示的接线，以提高在 Yd11 接线变压器后发生两相短路时的灵敏性。每段保护动作后，都由自己的信号继电器给出动作信号。

2.2　双侧电源网络相间短路的方向性电流保护

（Directional Overcurrent Protection for Phase Faults in Double Ended Source System）

2.2.1　双侧电源网络相间短路时的功率方向 （Direction of Power Flow for Phase Fault in Double Ended Source System）

三段式电流保护仅利用相间短路后电流幅值增大的特征来区分故障与正常运行状态，以动作电流的大小和动作时限的长短配合保证有选择地切除故障。这种原理在多电源网络使用中遇到困难，例如在图 2.24 所示的双侧电源网络接线中，由于两侧都有电源，为了合上和断开线路，在每条线路的两侧均需装设断路器和保护装置。随着分散式能源电力的发展，多电源供电在配电电压等级的网络中越来越多。

当图 2.24（a）中 k1 点发生短路时，由保护 2、6 动作跳开断路器切除故障，不会造成其他线路停电，这正是双端供电的优点。但是单靠电流的幅值大小能否保证保护 5、1 不误动，假如在 AB 线路上短路时流过保护 5 的短路电流，小于在 BC 线路上短路时流过的电流，则为了对 AB 线路起保护作用，保护 5 的整定电流必然小于 BC 线路上短路时的短路电

流，从而在 BC 线短路时误动。同理分析，当 CD 线路上短路时流过保护 1 的电流小于 BC
线路短路流过的电流时，在 BC 线路上短路时也会造成保护 1 的误动。假定保护的正方向是
由母线指向线路，分析可能误动的情况，都是在保护的反方向短路时可能出现。

定义图 2.24（a）中 k1 点发生短路时流过线路的短路功率（一般指短路时母线电压与
线路电流相乘所得到的感性功率）为正方向，是从电源经由线路流向短路点，与保护 2、3、
4 和保护 6、7、8 的正方向一致。分析 k2 点和其他任意点的短路，都有相同的特征，即短
路功率的流动方向正是保护应该动作的方向。如果仅让短路功率是正方向的电流保护动作，
则线路两侧的保护不需要配合，上下级线路保护按照单电源的配合方式整定配合，即可满足
选择性要求。电流保护中如果加装一个可以判别短路功率流动方向的元件，并且当功率方向
由母线流向线路（正方向）时才动作，与仅反应电流幅值大小的电流元件共同工作，便可以
快速、有选择性地切除故障，称为方向性电流保护。方向性电流保护既利用了电流的幅值特
征，又利用了电流与电压之间的相位特征（即功率方向的特征）。

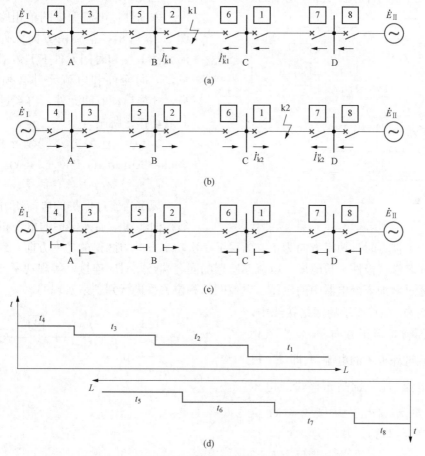

图 2.24　双侧电源网络及其保护动作方向的规定
（a）k1 点短路时的功率方向；（b）k2 点短路时的功率方向；（c）各保护动作方向的规定；
（d）方向过电流保护的阶梯型时限特性

2.2.2　方向性电流保护的基本原理（Basic Principle of Directional Overcurrent Protection）

在图 2.24 所示的双侧电源网络接线中，假设电源 $\dot{E}_{\mathrm{II}}$ 不投入时发生短路，保护 1、2、3、4

的动作情况与由电源 $\dot{E}_{\text{I}}$ 单独供电时一样，它们之间的选择性是能够保证的。如果电源 $\dot{E}_{\text{I}}$ 不投入，则保护 5、6、7、8 由电源 $\dot{E}_{\text{II}}$ 单独供电，此时它们之间也同样能够保证动作的选择性。

　　通过以上分析可发现，当两个电源同时存在时，在每个保护上加装功率方向元件，该元件只当功率方向由母线流向线路（正方向）时动作，而当短路功率方向由线路流向母线（反方向）时不动作，从而使保护继电器的动作具有一定的方向性。按照这个要求配置的功率方向元件及规定的动作方向如图 2.24（c）所示。

　　当双侧电源网络上的电流保护装设方向元件以后，就可以把它们拆开看成是两个单侧电源网络的保护，其中保护 1～4 反应于电源 $\dot{E}_{\text{I}}$ 供给的短路电流而动作，保护 5～8 反应于电源 $\dot{E}_{\text{II}}$ 供给的电流而动作，两组方向保护之间不要求有配合关系，因此三段式电流保护的工作原理和整定计算原则仍然可以应用。例如在图 2.24（d）中示出了方向过电流保护的阶梯型时限特性，它与图 2.13 所示的选择原则相同。由此可见，方向性电流保护的主要特点就是在原有电流保护的基础上增加功率方向判断元件，以保证在反方向故障时保护闭锁使其不致误动作。

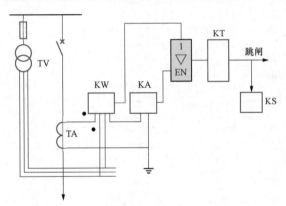

图 2.25　方向过电流保护的单相原理接线图

　　方向性过电流保护的单相原理接线如图 2.25 所示，主要由方向元件 KW、电流元件 KA 和时间元件 KT 组成，由图可见，方向元件和电流元件必须都动作以后，才能启动时间元件，再经过预定的延时后动作于跳闸。

2.2.3　功率方向判别元件（Directional Element for Power Flow）

1. 对功率方向元件的要求

　　规定当流过保护的电流正方向是由母线指向线路、加入保护的电压正方向是线路电压高于中性点时，功率方向为正。为保证一次功率方向与测得的功率方向一致，功率方向元件的同名端（极性）与电压、电流互感器的同名端必须对应连接。实现功率方向的判别实际上是通过对加入继电器中的电压、电流间的相位关系进行判别来实现的。

　　在图 2.26（a）所示的网络接线中，对保护 1 而言，当正方向 k1 发生三相短路时，流过保护 1 的电流 $\dot{I}_{\text{r}}$ 即 $\dot{E}_{\text{I}}$ 提供的短路电流 $\dot{I}_{\text{k1}}$，滞后于该母线电压 $\dot{U}$ 一个相角 φ_{k1}（φ_{k1} 为从母线至 k1 点之间的线路阻抗角），其值为 $0° < \varphi_{\text{k1}} < 90°$，如图 2.26（b）所示。当反方向 k2 点短路时，通过保护 1 的短路电流是由电源 $\dot{E}_{\text{II}}$ 供给的，此时流过保护 1 的电流是 $-\dot{I}_{\text{k2}}$，滞后于母线电压 $\dot{U}$ 的相角为 $180° + \varphi_{\text{k2}}$（$\varphi_{\text{k2}}$ 为从该母线至 k2 点之

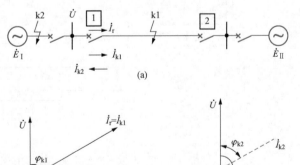

图 2.26　方向元件工作原理的分析

(a) 网络接线图；(b) k1 点短路相量图；(c) k2 点短路相量图

间的线路阻抗角），如图 2.26（c）所示。如以母线电压 $\dot{U}$ 作为参考相量，并设 $\varphi_{k1} = \varphi_{k2} = \varphi_k$，则流过保护安装处的电流 $\dot{I}_r$ 在以上两种短路情况下相位相差 180°。

因此，利用判别短路后保护安装处电流、电压之间的相位关系或短路功率的方向，就可以判别发生故障的方向。用以判别功率方向或测定电流、电压间相位角的元件（继电器）称为功率方向元件（功率方向继电器）。它主要反应于加入继电器中电流和电压之间的相位而工作，因此用相位比较方式来实现最为简单。

继电保护中，功率方向元件的基本要求是：

（1）应具有明确的正方向性识别能力，即在反方向故障时可靠不动作；

（2）正方向故障时有足够的灵敏度，即在正方向发生各种故障（包括故障点有过渡电阻的情况）时能可靠动作。

上述（1）要求方向元件正确识别功率正方向，可能在正常运行时处于动作状态；而（2）要求方向元件的灵敏度要高于电流元件的灵敏度，二者灵敏度配合才能保证选择性。

2. 功率方向元件（功率方向继电器）的动作特性

如果按电工技术中测量功率的概念，对 A 相的功率方向元件，加入电压 $\dot{U}_r$（如 $\dot{U}_A$）和电流 $\dot{I}_r$（如 $\dot{I}_A$），则当正方向短路［如图 2.26（b）所示］时，元件中电压、电流之间的相角为

$$\varphi_{rA} = \arg \frac{\dot{U}_A}{\dot{I}_{k1A}} = \varphi_{k1} \tag{2.25}$$

反方向短路［如图 2.26（c）所示］时，为

$$\varphi_{rA} = \arg \frac{\dot{U}_A}{-\dot{I}_{k2A}} = 180° + \varphi_{k2} \tag{2.26}$$

式中，符号 arg 表示相量 $\frac{\dot{U}_A}{\dot{I}_{k1A}}$ 的幅角，即分子的相量超前于分母相量的角度。

如果取阻抗角 $\varphi_k = 60°$，可画出相量关系如图 2.27 所示。

当采用感应型继电器或电子器件以四象限乘法器原理实现的继电器时，若功率方向继电器输入电压和电流的幅值不变，其输出（转矩或电压）值随两者相位差的大小按照余弦特性而变化，角度差为零时输出最大。在继电器输入端电压、电流相位差确定时，欲改变输出特性，可通过内部电路（或算法）移动继电器内部两个量间的相位角（称为继电器的内角），使继电器在预定输入的相位角范围内动作，并使之在特定的角度下输出最大，该角度称为最大灵敏角。可

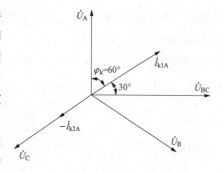

图 2.27 三相短路 $\varphi_k = 60°$ 时的相量图

见，改变内角可以改变继电器的动作区，使继电器的应用更为灵活，方便整定动作区。

为了在最常见的短路情况下使方向元件动作最灵敏，采用上述接线的功率方向元件应满足当电压、电流的相角差为线路阻抗角时最灵敏，即最大灵敏角为 $\varphi_{sen} = \varphi_k = 60°$，其动作特性满足式（2.27）。在短路点有过渡电阻、线路阻抗角 φ_k 在 0°～90°范围内变化情况下，为了保证正方向故障时，继电器都能可靠动作，功率方向元件动作的角度应该有一个范围，考虑

实现的方便性，这个范围通常取为 $\varphi_{\text{sen}} \pm 90°$。无论感应原理还是数字式方向继电器都满足式（2.27），此动作特性在复数平面上是一条直线，如图2.28（a）所示。其动作方程可表示为

$$90° > \arg \frac{\dot{U}_{\text{r}} \text{e}^{-\text{j}\varphi_{\text{sen}}}}{\dot{I}_{\text{r}}} > -90° \tag{2.27}$$

或

$$\varphi_{\text{sen}} + 90° > \arg \frac{\dot{U}_{\text{r}}}{\dot{I}_{\text{r}}} > \varphi_{\text{sen}} - 90° \tag{2.28}$$

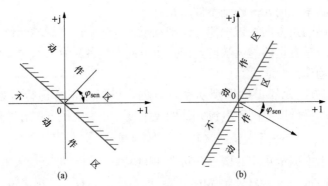

图2.28　功率方向元件的动作特性（阴影部分表示动作区）
（a）按式（2.28）构成；（b）按式（2.31）构成

当选取最大灵敏角等于线路阻抗角，即 $\varphi_{\text{sen}} = \varphi_{\text{k}} = 60°$ 时，正方向短路时动作最灵敏，其动作区如图2.28（a）所示。如用 φ_{r} 表示 $\dot{U}_{\text{r}}$ 超前于 $\dot{I}_{\text{r}}$ 的角度，并用功率的形式表示，则式（2.27）可写成

$$U_{\text{r}} I_{\text{r}} \cos(\varphi_{\text{r}} - \varphi_{\text{sen}}) > 0 \tag{2.29}$$

　　采用这种相电压和相电流接线的功率方向元件时，在其正方向出口附近短路接地，故障相对地的电压很低时，功率方向元件不能动作，称为电压死区。为了减小和消除死区，在实际应用中广泛采用非故障的相间电压作为接入功率方向元件的电压参考相量，判别故障相电流的相位。例如对A相的功率方向元件加入电流 $\dot{I}_{\text{A}}$ 和电压 $\dot{U}_{\text{BC}}$。此时，$\varphi_{\text{rA}} = \arg(\dot{U}_{\text{BC}}/\dot{I}_{\text{A}})$，正方向短路时 $\varphi_{\text{rA}} = \varphi_{\text{k}} - 90° = -30°$，反方向短路时 $\varphi_{\text{rA}} = 150°$，相量关系也示于图2.27中。在这种情况下，功率方向判别元件的最大灵敏角设计为 $\varphi_{\text{sen}} = \varphi_{\text{k}} - 90° = -30°$，动作特性如图2.28（b）所示，动作方程为

$$90° > \arg \frac{\dot{U}_{\text{r}} \text{e}^{\text{j}(90° - \varphi_{\text{k}})}}{\dot{I}_{\text{r}}} > -90° \tag{2.30}$$

习惯上标注 $90° - \varphi_{\text{k}} = \alpha$，$\alpha$ 称为功率方向继电器的内角，则式（2.30）可变为

$$90° - \alpha > \arg \frac{\dot{U}_{\text{r}}}{\dot{I}_{\text{r}}} > -90° - \alpha \tag{2.31}$$

如用功率的形式表示，则为

$$U_{\text{r}} I_{\text{r}} \cos(\varphi_{\text{r}} + \alpha) > 0 \tag{2.32}$$

对于A相的功率方向继电器而言，可具体表示为

$$U_{\text{BC}} I_{\text{A}} \cos(\varphi_{\text{r}} + \alpha) > 0 \tag{2.33}$$

除正方向出口附近发生三相短路时，$U_{BC} \approx 0$，继电器具有很小的电压死区以外，在发生其他任何包含 A 相的不对称短路时，电流 I_A 很大，电压 U_{BC} 很高，因此继电器不仅没有死区，动作灵敏度还很高。为了减小和消除正方向出口三相短路时的死区，可以采用电压记忆回路（见本书第 3 章）并尽量提高继电器动作时的灵敏度。

式（2.32）中，当电压或电流任意一项为零时，数字式继电器会失去方向比较的依据，电子式和电磁式继电器的转矩为零，如果由于干扰、震动或其他原因发生了动作，则称为发生潜动，属于误动。为了避免潜动，一般要求加入方向继电器的电压、电流大于一定的门槛值才工作，该门槛值称为最小工作电压、最小工作电流。该值越大抗干扰能力越强，但是不动作的死区越大。为了既减小死区又保证动作的可靠性，工程上要求最小工作电压不小于 $(5\% \sim 10\%)U_N$，最小工作电流不小于 $(5\% \sim 10\%)I_N$，其中 U_N、I_N 为正常额定电压、电流二次值。

3. 功率方向判别元件的构成框图

功率方向判别元件的作用是比较加在元件上电压与电流的相位，并在两者满足一定关系时动作。其实现方法有相位比较法和幅值比较法（见第 3 章），其实现手段随相关技术的发展而变化，先后有感应型、集成电路型和数字型等。保护工作者曾经利用比较两个工频交流量出现的时间先后顺序、长短，比较两者间的相位。按式（2.30）用相位比较方式构成的集成电路型功率方向判别元件的框图如图 2.29 所示。

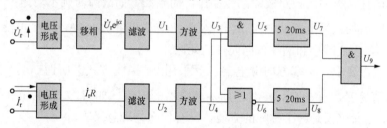

图 2.29 功率方向判别元件框图

加入继电器的电压 $\dot{U}_r$ 和电流 $\dot{I}_r$ 经电压形成回路后，变换成适合运算放大器所需要的电压，并与电压、电流互感器的二次回路相隔离，然后使 $\dot{U}_r$ 移相 α 角，以获得参考相量 $\dot{U}_r e^{j\alpha}$。$\dot{U}_r e^{j\alpha}$ 与 $\dot{I}_r R$ 均经 50Hz 带通滤波器，以消除短路暂态过程中非周期分量和各种谐波分量的影响，而后形成方波。方波形成回路通常采用开环的运算放大器，具有很高的灵敏度，其负半周期输出经二极管检波后，变为 0V 信号，由与门、或非门、延时 5ms、展宽 20ms 等器件组成的相位比较回路，可对两个方波进行相位比较，当满足式（2.30）的条件后，即输出高电平"1"态信号，表示继电器动作。

广泛采用的相位比较法之一是通过测量两个电压瞬时值同时为正（或同时为负，以下同）的持续时间长短来进行的。例如当 $\dot{U}_r e^{j\alpha}$ 与 $\dot{I}_r R$ 同相位时，其瞬时值同时为正的时间等于工频的半个周期，对 50Hz 而言，即 10ms。当两者之间的相位差小于 90° 时，其瞬时值同时为正的时间必然大于 5ms；而当上述两个电压的相位差大于 90° 时，其瞬时值同时为正的时间小于 5ms。因此比较 $\dot{U}_r e^{j\alpha}$ 与 $\dot{I}_r R$ 的相位差，可用测量这两个电压瞬时值同时为正的时间来实现。

在图 2.29 中，两个方波接入与门后的输出电压 U_5 能反应瞬时值同时为正的时间，而接入或非门后输出电压 U_6 则能反应瞬时值同时为负的时间，因此这个电路可以同时进行正、负半周的比相。当 U_5 电压为高电平的持续时间大于 5ms 时，即对应 $\dot{U}_r e^{j\alpha}$ 与 $\dot{I}_r R$ 的相位差小于 90°，使 U_7 输出高电平。由于 U_5 每隔 20ms 输出一个高电平，是一个间断的信号，U_7 也是间断信号，必须予以展宽，即经 20ms 的展宽回路，才能变为长信号输出。同理，当 U_6 电压为高电平的持续时间大于 5ms，经 20ms 展宽后，输出 U_8 为高电平长信号。在图 2.29 中，采用正负半周比相、与门输出的方式，即 U_7 和 U_8 必须同时为高电平后才使输出 U_9 为高电平，推动继电器动作，提高了可靠性。但这种同时比较正、负半周波形的方式动作速度较慢，最快的动作时间为 10ms。在有些情况下，当要求继电器快速动作时，则可以采用正、负半周比相或门输出的方式，此时可将 U_9 改为或门输出，当 U_7、U_8 任一个为高电平后，就可使输出 U_9 为高电平，其最快的动作时间为 5ms。

2.2.4　相间短路功率方向判别元件的接线方式（Connection of Power Flow Directional Element for Phase Faults）

实际的电力系统由三相组成，如何选取接入功率方向判别元件的电压、电流，称为方向元件的接线方式选择。其可能发生对称与不对称故障，因此功率方向元件的接线方式必须满足如下要求：

（1）正方向任何类型的短路故障都能动作，而当反方向故障时则不动作；

（2）故障以后加入继电器的电流 $\dot{I}_r$ 和电压 $\dot{U}_r$ 应尽可能大一些，并尽可能使 φ_k 接近于最大灵敏角 φ_{sen}，以便减小和消除方向元件的死区。

为了满足以上要求，功率方向继电器广泛采用 90° 接线方式。所谓 90° 接线方式，是指在三相对称的情况下，当 $\cos\varphi=1$ 时，加入继电器的电流（如 $\dot{I}_A$）和电压（如 $\dot{U}_{BC}$）相位相差 90°。这个定义仅仅是为了称呼的方便，没有什么物理意义。

工程上常用 90° 接线方式，将 3 个继电器分别接于 $\dot{I}_A$、$\dot{U}_{BC}$，$\dot{I}_B$、$\dot{U}_{CA}$ 和 $\dot{I}_C$、$\dot{U}_{AB}$，并且与对应相的过电流继电器按相连接，三相式方向过电流保护的原理接线图如图 2.30 所示，图中 KAa 表示 A 相电流继电器、KWa 表示 A 相功率方向继电器，它们经与门输出，称为

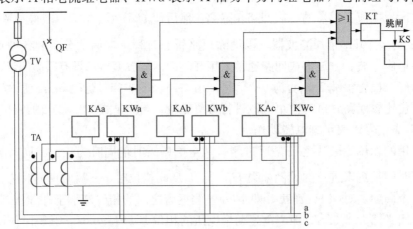

图 2.30　功率方向继电器采用 90° 接线时，三相式方向过电流保护的原理接线图

按相连接，这样才能保证故障时方向元件和电流元件的同时正确动作，切除故障。除了按相连接之外，对功率方向继电器的接线，必须十分注意继电器电流线圈和电压线圈的极性问题，继电器的电压、电流极性端必须与电压电流互感器的同名端对应相连，如果有一个线圈的极性接错，就会出现正方向短路时拒绝动作，而反方向短路时误动作的现象，从而造成严重事故。

现对 $90°$ 接线方式下，线路上发生各种故障时的动作情况分别进行讨论。

1. 正方向发生三相短路

$90°$ 接线方式下，正方向发生三相短路时的相量图如图 2.31 所示，$\dot{U}_A$、$\dot{U}_B$、$\dot{U}_C$ 表示保护安装地点的母线电压，$\dot{I}_A$、$\dot{I}_B$、$\dot{I}_C$ 为三相的短路电流，电流滞后对应相电压的角度为线路阻抗角 φ_k。

由于三相对称，三个方向继电器工作情况完全一样，故可只取 A 相继电器来分析。由图 2.31 可见，$\dot{I}_{rA} = \dot{I}_A$，$\dot{U}_{rA} = \dot{U}_{BC}$，$\varphi_{rA} = \varphi_k - 90°$，电流是超前于电压的。根据式 (2.33)，A 相继电器的动作条件应为

$$U_{BC}I_A\cos(\varphi_k - 90° + \alpha) > 0 \qquad (2.34)$$

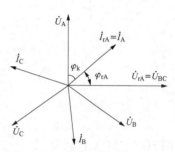

图 2.31 $90°$ 接线方式下正方向三相短路相量图

2. 正方向发生两相短路

$90°$ 接线方式下，B、C 两相短路示意图如图 2.32 所示，B、C 两相短路有两种极端情况：

(1) 短路点位于保护安装地点附近。此时短路阻抗 $Z_k \ll Z_S$（保护安装处到电源中性点间的系统阻抗），极限时取 $Z_k = 0$，相量图如图 2.33 所示，短路电流 $\dot{I}_B$ 由电动势 $\dot{E}_{BC}$ 产生，$\dot{I}_B$ 滞后 $\dot{E}_{BC}$ 的角度为 φ_k，电流 $\dot{I}_C = -\dot{I}_B$，短路点（即保护安装地点）的电压为

$$\left. \begin{aligned} \dot{U}_A &= \dot{U}_{kA} = \dot{E}_A \\ \dot{U}_B &= \dot{U}_{kB} = -\frac{1}{2}\dot{E}_A \\ \dot{U}_C &= \dot{U}_{kC} = -\frac{1}{2}\dot{E}_A \end{aligned} \right\} \qquad (2.35)$$

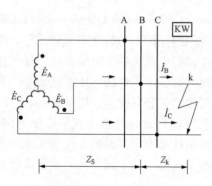 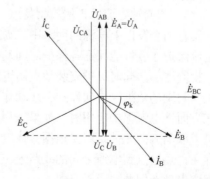

图 2.32 $90°$ 接线方式下 B、C 两相短路示意图   图 2.33   保护安装地点出口处 B、C 两相短路相量图

此时，对 A 相继电器而言为非故障相，当忽略负荷电流时，$I_A \approx 0$，因此，继电器不动作。

对于 B 相继电器，$\dot{I}_{rB} = \dot{I}_B$，$\dot{U}_{rB} = \dot{U}_{CA}$，$\varphi_{rB} = \varphi_k - 90°$，则动作条件应为

$$U_{CA}I_B\cos(\varphi_k - 90° + \alpha) > 0 \qquad (2.36)$$

对于 C 相继电器，$\dot{I}_{rC} = \dot{I}_C$，$\dot{U}_{rC} = \dot{U}_{AB}$，$\varphi_{rC} = \varphi_k - 90°$，则动作条件应为

$$U_{CA}I_C\cos(\varphi_k - 90° + \alpha) > 0 \qquad (2.37)$$

（2）短路点远离保护安装地点，且系统容量很大。此时 $Z_k \gg Z_s$，极限时取 $Z_s = 0$，则相量图如图 2.34 所示，电流 $\dot{I}_B$ 仍由电动势 $\dot{E}_{BC}$ 产生，并滞后 $\dot{E}_{BC}$ 一个角度 φ_k，保护安装地点的电压为

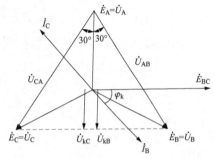

图 2.34 远离保护安装地点 B、C
两相短路的相量图

$$\left. \begin{aligned} \dot{U}_A &= \dot{E}_A \\ \dot{U}_B &= \dot{U}_{kB} = \dot{I}_B Z_k \approx \dot{E}_B \\ \dot{U}_C &= \dot{U}_{kC} = \dot{I}_C Z_k \approx \dot{E}_C \end{aligned} \right\} \qquad (2.38)$$

对于 B 相继电器，电压 $\dot{U}_{CA} \approx \dot{E}_{CA}$，较出口短路时相位滞后 30°，$\varphi_{rB} = -(90° + 30° - \varphi_k) = \varphi_k - 120°$，则动作条件应为

$$U_{CA}I_B\cos(\varphi_k - 120° + \alpha) > 0 \qquad (2.39)$$

对于 C 相继电器，电压 $\dot{U}_{AB} \approx \dot{E}_{AB}$，较出口处短路时超前方向移了 30°，$\varphi_{rC} = -(90° - 30° - \varphi_k) = \varphi_k - 60°$，则动作条件应为

$$U_{AB}I_C\cos(\varphi_k - 60° + \alpha) > 0 \qquad (2.40)$$

综合式（2.34）、式（2.36）、式（2.37）、式（2.39）和式（2.40）方向继电器的动作要求，考虑任何电缆或架空线的阻抗角（包括含有过渡电阻短路的情况）满足 $0° < \varphi_k < 90°$，则使故障相方向继电器在一切故障情况下都能动作的条件应为

$$30° < \alpha < 60° \qquad (2.41)$$

应该指出，以上的讨论只是在各种情况下继电器可能动作的条件，确定了内角的范围，内角的值在此范围内根据动作最灵敏的条件来确定。为了减小死区范围，继电器动作最灵敏的条件应根据三相短路时使 $\cos(\varphi_r + \alpha) = 1$ 来决定，此时 $\varphi_r = \varphi_k - 90°$。对某一已经确定了阻抗角的送电线路，应采用最大灵敏角 $\varphi_{sen} = \alpha = 90° - \varphi_k$，以便正方向三相短路时获得最大的输出。

在正常运行情况下，位于线路送电侧的功率方向继电器，在负荷电流的作用下，一般都是处于动作状态，其触点是闭合的。

2.2.5 方向性电流保护的应用特点（Application of Directional Overcurrent Protection）

在具有两个及以上电源的网络中，需要在线路两侧的保护中加装功率方向元件，组成方向性电流保护才有可能保证各保护之间动作的选择性。但电流保护中应用方向元件会使接线复杂、投资增加，同时保护安装地点附近发生三相短路时，由于母线电压降低至零，方向元件将失去判别的依据，方向保护存在动作死区，从而导致整套保护装置拒动或误动。

在方向性电流保护应用时，如果采用电流整定值就能保证选择性，就不必加方向元件。是否可以取消方向元件，需要根据具体电力系统的整定计算决定。另外，由于系统中有多个电源存在，短路点到电源之间的线路上流过的短路电流大小可能不同，此时上下级保护的整定值配合出现新问题。

1. 电流速断（Ⅰ段）保护可以取消方向元件的情况

电流速断保护的保护范围较短，若在系统最小运行方式下发生两相短路，再除去方向继

电器的动作死区，速断保护能够切除故障的范围就会更小，甚至没有保护范围。因此，在电流速断保护中能用电流整定值保证选择性的，尽量不加方向元件；对于线路两端的保护，能在一端保护中加方向元件后满足选择性要求的，不在两端保护中加方向元件。

图 2.35 所示为双侧电源网络中线路上各点短路时两侧电源供给短路点短路电流的分布曲线，其中曲线①为由电源 $\dot{E}_{\mathrm{I}}$ 流过线路供给短路点的电流，曲线②为由 $\dot{E}_{\mathrm{II}}$ 流过线路供给短路点的电流，由于两端电源容量不同，因此电流的大小也不同。

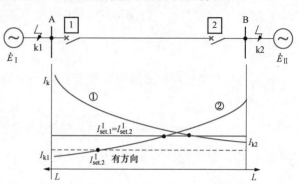

图 2.35　双侧电源线路上电流速断保护的整定

对应用于双侧电源线路上的电流速断保护，当任一侧区外相邻线路出口处（如图 2.35 中的 k1 点和 k2 点）

短路时，短路电流 I_{k1} 和 I_{k2} 要同时流过两侧的保护 1、2，此时按照选择性的要求，两个保护均不应动作，因而两个保护的动作电流都应按躲开较大的一个短路电流进行整定，例如当 $I_{\mathrm{k2.max}} > I_{\mathrm{k1.max}}$ 时，则应取

$$I_{\mathrm{set.1}}^{\mathrm{I}} = I_{\mathrm{set.2}}^{\mathrm{I}} = K_{\mathrm{rel}}^{\mathrm{I}} I_{\mathrm{k2.max}} \qquad (2.42)$$

这样整定的结果，虽然保证了选择性，但会使位于小电源侧保护 2 的保护范围缩小。当两端电源容量的差别越大时，对保护 2 的这种影响越大。

为了增大小电源侧保护的保护范围，需要在保护 2 处装设方向元件，使其只当电流从母线流向被保护线路时才动作，这样保护 2 的动作电流就可以按照仅躲开正方向 k1 点短路来整定，应取

$$I_{\mathrm{set.2}}^{\mathrm{I}} = K_{\mathrm{rel}}^{\mathrm{I}} I_{\mathrm{k1.max}} \qquad (2.43)$$

如图 2.35 中的虚线所示，其保护范围较前增加了很多。

必须指出，在上述情况下，保护 1 处无需装设方向元件，因为它从定值上已经能可靠地躲开反方向短路时流过保护的最大短路电流 $I_{\mathrm{k1.max}}$。

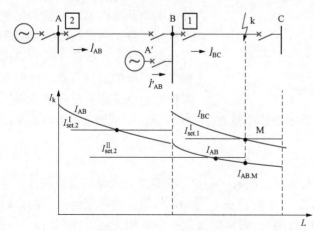

图 2.36　有助增电流时，限时电流速断保护的整定

2. 限时电流速断（Ⅱ段）保护整定时分支电路的影响

对应用于双侧电源网络中的限时电流速断保护，其基本的整定原则仍应与下一级保护的电流速断保护相配合，但需要考虑保护安装地点与短路点之间有电源或线路（通称为分支电路）的影响。对此可归纳为如下两种典型的情况：

（1）助增电流的影响。如图 2.36 所示，当 k 点短路时，故障线路中的短路电流 $\dot{I}_{\mathrm{BC}}$ 由两个电源供

给，其值 $I_{BC}=I_{AB}+I_{AB}$ 将大于 I_{AB}。通常称 A′ 为分支电源，这种分支电源使故障线路电流增大的现象，称为助增。有助增以后的短路电流分布曲线亦示于图 2.36 中。

保护 1 电流速断（Ⅰ 段）保护按照躲开 C 母线短路整定，定值为 $I_{set.1}^{I}$，其保护范围末端位于 M 点，该点为与上级保护范围的配合点。保护 2 限时速断的动作电流应大于在 M 点短路时流过保护 2 的短路电流 $I_{AB.M}$，因此保护 2 限时电流速断的整定值应为

$$I_{set.2}^{II} = K_{rel}^{II} I_{AB.M} \tag{2.44}$$

M 点短路时流过保护 2 的短路电流 $I_{AB.M}$ 小于流过保护 1 的短路电流 $I_{BC.M}$。引入分支系数 K_b，定义为

$$K_b = \frac{故障线路流过的短路电流}{前一级保护所在线路上流过的短路电流} \tag{2.45}$$

在图 2.36 中，整定配合点 M 处的分支系数为

$$K_b = \frac{I_{BC.M}}{I_{AB.M}} = \frac{I_{set.1}^{I}}{I_{AB.M}} \tag{2.46}$$

将式（2.46）代入式（2.44），则得

$$I_{set.2}^{II} = K_{rel}^{II} I_{AB.M} = \frac{K_{rel}^{II}}{K_b} I_{set.1}^{I} \tag{2.47}$$

与单侧电源线路的整定式（2.10）相比，在分母上多了一个大于 1 的分支系数的影响。

（2）外汲电流的影响。如图 2.37 所示，分支电路为一并联的线路，此时故障线路中的电流 $\dot{I}_{BC}'$ 将小于 $\dot{I}_{AB}$，其关系为 $\dot{I}_{AB}=\dot{I}_{BC}'+\dot{I}_{BC}''$，这种使故障线路中电流减小的现象，称为外汲。此时分支系数 $K_b<1$，短路电流的分布曲线也画于图 2.37 中。

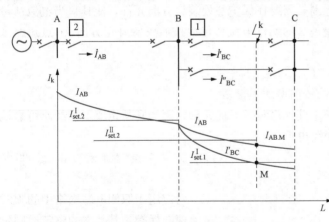

有外汲电流影响时的分析方法与有助增电流的情况相同，限时电流速断的整定值仍应按式（2.47）整定。

当变电站 B 母线上既有电源又有并联的线路时，其分支系数可能大于 1，也可能小于 1，另外电源的开机台数、电源到保护安装处网路线路投运条数等因素都会影响分支系数值。此时应根据实际可能的运行方式，确保选择性即上级线路 Ⅱ 段保护范围不

图 2.37 有外汲电流时，限时电流速断保护的整定

超出下级线路 Ⅰ 段保护范围，选取分支系数的最小值进行整定计算。对单侧电源供电的单回线路 $K_b=1$，是一种特殊情况。

3. 过电流（Ⅲ 段）保护装设方向元件的一般方法

过电流保护中，当正方向有电源、反方向短路时，一般都很难通过电流整定值躲开，选择性主要决定于动作时限的大小。以图 2.24 中的保护 6 为例，如果其过电流保护的动作时限 $t_6 \geqslant t_1+\Delta t$（$t_1$ 为保护 1 过电流保护的时限），则保护 6 就可以不用方向元件，因为当反方向线路 CD 上短路时，它能以较长的时限来保证动作的选择性。但在这种情况下，保护 1

必须有方向元件，否则，当在线路 BC 上短路时，由于 $t_1 < t_6$，它将先于保护 6 而误动作。由以上分析还可以看出，当 $t_1 = t_6$ 时，则保护 1、6 都需要装设方向元件。当一条母线上有多条电源线路时，除动作时限最长的一个过电流保护不需要装方向元件外，其余都要装方向元件。而母线上的非电源线路不需要装方向元件。

2.3 中性点直接接地系统中接地短路的零序电流及方向保护

(Zero Sequence Current and Directional Protection for Earth Faults in the Neutral Directly Grounded System)

2.3.1 接地短路时零序电压、电流和功率的分布 (Distribution of Zero Sequence Voltage，Current and Power for Earth Faults)

电流保护和方向性电流保护的原理，是利用正常运行与短路状态下在相电流幅值、功率方向方面的差异。除此以外，正常运行的电力系统是三相对称的，其零序、负序电流和电压理论上为零。由表 1.1 的统计可见，超过 97% 的故障是三相不对称短路故障，其零序、负序电流和电压会很大；利用故障的不对称性也可以找到正常与故障间的差别，并且这种差别是零与很大值的比较，差异更为明显。利用三相对称性的变化特征，可以构成反应序分量原理的各种保护。

110kV 及以上电压等级的电网中，其变压器中性点直接接地，又称大接地电流系统。表 1.1 表明，其单相接地短路和两相接地短路占故障总次数的 93% 以上，接地短路时将出现很大的零序电压和电流。为了稳定零序电流的大小与分布，一般要求：当有多台变压器并列运行时，采用部分中性点轮流接地，尽量减少零序网络结构与参数的变化；Yyd 三绕组变压器避免高、中压侧同时直接接地，以分割高、中压侧零序网络的连接；由于线路的零序阻抗往往是正序阻抗的 3.0～3.5 倍，因此线路始末端短路电流相差较大，零序电流保护 I 段有较长的保护范围，且保护范围比较固定。利用零序电压、电流来构成接地短路的保护，具有显著的优点，广泛应用在中性点直接接地的系统中为切除接地短路故障。

在电力系统中发生接地短路时，如图 2.38（a）所示，可以利用对称分量的方法将电流和电压分解为正序、负序、零序分量，并利用复合序网来表示它们之间的关系。短路计算的零序等效网络如图 2.38（b）所示，零序电流是由在故障点施加的零序电压 $\dot{U}_{k0}$ 产生的，经过线路、接地变压器的接地支路（中性点接地）构成回路。零序电流的规定正方向，采用由母线流向线路为正，零序电压的正方向规定为线路高于大地的电压为正。

1. 零序电压

零序电源在故障点，故障点的零序电压最高，系统中距离故障点越远处的零序电压越低，零序电压的大小取决于测量点到中性点（大地）间阻抗的大小，零序电压的分布如图 2.38（c）所示。在电力系统运行方式变化时，如果输电线路和中性点接地变压器位置、数目不变，则零序阻抗和零序等效网络不变。而此时，系统的正序阻抗和负序阻抗要随着运行方式而变化，正、负序阻抗的变化使得三序阻抗比值的变化，从而引起故障点处三序电压及三序电流之间的分配改变，从而间接影响零序分量的大小。

2. 零序电流

零序电流由零序电压 $\dot{U}_{k0}$ 产生，由故障点经由线路流向大地（中性点）。当忽略回路的电阻时，按照规定的正方向画出的零序电流、电压的相量图如图 2.38（d）所示。可见，流过故障点两侧线路保护的电流 $\dot{I}_0'$ 和 $\dot{I}_0''$ 超前 $\dot{U}_{k0}$ 90°。当计及回路电阻时，例如取零序阻抗角为 $\varphi_{k0}=80°$，相量图如图 2.38（e）所示，$\dot{I}_0'$ 和 $\dot{I}_0''$ 超前 $\dot{U}_{k0}$ 100°。

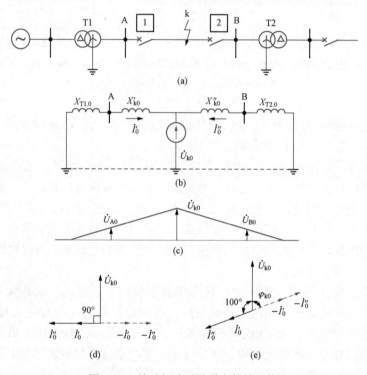

图 2.38　接地短路时的零序等效网络

（a）系统接线图；（b）零序网络图；（c）零序电压的分布图；

（d）忽略电阻的相量图；（e）计及电阻时的相量图（设 $\varphi_{k0}=80°$）

　　零序电流的分布，主要决定于输电线路的零序阻抗和中性点接地变压器的零序阻抗，与电源的数目和位置无关。例如，在图 2.38（a）中，当变压器 T2 的中性点不接地时，$I_0''=0$。

　　3. 零序功率及电压、电流相位关系

　　线路发生故障时，两端零序功率方向与正序功率方向相反，零序功率的方向为由线路流向母线。

　　从任一保护安装处的零序电压和电流之间的关系看，例如保护 1，A 母线上的零序电压 $\dot{U}_{A0}$ 是从该点到零序网络中性点之间零序阻抗上的电压降，因此可表示为

$$\dot{U}_{A0} = (-\dot{I}_0')Z_{T1.0} \tag{2.48}$$

式中　$Z_{T1.0}$——变压器 T1 的零序阻抗。

　　保护安装处零序电流和零序电压之间的相位差由 $Z_{T1.0}$ 的阻抗角决定，与被保护线路的零序阻抗及故障点的位置无关。

　　用零序电流和零序电压的幅值以及它们之间的相位关系即可实现接地短路的零序电流和方向保护。

2.3.2 零序电压、电流滤过器 (Filters for Zero Sequence Voltage and Current)

1. 零序电压滤过器

为了取得零序电压，通常采用如图 2.39 (a) 所示的三个单相式电压互感器或如图 2.39 (b) 所示的三相五柱式电压互感器，其一次绕组接成星形并将中性点接地，其二次绕组接成开口三角形，从 m、n 端子得到的输出电压为

$$\dot{U}_{mn} = \dot{U}_a + \dot{U}_b + \dot{U}_c = 3\dot{U}_0 \tag{2.49}$$

当发电机的中性点经电压互感器（或消弧线圈）接地时，如图 2.39 (c) 所示，从它的二次绕组中也能够取得零序电压。此外，由电压互感器二次侧接入保护装置的电压变换器取得三个相电压后，利用加法器将三个相电压相加 [如图 2.39 (d) 所示]，也可以从保护装置内部获得零序电压。

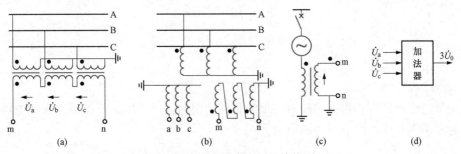

图 2.39 取得零序电压的接线图

(a) 用三个单相式电压互感器；(b) 用三相五柱式电压互感器；(c) 接于发电机中性点的电压互感器；
(d) 保护装置内部合成零序电压

在正常运行和电网相间短路时，由于电压互感器的误差以及三相系统对中性点不完全平衡，在开口三角形侧也可能有数值不大的电压输出，此电压称为不平衡电压，以 $\dot{U}_{unb}$ 表示。此外，当系统中存在有三次谐波分量时，一般三相中的三次谐波电压同相位，零序电压过滤器的输出端有三次谐波电压输出。对反应于零序电压幅值而动作的保护装置，应该考虑躲开它们的影响。

2. 零序电流滤过器

为了取得零序电流，通常采用三相电流互感器按图 2.40 (a) 接线，此时流入继电器回路中的电流为

$$\dot{I}_r = \dot{I}_a + \dot{I}_b + \dot{I}_c = 3\dot{I}_0 \tag{2.50}$$

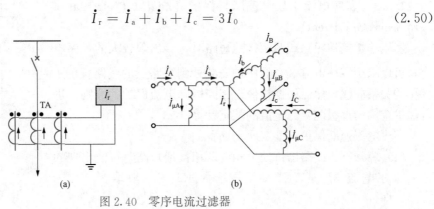

图 2.40 零序电流过滤器

(a) 原理接线；(b) 等效电路

　　电流互感器采用三相星形接线方式，在中性线上流过的电流为 $3\dot{I}_0$，因此，在实际的使用中，零序电流滤过器并不需要采用专门的一组电流互感器，而是接在相间保护用的电流互感器的中性线上。在电子式和数字式保护装置中，也可以在形成三个相电流的回路中将电流相量相加获得零序电流。

　　零序电流滤过器会产生不平衡电流，图 2.41 所示为一个电流互感器的等效电路，考虑励磁电流 $\dot{I}_\mu$ 的影响后，二次电流和一次电流的关系应为

$$\dot{I}_2 = \frac{1}{n_{TA}}(\dot{I}_1 - \dot{I}_\mu) \tag{2.51}$$

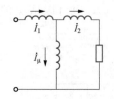

图 2.41　电流互感器的
等效电路

　　因此，零序电流滤过器的等效电路可用图 2.40（b）来表示，此时流入继电器的电流为

$$\begin{aligned}
\dot{I}_r &= \dot{I}_a + \dot{I}_b + \dot{I}_c \\
&= \frac{1}{n_{TA}}[(\dot{I}_A - \dot{I}_{\mu A}) + (\dot{I}_B - \dot{I}_{\mu B}) + (\dot{I}_C - \dot{I}_{\mu C})] \\
&= \frac{1}{n_{TA}}(\dot{I}_A + \dot{I}_B + \dot{I}_C) - \frac{1}{n_{TA}}(\dot{I}_{\mu A} + \dot{I}_{\mu B} + \dot{I}_{\mu C})
\end{aligned} \tag{2.52}$$

　　在正常运行和发生一切不伴随有接地的相间短路时，三个电流互感器一次侧电流的相量和必然为零，因此流入继电器中的电流为

$$\dot{I}_r = \frac{-1}{n_{TA}}(\dot{I}_{\mu A} + \dot{I}_{\mu B} + \dot{I}_{\mu C}) = \dot{I}_{unb} \tag{2.53}$$

　　式（2.53）中，$\dot{I}_{unb}$ 称为零序电流滤过器的不平衡电流，由三个互感器励磁电流不相等而产生。励磁电流不相等是由于铁芯的磁化曲线不完全相同以及制造过程中的某些差别而引起的，从而造成电流互感器的稳态误差。当发生相间短路时，电流互感器一次侧流过的电流最大且包含非周期分量，因此不平衡电流也达到最大值，用 $\dot{I}_{unb.max}$ 表示。

　　此外，对于采用电缆引出的输电线路，还广泛地采用了零序电流互感器的接线以获得 $3\dot{I}_0$ 并减小不平衡电流，如图 2.42 所示。此电流互感器就套在三相电缆的外面，互感器的一次电流是 $\dot{I}_A + \dot{I}_B + \dot{I}_C$，只当一次侧有零序电流时，在互感器的二次侧才有相应的 $3\dot{I}_0$ 输出，故称它为零序电流互感器。零序电流互感器和零序电流滤过器相比，主要的优点是没有不平衡电流，接线也更简单。

2.3.3　零序电流Ⅰ段（速断）保护（Zone 1 Protection of Zero Sequence Current）

　　发生单相接地短路或两相接地短路时，会出现较大的零序电流，可以求出零序电流 $3\dot{I}_0$ 随保护安装处到短路点的线路长度 L 变化的关系曲线，然后根据相似于相间短路电流保护的原则，进行保护范围的逐级配合与定值的整定计算。

　　零序电流速断保护的整定原则如下：

　　（1）躲开下级线路出口处单相或两相接地短路时可能出现的最大零序电流 $3I_{0.max}$，引入可靠系数 K_{rel}^{I}（一般取为 1.2～1.3），即

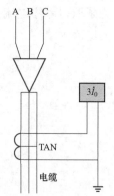

图 2.42　零序电流互感器
接线示意图

$$I_{set}^{I} = K_{rel}^{I} \cdot 3I_{0.max} \tag{2.54}$$

（2）躲开断路器三相触头不同期合闸时出现的最大零序电流 $3I_{0.unb}$，引入可靠系数 K_{rel}^{I}，即

$$I_{set}^{I} = K_{rel}^{I} \cdot 3I_{0.unb} \tag{2.55}$$

如果保护装置的动作时间大于断路器三相不同期合闸的时间，则可以不考虑这一条件。

整定值应选取以上两者中较大者，但在有些情况下，如按照整定原则（2）整定使动作电流过大而使保护范围缩小时，也可以采用在手动合闸以及三相自动合闸时，使零序电流Ⅰ段保护带有一个小的延时（约 0.1s），以躲开断路器三相不同期合闸的时间，这样在定值上就无需考虑条件（2）了。

（3）当线路上采用单相自动重合闸时，按能躲开在非全相运行状态下发生系统振荡时所出现的最大零序电流整定。按此原则整定时，其定值较高，正常情况下发生接地故障时，保护范围会缩小，不能充分发挥零序电流Ⅰ段保护的作用。因此，为了解决这个矛盾，通常是设置两个零序电流Ⅰ段保护：一个是按整定原则（1）或（2）整定（由于其定值较小，保护范围较大，因此称为灵敏Ⅰ段），它的主要任务是对全相运行状态下的接地故障起保护作用，具有较大的保护范围。而当单相重合闸启动时，为防止误动，则将其自动闭锁，待恢复全相运行时才重新投入。另一个零序电流Ⅰ段保护按整定原则（3）整定（称为不灵敏Ⅰ段），用于在单相重合闸过程中，其他两相又发生接地故障时的保护。当然，不灵敏Ⅰ段也能反应全相运行状态下的接地故障，只是其保护范围较灵敏Ⅰ段为小。

由以上的整定原则可见，为保证零序电流保护动作的选择性，需要躲开下级保护出口处单相接地短路、两相接地短路时的最大零序电流，以及常见的不对称运行（三相不同期合闸、单相重合闸）期间的零序电流，计算比较复杂。

2.3.4 零序电流Ⅱ段保护（Zone 2 Protection of Zero Sequence Current）

零序电流Ⅱ段保护的工作原理与相间短路限时电流速断保护一样，其动作电流首先考虑与下级线路的零序电流速断保护范围的末端 M 点最大短路零序电流相配合，并带有高出一个 Δt 的时限，以保证动作的选择性。

当两个保护之间的变电站母线上接有中性点接地的变压器［如图 2.43（a）所示］时，则由于这一分支电路的影响，将使零序电流的分布发生变化，此时的零序等效网络如图 2.43（b）所示，零序电流的变化曲线如图 2.43（c）所示。

图 2.43 中，当线路 BC 上发生接地短路时，流过保护 1、2 的零序电流分别为 $\dot{I}_{k0.BC}$ 和 $\dot{I}_{k0.AB}$，两者之差就是从变压器 T2 中性点流回的电流 $\dot{I}_{k0.T2}$。显然可见，这种情况与图 2.36 所示的有助增电流的情况相同，引入零序电流的分支系数 $K_{0.b}$ 之后，则零序Ⅱ段的动作电流应整定为

$$I_{set.2}^{II} = \frac{K_{rel}^{II}}{K_{0.b}} I_{set.1}^{I} \tag{2.56}$$

为保证选择性，零序分支系数 $K_{0.b}$ 应选用最小值。当变压器 T2 切除或中性点改为不接地运行时，该支路从零序等效网络中断开，此时 $K_{0.b}=1$。

零序Ⅱ段保护的灵敏系数，应按照本线路末端接地短路时的最小零序电流来校验，并应满足 $K_{rel} \geqslant 1.5$ 的要求。当由于下级线路比较短或运行方式变化比较大，而不能满足对灵敏系数的要求时，除考虑与下级线路的零序Ⅱ段保护配合外，还可以考虑采用下列方式解决：

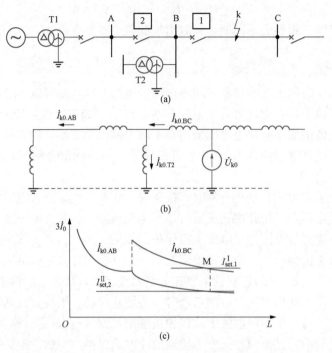

图 2.43 有分支电路时零序Ⅱ段保护动作特性的分析
(a) 网络接线图；(b) 零序等效网络；(c) 零序电流变化曲线

（1）用两个灵敏度不同的零序Ⅱ段保护。保留 0.5s 的零序Ⅱ段保护，快速切除正常运行方式和最大运行方式下线路上所发生的接地故障；同时再增加一个与下级线路零序Ⅱ段保护配合的Ⅱ段保护，它能保证在各种运行方式下线路上发生短路时，保护装置具有足够的灵敏系数。

（2）从电网接线的全局考虑，改用接地距离保护（详见第 3 章）。

2.3.5 零序电流Ⅲ段保护（Zone 3 Protection of Zero Sequence Current）

零序Ⅲ段保护的作用相当于相间短路的过电流（Ⅲ段）保护，一般情况下作为后备保护使用，在中性点直接接地系统中的终端线路上也可作为主保护使用。

在零序过电流保护中，继电器的动作电流原则上按躲开在下级线路出口处相间短路时所出现的最大不平衡电流 $\dot{I}_{unb.max}$ 来整定，引入可靠系数 $K_{rel}^{\text{Ⅲ}}$，即

$$I_{set}^{\text{Ⅲ}} = K_{rel}^{\text{Ⅲ}} I_{unb.max} \tag{2.57}$$

同时，还必须要求各保护之间在灵敏系数上要互相配合，满足式（2.20）的要求。当满足灵敏系数配合的要求时，对零序过电流保护的整定计算，必须按逐级配合的原则来考虑，具体说，就是本保护零序Ⅲ段的保护范围，不能超出相邻线路的零序Ⅲ段保护的保护范围。当两个保护之间具有分支电路时，参照图 2.43 的分析，保护装置的动作电流应整定为

$$I_{set.2}^{\text{Ⅲ}} = \frac{K_{rel}^{\text{Ⅲ}}}{K_{0.b}} I_{set.1}^{\text{Ⅲ}} \tag{2.58}$$

式中 $K_{rel}^{\text{Ⅲ}}$——可靠系数，一般取 1.1~1.2；

$K_{0.b}$——相邻线路的零序Ⅲ段保护范围末端发生接地短路时，故障线路中零序电流与流过本保护装置中零序电流之比。

作为相邻元件的后备保护时，保护装置的灵敏系数应按照相邻元件末端接地短路时流过本保护的最小零序电流（应考虑图 2.43 所示的分支电路使电流减小的影响）来校验。

按上述原则整定的零序过电流保护，动作电流一般都很小（在二次侧约为 2~3A），因此，在本电压级网络中发生接地短路时，它都可能启动，这时，为了保证保护的选择性，各保护的动作时限也应按照图 2.13 所示的原则来确定。如图 2.44 所示的网络接线中，安装在受端变压器 T1 上的零序过电流保护 4 可以瞬时动作，由于 Yd 接线变压器低压侧的任何故障都不能在高压侧引起零序电流，因此就无需考虑和保护 1~3 的配合关系。按照选择性的要求，保护 5 应比保护 4 高出一个时间阶段，保护 6 又应比保护 5 高出一个时间阶段等。

为了便于比较，图 2.44 中也绘出了相间短路过电流保护的动作时限，它是从保护 1 开始逐级配合的。由此可见，在同一线路上，与相间短路的过电流保护相比，零序过电流保护具有较小的时限，这也是它的一个优点。

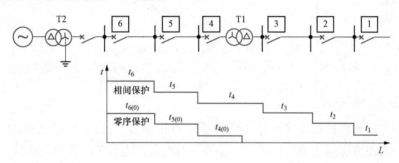

图 2.44　零序过电流保护的时限特性

运行经验表明，220~500kV 的输电线路上发生单相接地故障时，往往会有较大的过渡电阻存在，当导线对位于其下面的树木等放电时，接地过渡电阻可能达到 100~300Ω。此时通过保护装置的零序电流很小，零序电流保护均难以动作。为了在这种情况下能够切除故障，可考虑采用零序反时限过电流保护，继电器的动作电流可按照躲开正常运行情况下出现的不平衡电流 I_{unb} 进行整定。

2.3.6　方向性零序电流保护（Zero Sequence Current Directional Protection）

1. 方向性零序电流保护原理

在双侧或多侧电源的网络中，电源处变压器的中性点一般至少有一台要接地，由于零序电流的实际流向是由故障点流向各个中性点接地的变压器，因此在变压器接地数目比较多的复杂网络中，需要考虑零序电流保护动作的方向性问题。

对于图 2.45（a）所示的网络，两侧电源处的变压器中性点均直接接地，这样当 k1 点短路时，其零序等效网络和零序电流分布如图 2.45（b）所示。按照选择性的要求，k1 点短路时，故障应该由保护 1、2 动作切除，但是零序电流 $\dot{I}''_{0k1}$ 流过保护 3 时，就可能引起保护误动作；同样当 k2 点短路时，其零序等效网络和零序电流分布如图 2.45（c）所示，零序电流 $\dot{I}'_{0k2}$ 又可能使保护 2 误动作。此情况类似于本章 2.2 节中的分析，必须在零序电流保护中增加功率方向元件，利用正方向和反方向故障时零序功率方向的差别，来闭锁可能误动作的保护，才能保证动作的选择性。

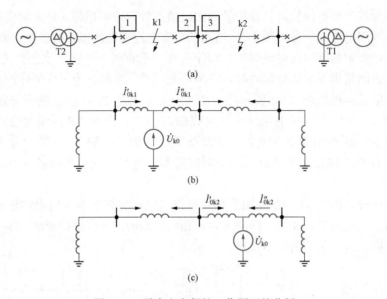

图 2.45 零序方向保护工作原理的分析

(a) 网络接线；(b) k1 点短路的零序等效网络；(c) k2 点短路的零序等效网络

2. 零序功率方向元件

零序功率方向元件接入零序电压 $3\dot{U}_0$ 和零序电流 $3\dot{I}_0$，反应于零序功率的方向而动作，其工作原理与实现方法同功率方向元件。需要注意的是，当保护范围内部故障时，按规定的电流、电压正方向看，$3\dot{I}_0$ 超前于 $3\dot{U}_0$ 为 $95°\sim110°$（对应于保护安装地点背后的零序阻抗角为 $85°\sim70°$ 的情况），$\varphi_{sen}=-95°\sim-110°$，继电器此时应正确动作，并应工作在最灵敏的条件之下。

由于越靠近故障点的零序电压越高，因此零序方向元件没有电压死区。相反，当故障点距保护安装处越远时，由于保护安装处的零序电压越低，零序电流较小，必须校验方向元件在这种情况下的灵敏系数。例如当零序保护作为相邻元件的远后备保护时，需要采用相邻元件末端短路时，在本保护安装处的最小零序电流、电压或功率（经电流，电压互感器转换到二次侧的数值）与功率方向继电器的最小动作电流、最小动作电压或最小动作功率之比来计算灵敏系数，并要求 $K_{sen} \geqslant 1.5$。

2.3.7 对零序电流保护的评价（Assessment of Zero Sequence Current Protection）

在中性点直接接地的高压电网中，零序电流保护简单、经济、可靠，广泛应用于辅助保护和后备保护。与相电流保护相比，零序电流保护具有以下独特的优点：

（1）相间短路的过电流保护按照大于负荷电流整定，继电器的动作电流一般为 $5\sim7A$，零序过电流保护则按照躲开不平衡电流的原则整定，动作电流一般为 $2\sim3A$。发生单相接地短路时，故障相的电流与零序电流 $3I_0$ 相等，因此零序过电流保护的灵敏度高。此外，由图 2.44 可见，零序过电流保护的动作时限也较相间保护短。尤其是对于两侧电源的线路，当线路内部靠近任一侧发生接地短路时，本侧零序 I 段保护动作跳闸后，对侧零序电流增大可使对侧零序 I 段保护也继相动作跳闸，因而使总的故障切除时间更加缩短。

（2）相间短路的电流速断保护和限时电流速断保护直接受系统运行方式变化的影响很

大，零序电流保护受系统运行方式变化的影响小。此外，由于线路零序阻抗远较正序阻抗大，$X_0 = (2.0 \sim 3.5) X_1$，故线路始端与末端短路时，零序电流变化显著，曲线较陡，因此零序 I 段保护的保护范围较大且稳定，零序 II 段保护的灵敏系数也易于满足要求。

（3）当系统中发生某些不正常运行状态（如系统振荡、短时过负荷等）时，三相是对称的，相间短路的电流保护均将受它们的影响而可能误动作，因而需要采取必要的措施予以防止，而零序电流保护则不受它们的影响。

（4）方向性零序保护没有电压死区，与第 3 章介绍的距离保护相比，它实现简单、可靠，在 110kV 及以上的高压和超高压电网中，单相接地故障约占全部故障的 70%～90%，而且其他的故障也往往是由单相接地故障发展起来的，零序保护就为绝大部分的故障情况提供了保护，具有显著的优越性。我国电力系统的实际运行经验也充分证明了这一点。

零序电流保护的不足是：

（1）对于运行方式变化很大或接地点变化很大的电网，保护往往不能满足系统运行所提出的要求。

（2）随着单相重合闸的广泛应用，在重合闸动作的过程中将出现非全相运行状态，再考虑系统两侧的发电机发生摇摆，可能出现较大的零序电流，因而影响零序电流保护的正确工作，此时应从整定计算上予以考虑，或在单相重合闸动作过程中使之短时退出运行。

（3）当采用自耦变压器联系两个不同电压等级的电网（如 110kV 和 220kV 电网）时，任一电网中的接地短路都将在另一网络中产生零序电流，将使零序保护的整定配合复杂化，并将增大零序 III 段保护的动作时间。

2.4　中性点非直接接地系统中单相接地故障的保护
(Protection System for Single Phase Earth Fault in the Neutral Indirectly Earth Systems)

电力系统中性点接地方式的选择是一个涉及系统绝缘水平、供电可靠性、继电保护、对通信的干扰影响、断路器容量、避雷器配置等影响面较宽的技术经济问题。我国有关规程中明确规定：110kV 及以上电网采用中性点直接接地方式，而在电缆供电的城市配电网由于电容电流较大，则一般采用中性点经小电阻（$R_n \leqslant 10\Omega$）接地，在系统单相接地时控制流过接地点的电流在 500～1000A，以上统称中性点有效接地。110kV 以下电网采用中性点非有效接地方式，即当电网接地电流大于电弧重燃的电流时，都应采用中性点经消弧线圈的接地方式，当接地电流小于以上数值时中性点不接地。我国居民用电一般采用 380/220V 的三相四线电力网的单相供电，为保证人员安全，其中性点必须直接接地。

在中性点非有效接地系统（又称小接地电流系统）中发生单相接地时，由于故障点电流很小，而且三相之间的线电压仍然保持对称，对负荷的供电没有影响，因此，在一般情况下都允许再继续运行 1～2h。在此期间，其他两相的对地电压要升高到原来的 $\sqrt{3}$ 倍，为了防止故障进一步扩大造成两点或多点接地短路，应及时发出信号，以便运行人员查找发生接地的线路，采取措施予以消除。这也是采用中性点非有效接地运行的主要优点。

因此，在单相接地时，一般只要求继电保护能选出发生接地的线路并及时发出信号，而不必跳闸；但当单相接地对人身和设备的安全有危险时，则应动作于跳闸。能完成这种任务的保护装置有时被称作接地选线装置。

2.4.1　中性点不接地系统单相接地故障的稳态特点（Characteristics of Steady State for Single Phase Earth Fault in the Neutral Unearthed System）

图 2.46 所示的最简单网络接线中，电源和负荷的中性点均不接地，输电线路用集中参数模型近似。在正常运行情况下，三相对地有相同的电容 C_0，在相电压的作用下，每相都有一超前于相电压90°的电容电流流入地中，而三相电容电流之和等于零。假设 A 相发生单相接地，在接地点处 A 相对地电压为零，对地电容被短接，电容电流为零，而其他两相的对地电压升高到原来的$\sqrt{3}$倍，对地电容电流也相应增大到原来的$\sqrt{3}$倍，相量关系如图 2.47 所示。

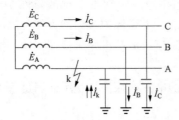
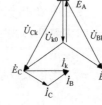

图 2.46　最简单网络接线示意图　　　　图 2.47　A 相接地时的相量图

由于线电压仍然三相对称，三相负荷电流对称，相对于故障前没有变化，下面只分析对地关系的变化。在 A 相接地以后，忽略负荷电流和电容电流在线路阻抗上产生的电压降，在故障点处各相对地的电压为

$$\left.\begin{aligned}
\dot{U}_{Ak} &= 0 \\
\dot{U}_{Bk} &= \dot{E}_B - \dot{E}_A = \sqrt{3}\dot{E}_A e^{-j150°} \\
\dot{U}_{Ck} &= \dot{E}_C - \dot{E}_A = \sqrt{3}\dot{E}_A e^{j150°}
\end{aligned}\right\} \tag{2.59}$$

故障点 k 的零序电压为

$$\dot{U}_{k0} = \frac{1}{3}(\dot{U}_{Ak} + \dot{U}_{Bk} + \dot{U}_{Ck}) = -\dot{E}_A \tag{2.60}$$

在故障处，非故障相中产生的电容电流流向故障点

$$\left.\begin{aligned}
\dot{I}_B &= \dot{U}_{Bk}j\omega C_0 \\
\dot{I}_C &= \dot{U}_{Ck}j\omega C_0
\end{aligned}\right\} \tag{2.61}$$

其有效值为 $I_B = I_C = \sqrt{3}U_{ph}\omega C_0$，其中 U_{ph} 为相电压的有效值。

因为全系统 A 相对地的电压均等于零，因而各元件 A 相对地的电容电流也等于零，此时从故障处 A 相接地点流过的电流是全系统非故障相电容电流之和 $\dot{I}_k = \dot{I}_B + \dot{I}_C$。由图 2.47 可见，其有效值为 $I_k = 3U_{ph}\omega C_0$，是正常运行时单相电容电流的 3 倍。

当网络中有发电机 G 和多条线路存在（如图 2.48 所示）时，每台发电机和每条线路对地均有电容存在，设以 C_{0G}、C_{0I}、C_{0II} 等集中电容来表示，当线路Ⅱ A 相接地后，其电容电流分布用"→"表示。在非故障的线路Ⅰ上，A 相电流为零，B 相和 C 相中有本身的电容电流，因此在线路始端所反应的零序电流为

$$3\dot{I}_{0I} = \dot{I}_{BI} + \dot{I}_{CI} \tag{2.62}$$

参照图 2.47 所示的关系，其有效值为

$$3I_{0I} = 3U_{ph}\omega C_{0I} \tag{2.63}$$

非故障线路特点:非故障线路中的零序电流为线路Ⅰ本身的电容电流,电容性无功功率的方向为由母线流向线路。当电网中的线路很多时,该结论可适用于每一条非故障的线路。

在发电机 G 上,首先有它本身的 B 相和 C 相的对地电容电流 $\dot{I}_{BG}$ 和 $\dot{I}_{CG}$;但是,由于它还是产生其他电容电流的电源,因此,从 A 相中要流回从故障点流上来的全部电容电流,而在 B 相和 C 相流出各线路上同名相的对地电容电流。此时从发电机出线端所反应的零序电流仍应为三相电流之和。由图 2.48 可见,各线路的电容电流由于从 A 相流入后又分别从 B 相和 C 相流出了,因此相加后互相抵消,而只剩下发电机本身的电容电流,故

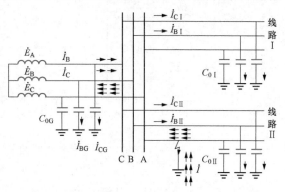

图 2.48 单相接地时,用三相系统表示的
电容电流分布图

$$3\dot{I}_{0G} = \dot{I}_{BG} + \dot{I}_{CG} \tag{2.64}$$

有效值为 $3I_{0G}=3U_{ph}\omega C_{0G}$,即零序电流为发电机本身的电容电流,其电容性无功功率的方向是由母线流向发电机,这个特点与非故障线路是一样的。

分析发生故障的线路Ⅱ,在 B 相和 C 相上,流有它本身的电容电流 $\dot{I}_{BⅡ}$ 和 $\dot{I}_{CⅡ}$,此外,在接地点要流回全系统 B 相和 C 相对地电容电流总和,其值为

$$\dot{I}_{k} = (\dot{I}_{BⅠ} + \dot{I}_{CⅠ}) + (\dot{I}_{BⅡ} + \dot{I}_{CⅡ}) + (\dot{I}_{BG} + \dot{I}_{CG}) \tag{2.65}$$

有效值为 $\qquad I_{k} = 3U_{ph}\omega(C_{0Ⅰ} + C_{0Ⅱ} + C_{0G}) = 3U_{ph}\omega C_{0\Sigma} \tag{2.66}$

式中 $C_{0\Sigma}$ ——全系统每相对地电容的总和。

I_{k} 要从 A 相流回去,因此,从 A 相流出的电流可表示为 $\dot{I}_{AⅡ} = -\dot{I}_{k}$,这样在线路Ⅱ始端所流过的零序电流则为

$$3\dot{I}_{0Ⅱ} = \dot{I}_{AⅡ} + \dot{I}_{BⅡ} + \dot{I}_{CⅡ} = -(\dot{I}_{BⅠ} + \dot{I}_{CⅠ} + \dot{I}_{BG} + \dot{I}_{CG}) \tag{2.67}$$

其有效值为 $\qquad 3I_{0Ⅱ} = 3U_{ph}\omega(C_{0\Sigma} - C_{0Ⅱ}) \tag{2.68}$

故障线路的特点是:故障线路中的零序电流,其数值等于全系统非故障元件对地电容电流之总和(但不包括故障线路本身),其电容性无功功率的方向为由线路流向母线,恰好与非故障线路上的相反。

根据上述分析结果,可以作出单相接地时的零序等效网络[如图 2.49(a)所示],在接地点有一个零序电压 $\dot{U}_{k0}$,而零序电流是通过各个元件的串联阻抗与对地容抗构成流通回路,由于输电线路的零序电阻、零序感抗远小于对地容抗,可忽略其影响,其相量关系如图 2.49(b)所示(图中 $\dot{I}'_{0Ⅱ}$ 表示线路Ⅱ本身的零序电容电流),这与中性点直接接地电网是完全不同的。利用图 2.49 所示的零序等效网络计算零序电流的大小和分布十分方便。

总结以上分析的结果,可以得出中性点不接地系统发生单相接地后零序分量分布的特点如下:

(1)零序网络由同级电压网络中元件对地的等值电容构成通路,与中性点直接接地系统由接地的中性点构成通路有极大的不同,网络的零序阻抗很大。

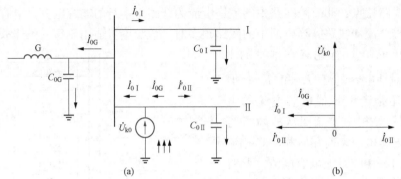

图 2.49　单相接地时的零序等效网络及相量图

(a) 等效网络；（b）相量图

（2）发生单相接地时，相当于在故障点产生了一个其值与故障相故障前相电压大小相等、方向相反的零序电压，全系统都将出现零序电压，并且其幅值、相位各点几乎无差别。

（3）在非故障元件中流过的零序电流，其数值等于本身的对地电容电流。电容性无功功率的实际方向为由母线流向线路。

（4）在故障元件中流过的零序电流，其数值为全系统非故障元件对地电容电流之总和；电容性无功功率的实际方向为由线路流向母线。

2.4.2　中性点经消弧线圈接地系统中单相接地故障的稳态特点（Characteristics of Steady State for Single Phase Earth Fault in the Neutral Point With Petersen Coil Earthed System）

根据以上的分析，当中性点不接地系统中发生单相接地时，在接地点要流过全系统的对地电容电流，如果此电流比较大，就会在接地点燃起电弧，引起弧光过电压，从而使非故障相的对地电压进一步升高，使绝缘损坏，形成两点或多点接地短路，造成停电事故。特别是，当环境中有可燃气体时，接地点的电弧有可能引起爆炸。为了解决这个问题，通常在中性点接入一个电感线圈，如图 2.50 所示。这样当单相接地时，在接地点就有一个电感分量的电流通过，此电流和原系统中的电容电流相抵消，可以减少流经故障点的电流，熄灭电弧。因此，称该线圈为消弧线圈。

在各级电压网络中，当全系统的电容电流超过下列数值时应装设消弧线圈：3～6kV 电网为 30A，10kV 电网为 20A，22～66kV 电网为 10A。

当采用消弧线圈以后，单相接地时的电流分布会发生重大的变化。假定在图 2.50（a）所示网络中，在电源的中性点接入了消弧线圈，当线路 Ⅱ 上 A 相接地以后，电容电流的大小和分布与不接消弧线圈时是一样的，不同之处是在接地点又增加了一个电感分量的电流 $\dot{I}_{\mathrm{L}}$，因此，从接地点流回的总电流为

$$\dot{I}_{\mathrm{k}} = \dot{I}_{\mathrm{L}} + \dot{I}_{\mathrm{C}\Sigma} \tag{2.69}$$

$$\dot{I}_{\mathrm{L}} = \frac{-\dot{E}_{\mathrm{A}}}{\mathrm{j}\omega L}$$

式中　$\dot{I}_{\mathrm{C}\Sigma}$——全系统的对地电容电流，可用式（2.65）计算；

　　　$\dot{I}_{\mathrm{L}}$——消弧线圈（电感为 L）的电流。

$\dot{I}_{\mathrm{C}\Sigma}$ 和 $\dot{I}_{\mathrm{L}}$ 的相位大约相差 180°，因此 $\dot{I}_{\mathrm{k}}$ 因消弧线圈的补偿而减小。相似地，可以作出

它的零序等效网络，如图 2.50（b）所示。

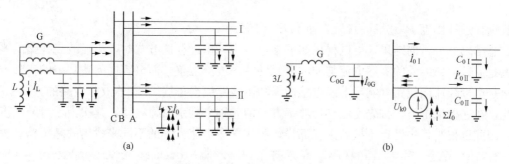

图 2.50　消弧线圈接地电网中单相接地时的电流分布
（a）用三相系统表示；（b）零序等效网络

　　根据对电容电流补偿程度的不同，消弧线圈可以有完全补偿、欠补偿及过补偿三种补偿方式。

　　（1）完全补偿。完全补偿就是使 $I_L = I_{C\Sigma}$，接地点的电流近似为零。从消除故障点的电弧避免出现弧光过电压的角度来看，这种补偿方式是最好的，但是从运行实际来看，则又存在着严重的缺点。因为完全补偿时，$\omega L = \dfrac{1}{3\omega C_\Sigma}$，正是电感 L 和三相对地电容 $3C_\Sigma$ 对 $50\,\text{Hz}$ 交流串联谐振的条件。如果正常运行时在电源中性点对地之间有电压偏移就会产生串联谐振，线路上产生很高的谐振过电压。实际上，架空线路三相的对地电容不完全相等，正常运行时在电源中性点对地之间就产生电压偏移，应用戴维南定理，当 L 断开时中性点的电压为

$$\dot{U}_0 = \frac{\dot{E}_A \times \mathrm{j}\omega C_A + \dot{E}_B \times \mathrm{j}\omega C_B + \dot{E}_C \times \mathrm{j}\omega C_C}{\mathrm{j}\omega C_A + \mathrm{j}\omega C_B + \mathrm{j}\omega C_C} = \frac{\dot{E}_A C_A + \dot{E}_B C_B + \dot{E}_C C_C}{C_A + C_B + C_C} \tag{2.70}$$

式中　　$\dot{E}_A$、$\dot{E}_B$、$\dot{E}_C$——三相电源电动势；

　　　　C_A、C_B、C_C——三相对地电容。

　　此外，在断路器合闸三相触头不同时闭合时，也将短时出现一个数值更大的零序分量电压。

　　在上述两种情况下所出现的零序电压，都是串联接于 $3L$ 和 C_Σ 之间的，其零序等效网络如图 2.51 所示。此电压在串联谐振的回路中产生很大的电压降落，从而使电源中性点对地电压严重升高。这是不允许的，因此在实际上不能采用这种方式。

　　（2）欠补偿。欠补偿就是使 $I_L < I_{C\Sigma}$，补偿后的接地点电流仍然是电容性的。采用这种方式时，仍然不能避免上述问题的发生，因为当系统运行方式变化时，例如某个元件被切除或因发生故障而跳闸，则电容电流将减小，这时很可能也出现因 I_L 和 $I_{C\Sigma}$ 两个电流相等而引起的过电压。因此，欠补偿的方式一般也是不采用的。

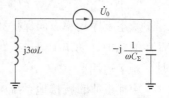

图 2.51　产生串联谐振的零序等效网络

　　（3）过补偿。过补偿就是使 $I_L > I_{C\Sigma}$，补偿后的残余电流是电感性的。采用这种方法不可能发生串联谐振的过电压问题，因此，在实际中获得了广泛的应用。I_L 大于 $I_{C\Sigma}$ 的程度用过补偿度 P 来表示，其关系为

$$P = \frac{I_L - I_{C\Sigma}}{I_{C\Sigma}} \tag{2.71}$$

一般选择过补偿度 $P=5\% \sim 10\%$，而不大于 10%。

　　总结以上分析的结果，可以得出如下结论：当采用过补偿方式时，流经故障线路的零序电流是流过消弧线圈的零序电流与非故障元件零序电流之差，而电容性无功功率的实际方向仍然是由母线流向线路（实际上是电感性无功由线路流向母线），和非故障线路的方向一样。因此，在这种情况下，首先无法利用功率方向的差别来判别故障线路，其次由于过补偿度不大，因此也很难像中性点不接地系统那样，利用零序电流大小的不同来找出故障线路。

2.4.3　稳态零序电流和零序功率方向保护（Zero Sequence Current and Zero Sequence Directional Power Protection in Steady State）

1. 稳态零序电流保护

　　零序电流保护利用故障线路零序电流较非故障线路为大的特点来实现有选择性地发出信号或动作于跳闸。根据网络的具体结构和对电容电流的补偿情况，有时可以使用，有时难以使用。

　　这种保护一般使用在有条件安装零序电流互感器的线路（如电缆线路或经电缆引出的架空线路）上；当单相接地电流较大，足以克服零序电流过滤器中的不平衡电流的影响时，保护装置也可以接于三个电流互感器构成的零序回路中。

　　根据对图 2.48 的分析，当某一线路上发生单相接地时，非故障线路上的零序电流为本身的电容电流，因此，为了保证动作的选择性，保护装置的动作电流 I_{set} 应大于本线路的电容电流［参见式（2.63）］，即

$$I_{set} = K_{rel} \cdot 3U_{ph}\omega C_0 \tag{2.72}$$

式中　C_0——被保护线路每相的对地电容。

　　按式（2.72）整定以后，还需要校验在本线路上发生单相接地故障时的灵敏系数。由于流经故障线路上的零序电流为全网络中非故障线路电容电流的总和，因此灵敏系数为

$$K_{sen} = \frac{3U_{ph}\omega(C_\Sigma - C_0)}{K_{rel} \cdot 3U_{ph}\omega C_0} = \frac{C_\Sigma - C_0}{K_{rel}C_0} \tag{2.73}$$

式中　C_Σ——同一电压等级网络中各元件每相对地电容之和。

　　校验时应采用系统最小运行方式时的电容电流，也就是 C_Σ 为最小时的电容值。由式（2.73）可见，当全网络的电容电流越大，或被保护线路的电容电流越小时，零序电流保护的灵敏系数就越容易满足要求。

2. 稳态零序功率方向保护

　　稳态零序功率方向保护利用故障线路与非故障线路零序功率方向不同的特点来实现有选择性的保护，动作于信号或跳闸。这种保护在中性点经消弧线圈接地且采用过补偿工作方式时，难于适用。

　　中性点非直接接地系统中发生单相接地时，流过故障和非故障线路的电流变化仅为对地电容电流的变化，其值都较小，特别是当系统中性点经消弧线圈接地，且采用过补偿方式工作时，利用工频分量的变化难以区分故障线路与非故障线路。

2.4.4　零序电压保护（Zero Sequence Voltage Protection）

　　在中性点非直接接地系统中，只要本级电压网络中发生单相接地故障，则在同一电压等

级的所有发电厂和变电站的母线上，都将出现数值较高的零序电压。利用这一特点，在发电厂和变电站的母线上，一般装设网络单相接地的监视装置，它利用接地后出现的零序电压，带延时动作于信号，表明本级电压网络中出现了单相接地。为此，可在电压互感器二次侧开口三角形输出零序电压的端子上接过电压继电器，如图2.52所示。因此，这种检测零序电压方法称为中性点非直接接地系统绝缘监察，给出的信号是没有选择性的，要想发现故障是在哪条线路上，还需要由运行人员依次短时断开每条线路（现场有时称为拉路）并继之将断开线路投入。当断开某条线路时，零序电压的信号消失，即表明故障是在该线路上。

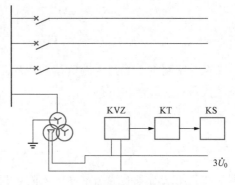

图 2.52 网络单相接地的信号装置
原理接线图

2.4.5 中性点经消弧线圈接地系统单相接地暂态过程的特点 （Characteristics of Transient State for Single Phase Earth Fault in the Neutral Point With Petersen Coil Earthed System）

以上所讨论的都是在稳态情况下电容电流的分布，其值较小，相较于正常的负荷电流（数百安）并考虑负荷不平衡电流，难于识别故障线路。随着快速数值采集和处理技术的发展，记录和分析单相接地故障时的暂态过程不再存有困难，利用暂态过程的特点实现故障选线，是近年来正在研究解决和推广应用的课题。在暂态过程中，存在各种频率分量的电流，配电线路需要使用分布参数模型，在此基础上分析故障线路与非故障线路的暂态电流特征，以构成接地选线的算法。

1. 线路零序阻抗的频率特性

对小电流接地系统单相接地的零序电流波形进行分析，发现其暂态分量主要分布在10kHz以下。对于长度几十千米的配电线路，使用长线 - 均匀分布参数模型进行分析可保证其精确性，对于零序网络中的配电线路可以推导其首末端的电压、电流关系。

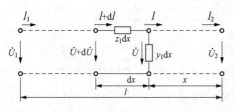

图 2.53 长线 - 均匀分布参数电路模型

z_1、y_1—单位长度线路的阻抗和导纳；

$\dot{U}$、$\dot{I}$—距线路末端 x 处的电压、电流；

$\dot{U}+\mathrm{d}\dot{U}$、$\dot{I}+\mathrm{d}\dot{I}$—距线路末端 $x+\mathrm{d}x$ 处的电压、电流（$\mathrm{d}x$ 为长度微元）

式中 Z_C——线路特性阻抗；

       γ——线路传播系数；

       $\dot{U}_2$、$\dot{I}_2$——线路末端电压、电流。

由图 2.53 可得

$$\left. \begin{array}{l} \mathrm{d}\dot{U} = \dot{I}z_1\mathrm{d}x + z_1\mathrm{d}\dot{I}\mathrm{d}x \approx \dot{I}z_1\mathrm{d}x \\ \mathrm{d}\dot{I} = \dot{U}y_1\mathrm{d}x \end{array} \right\} \quad (2.74)$$

在已知线路末端电压、电流的条件下，计算线路上任意点的电压、电流

$$\begin{bmatrix} \dot{U} \\ \dot{I} \end{bmatrix} = \begin{bmatrix} \cosh\gamma x & Z_\mathrm{C}\sinh\gamma x \\ \dfrac{\sinh\gamma x}{Z_\mathrm{C}} & \cosh\gamma x \end{bmatrix} \begin{bmatrix} \dot{U}_2 \\ \dot{I}_2 \end{bmatrix} \quad (2.75)$$

$$Z_\mathrm{C} = \sqrt{z_1/y_1}$$

$$\gamma = \sqrt{z_1 y_1}$$

如以线路长度 l 代入 x，则可得线路始端的电压、电流为

$$\begin{bmatrix} \dot{U}_1 \\ \dot{I}_1 \end{bmatrix} = \begin{bmatrix} \cosh\gamma l & Z_C\sinh\gamma l \\ \dfrac{\sinh\gamma l}{Z_C} & \cosh\gamma l \end{bmatrix} \begin{bmatrix} \dot{U}_2 \\ \dot{I}_2 \end{bmatrix} \tag{2.76}$$

在零序网中，线路末端负荷的零序阻抗为无穷大，相当于开路，即 $\dot{I}_{02}=0$。将此边界条件代入式（2.76），有

$$\left. \begin{array}{l} \dot{U}_{01} = \dot{U}_{02} \cdot \cosh\gamma_0 l \\ \dot{I}_{01} = \dot{U}_{02} \cdot \dfrac{\sinh\gamma_0 l}{Z_{C0}} \end{array} \right\} \tag{2.77}$$

则从线路始端看入的线路零序输入阻抗为

$$Z_0 = \frac{\dot{U}_{01}}{\dot{I}_{01}} = Z_{C0} \cdot \frac{\cosh\gamma_0 l}{\sinh\gamma_0 l} = Z_{C0} \cdot \coth\gamma_0 l \tag{2.78}$$

代入单位长度的零序线路参数（忽略分布电导）

$$\left. \begin{array}{l} z_0 = R_0 + j\omega L_0 \\ y_0 = j\omega C_0 \end{array} \right\} $$

可得

$$Z_0 = \sqrt{\frac{R_0 + j\omega L_0}{j\omega C_0}} \cdot \frac{\cosh(l\sqrt{(R_0+j\omega L_0)j\omega C_0})}{\sinh(l\sqrt{(R_0+j\omega L_0)j\omega C_0})} \tag{2.79}$$

式中　R_0、L_0、C_0——线路单位长度的零序电阻、电感和电容；

　　　　L——线路长度。

使用三条典型 10kV 线路的参数（工频零序参数和长度）如表 2.1 所列。

表 2.1　　　　　　　　　　　三条 10kV 线路的参数

线路	长度（km）	R_0+jX_{L0}（Ω/km）	B_{C0}（μS/km）
1 号线路	28	0.29 + j1.218	2.89
2 号线路	15	0.29 + j1.218	2.89
3 号线路	15	0.23 + j1.72	1.884

按照式（2.79），计算出三条线路的零序阻抗频率特性曲线，如图 2.54 所示。

线路零序阻抗的相频特性（见图 2.54 左侧三图）是在 $\pm 90°$ 上交变的周期方波函数，随着频率升高线路零序阻抗的容性、感性频带交替出现，且容性频带和感性频带长度相同。以第一个交变频带为首的奇数次频带都是阻抗角为 $-90°$ 的容性频带，以第二个交变频带为首的偶数次频带都是阻抗角为 $90°$ 的感性频带。

而线路零序阻抗的幅频特性（见图 2.54 右侧三图）为周期梳状函数，梳状尖峰之间的频率周期与线路零序阻抗相频特性的周期相同。阻抗角由 $-90°$ 升到 $90°$ 的过零点频率对应于阻抗值的最低点（此时线路发生串联谐振），阻抗角由 $90°$ 降到 $-90°$ 的过零点频率对应于阻抗值的梳状尖峰点（此时线路发生并联谐振）。而在梳状尖峰之间，阻抗值随频率的变化较平缓。

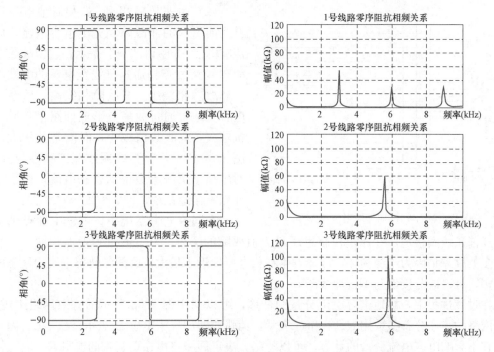

图 2.54 0～10kHz 频带内不同长度、参数线路的阻抗频率特性

综合观察图 2.54，可发现线路参数和线路长度共同影响着阻抗值的大小，而影响阻抗角变化周期（即容性频带或感性频带的长度）的却只有线路长度。线路长度越长，阻抗角的变化周期越短。线路阻抗的频率特性自然也影响线路电流谐波的性质，所以在线路零序电流的低次谐波中，频率在容性频带内的谐波电流都是容性电流，频率在感性频带内的谐波电流都是感性电流。无论线路长度差别多大，从低频开始总有一段频带内，各线路的阻抗同时呈电容性，称为首容性频带，一般在首容性频带内，单相接地的暂态特征已经很明显了，使用该频段内的零序电流可以选出接地线路。考虑现场单相接地的复杂性（经过渡电阻接地、弧光接地等），在更高的频段内，还可以找到各条线路同时呈容性的频段，有时在这些高频的容性段内，单相接地的电容电流更大，将暂态零序电流故障特征最明显的容性频带（包括首容性频带）称为特征频带，后续的暂态电流特征分析局限在特征频带内。特征频带内的容性电流要远远大于工频电容电流，它与中性点非有效接地网路的结构、线路条数、线路长度及参数等有关，随运行方式变化而变化。

2. 暂态过程机理

当电力系统中发生单相接地后，故障相对地电压降低，非故障相对地电压升高，故障线的暂态电容电流分布如图 2.55 所示，可以看成是如下两个电流之和：

（1）由于故障相 A 对地电压突然降低而引起全网的故障相放电电容电流，此电流在图 2.55 中以 "⊷" 表示，它由非故障元件的故障相电容通过母线流向故障线路的故障点，非故障元件的故障相电容电流与规定的电流正方向（由母线指向线路）相反。其数值和振荡频率主要决定于电网中线路的参数（R、L 和 C）、故障点的位置以及过渡电阻的数值，其最大值往往是稳态电容电流的数倍甚至几十倍。但放电电流衰减很快，最短仅有几毫秒，其振荡频率高达数千赫兹。

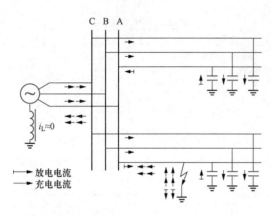

图 2.55 单相接地暂态电流的分布

（2）由非故障相 B、C 相对地电压突然升高而引起的非故障相充电电容电流，此电流在图 2.55 中以"→"表示，它由故障点经故障线路故障相通过母线至电源的中性点进入非故障相绕组、非故障相线路，后经对地电容入地，通过故障点形成回路，其回路阻抗较大，电流数值较小，时间常数较大。如图 2.55 所示，消弧线圈按照工频参数补偿，对于高于工频十数倍的暂态电流，相当于中性点不接地系统，即 $i_L \approx 0$。

在同一电力系统中，不论中性点是绝缘还是经消弧线圈接地，在相电压接近于最大值故障的瞬时，其过渡过程近似相同。一般说来，多数故障是因为绝缘损坏，故障发生在相电压接近于最大值瞬间，暂态电流比稳态电流大很多，可以区分接地与不接地线路。

在过渡过程中，接地电容电流分量的估算，可以利用图 2.56 所示的等效网络来进行。图中网络的零序分布参数用 R、L 和 C 表示，消弧线圈用集中电感 L_k 表示，$L_k \gg L$，因此实际上它不影响电容电流分量的计算，可以忽略。决定回路自由振荡衰减的电阻 R，应为接地电流沿途的总电阻值，包括导线的电阻、大地的电阻以及故障点的过渡电阻。

在忽略 L_k 以后，对暂态电容电流的分析实际上就是一个 R、L、C 串联回路突然接通零序电压 $u(t) = U_m \cos\omega t$ 时的过渡过程的分析。根据电路课程知识，此时流经故障点电流的变化形式主要决定于网络参数 R、L、C 的关系，当 $R < 2\sqrt{\dfrac{L}{C}}$ 时，电流的过渡过程具有衰减的周期特性；而当 $R > 2\sqrt{\dfrac{L}{C}}$ 时，电流经非周期衰减而趋于稳态值。对于架空线路，

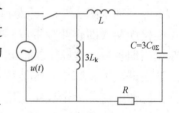

图 2.56 接地故障暂态电流估计等效网络

L 较大，C 较小，$R < 2\sqrt{\dfrac{L}{C}}$，因此故障点电流具有迅速衰减的形式，根据分析和测量的结果，自由振荡频率一般在 $300 \sim 1500\text{Hz}$ 的范围内，即首容性频带内。对于电缆线路，由于 L 很小而 C 很大，因此其过渡过程与架空线路相比，所经历的实际暂态过程极为短促，且具有较高的自由振荡频率，一般在 $1500 \sim 3000\text{Hz}$ 之间，也在首容性频带内。

在特征频带内，分析以上电容的充放电回路及过程，在零序等值网络中可以发现暂态零序电流特征：故障线路中零序暂态电流是所有非故障元件暂态零序电流之和，电容性无功功率的实际方向为由线路流向母线；非故障线路中暂态零序电流为本线路零序电流，电容性无功功率的实际方向为由母线流向线路；暂态零序电流频率达到数百上千赫兹的衰减振荡分量，其最大幅值与故障时刻有关，较稳态零序电流大数十倍。图 2.57 给出某 10kV 母线 4 条线路现场录制的中性点不接地、经消弧线圈接地系统单相接地时的零序电压、电流波形，故障线路零序电流最大且与非故障线路方向相反，远大于稳态电流。消弧线圈明显地减小了稳态电流，但对暂态电流几乎无影响。

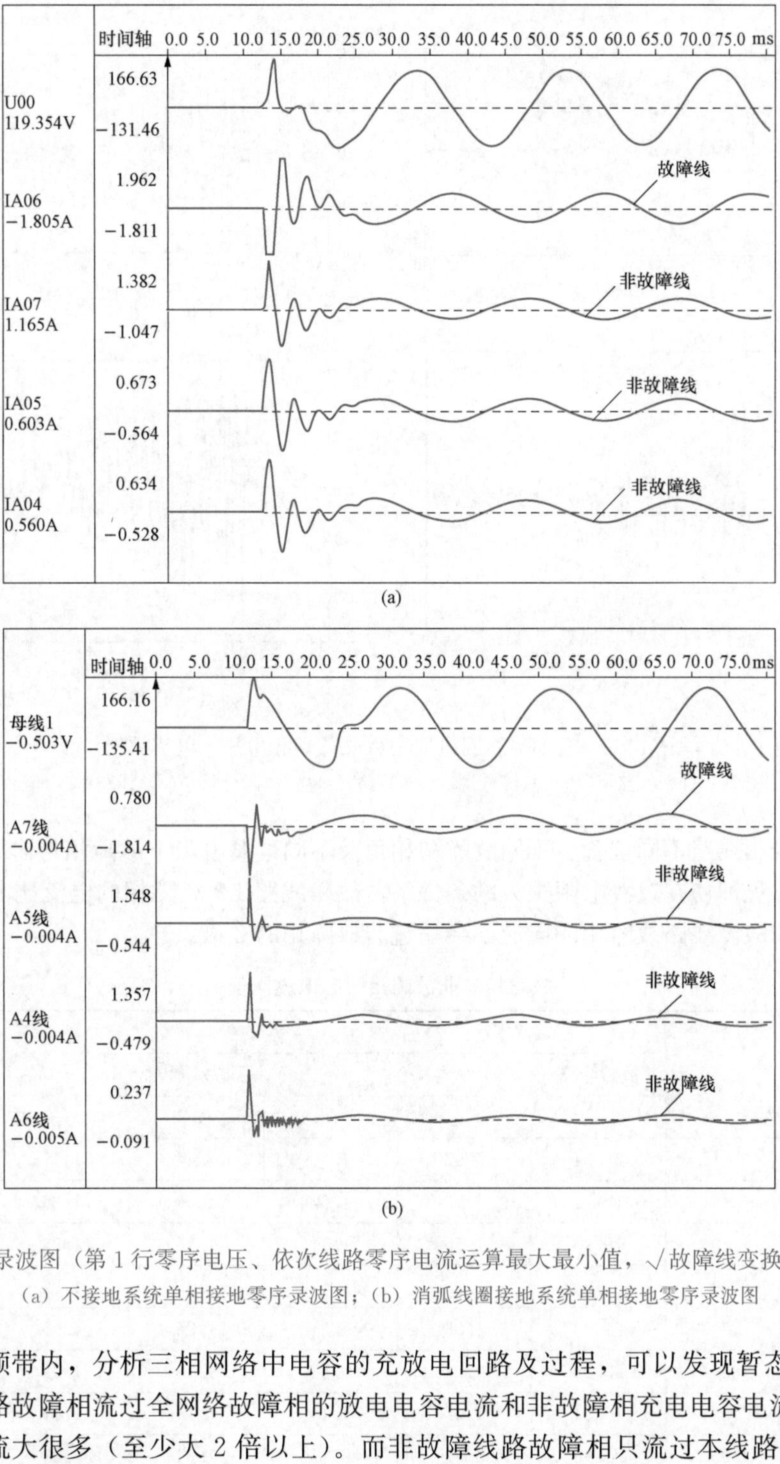

图 2.57 现场录波图（第 1 行零序电压、依次线路零序电流运算最大最小值，√故障线变换器饱和而削顶）

（a）不接地系统单相接地零序录波图；（b）消弧线圈接地系统单相接地零序录波图

在特征频带内，分析三相网络中电容的充放电回路及过程，可以发现暂态相电流的特征：故障线路故障相流过全网络故障相的放电电容电流和非故障相充电电容电流，较非故障相的充电电流大很多（至少大 2 倍以上）。而非故障线路故障相只流过本线路的放电电流，与非故障相的充电电流相差达不到 2 倍。电容的充电、放电电流幅值远大于稳态电容电流，频率远高于工频。图 2.58 给出某 10kV 变电站 6 条出线发生单相接地时故障线路 L1 和非故障线路 L4、L2 的故障相（实线）电流与非故障相电流（虚线，两非故障相电流相同）的仿真波形。

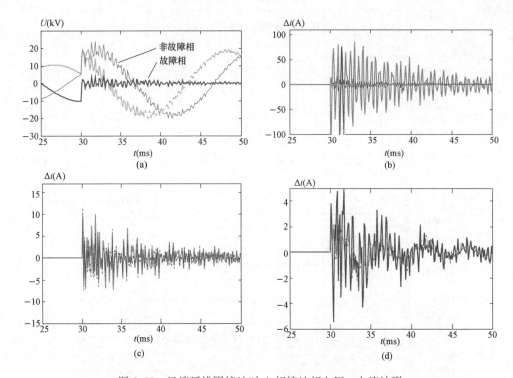

图 2.58 经消弧线圈接地时 A 相接地相电压、电流波形

（a）三相电压；（b）线路 L1 电流故障分量；（c）线路 L4 电流故障分量；（d）线路 L2 电流故障分量

表 2.2 给出线路不同位置、不同故障初相角及不同过渡电阻下故障相与非故障相暂态电流的比值，可见即使在过渡电阻很大的条件下，故障线路 L2 故障相的电流比非故障相电流大很多，而非故障线路故障相的电流不会超过非故障相的 2 倍。

表 2.2   故障相与非故障相暂态电流比值

故障点	$R_f(\Omega)$	$\theta=60°$					
		故障线路	非故障线路				
		K_{L2}	K_{L1}	K_{L3}	K_{L4}	K_{L5}	K_{L6}
首端	1	22.04	0.97	1.30	1.43	1.11	0.97
	100	17.72	1.16	1.02	1.00	1.26	0.95
	1000	18.95	1.10	1.11	1.15	1.03	0.97
	5000	22.20	1.05	1.07	1.05	1.02	0.99
中点	10	21.29	1.06	1.21	1.25	1.05	1.02
	1000	25.29	0.92	0.88	1.35	1.02	1.03
末端	10	16.64	1.08	1.15	1.14	1.11	1.03
	1000	20.96	0.93	0.87	1.24	1.03	1.09

2.4.6 暂态零序电流与相电流保护（Zero Sequence Current and Three‐Phase Current Protection in Transient State）

随着对供电可靠性要求的提高，停电检修时间缩短，城市配电网环网供电和大量采用电缆，迅速、有选择性地选出单相接地线路的要求变得日益紧迫。21世纪初以来，随着高速数字采集、处理器件的发展，利用暂态特征的保护原理研究和装置开发取得了可喜的进展，国内已经有多家公司推出利用暂态零序电流特征的接地选线装置，其基本特点是采用高（5～25kHz）采样率记录暂态过程，在相关的频率段利用故障线路与非故障线路暂态电流的方向、感容性、幅值大小等差异，实现接地选线。以下介绍使用特征频带内零序电流、相电流特征选线的常用原理，而特征频带的准确确定需要根据接地后的暂态电流实时计算，此处不再赘述。

1. 馈线零序电流相对比较的集中式选线保护

将变电站的同一级电压母线上的 L 条线路零序暂态电流采集下来，对它们分别进行幅频分解，找出特征频带，计算出特征频带内的各条线路零序电流幅值，零序电流幅值最大的线路就是故障线路。为防止将母线接地时误选为最长的配电线，加入能比较本线路零序电流的方向与其他所有线路都不相同的判别元件，当以上两条件同时满足时，判为发生接地的线路。当所有线路零序电流方向一致且都是由线路流向母线时，可判为母线接地故障。除了利用特征频带内零序幅值大小比较选出故障线的方法外，也可以利用全频带内第一个零序电流的首半波极性选出故障线，图 2.57 显示故障线路极性与非故障线路极性相反，非故障线路首半波极性相同。但这种方法在母线上只有两条线路时应用遇到困难。一般都是多种选线原理综合运用，互相补充。

2. 馈线相电流比较的独立选线保护

在暂态过程相电流特征分析中指出，故障线路故障相中流过全网所有线路三相及本线路两非故障相电容的放电、充电电流之和，较之非故障相流过的电流大 2 倍以上，而非故障线路的故障相与非故障相之间电流比值小于 2。利用母线电压选出故障相，每条线路根据自身三相电流的比例关系可以判出本线路自身是否为故障线路，不必将各条线路电流集中起来相互比较。这种原理在实现装置中有其独特优势，用一套保护装置实现配电网的相间短路和单相接地的全部保护，相间短路时跳闸，接地故障时发出信号或根据需要跳闸，弥补配电线路只有相间短路的保护不足。在实际使用时需要注意电流互感器的量程与精度，一般需要同时接入线路测量互感器（接地故障时保证测量精度）和保护互感器（相间短路时不饱和）的二次输出，采用高（5～25kHz）采样率记录暂态和稳态过程。利用电压和电流变化量启动故障判别，使用母线电压可以判别故障类别与故障相。当判出相间短路故障时，使用保护互感器通道数据，利用本章前述的相间短路保护知识，实现阶段式电流保护功能。当判出单相接地故障时，使用测量用互感器通道数据，转入判别本线路是否接地线路的功能，计算特征频带内故障相电流与非故障相电流的比值，当其大于 2 时判为本线路发生接地故障，发出信号或跳闸。城市配电网中越来越多的电缆和架空线路要求单相接地时立即跳闸，其出口跳闸和重合闸回路可以与相间短路保护共同配置。随着硬件成本的快速降低、高速采样运算的保护平台技术成熟，已经有厂家推出了配电线路短路、接地一体化保护装置。

2.5 电流保护配置举例

(Schemes of Current Protection in the Neutral Indirectly Earth Systems)

为使初学者对电流保护有一个完整的概念，图 2.59（见文后插页或扫码查阅）给出一个典

图 2.59　变压器主接线及
保护配置（110kV）

型的 110kV/10kV 配网变电站主接线及其保护装置配置图，各一次设备见图下标识说明，相应配备的保护装置在对应位置标出。新建的变电站保护一般采用数字式保护装置，在一个保护装置内可以实现多种保护原理，各保护原理协同工作以确保故障被可靠地切除。在每一个一次设备上都配备了电流保护原理的保护元件，可见电流保护原理应用之广泛。图 2.60～图 2.63 分别为电流保护装置动作逻辑图、保护装置前后面板图、多套保护装置组屏后屏柜图。

　　某厂家方向性电流保护的动作逻辑如图 2.60 所示，某厂家方向性零序电流保护动作逻辑如图 2.61 所示。

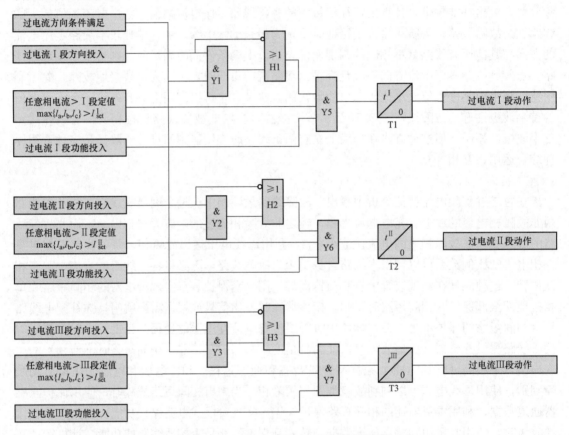

图 2.60　三段式方向过电流保护逻辑图

注：1. ［图］左上角为动作延时，右下角为返回延时，t^1、t^2、t^3 为 Ⅰ、Ⅱ、Ⅲ 段时间定值。

2. 动作逻辑说明：

（1）过电流 Ⅰ、Ⅱ、Ⅲ 段功能投入即代表该段保护的功能软压板、硬压板、控制字均投入。

（2）本逻辑图中不考虑 TV 断线对方向过电流保护的影响。

（3）过电流 Ⅰ 段时间定值最小可整定为 0s，可作为速断保护。

（4）过电流 n 段方向投入时，过电流保护功能投入，电流定值、动作时间定值和方向条件均满足时对应段保护才动作；过电流 n 段方向不投入时，方向条件是否满足对保护动作行为不产生影响。过电流保护功能投入，电流定值和动作时间定值均满足时，对应段保护即可动作。

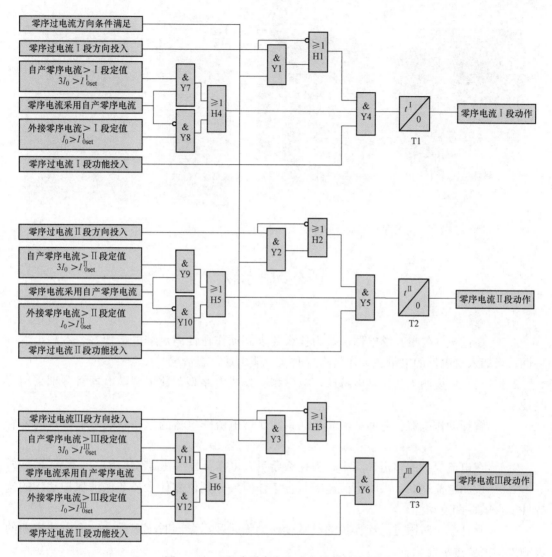

图 2.61 三段式零序方向过电流保护逻辑图

注：1. t^{TV} 为 TV 断线零序过流时间定值，左上角为动作延时，右下角为返回延时，t^1、t^2、t^3 为 Ⅰ、Ⅱ、Ⅲ 段时间定值。

2. 动作逻辑说明：

（1）零序过电流 Ⅰ、Ⅱ、Ⅲ 段功能投入即代表该保护的功能软压板、硬压板、控制字均投入。

（2）本逻辑图中不考虑 TV 断线对零序过电流保护的影响。

（3）零序过电流 Ⅰ 段时间定值最小可整定为 0s，可做速断保护。

（4）零序电流可以选择外接或者自产，当 "零序电流采用自产零流" 为 TRUE 时，零序电流采用自产零序电流进行逻辑运算，否则使用外接电流进行逻辑运算。

（5）零序过电流 n 段方向投入时，零序电流保护功能投入、电流定值、动作时间定值和方向条件均满足时对应段保护才动作；零序过电流 n 段方向不投入时，方向条件是否满足对保护动作行为不产生影响，零序过电流保护功能投入、电流定值和动作时间定值均满足时，对应段保护即可动作。

 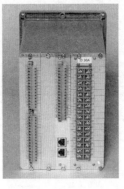  

图 2.62　数字式电流保护装置前后面板图　　　图 2.63　电流保护屏柜图

习题及思考题
(Exercise and Questions)

2.1　在过量（欠量）继电器中，为什么要求其动作特性满足继电特性？若不满足继电特性，当加入继电器的电量在动作值附近时将可能出现什么情况？

2.2　请举例说明为实现继电特性，电磁型、集成电路型、数字型继电器常分别采用哪些技术。

2.3　解释动作电流、返回电流和返回系数。过电流继电器的返回系数过低或过高各有何缺点？

2.4　在电流保护的整定计算中，为什么要引入可靠系数？其值考虑哪些因素后确定？

2.5　说明电流速断、限时电流速断联合工作时，分别依靠什么环节保证保护动作的选择性、灵敏性和速动性。

2.6　为什么定时限过电流保护的灵敏度、动作时间需要同时逐级配合，而电流速断的灵敏度不需要逐级配合？

2.7　如图 2.64 所示网络，保护 1、2、3 为电流保护，系统参数为：$E_{ph}=115/\sqrt{3}\,\text{kV}$，$X_{G1}=15\Omega$、$X_{G2}=10\Omega$、$X_{G3}=10\Omega$、$L_1=L_2=60\text{km}$、$L_3=40\text{km}$、$L_{BC}=50\text{km}$、$L_{CD}=30\text{km}$、$L_{DE}=20\text{km}$，线路阻抗 $0.4\Omega/\text{km}$、$K_{rel}^{I}=1.2$、$K_{rel}^{II}=K_{rel}^{III}=1.15$、$I_{BC.Lmax}=300\text{A}$、$I_{CD.Lmax}=200\text{A}$、$I_{CE.Lmax}=150\text{A}$、$K_{ss}=1.5$、$K_{re}=0.85$。试求：

（1）发电机元件最多三台运行、最少一台运行，线路最多三条运行、最少一条运行，确定保护 3 在系统最大、最小运行方式下的等值阻抗。

（2）整定保护 1、2、3 的电流速断定值，并计算各自的最小保护范围。

（3）整定保护 2、3 的限时电流速断定值，并校验使其满足灵敏度要求（$K_{sen}\geq1.2$）。

（4）整定保护 1、2、3 的过电流定值，假定母线 E 过电流保护动作时限为 0.5s，校验保护 1 作近后备，保护 2、3 作远后备的灵敏度。

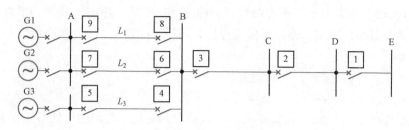

图 2.64　简单电网示意图

2.8　当图 2.64 中保护 1 的出口处在系统最小运行方式下发生两相短路，保护按照题 2.7 配置和整定时，试问：

（1）共有哪些保护元件启动？

（2）所有保护工作正常，故障由何处的哪个保护元件动作、多长时间切除？

（3）若保护 1 的电流速断保护拒动，故障由哪个保护元件动作、多长时间切除？

（4）若保护 1 处的断路器拒动，故障由哪个保护元件动作、多长时间切除？

2.9　如图 2.65 所示网络，流过保护 1、2、3 的最大负荷电流分别为 400、500、550A，$K_{ss}=1.3$，$K_{re}=0.85$，$K_{rel}^{III}=1.15$，$t_1^{III}=t_2^{III}=0.5s$，$t_3^{III}=1.0s$。试计算：

（1）保护 4 的过电流定值；

（2）保护 4 的过电流定值不变，保护 1 所在元件故障被切除，当返回系数 K_{re} 低于何值时会造成保护 4 误动？

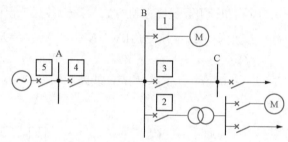

图 2.65　系统示意图

（3）当 $K_{re}=0.85$ 时保护 4 的灵敏系数 $K_{sen}=3.2$，当 $K_{re}=0.7$ 时保护 4 的灵敏系数降低到多少？

2.10　在中性点非直接接地系统中，当两条上、下级线路安装相间短路的电流保护时，上级线路装在 A、C 相上，而下级线路装在 A、B 相上，有何优缺点？当两条线路并列时，这种安装方式有何优缺点？以上串、并两种线路，若保护采用三相星形接线，有何不足？

2.11　在双侧电源供电的网络中，方向性电流保护利用了短路时电气量的什么特征解决了仅利用电流幅值特征不能解决的问题？

2.12　功率方向判别元件实质上是在判别什么？为什么会存在死区？什么时候要求它动作最灵敏？

2.13　当图 2.29 的功率方向判别元件用集成电路实现，分别画出 $u_r=U_m\sin(100\pi t)$，$i_r=I_m\sin(100\pi t+30°)$ 和 $u_r=U_m\sin(100\pi t)$，$i_r=I_m\sin(100\pi t-60°)$ 时，各点输出电压随时间变化的波形。如果用数字式（微机）实现，写出算法方案，并校验上述两种情况下方向元件的动作情况。

2.14　为了保证在正方向发生各种短路时功率判别元件都能动作，需要确定接线方式及内角，请给出 90°接线方式正方向短路时内角的范围。

2.15　对于 90°接线方式、内角为 30°的功率方向判别元件，在电力系统正常负荷电流

（功率因数为 0.85）下，分析功率方向判别元件的动作情况。假定 A 相的功率方向元件出口与 B 相过电流元件出口串接，而不是按相连接，当反方向发生 B、C 两相短路时，会出现什么情况？

2.16　系统和参数见题 2.7，试完成：

（1）整定线路 L3 上保护 4、5 的电流速断定值，并尽可能在一端加装方向元件。

（2）确定保护 4、5、6、7、8、9 过电流段的时间定值，并说明何处需要安装方向元件。

（3）确定保护 5、7、9 限时电流速断段的电流定值，并校验灵敏度。

2.17　在中性点直接接地系统中，发生接地短路后，试分析、总结：

（1）零序电压、电流分量的分布规律；

（2）负序电压、电流分量的分布规律；

（3）正序电压、电流分量的分布规律；

（4）总结用零序电压、电流分量构成保护较用其他序分量实现保护的优点。

2.18　比较图 2.39 中不同的提取零序电压方式的优缺点。

2.19　系统接线图如图 2.66 所示，发电机以发电机 - 变压器组方式接入系统，最大开机方式为 4 台机全开，最小开机方式为两侧各开 1 台机，变压器 T5 和 T6 可能 2 台也可能 1 台运行。参数为：$E_{ph}=115/\sqrt{3}\,kV$，$X_{1.G1}=X_{2.G1}=X_{1.G2}=X_{2.G2}=5\Omega$、$X_{1.G3}=X_{2.G3}=X_{1.G4}=X_{2.G4}=8\Omega$，$X_{1.T1}\sim X_{1.T4}=5\Omega$，$X_{0.T1}\sim X_{0.T4}=15\Omega$，$X_{1.T5}=X_{1.T6}=15\Omega$，$X_{0.T5}=X_{0.T6}=20\Omega$，$L_{AB}=60km$，$L_{BC}=40km$，线路阻抗 $Z_1=Z_2=0.4\Omega/km$、$Z_0=1.2\Omega/km$，$K_{rel}^{I}=1.2$、$K_{rel}^{II}=1.15$。

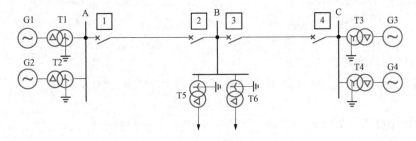

图 2.66　系统接线图

（1）画出所有元件全运行时三序等值网络图，并标注参数；

（2）所有元件全运行时，计算 B 母线发生单相接地短路和两相接地短路时的零序电流分布；

（3）分别求出保护 1、4 零序 II 段的最大、最小分支系数；

（4）分别求出保护 1、4 零序 I、II 段的定值，并校验灵敏度；

（5）保护 1、4 零序 I、II 段是否需要安装方向元件；

（6）保护 1 处装有单相重合闸，所有元件全运行时发生系统振荡，整定保护 1 不灵敏 I 段定值。

2.20　如题 2.19 给出的系统及参数，其相间短路的保护也采用电流保护。

（1）分别求出保护 1、4 的 I、II 段定值，并校验灵敏度。

（2）保护 1、4 的 I、II 段是否需要安装方向元件？

（3）分别画出相间短路的电流保护的功率方向判别元件与零序功率方向判别元件的交流接线。

（4）相间短路的电流保护的功率方向判别元件与零序功率方向判别元件的内角有何不同？

（5）功率方向判别元件必须正确地按照电压、电流同名端接线后，才能正确工作。设想现场工程师是如何保证接线极性正确的。

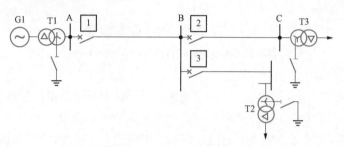

图 2.67　系统接线图

2.21　对于比题 2.19 复杂得多的实际电力系统，设想保护工程师是如何完成保护定值计算的。如果你今后从事保护整定计算，如何借助现代计算工具提高劳动效率？

2.22　图 2.67 所示系统的变压器中性点可以接地，也可以不接地。比较中性点直接接地系统与中性点非直接接地系统中发生单相接地后，在下述方面的异同：

（1）零序等值网络及零序参数的组成；

（2）零序电压分布规律；

（3）零序电流的大小及流动规律；

（4）故障线路与非故障线路零序功率方向；

（5）故障电流的大小及流动规律；

（6）故障后电压的变化及对称性变化；

（7）故障对电力系统运行的危害；

（8）对保护切除故障速度的要求。

2.23　图 2.67 所示系统中变压器中性点全部不接地，如果发生单相接地，试回答以下问题：

（1）试比较故障线路与非故障线路中零序电流、零序电压、零序功率方向的差异；

（2）如果在接地点流过的电容电流超过 10A（35kV 系统）、20A（10kV 系统）、30A（3～6kV 系统）时，将装设消弧线圈，减小接地点电流，叙述用零序电流实现选线的困难；

（3）叙述用零序功率方向实现选线的困难；

（4）叙述拉路停电选线存在的问题。

2.24　小结下列电流保护的基本原理、适用网络并评述其优缺点：

（1）相间短路的三段式电流保护；

（2）方向性电流保护；

（3）零序电流保护；

（4）方向性零序电流保护；

（5）中性点非直接接地系统中的电流电压保护。

输电线路的距离保护
Transmission Line Distance Protection

3.1　距离保护的基本概念
(Basic Concepts of Distance Protection)

　　输电线路电流、电压保护的主要优点是简单、经济、可靠，但也存在不足。电流、电压保护最主要的缺点是：保护性能易受系统运行方式变化的影响，在较小运行方式下灵敏度很低、保护范围很小，甚至没有保护范围；在复杂结构的电网中，整定配合非常困难，甚至无法完全配合，这在非辐射型输电网络中尤为突出。为满足高电压等级复杂输电网络快速、有选择性地切除输电线路故障的要求，需要采用性能更加完善的继电保护，距离保护就是其中的一种。

　　使保护装置位于被保护输电线路的一端（保护安装处），线路故障发生处[1]到保护安装处之间的线路距离称为故障距离，与故障距离对应的线路区段称为故障区段。故障距离可采用故障区段的线路阻抗[2]（简称故障区段阻抗）来表示：设故障距离为 L_k、线路单位长度的阻抗为 z，则故障区段阻抗 Z_k 可表示为 $Z_k = L_k z$，即故障区段阻抗与故障距离成正比。

　　距离保护（distance protection）是一种装设于被保护输电线路的任一端，通过保护安装处电压和电流估计故障区段阻抗来反映输电线路短路故障距离的保护，当故障距离在保护安装处到整定距离范围内时距离保护动作，切除故障。注意，距离保护旨在应对线路短路故障，因此故障区段阻抗即为短路区段阻抗，在无歧义时简称为短路阻抗。

　　由于故障距离可采用故障区段阻抗表示，因此距离保护又称为阻抗保护。在距离保护中，故障区段阻抗 Z_k 一般通过测量阻抗 Z_m 来进行估计。测量阻抗为保护安装处测量电压 $\dot{U}_m$ 与测量电流 $\dot{I}_m$ 之比，即 $Z_m = \dot{U}_m / \dot{I}_m$[3]。

　　距离保护原理示意图如图 3.1 所示，图 3.1（a）中，M 处距离保护 1 的保护线路为MN。当线路正常运行时，Z_m 反映的是负荷阻抗，其模值很大，相角为负荷阻抗角（取决于功率因数，通常不大于 $30°$，当功率因数为 0.9 时，负荷阻抗角为 $25.8°$），如图 3.1（b）中相量 Z_{Load} 所示。当线路上 k1 处发生金属性三相短路故障时，Z_m 反映的是与故障距离 L_{k1} 对应线路的故障区段阻抗，如图 3.1（b）中相量 Z_{k1} 所示，其模值明显减小，相角为线路阻抗角（与线路结构和电压等级有关，220kV 及以上线路通常不小于 $75°$）。

---

　　[1]　故障发生处，简称故障处，是指线路上故障断面的位置；而故障点才是在故障处形成的具体短路点（或断线点）。相对于保护安装处而言，故障点既与故障距离有关，又与故障类型有关；而故障处仅与故障距离有关。

　　[2]　实际应用中，距离保护采用基频阻抗（或基频电抗）或与频率无关的电感来表示故障距离。还需注意，对于三相线路中需要寻求在各种对称和不对称故障情况下都能正确表示故障距离的阻抗。更准确地说，距离保护采用故障区段正序基频阻抗（或正序基频电抗、或正序电感）来表示故障距离。后文将对此深入分析。

　　[3]　这里仅涉及距离测量元件的测量电压、测量电流和测量阻抗的基本概念、相互关系及符号表示，在三相输电线路中不同测量要求情况下，测量电压、测量电流和测量阻抗的具体表达见后文介绍。

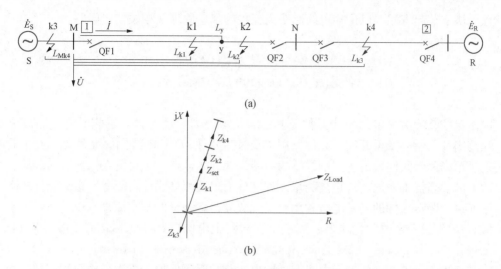

图 3.1　距离保护原理示意图

（a）具有双侧电源的输电线路单线图；（b）负荷阻抗与不同短路故障距离的线路阻抗

在图 3.1（a）中，对于 M 侧距离保护 1 的瞬时速动段，事先确定距离保护范围为线路 MN 上从母线 M 算起的一段距离（即图中的 My，其长度记为 $0 < L_y < L_{MN}$），该保护范围用这段线路对应的线路阻抗表示，称为整定阻抗，记为 Z_{set}。因其保护正方向为由母线 M 指向线路 MN，故假定电流正向为从母线指向线路。当线路 MN 上发生金属性三相短路时，如果短路点在线路上 My 范围内（正向区内故障），如图 3.1 中的 k1 点，则故障距离 $L_{k1} < L_y$，测量阻抗 $Z_m = Z_{k1} < Z_{set}$；如果短路点在线路上 y 点以外（正向区外故障），如图 3.1 中的 k2 点，则故障距离 $L_{k2} > L_y$，测量阻抗 $Z_m = Z_{k2} > Z_{set}$；如果短路点位于保护安装处背后（反向区外故障），如图 3.1 中的 k3 点，则故障距离 $L_{k3} < 0$，由于电流反向，Z_{k3} 与 Z_{set} 的相位相反，测量阻抗 $Z_m = Z_{k3} < 0$。

综上分析，只要距离保护在测量阻抗 Z_m 满足条件 $0 < Z_m < Z_{set}$ 时动作，就能仅反应线路正向保护区内的短路故障，满足选择性要求。当测量阻抗小于整定阻抗时，距离保护动作，表明距离保护属于欠量继电器范畴。

距离保护是一种采用线路单侧（保护安装处）工频电量构成的保护，与电流保护类似，无法区分被保护线路末端和下游相邻线路首端的短路故障，因此距离保护的瞬时速动段也不能保护线路全长。不过，单侧量保护无需线路对侧信息，有利于提高保护的动作速度和可靠性（可依赖性）。距离保护能反映故障线路的阻抗（它是线路的固有参数），基本不受系统运行方式变化的影响，或者说在系统运行方式变化时具有比较稳定的保护区，因而距离保护的瞬时速动段具有较长的保护区，通常可达线路全长的 $80\% \sim 85\%$。同时，距离保护可使其他各段距离保护的保护范围也得到明显改善，并且距离保护的整定计算也相对简单。基于这些优点，距离保护在网络拓扑复杂的输电线路中得到广泛的应用。

需要指出的是，输电网络是一个多侧电源复杂互联的三相系统，输电线路短路故障型式具有多样性和复杂性，因此上述对距离保护基本概念的简单描述是不够的，距离保护还必须正确有效地处理诸多实际工程问题，譬如各种不同类型（对称或不对称）和不同相别的短路故障、经过渡电阻的短路故障、系统振荡过程中再发生故障等，这也大大增加了距离保护的复杂性。从下节起将深入讨论输电线路距离保护的基本原理及相关技术问题。

3.2　距离保护的基本原理和基本电量
（Basic Principles and Quantities of Distance Protection）

距离保护装置由很多的功能元件及其组合构成，如启动元件、选相元件、距离测量元件、振荡闭锁（及故障再开放）元件、逻辑及时序元件、TV 断线闭锁元件等，其中起核心作用的是距离测量元件，由它判别线路故障距离（即故障点）是否落在保护区内。故障距离采用故障区段阻抗来表征，故距离测量元件又称为阻抗测量元件，简称为距离元件或阻抗元件。下面讨论距离元件的测量电量和用其实现故障距离测量的基本原理。

3.2.1　距离元件的测量电压、测量电流与测量阻抗（The Measuring Voltage, Measuring Current and Measuring Impedance of the Distance Measuring Element）

为了通过保护安装处的测量电量实现输电线路的距离保护，首先需要回答：在三相线路上发生各种不同类型和相别的故障时，应采用何种线路阻抗表征故障距离？在保护安装处应采用何种电压、电流来计算线路故障区段阻抗？

1. 单回输电线路的测量电压、测量电流与测量阻抗

如图 3.2 所示，线路 MN 为具有双侧电源的单回三相平衡对称输电线路，等值电源的中性点直接接地。对于 M 侧距离保护 1，母线 M 为保护安装处，$\dot{U}_A$、$\dot{U}_B$、$\dot{U}_C$ 为 M 处的三相相电压，$\dot{I}_A$、$\dot{I}_B$、$\dot{I}_C$ 和 $\dot{I}_0$ 分别为 M 侧的三相电流和零序电流，k 为故障处，$\dot{U}_{kA}$、$\dot{U}_{kB}$、$\dot{U}_{kC}$ 为 k 处的三相相电压，故障距离 L_k 等于线路 Mk 之间的长度。忽略线路对地和相间分布电容及电导，考察故障线路 Mk 上各电量之间的关系。

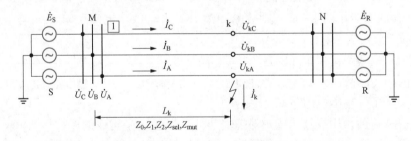

图 3.2　具有双侧电源的单回三相平衡对称输电线路

在 k 处无论发生何种类型和相别的短路故障，保护安装处的 A 相电压 $\dot{U}_A$ 可表示为

$$
\begin{aligned}
\dot{U}_A &= \dot{U}_{kA} + (Z_{sel}\dot{I}_A + Z_{mut}\dot{I}_B + Z_{mut}\dot{I}_C) \\
&= \dot{U}_{kA} + (Z_{sel}\dot{I}_A - Z_{mut}\dot{I}_A + Z_{mut}\dot{I}_A + Z_{mut}\dot{I}_B + Z_{mut}\dot{I}_C) \\
&= \dot{U}_{kA} + (Z_{sel} - Z_{mut})\dot{I}_A + Z_{mut} \cdot 3\dot{I}_0 \\
&= \dot{U}_{kA} + (Z_{sel} - Z_{mut})(\dot{I}_A + K \cdot 3\dot{I}_0)
\end{aligned} \tag{3.1}
$$

$$
K = \frac{z_{mut}}{z_{sel} - z_{mut}} = \frac{Z_{mut}}{Z_{sel} - Z_{mut}}
$$

式中　Z_{sel}、Z_{mut}——故障线路区段 Mk 各相的自阻抗、相与相之间的互阻抗；

K——零序电流补偿系数；

z_{sel}、z_{mut}——线路单位长度的自阻抗和互阻抗。

零序电流补偿系数 K 用线路的自阻抗和互阻抗表示。根据对称分量法，平衡对称三相线路的自阻抗 Z_{sel}、互阻抗 Z_{mut} 与正序阻抗 Z_1、负序阻抗 Z_2、零序阻抗 Z_0 之间存在下述关系

$$Z_1 = Z_{sel} - Z_{mut}, Z_2 = Z_1, Z_0 = Z_{sel} + 2Z_{mut}, Z_{sel} = \frac{1}{3}(Z_0 + 2Z_1), Z_{mut} = \frac{1}{3}(Z_0 - Z_1)$$

$$(3.2)$$

将上述关系代入式（3.1），$\dot{U}_A$ 用序阻抗形式可表示为

$$\dot{U}_A = \dot{U}_{kA} + Z_1(\dot{I}_A + K \cdot 3\dot{I}_0)$$

$$(3.3)$$

还可以根据对称分量法导出式（3.3），请读者思考。

零序电流补偿系数 K 也可由线路的序阻抗表示，即

$$K = \frac{z_{mut}}{z_{sel} - z_{mut}} = \frac{z_0 - z_1}{3z_1} = \frac{Z_0 - Z_1}{3Z_1}$$

$$(3.4)$$

式中　z_1、z_0——线路单位长度的正序阻抗、零序阻抗。

零序电流补偿系数 K 与线路结构有关，但与线路长度无关。因此，在确定的线路上 K 为常数，通常是复数，仅当自阻抗和互阻抗或者正序阻抗与零序阻抗的阻抗角相等时为实数。

同理，可导出 B、C 相电压的关系式。将 A、B、C 三相电压一并列出，则有

$$\left.\begin{array}{l} \dot{U}_A = \dot{U}_{kA} + Z_1(\dot{I}_A + K \cdot 3\dot{I}_0) \\ \dot{U}_B = \dot{U}_{kB} + Z_1(\dot{I}_B + K \cdot 3\dot{I}_0) \\ \dot{U}_C = \dot{U}_{kC} + Z_1(\dot{I}_C + K \cdot 3\dot{I}_0) \end{array}\right\}$$

$$(3.5)$$

式（3.5）是基于相电压的故障线路各参量关系表达式，在式（3.5）中两两轮换相减，可以获得基于线电压的故障线路各参量关系式。

$$\left.\begin{array}{l} \dot{U}_{AB} = \dot{U}_{kAB} + Z_1(\dot{I}_A - \dot{I}_B) = \dot{U}_{kAB} + Z_1\dot{I}_{AB} \\ \dot{U}_{BC} = \dot{U}_{kBC} + Z_1(\dot{I}_B - \dot{I}_C) = \dot{U}_{kBC} + Z_1\dot{I}_{BC} \\ \dot{U}_{CA} = \dot{U}_{kCA} + Z_1(\dot{I}_C - \dot{I}_A) = \dot{U}_{kCA} + Z_1\dot{I}_{CA} \end{array}\right\}$$

$$(3.6)$$

$$\dot{I}_{AB} = \dot{I}_A - \dot{I}_B, \dot{I}_{BC} = \dot{I}_B - \dot{I}_C, \dot{I}_{CA} = \dot{I}_C - \dot{I}_A$$

式中　$\dot{I}_{AB}$、$\dot{I}_{BC}$、$\dot{I}_{CA}$——AB、BC、CA 两相电流差（也称线电流）；

$\dot{U}_{AB}$、$\dot{U}_{BC}$、$\dot{U}_{CA}$——保护安装处的三相线电压（相间电压）；

$\dot{U}_{kAB}$、$\dot{U}_{kBC}$、$\dot{U}_{kCA}$——故障处的三相线电压。

在式（3.5）、式（3.6）中，$Z_1 = L_k z_1$，即为故障区段阻抗 Z_k，亦即 $Z_k = Z_1$，表明在三相线路中可以或者应当采用故障区段的正序阻抗以正确地表达故障距离。为了强化这个概念，下文中在不影响表述情况下，采用 Z_1 来表示故障区段阻抗 Z_k。

2. 三相测量电压、测量电流和测量阻抗的统一表达式

在式（3.5）、式（3.6）中，等式左边的电压定义为测量电压，等式右边的电流（组合电流）定义为测量电流。考虑更一般的情形，采用测量电压、测量电流表达形式，注意到三相表达式在结构上类似的特点，式（3.5）所示基于相电压的三相表达式可统一表示为

$$\dot{U}_{mph} = \dot{U}_{kph} + Z_1(\dot{I}_{ph} + K \cdot 3\dot{I}_0) = \dot{U}_{kph} + Z_1\dot{I}_{mph}$$

$$(3.7)$$

$$\dot{I}_{mph} = \dot{I}_{ph} + K \cdot 3\dot{I}_0 \tag{3.8}$$

式中　$\dot{I}_{ph}$——相电流；

　　　$\dot{U}_{mph}$——保护安装处用相电压表示的测量电压，$\dot{U}_{mph} = \dot{U}_{ph}$；

　　　$\dot{I}_{mph}$——保护安装处用相电流表示的测量电流，称为经零序电流补偿的相电流；

　　　$\dot{I}_0$——保护安装处的零序电流；

　　　$\dot{U}_{kph}$——k 处（故障处）的相电压（相对地电压）。

同样地，式（3.5）所示基于线电压的三相表达式也可统一表示为

$$\dot{U}_{ml} = \dot{U}_{kl} + Z_1 \dot{I}_{ml} \tag{3.9}$$

式中　$\dot{U}_{ml}$——保护安装处用线电压（相间电压）表示的测量电压；

　　　$\dot{I}_{ml}$——保护安装处用两相电流差（线电流）表示的测量电流；

　　　$\dot{U}_{kl}$——k 处（故障处）的线电压（相间电压）。

式（3.7）、式（3.9）与式（3.5）、式（3.6）完全等同，但更为简捷，下文主要采用式（3.7）和式（3.9）。

只要在线路 Mk 区间不存在其他对线路电量的外部作用，或者对于单回线路只要在线路 Mk 区间没有其他的分支电路（即不存在其他分流），则无论三相电压、电流处于什么状态（对称或不对称状态），或者说无论 k 处为何种类型或相别的短路故障，式（3.7）和式（3.9）总能成立。

在式（3.7）、式（3.9）中，反映故障距离的故障区段阻抗 Z_1（正序阻抗）为待求量，作为边界条件的故障处电压 $\dot{U}_{kph}$（或 $\dot{U}_{kl}$）为不可测量，只有测量电压 $\dot{U}_{mph}$（或 $\dot{U}_{ml}$）、测量电流 $\dot{I}_{mph}$（或 $\dot{I}_{ml}$）为可测量。测量电压与测量电流之比称为测量阻抗，也是可测量。因此测量电压与测量电流（以及测量阻抗）一般被用来估计或表达故障区段阻抗。

由式（3.7）可导出用相电压和经零序电流补偿的相电流表示的测量阻抗 Z_{mph} 为

$$Z_{mph} = \dot{U}_{mph}/\dot{I}_{mph} = \dot{U}_{kph}/(\dot{I}_{ph} + K \cdot 3\dot{I}_0) + Z_1 \tag{3.10}$$

而由式（3.9）可导出用线电压和两相电流差表示的测量阻抗 Z_{ml} 为

$$Z_{ml} = \dot{U}_{ml}/\dot{I}_{ml} = \dot{U}_{kl}/\dot{I}_{ml} + Z_1 \tag{3.11}$$

归纳上述分析要点：代表故障距离的故障区段阻抗应当采用线路的基频正序阻抗，以便正确表达三相输电线路上各种不同类型和相别的短路故障。单回输电线路上代表故障距离的故障区段阻抗（正序阻抗）与保护安装处测量电压、测量电流（以及测量阻抗）的关系由式（3.7）和式（3.9）[或式（3.5）和式（3.6）]来描述。式（3.7）或式（3.9）均能正确计算故障距离，但前提是必须知道故障处电压，一般而言这是不可能的。仅当故障点电压为零（金属性短路）时，故障相的测量阻抗等于代表故障距离的故障区段阻抗（正序阻抗），否则就会不相等，从而带来测量误差。引起故障区段阻抗（正序阻抗）测量误差的主要原因是故障点的过渡电阻，通常过渡电阻越大引起的测量误差越大，从而可能造成距离保护不正确动作，双侧电源线路尤为严重。构造优良距离元件的困难和关键之一是如何合理处理由过渡电阻引起的故障点电压问题。距离保护主要遵循式（3.7）和式（3.9）所阐明的基本关系，基于上述测量电压、测量电流（及测量阻抗）来实现，但是，式（3.7）和式（3.9）并不等同于距离元件的具

体实现方法。实际上为了满足工程应用中的复杂要求形成了多种距离元件动作判据，后文将对此进行深入讨论。可以认为，式（3.7）和式（3.9）各三相表达式，共6个表达式关联了6种距离元件，这为分别处理单回输电线路上所有类型和相别的短路故障提供了基础。

3. 测量电压、测量电流和测量阻抗的简化表达式

观察式（3.7）和式（3.9），它们的结构形式是相似的。为了便于表达与分析，两式可进一步统一，简化表示为

$$\dot{U}_m = \dot{U}_k + Z_1 \dot{I}_m \tag{3.12}$$

式中　$\dot{U}_m$——测量电压，$\dot{U}_m = \dot{U}_{ph}$（用相电压表示时）或 $\dot{U}_m = \dot{U}_l$（用线电压表示时）；

　　$\dot{I}_m$——测量电流，对于单回线路有 $\dot{I}_m = \dot{I}_{ph} + K \cdot 3\dot{I}_0$（用经零序电流补偿的相电流表示）或 $\dot{I}_m = \dot{I}_l$（用两相电流差表示）；

　　$\dot{U}_k$——故障点电压，$\dot{U}_k = \dot{U}_{kph}$（用相电压表示时）或 $\dot{U}_k = \dot{U}_{kl}$（用线电压表示时）。

测量阻抗为测量电压与测量电流的比值，记为 Z_m，即

$$Z_m = \frac{\dot{U}_m}{\dot{I}_m} = \frac{\dot{U}_k}{\dot{I}_m} + Z_1 \tag{3.13}$$

请记住，这里尽管简化了表达，但对于不同类型和相别的短路，式（3.12）、式（3.13）中必须按前述分析和结论，正确地选择测量电流和测量电压，才能正确地反映线路故障区段正序阻抗和故障距离。

3.2.2　测量电压、测量电流的选择（The Selection of Measuring Voltage and Measuring Current）

如前所述，距离保护是基于线路单侧（保护安装处）电量的保护。理论上，具有双侧电源的输电线路，可采用单侧电量无法准确计算故障处的非故障相电压。而由式（3.7）和式（3.9）可知，仅当故障处电压为零时测量阻抗等于正序阻抗，但这个条件对于非故障相显然是不可能成立的。由此可以推论，为了准确获得故障区段正序阻抗（即故障距离），应当根据故障的类型与相别，来选择故障相的测量电压和测量电流，或者说在式（3.7）和式（3.9）中选用相应的故障相表达式。

1. 单相接地短路故障

以本线路A相接地短路故障 $k^{(A)}$ 为例，如图3.3（a）所示，仅故障相A相存在经故障点的短路环路，式（3.7）中仅A相表达式的 $\dot{U}_{kA}$ 为接地短路支路的电压。

若为金属性接地短路，$\dot{U}_{kA} = 0$，代入式（3.7），A相测量电压与测量电流满足 $\dot{U}_{mA} = Z_1(\dot{I}_A + K \cdot 3\dot{I}_0) = Z_1 \dot{I}_{mA}$，A相测量阻抗 $Z_{mA} = \dot{U}_{mA} / \dot{I}_{mA} = Z_1$，即A相测量阻抗等于线路故障区段的正序阻抗。这说明必须采用故障相A相的测量电压（相电压）、测量电流（经零序电流补偿的相电流）及测量阻抗才能正确表达故障区段的正序阻抗。这时，如果故障发生在保护区范围内，该测量阻抗 Z_{mA} 将小于整定阻抗 Z_{set}，A相距离元件动作。而非故障相B、C的故障处没有短路支路，不存在短路环路，$\dot{U}_{kB}$、$\dot{U}_{kC}$ 均不为零（一般也无法准确计算，但通常远大于零），即由式（3.7）中两个非故障相（B、C相）的测量电压、测量电流均不能正确表达线路故障区段的正序阻抗。注意，此时B、C两相接近于正常负荷状态，即 $\dot{U}_B$、$\dot{U}_C$ 和 $\dot{U}_{kB}$、$\dot{U}_{kC}$ 均接近于正常电压，$\dot{I}_B$、$\dot{I}_C$ 接近于负荷电流，使得B、C相的测量阻抗接近于负荷

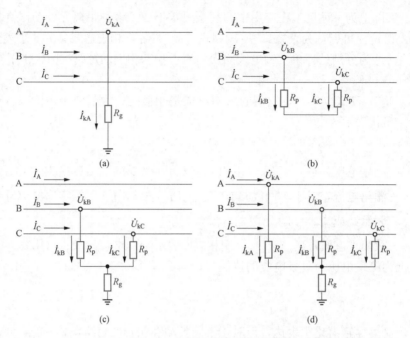

图 3.3　短路故障电路示意图

（a）单相接地短路 $\mathrm{k}^{(\mathrm{A})}$；（b）两相短路 $\mathrm{k}^{(\mathrm{BC})}$；（c）两相短路接地 $\mathrm{k}^{(\mathrm{B,C})}$；（d）三相短路 $\mathrm{k}^{(\mathrm{ABC})}$

阻抗，这一般都大于整定阻抗，故 B、C 相距离元件不会动作。另外，此时故障处各相的线间也都不存在短路环路，线电压均不为零（通常远大于零），在式（3.9）中，各相测量电压（线电压）、测量电流（两相电流差）所构成的测量阻抗通常都大于整定阻抗，相关距离元件均不会动作。

　　类似的，如果金属性单相接地短路故障发生在 B 相或 C 相，则仅 B 相或 C 相存在短路环路使故障点电压为零，也仅式（3.7）中的 B 相或 C 相测量电压、测量电流（以及测量阻抗）可准确反映故障距离，而其他相的测量阻抗均不满足。

　　由此可见，对于金属性单相接地短路故障，只有式（3.7）中对应故障相的表达式能够正确反映故障距离，或者说只有通过式（3.7）确定的故障相的测量电压和测量电流（及其测量阻抗）才能正确反映故障区段正序阻抗。

　　实际情况下，单相接地短路故障通常并非金属性短路，大都是经过渡电阻接地短路。故障相通过过渡电阻形成短路环路，导致故障点对地电压不为零，由式（3.7）可见，这将引起测量阻抗相对于故障区段正序阻抗（即故障距离）的测量误差，过渡电阻越大，测量误差越大（双侧电源输电线路尤甚）。不过，由于非故障相并不关联短路环路，其测量阻抗相对于故障区段正序阻抗的误差更大。只有故障相通过过渡电阻形成短路环路，才会更便于分析和处理过渡电阻对故障点电压的影响。

　　因此，无论是金属性还是非金属性单相接地短路故障，均应根据式（3.7）中故障相表达式选择测量电压和测量电流（及其测量阻抗），以合理表达故障区段正序阻抗和故障距离。

　　2. 两相相间短路故障

　　以本线路 BC 两相短路故障 $\mathrm{k}^{(\mathrm{BC})}$ 为例，如图 3.3（b）所示，短路点只对 B、C 相形成短路环路，$\dot{U}_{\mathrm{kBC}}$ 为相间短路支路的电压。

若为金属性相间短路，$\dot{U}_{kBC}=0$，由式（3.9），BC 相的测量电压、测量电流满足关系 $\dot{U}_{mBC}=Z_1(\dot{I}_B-\dot{I}_C)=Z_1\dot{I}_{mBC}$，测量阻抗 $Z_{mBC}=\dot{U}_{mBC}/\dot{I}_{mBC}=Z_1$，即 BC 相测量阻抗恰好与线路故障区段正序阻抗相等。此时如果为区内故障，测量阻抗 Z_{mBC} 小于整定阻抗 Z_{set}，该距离元件动作。而对于非故障相 AB、CA，并不存在短路环路，显然 $\dot{U}_{kAB}$、$\dot{U}_{kCA}$ 不为零，这使得 AB、CA 相的测量电压、测量电流不能正确反映故障区段的正序阻抗。注意到此时 A 相的工作状态近似于正常负荷状态，$\dot{U}_A$ 和 $\dot{U}_{kA}$ 均接近于正常电压，$\dot{I}_A$ 也接近负荷电流，这使得 AB、CA 相的测量阻抗一般都大于整定阻抗，不致引起相应距离元件动作。另外，由于此时故障处（含故障点）对地电压也不为零，式（3.7）中各相的测量电压、测量电流均不能正确反映故障区段的正序阻抗，相应的测量阻抗较大，通常也不会引起距离元件动作。

其他相别的两相短路故障也可得到类似的结论。

对于经过渡电阻的两相短路故障，由于相间短路的过渡电阻值较小，一般工程上常予以忽略，大多数情况下上述关于金属性两相短路故障的结论仍然适用。

3. 两相短路接地故障

以本线路 BC 两相短路接地故障 $k^{(B,C)}$ 为例，如图 3.3（c）所示，短路点仅在 B、C 相之间，并各自与地之间均形成短路环路。

若相间和对地均为金属性短路，显然有 $\dot{U}_{kBC}=0$，且 $\dot{U}_{kB}=0$、$\dot{U}_{kC}=0$。此时，由式（3.10）可见，B 相和 C 相的测量阻抗 Z_{mB} 和 Z_{mC} 均等于故障区段的正序阻抗 Z_1；同时由式（3.11）可见，BC 相的测量阻抗 Z_{mBC} 也等于故障区段的正序阻抗 Z_1。因此，依据式（3.7），采用 B 相或 C 相的测量电压和测量电流，或者依据式（3.9），采用 BC 相的测量电压和测量电流，均可正确反映线路故障区段的正序阻抗。而非故障相 A 相与大地以及与其他相之间均不存在短路环路，故障处电压很高，相应相的测量电压和测量电流均不能正确反映（通常远大于）故障区段的正序阻抗。其他相别的两相短路接地故障也可得到类似的结论。

对于经过渡电阻的两相短路接地故障，如前所述，接地短路的过渡电阻可能较大，而相间短路的过渡电阻值一般较小，甚至可以忽略。因此，为了减小过渡电阻对故障距离判断的影响，一般均按式（3.9）采用相应两故障相的测量电压（线电压）、测量电流（两相电流差）来估计故障区段的正序阻抗，这与两相短路故障的距离元件相同。不难发现，式（3.9）中各式采用两相电流差，消去了零序电流，从而避免了接地过渡电阻的影响。

4. 三相短路故障

三相短路故障 $k^{(ABC)}$ 如图 3.3（d）所示，实际上包含三相相间短路和三相接地短路故障，但因其对称性，故障电量中不含负序和零序分量，接地支路对故障电流和电压均无影响。

若为金属性三相短路，因其对称性，无论采用式（3.7）还是式（3.9）中任何相别的测量电压和测量电流，均可正确反映故障区段的正序阻抗。

对于经过渡电阻的三相非金属性短路，根据上述关于对称性的分析，相关电量不受接地过渡电阻的影响，但仍然会受相间过渡电阻的影响。如前所述，相间短路的过渡电阻通常不大，一般可以忽略。

实用中为简化处理，对于三相短路故障情况，多采用式（3.9），可用其任意相的相间测量电压（线电压）和测量电流（两相电流差）来估计故障区段的正序阻抗。可见三相短路可采用与两相短路故障相同的距离元件。

　　根据以上分析，在系统中性点直接接地电网中，当线路上发生不同类型和相别短路时，如果把故障电流流通的通路称为故障环路（fault loop），则在单相接地短路情况下，存在一个故障相与大地之间的故障环路（相 - 地故障环）；两相短路情况下，存在一个两故障相之间的（相 - 相）故障环路；两相短路接地情况下，存在两个故障相与大地之间的（相 - 地）故障环路和一个两故障相之间的（相 - 相）故障环路；三相短路（接地）情况下，存在 3 个相 - 地故障环路和 3 个相 - 相故障环路。因此，可以根据故障环路方便地选择测量电压和测量电流对。

　　接地短路时，故障环路为相 - 地故障环路，应取测量电压为保护安装处故障相的相电压，测量电流为故障相的经零序电流补偿的相电流。金属性短路时，由此算出的测量阻抗能够准确反映单相接地短路、两相接地短路和三相接地短路的故障距离；非金属短路时，由此进行计算更易于减少因过渡电阻引起的故障距离估计误差。参见式（3.7），与接地故障三相表达式关联的有 3 个距离元件，统称为接地距离元件。因接地故障最为频繁且过渡电阻可能较大，接地距离元件的实现方法和性能必须能有效应对这一问题。

　　相间短路时，故障环路为相 - 相故障环路，此时应取测量电压为保护安装处故障相的两相电压差（线电压），测量电流为故障相的两相电流差。金属性短路时，由它们计算出的测量阻抗能够准确反映两相短路、三相短路和两相短路接地情况下的故障距离；非金属短路时，因相间过渡电阻很小而不致影响上述结论。参见式（3.9），与相间故障三相表达式关联的也有 3 个距离元件，统称为相间距离元件。显然，一般相间距离元件因对过渡电阻无需详加应对而可使其实现方法和性能要求得到简化。

　　早期模拟式保护中，反映接地故障的各相接地距离元件、反映相间故障的各相间距离元件等通常都是独立的电路元件，各自按上述分析结论单独从各相 TV、TA 引入相应电气量，通过二次接线来实现，将此统称为距离保护接线方式，譬如，与接地距离元件相关的称为接地距离保护（接地距离元件）接线方式，与相间距离元件相关的称为相间距离保护（相间距离元件）接线方式，这种说法一直沿用至今。数字式距离保护装置的各项功能和各个元件（包括接地和相间距离元件）都集中在一套保护装置中，保护装置从 TV、TA 统一引入三相以及零序电压、电流，由软件程序来实现按不同故障类型和相别选取正确的测量电压和测量电流，即由软件自动处理接线方式问题。

　　两种接线方式的距离元件在不同类型和相别短路时的动作情况，如表 3.1 所示。

表 3.1　　　　　　接地距离元件和相间距离元件在不同类型和相别短路时的动作情况

故障类型和相别		接地距离元件(接地阻抗元件)的接线方式			相间距离元件(相间阻抗元件)的接线方式		
		A 相	B 相	C 相	AB 相	BC 相	CA 相
		$\dot{U}_{mA} = \dot{U}_A$ $\dot{I}_{mA} = \dot{I}_A + K \times 3\dot{I}_0$	$\dot{U}_{mB} = \dot{U}_B$ $\dot{I}_{mB} = \dot{I}_B + K \times 3\dot{I}_0$	$\dot{U}_{mC} = \dot{U}_C$ $\dot{I}_{mC} = \dot{I}_C + K \times 3\dot{I}_0$	$\dot{U}_{mAB} = \dot{U}_A - \dot{U}_B$ $\dot{I}_{mAB} = \dot{I}_A - \dot{I}_B$	$\dot{U}_{mBC} = \dot{U}_B - \dot{U}_C$ $\dot{I}_{mBC} = \dot{I}_B - \dot{I}_C$	$\dot{U}_{mCA} = \dot{U}_C - \dot{U}_A$ $\dot{I}_{mCA} = \dot{I}_C - \dot{I}_A$
单相接地短路	A	+	−	−	−	−	−
	B	−	+	−	−	−	−
	C	−	−	+	−	−	−

续表

故障类型和相别		接地距离元件(接地阻抗元件)的接线方式			相间距离元件(相间阻抗元件)的接线方式		
		A 相	B 相	C 相	AB 相	BC 相	CA 相
		$\dot{U}_{mA}=\dot{U}_A$ $\dot{I}_{mA}=\dot{I}_A+$ $K\times3\dot{I}_0$	$\dot{U}_{mB}=\dot{U}_B$ $\dot{I}_{mB}=\dot{I}_B+$ $K\times3\dot{I}_0$	$\dot{U}_{mC}=\dot{U}_C$ $\dot{I}_{mC}=\dot{I}_C+$ $K\times3\dot{I}_0$	$\dot{U}_{mAB}=\dot{U}_A-\dot{U}_B$ $\dot{I}_{mAB}=\dot{I}_A-\dot{I}_B$	$\dot{U}_{mBC}=\dot{U}_B-\dot{U}_C$ $\dot{I}_{mBC}=\dot{I}_B-\dot{I}_C$	$\dot{U}_{mCA}=\dot{U}_C-\dot{U}_A$ $\dot{I}_{mCA}=\dot{I}_C-\dot{I}_A$
两相短路	AB	−	−	−	+	−	−
	BC	−	−	−	−	+	−
	CA	−	−	−	−	−	+
两相短路 接地	AB	+	+	−	+	−	−
	BC	−	+	+	−	+	−
	CA	+	−	+	−	−	+
三相短路	ABC	+	+	+	+	+	+

注 "+"表示金属性短路时测量阻抗能准确反映故障距离,非金属性短路时也能满足反映故障距离的工程要求;
"−"表示测量阻抗不能正确反映故障距离,通常大于实际距离。

实际保护装置中,利用相间短路过渡电阻较小并可以忽略的特点可实现距离元件精简配置,满足优化性能的要求。一般地,与相间短路相关的故障(如两相短路、两相短路接地和三相短路)均采用相间距离元件(同时也代表采用相间距离元件的接线方式),单相接地短路故障采用接地距离元件(同时也代表采用接地距离元件的接线方式),因此,只有接地距离元件需要重点研究和解决如何克服经过渡电阻短路故障这一复杂问题。

线路故障类型和相别在故障发生前是不可预计的,因此只能在故障发生时实时处理,主要有两种处理思路:

(1)故障发生时,先判定故障类型和相别,再按故障类型和相别选择相应的测量电压和测量电流,或者说选择相应的距离元件投入工作。判定故障类型和相别的任务称为故障选相环节,由选相元件担任。

(2)所有 6 种距离元件均同时工作,任何一种距离元件满足区内故障条件时即动作跳闸,但这需要保证并非当前故障类型和相别的那些距离元件不要误判断和误动作跳闸。在复杂的实际运行状态和故障形式下,此项要求并不简单,通常需要对具体采用的各距离元件作所有不同类型和相别内外部故障的性能分析并采取必要的附加措施,后者往往仍离不开选相元件。这时,可以通过选相元件对哪一种距离元件的结果是正确的做出选择。

3.2.3 距离元件的工作电压与动作方程 (The Operational Voltage and the Operational Equations of the Distance Measuring Element)

继电保护由动作判据刻画其动作行为,譬如,距离保护满足判据 $0<Z_1<Z_{set}$($Z_1=Z_k$ 为故障区段阻抗或故障区段正序阻抗)时动作,问题是如何准确获得 Z_1。

直观的思路:利用式(3.12)[或式(3.7)和式(3.9)]求解 Z_1,或者直接求解线路故障距离,这类方法称为故障测距法。理论分析表明,具有双侧电源的输电线路上发生带过渡电阻不对称短路故障(例如输电线路最常见的故障是带过渡电阻单相接地短路)时,利用单侧测量实现精确故障测距几乎不可能,故还需要引入某些近似假设与限制措施共同构成动作判据（详见第9章）。

另一种思路：实现距离保护并非一定要解算 Z_1（或故障距离），可以直接利用可测量的电压和电流，结合考虑过渡电阻等因素影响构成反映电压关系特征的动作判据，间接实现 Z_1 是否落在保护区内的判定，这类方法称为电压动作方程（或动作判据）法。正是对这类电压动作判据的研究，形成了多种类型性能优良的距离元件。下面讨论电压动作方程法。

1. 工作电压的引入

以单回三相线路为例，其简化单线图如图3.4（a）所示。图中，M为保护安装处；k为故障处；线路MN的全长为 L_{MN}，与之对应的正序阻抗为 Z_{1MN}；M至y之间为保护区段，其长度为 $L_y(L_y<L_{MN})$，与之对应的线路正序阻抗为 Z_y，即整定阻抗 $Z_{set}(Z_{set}=Z_y<Z_{1MN}$，且一般取 $Z_{set}=0.8Z_{1MN})$；线路上Mk的长度为故障距离 L_k，与之对应的线路正序阻抗为 Z_1。

按照构建距离元件电压动作方程（动作判据）的思路，关键是要对故障是位于保护区内还是区外作出判断，显然，最关心保护区边界处电量特征。这里引入一个新的概念——工作电压（operational voltage，也称为操作电压或补偿电压，compensated voltage），令

$$\dot{U}' = \dot{U}_m - Z_{set}\dot{I}_m \tag{3.14}$$

式中　$\dot{U}'$——工作电压，常记为 $\dot{U}_{op}$；

$\dot{U}_m$、$\dot{I}_m$——测量电压、测量电流（简化表达）；

Z_{set}——整定阻抗。

这里，$Z_{set}\dot{I}_m$ 是一个虚构的电压，若取 Z_{set} 与线路正序阻抗的阻抗角相等，$Z_{set}\dot{I}_m$ 等同于测量电流 $\dot{I}$ 在保护区段（范围）线路上的压降；工作电压 $\dot{U}'$ 也是一个虚构的电压，等于保护安装处测量电压 $\dot{U}_m$ 与保护区段线路压降的差，即保护区末端的电压，或者说，工作电压 $\dot{U}'$ 是测量电压 $\dot{U}_m$ 经保护区段线路压降补偿得到的保护区末端的电压。简言之，工作电压是测量点补偿到整定点（保护区末端）的电压，因此又称作补偿电压。

2. 工作电压的目的与作用

为便于说明，假设空载线路发生金属性短路，Z_{set} 与线路正序阻抗角相等。令 $Z_{set}=nZ_1$（n 为实数），那么，式（3.14）所示工作电压可表示为

$$\dot{U}' = Z_1\dot{I}_m - Z_{set}\dot{I}_m = (1-n)Z_1\dot{I}_m \tag{3.15}$$

当故障沿线路变化时，测量电压 $\dot{U}_m=Z_1\dot{I}_m$，可得到以下关系：

（1）保护区内部短路故障（k1），$Z_1<Z_{set}$，$n>1$，$\dot{U}'$ 与 $\dot{U}_m$ 反相；

（2）保护区正向外部短路（k2），$Z_1>Z_{set}$，$0<n<1$，$\dot{U}'$ 与 $\dot{U}_m$ 同相；

（3）保护区反向外部短路（k3），$Z_1<0$，$n<0$，$\dot{U}'$ 与 $\dot{U}_m$ 同相。

由图3.4也可见，当故障沿线路变化时，工作电压 $\dot{U}'$ 与测量电压 $\dot{U}_m$ 也随之变化；在经过保护区边界后，$\dot{U}'$ 与 $\dot{U}_m$ 的相位发生了180°逆转，即对于内、外部故障，$\dot{U}'$ 与 $\dot{U}_m$ 的相位由反相变为同相。这个特点可以被用来构成距离元件的动作方程（动作判据），即由此找到了一种基于比较工作电压 $\dot{U}'$ 与测量电压 $\dot{U}_m$ 的相位判断故障是否位于保护区内的方法。

3. 距离保护的基本动作方程（动作判据）

区内或区外故障分别有 $\dot{U}'$ 与 $\dot{U}_m$ 反相或同相，也可表述为简单的动作判据（动作方

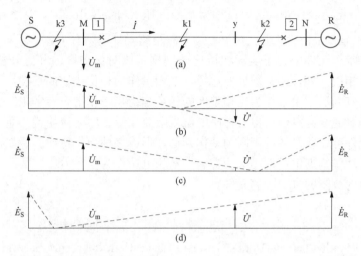

图 3.4 线路不同位置故障时测量电压、工作电压及故障电压沿线分布示意图
(a) 网络接线；(b) 正向区内 k1 点短路；(c) 正向区外 k2 点短路；(d) 反向区外 k3 点短路

程），即

$$\arg(\dot{U}'/\dot{U}_{\mathrm{m}}) = 180°$$

请注意，该动作判据是在假设故障为空载线路上金属性短路，并保证整定阻抗 Z_{set} 与故障线路正序阻抗 Z_1 的阻抗角完全相等，且测量计算环节没有误差的理想情况下得到的，但实际情况并非如此。譬如，当发生非金属性短路时，短路点电压 $\dot{U}_{\mathrm{k}} \neq 0$，使得对于保护区内、外故障时，$\dot{U}'$ 与 $\dot{U}_{\mathrm{m}}$ 的相位关系并不再恰好表现为反相或同相这种理想状态，而出现偏离理想位置的相位差 $\pm\theta$：内部故障时，$\dot{U}'$ 与 $\dot{U}_{\mathrm{m}}$ 的相位将位于 $(\pi-\theta) \sim (\pi+\theta)$；外部故障时，$\dot{U}'$ 与 $\dot{U}_{\mathrm{m}}$ 的相位位于 $-\theta \sim +\theta$。另外，因整定误差和测量误差（系统参数、整定计算、传感器以及保护装置测量等误差）的影响，以及非空载运行状态使得线路两侧电动势出现相角差的影响等，都会引起相应的相位差偏离。因此，实用中需要采用一个相位区间来构造距离元件动作判据。对一条感抗性质的电力线路，一般有 $\theta < |\pi/2|$，故构造实用的距离元件动作判据为

$$90° \leqslant \arg\left(\frac{\dot{U}'}{\dot{U}_{\mathrm{m}}}\right) \leqslant 270°, \text{或} 90° \leqslant \arg\left(\frac{\dot{U}_{\mathrm{m}} - Z_{\mathrm{set}}\dot{I}_{\mathrm{m}}}{\dot{U}_{\mathrm{m}}}\right) \leqslant 270° \quad (3.16)$$

式（3.16）还可表示为

$$\left|\arg\left(\frac{\dot{U}'}{\dot{U}_{\mathrm{m}}}\right)\right| = \left|\arg\left(\frac{\dot{U}_{\mathrm{m}} - Z_{\mathrm{set}}\dot{I}_{\mathrm{m}}}{\dot{U}_{\mathrm{m}}}\right)\right| \geqslant \frac{\pi}{2} \quad (3.17)$$

由式（3.16）或式（3.17）表示的动作判据仅反应线路正向整定阻抗范围内的故障，称为方向距离元件或方向距离继电器，国外又称为姆欧（mho）距离元件或姆欧距离继电器。

3.2.4 距离元件的参考电压 (The Reference Voltage of the Distance Measuring Element)

上述方向距离元件的动作判据是一种比较相位的判据，即利用比较工作电压 $\dot{U}'$ 与测量电压 $\dot{U}_{\mathrm{m}}$ 的相位关系实现判别，这里所说的比较相位可理解为以测量电压 $\dot{U}_{\mathrm{m}}$ 的相位为参考基准来确定工作电压 $\dot{U}'$ 的相位。一般而言，距离保护中用作相位比较基准的电压（相量）

称为参考电压（reference voltage），也称为基准电压（base voltage），过去常称为极化电压（polarization voltage），记为 $\dot{U}_{\text{ref}}$。对于上述方向距离元件，则有 $\dot{U}_{\text{ref}}=\dot{U}_{\text{m}}$。

　　广而论之，距离元件中为了实现相位比较判据（以对保护区内和区外故障做出判断），除了工作电压（相量）外，还必须另外选择一个相量作为相位比较的基准，用它与工作电压一起实现相位比较判据，用来作为比相基准的相量称为参考相量。参考相量可以采用电压相量或多个电压相量的线性组合，也可为序电压或电流相量、序电流相量。通过选择不同的参考相量，距离元件可以获得各种不同的动作判据，形成多种动作特性。譬如，在式（3.16）、式（3.17）所示动作判据中，选用保护安装处本相电压作为参考电压，从而获得了只反应线路正向保护区内的故障的方向距离元件。

3.3　距离元件静态特性的阻抗平面分析法
(Analysis of Static Characteristics of Distance Elements on Impedance Coordinate Planes)

　　如何评价和选择动作判据，如何设计动作判据，如何进行事故分析，都需要对距离元件的动作特性进行分析，对于学术研究和工程应用都是非常重要的。广而论之，距离保护的动作特性可分为整组动作特性和各种组成元件的动作特性，前者反映各种元件的综合作用，它依赖于各种元件的特性分析，其中最重要的问题之一是距离元件动作特性的基本分析方法。

　　距离元件的动作特性又可分为暂态特性和静态特性。

　　距离元件的暂态特性是指在线路故障（含故障发展）以及由此引起的系统暂态、动态过程中，考虑信号输入、滤波降噪、距离测量判据和算法等各环节综合作用时距离元件的动作行为。由于暂态特性涉及因素多，分析难度大，往往需要完备的数字仿真和动态物理实验才能获得。

　　距离元件的静态特性是指稳态故障相量作用下距离元件动作方程的动作行为。静态特性分析忽略了其他测量环节因其实现技术差异的影响，便于对距离元件动作特性的优劣进行评价，以及根据不同工程应用场景的要求选择合适的距离元件动作特性。距离元件必须具备优良静态特性的动作方程（动作判据），才有可能获得性能优良的距离元件。

　　本节介绍用于距离元件动作特性静态分析的阻抗平面分析法❶，它可简明清晰地描述主要和经常使用的距离元件的基本动作特性和边界，是工程应用中使用最为普遍的方法。

　　3.3.1　动作特性在阻抗平面上的表示（Expression of Static Operational Characteristics of Distance Elements on Impedance Coordinate Planes）

　　以上述方向距离元件为例，其工作电压 $\dot{U}'=\dot{U}_{\text{m}}-Z_{\text{set}}\dot{I}_{\text{m}}$（其中 $\dot{U}_{\text{m}}$ 和 $\dot{I}_{\text{m}}$ 分别为测量电压和测量电流），参考电压为测量电压 $\dot{U}_{\text{m}}$（保护安装处电压），电压形式的动作判据为

$$90°\leqslant \arg\frac{\dot{U}_{\text{m}}-Z_{\text{set}}\dot{I}_{\text{m}}}{\dot{U}_{\text{m}}}\leqslant 270°$$

将其除以测量电流 $\dot{I}_{\text{m}}$，测量阻抗 $Z_{\text{m}}=\dot{U}_{\text{m}}/\dot{I}_{\text{m}}$，有

$$90°\leqslant \arg\frac{Z_{\text{m}}-Z_{\text{set}}}{Z_{\text{m}}}\leqslant 270° \tag{3.18}$$

---

　　❶　距离元件静态特性的分析方法主要有阻抗平面分析法、电压相量图法和支接阻抗法。阻抗平面分析法比较直观且最为常用，本书仅对此介绍；电压相量图法和支接阻抗法比较复杂但分析更为全面，请读者参阅相关文献。

　　这样，电压形式的动作判据便转化为阻抗形式的动作判据，故电压动作判据也称为阻抗动作判据，简称阻抗判据。可表示为阻抗判据的距离元件（或距离继电器）在工程领域又习惯称为阻抗元件（或阻抗继电器），如方向距离元件又可称为方向阻抗元件（或方向阻抗继电器）。

　　阻抗元件（距离元件）的静态动作特性简称为阻抗特性，如对于方向阻抗元件，其静态动作特性即为方向阻抗特性。在一定条件下，阻抗特性可在阻抗平面上表示为几何图形，以便于进行比较直观地考察和分析。下面以图 3.5（a）所示网络中距离保护 1 为例，讨论阻抗特性在阻抗平面上的表示方法，上述方向阻抗特性在阻抗平面上的几何图形如图 3.5（b）所示。

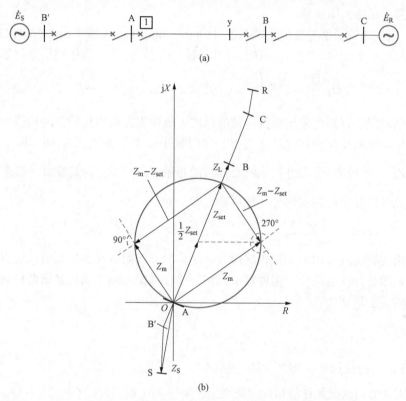

图 3.5　阻抗元件动作特性在阻抗平面上的表示

(a) 电网接线图；(b) 阻抗平面上阻抗元件动作特性的表示——方向阻抗圆特性

　　在阻抗平面上表示阻抗特性，通常使保护安装处位于坐标原点；被保护线路（AB）为从原点出发但位于第一象限并向上（正向）延伸的直线段，对应于线路全长的正序阻抗为 $Z_L = Z_{AB}$；在此直线段上可作出整定阻抗 Z_{set}（即令整定阻抗角等于线路正序阻抗角），由其终端位置确定保护范围（保护区）；正向相邻线路和对侧系统阻抗可继续向上延伸至 B 点和 R 点；保护安装处背后线路的正序阻抗为从原点出发且位于第三象限并向下（反向）延伸的直线段（AB′），与系统阻抗直线段（B′S）一起构成反向系统等值阻抗相量，在图 3.5 中表示为 $-Z_S$。测量阻抗 Z_m 也是从原点出发的相量，它的大小和方向决定于故障状况，被保护区内部发生故障而使阻抗元件动作受其阻抗判据的约束，由此确定的动作特性在阻抗平面上的图形表示为测量阻抗临界动作（即刚好使得测量阻抗动作）时测量阻抗末端轨迹，是用图形表示的动作特性。以方向阻抗元件为例，测量阻抗 Z_m 必须满足式（3.18）的约束条件，阻抗元件才能动作，在阻抗平面上它的动作边界用临界动作时测量阻抗相量末端轨迹来表示，这是一个以整定阻抗为直径的圆，称为方向阻抗圆特性，如图 3.5（b）所示，其圆周为动作边界，圆内为动作区，即当方向阻抗元件动作时，测量阻抗 Z_m 一定落在圆内。

在阻抗平面上表示的阻抗圆特性的动作边界，仅与整定阻抗 Z_{set} 相关，与线路阻抗并不直接相关，或者说整定阻抗一旦确定，阻抗圆特性便得以确定。在整定阻抗 Z_{set} 的幅值已确定（如为 80% 线路全长正序阻抗）的条件下，仅当整定阻抗与线路（正序）阻抗的阻抗角相等时，线路上保护区最长，认为此时保护对故障的反应最为灵敏。因此，整定阻抗的阻抗角 Z_{set} 也称为阻抗元件的最灵敏角，它是阻抗元件（或阻抗继电器）的一个重要参数，理想状况时取线路（正序）阻抗角。

3.3.2 相位比较判据与幅值比较判据（Phase Comparators and Amplitude Comparators）

将式（3.16）和式（3.18）所示的方向阻抗（距离）元件的动作判据重写如下

$$90° \leqslant \arg \frac{\dot{U}_m - Z_{set}\dot{I}_m}{\dot{U}_m} \leqslant 270° \text{ 或 } 90° \leqslant \arg \frac{Z_m - Z_{set}}{Z_m} \leqslant 270° \tag{3.19}$$

其中电压判据和阻抗判据均采用相位比较的形式，统称为方向阻抗元件的相位比较判据。

方向阻抗判据的动作特性（动作边界）在阻抗平面上是如图 3.5（b）所示的圆，圆心的相量为 $\frac{1}{2}Z_{set}$、半径为 $\left|\frac{1}{2}Z_{set}\right|$。从圆心作辅助相量 $Z_m - \frac{1}{2}Z_{set}$，其幅值（长度）不大于圆的半径，由此可以导出该判据的另一种形式，即

$$\left|\dot{U}_m - \frac{1}{2}Z_{set}\dot{I}_m\right| \leqslant \left|\frac{1}{2}Z_{set}\dot{I}_m\right| \text{ 或 } \left|Z_m - \frac{1}{2}Z_{set}\right| \leqslant \left|\frac{1}{2}Z_{set}\right| \tag{3.20}$$

电压判据和阻抗判据均采用大小比较的形式，统称为方向阻抗元件的幅值比较判据。

一般地，阻抗元件的动作判据可表示为相位比较判据和幅值比较判据两种通用形式。相位比较判据的一般形式为

$$\theta_1 \leqslant \arg \frac{\dot{C}}{\dot{D}} \leqslant \theta_2 \tag{3.21}$$

式中 θ_1、θ_2——相位边界，均为常数，$\theta_2 > \theta_1$。

例如，对于方向阻抗元件的相位比较判据：采用电压形式时，$\dot{C} = \dot{U}' = \dot{U}_m - Z_{set}\dot{I}_m$（工作电压），$\dot{D} = \dot{U}_m$（参考电压）；采用阻抗形式时，$\dot{C} = Z_m - Z_{set}$，$\dot{D} = Z_m$；相位边界，$\theta_1 = 90°$，$\theta_2 = 270°$。幅值比较判据的一般形式为

$$|\dot{A}| \geqslant |\dot{B}| \tag{3.22}$$

例如，对于方向阻抗元件幅值比较判据，采用电压形式时，$\dot{A} = \frac{1}{2}Z_{set}\dot{I}$，$\dot{B} = \dot{U}_m - \frac{1}{2}Z_{set}\dot{I}$；采用阻抗形式时，$\dot{A} = \frac{1}{2}Z_{set}$，$\dot{B} = Z_m - \frac{1}{2}Z_{set}$。

两种形式的判据在传统的电子式保护装置中均可以用电子元器件组成的电路来实现，在微机保护中则通过数字算法来实现（详见第 9 章）。

3.3.3 相位比较判据的余弦比较判据和正弦比较判据（The Cosine Comparator and the Sine Comparator of Phase Comparators）

在式（3.21）所示的相位比较判据式中，调整相位边界，即调整 θ_1、θ_2 的取值，可获得各种不同的动作特性，使用较多的有以下两种特殊情况（后文还将深入讨论其他情况）：

（1）余弦比较判据，也称余弦比较器，给定 $\theta_1=90°$、$\theta_2=270°$，或 $\theta_1=-90°$、$\theta_2=90°$，即

$$90°\leqslant\arg\frac{\dot{C}_\mathrm{C}}{\dot{D}_\mathrm{C}}\leqslant270°\text{ 或} -90°\leqslant\arg\frac{\dot{C}_\mathrm{C}}{-\dot{D}_\mathrm{C}}\leqslant90° \tag{3.23}$$

（2）正弦比较判据，也称正弦比较器，给定 $\theta_1=180°$、$\theta_2=360°$，或 $\theta_1=0°$、$\theta_2=180°$，即

$$180°\leqslant\arg\frac{\dot{C}_\mathrm{S}}{\dot{D}_\mathrm{S}}\leqslant360°\text{ 或} 0°\leqslant\arg\frac{\dot{C}_\mathrm{S}}{-\dot{D}_\mathrm{S}}\leqslant180° \tag{3.24}$$

若对式（3.24）作等式变换 $(180°-90°)\leqslant\left(\arg\dfrac{\dot{C}_\mathrm{S}}{\dot{D}_\mathrm{S}}-90°\right)\leqslant(360°-90°)$，可得

$$90°\leqslant\arg\frac{\dot{C}_\mathrm{S}\mathrm{e}^{-\mathrm{j}90°}}{\dot{D}_\mathrm{S}}\leqslant270° \tag{3.25}$$

这样便可实现正弦比较判据到余弦比较判据的转换，反之亦然。

3.3.4　相位比较判据与幅值比较判据的互换关系（Conversion between Phase Comparators and Amplitude Comparators）

设相位比较判据和幅值比较判据分别记为

$$90°\leqslant\arg\frac{\dot{C}}{\dot{D}}\leqslant270°,\ |\dot{A}|\geqslant|\dot{B}| \tag{3.26}$$

在图 3.6 所示复平面上的平行四边形中，取 $\dot{C}$、$\dot{D}$ 为其边线，$\dot{A}$、$\dot{B}$ 为其对角线。当 $\arg(\dot{C}/\dot{D})=90°$ 时，对角线长度相等，即 $|\dot{A}|=|\dot{B}|$；当 $\arg(\dot{C}/\dot{D})>90°$ 时，$|\dot{A}|>|\dot{B}|$，当 $\arg(\dot{C}/\dot{D})<90°$ 时，$|\dot{A}|<|\dot{B}|$。根据平行四边形的特点，可导出

$$\left.\begin{aligned}\dot{A}&=\dot{D}-\dot{C}\\\dot{B}&=\dot{D}+\dot{C}\end{aligned}\right\} \tag{3.27}$$

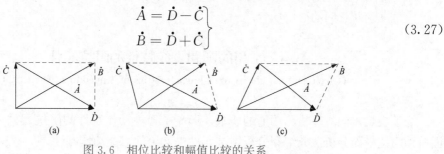

(a)　　　　　　　　(b)　　　　　　　　(c)

图 3.6　相位比较和幅值比较的关系

（a）$\arg(\dot{C}/\dot{D})=90°$；（b）$\arg(\dot{C}/\dot{D})>90°$；（c）$\arg(\dot{C}/\dot{D})<90°$

同样可得

$$\left.\begin{aligned}\dot{C}&=\frac{1}{2}(\dot{B}-\dot{A})\\\dot{D}&=\frac{1}{2}(\dot{B}+\dot{A})\end{aligned}\right\} \tag{3.28}$$

利用式（3.27）和式（3.28），可实现相位比较判据与幅值比较判据的相互转换。

3.3.5　阻抗特性分析中常见问题（Common Problems in Analysis of Static Impedance Characteristics）

（1）重负荷线路正常运行时，测量阻抗的模值较小，应当避免进入阻抗元件的动作区

内，这与负荷阻抗（模值和相角）以及阻抗元件动作特性右侧边界有关。对于远后备保护，当其阻抗元件动作范围较大（如长距离线路）时，需给予足够的重视。

（2）发生短路故障时，不可避免地存在过渡电阻（transition resistance）R_{kT}，它流过故障支路电流 $\dot{I}_k$ 而形成故障点电压 $\dot{U}_k = \dot{I}_k R_{kT}$，由式（3.18）可得，测量阻抗可表示为 $Z_m = \dot{U}_m / \dot{I}_m = Z_1 + (\dot{I}_k / \dot{I}_m) R_{kT} = Z_1 + Z'_{kT}$，其中 $Z'_{kT} = (\dot{I}_k / \dot{I}_m) R_{kT}$ 为由过渡电阻引起的短路点附加短路阻抗，它不仅有可能导致阻抗元件在被保护线路区内短路时拒动，还可能导致区外短路时误动（将在 3.6 节深入讨论）。$\dot{I}_k$ 与 $\dot{I}_m$ 的相角差通常不会很大，当线路正向故障时，Z'_T 在阻抗平面上是一个由 Z_1 末端出发大致沿实轴方向的相量，当其模值较大时（亦即 R_{kT} 较大时），Z_m 将伸到动作圆之外而使距离保护拒动，因此，阻抗元件动作特性在 $+R$ 轴区域（即线路阻抗线右半区域）的大小与内部故障带过渡电阻的能力密切相关。

（3）由图 3.5 可知，方向阻抗圆过坐标原点，这意味着无论线路正向出口还是反向出口（及附近）金属性短路时，均处在临界动作状态，考虑到电压相量的检测误差（实际上此时将导致作为参考电压的测量电压近似为零，从而方向阻抗元件将失去比相参考依据），有可能发生内部故障拒动或者外部反向故障误动，这属于线路出口故障误判问题，必须采取专门措施来应对，将在 3.7 节深入讨论。

（4）即使线路或其他设备短路故障被切除，也极易引发电力系统的功角摇摆和振荡，振荡期间相关正常输电线路的测量阻抗将周期性地穿过阻抗元件动作特性的动作区域，有可能造成距离保护误动作。这可以通过长延时动作策略，或者需要采取其他专门措施来应对，将在 3.8 节深入讨论。

还需要指出，阻抗元件（以及实现它的电压动作方程）或阻抗继电器不仅可用于线路保护，还广泛用于各种电力设备的保护。在以下各类阻抗元件静态动作特性的分析中，将从更广泛的角度论及它们的适用场合。

3.4　常用的圆和直线特性的阻抗元件
(Circle or Straight - Line Characteristics of Impedance Elements)

为了满足不同故障检测功能的要求，形成了各种动作特性的阻抗元件（距离元件）。下面采用阻抗平面分析法介绍和分析阻抗元件中常用的阻抗动作特性。

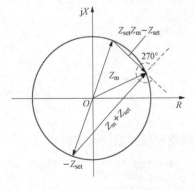

图 3.7　全阻抗特性圆

3.4.1　阻抗元件中常用的圆特性（Impedance Elements with Circle Characteristics）

1. 全阻抗圆特性

全阻抗圆动作特性在阻抗平面上是以原点为圆心、以整定阻抗 Z_{set} 的大小为半径的圆，圆周为动作边界，圆内为动作区，如图 3.7 所示。

当测量阻抗 Z_m 落在圆内时，该阻抗元件动作。

由图 3.7 可直接列写全阻抗圆特性的幅值比较判据为

$$|Z_m| \leqslant |Z_{set}| \tag{3.29}$$

在式（3.29）中，令 $\dot{A} = Z_{set}$、$\dot{B} = Z_m$，按式

（3.28），可将全阻抗特性的幅值比较判据转换为相位比较判据

$$90° \leqslant \arg \frac{Z_m - Z_{set}}{Z_m + Z_{set}} \leqslant 270° \tag{3.30}$$

在图 3.7 中，作两条辅助线构成两个辅助相量 $Z_m - Z_{set}$ 和 $Z_m - (-Z_{set}) = Z_m + Z_{set}$，根据动作区的边界条件，也可以直接写出式（3.30）所示相位比较判据。

全阻抗圆特性（及其阻抗元件）的特点是无方向性，正反方向动作区相等，且具有较强的带过渡电阻能力，也没有正向出口故障拒动问题。一般而言，全阻抗圆特性适用于单侧电源的线路或对方向性无要求的场合，若用于双侧电源线路且有方向性要求的场合，应与方向元件相配合。另外，在双侧电源输电线路中，全阻抗圆特性还可用于距离保护的后备保护段（Ⅲ段），利用后备保护动作时间较主保护长的特点来避免反向故障无选择性动作，而使其带过渡电阻能力强和无正向出口金属性故障拒动的优点得以发挥。

2. 方向圆特性

方向圆特性即前述方向阻抗元件（姆欧元件）的动作特性，前面已介绍，它在阻抗复平面上是以整定阻抗 Z_{set} 为直径、圆周过原点的圆，圆内为动作区，如图 3.5（b）所示。方向阻抗特性的相位比较判据如式（3.19）所示，幅值比较判据如式（3.20）所示。

方向圆特性的主要特点是具有明确的方向性，仅动作于线路正向区内故障，适用于双侧电源输电线路距离保护的主保护段（Ⅰ段和Ⅱ段）。如前所述，方向圆特性存在线路出口金属性故障误判和带过渡电阻能力不强的问题，但因其基本特征优点突出，故普遍用作优良距离保护动作特性改进的基础。

3. 偏移圆特性

偏移圆特性如图 3.8 所示，相当于将方向圆的下半圆向反方向扩展（偏移）而包含坐标原点，其中反方向阻抗可以包含反方向线路阻抗与系统等值阻抗之和的全部或部分。若令反向阻抗为 $-Z_S$，偏移圆特性表现为以相量 Z_{set} 与 $-Z_S$ 末端连线为直径的圆。其幅值比较判据可表为

$$|A| = \left| \frac{1}{2}(Z_{set} + Z_S) \right| > \left| Z_m - \frac{1}{2}(Z_{set} - Z_S) \right| = |B| \tag{3.31}$$

其相位比较判据则为

$$90° \leqslant \arg \frac{Z_m - Z_{set}}{Z_m + Z_S} = \arg \frac{\dot{C}}{\dot{D}} \leqslant 270° \tag{3.32}$$

偏移圆特性也没有方向性，但其正反方向动作区不相等。一般地，偏移圆特性是指其动作区（或边界圆）包含阻抗平面坐标原点，但正反方向动作区不相等的圆特性。这里 Z_S 也是一个可整定的阻抗（按工程习惯暂且使用符号 Z_S），可通过选择 Z_S 来控制偏移圆特性反向动作区的范围。显然，只要 Z_S 选择合适，偏移圆特性可以具有较强的带过渡电阻能力，且没有正向出口故障拒动问题。若设 Z_S 与 Z_{set} 的阻抗角相等

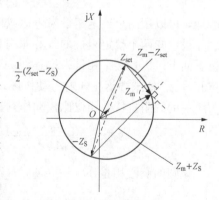

图 3.8 偏移圆特性

（这在工程上是常见的，譬如反向阻抗只考虑反向线路的部分阻抗，而一般正反向线路的阻抗相差甚小），则 Z_S 可以用 ρZ_{set} 表示，ρ 称为偏移阻抗圆特性的偏移率。在偏移圆特性中，若取 $Z_S = Z_{set}$（即 $\rho = 1$），则成为全阻抗特性；若取 $Z_S = 0$（即 $\rho = 0$），则成为方向圆特性。

因此，全阻抗圆特性和方向阻抗圆特性可视为偏移圆特性的特例。图 3.8 所示的偏移圆阻抗特性较全阻抗圆特性更适合用于距离保护的后备保护段（Ⅲ段），这是因为前者可以通过选择 Z_{S} 来控制反向动作区的范围，采用较小的 Z_{S} 有利于改善保护的安全性。偏移圆特性还可用于发电机失磁保护的静态稳定边界阻抗圆。

　　4. 抛圆特性

　　作为抛圆特性的一种，上抛圆阻抗特性如图 3.9 所示。上抛圆是以阻抗相量 Z_{set} 与 Z'_{S} 末端连线为直径的圆，动作区位于复阻抗平面实轴的右上方。其幅值比较判据可表示为

$$|A| = \left|\frac{1}{2}(Z_{\mathrm{set}} - Z'_{\mathrm{S}})\right| \geqslant \left|Z_{\mathrm{m}} - \frac{1}{2}(Z_{\mathrm{set}} + Z'_{\mathrm{S}})\right| = |B| \qquad (3.33)$$

其相位比较判据则为

$$90° \leqslant \arg\frac{Z_{\mathrm{m}} - Z_{\mathrm{set}}}{Z_{\mathrm{m}} - Z'_{\mathrm{S}}} = \arg\frac{\dot{C}}{\dot{D}} \leqslant 270° \qquad (3.34)$$

所谓抛圆特性，指其动作区（或边界圆）不包含阻抗平面坐标原点的圆特性。这里 Z'_{S} 也是一个可整定的阻抗（按工程习惯暂且使用符号 Z'_{S}）。通过选择合适的 Z_{set} 与 Z'_{S}，抛圆特性可以分布在阻抗平面的各象限，如常用的位于上半阻抗平面的上抛圆特性（图 3.9 所示）或位于下半阻抗平面的下抛圆特性等。上抛圆和下抛圆特性在某些特殊的距离元件特性分析中很重要，下文将会涉及。上抛圆特性还可用于特殊要求的远后备距离保护，较偏移圆更有利于躲开负荷阻抗；下抛圆则可用于发电机失磁保护的异步阻抗圆（详见第 7 章）。

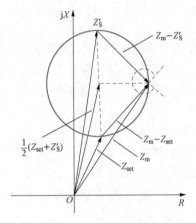

图 3.9　上抛圆特性

3.4.2　圆阻抗特性的统一动作判据（General Operation Criteria of Circle Characteristics）

　　观察总结上述几种圆阻抗特性动作判据的特点，它们都是以给定的相关阻抗相量末端连线为直径的圆。一般地，可以用两个给定相量来表达或构成统一的圆阻抗特性动作判据。

　　设已知两个整定阻抗的复相量分别为 Z_{set1} 和 Z_{set2}。在阻抗平面上，以这两个相量末端连线为直径作圆，并取测量阻抗相量 Z_{m} 的末端落在圆内为动作区，如图 3.10 所示，可列写统一的圆阻抗特性相位比较动作判据为

$$90° \leqslant \arg\frac{Z_{\mathrm{m}} - Z_{\mathrm{set1}}}{Z_{\mathrm{m}} - Z_{\mathrm{set2}}} \leqslant 270° \qquad (3.35)$$

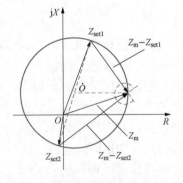

图 3.10　阻抗元件统一动作
判据的阻抗特性图

该圆的圆心相量 $\dot{O} = \frac{1}{2}(Z_{\mathrm{set1}} + Z_{\mathrm{set2}})$，半径 $r = \frac{1}{2}(Z_{\mathrm{set1}} - Z_{\mathrm{set2}})$，当圆内为动作区时显然满足 $|Z - \dot{O}| \leqslant r$，因此，可列写统一的圆阻抗特性幅值比较动作判据为

$$\left|Z_{\mathrm{m}} - \frac{1}{2}(Z_{\mathrm{set1}} + Z_{\mathrm{set2}})\right| \leqslant \frac{1}{2}|Z_{\mathrm{set1}} - Z_{\mathrm{set2}}| \qquad (3.36)$$

利用式（3.26）或式（3.29）所示相位比较判据与幅值比较判据的转换关系，式（3.35）

与式（3.36）可实现互导。

式（3.35）或式（3.36）描述的圆特性的通用判据表明，只要恰当地给定整定阻抗 Z_{set1} 和 Z_{set2}，便可以在复阻抗平面的任何位置上构成任意大小的阻抗特性圆，阻抗特性圆的直径为 Z_{set1} 和 Z_{set2} 两相量末端连线的长度。对比前述几种常用圆特性阻抗元件，若取 $Z_{set1}=Z_{set}$、$Z_{set2}=-Z_{set}$，得到全阻抗特性；若取 $Z_{set1}=Z_{set}$、$Z_{set2}=0$，得到方向阻抗特性；若取 $Z_{set1}=Z_{set}$、$Z_{set2}=-Z_S$，得到偏移圆特性；若取 $Z_{set1}=Z_{set}$、$Z_{set2}=Z_S'$，得到上抛圆特性。

3.4.3　圆特性的扩展（Development of Impedance Elements with Circle Characteristics）

观察式（3.35），阻抗元件的相位比较判据更为一般的形式为

$$\theta_1 \leqslant \arg \frac{Z_m - Z_{set1}}{Z_m - Z_{set2}} \leqslant \theta_2 \tag{3.37}$$

式中　θ_1、θ_2——相位边界，均为常数。

它所对应的电压动作方程为

$$\theta_1 \leqslant \arg \frac{\dot{U}_m - Z_{set1}\dot{I}_m}{\dot{U}_m - Z_{set2}\dot{I}_m} \leqslant \theta_2$$

因有 $360° \geqslant \theta_2 > \theta_1 \geqslant 0°$，当取 $\theta_1 + \theta_2 = 360°$ 时，式（3.37）在阻抗平面上呈现关于两整定阻抗末端连线的轴对称图形，且当满足条件 $\theta_2 - \theta_1 = 180°$ 时，图形为圆。当取 $\theta_1 = 90°$、$\theta_2 = 270°$ 时，式（3.37）转变为式（3.35），即前述圆特性统一相位比较动作判据可视为式（3.37）的特例。若按不同规律选择 θ_1 和 θ_2，可以方便地获得阻抗元件动作特性在复阻抗平面上更为丰富的表达。

1. 圆特性的偏转

在式（3.37）中，若满足条件 $\theta_2 - \theta_1 = 180°$，且 $\theta_2 + \theta_1 \neq 360°$ 时，它在阻抗平面上的图形仍然为圆，不过，随 θ_1、θ_2 取值的变化，圆的位置和直径（大小）将发生变化。

前文已提及，为了提高圆特性阻抗元件对于内部故障带过渡电阻的能力，希望阻抗元件动作特性圆的 $+R$ 轴区域（右半区域）大一些，或者说右侧圆周到整定（或线路）阻抗线（也可认为图 3.10 中整定阻抗 Z_{set1} 和 Z_{set2} 两相量末端连线）的距离大一些。这可以通过圆的向右偏转（或向第一象限方向偏转）来实现。偏移圆特性的偏转如图 3.11 所示，图中圆 C_1 向右偏转后变为圆 C_2，圆 C_1 为以 Z_{set1} 和 Z_{set2} 两相量末端连线为直径所作圆；而圆 C_2 则为以 Z_{set1} 和 Z_{set2} 两相量末端连线为弦所作圆，于是圆 C_2 向右偏转的同时直径也扩大了。为方便使用，偏转圆 C_2 代表的圆内动作区仍然希望用原始整定阻抗 Z_{set1} 和 Z_{set2} 来表示，这可以在式（3.37）中通过调整 θ_1、θ_2 来实现。设偏转圆 C_2 相对于圆 C_1 偏转了 θ（$-90° < \theta < 90°$），比较式（3.35）与式（3.37）则有 $\theta_1 = 90° - \theta$，$\theta_2 = 180° + \theta_1 = 270° - \theta$，则圆 C_2 动作区所对应阻抗元件动作判据的相位比较判据为

$$90° - \theta \leqslant \arg \frac{Z_m - Z_{set1}}{Z_m - Z_{set2}} \leqslant 270° - \theta \tag{3.38}$$

图 3.11 中，圆 C_2 的直径为圆 C_1 的 $1/\cos\theta$，且当 $0° < \theta < 90°$ 时圆 C_2 向左偏转（正向角位移产生正向偏转），而当 $-90° < \theta < 0°$ 时圆 C_2 向右偏转（反向角位移产生反向偏转），向右偏转正是提高圆特性阻抗元件在保护区内故障时带过渡电阻能力所需要的。整定阻抗 Z_{set1} 和 Z_{set2} 两相量末端连线为圆 C_1 的直径，再过 Z_{set2} 末端作圆 C_2 的直径，由图不难证明，这两条直径的夹角恰为 θ，这就更清楚地说明圆 C_2 相对于圆 C_1 偏转 θ 角的含义。

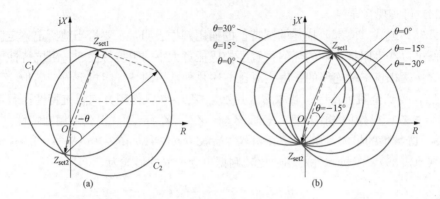

图 3.11　偏移圆特性的偏转

（a）用整定阻抗表示的圆特性的偏转；（b）不同偏转角度对圆特性的影响

方向圆也可以做类似偏转以提高内部故障带过渡电阻的能力，请读者思考。

2. 圆弧构成的阻抗特性

式（3.37）中，在满足 $\theta_2 + \theta_1 = 360°$ 条件下，若 $\theta_2 - \theta_1 \neq 180°(\theta_2 > \theta_1 > 0°)$，则阻抗平面上的图形不再是一个圆，而是一个以整定阻抗 Z_{set1} 和 Z_{set2} 两相量末端连线为对称轴，并由两段圆弧构成的对称图形。其动作判据如下

$$90° + \theta \leqslant \arg \frac{Z_m - Z_{set1}}{Z_m - Z_{set2}} \leqslant 270° - \theta \tag{3.39}$$

若 $\theta_2 - \theta_1 > 180°$，即 $\theta < 0°$，阻抗平面上的动作特性呈苹果形，如图 3.12 所示，称为苹果圆阻抗特性。

若 $\theta_2 - \theta_1 < 180°$，即 $\theta > 0°$，阻抗平面上的动作特性呈橄榄形，如图 3.13 所示，称为橄榄圆阻抗特性。

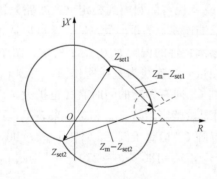

图 3.12　苹果圆特性

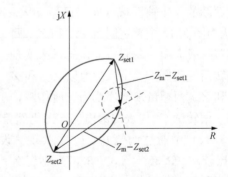

图 3.13　橄榄圆特性

苹果圆和橄榄圆特性适用于很多应用场合。譬如，苹果圆特性常用于凸极同步发电机的失磁保护；橄榄圆特性则广泛用于失步保护，还可用于长线路远后备距离保护以避免线路重载时负荷阻抗进入动作区内。

观察图 3.12，苹果圆特性可视为由两个圆组合而成。一个向右偏转的圆和一个向左等角度差偏转的圆，两圆的并集为其动作区；同样地，观察图 3.13，橄榄圆特性也可视为由两个圆组合而成。一个向左偏转的圆和一个向右等角度差偏转的圆，两圆的交集为其动作

区。当然，它们也完全可以用统一圆特性动作判据来表示，请读者思考。

3.4.4　阻抗元件中常用的直线特性（Impedance Elements with Straight - Line Character-istics）

1. 直线电抗特性

线路保护距离也可以用整定阻抗 Z_{set} 中的电抗分量 jX_{set} 来表示。由于过渡电阻通常可视为纯阻性，因此采用整定阻抗 Z_{set} 中的电抗分量 jX_{set} 作为动作边界可排除过渡电阻的影响。如图 3.14 中直线 1 所示，过整定阻抗 Z_{set} 的末端作 R 轴的平行线即可构成所谓直线电抗特性，直线的下方为动作区。电抗特性的动作判据可表示为

$$180° \leqslant \arg \frac{Z_{m} - Z_{set}}{R} \leqslant 360° \tag{3.40}$$

这相当于，采用相量 $Z_{m} - Z_{set}$ 与实轴比相，实数 R 表示实轴的相量。由于仅关心实轴方向，因此 R 的大小无关紧要，令 $R = 1$，从而可写为

$$180° \leqslant \arg(Z_{m} - Z_{set}) \leqslant 360° \tag{3.41}$$

这是一个正弦比相判据。实际应用中，常将图 3.14 中直线 1 所示水平边界向下偏移一个不大的角度 θ（用来防止区外故障因过渡电阻造成超越，参见后文说明），形成斜线2，其动作判据如式（3.42）所示，斜线以下为动作区，则有

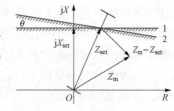

图 3.14　直线电抗特性

$$180° + \theta \leqslant \arg(Z_{m} - Z_{set}) \leqslant 360° + \theta \tag{3.42}$$

式中　　θ——偏移角，当电抗线下偏时 $\theta < 0°$。

2. 直线方向特性

方向元件也可以用阻抗特性来实现，这种方向特性动作边界为过原点的直线（即 $Z_{set} = 0$），同样考虑适当的下偏角 θ（可改善正方向出口短路时带过渡电阻的能力，从而提高保护的灵敏性），如图 3.15 所示。按照被保护线路正方向动作要求，直线的上方为动作区。这样的直线方向特性的动作判据可表示为

$$0° + \theta \leqslant \arg(Z_{m}) \leqslant 180° + \theta \tag{3.43}$$

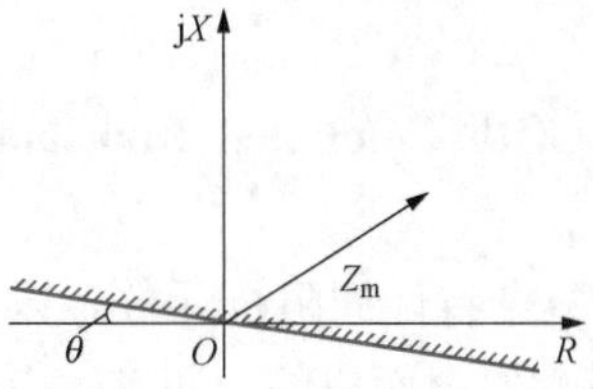

3. 直线特性的一般表达式

根据需要，直线阻抗特性需要位于阻抗平面任意位置，以便利用多条直线特性乃至与其他形式的特性相结合构成复杂的复合动作特性。

图 3.15　直线方向特性

令阻抗 Z_{d} 为比相参考，直线阻抗特性相位比较判据一般可表示为

$$90° \leqslant \arg \frac{Z_{m} - Z_{set}}{Z_{d}} \leqslant 270° \tag{3.44}$$

在式（3.44）中，Z_{set} 表示直线位移，即直线过 Z_{set} 的顶端，当 $Z_{set} = 0$ 时直线过坐标原点；Z_{d} 确定直线的方向和动作区，由 Z_{d} 的阻抗角确定直线的方向。过 Z_{set} 顶端的直线与 Z_{d} 垂直构成动作边界，Z_{d} 相量的反方向为动作区。

按相位与幅值比较转换关系，直线阻抗特性幅值比较判据一般可表示为

$$|Z_{m} - Z_{set} + Z_{d}| \leqslant |Z_{m} - Z_{set} - Z_{d}| \tag{3.45}$$

3.4.5 多边形特性的阻抗元件 (Impedance Elements with Polygon Characteristics)

采用多条直线构成一个封闭区域，即为多边形特性的阻抗元件。如图 3.16 所示的图形是一种四边形特性的阻抗元件，内部为动作区。

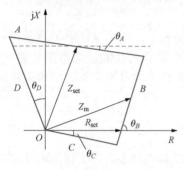

图 3.16 阻抗继电器的四边形
动作特性

图 3.16 中，四条直线各有其作用，说明如下：①直线 A 称为电抗线，其下方为动作区，电抗线通过整定阻抗的末端并适当下偏（其作用见 3.6），下偏角通常表示为与水平直线的夹角 $\theta_A(\theta_A<0)$。②直线 B 称为负荷线，其左方为动作区，负荷线的主要作用是躲开正常运行时正向负荷阻抗（其整定值为 R_{set}，参见 3.5），由于负荷阻抗角通常较小，故负荷线通常并不与横轴垂直，而是适当向右倾斜，这样可提高线路远端故障时带过渡电阻的能力，右倾角通常表示为与实轴的夹角 $\theta_B(\theta_B>0)$。③直线 C 称为方向线，其上方为动作区，方向线通过坐标原点并适当下偏，这样可获得最灵敏的方向性并有利于改善正向出口故障带过渡电阻的能力，下偏角通常表示为与实轴的夹角 $\theta_C(\theta_C<0)$，应与最灵敏角相配合。④直线 D 称为限制线，其右方为动作区，测量阻抗通常不会进入阻抗平面的第二象限，利用限制线可改善抗干扰能力并且提高可靠性，同时为防止正向故障时因测量误差引起拒动，限制线并不与纵轴重合，而是通过坐标原点并适当向左倾斜，左倾角通常表示为与虚轴的夹角 $\theta_D(\theta_D>0)$。

按照上述规则，直线 A、B、C、D 的判据分别为

$$A:180°+\theta_A \leqslant \arg(Z_m-Z_{set}) \leqslant 360°+\theta_A$$
$$B:0°+\theta_B \leqslant \arg(Z_m-R_{set}) \leqslant 180°+\theta_B$$
$$C:0°+\theta_C \leqslant \arg(Z_m) \leqslant 180°+\theta_C \tag{3.46}$$
$$D:-90°+\theta_D \leqslant \arg(Z_m) \leqslant 90°+\theta_D$$

式中 R_{set}——负荷线的整定电阻。

由式（3.46），图 3.16 所示四边形特性的阻抗继电器（阻抗元件）的动作判据为

$$A \cap B \cap C \cap D \tag{3.47}$$

由此可见，四边形特性为四条直线特性的"与"逻辑组合。

3.4.6 具有组合特性的阻抗元件 (The Impedance Units with Combined Impedance Characteristics)

将上述圆、圆弧、直线以及多边形特性进行组合，可构成更为复杂特性的阻抗元件，以更好地满足各种不同的应用要求。前述四边形特性就是由四段直线特性组合而成的。还有，由两段圆弧构成的苹果圆以及橄榄圆特性各自均可视为由两个圆特性的逻辑组合：苹果圆可视为两个圆特性的并集，即"或"逻辑组合；而橄榄圆可视为两个圆特性的交集，即"与"逻辑组合。

其他更为复杂的由圆特性和直线特性的组合特性举例如图 3.17 所示。

图 3.17（a）所示的组合特性为偏转的方向圆特性与下偏的直线电抗特性的交集，或者说由这两种判据的"与"逻辑构成，既可以改善内部故障带过渡电阻的能力，又可防止在下游相邻线路出口带过渡电阻短路时可能引起的超越（详见 3.6），是目前应用最为广泛的超高压输电线接地距离元件之一。

图 3.17（b）所示为另一种常见的组合阻抗特性，由方向阻抗圆特性和上抛圆特性的并

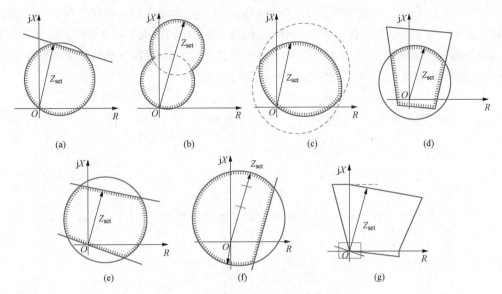

图 3.17　圆特性及直线特性组合特性举例

（a）偏转方向圆与直线电抗特性的组合；（b）方向圆与上抛圆特性的组合；（c）偏转方向圆与偏移圆特性的组合；

（d）四边形与偏移圆特性的组合；（e）偏转方向圆与直线电抗、方向特性的组合；

（f）偏移圆与直线负荷特性的组合；（g）四边形与小矩形特性的组合

集，即这两个动作判据的"或"逻辑构成，可以明显改善距离保护Ⅲ段的长线路躲负荷能力。图 3.17 中的其他组合型特性的构成方式与工作特点请读者自己尝试分析。

3.5　距离保护的整定计算与对距离保护的评价
(Setting Calculation of Distance Protection and Assessment to Distance Protection)

与电流保护一样，距离保护也广泛采用定时限三段式的配置逻辑和配合形式，即将距离保护分为瞬时速动段（距离保护Ⅰ段）、限时速动段（距离保护Ⅱ段）和定时限动作段（距离保护Ⅲ段），从而构成完整的线路主保护和后备保护。由于距离保护主要用于较高电压等级的输电线路，多属中性点直接接地系统，需要满足有效反应相间和接地（经较大过渡电阻的）短路故障，以及分相跳闸等要求，因此，距离保护一般应配置三相相间距离元件和三相接地距离元件，且均构成定时限三段式保护。

3.5.1　距离保护的延时特性（Time-delay Coordination Characteristics of Distance Protection）

距离保护的动作延时 t 与故障点到保护安装处的距离 L_k 之间的关系称为距离保护的延时特性。与电流保护类似，三段式距离保护的时限特性如图 3.18 所示，图中以单侧电源射线状网络为例，其中保护 x（x 为保护编号，$x = 1，2，3，\cdots$）为对应线路的距离保护（如保护 1 为对应线路 AB 的 A 侧保护）。距离保护Ⅰ段（简称距离Ⅰ段）无人为延时，保护最短固有动作时间记为 t_1^{I}，距离Ⅰ段的保护范围不超出本线路末端，如图 3.18（b）所示；距离保护Ⅱ段（简称距离Ⅱ段）保护本线路全长，经短延时动作，通常其保护范围应不超出下游相邻线路距离Ⅰ段的保护范围，此时距离Ⅱ段时延 t_1^{II} 为一个时限阶段 Δt，一般为 $0.3 \sim 0.6 \text{s}$，也如图 3.18（b）所示；距离保护Ⅲ段（简称距离Ⅲ段）作为本线路的近后备保护和下游相邻线路的远后备保护，其时延 $t^{\text{Ⅲ}}$ 一般需与相邻下游线路的距离Ⅱ段或距离Ⅲ段保护配合，在下游保护延时的基础上再增加一个时限阶段 Δt，如果距离Ⅲ段均与各自下游相邻线路的距离Ⅲ段相配合，便形成如图 3.18（c）所示的阶梯型延时后备段。

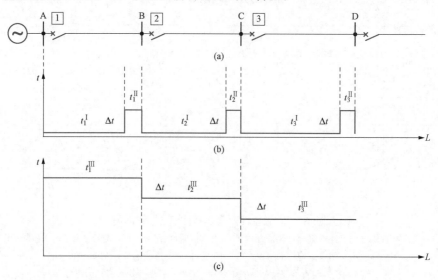

图 3.18　三段式距离保护的时限特性

（a）网络接线图；（b）距离Ⅰ、Ⅱ段的时限特性；（c）距离Ⅲ段的时限特性

3.5.2　距离保护的整定计算（Setting Calculation of Distance Protection）

距离保护的整定计算工作，是指根据被保护电力系统的实际接线、运行条件和故障状况，遵循电网安全要求和继电保护配合原则，计算确定线路距离保护的距离Ⅰ段、Ⅱ段和Ⅲ段的整定阻抗以及Ⅱ段和Ⅲ段的动作延时。

线路距离保护动作特性的选择，通常都按双侧电源线路考虑。为便于配合，一般要求作为主保护的距离Ⅰ、Ⅱ段的测量元件都应具有明确的方向性；而作为后备保护的距离Ⅲ段，对测量元件方向性的要求相对较低，虽然可以采用方向性测量元件，但更多情况下是采用偏移阻抗特性（即把反向相邻线路的一部分也包括在动作范围之内）的测量元件，而其选择性则依赖较大的延时来保证（即反向相邻线路故障时保证由其距离Ⅰ段先动作来避免本线路正向保护距离Ⅲ段误动作）。采用偏移阻抗特性既可提高线路出口内部故障时保护的灵敏性（带过渡电阻能力），又因限制了反向保护距离而有利于改善保护的安全性。以距离元件（阻抗元件）各段均采用圆特性为例，它们的动作区域如图 3.19 所示。图 3.19 中，阻抗平面坐标系的方向做了旋转，以使各测量元件整定阻抗方向与线路阻抗方向一致，实线圆周Ⅰ、Ⅱ、Ⅲ分别为线路 AB 的 A 处保护距离Ⅰ、Ⅱ、Ⅲ段的动作特性圆，虚线圆周Ⅰ则为线路 BC 的 B 处保护距离Ⅰ段的动作特性圆。

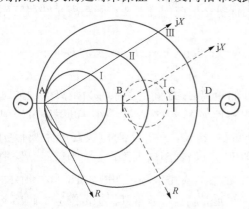

图 3.19　距离保护各段动作区域示意图

下面以图 3.20 中 A 处保护 1 为例，讨论距离保护各段定值的整定原则和基本方法。

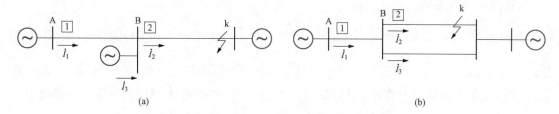

图 3.20 按分支特点分类的整定计算电网接线图
(a) 助增分支电路示意图；(b) 外汲分支电路示意图

需要指出，整定计算的主要任务是解决合理的各段保护的保护范围以及上下游保护之间的配合问题，除非必要，很少考虑具体距离元件的动作特性，因此，为简化整定计算工作，距离保护的整定阻抗以及相关电力元件（泛指线路或变压器等设备，下同）的阻抗参数通常只需用其模值进行计算，即将复数运算转变为实数运算，这是目前工程实际中的普遍做法，本节如不特别说明，各个阻抗参数均指其模值（有些情况常只给出电抗大小，相当于忽略了电阻以后的阻抗模值）。对此可以这样理解，即复阻抗运算与取模值运算的微小差异均已归入可靠系数的裕度中予以考虑。当然，在距离保护装置中输入整定值时，仍然需要按具体动作特性输入相关参数，包括整定阻抗的相角等，应按具体情况处理，本节不涉及此类问题。仅就电力元件（泛指线路或变压器等设备，下同）的阻抗相角而言，距离保护整定计算中的一种简化做法是近似认为同一电压等级上它们的阻抗相角均相等，这在工程上往往是可以接受的。

1. 距离保护 I 段的整定

距离 I 段只反应本线路的故障，当下游相邻线路出口发生短路故障时，应可靠不动作，所以其距离元件的整定阻抗，应躲过本线路末端短路时的测量阻抗。以图 3.20 中保护 1 为例，整定阻抗的计算式为

$$Z_{\mathrm{set.1}}^{\mathrm{I}} = K_{\mathrm{rel}}^{\mathrm{I}} Z_{\mathrm{AB}} \tag{3.48}$$

$$Z_{\mathrm{AB}} = L_{\mathrm{AB}} z_1$$

式中　　$Z_{\mathrm{set.1}}^{\mathrm{I}}$——保护 1 距离 I 段的整定阻抗；

　　　　Z_{AB}——被保护线路 AB 的正序阻抗；

　　　　L_{AB}——线路 AB 的长度；

　　　　z_1——线路的单位长度正序阻抗；

　　　　$K_{\mathrm{rel}}^{\mathrm{I}}$——距离 I 段可靠系数，由于距离保护为欠量动作，所以 $K_{\mathrm{rel}}^{\mathrm{I}} < 1$，考虑到保护装置测量误差、互感器误差和线路参数误差等因素，一般取 0.80~0.85。

2. 距离保护 II 段的整定

(1) 分支电路对测量阻抗的影响　对于距离 II 段整定阻抗，类同于电流保护，应考虑分支电路对测量阻抗的影响，图 3.20 所示为两种典型的分支电路情况。图中 k 点发生三相短路时，母线 A 处保护 1 的测量阻抗为

$$Z_{\mathrm{m.1}} = \frac{\dot{U}_{\mathrm{A}}}{\dot{I}_1} = \frac{\dot{I}_1 Z_{\mathrm{AB}} + \dot{I}_2 Z_{\mathrm{k}}}{\dot{I}_1} = Z_{\mathrm{AB}} + \frac{\dot{I}_2}{\dot{I}_1} Z_{\mathrm{k}} = Z_{\mathrm{AB}} + K_{\mathrm{b}} Z_{\mathrm{k}} \tag{3.49}$$

式中 Z_k——线路故障区段 Bk（即母线 B 与短路点 k 之间线路）的正序阻抗；

K_b——分支系数。

在图 3.20（a）所示的情况下，$K_b = \dfrac{\dot{I}_2}{\dot{I}_1} = \dfrac{\dot{I}_1 + \dot{I}_3}{\dot{I}_1} = 1 + \dfrac{\dot{I}_3}{\dot{I}_1}$，其模值大于 1，使得 A 处保护 1 的测量阻抗 $Z_{m.1}$（模值）大于从母线 A 到故障点之间的实际线路阻抗 $Z_{AB} + Z_k$（模值）。这种使测量阻抗变大的分支［这里指图 3.20（a）中电流 $\dot{I}_3$ 流过的分支，一般是接于被保护线路末端母线的电源分支］称为助增分支，对应的电流 $\dot{I}_3$ 称为助增电流。

在图 3.20（b）所示的情况下，$K_b = \dfrac{\dot{I}_2}{\dot{I}_1} = \dfrac{\dot{I}_1 - \dot{I}_3}{\dot{I}_1} = 1 - \dfrac{\dot{I}_3}{\dot{I}_1}$，其模值小于 1，使得 A 处保护 1 的测量阻抗 $Z_{m.1}$（模值）小于从母线 A 到故障点之间的实际线路阻抗 $Z_{AB} + Z_k$（模值）。这种使测量阻抗变小的分支［这里指图 3.20（b）中电流 $\dot{I}_3$ 流过的分支，一般是接于被保护线路末端母线的具有并联回路的分支］称为外汲分支，对应的电流 $\dot{I}_3$ 称为外汲电流。

分支系数 K_b 按其定义一般应为复数，当论及其大小时均指模值。实际上因测量线路与故障线路电流的相位较接近，常忽略此相位差，因此工程上 K_b 可近似视为实数。

工程实际中，还可能存在有多个助增分支或外汲分支，以及既有助增分支又有外汲分支的情况，可以参考上面的介绍加以处理。

（2）距离 II 段的整定阻抗。距离 II 段的整定阻抗，主要考虑以下两个原则进行计算，仍以图 3.20 中 A 处保护 1 为例说明。

1）与下游相邻线路距离 I 段相配合。为了保证在下游相邻线路（由保护 2 所保护的线路）上发生故障时，上游线路（由保护 1 所保护的线路）A 处的距离 II 段不至于越级跳闸，其距离 II 段的动作范围不应该超出保护 2 的距离 I 段的动作范围。设保护 2 距离 I 段的整定阻抗为 $Z_{set.2}^I$，则保护 1 的距离 II 段的整定阻抗为

$$Z_{set.1}^{II} = K_{rel}^{II}(Z_{AB} + K_{b.min} Z_{set.2}^I) \tag{3.50}$$

式中 K_{rel}^{II}——距离 II 段的可靠系数，一般取值范围为 0.8～0.85；

$K_{b.min}$——最小分支系数。

为确保不同工况下保护 1 距离 II 段的保护范围不超出保护 2 距离 I 段的保护范围，显然分支系数 K_b 应取各种运行方式下的最小值 $K_{b.min}$。

2）与下游相邻变压器的快速保护相配合。当被保护线路的末端母线接有变压器时，距离 II 段应与变压器的快速保护（一般是差动保护，详见第 6 章）相配合，其动作范围不应超出变压器快速保护的范围。设变压器的阻抗为 Z_T，则距离 II 段的整定阻抗应为

$$Z_{set.1}^{II} = K_{rel}^{II} Z_{AB} + K_{rel.T}^{II} K_{b.min} Z_T \tag{3.51}$$

式中 $K_{rel.T}^{II}$——当下游相邻元件为变压器且其采用差动保护时，与本线路距离 II 段整定阻抗相配合的该支路的可靠系数，一般取为 0.70～0.75，这是因为变压器阻抗误差较大，单独考虑变压器支路并留出较大的可靠性裕度。

当被保护线路末端母线上接有其他多条线路，或者既有其他线路又有变压器时，距离 II 段的整定阻抗应分别按上述两种情况对下游相邻各条支路进行计算，取其中的最小者作为整定阻抗。

此外，当被保护线路末端母线上其他线路或变压器采用电流速断保护时，应将电流保护

的动作范围换算成阻抗，然后用上述公式进行整定计算。

（3）灵敏度校验。距离Ⅱ段应能保护线路的全长，当本线路末端短路时有足够的灵敏度，故保护灵敏度应按本线路末端短路校验，考虑到各种误差因素，其灵敏系数 K_{sen} 应不小于 1.25。以保护 1 的距离Ⅱ段为例，其灵敏系数 $K_{sen.1}^{II}$ 的计算式和要求为

$$K_{sen.1}^{II} = \frac{Z_{set.1}^{II}}{Z_{AB}} \geqslant 1.25 \tag{3.52}$$

如果灵敏系数 K_{sen} 不满足要求，则本线路的距离Ⅱ段应改为与下游相邻元件（泛指线路或变压器等设备，下同）保护的Ⅱ段相配合，整定计算的方法与上面类似，此处不再赘述。

另外，对于输电线路通常均有配置全线速动的纵联保护（参见第 4 章，如光纤纵联差动保护），此时本线路的距离Ⅱ段可与下游相邻线路的纵联保护相配合，即按躲开下游相邻线路末端短路计算整定阻抗，这样也有利于提高本线路距离Ⅱ段的灵敏度。

（4）距离Ⅱ段动作延时的整定。距离Ⅱ段的动作延时，应比与之配合的下游相邻各个元件保护的最长动作延时再增加一个时限阶段 Δt，对于保护 1 距离Ⅱ段的动作延时 t_1^{II} 为

$$t_1^{II} = t_2^{(x)} + \Delta t \tag{3.53}$$

式中 $t_2^{(x)}$——与本保护（此处为保护 1）相配合的下游相邻元件保护段（x 为Ⅰ段或Ⅱ段）的最大动作延时。

时限阶段 Δt 的选取方法与阶段式电流保护一样。

3. 距离保护Ⅲ段的整定

（1）距离Ⅲ段的整定阻抗。距离Ⅲ段的整定阻抗 Z_{set}^{III} 可按以下几个原则计算，仍以图 3.20 中 A 处保护 1 为例说明。

1）与下游相邻线路距离Ⅱ段或距离Ⅲ段整定阻抗相配合。在与下游相邻线路距离Ⅱ段配合时，例如保护 1 距离Ⅲ段的整定阻抗 $Z_{set.1}^{III}$ 为

$$Z_{set.1}^{III} = K_{rel}^{III}(Z_{AB} + K_{b.min}Z_{set.2}^{II}) \tag{3.54}$$

式中 K_{rel}^{III}——距离Ⅲ段的可靠系数，取值类同于距离Ⅱ段。

分支系数 K_b 同样应取各种情况下的最小值 $K_{b.min}$，下同。

如果与下游相邻线路距离Ⅱ段配合而灵敏系数不满足要求，则应改为与下游相邻线路距离Ⅲ段相配合，整定计算方法类似，不再赘述。

2）与下游相邻变压器的后备电流电压保护相配合。此时整定阻抗 $Z_{set.1}^{III}$ 的计算式为

$$Z_{set.1}^{III} = K_{rel}^{III}(Z_{AB} + K_{b.min}Z_{min}) \tag{3.55}$$

式中 Z_{min}——下游相邻变压器的后备电流电压保护的最小保护范围对应的阻抗值。

3）躲过正常运行时最小负荷阻抗（对应最大负荷）。最小负荷阻抗 $Z_{Load.min}$ 需要按线路负荷最大且背后母线电压最低情况考虑，其计算式为

$$Z_{Load.min} = \frac{\dot{U}_{Load.min}}{\dot{I}_{Load.max}} = \frac{(0.90 \sim 0.95)\dot{U}_N}{\dot{I}_{Load.max}} \tag{3.56}$$

式中 $\dot{U}_{Load.min}$——保护安装处背后母线正常运行电压的最低值；

$\dot{I}_{Load.max}$——被保护线路最大负荷电流；

$\dot{U}_N$——母线额定电压。

此时距离Ⅲ段的整定阻抗除了躲过正常运行时最小负荷阻抗外，参照过电流保护的整定

原则，还需满足非本线路故障切除后电动机自启动的情况下，距离Ⅲ段必须立即返回的要求。

注意到负荷阻抗角与线路正序阻抗角不相等，按躲过正常运行时最小负荷阻抗原则的整定计算式与具体距离元件的动作特性相关，现以全阻抗圆和方向阻抗圆特性为例说明。

若采用全阻抗圆特性，整定阻抗 $Z_{\text{set.1}}^{\text{Ⅲ}}$ 的计算最简单，其计算式为

$$Z_{\text{set.1}}^{\text{Ⅲ}} = \frac{K_{\text{rel}}^{\text{Ⅲ}}}{K_{\text{ss}} K_{\text{re}}} \cdot Z_{\text{Load.min.1}} \tag{3.57}$$

式中　$K_{\text{rel}}^{\text{Ⅲ}}$——距离Ⅲ段的可靠系数，此时一般取 $K_{\text{rel}}^{\text{Ⅲ}} = 0.80 \sim 0.85$；

　　　K_{ss}——电动机自启动系数，取 $K_{\text{ss}} = 1.2 \sim 2.5$；

　　　K_{re}——阻抗测量元件（欠量动作）的返回系数，取 $K_{\text{re}} = 1.15 \sim 1.25$。

若采用方向阻抗圆特性，应按该特性边界将需要躲开的负荷阻抗换算成整定阻抗值，整定阻抗 $Z_{\text{set.1}}^{\text{Ⅲ}}$ 的计算式为

$$Z_{\text{set.1}}^{\text{Ⅲ}} = \frac{K_{\text{rel}}^{\text{Ⅲ}}}{K_{\text{ss}} K_{\text{re}} \cos(\varphi_{\text{set.1}}^{\text{Ⅲ}} - \varphi_{\text{Load.min.1}})} \cdot Z_{\text{Load.min.1}} \tag{3.58}$$

式中　$\varphi_{\text{set.1}}^{\text{Ⅲ}}$——保护1距离Ⅲ段整定阻抗的阻抗角（等于线路的正序阻抗角）；

　　　$\varphi_{\text{Load.min.1}}$——线路 AB 的最小负荷阻抗的阻抗角。

若距离Ⅲ段采用偏移阻抗特性，其反向动作区的大小通常按偏移率来整定，一般情况下，偏移率取 5% 左右。这时该如何按躲过正常运行时最小负荷阻抗整定，请读者思考。

按上述三个原则进行整定计算，取其中的最小者作为距离Ⅲ段的整定阻抗。

（2）灵敏度校验。距离Ⅲ段既作为本线路保护距离Ⅰ段、Ⅱ段的近后备，又作为下游相邻电力元件保护的远后备，灵敏度应按近后备和远后备要求分别进行校验。按要求，近后备的灵敏系数应满足 $K_{\text{sen.Local}}^{\text{Ⅲ}} \geqslant 1.5$，远后备的灵敏系数应满足 $K_{\text{sen.Remote}}^{\text{Ⅲ}} \geqslant 1.2$，而下游相邻线路分支系数 K_{b} 应取各种情况下的最大值，以保证在各种运行方式下保护动作的灵敏性。下面仍以图 3.20 保护 1 为例作具体说明。

近后备保护的灵敏度应按本线路末端短路校验，其灵敏系数的计算式和要求为

$$K_{\text{sen.Local.1}}^{\text{Ⅲ}} = \frac{Z_{\text{set.1}}^{\text{Ⅲ}}}{Z_{\text{AB}}} \geqslant 1.5 \tag{3.59}$$

远后备保护的灵敏度应按下游相邻电力元件末端短路校验，其灵敏系数的计算式和要求为

$$K_{\text{sen.Remote.1}}^{\text{Ⅲ}} = \frac{Z_{\text{set.1}}^{\text{Ⅲ}}}{Z_{\text{AB}} + K_{\text{b.max.1}} Z_{\text{next}}} \geqslant 1.2 \tag{3.60}$$

式中　Z_{next}——线路 AB 下游相邻电力元件的阻抗；

　　　$K_{\text{b.max.1}}$——保护 1 距离Ⅲ段下游相邻线路分支系数的最大值。

（3）距离Ⅲ段的动作延时。距离Ⅲ段的动作延时，应比与之配合的下游相邻电力元件保护的动作延时再增大一个时限阶段 Δt，还需要考虑距离Ⅲ段一般不经振荡闭锁（见 3.8 节），故其动作延时不应小于最大的系统振荡周期（一般约为 1.5 ~ 2.0s）。因此，应按上述两项延时的最大值确定距离Ⅲ段的动作延时定值。

4. 将整定阻抗换算到二次侧

在上面的计算中，可以使用一次系统有名值或者系统标幺值进行计算。由于保护装置直接接入二次系统，为便于实际应用，还需要把整定阻抗的计算结果换算为二次有名值。现仅

说明一次系统有名值到二次系统有名值的阻抗换算问题，标幺值的换算请读者思考。

设电压互感器 TV 的变比为 n_{TV}，电流互感器 TA 的变比为 n_{TA}，一次参数用下标"(1)"标注，二次参数用下标"(2)"标注，则一、二次阻抗之间的换算关系为

$$Z_{(1)} = \frac{\dot{U}_{(1)}}{\dot{I}_{(1)}} = \frac{n_{TV}\dot{U}_{(2)}}{n_{TA}\dot{I}_{(2)}} = \frac{n_{TV}}{n_{TA}}Z_{(2)} \qquad (3.61)$$

$$Z_{(2)} = \frac{n_{TA}}{n_{TV}}Z_{(1)} \qquad (3.62)$$

3.5.3 距离保护整定计算举例（Example Simulation of Setting Calculation for Distance Protection）

【例 3-1】 在图 3.21 所示 110kV 电压等效电网中，各线路均装有距离保护，试对其中保护 1 的相间距离 Ⅰ、Ⅱ、Ⅲ 段进行整定计算（三段均采用方向阻抗圆特性）。已知线路 AB 的最大负荷电流 $I_{Load.max} = 350A$，功率因数 $\cos\varphi_{Load} = 0.9$；可靠系数 $K^{I}_{rel} = 0.85$、$K^{II}_{rel} = 0.80$、$K^{III}_{rel} = 0.80$、$K^{II}_{rel.T} = 0.70$；各线路单位长度正序阻抗相同，模值为 $z_1 = 0.4\Omega/km$，阻抗角 $\varphi_L = 70°$；返回系数 $K_{re} = 1.15$；电动机的自启动系数 $K_{ss} = 1.5$；正常运行时母线最低工作电压 $U_{Load.min}$ 取为 $0.9U_N (U_N = 110kV)$；其他参数已在图 3.21 中标出。

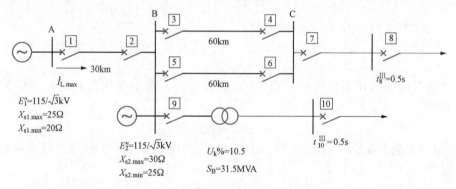

图 3.21   ［例 3-1］的电网接线图

解

1. 有关各元件阻抗值的计算

线路 12 的正序阻抗 $Z_{12} = z_1 L_{12} = 0.4 \times 30 = 12(\Omega)$

线路 34 及 56 的正序阻抗 $Z_{34} = Z_{56} = z_1 L_{34} = 0.4 \times 60 = 24(\Omega)$

变压器的等值阻抗 $Z_T = \frac{U_k\%}{100} \times \frac{U_B^2}{S_B} = \frac{10.5}{100} \times \frac{115^2}{31.5} = 44.1(\Omega)$

2. 距离Ⅰ段的整定

(1) 整定阻抗：按式（3.48）计算，取 $K^{I}_{rel} = 0.85$

$$Z^{I}_{set.1} = K^{I}_{rel}Z_{12} = 0.85 \times 12 = 10.2(\Omega)$$

(2) 动作延时：$t^{I} = 0s$（距离Ⅰ段实际动作时间为保护装置固有的动作时间）。

3. 距离Ⅱ段的整定

(1) 整定阻抗：按下列两个条件选择。

1) 与下游相邻最短线路 34（或 56，因两条并联线路同长）的保护 3（或保护 5）的距离Ⅰ段相配合，按式（3.50）计算整定阻抗

$$Z_{\text{set.1}}^{\text{II}} = K_{\text{rel}}^{\text{II}}(Z_{12} + K_{\text{b.min}}Z_{\text{set.3}}^{\text{I}}) = K_{\text{rel}}^{\text{II}}(Z_{12} + K_{\text{b.min}}K_{\text{rel}}^{\text{I}}Z_{34})$$

此处取 $K_{\text{rel}}^{\text{I}}=0.85$，$K_{\text{rel}}^{\text{II}}=0.8$，则

$$Z_{\text{set.3}}^{\text{I}} = K_{\text{rel}}^{\text{I}}Z_{34} = 0.85 \times 24 = 20.4(\Omega)$$

$K_{\text{b.min}}$ 的计算如下：$K_{\text{b.min}}$ 为保护 3 的距离 I 段末端发生短路时对保护 1 而言的最小分支系数，如图 3.22 所示，当保护 3 的 I 段末端 k1 点短路时，分支系数计算式为

$$K_{\text{b}} = \frac{I_2}{I_1} = \frac{X_{\text{s1}} + Z_{12}}{(X_{\text{s1}} + Z_{12})//X_{\text{s2}}} \times \frac{0.85Z_{34}//(0.15Z_{34} + Z_{56})}{0.85Z_{34}}$$

$$= \frac{X_{\text{s1}} + Z_{12} + X_{\text{s2}}}{X_{\text{s2}}} \times \frac{(1+0.15)Z_{34}}{2Z_{34}} = \left(\frac{X_{\text{s1}} + Z_{12}}{X_{\text{s2}}} + 1\right) \times \frac{1.15}{2}$$

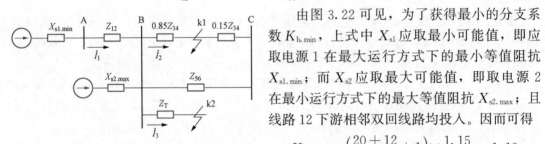

图 3.22 整定距离 II 段时求 $K_{\text{b.min}}$ 的等值电路

由图 3.22 可见，为了获得最小的分支系数 $K_{\text{b.min}}$，上式中 X_{s1} 应取最小可能值，即应取电源 1 在最大运行方式下的最小等值阻抗 $X_{\text{s1.min}}$；而 X_{s2} 应取最大可能值，即取电源 2 在最小运行方式下的最大等值阻抗 $X_{\text{s2.max}}$；且线路 12 下游相邻双回线路均投入。因而可得

$$K_{\text{b.min}} = \left(\frac{20+12}{30} + 1\right) \times \frac{1.15}{2} = 1.19$$

于是可求得此时整定阻抗为

$$Z_{\text{set.1}}^{\text{II}} = 0.8 \times (12 + 1.19 \times 20.4) = 29.0(\Omega)$$

2）按躲开相邻变压器低压侧出口 k2 点短路整定，假定变压器装有差动保护，按式（3.51）计算

$$Z_{\text{set.1}}^{\text{II}} = K_{\text{rel}}^{\text{II}}Z_{12} + K_{\text{rel.T}}^{\text{II}}K_{\text{b.min}}Z_{\text{T}}$$

此处分支系数 $K_{\text{b.min}}$ 为在相邻变压器出口 k2 点短路时对保护 1 的最小分支系数，由图 3.22 可知

$$K_{\text{b.min}} = \frac{X_{\text{s1.min}} + Z_{12}}{X_{\text{s2.max}}} + 1 = \frac{20+12}{30} + 1 = 2.07$$

与下游相邻变压器支路相配合的可靠系数取为 $K_{\text{rel.T}}^{\text{II}}=0.7$，于是可求得此时整定阻抗为

$$Z_{\text{set.1}}^{\text{II}} = 0.8 \times 12 + 0.7 \times 2.07 \times 44.1 = 73.5(\Omega)$$

取以上两个计算值中较小者作为距离 II 段的整定阻抗，即 $Z_{\text{set.1}}^{\text{II}} = 29.0\Omega$。

（2）灵敏度校验：按本线路末端短路求灵敏系数，则

$$K_{\text{sen.1}}^{\text{II}} = \frac{Z_{\text{set.1}}^{\text{II}}}{Z_{12}} = \frac{29.0}{12} = 2.42 > 1.25，满足要求$$

（3）动作时间：与相邻保护 3 的距离 I 段配合，则

$$t_1^{\text{II}} = t_3^{\text{I}} + \Delta t = 0.5\text{s}$$

它能同时满足与相邻保护以及与相邻变压器保护配合的要求。

4. 距离 III 段的整定

（1）整定阻抗：按躲开线路 12 的最小负荷阻抗整定，线路 12 的最小负荷阻抗按式（3.56）计算。

$$Z_{\text{Load.min.1}} = \frac{\dot{U}_{\text{Load.min.1}}}{\dot{I}_{\text{Load.max.1}}} = \frac{0.9 \times 110}{\sqrt{3} \times 0.35} = 163.5(\Omega)$$

由于距离元件采用方向阻抗元件，所以按式（3.58）计算

$$Z_{\text{set.1}}^{\text{III}} = \frac{K_{\text{rel}}^{\text{III}}}{K_{\text{ss}} K_{\text{re}} \cos(\varphi_{\text{set.1}}^{\text{III}} - \varphi_{\text{Load.min.1}})} \cdot Z_{\text{Load.min.1}}$$

取 $K_{\text{rel}}^{\text{III}} = 0.80$，$K_{\text{ss}} = 1.5$，$K_{\text{re}} = 1.15$，$\varphi_{\text{set.1}}^{\text{III}} = \varphi_{\text{L}} = 70°$，$\varphi_{\text{Load.min.1}} = \arccos 0.9 = 25.8°$，于是

$$Z_{\text{set.1}}^{\text{III}} = \frac{0.80 \times 163.5}{1.5 \times 1.15 \times \cos(70° - 25.8°)} = 106.2(\Omega)$$

（2）灵敏度校验：

1）近后备灵敏度校验，计算本线路末端短路时的灵敏系数。

$$K_{\text{sen.Local}} = \frac{Z_{\text{set.1}}^{\text{III}}}{Z_{12}} = \frac{106.2}{12} = 8.85 > 1.5,\text{满足要求。}$$

2）远后备灵敏度校验，计算相邻元件末端短路时的灵敏系数。相邻线路末端短路时（如图 3.22 所示）的灵敏系数，按式（3.60）计算

$$K_{\text{sen.Remote}} = \frac{Z_{\text{set.1}}^{\text{III}}}{Z_{12} + K_{\text{b.max}} Z_{\text{next}}} \geq 1.2$$

取 X_{s1} 的可能最大值为 $X_{\text{s1.max}}$，X_{s2} 的可能最小值为 $X_{\text{s2.min}}$，而相邻平行线取单回线运行，则最大分支系数

$$K_{\text{b.max}} = \frac{I_2}{I_1} = \frac{X_{\text{s1.max}} + Z_{12}}{X_{\text{s2.min}}} + 1 = \frac{25 + 12}{25} + 1 = 2.48$$

于是，此时远后备保护灵敏系数为

$$K_{\text{sen.Remote}} = \frac{106.2}{12 + 2.48 \times 24} = 1.48 > 1.2,\text{满足要求。}$$

相邻变压器低压侧出口 k2 点短路时（如图 3.23 所示）的灵敏系数，也按式（3.60）计算，但此时的最大分支系数为

$$K_{\text{b.max}} = \frac{I_3}{I_1} = \frac{X_{\text{s1.max}} + Z_{12}}{X_{\text{s2.min}}} + 1 = \frac{25 + 12}{25} + 1 = 2.48$$

于是，此时远后备保护的灵敏系数为

$$K_{\text{sen.Remote}} = \frac{106.2}{12 + 2.48 \times 44.1} = 0.88 < 1.2,\text{不满足要求。}$$

表明此时距离保护 1 无法为下游相邻变压器的低压侧母线短路提供远后备保护，是因为变压器的短路阻抗通常较大，这也是工程上常见的情况。这时，常用对策是为变压器增加近后备保护，具体整定计算过程略。

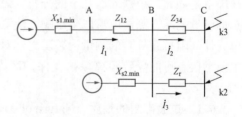

图 3.23　距离 II 段灵敏度校验时求 $K_{\text{b.max}}$ 的等效电路

（3）动作时间：

$$t_1^{\text{III}} = t_8^{\text{III}} + 3\Delta t \text{ 或 } t_1^{\text{III}} = t_8^{\text{III}} + 2\Delta t$$

取其中较长者

$$t_1^{\text{III}} = t_8^{\text{III}} + 2\Delta t = 1.5 + 2 \times 0.5 = 2(\text{s})$$

3.5.4　对距离保护的评价（Assessment to Distance Protection）

根据上述的分析和实际运行的经验，对距离保护可以做出如下的评价：

（1）距离保护同时利用电压、电流在短路时的变化特征，通过测量故障阻抗来确定线路故障范围，保护灵敏度较高，保护区较长（一般可达线路全长的 80%～85%）且较稳定，

受电网运行方式变化的影响较小，能够应用于具有多侧电源的高压及超高压复杂电网。距离保护在我国 110kV 及以上线路中广泛使用，在 110kV 以下电网中也有使用。

（2）由于距离保护仅利用线路一侧（本侧）电压、电流的工频分量，距离Ⅰ段的保护范围达不到线路全长，余下部分的短路故障需要由距离Ⅱ段延时切除。对于双侧电源的线路，线路故障需要由两侧断路器（各配置一套距离保护）共同切除，若按距离Ⅰ段保护区为线路全长的 80%～85% 计，将有 30%～40% 的区域（靠近线路两端）在发生故障时，只有靠近故障一侧的保护能无延时动作跳闸，而另一侧保护需延时（不小于一个时限阶段）动作跳闸。在 220kV 及以上超高压等级的电网中，这往往不能很好地满足电力系统稳定性对短路切除快速性的要求，因而，双侧电源线路还应配备能够全线快速切除故障的纵联保护（详见第 4 章）。但即便如此，距离保护仍然是超高压线路的必备保护，这是因为距离保护不但可提供较为完备的后备保护，而且大多数情况下距离Ⅰ段动作速度高于纵联保护（受远方信息可靠传送影响），从而可提供快速辅助主保护。

（3）距离保护采用的阻抗测量原理，除可以应用于输电线路的保护外，还可以应用于发电机、变压器等电力元件的保护中，构成了各种阻抗保护。

（4）相对于电流电压保护而言，距离保护的装置结构、原理算法和内外接线都比较复杂，这使得装置自身的可靠性有所降低；相对于纵联保护而言，距离保护无需依赖通信（故障多发环节），有利于获得较高的可靠性。

（5）实际应用中有许多因素影响距离保护性能或导致其复杂性增加，如：①线路结构引起阻抗变化，如同塔多回输电、串联补偿（含 TCSC）输电、UPFC 输电等；②运行状态引起测量阻抗变化，如主要有单相故障单相跳闸方式引起的故障发展和故障转移、重负荷输电断面线路故障引起的大负荷转移、弱馈线路和直流输电等情形引起的阻抗测量误差等。

3.6 短路点过渡电阻对距离保护的影响
(Effect of Fault Path Transition Resistance to Distance Protection)

电力系统的短路故障一般都不是金属性的，而是在短路点存在过渡电阻，电力线路的短路故障也是如此。根据前面几节的分析，短路电流流经过渡电阻会形成故障点电压，对距离保护的测量电压、测量电流产生影响，使测量阻抗不再等于线路故障区段的正序阻抗，引起距离元件（阻抗元件）的测量误差。尤其对于双侧电源的线路（输电线路的常见情况），过渡电阻不仅有可能导致距离保护在保护区内短路时拒动，还可能导致被保护线路外短路时误动。

3.6.1 过渡电阻的性质 (Nature of Transition Resistance)

短路点的过渡电阻是指当发生接地短路或相间短路时，存在于由短路点形成的短路支路上各种介质的电阻，简称为过渡电阻，记为 R_{kT}。过渡电阻主要包括电弧电阻、短路点接触电阻、中间物质电阻（如杆塔或树木的电阻）、接地电阻（如杆塔接地电阻）等。如前所述，短路电流经由（短路支路的）过渡电阻流通而形成故障环路，因此过渡电阻的具体构成还与短路类型有关，参见图 3.3，其中相间短路故障过渡电阻记为 R_p 或 $R_{pp}(R_{pp}=2R_p)$，接地短路故障过渡电阻记为 R_g。

在发生相间短路故障时（尤其对于架空线路），过渡电阻主要由电弧电阻组成。电弧电

阻具有非线性的性质，其大小与电弧弧道的长度成正比。而与电弧电流的大小成反比，电弧电阻的精确计算比较困难，一般估算为

$$R_{kT} = R_{pp} = 1050 \frac{L_g}{I_g} \tag{3.63}$$

式中　L_g——电弧的长度，m；

　　　I_g——电弧电流，A。

在短路初瞬间，电弧电流 I_g 最大，弧长 L_g 最短，这时电弧电阻 R_p 最小。几个工频周期后，电弧逐渐伸长，电弧电阻逐渐变大。相间故障的电弧电阻一般在几欧姆至十几欧姆之间。

发生导线对铁塔放电的接地短路时，铁塔及其接地电阻构成过渡电阻的主要部分。此时，过渡电阻记为 $R_{kT} = R_g$。铁塔的接地电阻与大地导电率有关，对于跨越山区的高压线路，铁塔的接地电阻可达几十欧姆。当导线通过树木或其他物体发生对地短路时，过渡电阻更高。工程经验表明，对于 500kV 线路，接地故障的最大过渡电阻可达 300Ω；对于 220kV 线路，最大过渡电阻约为 100Ω。

3.6.2　过渡电阻对测量阻抗的影响机理（Effect Mechanism of Fault Path Transition Resistance to Measured impedance of Distance Protection）

在阻抗平面上分析过渡电阻对阻抗元件的影响涉及两个方面的问题，即过渡电阻对测量阻抗的影响形式和动作判据通过测量阻抗受过渡电阻影响的动作行为。先从第一个方面的讨论问题入手。

设短路点过渡电阻为 R_{kT}，流入短路点的电流为 $\dot{I}_k$，短路点电压为 $\dot{U}_k = \dot{I}_k R_{kT}$，参见式 (3.12)、式 (3.13)，发生短路故障时保护安装处测量电压 $\dot{U}_m$ 为

$$\dot{U}_m = \dot{I}_m Z_1 + \dot{U}_k = \dot{I}_m Z_1 + \dot{I}_k R_{kT} \tag{3.64}$$

测量阻抗 Z_m 为

$$Z_m = \dot{U}_m / \dot{I}_m = Z_1 + \dot{U}_k / \dot{I}_m = Z_1 + (\dot{I}_k / \dot{I}_m) R_{kT} = Z_1 + Z'_{kT} \tag{3.65}$$

$$Z'_{kT} = \dot{U}_k / \dot{I}_m = (\dot{I}_k / \dot{I}_m) R_{kT}$$

式中　Z'_{kT}——过渡电阻引起的故障点附加短路阻抗。

故障点附加短路阻抗 Z'_{kT} 使测量阻抗 Z_m 偏离被保护线路短路区段正序阻抗 Z_1，形成测量误差。一般 $\dot{I}_k \neq \dot{I}_m$，即短路电流 $\dot{I}_k$ 与测量电流 $\dot{I}_m$ 并不相等，因此，$Z'_{kT} \neq R_{kT}$。这表明，阻抗平面上呈现的（即测量阻抗中体现的或者说由阻抗元件所感受的）过渡电阻与实际短路过渡电阻并不相同。$\dot{I}_k$ 与 $\dot{I}_m$ 的相位一般不相等，Z'_{kT} 通常为复数，这也是将其称为附加短路阻抗而不是电阻的原因。

当线路发生正向故障时，Z'_{kT} 在阻抗平面上是一个由故障区段阻抗 Z_1 末端出发、大致沿 $+R$ 轴方向（沿坐标系右半平面正向延展方向）的相量，令

$$Z'_{kT} = |Z'_{kT}| e^{j\varphi_{km}} = (|\dot{I}_k| / |\dot{I}_m|) R_{kT} e^{j(\varphi_{Ik} - \varphi_{Im})} = (I_k / I_m) R_{kT} e^{j(\varphi_{Ik} - \varphi_{Im})} \tag{3.66}$$

$$\varphi_{km} = \varphi_{Ik} - \varphi_{Im}$$

$$|Z'_{kT}| = (|\dot{I}_k| / |\dot{I}_m|) R_{kT} = (I_k / I_m) R_{kT}$$

式中　φ_{Ik}、φ_{Im}——短路支路电流 $\dot{I}_k$ 和测量电流 $\dot{I}_m$ 的相位；

φ_{km}——Z'_{kT}的相位，即 $\dot{I}_k$ 与 $\dot{I}_m$ 的相位差；

$|Z'_{kT}|$——Z'_{kT}的模值。

仅就附加短路阻抗 Z'_{kT} 的幅值影响而言，一般地$|\dot{I}_k|\neq|\dot{I}_m|$，$|Z'_{kT}|\neq R_{kT}$，保护安装处看到的附加短路阻抗幅值与实际过渡电阻的比率为$|\dot{I}_k|/|\dot{I}_m|$。而仅就 Z'_{kT} 的相位影响而言，参见图3.27，当 $\dot{I}_k$ 超前于 $\dot{I}_m$ 时，$\varphi_{km}>0°$，Z'_{kT} 相对于实轴上偏某个角度；当 $\dot{I}_k$ 滞后于 $\dot{I}_m$ 时，$\varphi_{km}<0°$，Z'_{kT} 相对于实轴下偏某个角度；仅当 $\dot{I}_k$ 与 $\dot{I}_m$ 的相位相等时，$\varphi_{km}=0°$，Z'_{kT} 与实轴平行，这才呈现为纯电阻特性。由此可见，短路过渡电阻对测量阻抗的影响是通过附加短路阻抗 Z'_{kT} 来体现的，过渡电阻引起 Z'_{kT} 的幅值与相位的变化而影响测量阻抗。

引起 Z'_{kT} 幅值和相位变化的因素很多，譬如：过渡电阻的大小，故障类型及其相关阻抗元件（接地或相间阻抗元件）的差异，单侧还是双侧电源线路，零序等值网络的结构，输电线路输送功率的大小，保护装置位于输电线路的功率送端还是受端等。

需要指出，在由式（3.64）和式（3.65）确定的测量电压与测量阻抗受过渡电阻影响的表达式中，需要特别留意其各项电量的具体表达，即对于接地阻抗元件，应结合式（3.5）或式（3.7）进行分析；而对于相间阻抗元件，则应结合式（3.6）或式（3.9）进行分析。

由于最终关心的是过渡电阻对阻抗元件动作行为的影响，因此还应当结合测量阻抗与具体阻抗判据一起进行分析。

3.6.3 单侧电源线路上过渡电阻对距离保护的影响（Effect of Fault Path Transition Resistance to Distance Protection in the Single‑ended Power Source System）

1. 空载情况

先考察一个简单情形，即单侧电源线路空载运行，如图3.24所示，分析本线路靠电源侧距离保护受过渡电阻的影响问题。

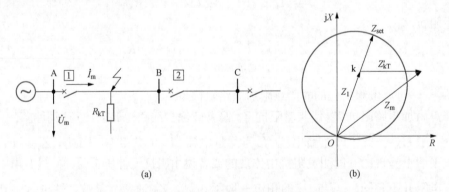

(a)　　　　　　　　　　　　　　(b)

图3.24　单侧电源线路方向阻抗元件受过渡电阻影响

(a) 单侧电源电网及本线路短路示意图；(b) 过渡电阻对距离保护的影响

对于相间距离元件，分析与其相关的各种相间短路（含三相短路、两相短路及两相短路接地，下同）故障时过渡电阻的影响，结合式（3.6）或式（3.9），观察由式（3.64）和式（3.65）确定的测量电压与测量阻抗，不难发现过渡电阻支路中的短路电流与保护安装处的测量电流为同一个电流，即 $\dot{I}_m=\dot{I}_k=\dot{I}_{ml}$（且 $\dot{U}_m=\dot{U}_{ml}$），这时保护安装处测量阻抗可表示为

$$Z_{\mathrm{m}} = \dot{U}_{\mathrm{m}}/\dot{I}_{\mathrm{m}} = Z_1 + Z'_{\mathrm{kT}} = Z_1 + (\dot{I}_{\mathrm{k}}/\dot{I}_{\mathrm{m}})R_{\mathrm{kT}} = Z_1 + R_{\mathrm{p}} \qquad (3.67)$$

即有 $Z'_{\mathrm{kT}} = R_{\mathrm{kT}} = R_{\mathrm{p}} = R_{\mathrm{pp}}/2$，表明单侧电源线路空载状态下发生相间短路，相间距离元件感受到的故障点附加短路阻抗 Z'_{kT} 与故障点过渡电阻 R_{p} 相等。如前所述，相间短路的过渡电阻为电弧电阻，其数值不大于 10Ω，对测量阻抗的影响一般可以忽略。（20km 及以下短线路、相间短路过渡电阻的影响不能忽视。）

对于接地距离元件，分析单相接地故障时过渡电阻的影响，结合式（3.5）或式（3.7），观察由式（3.64）和式（3.65）确定的测量电压与测量阻抗，这时尽管过渡电阻支路中的短路电流 $\dot{I}_{\mathrm{k}}$（$\dot{I}_{\mathrm{k}} = 3\dot{I}_0$）与保护安装处的相电流 $\dot{I}_{\mathrm{ph}}$（$\dot{I}_{\mathrm{ph}} = 3\dot{I}_0$）相等，但与距离元件的测量电流 $\dot{I}_{\mathrm{m}}$（$\dot{I}_{\mathrm{m}} = \dot{I}_{\mathrm{ph}} + K \cdot 3\dot{I}_0$，且 $\dot{U}_{\mathrm{m}} = \dot{U}_{\mathrm{ph}}$）并不相等，这时测量阻抗可表示为

$$Z_{\mathrm{m}} = \dot{U}_{\mathrm{m}}/\dot{I}_{\mathrm{m}} = Z_1 + Z'_{\mathrm{kT}} = Z_1 + (\dot{I}_{\mathrm{k}}/\dot{I}_{\mathrm{m}})R_{\mathrm{kT}}$$
$$= Z_1 + \frac{3\dot{I}_0}{\dot{I}_{\mathrm{ph}} + K \cdot 3\dot{I}_0} \cdot R_{\mathrm{g}} = Z_1 + \frac{1}{1+K} \cdot R_{\mathrm{g}} \qquad (3.68)$$

即有 $Z'_{\mathrm{kT}} = \frac{1}{1+K} \cdot R_{\mathrm{kT}} = \frac{1}{1+K} \cdot R_{\mathrm{g}}$，表明单侧电源线路空载状态下发生单相接地短路故障时，接地距离元件感受到的故障点附加短路阻抗 Z'_{kT} 与故障点过渡电阻 R_{g} 并不一样。作为近似分析，假设线路正序与零序阻抗角相等，零序电流补偿系数 $K = \frac{Z_0 - Z_1}{3Z_1}$ 为实数。这时 Z'_{kT} 也为实数，即在阻抗平面上可表示为从 Z_1 末端出发且与实轴平行的相量，如图 3.24（b）所示。当 $Z_0 = Z_1$ 时，$K = 0$，$Z'_{\mathrm{kT}} = R_{\mathrm{kT}} = R_{\mathrm{g}}$，此时 Z'_{kT} 与 R_{g} 值相等；通常 $Z_0 > Z_1$，中性点大电流接地系统的极端情况有 $Z_0 = 3Z_1$、$K = 2/3$，故有 $Z'_{\mathrm{kT}} = 0.6R_{\mathrm{kT}} = 0.6R_{\mathrm{g}}$。可见，接地距离元件感受的故障点附加短路阻抗 Z'_{kT} 相对于实际过渡电阻 R_{g} 值有所减小，这将有利于减轻接地距离保护受过渡电阻的影响。不过，由于接地过渡电阻可能较大，仍极有可能使得测量阻抗伸出阻抗圆，如图 3.24（b）所示（以方向阻抗特性为例），造成保护区内单相接地故障拒动（短线路更为突出）。

2. 带负荷情况

对于单侧电源线路带负荷运行情形，负载电流也会对经过渡电阻短路时距离保护的测量阻抗产生一定的影响。距离元件阻抗特性的右侧边界必须躲开最大负荷阻抗并留有足够的安全裕度，对于重负荷线路，由于阻抗特性 $+R$ 轴区域减小而有可能限制内部故障带过渡电阻的能力。简而估之，短路过渡电阻与负载电阻（近似考虑，因负荷阻抗角通常不大）大致呈并联连接，如果过渡电阻偏大，并联电阻值减少不多，使得测量阻抗不能进入阻抗特性的动作范围而造成距离保护拒动。显然，这只会发生在重负荷线路且遇较大过渡电阻的单相接地短路故障情况下，故主要可能对接地距离元件的正确动作造成不利影响，而相间短路过渡电阻较小，相间距离元件的动作性能一般不会受到影响。

实际上，由于直供负荷的线路所带负荷不会非常大，且这类线路电压等级不高因而过渡电阻也不大，因此上述负荷对单侧电源线路距离保护的影响通常有限。单侧电源线路负荷对距离元件影响的准确分析，可以采用对称分量法（请读者思考），但上述简化和近似估计的趋势是有效的。

根据以上分析，过渡电阻的存在总是使距离元件测量阻抗的模值增大、相角变小，使得

保护范围缩小，尤其是数值较大的接地短路过渡电阻 R_g 的影响较为显著。

3. 上下游距离保护配合问题

下面进一步讨论过渡电阻对本线路距离Ⅱ段与下游相邻线路距离Ⅰ段配合的影响问题。如图 3.25（a）所示，在没有助增和外汲的单侧电源辐射状线路上，当下游相邻线路发生短路时，本线路与下游相邻线路距离保护检测到的为同一个电流。

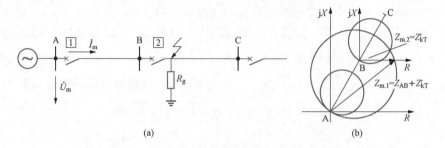

图 3.25　单侧电源下游相邻线路距离保护受过渡电阻的影响
（a）单侧电源系统及下游相邻线路单相接地短路示意图；（b）过渡电阻对相邻线路距离保护的影响

仍以相关保护均采用方向阻抗特性为例，当下游相邻线路 BC 出口（始端）发生经过渡电阻 R_g 单相接地短路时，B 处保护 2 的测量阻抗为 $Z_{m.2} = Z'_{kT}$，其中 $Z'_{kT} = R_g/(1+K)$，而上游相邻线路 A 处保护 1 的测量阻抗为 $Z_{m.1} = Z_{AB} + Z'_{kT}$，当 R_g 的数值较大时，如图 3.25（b）所示，就可能出现 $Z_{m.2}$ 伸出保护 2 的距离Ⅰ段范围而 $Z_{m.1}$ 仍位于保护 1 的距离Ⅱ段范围内的情况。此时由上游相邻线路 A 处保护 1 距离Ⅱ段动作切除故障，从而失去了选择性，同时也减慢了动作速度。由图 3.25（b）还可见，当短路点距保护 2 越近，以及保护 2 的整定阻抗越小（相当于被保护线路 BC 越短）时，受过渡电阻的上述影响越大。

3.6.4　双侧电源线路上过渡电阻对距离保护的影响（Effect of Fault Path Transition Resistance to Distance Protection in the Double-ended Power Source System）

相间短路过渡电阻较小，即使在双侧电源线路中，对距离保护动作特性的影响也不大，因此下面仅就发生单相接地短路时过渡电阻对接地距离元件的影响进行讨论。

考虑一个简单情况，以图 3.26（a）所示的没有助增和外汲的双侧电源线路为例，分析接地短路过渡电阻对距离保护的影响，先从线路上靠近 A 母线（背后 S 侧电源）的距离保护 1 入手。

在双侧电源的情况下，由于对侧电源的助增作用，流过过渡电阻中的短路电流与保护安装处的电流不是同一个电流，这将影响到测量电压和测量电流的关系，即影响到测量阻抗。在图 3.26（a）中，设本侧（S 侧）电源提供的短路电流为 $\dot{I}'_k$（即保护安装处的故障相的电流，$\dot{I}'_k = \dot{I}'_{ph} = \dot{I}_{ph}$），对侧（R 侧）电源提供的短路电流为 $\dot{I}''_k$（故障点外靠 N 侧的故障相的电流，$\dot{I}''_k = \dot{I}''_{ph}$），故有故障点短路电流 $\dot{I}_k = \dot{I}'_k + \dot{I}''_k$。当发生经过渡电阻 R_g 的单相接地短路时，接地距离元件的测量电压可表示为

$$\dot{U}_m = \dot{I}_m Z_1 + \dot{I}_k R_{kT} = \dot{I}_m Z_1 + (\dot{I}'_k + \dot{I}''_k) R_g = \dot{I}_m Z_1 + \dot{I}'_k R_g + \dot{I}''_k R_g \quad (3.69)$$

对于单相接地短路，测量电流 $\dot{I}_m = \dot{I}_{ph} + K \cdot 3 \dot{I}_0 = \dot{I}'_k + K \cdot 3 \dot{I}_0$，则测量阻抗可表示为

$$Z_m = \frac{\dot{U}_m}{\dot{I}_m} = Z_1 + \frac{\dot{I}_k}{\dot{I}_m} \cdot R_g = Z_1 + \frac{\dot{I}'_k + \dot{I}''_k}{\dot{I}'_k + K \cdot 3\dot{I}_0} \cdot R_g = Z_1 + Z'_{kT} \quad (3.70)$$

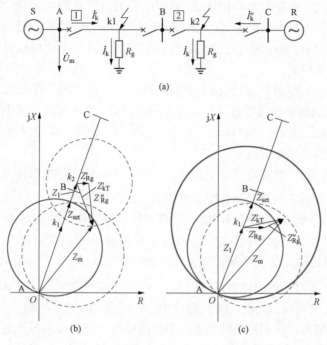

图 3.26 双侧电源线路距离保护受过渡电阻的影响

（a）没有助增和外汲的双侧电源线路示意图；（b）、（c）距离保护受过渡电阻的影响

$$Z'_{kT} = \frac{\dot{I}'_k + \dot{I}''_k}{\dot{I}'_k + K \cdot 3\dot{I}_0} \cdot R_g$$

式中 Z'_{kT}——短路点附加短路阻抗。

对 Z'_{kT} 需要关注的不仅是模值大小，还有相角的正负和大小（即相量 Z'_{kT} 相对于实轴是上偏或下偏以及偏角大小等），这些显然与线路两侧短路电流的大小与相位有关，而对此起决定作用的是线路的参数及其两侧等效电动势相量的状态。一般而言，两侧等效电动势相位差的大小反映线路输送功率的多少，而相位差为正值或负值则分别代表保护安装处位于线路功率送端或受端。对于长距离重负荷线路，两侧等效电动势相位差较大，距离元件带过渡电阻能力受其影响较大，且位于线路功率送端或受端的差异也较大。

令 $3\dot{I}_0 = C'_{k0}\dot{I}'_k = C'_{k0}\dot{I}_{ph}$，$C'_{k0}$ 为保护安装处零序电流与故障相电流的关系系数（取决于正序、负序和零序网络本侧各序电流相对于故障点外侧各序电流的分流比，一般为复数），故短路点附加短路阻抗 Z'_{kT} 和测量阻抗 Z_m 可表示为

$$Z'_{kT} = \frac{\dot{I}'_k + \dot{I}''_k}{\dot{I}'_k(1 + KC'_{k0})} \cdot R_g = \frac{1}{1 + KC'_{k0}} \cdot R_g + \frac{\dot{I}''_k}{\dot{I}'_k(1 + KC'_{k0})} \cdot R_g = Z'_{Rg} + Z''_{Rg}$$

$$Z_m = Z_1 + Z'_{kT} = Z_1 + Z'_{Rg} + Z''_{Rg} \tag{3.71}$$

$$Z'_{Rg} = \frac{1}{1 + KC'_{k0}} \cdot R_g$$

$$Z''_{Rg} = \frac{\dot{I}''_k}{\dot{I}'_k(1 + KC'_{k0})} \cdot R_g$$

由故障区段阻抗（正序阻抗）相量 Z_1 末端出发的短路点附加阻抗 Z'_{kT} 可视为由首尾相连的两个相量构成：第一个相量为 Z'_{Rg}，反映本侧短路电流对过渡电阻的单独作用；第二个相量为 Z''_{Rg}，反映两侧短路电流对过渡电阻的共同作用，其大小和相角分别与对侧、本侧电流的模值比和相角差相关。

对 Z'_{kT} 做进一步简化分析。若假设系统与线路正序、负序和零序阻抗角均相等，那么零序电流补偿系数 K 和保护安装处故障相电流关系系数 C'_{k0} 均为实数。这样，$Z'_{kT}=Z'_{Rg}+Z''_{Rg}$ 在阻抗平面上的表示如图 3.26（b）所示，其中 Z'_{Rg} 与实轴平行，Z''_{Rg} 的大小和相角分别取决于对侧与本侧电流的模值比和相角差。

在发生故障前，若 S 侧为线路功率送端，R 侧为功率受端，则 S 侧电源电动势的相位超前 R 侧。这样，在两端系统阻抗的阻抗角相同的情况下，$\dot{I}'_k$ 的相位将超前 $\dot{I}''_k$，Z''_{Rg} 将具有负的阻抗角（下偏），即表现为阻容性质的阻抗，它有可能使总的测量阻抗变小，如图 3.26（b）所示。反之，若 S 侧为功率受端，R 侧为功率送端，则 Z''_{Rg} 将具有正的阻抗角（上偏），即表现为阻感性质的阻抗，它总是使测量阻抗变大，如图 3.26（c）所示。在系统振荡伴随故障的情况下，$\dot{I}'_k$ 与 $\dot{I}''_k$ 之间的相位差可能在 $0°\sim360°$ 的范围内变化，此时 A 侧保护 1 的测量阻抗将落在以 $Z_1+Z'_{Rg}$ 的末端为圆心、以 $|Z''_{Rg}|$ 为半径的虚线圆周上，如图 3.26（b）所示。

下面以方向阻抗圆特性和带偏转的方向阻抗圆特性为例，分析过渡电阻对距离元件的影响。在图 3.26 所示双侧电源系统中，针对 A 侧保护 1，分两种情况说明：

1）如果保护 1 位于线路功率送端，因过渡电阻的影响，其测量阻抗模值和相角会减小（故障点附加阻抗较大且阻抗角下偏），严重情况下，当下游相邻线路出口附近（k2 处）发生接地短路时，保护 1 的测量阻抗可能落在其距离 I 段动作范围内而造成距离保护误动，如图 3.26（b）所示。图 3.26（b）还表明带偏转的方向阻抗圆特性较普通方向阻抗圆特性更易发生此类误动。这种因过渡电阻导致保护测量阻抗变小，进而引起保护超范围误动作的现象，称为距离保护的稳态超越。

2）如果保护 1 位于线路功率受端，因过渡电阻的影响，其测量阻抗相角将会减小而模值会增大（故障点附加阻抗较大且阻抗角上偏），严重情况下，当本线路保护区内（k1 处）接地短路时，可能使保护 1 的测量阻抗伸出其距离 I 段动作范围而造成距离保护拒动，如图

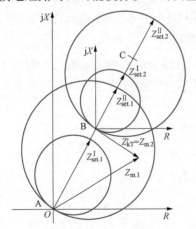

图 3.27　双侧电源线路相邻线路保护
受过渡电阻的影响示意图

3.26（c）所示，图 3.26（c）还表明带偏转的方向阻抗圆特性较普通方向阻抗圆特性具有更强的耐受过渡电阻的能力。反向故障时，也可作类似的分析，请读者思考。

对于下游相邻线路出口处的故障，因过渡电阻的影响，保护 2 的测量阻抗可能会伸出其距离 I 段和距离 II 段动作范围，但上游保护 1 的测量阻抗却仍在其距离 II 段动作范围内，会引起保护 2 距离 I 段和距离 II 段拒动，而保护 1 距离 II 段误动，如图 3.27 所示。

3.6.5　克服过渡电阻影响的措施（Measure to Overcome the Effect of Fault Path Transition Resistance）

在过渡电阻的大小和两侧电流相位关系一定的情况下，过渡电阻对距离保护的影响与短路点所处的位置、距离元件所选用的特性等有密切的关系。对于圆特性的方向

阻抗元件，在被保护区的始端和末端短路时，过渡电阻的影响比较大；而在保护区的中部短路时，过渡电阻的影响则较小。在整定值相同的情况下，动作特性在+R轴方向所占的面积越小，保护区内故障耐受过渡电阻的能力就越弱。此外，由于接地短路故障时的过渡电阻远大于相间短路故障的过渡电阻，过渡电阻对接地距离元件的影响显著大于对相间距离元件的影响，所以前者往往需要着重考虑相应对策。

距离测量元件采用能容许较大过渡电阻的动作特性，是改善抗过渡电阻引起拒动的主要措施。在整定值相同的情况下，方向及偏移阻抗动作特性分别如图 3.28 中实线圆 1 和圆 3 所示，显然后者较前者在+R轴方向所占的面积更大，所以偏移阻抗动作特性耐受过渡电阻的能力更强，不过普通偏移阻抗动作特性在反向故障时将失去方向性，因此它主要用于距离保护Ⅲ段（反向故障依靠背后相邻线路保护快速段先行切除以保证方向性）。采用以正序电压或者记忆电压为参考电压的阻抗元件（见 3.7 节），可以仅在正向故障时获得偏移阻抗特性，可在不影响反向故障的方向性的同时提高正向故障耐受过渡电阻的能力。若进一步使上述方向及偏移阻抗动作特性均向+R轴方向偏转一个角度，分别如图 3.28 中的虚线圆 2 和圆 4 所示，则它们在+R轴方向所占的面积均得以增大，耐受过渡电阻的能力均得以增强。不过，在采取上述措施后，因特性圆的直径增加，更易出现由过渡电阻引起的正向外部故障的稳态超越（指功率送端的距离保护）。为了克服这一问题，需要增加一条过整定阻抗末端并带下偏角的电抗线（如图 3.28 中直线 5 所示），与上述圆特性构成交集动作区，可有效避免稳态超越。

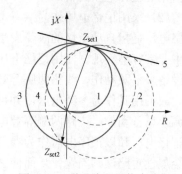

图 3.28　耐过渡电阻能力分析

具有四边形特性的距离测量元件的四个边可以分别整定，可通过右移负荷线使其在+R轴方向获得足够大的面积，不仅调整方便，还可在保护区的始端和末端也获得较大的动作区，所以四边形特性具有比较好的耐受过渡电阻的能力。与上同理，四边形的电抗线（即上边界）同样应向下倾斜一个适当角度，避免稳态超越问题。另外，负荷线的倾角和右移距离仍然要受躲开最大负荷阻抗角的限制。

总之，利用不同的动作特性进行复合，可以获得较好的抗过渡电阻动作特性。

3.7　线路出口短路时距离保护的分析与对策

(Analyses and Measures for Distance Protection Against Faults at the Relay Installed End of Transmission Line)

3.7.1　线路出口短路问题与基本措施（Problems and Basic Measures for Distance Protection against Faults at the Relay Installed End of Transmission Line）

在线路出口及其附近（即线路靠近母线处）发生各种类型的金属性短路时，故障相（或相间）电压会下降到零或接近零，使以相（或相间）电压为参考电压的距离测量元件（阻抗元件）失去相位比较基准，其动作难以预料，有可能出现距离保护内部故障拒动和外部故障误动现象，距离保护的这类情况属于线路出口短路（误判）问题。

例如，常用的方向阻抗特性虽然具有良好的方向性和正向区内动作性能，但由于其动作特性经过坐标原点（参见图 3.5），在正向出口或反向出口及附近发生金属性短路时，正好处于阻抗元件动作边界上，或者说，由于此时故障电压很低，测量阻抗值接近于零，无法保证测量的正确性，从而有可能出现正向出口短路时距离保护拒动或反向出口短路时误动的情况。

由此可见，在具有方向阻抗特性的阻抗元件中，直接采用测量电压 $\dot{U}_{m}$ 作为参考电压无法保证线路出口短路时保护动作的选择性，需要考虑选择新的参考电压或采取其他措施。距离保护应对线路出口短路误判问题的主要措施有以下几种：

（1）引入健全相电压作为参考电压。这适用于线路发生不对称故障的情形。即使发生金属性不对称故障，健全相电压仍能保持较高数值，可借用来作为参考电压（当然需要合理处理或补偿相位）。其实，在功率方向元件中，90°接线方式就是一种借用健全相电压的方法。不过，由于三相短路无健全相，这种方法无法应对线路出口三相金属性短路。距离保护中应用较为广泛的是以正序电压作为参考电压的方法，即通过由三相电压合成而来的正序电压达到借用健全相电压的目的。

（2）采用记忆电压作为参考电压。这适用于对称或不对称线路故障，但只能短时使用。记忆电压是指自动记忆的故障发生前的电压（包括故障相的测量电压），这在数字式保护装置中非常容易实现。使用记忆电压基于下述事实：故障发生后很短时间内，系统各种主要调节设备来不及动作，线路两侧等效电动势仍保持故障前不变，而记忆电压可反映电动势的状态，故可用其作为参考电压，并可适用于各种类型的故障。不过，故障发生一定时间后，随着调节设备动作，线路两侧等效电动势发生变化，记忆电压便不堪使用了。另外，如果采用以记忆电压和以正序电压作为参考电压的方法配合使用，记忆电压只需用来解决线路出口三相金属性短路误判问题，从而使之得以简化。

（3）采用偏移阻抗圆特性。这适用于保护的延时动作段。偏移阻抗圆特性可使线路出口包含在动作圆内，不仅能避免线路正向出口金属性短路误判，还能改善出口短路带过渡电阻能力。由于偏移阻抗圆特性没有方向性，这种方法只能用于延时动作的后备保护，反向线路故障靠该线路正向快速主保护先行切除，以保证保护的方向性。

3.7.2　以正序电压为参考电压的距离元件（Distance Unit with Reference Voltage Based on Positive Sequence Voltage）

在出口发生各种类型的短路时，故障相或相间的电压下降为零，但各种不对称故障的非故障相电压都不会为零，并且其相位基本上也不会随故障位置的改变而变化。可引入非故障相的电压作为比较 $\dot{U}'$ 相位的参考电压，以解决在出口发生各种不对称性故障情况下因以测量电压 $\dot{U}_{m}$ 作为参考电压而带来的线路出口短路误判问题。

由对称分量算法可以知道，正序电压是由三相电压合成的，用它作为参考电压，相当于在参考电压中引入了非故障相电压。下面分析以正序电压作为参考电压时，距离元件的动作特性。

以正序电压为参考电压的距离元件仿照常规方向距离元件等类似距离元件的做法，采用本相（或相间）正序电压（与相应距离元件测量电压同相别的正序电压）作为参考电压，即对于接地距离元件，取 $\dot{U}_{ref}=\dot{U}_{ph1}$；对于相间距离元件，$\dot{U}_{ref}=\dot{U}_{ll}$。例如，A 相接地距离元件中测量电压 $\dot{U}_{m}=\dot{U}_{A}$，则选取 $\dot{U}_{A1}$ 作为参考电压，即 $\dot{U}_{ref}=\dot{U}_{A1}$；而在 BC 相间距离元件中测量电压 $\dot{U}_{m}=\dot{U}_{BC}$，则选取 $\dot{U}_{BC1}=\dot{U}_{B1}-\dot{U}_{C1}$ 作为参考电压，即 $\dot{U}_{ref}=\dot{U}_{BC1}$。

1. 不同故障情况下正序参考电压的变化分析

以最严重的线路出口处金属性短路为例，假设短路前后非故障相的电压保持不变，分析几种典型故障情况。

（1）线路出口金属性 A 相单相接地短路。保护安装处的三相电压为

$$\left.\begin{array}{l}\dot{U}_A = 0 \\ \dot{U}_B = \dot{U}_B^{[0]} \\ \dot{U}_C = \dot{U}_C^{[0]}\end{array}\right\}$$

$$\dot{U}_{A1} = \frac{1}{3}(\dot{U}_A + a\dot{U}_B + a^2\dot{U}_C) = \frac{1}{3}(0 + a\dot{U}_B^{[0]} + a^2\dot{U}_C^{[0]}) = \frac{2}{3}\dot{U}_A^{[0]} \tag{3.72}$$

式中 $\dot{U}_A^{[0]}$、$\dot{U}_B^{[0]}$、$\dot{U}_C^{[0]}$——故障前母线处的三相电压。

式（3.72）表明，线路出口单相接地故障时，故障相正序电压的相位与该相故障前电压的相位相同，幅值等于该相故障前电压的 2/3。

（2）线路出口金属性 AB 相两相接地短路。保护安装处的三相电压为

$$\left.\begin{array}{l}\dot{U}_A = 0 \\ \dot{U}_B = 0 \\ \dot{U}_C = \dot{U}_C^{[0]}\end{array}\right\}$$

$$\dot{U}_{A1} = \frac{1}{3}(\dot{U}_A + a\dot{U}_B + a^2\dot{U}_C) = \frac{1}{3}(0 + 0 + a^2\dot{U}_C^{[0]}) = \frac{1}{3}\dot{U}_A^{[0]} \tag{3.73}$$

$$\dot{U}_{B1} = \frac{1}{3}(a^2\dot{U}_A + \dot{U}_B + a\dot{U}_C) = \frac{1}{3}(0 + 0 + a\dot{U}_C^{[0]}) = \frac{1}{3}\dot{U}_B^{[0]} \tag{3.74}$$

$$\dot{U}_{AB1} = \dot{U}_{A1} - \dot{U}_{B1} = \frac{1}{3}\dot{U}_{AB}^{[0]} \tag{3.75}$$

即出口两相接地短路时，两故障相正序电压的相位都与对应相故障前电压的相位相同，幅值等于故障前电压的 1/3；两故障相间正序电压的相位与该两相故障前相间电压的相位相同，幅值等于故障前相间电压的 1/3。

（3）线路出口金属性 AB 相两相不接地短路。保护安装处的三相电压为

$$\left.\begin{array}{l}\dot{U}_A = \dot{U}_B = \frac{1}{2}\dot{U}_A^{[0]}e^{-j60°} \\ \dot{U}_C = \dot{U}_C^{[0]}\end{array}\right\}$$

$$\dot{U}_{A1} = \frac{1}{3}(\dot{U}_A + a\dot{U}_B + a^2\dot{U}_C) = \frac{1}{3}\left(\frac{1}{2}\dot{U}_A^{[0]}e^{-j60°} + a\frac{1}{2}\dot{U}_A^{[0]}e^{-j60°} + a^2\dot{U}_C^{[0]}\right) = \frac{1}{2}\dot{U}_A^{[0]} \tag{3.76}$$

$$\dot{U}_{B1} = \frac{1}{3}(a^2\dot{U}_A + \dot{U}_B + a\dot{U}_C) = \frac{1}{3}\left(a^2\frac{1}{2}\dot{U}_A^{[0]}e^{-j60°} + \frac{1}{2}\dot{U}_A^{[0]}e^{-j60°} + a\dot{U}_C^{[0]}\right) = \frac{1}{2}\dot{U}_B^{[0]} \tag{3.77}$$

$$\dot{U}_{AB1} = \dot{U}_{A1} - \dot{U}_{B1} = \frac{1}{2}\dot{U}_{AB}^{[0]} \tag{3.78}$$

即出口两相不接地短路时，两故障相正序电压的相位都与对应相故障前电压的相位相同，幅值等于故障前电压的 1/2；两故障相间正序电压的相位与该两相故障前相间电压的相位相

同，幅值等于故障前相间电压的 1/2。

（4）线路出口金属性 ABC 三相对称短路。保护安装处的三相电压为 $\dot{U}_A = \dot{U}_B = \dot{U}_C = 0$，故有

$$\dot{U}_{A1} = \dot{U}_{B1} = \dot{U}_{C1} = 0 \tag{3.79}$$

$$\dot{U}_{AB1} = \dot{U}_{BC1} = \dot{U}_{CA1} = 0 \tag{3.80}$$

以上分析表明，在线路出口发生各种不对称短路时，故障环路上的正序电压都有较大的量值，相位与故障前的环路电压相同。出口三相短路时，各正序电压都为零，正序参考电压将无法应用。但当发生非出口三相短路时，正序电压不再为零，变成相应相或相间的残余电压，如果残余电压不低于额定电压的 10%～15%，正序参考电压仍然可以应用。

2. 以正序电压为参考电压的测量元件的动作特性

以正序电压作为参考电压，令参考电压 $\dot{U}_{ref}$ 等于相应相（或相间）的正序电压 $\dot{U}_1$，有下列统一形式的电压动作方程

$$\theta_1 \leqslant \arg \frac{\dot{U}'}{\dot{U}_{ref}} = \arg \frac{\dot{U}_m - Z_{set} \dot{I}_m}{\dot{U}_1} \leqslant \theta_2 \tag{3.81}$$

参考电压一经选定，距离测量元件的动作特性取决于动作的边界角 θ_1、θ_2 以及角度范围 $\theta_2 - \theta_1$。为便于分析，取 $\theta_1 = 90°$、$\theta_2 = 270°$、$\theta_2 - \theta_1 = 180°$（即类同于方向阻抗元件，当动作边界角为其他角度时，分析方法类似），相应的电压和阻抗形式的动作方程为

$$90° \leqslant \arg \frac{\dot{U}'}{\dot{U}_{ref}} = \arg \frac{\dot{U}_m - Z_{set} \dot{I}_m}{\dot{U}_1} \leqslant 270°$$

$$90° \leqslant \arg \frac{Z_m - Z_{set}}{\dot{U}_1 / \dot{I}_m} \leqslant 270°$$

对于以正序电压为参考电压的相间距离元件，有 $\dot{U}_m = \dot{U}_1$、$\dot{I}_m = \dot{I}_1$、$\dot{U}_1 = \dot{U}_{l1}$，考虑相间（AB、BC、CA）短路故障，相应的电压和阻抗形式的比相动作方程为

$$90° \leqslant \frac{\dot{U}_1 - \dot{I}_1 Z_{set}}{\dot{U}_{l1}} \leqslant 270°$$

$$90° \leqslant \arg \frac{Z_m - Z_{set}}{\dot{U}_{l1} / \dot{I}_1} \leqslant 270° \tag{3.82}$$

对于以正序电压为参考电压的接地距离元件，有 $\dot{U}_m = \dot{U}_{ph}$、$\dot{I}_m = \dot{I}_{ph} + K \cdot 3\dot{I}_0$、$\dot{U}_1 = \dot{U}_{ph1}$，考虑单相（A、B、C）接地短路故障，相应的电压和阻抗形式的动作方程为

$$90° \leqslant \arg \frac{\dot{U}_{ph} - (\dot{I}_{ph} + K \cdot 3\dot{I}_0) Z_{set}}{\dot{U}_{ph1}} \leqslant 270°$$

$$90° \leqslant \arg \frac{Z_m - Z_{set}}{\dot{U}_{ph1} / (\dot{I}_{ph} + K \cdot 3\dot{I}_0)} \leqslant 270° \tag{3.83}$$

如前所述，以正序电压为参考电压相当于引进了非故障相电压作为参考电压，这在分类上属于交叉极化距离保护范畴，无法直接采用 3.3 节关于以本相电压为参考电压的阻抗特性的分析方法。为了实现上述阻抗判据在阻抗平面上的几何表达，需要将阻抗判据表达式的分母表示为某种阻抗形式。解决问题的思路是借助于电动势来建立正序电压与测量电压之间的

联系。对保护而言，线路两侧电动势对正向和反向故障的作用是不一样的：正向故障时保护安装处电流由本侧背后等效电动势提供；反向故障时保护安装处电流由对侧等效电动势提供。因此，以正序电压为参考电压的测量元件的动作特性需要分为正向故障和反向故障两种情况进行分析。实际上，这是阻抗平面分析法应对这类复杂问题的一种常用处理方法。

在图 3.29（正向故障）或者图 3.31（反向故障）所示的双侧电源系统中，设线路、系统的正序与负序阻抗相等，系统与线路各部分的单位长度序阻抗相等，正序、负序和零序阻抗角相等；令 Z_{M1}、Z_{M0} 为 M 侧系统正序阻抗与零序阻抗，Z_{k1}、Z_{k0}（即前述 Z_1、Z_0）为保护安装处至短路点的线路正序阻抗

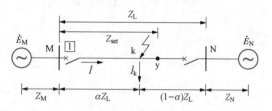

图 3.29　正向故障的电网等效电路图

与零序阻抗；线路上发生经过渡电阻 R_g 的单相接地短路；假定故障前线路空载运行，两侧系统等效电动势 $\dot{E}_M = \dot{E}_N$。下面以接地距离元件（保护 1）为例进行分析。

（1）正向故障时动作特性。正向故障的电网等效电路如图 3.29 所示。

根据上述假设，正向经过渡电阻 R_g 的单相接地短路故障时，故障点短路电流的各序分量为

$$\dot{I}_{k1} = \dot{I}_{k2} = \dot{I}_{k0} = \frac{\dot{E}_M}{Z_{k\Sigma1} + Z_{k\Sigma2} + Z_{k\Sigma0} + 3R_g} = \frac{\dot{E}_M}{2Z_{k\Sigma1} + Z_{k\Sigma0} + 3R_g}$$

$$\dot{I}_k = \dot{I}_{k1} + \dot{I}_{k2} + \dot{I}_{k0} = \frac{3\dot{E}_M}{2Z_{k\Sigma1} + Z_{k\Sigma0} + 3R_g}$$

保护安装处电流的各序分量，按上述假设条件，可令 M 侧电流分配系数为 C_M，并有 $\dot{I}_1 = C_M \dot{I}_{k1}$、$\dot{I}_2 = C_M \dot{I}_{k2}$、$\dot{I}_0 = C_M \dot{I}_{k0}$，且 $\dot{I}_1 = \dot{I}_2 = \dot{I}_0$，$\dot{I}_{ph} = \dot{I}_1 + \dot{I}_2 + \dot{I}_0 = 3\dot{I}_1$。设故障发生处离 M 侧母线距离与线路 MN 长度 L 的比例为 α（$Z_{k1} = \alpha Z_{L1}$、$Z_{k0} = \alpha Z_{L0}$），则有

$$C_M = \frac{Z_{N1} + (1-\alpha)Z_{L1}}{Z_{M1} + Z_{N1} + Z_{L1}} = \frac{Z_{N0} + (1-\alpha)Z_{L0}}{Z_{M0} + Z_{N0} + Z_{L0}}$$

且有

$$Z_{k\Sigma1} = \frac{(Z_{M1} + \alpha Z_{L1}) \cdot [Z_{N1} + (1-\alpha)Z_{L1}]}{Z_{M1} + Z_{N1} + Z_{L1}} = C_M(Z_{M1} + Z_{k1})$$

$$Z_{k\Sigma0} = \frac{(Z_{M0} + \alpha Z_{L0}) \cdot [Z_{N0} + (1-\alpha)Z_{L0}]}{Z_{M0} + Z_{N0} + Z_{L0}} = C_M(Z_{M0} + Z_{k0})$$

$$\frac{Z_{k\Sigma0}}{Z_{k\Sigma1}} = \frac{Z_{M0} + Z_{k0}}{Z_{M1} + Z_{k1}} = \frac{3K(Z_{M1} + Z_{k1}) + Z_{M1} + Z_{k1}}{Z_{M1} + Z_{k1}} = 3K + 1$$

式中　K——零序电流补偿系数，根据假设，系统与线路的 K 值相等。

故障点电压为

$$\dot{U}_k = \dot{I}_k R_g = 3\dot{I}_{k0}R_g = 3R_g\dot{I}_{k1}$$

保护安装处的测量电流和正序电流为

$$\dot{I}_{mph} = \dot{I}_{ph} + 3K\dot{I}_0 = 3\dot{I}_1 + 3K\dot{I}_1 = (3+3K)C_M\dot{I}_{k1}$$

$$\dot{I}_1 = C_M\dot{I}_{k1} = C_M \cdot \frac{\dot{E}_M}{2Z_{k\Sigma1} + Z_{k\Sigma0} + 3R_g} \tag{3.84}$$

阻抗元件的测量电压、工作电压和正序电压分别为

$$\dot{U}_{mph} = \dot{I}_{mph}Z_{k1} + \dot{U}_k = \dot{I}_{k1}[(3+3K)C_M Z_{k1} + 3R_g]$$

$$\dot{U}'_{ph} = \dot{U}_{mph} - \dot{I}_{mph}Z_{set} = \dot{I}_{k1}[(3+3K)C_M(Z_{k1} - Z_{set}) + 3R_g] \tag{3.85}$$

$$\begin{aligned}
\dot{U}_{ph1} &= \dot{E}_M - \dot{I}_1 Z_{M1} \\
&= \dot{I}_{k1}(2Z_{k\Sigma1} + Z_{k\Sigma0} + 3R_g) - \dot{I}_{k1}C_M Z_{M1} \\
&= \dot{I}_{k1}\left[(2 + \frac{Z_{k\Sigma0}}{Z_{k\Sigma1}})Z_{k\Sigma1} + 3R_g - C_M Z_{M1}\right] \\
&= \dot{I}_{k1}[(3+3K)C_M Z_{k1} + 3R_g + (2+3K)C_M Z_{M1}]
\end{aligned} \tag{3.86}$$

工作电压 $\dot{U}'_{ph}$ 和正序参考电压 $\dot{U}_{ph1}$ 的比为

$$\begin{aligned}
\frac{\dot{U}'_{ph}}{\dot{U}_{ph1}} &= \frac{(3+3K)C_M(Z_{k1} - Z_{set}) + 3R_g}{(3+3K)C_M Z_{k1} + 3R_g + (2+3K)C_M Z_{M1}} \\
&= \frac{Z_{k1} + \dfrac{1}{(1+K)C_M}R_g - Z_{set}}{Z_{k1} + \dfrac{1}{(1+K)C_M}R_g + \dfrac{2+3K}{3+3K}Z_{M1}} \\
&= \frac{Z_m - Z_{set}}{Z_m - \left(-\dfrac{2+3K}{3+3K}Z_{M1}\right)}
\end{aligned} \tag{3.87}$$

因此，式（3.83）所示的动作方程可表示为

$$90° \leqslant \arg\frac{Z_m - Z_{set}}{Z_m - Z'_{M1}} \leqslant 270° \tag{3.88}$$

$$Z'_{M1} = -\frac{2+3K}{3+3K}Z_{M1}$$

$$Z_m = Z_{k1} + \frac{1}{(1+K)C_M}R_g$$

式中　Z'_{M1}——对应于正向故障阻抗特性圆直径的反向阻抗；

　　　Z_m——测量阻抗，对应于正向经 R_g 的单相短路故障。

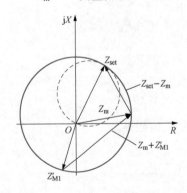

图 3.30　以正序电压为参考电压的
距离元件的正向故障动作特性

对照 3.4 节对偏移圆阻抗特性的分析，式（3.88）对应的特性在阻抗平面上为一个以 Z_{set} 与 $-Z'_{M1}$ 末端连线为直径的圆，如图 3.30 所示。即在正向故障的情况下，以正序电压为参考电压的测量元件的动作特性为一个包括坐标原点的偏移圆。正向出口短路时，测量阻抗明确地落在动作区内，不再处于临界动作的边沿，能够可靠地动作。此外，与整定阻抗相同的方向阻抗圆（如图 3.30 中虚线所示）相比，该偏移圆的直径要大得多，因而其耐受过渡电阻的能力要比方向阻抗强。需要指出，该偏移圆特性是在正向故障的前提下导出的，所以动作区域包括原点并不意味着会失去方向性。

（2）反向故障时动作特性。反向故障的电网等效电路如图 3.31 所示。

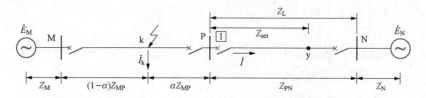

图 3.31 反向故障的电网等效电路图

基本假设同前，保护 1 位于线路 PN 的 P 侧，反方向经 R_g 的单相短路故障发生在线路 MP 上，故障点短路电流的各序分量为

$$\dot{I}_{\mathrm{k1}} = \dot{I}_{\mathrm{k2}} = \dot{I}_{\mathrm{k0}} = \frac{\dot{E}_\mathrm{N}}{Z_{\mathrm{k}\Sigma 1} + Z_{\mathrm{k}\Sigma 2} + Z_{\mathrm{k}\Sigma 0} + 3R_\mathrm{g}} = \frac{\dot{E}_\mathrm{N}}{2Z_{\mathrm{k}\Sigma 1} + Z_{\mathrm{k}\Sigma 0} + 3R_\mathrm{g}}$$

$$\dot{I}_\mathrm{k} = \dot{I}_{\mathrm{k1}} + \dot{I}_{\mathrm{k2}} + \dot{I}_{\mathrm{k0}} = 3\dot{I}_{\mathrm{k1}} = \frac{3\dot{E}_\mathrm{N}}{2Z_{\mathrm{k}\Sigma 1} + Z_{\mathrm{k}\Sigma 0} + 3R_\mathrm{g}} \tag{3.89}$$

求取保护安装处的电流：按假设条件可令 N 侧电流分配系数为 C_N，注意反向故障引起保护安装处反向电流，$\dot{I}_1 = -C_\mathrm{N}\dot{I}_{\mathrm{k1}}$、$\dot{I}_2 = -C_\mathrm{N}\dot{I}_{\mathrm{k2}} = -C_\mathrm{N}\dot{I}_{\mathrm{k1}}$、$\dot{I}_0 = -C_\mathrm{N}\dot{I}_{\mathrm{k0}} = -C_\mathrm{N}\dot{I}_{\mathrm{k1}}$，且 $\dot{I}_1 = \dot{I}_2 = \dot{I}_0$，进而有 $\dot{I}_\mathrm{ph} = \dot{I}_1 + \dot{I}_2 + \dot{I}_0 = -C_\mathrm{N}(\dot{I}_{\mathrm{k1}} + \dot{I}_{\mathrm{k2}} + \dot{I}_{\mathrm{k3}}) = -3C_\mathrm{N}\dot{I}_{\mathrm{k1}}$。设反向故障发生处离 P 侧母线距离与线路 MP 长度的比例为 α（$Z_{\mathrm{k1}} = \alpha Z_{\mathrm{MP1}}$、$Z_{\mathrm{k0}} = \alpha Z_{\mathrm{MP0}}$），注意到 $Z_{\mathrm{PN}} = Z_\mathrm{L}$，则有

$$C_\mathrm{N} = \frac{Z_{\mathrm{M1}} + (1-\alpha)Z_{\mathrm{MP1}}}{Z_{\mathrm{M1}} + Z_{\mathrm{MP1}} + Z_{\mathrm{L1}} + Z_{\mathrm{N1}}} = \frac{Z_{\mathrm{M0}} + (1-\alpha)Z_{\mathrm{MP0}}}{Z_{\mathrm{M0}} + Z_{\mathrm{MP0}} + Z_{\mathrm{L0}} + Z_{\mathrm{N0}}}$$

且有

$$Z_{\mathrm{k}\Sigma 1} = \frac{(Z_{\mathrm{N1}} + Z_{\mathrm{L1}} + \alpha Z_{\mathrm{MP1}}) \cdot [Z_{\mathrm{M1}} + (1-\alpha)Z_{\mathrm{MP1}}]}{Z_{\mathrm{M1}} + Z_{\mathrm{MP1}} + Z_{\mathrm{L1}} + Z_{\mathrm{N1}}} = C_\mathrm{N}(Z_{\mathrm{N1}} + Z_{\mathrm{L1}} + Z_{\mathrm{k1}})$$

$$Z_{\mathrm{k}\Sigma 0} = \frac{(Z_{\mathrm{N0}} + Z_{\mathrm{L0}} + \alpha Z_{\mathrm{MP0}}) \cdot [Z_{\mathrm{M0}} + (1-\alpha)Z_{\mathrm{MP0}}]}{Z_{\mathrm{M0}} + Z_{\mathrm{MP0}} + Z_{\mathrm{L0}} + Z_{\mathrm{N0}}} = C_\mathrm{N}(Z_{\mathrm{N0}} + Z_{\mathrm{L0}} + Z_{\mathrm{k0}})$$

$$\frac{Z_{\mathrm{k}\Sigma 0}}{Z_{\mathrm{k}\Sigma 1}} = \frac{Z_{\mathrm{N0}} + Z_{\mathrm{L0}} + Z_{\mathrm{k0}}}{Z_{\mathrm{N1}} + Z_{\mathrm{L1}} + Z_{\mathrm{k1}}} = \frac{3K(Z_{\mathrm{N1}} + Z_{\mathrm{L1}} + Z_{\mathrm{k1}}) + (Z_{\mathrm{N1}} + Z_{\mathrm{L1}} + Z_{\mathrm{k1}})}{Z_{\mathrm{N1}} + Z_{\mathrm{L1}} + Z_{\mathrm{k1}}} = 3K + 1$$

故障点电压为

$$\dot{U}_\mathrm{k} = \dot{I}_\mathrm{k} R_\mathrm{g} = 3\dot{I}_{\mathrm{k0}} R_\mathrm{g} = 3R_\mathrm{g}\dot{I}_{\mathrm{k1}}$$

保护安装处的测量电流和正序电流为

$$\dot{I}_\mathrm{mph} = \dot{I}_\mathrm{ph} + 3K\dot{I}_0 = 3\dot{I}_1 + 3K\dot{I}_1 = -(3+3K)C_\mathrm{N}\dot{I}_{\mathrm{k1}}$$

$$\dot{I}_1 = -C_\mathrm{N}\dot{I}_{\mathrm{k1}} = C_\mathrm{N} \cdot \frac{-\dot{E}_\mathrm{N}}{2Z_{\mathrm{k}\Sigma 1} + Z_{\mathrm{k}\Sigma 0} + 3R_\mathrm{g}} \tag{3.90}$$

阻抗元件的测量电压、工作电压和正序电压为

$$\dot{U}_\mathrm{mph} = -\dot{I}_\mathrm{mph} Z_{\mathrm{k1}} + \dot{U}_\mathrm{k} = \dot{I}_{\mathrm{k1}}[(3+3K)C_\mathrm{N} Z_{\mathrm{k1}} + 3R_\mathrm{g}]$$

$$\dot{U}'_\mathrm{ph} = \dot{U}_\mathrm{mph} - \dot{I}_\mathrm{mph} Z_\mathrm{set} = -\dot{I}_{\mathrm{k1}}[-(3+3K)C_\mathrm{N} Z_{\mathrm{k1}} - 3R_\mathrm{g} - (3+3K)C_\mathrm{N} Z_\mathrm{set}] \tag{3.91}$$

$$\dot{U}_\mathrm{ph1} = \dot{E}_\mathrm{N} + \dot{I}_1(Z_{\mathrm{N1}} + Z_{\mathrm{L1}})$$

$$= \dot{I}_{\mathrm{k1}}(2Z_{\mathrm{k}\Sigma 1} + Z_{\mathrm{k}\Sigma 0} + 3R_\mathrm{g}) - \dot{I}_{\mathrm{k1}}C_\mathrm{N}(Z_{\mathrm{N1}} + Z_{\mathrm{L1}})$$

$$= \dot{I}_{k1} \left[\left(2 + \frac{Z_{k\Sigma0}}{Z_{k\Sigma1}} \right) Z_{k\Sigma1} + 3R_g - C_N(Z_{N1} + Z_{L1}) \right]$$

$$= \dot{I}_{k1} \left[(2 + 3K + 1)C_N(Z_{N1} + Z_{L1} + Z_{k1}) + 3R_g - C_N(Z_{N1} + Z_{L1}) \right] \qquad (3.92)$$

$$= \dot{I}_{k1} \left[(3 + 3K)C_N Z_{k1} + 3R_g + (2 + 3K)C_N(Z_{N1} + Z_{L1}) \right]$$

$$= -\dot{I}_{k1} \left[-(3 + 3K)C_N Z_{k1} - 3R_g - (2 + 3K)C_N(Z_{N1} + Z_{L1}) \right]$$

则工作电压 $\dot{U}'_{ph}$ 和正序参考电压 $\dot{U}_{ph1}$ 的比为

$$
\begin{aligned}
\frac{\dot{U}'_{ph}}{\dot{U}_{ph1}} &= \frac{-(3+3K)C_N Z_{k1} - 3R_g - (3+3K)C_N Z_{set}}{-(3+3K)C_N Z_{k1} - 3R_g - (2+3K)C_N(Z_{N1}+Z_{L1})} \\[2mm]
&= \frac{-\left[Z_{k1} + \dfrac{1}{(1+K)C_N}R_g \right] - Z_{set}}{-\left[Z_{k1} + \dfrac{1}{(1+K)C_N}R_g \right] - \dfrac{2+3K}{3+3K}(Z_{N1}+Z_{L1})} \qquad (3.93) \\[2mm]
&= \frac{Z_m - Z_{set}}{Z_m - \dfrac{2+3K}{3+3K}(Z_{N1}+Z_{L1})}
\end{aligned}
$$

因此，式（3.83）所示的动作方程可表示为

$$90° \leqslant \arg \frac{Z_m - Z_{set}}{Z_m + Z'_{N1}} \leqslant 270° \qquad (3.94)$$

$$Z'_{N1} = \frac{2+3K}{3+3K}(Z_{N1}+Z_{L1})$$

$$Z_m = -\left[Z_{k1} + \frac{1}{(1+K)C_N}R_g \right]$$

式中　Z'_{N1}——对应于反向故障阻抗特性圆直径的远端阻抗；

　　　Z_m——测量阻抗，对应于反向经 R_g 的单相接地短路。

在阻抗平面上，式（3.94）表示反方向单相接地短路时的动作范围，是一个以 Z_{set} 与 Z'_{N1} 末端连线为直径的上抛圆，如图 3.32 所示。反向出口短路时，测量阻抗 Z_m 在原点附近，远离动作区域，可靠不动作；反向远处短路时，Z_m 位于第三象限，不可能落入动作圆内，也不会动作。这表明，以正序电压为参考电压的测量元件具有明确的方向性。

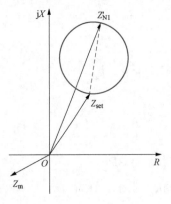

图 3.32　以正序电压为参考电压的距离元件的反向故障动作特性

实际上，即使在金属性短路情形下，无论是正向故障还是反向故障，以正序电压为参考电压的距离元件均可以导出各自与上相同的阻抗圆动作特性，但是，由上述推导可以得到过渡电阻的表达，准确地说，可以明确当故障前空载运行状态时过渡电阻对测量阻抗的影响。

需要指出，此结论是以前述假设条件为前提的，特别强调其过渡电阻的表达形式相应于故障前空载运行状态。不过，过渡电阻以及故障前的运行状态并不影响阻抗特性圆的位置。

采用上述分析方法，可以进一步分析在其他不对称短路故障（两相、两相接地短路）情况下，故障相距离元件的动作特性，均可以得出与上述类似的结论，即以

正序电压为参考电压的方向距离元件在阻抗平面上的动作特性：当正向故障时表现为偏移圆特性；当反向故障时表现为上抛圆特性。不过圆特性的位置和故障点附加短路阻抗（反映过渡电阻作用）的表达形式有所区别。具体推导过程不细述，请读者参考其他文献资料。

3.7.3 以记忆电压为参考电压的距离测量元件（Distance Measuring Unit with Reference Voltage Based on Memory Voltage）

线路出口三相对称性金属短路时，三相电压都降为零，前述借用健全相电压（包括采用正序电压作为参考电压）的方法失效，可以利用故障前的记忆电压作为距离元件比相的参考电压来解决这一问题。实用中，以记忆电压和以正序电压作为参考电压的方法往往配合使用，记忆电压只需用来解决线路出口三相金属性短路误判问题，因此只需引入以记忆电压为参考电压的相间距离元件（通常只需要一相相间距离元件）。下面先从更普遍的应用出发，对以记忆电压作为参考电压的距离元件的动作特性进行一般性分析。

记忆电压是指故障发生瞬间之前很短时段内记录的电压。设短路前后测量电压分别为 $\dot{U}_m^{[0]}$ 和 $\dot{U}_m$，以记忆电压为参考电压的距离元件的电压动作方程和阻抗判据可表示为

$$90° \leqslant \arg\frac{\dot{U}_m - Z_{set}\dot{I}_m}{\dot{U}_m^{[0]}} \leqslant 270°$$

$$90° \leqslant \arg\frac{Z_m - Z_{set}}{\dot{U}_m^{[0]}/\dot{I}_m} \leqslant 270° \tag{3.95}$$

仿前做法，借助故障前后保持不变的系统电动势 $\dot{E}$ 将式（3.95）变换为阻抗形式以实现在阻抗平面上的几何表达，这样同样需要分为正向故障和反向故障两种情况进行分析。

分析时，假设系统与线路各部分的单位长度序阻抗相等，暂时忽略短路过渡电阻（金属性短路）。

（1）当系统发生正向故障时，测量电压和背后系统等效电动势可表示为

$$\dot{U}_m = \dot{I}_m Z_{k1} = \dot{I}_m Z_m \tag{3.96}$$

$$\dot{E}_M = \dot{I}_m Z_{M1} + \dot{U}_m = \dot{I}_m(Z_{k1} + Z_{M1}) = \dot{I}_m(Z_m + Z_{M1}) \tag{3.97}$$

式中　$\dot{E}_M$——M 侧系统电源的等效电动势；

　　　Z_{M1}——M 侧系统的正序阻抗。

故有 $\dot{I}_m = \dfrac{\dot{E}_M}{Z_{k1}+Z_{M1}} = \dfrac{\dot{E}_M}{Z_m+Z_{M1}}$，将其与式（3.96）代入式（3.95），则有阻抗判据

$$90° \leqslant \arg\left(\frac{Z_m - Z_{set}}{Z_m + Z_{M1}} \cdot \frac{\dot{E}_M}{\dot{U}_m^{[0]}}\right) \leqslant 270° \tag{3.98}$$

上述判据比照通常相位比较判据的构造思路，通过采用动作区域的做法对测量阻抗中实际可能含有短路过渡电阻加以考虑，因此判据具有耐受过渡电阻能力。

故障前，$\dot{U}_m^{[0]} \approx \dot{E}_M$。若线路空载，$\dot{U}_m^{[0]} = \dot{E}_M$，故有简化阻抗判据

$$90° \leqslant \arg\frac{Z_m - Z_{set}}{Z_m + Z_{M1}} \leqslant 270° \tag{3.99}$$

在阻抗平面上这是一个偏移阻抗圆特性，即正向故障时，以记忆电压为参考电压的距离测量元件的动作特性同样可以用图 3.30 来表示，其偏移阻抗 $Z'_{M1} = -Z_{M1}$，大小恰为背后系统的等效阻抗。由图 3.30 可见，它在正向出口金属性短路时，测量阻抗明确地落在动作区

内，阻抗元件能够可靠地动作，且耐受过渡电阻的能力优于普通方向阻抗特性。

（2）当系统发生反向出口三相短路时，假设同前，测量电压和对侧系统电动势可表示为

$$\dot{U}_m = -\dot{I}_m Z_{k1} = \dot{I}_m(-Z_{k1}) = \dot{I}_m Z_m \tag{3.100}$$

$$\dot{E}_N = -\dot{I}_m(Z_{L1} + Z_{N1}) + \dot{U}_m = \dot{I}_m(Z_m - Z'_{N1}) \tag{3.101}$$

式中　$\dot{E}_N$——N 侧系统电源的电动势；

Z'_{N1}——N 侧系统的正序阻抗与线路正序阻抗之和，即 $Z'_{N1} = Z_{L1} + Z_{N1}$。

故　$\dot{I}_m = \dfrac{\dot{E}_N}{-Z_{k1} - Z'_{N1}} = \dfrac{\dot{E}_N}{Z_m - Z'_{N1}}$，将其与式（3.100）代入式（3.95），则有阻抗判据

$$90° \leqslant \arg\left(\frac{Z_m - Z_{set}}{Z_m - Z'_{N1}} \cdot \frac{\dot{E}_N}{\dot{U}_m^{[0]}}\right) \leqslant 270° \tag{3.102}$$

同样，在故障前，$\dot{U}_m^{[0]} \approx \dot{E}_N$。若线路空载，$\dot{U}_m^{[0]} = \dot{E}_N$，故有简化阻抗判据

$$90° \leqslant \arg\frac{Z_m - Z_{set}}{Z_m - Z'_{N1}} \leqslant 270° \tag{3.103}$$

在阻抗平面上这是一个上抛圆特性，即对于反向故障，以记忆电压为参考电压的距离测量元件的动作特性也可以用图 3.32 来表示，上抛圆直径远端对应阻抗为 $Z'_{N1} = Z_{L1} + Z_{N1}$，其大小为本线路阻抗与对侧系统等效阻抗之和。由图 3.32 可见，反向出口金属性短路一定不会进入动作区，它具有明确和良好的方向性。

需要指出，式（3.95）为以记忆电压为参考电压的阻抗动作判据及其动作特性分析结论适合于各相接地和相间距离元件。以记忆电压为参考电压的距离元件有很多用途，本章后文还会论及。不过如前所述，仅就应对线路出口三相对称性金属短路问题而言，由于以记忆电压和以正序电压作为参考电压的方法往往配合使用，因而只需要采用一相以记忆电压为参考电压的相间距离元件（或接地距离元件）。以 AB 相距离元件为例，根据前述分析，其电压动作方程和阻抗判据具体可表示为

$$90° \leqslant \arg\frac{\dot{U}_{AB} - (\dot{I}_A - \dot{I}_B)Z_{set}}{\dot{U}_{AB}^{[0]}} \leqslant 270°$$

$$90° \leqslant \arg\frac{Z_m - Z_{set}}{\dot{U}_{AB}^{[0]}/(\dot{I}_A - \dot{I}_B)} \leqslant 270°$$

实际工程中，一般情况均采用以正序电压为参考电压的距离元件，仅当三相短路且测量电压（正序电压）低于 10% 额定电压时，才改用以记忆电压为参考电压的相间距离元件。

在传统的模拟式距离保护中，记忆电压是通过 LC 工频谐振记忆回路获得的。系统正常运行时，测量电压为额定电压，LC 谐振回路储存一定的电磁能量；系统出口短路时，测量电压突然降低（金属性短路时突变为零），依靠 LC 回路的（工频）自由振荡，记忆故障前的测量电压。由于 LC 谐振回路存在电阻，记忆电压随能量逐渐衰减而不断降低，故障发生后经过一段时间，记忆电压将衰减至故障后的测量电压，即阻抗元件的动作特性将还原成参考电压为非记忆电压的阻抗特性（称为静态特性，譬如边界过原点的普通方向阻抗圆特性）。前面分析中关于正向故障时为偏移圆、反向故障时为上抛圆的结论，仅当故障发生后、记忆未消失前成立。图 3.30 和图 3.32 所示特性仅为故障刚发生、初始记忆时的特性，故称为初态特性。随后初态特性将随记忆电压的衰减不断向静态特性演变并最终达到，因为有此变化

过程，所以也将初态特性称为暂态特性。

数字式保护中，记忆电压即为存放在存储器中的故障前电压的采样值，不会衰减，相应以记忆电压为参考电压的距离测量元件的动作特性稳定不变，故不再强调初态特性。故障发生后，电源电动势随系统调节将逐渐发生变化，一段时间后它与故障前记忆电压的偏离加大（偏差难于预期），因而 $\dot{U}_1^{[0]} \approx \dot{E}_1$ 及 $\dot{U}_{ph}^{[0]} \approx \dot{E}_{ph}$ 关系假设将不再成立，这时再用故障前的记忆电压作为参考电压，距离测量元件的动作特性将会发生无法预期的变化，导致距离保护不正确动作。因此，以记忆电压作为参考电压的动作判据仅能在故障后的一定时间内使用，通常只用于距离Ⅰ段和距离Ⅱ段。

3.7.4 采用偏移阻抗圆特性距离测量元件（Distance Measuring Unit with shift - Circle Impedance Characteristics）

记忆电压作为参考电压不能使用太长的时间，通常只适用于距离保护的速动段。对于距离保护的后备段（如距离Ⅲ段）可采用偏移阻抗圆特性的距离元件。

偏移阻抗圆特性可参见图 3.8 和式（3.32），它包含了坐标原点（即保护安装处），原点附近不存在动作模糊区。将式（3.33）变换为电压动作方程，即有

$$90° \leqslant \arg \frac{\dot{U}_m - Z_{set} \dot{I}_m}{\dot{U}_m + Z_M \dot{I}_m} \leqslant 270°$$

即该特性的参考电压为 $\dot{U}_{ref} = \dot{U}_m + Z_M \dot{I}_m = \dot{U}_m - (-Z_M) \dot{I}_m$，而普通方向阻抗元件 $\dot{U}_{ref} = \dot{U}_m$，相比可知，偏移阻抗圆特性通过在其参考电压中人为引入反向工作电压（即测量电流在反向整定阻抗上的压降），防止在线路出口附近金属性短路时出现参考电压为零的现象，从而解决了线路正向出口拒动的问题。

偏移阻抗圆特性包含反向线路出口，会在反向出口短路时误启动，但由于它只用在距离保护的后备段，因后备段延时较长，而反向线路的主保护（指速动段保护）会先于它动作，因此不会引起本线路距离保护反向误动作。

需要指出，偏移阻抗圆特性反向偏移的距离要加以控制，以尽量提高保护动作的安全性（可靠性）。原则上应不超出反向线路距离保护的瞬时动作段，实用中只要满足正向出口故障的正确动作要求即可，故常选择不大的偏移率。

由上述三种应对距离保护出口故障误判措施的分析可见，距离保护中在工作电压（或补偿电压）完全相同的情况下，选取不同的参考电压时，可以获得不同的动作特性。当参考电压的相位与故障相电压的相位一致时，所得到的动作特性为具有方向性的圆特性，即方向阻抗特性（姆欧特性）。当参考电压的相位与故障相电压相位不完全一致时，所得到的特性将发生偏移、偏转或其他变化。譬如偏移阻抗特性就可视为采用了一种特殊的补偿电压作为其参考电压，从而形成偏移圆特性。参考电压还有其他构成方式，可以获得各有特色的动作特性，限于篇幅，此处不再详细讨论。

3.8 距离保护的振荡闭锁
（Power Swing Blocking of Distance Protection）

3.8.1 振荡闭锁的概念（Concept of Power Swing Blocking）

并联运行的电力系统或发电厂之间出现的功率角大范围周期性变化的现象，称为电力系

统振荡（power swing）。电力系统振荡时，系统两侧等效电动势间的夹角 δ（功率角）可能在相当大的角度（超过 $90°$）范围内作周期性变化，从而使系统中各点的电压、线路电流、功率大小和方向以及距离保护的测量阻抗也都呈现周期性变化。在电力系统出现严重的失步振荡时，功角在 $0°\sim360°$ 之间变化，以上述这些量为测量对象的各种保护的测量元件，就有可能因系统振荡而出现不正常动作。

电力系统的失步振荡属于严重的不正常运行状态，而不是故障状态，大多数情况下能够通过自动装置的调节自行恢复同步，或者在预定的地点由专门的振荡解列装置动作解开已经失步的系统。如果在振荡过程中因继电保护装置发生非预期动作，切除了重要的联络线、电源和负荷，不仅不利于振荡的自动恢复，还有可能使事故扩大，给系统带来严重后果。所以在系统振荡时，应采取必要的措施，防止因测量元件不正常动作而造成保护误动。这种用来防止系统振荡时保护误动的措施，称为振荡闭锁。

电流保护、电压保护和功率方向保护等一般都只应用在电压等级较低的中低压配电系统，而这些系统出现振荡的可能性很小，即使振荡使保护误动，产生的后果也不会太严重，一般不需要采取振荡闭锁措施。距离保护通常用在较高电压等级的电力系统，系统出现振荡的可能性大，保护误动造成的损失严重，必须考虑振荡闭锁问题。在无特殊说明的情况下，本书所提及的振荡闭锁，主要是指距离保护的振荡闭锁。另外，如果在系统振荡过程中线路上又发生了故障，距离保护应有能力按选择性、灵敏性和快速性的要求切除故障，这也是振荡闭锁方案中需要应对的问题。

3.8.2　电力系统振荡对距离保护测量元件的影响（Effect of Power Swing to Measuring Unit of Distance Protection）

1. 电力系统振荡时电流、电压的变化规律

现以图 3.33 所示的双侧电源的电力系统为例，分析系统振荡时电流、电压的变化规律。假设系统在其振荡过程中没有其他故障，保持三相对称（称为全相振荡）。

图 3.33　双侧电源的电力系统

设系统两侧等效电动势为 $\dot{E}_S$ 和 $\dot{E}_R$，$\dot{E}_S$ 超前 $\dot{E}_R$ 的相角差（即功率角或功角）为 δ，令

$$\dot{E}_S = \dot{K}_S\dot{E}_R = K_S\dot{E}_R\mathrm{e}^{\mathrm{j}\delta}$$

$$\dot{E}_R = \dot{K}_R\dot{E}_S = K_R\dot{E}_S\mathrm{e}^{-\mathrm{j}\delta} \tag{3.104}$$

$$\dot{K}_S = K_S\mathrm{e}^{\mathrm{j}\delta},\ \dot{K}_R = K_R\mathrm{e}^{-\mathrm{j}\delta},\ \dot{K}_S = \frac{1}{\dot{K}_R},\ K_S = \frac{E_S}{E_R} = \frac{1}{K_R},\ K_R = \frac{E_R}{E_S} = \frac{1}{K_S}$$

式中　$\dot{K}_S$、$\dot{K}_R$——反映电动势 $\dot{E}_S$ 与 $\dot{E}_R$ 之间关系的复比例系数。

两侧电动势幅值相等时，$K_S = K_R = 1$。令两电源间联系总阻抗为 $Z_\Sigma = Z_S + Z_L + Z_R$，其中 Z_S 和 Z_R 分别为 S 侧和 R 侧系统的等效阻抗，Z_L 为联络线路的阻抗。线路中的电流 $\dot{I}$ 和母线 M、N 上的电压 $\dot{U}_M$、$\dot{U}_N$ 分别为

$$\dot{I} = \frac{\dot{E}_S - \dot{E}_R}{Z_\Sigma} = \frac{\dot{E}_S\left(1 - \dfrac{1}{K_S}\mathrm{e}^{-\mathrm{j}\delta}\right)}{Z_\Sigma} = \frac{\dot{E}_S(K_S - \mathrm{e}^{-\mathrm{j}\delta})}{K_S Z_\Sigma} = \frac{\Delta\dot{E}}{Z_\Sigma} \tag{3.105}$$

$$\Delta\dot{E} = \dot{E}_S - \dot{E}_R = \dot{E}_S\left(1 - \frac{1}{K_S}\mathrm{e}^{-\mathrm{j}\delta}\right)$$

式中 $\Delta \dot{E}$——系统两端电动势差。

$$\dot{U}_M = \dot{E}_S - \dot{I}Z_S = \dot{E}_S - \frac{\dot{E}_S(K_S - e^{-j\delta})}{K_S Z_\Sigma} \cdot Z_S = \dot{E}_S \cdot \frac{Z_S e^{-j\delta} + K_S(Z_L + Z_R)}{K_S Z_\Sigma} \quad (3.106)$$

$$\dot{U}_N = \dot{E}_R + \dot{I}Z_R = \frac{1}{K_S}\dot{E}_S e^{-j\delta} + \frac{\dot{E}_S(K_S - e^{-j\delta})}{K_S Z_\Sigma} \cdot Z_R = \dot{E}_S \cdot \frac{(Z_S + Z_L)e^{-j\delta} + K_S Z_R}{K_S Z_\Sigma}$$

$$(3.107)$$

若以 $\dot{E}_S$ 为参考相量，当功角 δ 在 $0°\sim360°$ 之间变化时，相当于 $\dot{E}_R$ 相量在 $0°\sim360°$ 范围内旋转。当功角 $\delta = 0°$ 时，$\dot{I} = \frac{\dot{E}_S}{K_S Z_\Sigma} \cdot (K_S - 1)$，电流幅值最小；$\dot{U}_M = \dot{E}_S \cdot \frac{Z_S + K_S(Z_L + Z_R)}{K_S Z_\Sigma}$，电压幅值最大。当功角 $\delta = 180°$ 时，$\dot{I} = \frac{\dot{E}_S}{K_S Z_\Sigma} \cdot (K_S + 1)$，电流幅值最大；$\dot{U}_M = \dot{E}_S \cdot \frac{-Z_S + K_S(Z_L + Z_R)}{K_S Z_\Sigma}$，电压幅值最小。

沿系统联系阻抗分布的各处电压中，总存在电压（有效值）的最低点，称为振荡中心。当 $\delta = 180°$ 时，振荡中心电压为零。设本侧（S 侧）电动势到振荡中心的阻抗为 Z_{SC}，振荡中心到对侧（R 侧）电动势的阻抗为 Z_{RC}，参见式（3.106），当 $\delta = 180°$ 时，振荡中心电压可表示为

$$\dot{U}_{OC} = \dot{E}_S \cdot \frac{-\frac{1}{K_S}Z_{SC} + Z_{RC}}{Z_\Sigma} = 0$$

可得振荡中心两侧阻抗的约束条件为

$$-\frac{1}{K_S}Z_{SC} + Z_{RC} = 0 \quad \text{或} \quad -Z_{SC} + K_S Z_{RC} = 0$$

因此，当 $\delta = 180°$ 时，关于振荡中心的位置有以下结论：当 $K_S = 1$ 时，$E_S = E_R$，$Z_{SC} = Z_{RC}$，振荡中心位于系统联系总阻抗 Z_Σ 的中点；当 $K_S > 1$ 时，$E_S > E_R$，$Z_{SC} > Z_{RC}$，振荡中心位于中点偏 R 侧的区域；当 $K_S < 1$ 时，$E_S < E_R$，$Z_{SC} < Z_{RC}$，振荡中心位于中点偏 S 侧的区域。

考虑一个简单情形，当 $K_S = 1$ 时（即两侧电动势幅值相等），$\dot{I} = \frac{\dot{E}_S(1 - e^{-j\delta})}{Z_\Sigma} = \frac{\Delta \dot{E}}{Z_\Sigma}$。相关电动势以及电流之间的相位关系如图 3.34 (a) 所示。由图可见，两侧电动势差的有效值（或相量的模值）为

$$\Delta E = 2E_S \sin\frac{\delta}{2} \quad (3.108)$$

故线路电流的有效值为

$$I = \frac{\Delta E}{|Z_\Sigma|} = \frac{2E_S}{|Z_\Sigma|}\sin\frac{\delta}{2} \quad (3.109)$$

电流有效值随 δ 变化的曲线如图 3.34 (b) 所示。电流的相位滞后于 $\Delta \dot{E} = \dot{E}_S - \dot{E}_R$ 的角度为系统联系阻抗角 φ_d，其相量的末端随 δ 变化的轨迹如图 3.34 (a) 中的虚线圆周所示。

再假设系统中各部分的阻抗角相等，则线路上任意一点的电压相量的末端，都必然落在

由 $\dot{E}_S$ 和 $\dot{E}_R$ 的末端连线（直线）上（即 $\Delta\dot{E}$ 上），如图 3.34（a）所示。M、N 两母线处的电压相量 $\dot{U}_M$ 和 $\dot{U}_N$ 亦如图 3.34（a）所示，电压有效值随 δ 变化的曲线，如图 3.34（c）所示。

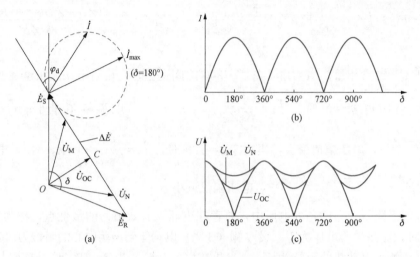

图 3.34 系统振荡时的电流和电压

（a）相量图；（b）电流有效值变化曲线；（c）电压有效值变化曲线

在图 3.34（a）中，由坐标原点 O 向相量 $\Delta\dot{E}$ 作一垂线，该垂线表示的电压相量即为振荡中心电压 $\dot{U}_{OC}$，因为由图可见，当 δ 为 0° 以外的任意值时，电压 $\dot{U}_{OC}$ 均为全系统最低的电压；当 $\delta=180°$ 时，其有效值为 0。由图 3.34（a）还可见，当系统两侧等效电动势相等且各部分阻抗角相等的条件下，振荡中心将位于阻抗中心 $Z_\Sigma/2$ 处。振荡中心电压的有效值可表示为

$$U_{OC} = E_S\cos\frac{\delta}{2} \tag{3.110}$$

2. 电力系统振荡时测量阻抗的变化规律

系统全相振荡时，安装在 M 处的距离测量元件的测量阻抗为

$$Z_m = \frac{\dot{U}_m}{\dot{I}_m} = \frac{\dot{U}_M}{\dot{I}} = \frac{\dot{E}_S - \dot{I}Z_S}{\dot{I}} = \frac{\dot{E}_S}{\dot{I}} - Z_S$$

$$\tag{3.111}$$

$$= \frac{K_S Z_\Sigma}{K_S - e^{-j\delta}} - Z_S = \frac{1}{1-(1/K_S)e^{-j\delta}} \cdot Z_\Sigma - Z_S$$

这在阻抗平面上的图形是圆，或者说，当振荡中心随功角 δ 由 0° 变化到 360° 时，测量阻抗相量末端轨迹为圆。该圆用其圆心相量 $\dot{O}_{Zm}$ 和半径相量 $\dot{r}_{Zm}(\delta)$ 表示的相量方程为

$$Z_m = \dot{O}_{Zm} + \dot{r}_{Zm}(\delta) = \dot{O}_{Zm} + r_{Zm}e^{j[\varphi(\delta)+\delta_{Z\Sigma}]} \tag{3.112}$$

$$\dot{O}_{Zm} = \frac{K_S^2}{K_S^2 - 1} \cdot Z_\Sigma - Z_S$$

$$\dot{r}_{Zm}(\delta) = r_{Zm}e^{j[\varphi(\delta)+\delta_{Z\Sigma}]}$$

$$r_{Zm} = \left| \frac{K_S Z_\Sigma}{K_S^2 - 1} \right|$$

$$\varphi(\delta) = \pi - \delta - 2\arctan\frac{\sin\delta}{K_S - \cos\delta}$$

$$Z_\Sigma = Z_S + Z_L + Z_R = |Z_\Sigma| \mathrm{e}^{\mathrm{j}\delta_{Z\Sigma}}$$

式中　$\dot{O}_{Zm}$——测量阻抗相量末端轨迹圆的圆心相量；

　　　$\dot{r}_{Zm}(\delta)$——测量阻抗相量末端轨迹圆的旋转半径相量；

　　　$\delta_{Z\Sigma}$——两电源联系总阻抗的相角。

观察式（3.111）第一项，其分母 $1-(1/K_S)\mathrm{e}^{-\mathrm{j}\delta}$ 显然是圆 [圆心坐标为（1，0），半径为 $1/K_S$]，而圆的反演（inversion，即倒数）一般也是圆。由式（3.111）第一项，令 $\dot{c} = \dfrac{1}{1-(1/K_S)\mathrm{e}^{-\mathrm{j}\delta}} = \dfrac{1}{1-\dot{K}_R}$，且令 $\dot{c} = a+\mathrm{j}b$，可解得

$$\dot{K}_R = \frac{\dot{c}-1}{\dot{c}} = \frac{a-1+\mathrm{j}b}{a+\mathrm{j}b}, \quad K_R = |\dot{K}_R| = \sqrt{\frac{(a-1)^2+b^2}{a^2+b^2}}$$

经整理可得

$$\left(a+\frac{1}{K_R^2-1}\right)^2 + b^2 = \left(\frac{K_R}{K_R^2-1}\right)^2$$

这是圆方程，表明 $1-\dot{K}_R = 1-(1/K_S)\mathrm{e}^{-\mathrm{j}\delta}$ 的反演 $\dot{c} = a+\mathrm{j}b$ 为圆，其圆心坐标为 $\left(-\dfrac{1}{K_R^2-1},\ 0\right) = \left(-\dfrac{K_S^2}{1-K_S^2},\ 0\right)$，半径为 $r = \left|\dfrac{K_R}{K_R^2-1}\right| = \left|\dfrac{K_S}{1-K_S^2}\right|$，即有该圆的相量方程

$$\dot{c} = \frac{1}{1-(1/K_S)\mathrm{e}^{-\mathrm{j}\delta}} = -\frac{K_S^2}{1-K_S^2} + \left|\frac{K_S}{1-K_S^2}\right|\mathrm{e}^{\mathrm{j}\varphi(\delta)}$$

$$\varphi(\delta) = \pi - \delta - 2\mathrm{arccot}\frac{\sin\delta}{K_S - \cos\delta}$$

式中　$\varphi(\delta)$——圆方程 $\dot{c}$ 的旋转相量部分的相角。

将 $\dot{c}$ 代入式（3.111），即有测量阻抗

$$Z_m = \frac{1}{1-(1/K_S)\mathrm{e}^{-\mathrm{j}\delta}} \cdot Z_\Sigma - Z_S = -\frac{K_S^2}{1-K_S^2} \cdot Z_\Sigma - Z_S + \left|\frac{K_S Z_\Sigma}{1-K_S^2}\right|\mathrm{e}^{\mathrm{j}[\varphi(\delta)+\delta_{Z\Sigma}]} = \dot{O}_{Zm} + \dot{r}_{Zm}(\delta)$$

对于测量阻抗 Z_m，当 $K_S>1$（即 $E_S>E_R$）时，圆心相量位于坐标系第一象限，沿 Z_Σ 向上延伸，圆周（测量阻抗相量末端轨迹）如图 3.35 上方虚线圆弧 1 所示；当 $K_S<1$（即 $E_S<E_R$）时，圆心相量位于坐标系第三象限，沿 Z_Σ 向下延伸，圆周如图 3.35 下方虚线圆弧 2 所示；当 $K_S=1$（即 $E_S=E_R$）时，$\dot{O}_{Zm}$ 与 r_{Zm} 均为无穷大，已知半径无穷大的圆当为直线，且因为沿 Z_Σ 正方向与反方向无穷大处两个圆心所对应的两个半径无穷大的圆周为同一条直线，故可推论该直线与 Z_Σ 垂直，并过其中点，如图 3.35 直线 1（$\overline{O'O''}$）所示。

下面对两侧电动势幅值相等（即 $E_S=E_R$，$K_S=1$）情况作进一步分析，此时测量阻抗为 $Z_m = \dfrac{1}{1-\mathrm{e}^{-\mathrm{j}\delta}}Z_\Sigma - Z_S$。注意到，$1-\mathrm{e}^{-\mathrm{j}\delta} = 1-\cos\delta+\mathrm{j}\sin\delta = \dfrac{2}{1-\mathrm{j}\cot\frac{\delta}{2}}$，代入可得

$$Z_m = \left(\frac{1}{2}Z_\Sigma - Z_S\right) - \mathrm{j}\frac{1}{2}Z_\Sigma\cot\frac{\delta}{2} = \left(\frac{1}{2}-\rho_S\right)Z_\Sigma - \mathrm{j}\frac{1}{2}Z_\Sigma\cot\frac{\delta}{2} \tag{3.113}$$

$$\rho_S = \frac{Z_S}{Z_\Sigma}$$

式中　ρ_S——S 侧系统阻抗占系统总联系阻抗的比例。

可见，系统振荡时，保护安装处 M 的测量阻抗由两部分组成：第一部分为 $\left(\dfrac{1}{2}-\rho_S\right)Z_\Sigma$，它对应于从保护安装处 M 到振荡中心点 OC 的线路阻抗，只与保护安装处到振荡中心的相对位置有关，而与功角 δ 无关；第二部分为 $-\mathrm{j}\dfrac{1}{2}Z_\Sigma\cot\dfrac{\delta}{2}$，垂直于 Z_Σ，随着 δ 的变化而变

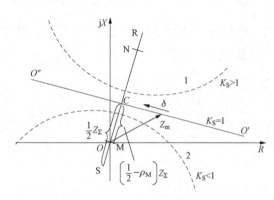

图 3.35　测量阻抗的变化轨迹

化。当 δ 由 0°变化到 360°时，测量阻抗 Z_m 的末端沿着一条经过阻抗中心点 OC，且垂直于 Z_Σ 的直线 $\overline{O'O''}$ 自右向左移动，如图 3.35 所示。当 $\delta=0$°（＋）时，测量阻抗 Z_m 位于复平面的右侧，其值为无穷大；当 $\delta=$ 180°时，测量阻抗 Z_m 值最小，变成 $\left(\dfrac{1}{2}-\rho_S\right)Z_\Sigma$，位于系统阻抗角的方向上，相当于在振荡中心处发生三相短路，可能引起保护的误动。当 $\delta=360$°（－）时，测量阻抗的值也为无穷大，但位于复平面的左侧。

由图 3.35 可见，保护安装处 M 到振荡中心 OC 的阻抗为 $\left(\dfrac{1}{2}-\rho_S\right)Z_\Sigma$，它与 $\rho_S=\dfrac{Z_S}{Z_\Sigma}$ 的大小密切相关。当 $\rho_S<\dfrac{1}{2}$ 时，即保护安装在送电端且振荡中心位于保护的正方向时，振荡时测量阻抗末端轨迹的直线 $\overline{O'O''}$ 在第一象限内与 Z_Σ 相交，根据保护的动作特性，测量阻抗可能穿越动作区；当 $\rho_S=\dfrac{1}{2}$ 时，保护安装处 M 正好就是振荡中心，该阻抗等于 0，测量阻抗末端轨迹的直线 $\overline{O'O''}$ 在坐标原点处与 Z_Σ 相交，将穿越保护动作区；当 $\rho_S>\dfrac{1}{2}$ 时，即振荡中心在保护的反方向上，振荡时测量阻抗末端轨迹的直线 $\overline{O'O''}$ 在第三象限内与 Z_Σ 相交，不会引起方向阻抗特性保护的误动作。可见距离保护安装在系统不同的位置，受振荡的影响是不同的。

3. 电力系统振荡对距离测量元件特性的影响

在图 3.33 所示的双侧电源系统中，M 处装有距离保护 1，采用圆特性的方向阻抗元件，距离Ⅰ段的整定阻抗为线路阻抗的 80%，振荡对 M 侧距离Ⅰ段测量元件的影响如图 3.36 所示。

根据前面的分析，振荡过程中若振荡中心落在母线 M、N 之间的线路上，随功角 δ 变化，M 处保护的测量阻抗末端，将沿图 3.36 中的直线 $\overline{O'O''}$ 移动。当功角 δ 处在 $\delta_1\sim\delta_2$ 范围内时，M 侧测量阻抗落入动作范围，其距离元件动作（属误动作），误动作的时段自功角 δ_1 开始至 δ_2 结束。当振荡中心落在本线

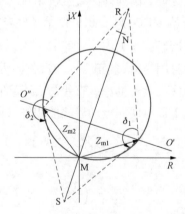

图 3.36　振荡对 M 侧距离测量元件的影响

路距离Ⅰ段动作范围之外时，距离Ⅰ段将不受振荡的影响。但由于距离Ⅱ段及距离Ⅲ段的整定阻抗一般较大，振荡过程中测量阻抗比较容易进入其动作范围（通常指当振荡中心位于距离保护正方向时），所以距离Ⅱ段及距离Ⅲ段的测量元件可能会发生周期性动作。不过，它们都带有延时元件，如果振荡引起误动作的时段小于延时，则距离测量元件的短时误动作不会引起距离保护出口误动作。

总之，电力系统振荡时，阻抗元件是否误动、误动的时间长短与保护安装位置、保护动作范围、动作特性的形状和振荡周期长短等有关，安装位置离振荡中心越近、整定值越大、动作特性曲线在与整定阻抗垂直方向的动作区越大时，越容易受振荡的影响，振荡周期越长误动的时间越长，但并不是安装在系统中所有的阻抗继电器在振荡时都会误动。不过，生产厂商在距离保护装置产品中通常都配备振荡闭锁功能（供选择使用），使之具有通用性。

4. 电力系统振荡与短路时电气量的差异

电力系统振荡过程可能引起距离保护的误动作，因此需要进一步分析比较电力系统振荡与短路时电气量的变化特征，找出其间的差异，用以构成振荡闭锁元件，以便在单纯系统振荡时闭锁距离保护和在振荡又并发本线路故障时采取其他应对措施。

（1）全相振荡过程中，三相完全对称，没有负序和零序分量出现；而当短路时，或者较长时间（不对称短路过程中）或者瞬间（三相短路突发瞬间）出现负序或零序分量。另外，实际电力网络运行中，还有可能发生非全相振荡，譬如，若振荡发生在单相跳闸而尚未重合闸过程中，断路器非全相偷跳或因单相接地故障引起单跳（后者是我国应对单相接地故障的主要做法，以提高超高压电网稳定性），这时振荡过程也会出现非正序分量，这种复杂情况请读者查阅其他文献书籍。

（2）振荡过程中，电气量呈现周期性的变化，其变化速度$\left(\dfrac{\mathrm{d}U}{\mathrm{d}t}、\dfrac{\mathrm{d}I}{\mathrm{d}t}、\dfrac{\mathrm{d}Z}{\mathrm{d}t}\text{等}\right)$与系统功角的变化速度一致，当两侧功角$\delta$摆开至$180°$时相当于在振荡中心发生三相短路，但这需要一定时间（与振荡周期相关），相对于短路故障突发过程则比较慢。短路故障发生时，测量值瞬间变化，变化速度很快，并且短路后短路电流、各点的残余电压和测量阻抗在不计衰减时可视为保持不变。

（3）振荡过程中，由于电气量呈现周期性的变化，即使进入阻抗特性动作范围，距离测量元件在一个振荡周期内将动作（属误动作）和返回各一次；而短路时距离测量元件或者保持动作（区内短路），或者一直不动作（区外短路）。

3.8.3　距离保护的振荡闭锁措施（Measures of Power Swing Blocking）

距离保护的振荡闭锁措施是指电力系统发生振荡过程中防止距离保护因此误动作的技术措施，简称振荡闭锁。我国电网的实际情况以及长期的运行经验表明，处理系统振荡的有效方法是尽量保持整个系统的完整性，不允许手动或由继电保护自动任意地解列线路（预定解列点除外）。因为在复杂的电网中，抑制系统振荡需要合理应用一系列措施，主要包括快关水门、压大型机组（一般是水电机组）出力、切机切负荷、关键联络线或功率断面解列等，这属于电力系统稳定控制范畴。从这个角度说，线路保护，主要是距离保护在系统振荡时不应误动作，故要求距离保护（尤其是超高压输电线路的距离保护）中采取振荡闭锁措施。

距离保护的振荡闭锁措施，在工程应用中应能够满足以下基本要求：

（1）充分考虑可能引起系统振荡的各种故障和扰动原因，当系统发生全相或非全相振荡时，距离保护装置不应误动作跳闸。

（2）在系统处于全相或非全相振荡过程中，被保护线路再发生各种类型的不对称故障，保护装置应有选择性地动作跳闸（同时要求纵联保护仍应快速动作，见第4章）。

（3）当系统在全相振荡过程中再发生被保护线路三相故障时，保护装置应可靠动作跳闸，但因技术措施的局限，对此罕见故障允许带短延时动作。

距离保护主要有以下几种振荡闭锁措施：

1. 利用故障特征量启动和短时开放保护来实现振荡闭锁

电力系统动态稳定分析和长期运行经验表明，系统自故障（主要指短路故障）发生到振荡开始的时间不短于 $0.2\sim0.3s$，在此期间阻抗测量元件一定能正确判定保护区内外故障（既不会误动也不会拒动）。如果系统发生故障时，仅短暂开放距离保护并采取相适应的跳闸模式，就能有效地实现距离保护的振荡闭锁，并保证区内故障可靠跳闸。

为了提高保护动作的可靠性，在电力系统无故障时，距离保护的动作出口一直处于闭锁状态；当系统发生故障时，按时限（留有裕度）短时开放距离保护跳闸出口，随后将其闭锁，以避免外部故障引起振荡造成误动作；仅在跳闸出口短时开放时间内，若阻抗元件动作，表明故障点位于其动作范围之内，允许瞬时跳闸（距离Ⅰ段）或保持跳闸出口开放状态等待阻抗元件延时跳闸（距离Ⅱ段）。但应注意，这种做法的前提是必须能瞬时发现系统故障（并由此确定短时开放的时间起点），而这又依靠对故障特征量的实时监测才能实现。上述两方面相结合，形成利用故障特征量启动和短时开放保护来实现距离保护振荡闭锁的措施，简称为短时开放保护式振荡闭锁措施，其原理逻辑图如图3.37所示。

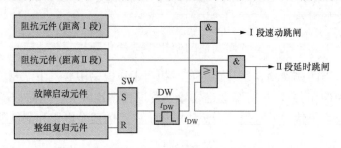

图 3.37　故障时短时开放保护式振荡闭锁原理逻辑图

（1）短时开放保护或振荡闭锁的工作原理。图3.37中，故障启动元件和整组复归元件在系统正常运行或静态稳定被破坏时都不会动作，这时双稳态触发器SW以及单稳态触发器DW均处于复位状态，保护装置的距离Ⅰ段和Ⅱ段出口均被闭锁，因此，无论阻抗元件本身是否动作，保护装置都一定不会动作于跳闸，可有效避免发生误动。当系统发生故障时，作为故障扰动感知的故障启动元件立即动作，动作信号经由双稳态触发器SW记忆，直至保护整组复归。SW的输出信号，又经单稳态触发器DW产生时间宽度为 t_{DW} 的短时开放脉冲信号，控制距离Ⅰ段、Ⅱ段的跳闸出口。在 t_{DW} 内若阻抗元件（包括距离Ⅰ段或Ⅱ段）动作，则经各段与门允许，使保护按距离Ⅰ段无延时或距离Ⅱ段延时动作（因Ⅱ段出口在"短时开放"期间的动作已被自保持）于出口跳闸；若在 t_{DW} 内阻抗元件（包括距离Ⅰ段或Ⅱ段）均无动作，保护不会出口跳闸；若超出 t_{DW}，距离Ⅰ段或Ⅱ段的出口将重新被闭锁。最后直至保护整组复归条件得以满足，由整组复归元件使SW重新复位，为下次开放保护做好准备。

　　故障启动元件是振荡闭锁的关键元件之一，其主要作用是灵敏感知电力系统的各种故障并快速发出故障启动指令。故障启动元件只需监测系统是否发生了故障，而无需判定故障区域与性质（如判定故障距离是距离测量元件的任务）。故障启动元件直接反应短路故障（大扰动），预示着随后系统极有可能发生振荡（即摇摆振荡或因失去动态稳定而发生失步振荡），因此也称为动稳破坏启动元件。

　　由单稳态触发器 DW 产生时宽为 t_{DW} 的短时开放脉冲信号，t_{DW} 称为振荡闭锁的开放时间，或称允许动作时间。t_{DW} 选择需兼顾两个原则：①应保证在正向区内故障时维持足够长的时间，使距离Ⅰ段出口能可靠跳闸，距离Ⅱ段出口能可靠启动并实现自保持，因而时间不能太短，一般不应小于 0.1s；②应保证在区外故障引起振荡时，测量阻抗不会在故障后的 t_{DW} 时间内进入动作区，因而时间又不能太长，参见前面分析，一般不应大于 0.3s。因此，开放时间取为 $t_{DW}=0.1\sim0.3s$，数字保护中则一般取为 0.15s 左右。

　　整组复归元件（详见本章 3.12 节）通常在故障或振荡消失后再经过一段附加延时（这与保护装置其他元件和功能相关）后动作，由它发出信号将起启动记忆作用的双稳态触发器 SW 复位。整组复归元件与故障启动元件、故障启动记忆器件 SW、短时开放时宽控制器件 DW 相配合，保证在一次故障的整个过程中，保护只被短时开放一次，其余时间则处于闭锁状态，确保振荡过程中距离保护不发生误动。不过，在此闭锁期间（即振荡闭锁开始到整组复归这段时间），如果线路再发生（保护区内）故障，距离保护将失去切除故障能力，对此缺陷必须加以补救。目前通行做法是在振荡闭锁环节中增加对振荡过程再发生故障的判别和使保护重新开放的措施。

　　短时开放式振荡闭锁措施原理简单、动作可靠，避免了判定是否处于振荡状态的复杂过程及其可能对距离保护快速性、可靠性的不良影响，在我国距离保护中得到普遍应用，并被实践证明行之有效。

　　（2）短时开放保护式振荡闭锁的工程应用。我国距离保护装置中使用的振荡闭锁方案多以短时开放原理为基础，并综合考虑实际复杂工况的特点构成。下面对此作扼要介绍，并作为对短时开放式振荡闭锁方案的总结与完善：①距离Ⅰ、Ⅱ段因在系统振荡中会发生误动而必须经振荡闭锁逻辑的控制。②依据反映系统突发故障的启动元件的动作信号使保护置于短时开放振荡闭锁逻辑的控制之下，短时开放时间一般为 150ms。③在短时开放期间，距离Ⅰ段保护区内故障可以正常出口跳闸，距离Ⅱ段保护区内故障状态则被记忆且维持其出口开放以便距离Ⅱ段阻抗元件延时跳闸，否则，距离Ⅰ段、Ⅱ段的跳闸出口在短时开放时间后被闭锁。④依据反映系统静稳破坏的启动元件的动作信号使保护不经延时直接进入振荡闭锁过程，距离Ⅰ、Ⅱ段跳闸出口均被闭锁。若突发故障启动元件先于静稳破坏启动元件动作，则立即将后者闭锁（防止在故障扰动期间静稳破坏启动元件误动作）。⑤振荡闭锁过程中线路再发生故障则由故障再开放判据重新开放保护跳闸出口，即距离Ⅰ、Ⅱ段按阻抗测量元件判断保护区内故障后，还需经故障再开放判据允许才能切除线路（下文说明）。⑥待故障（含内外部故障）切除或振荡平息并经附加延时确认后，振荡闭锁环节随距离保护装置一起整组复归，为下次动作做好准备并确保其在一次完整故障及振荡过程中仅闭锁一次。⑦当距离Ⅲ段延时大于 1.5s（通常都能满足）时，可不经振荡闭锁控制。工程实用中短时开放保护式振荡闭锁原理逻辑图如图 3.38 所示。

　　在图 3.38 所示的振荡闭锁工程方案中，较图 3.37 所示故障启动元件（亦即动稳破坏启

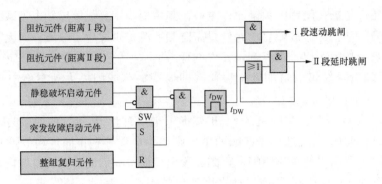

图 3.38　工程实用中短时开放保护式振荡闭锁原理逻辑图

动元件）多了一个反映系统静稳破坏的静稳破坏启动元件，这是因为电力系统可能因调节失当等原因（即所谓小扰动）引起静态稳定丧失而发生系统振荡，这与前述由短路故障等原因（即所谓大扰动）引起动态稳定丧失而发生系统振荡相比，它们都会影响距离保护的正确动作而需要采用大致相同的振荡闭锁措施，不过前者发生时，系统三相对称且并无突发故障引起的电量突变，因此前述启动判据无法监测静稳破坏（引起振荡）现象，需要采用不同的启动判据，常用相间测量阻抗进入距离Ⅲ段范围并经延时（延迟判定以提高防误闭锁的可靠性，必要时还增加相电流大于线路最大负荷电流辅助判据以进一步提高防误闭锁的可靠性）作为静稳破坏启动判据。另外，当该启动判据动作时，认为系统静稳失步已经发生，故应不经短时开放保护逻辑而闭锁保护。从改善距离保护可靠性〔具体指保护防故障拒动的可靠性，即信赖性（dependability）〕的要求出发，静稳破坏启动判据还须经故障启动元件闭锁，这意味着一旦监测到系统已发生故障而启动距离保护及其振荡闭锁元件后，仅将动稳破坏失步振荡作为预期，本次故障中不再考虑静稳破坏问题。

2. 利用测量阻抗变化率来实现振荡闭锁

在电力系统发生短路故障时，测量阻抗 Z_m 因负荷阻抗 Z_Load 突变为短路阻抗而发生瞬间变化；在系统振荡时，测量阻抗 Z_m 则按振荡过程较为缓慢地变化为保护安装处到振荡中心点的线路阻抗。因此，可以根据测量阻抗的变化速率不同来实现振荡闭锁，其原理可以用图 3.39 来说明。图 3.39（b）中有两个具有偏移阻抗圆特性的阻抗元件，其中 KZ1 为高阻抗整定值的阻抗元件，KZ2 为低阻抗整定值的阻抗元件。KZ1 的动作边界应躲开线路最大负荷阻抗并保持足够裕度，KZ2 的动作边界则应接近但不小于保护阻抗元件的动作边界。如前分析，该动作边界可以反映振荡过程中阻抗元件临界动作所对应的功角 δ，功角摆动 $\delta_1 \sim \delta_2$ 的时间差则可由 KZ1 动作到 KZ2 动作的时间差 $\Delta t(\Delta\delta)$ 来表征，理想情况下它们与振荡周期 T_OC 满足关系 $\dfrac{\Delta t(\Delta\delta)}{T_\mathrm{OC}} = \dfrac{\delta_2 - \delta_1}{360°}$，即上述时间差为 $\Delta t(\Delta\delta) = \dfrac{\delta_2 - \delta_1}{360°} \cdot T_\mathrm{OC}$。另外，图中 DT 是一种延时元件，具有延时动作、瞬时返回的功能。

图 3.39 所示逻辑，平时开放保护输出处于闭锁状态，在 KZ1 动作后将维持 D2 开放 Δt 时段（即经 Δt 延时后闭锁 D2），如果在这段时间内 KZ2 动作，将发出开放保护的指令，并通过 D2 出口反馈闭锁 D1、DT 而自动保持 D2 开放，直到 KZ2 返回；如果在 Δt 时间内 KZ2 不动作，DT 返回而闭锁 D2，保护将维持不被允许开放。突发短路故障时，测量阻抗的变化率较大，KZ1、KZ2 的动作时间差小于 Δt，开放保护直至故障被切除（即 KZ2 返

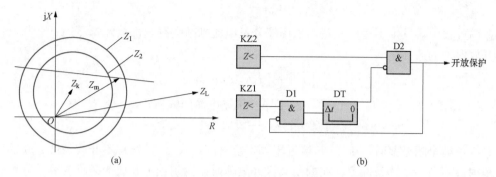

图 3.39　利用电气量变化速度实现构成振荡闭锁
(a) 原理示意图；(b) 逻辑框图

回）；系统振荡时，测量阻抗变化率较小，只要 KZ1、KZ2 的动作时间差大于 Δt，保护不会被开放。注意，这与前面短时开放有所不同，测量阻抗在振荡过程中每次进入 KZ1 的动作区后，D2 都会被开放一定时间（即周期性开放），在此期间为振荡过程中再故障（这时 KZ2 将在 Δt 延时内快速动作）时开放保护做好了准备。显然，这对于振荡过程再发生故障时距离保护的动作是有利的，当然，为此尚需考虑振荡闭锁元件的阻抗特性、延时特性与距离元件特性之间的配合等问题，请读者思考。

由于上述方法对测量阻抗变化率的判断通常是由两个不同大小的阻抗圆完成的，所以这种振荡闭锁措施又俗称为大圆套小圆式振荡闭锁原理。

3. 利用动作延时来防止振荡引起阻抗元件误动

电力系统振荡时，距离保护的测量阻抗随功角 δ 而不断变化，在功角 δ 到达某个角度时，测量阻抗进入阻抗特性的动作区，随功角 δ 继续变化到另一个角度时测量阻抗又从测量阻抗动作区移出，即测量阻抗表现为周期性的进入（或移出）阻抗特性的动作区，因此，只要距离保护的延时大于测量阻抗穿越动作区的时间，就可避免系统振荡引起的误动作。显然，这种方法只适合于距离保护的后备段。距离保护躲振荡的时延与系统振荡周期、阻抗元件的动作特性和整定阻抗等因素有关，通常应按躲过（大于）系统可能发生的最长振荡周期来考虑和计算。长期实践经验表明，考虑目前电力系统的最长振荡周期（不超过 3s），根据前面的分析，对于按躲过最大负荷整定的距离保护Ⅲ段阻抗元件，测量阻抗落入其动作区的时间小于 $1.0 \sim 1.5$s，故距离Ⅲ段的动作延时整定值只要大于 $1.0 \sim 1.5$s，就能避免系统振荡引起保护误动作。

利用长延时防振荡误动的措施可以在系统振荡过程中不退出距离保护，为振荡中线路再故障保留了一个简单可靠的后备距离Ⅲ段。另外，此项措施与距离Ⅰ、Ⅱ段的振荡闭锁措施相结合，可构成距离保护振荡闭锁的完整方案。

3.8.4　振荡过程中再故障的判断（Detection of Fault during Power Swing）

短时开放保护的振荡闭锁措施中，如果在振荡闭锁过程中线路又发生了内部故障，距离保护Ⅰ、Ⅱ段不能动作，故障将无法被快速切除。为克服此缺点，振荡闭锁元件中可以增设振荡过程中再故障的判别逻辑，当由其监测和判定振荡过程中又发生线路内部短路时，立即再次开放距离保护，允许阻抗测量元件在检测到保护区内短路故障时出口跳闸。下面讨论全相振荡中再故障的保护开放判据，非全相振荡再故障的保护开放问题请参阅其他文献书籍。

1. 振荡过程中再发生不对称短路时的开放判据

振荡过程中再发生不对称短路,采用序分量电流判断线路内部故障,可用下列判据作为重新开放保护的条件

$$|\dot{I}_2| + |\dot{I}_0| \geqslant m|\dot{I}_1| \qquad (3.114)$$

式中 $|\dot{I}_2|$、$|\dot{I}_0|$、$|\dot{I}_1|$——负序、零序和正序电流的幅值;

m——比例系数,一般取 0.5~0.7。

系统单纯全相振荡时,$\dot{I}_0$、$\dot{I}_2$ 接近于零,容易满足式(3.114)不开放条件。m 的取值也应根据最不利的系统条件下,在振荡又区外故障时振荡闭锁不开放为条件验算,并留有足够的裕度。这与单纯振荡过程测量阻抗何时进入阻抗特性动作范围有关,如需要考虑线路最大负荷状态(即线路两侧故障前等值电动势的功角 δ)和线路长度等因素,详情请参阅其他文献书籍。

2. 振荡过程中再发生对称短路时的开放判据

全相振荡中再发生三相对称性故障时,由于不存在负序分量和零序分量,式(3.114)得不到满足,保护不会开放。为此,必须设置专门的对称故障判别元件。

对称故障判别元件的动作判据为

$$-0.03(标幺值) < U_1\cos\varphi < 0.08(标幺值) \qquad (3.115)$$

式中 U_1——正序电压;

φ——正序电流落后于正序电压的相角。

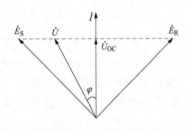

图 3.40 系统电压相量图

$U_1\cos\varphi$ 为正序电压相量 $\dot{U}_1$ 在正序电流相量 $\dot{I}_1$ 方向上的投影,是一个标量。系统电压相量如图 3.40 所示,假定系统联系阻抗的阻抗角为 90°(忽略电阻),则电流相量垂直于 $\dot{E}_S$、$\dot{E}_R$ 末端连线,与振荡中心电压同相。在系统正常运行或系统振荡时,$U_1\cos\varphi$ 恰好反映(或近似为)振荡中心的正序电压,即有 $U_{OC}=U_1\cos\varphi$,当功角 δ 摆动到 180° 附近时,该电压值很小,可能会满足式(3.115),但当 δ 摆动到其他角度时,该电压值较高,不会满足式(3.115);而当发生三相短路时,$U_1\cos\varphi$ 为过渡电阻上的压降,三相短路时过渡电阻为弧光电阻,弧光电阻上的压降通常不大于 $6\%U_N$(额定电压),且与故障距离无关,基本不随时间发生变化。由此分析可见,振荡过程中再次发生三相故障时,式(3.115)会一直被满足,而在仅有系统振荡时,式(3.115)仅在较短的时间内满足,其余时间均不满足。这样,用式(3.115)配合延时就能够区分三相短路故障和单纯全相振荡。

而实际系统中,联系阻抗的阻抗角一般不为 90°,因而需进行必要的角度补偿,使得实用判据的构成要复杂一些,本书不详述。

3.8.5 距离保护振荡闭锁环节的启动元件(Starting Elements of Distance Protection with Power Swing Blocking)

振荡闭锁的启动过程需要适应电力系统故障和异常状态下的复杂工况,且与距离保护的其他功能的启动要求相关,因此距离保护的启动元件与其振荡闭锁的启动元件往往一并考虑。启动元件的构成原理是距离保护的关键技术之一,不仅如此,启动元件不单是距离保护

装置，也是各种继电保护装置尤其是数字式继电保护装置的重要元件，其一般性讨论以及启动判据的实现算法参见第 9 章，这里仅从距离保护及其振荡闭锁的功能需求角度，围绕配合短时开放保护式振荡闭锁措施的实施，讨论启动元件的原理判据和主要特点。

为了提高保护动作的可靠性，在电力系统无故障时，距离保护的跳闸出口一直处于闭锁状态。启动元件用来实现对电力系统可能发生的各种故障和异常扰动的全时监视和感知，并在发现系统出现故障和异常扰动后，按扰动性质和保护要求及时向其他相关元件发出启动指令和开放跳闸出口。不过启动元件只需监测系统是否发生了故障和异常扰动，而无需判定故障区域与性质（譬如判定故障距离是距离测量元件的任务）。

距离保护的启动元件必须兼顾各种可能引起系统振荡的故障或扰动工况以便实现完备的振荡闭锁功能，它主要包括两类三种判据：

（1）故障启动判据，反映因短路故障（大扰动）诱发系统摇摆振荡或失步振荡的预期，故又称为动稳破坏启动判据，它将引导振荡闭锁元件进入短时开放保护逻辑（距离保护在短时开放后进入振荡闭锁状态和故障再开放逻辑）。故障启动判据通常需要满足灵敏度高、动作速度快、反应各种类型短路故障以及在系统振荡过程不误动等多方面要求，因此又分为电流突变量启动判据和负序或零序分量启动判据两种。

（2）静稳破坏启动判据，反映系统因小扰动而失去同步而发生振荡的现象，它将引导振荡闭锁元件不经短时开放保护逻辑而直接维持闭锁距离Ⅰ、Ⅱ段的跳闸出口，使距离保护直接进入振荡闭锁状态和故障再开放逻辑。静稳破坏启动判据的动作信号需要经故障启动判据动作信号的闭锁，以提高距离保护对保护区内短路故障动作的可靠性。

下面简介这三种启动判据。

1. 电流突变量启动判据

反应电流突变量（故障分量或突变分量，简称突变量）的故障启动判据是根据在系统正常或振荡时电流变化比较缓慢，而在系统故障时电流会出现突变这一特点来进行故障判断的。电流突变量可用相隔完整工频周期的电流瞬时值的差值来表征，即

$$|\Delta i(t)| = |i(t) - i(t-T)| \tag{3.116}$$

式中　T——工频周期。

上述相差一个工频周期的电流瞬时值差，在正常运行工况下由于电流变化缓慢而近似为零，但在突发故障引起电流突变的瞬间［如 $i(t)$ 为故障后的电流，而 $i(t-T)$ 为故障前的电流］呈现较大的差值。这种电流突变的检测，既可以采用模拟电路的方法实现，也可以采用数字计算的方法实现，在数字式继电保护中，通常可采用瞬时采样值计算（参见第 9 章）。不过，当系统虽无短路故障但其运行频率偏离工频以及在系统振荡过程中，直接采用上述算法也会呈现一定的差值（即不平衡差值）。根据前面关于对振荡闭锁措施的分析和要求，既不希望由此不平衡差值引起启动元件动作，也不希望提高启动门槛而降低启动元件的灵敏性，故电流突变量可采用下述改进算法

$$\Delta\Delta i(n) = |\Delta i(t)| - |\Delta i(t-T)| = |i(t) - i(t-T)| - |i(t-T) - i(t-2T)| > I_{s.set} \tag{3.117}$$

因此，电流突变量启动判据的基本形式为

$$\Delta\Delta i(n) > I_{s.set} \tag{3.118}$$

式中　$I_{s.set}$——启动门槛（整定值）。

保护装置中实际使用的电流突变量启动判据，常常在上述基本判据的基础上有所变化，以进一步减少不平衡电流和改善启动的可靠性，譬如两种"浮动门槛＋固定门槛"式电流突变量启动判据式分别为

$$\Delta\Delta i(t) > k_1 \Delta\Delta i(t-T) + k_2 I_N$$
$$|\Delta i(t)| > k_1 |\Delta i(t-T)| + k_2 I_N \tag{3.119}$$

式中　k_1——浮动门槛，经验值取为 1.25；

　　　k_2——固定门槛，经验值取为 0.20；

　　　I_N——额定电流。

实用中，电流突变量常采用两相电流差（主要用以反应相间短路）或采用相电流（可更好地兼顾反应相间和接地短路），各相别中任何一相判据动作则保护启动。突变量可近似反映故障分量（或附加分量、叠加分量），由短路分析，它与保护安装处背后的系统等值阻抗有关，与短路点过渡电阻无关，而且突变量只会在故障突发一段时间内存在，这些都是突变量启动判据的重要特点。

2. 负序或零序分量启动判据

当电力系统系统正常运行或因静稳定破坏而引发振荡时，系统均处于三相对称状态，电压、电流中均无负序或零序分量；而当电力系统发生各种类型的不对称短路（最为多发）时，故障电压、电流中均会出现较大的负序或零序分量。电力系统发生的三相对称性短路，一般由不对称短路发展而来，因此会短时出现负序、零序分量。负序或零序分量也是故障分量，它的大小由保护安装处背后的系统等效阻抗确定，与故障点过渡电阻的大小无关。不对称故障具有持续和稳定的特点，利用负序或零序分量作为启动判据，可以灵敏和稳定地检测不对称故障，故又将其称为（故障）稳态量启动判据。

以零序分量启动判据为例，如果保护安装处背后系统等效零序阻抗较小，则零序电流较大而零序电压较低，反之则零序电流较小而零序电压较高。因此，综合利用零序电流和零序电压可以在各种接线和运行工况下保证启动灵敏度。零序分量的基本启动判据可表示为

$$(I_0 > I_{0.s.set}) \bigcup (U_0 > U_{0.s.set}) \tag{3.120}$$

另外，必要时也采用零序分量（零序电流及零序电压）构成零序分量突变量启动判据，以减少系统正常运行中因其结构不平衡引起的稳态不平衡零序分量，改善接地故障的启动灵敏度。

3. 静稳破坏启动判据

静稳破坏启动判据又称为静稳破坏检测元件，用于检测系统正常运行状态下发生静态稳定破坏而引起的系统振荡。系统失去静态稳定时，相电流将逐渐上升但不会突变，因此，可以利用相电流突变量元件不启动，而相间测量阻抗进入相间距离Ⅲ段整定阻抗的范围并持续60ms 以上，即判为系统失去静态稳定。根据静稳破坏启动判据的动作指令，距离保护将不经短时开放保护逻辑而直接进入振荡闭锁状态（即维持闭锁保护的跳闸出口）和故障再开放逻辑。

相间阻抗元件常采用全阻抗圆特性，可只用一相（如 BC 相）阻抗元件，其动作方程为

$$90° < \arg\left(\frac{\dot{U}_{BC} + Z_{set}^{Ⅲ}\dot{I}_{BC}}{\dot{U}_{BC} - Z_{set}^{Ⅲ}\dot{I}_{BC}}\right) < 270° \tag{3.121}$$

采用 60ms 延时是因为静稳破坏引起振荡过程的发展较慢，允许延迟判定以提高防误闭

锁的可靠性。另外，实用中往往还辅以过电流判据，即当相电流大于线路最大负荷电流时才开放相间阻抗元件。如前所述，静稳破坏启动信号须经故障启动判据闭锁。为避免距离测量元件在 TV（电压互感器）断线时发生误动，静稳破坏启动信号还须经 TV 断线判别元件的闭锁。

3.9 故障类型判别和故障选相
(Fault Type Detection And Fault Phase Selection)

3.9.1 故障类型判别和故障选相基本概念（Basic Concepts of Fault Type Detection And Fault Phase Selection）

根据 3.2 节的分析，为了使距离元件准确地测量故障距离，需要正确判别故障类型和故障相别（或者说确定相应的故障环路），以便在式（3.5）和式（3.6）［或式（3.7）和式（3.9）］所示 6 个距离测量元件中选取恰当的一个元件或认定其中一个元件的判别结果。此外，为提高电力系统的稳定性，我国在 220kV 及以上电压等级的超高压输电线路上，单相接地故障一般采用故障相单相跳闸的方式（进而可在瞬时性故障消除后，通过单相重合闸，快速恢复跳开线路的正常连接，详见第 5 章），这也需要正确选择故障相。故障类型和故障相别判别的任务（简称故障选相）由故障选相元件（简称选相元件）来完成。需要指出，选相元件只负责故障选相，而无需承担判定故障区域的任务（故障距离及方向的判定由距离测量元件完成）。选相元件的基本要求如下：

（1）选相准确，能正确判别任何类型和相别的故障。由 3.2 节的分析可知，单相接地故障必须采用接地距离元件，如式（3.6）所示；而其他类型的故障均能采用相间距离元件，如式（3.7）所示。因此，选相元件的最基本要求是正确区分单相故障与多相故障，当然还必须正确选出故障相别。

（2）判别速度快，不因选相过程而影响保护的整组动作速度。

（3）检测灵敏度高，选相元件的灵敏度应高于距离（阻抗）元件的灵敏度。这样才能避免出现虽距离（阻抗）元件测量正确，但选相元件却因灵敏度不足而误选相，从而造成距离保护误动作的问题。

（4）抗振荡能力强，在系统振荡过程中也能正确地选出故障相。

直观的认识，发生短路故障时故障相电流较非故障相电流增大，但如此简单利用相电流的选相效果并不好，因为电流门槛必须躲开健全相的最大运行（负荷）电流，这在线路重负荷、运行方式变化较大以及经高电阻接地故障等情形下会因灵敏度不足造成选相失败，最严重的情况发生在受电端弱馈侧，故障电流可能小于负荷电流。为了克服此缺点，工程应用中提出和采用了多种成功的故障选相方法，这里仅介绍广泛采用的基于相电流差突变量的故障选相（常简称为突变量选相）方法。

3.9.2 基于相电流差突变量的故障选相（Fault Type Detection Based on the Superimposed Components of Phase‐to‐Phase Current Differences）

提高电流选相元件灵敏度的关键是避免负荷电流的影响，利用电流突变量（反映故障分量或叠加分量）可以有效解决这一问题，因为它与负荷电流无关。目前广泛应用的是一种反映相电流差的突变量的选相元件，相电流差突变量相量的定义为

$$\left.\begin{aligned}\Delta \dot{I}_{AB} &= \Delta \dot{I}_A - \Delta \dot{I}_B = (\dot{I}_A - \dot{I}_A^{[0]}) - (\dot{I}_B - \dot{I}_B^{[0]}) = (\dot{I}_A - \dot{I}_B) - (\dot{I}_A^{[0]} - \dot{I}_B^{[0]}) \\ \Delta \dot{I}_{BC} &= \Delta \dot{I}_B - \Delta \dot{I}_C = (\dot{I}_B - \dot{I}_B^{[0]}) - (\dot{I}_C - \dot{I}_C^{[0]}) = (\dot{I}_B - \dot{I}_C) - (\dot{I}_B^{[0]} - \dot{I}_C^{[0]}) \\ \Delta \dot{I}_{CA} &= \Delta \dot{I}_C - \Delta \dot{I}_A = (\dot{I}_C - \dot{I}_C^{[0]}) - (\dot{I}_A - \dot{I}_A^{[0]}) = (\dot{I}_C - \dot{I}_A) - (\dot{I}_C^{[0]} - \dot{I}_A^{[0]})\end{aligned}\right\}$$

$$(3.122)$$

$$\Delta \dot{I}_A = \dot{I}_A - \dot{I}_A^{[0]}$$
$$\Delta \dot{I}_B = \dot{I}_B - \dot{I}_B^{[0]}$$
$$\Delta \dot{I}_C = \dot{I}_C - \dot{I}_C^{[0]}$$

式中　$\Delta \dot{I}_{AB}$、$\Delta \dot{I}_{BC}$、$\Delta \dot{I}_{CA}$——相电流差突变量；

　　　$\Delta \dot{I}_A$、$\Delta \dot{I}_B$、$\Delta \dot{I}_C$——相电流突变量；

　　　$\dot{I}_A$、$\dot{I}_B$、$\dot{I}_C$——故障后相电流；

　　　$\dot{I}_A^{[0]}$、$\dot{I}_B^{[0]}$、$\dot{I}_C^{[0]}$——故障前相电流。

下面讨论基于相电流差突变量的故障选相逻辑和判据构成。在此之前还需要指出，故障类型判别和故障选相的第一步通常是区分接地还是非接地短路故障，这可根据测量信号中是否存在零序分量来进行判断。多采用零序过电流判据，为了提高接地故障判别的灵敏度和动作速度，也常采用零序电流突变量判据，并辅以零序过电流判据和零序过电压判据（改善复杂工况下和电流传感器暂态过程中突变量元件的可靠性），进而依据是否接地短路故障的判断，再分类进行相应类型故障的选相判别。

1. 单相接地短路及其故障相的判别

根据零序分量判定为接地短路故障后，首先按单相接地短路进行故障选相。为了提高选相灵敏度和可靠性，采用基于故障相电流差突变量制动（即反映相电流差突变量在不同相测量量之间的相对变化）的方法来进行选相，其判据为

若满足 $(m|\Delta \dot{I}_{BC}| \leqslant |\Delta \dot{I}_{AB}|) \cap (m|\Delta \dot{I}_{BC}| \leqslant |\Delta \dot{I}_{CA}|)$，则判为 A 相接地短路

若满足 $(m|\Delta \dot{I}_{CA}| \leqslant |\Delta \dot{I}_{BC}|) \cap (m|\Delta \dot{I}_{CA}| \leqslant |\Delta \dot{I}_{AB}|)$，则判为 B 相接地短路

若满足 $(m|\Delta \dot{I}_{AB}| \leqslant |\Delta \dot{I}_{CA}|) \cap (m|\Delta \dot{I}_{AB}| \leqslant |\Delta \dot{I}_{BC}|)$，则判为 C 相接地短路

$$(3.123)$$

式中　m——比例（或制动）系数，可整定值，一般系统结构下，可取 $4 < m < 8$。

以 A 相发生接地短路故障为例，设 $Z_{1\Sigma}$、$Z_{2\Sigma}$ 分别为系统正、负序网络的综合阻抗，Z_1、Z_2 分别为正、负序网络中保护所在支路的等效阻抗，则正、负序电流分配系数为 $C_1 = Z_{1\Sigma}/Z_1$、$C_2 = Z_{2\Sigma}/Z_2$。根据对称分量法并考虑突变量的特点可得

$$\Delta \dot{I}_{AB} = \Delta \dot{I}_A - \Delta \dot{I}_B = (1-a^2)C_1\Delta \dot{I}_{A1} + (1-a)C_2\Delta \dot{I}_{A2}$$
$$\Delta \dot{I}_{BC} = \Delta \dot{I}_B - \Delta \dot{I}_C = (a^2-a)C_1\Delta \dot{I}_{A1} + (a-a^2)C_2\Delta \dot{I}_{A2} \qquad (3.124)$$
$$\Delta \dot{I}_{CA} = \Delta \dot{I}_C - \Delta \dot{I}_A = (a-1)C_1\Delta \dot{I}_{A1} + (a^2-1)C_2\Delta \dot{I}_{A2}$$

由式（3.124）可见，非故障相的相电流差突变量不一定为零，而是与正序与负序故障分量电流的分配系数之差成正比。通常认为，系统正序与负序阻抗相等，非故障相的相电流差突变量近似为零，采用 $\Delta I_{BC} \leqslant \Delta I_{ps.set}$ 可判定为 A 相接地故障，并且恒定门槛 $\Delta I_{ps.set}$ 很小从

而保证较高的选相灵敏度。但实际工程应用中，各种原因（如大容量凸极发电机等）使得电力系统正序与负序阻抗有可能存在较大差异，为此不得不提高动作门槛整定值，使选相灵敏度降低而难于满足要求。而基于故障相电流差突变量制动的选相方法采用浮动门槛代替恒定门槛，可有效解决此问题。

由式（3.123）和式（3.124）的关系，可导出 m 的估计算法。譬如对 A 相接地短路选相有

$$m = K \times \min\left\{\frac{\Delta \dot{I}_{AB}}{\Delta \dot{I}_{BC}}, \frac{\Delta \dot{I}_{CA}}{\Delta \dot{I}_{BC}}\right\} \tag{3.125}$$

式中　K——可靠系数，一般可取 1.5～2.0。

根据最不利的具体运行条件（包括系统等效阻抗和线路参数）和故障状态，由式（3.125）估算 m 取值范围。在大多数电力系统结构下，经验取值范围为 $4 < m < 8$。

2. 两相接地短路及其故障相的判别

当满足接地短路故障的判定又不满足单相接地选相条件时，可判为两相短路接地故障。两相短路接地的故障选相也有多种方法，常用相电流差最大值来判断，即选择相电流差最大的两相为故障相。

3. 两相短路及其故障相的判别

如果根据零序分量判定为非接地短路故障时，可先判断是否满足两相短路。两相接地选相用相电流突变量最大值来判断。基于故障相电流突变量制动的选相判据如下

若满足$(m \mid \Delta \dot{I}_C \mid < \mid \Delta \dot{I}_A \mid) \cap (m \mid \Delta \dot{I}_C \mid < \mid \Delta \dot{I}_B \mid)$，则判为 AB 相接地短路

若满足$(m \mid \Delta \dot{I}_A \mid < \mid \Delta \dot{I}_B \mid) \cap (m \mid \Delta \dot{I}_A \mid < \mid \Delta \dot{I}_C \mid)$，则判为 BC 相接地短路

若满足$(m \mid \Delta \dot{I}_B \mid < \mid \Delta \dot{I}_A \mid) \cap (m \mid \Delta \dot{I}_B \mid < \mid \Delta \dot{I}_C \mid)$，则判为 CA 相接地短路

$$\tag{3.126}$$

式中　m——比例（或制动）系数，可整定值，一般系统结构下，可取 $4 < m < 8$。

4. 三相短路短路及其故障相的判别

最简单的做法，当上述条件都不满足时，便可判定为三相短路故障。或者当上述条件都不满足，且当上述三相相电流突变量最大值均大于整定门槛值时，则判定为三相短路故障。还可采用其他方法进行三相短路故障的判别，判据如下

$$[\min(\mid \dot{I}_A \mid, \mid \dot{I}_B \mid, \mid \dot{I}_C \mid) > 1.2 I_{phN}] \cup$$
$$\{[\max(\mid \dot{U}_{AB} \mid, \mid \dot{U}_{BC} \mid, \mid \dot{U}_{CA} \mid) < 0.7 U_{IN}] \cap [\max(\mid \dot{I}_A \mid, \mid \dot{I}_B \mid, \mid \dot{I}_C \mid) > I_G]$$
$$\cap [\max(\mid \dot{I}_A \mid, \mid \dot{I}_B \mid, \mid \dot{I}_C \mid) < 1.2 I_{phN}]\}$$

$$\tag{3.127}$$

式中　I_{phN}——额定相电流；

$\quad\quad U_{IN}$——额定线电压；

$\quad\quad I_G$——电流门槛值。

关于两相还是三相短路故障，还可以根据测量电流中是否含有负序分量，确定故障是两相还是三相短路故障。当负序电流大于门槛定值时，判定为两相故障，否则判定为三相故障。在判为两相故障的情况下，再求三个相电流突变量的最大值，与之对应的两相为故

障相。

基于相电流差突变量的故障选相流程如图 3.41 所示。

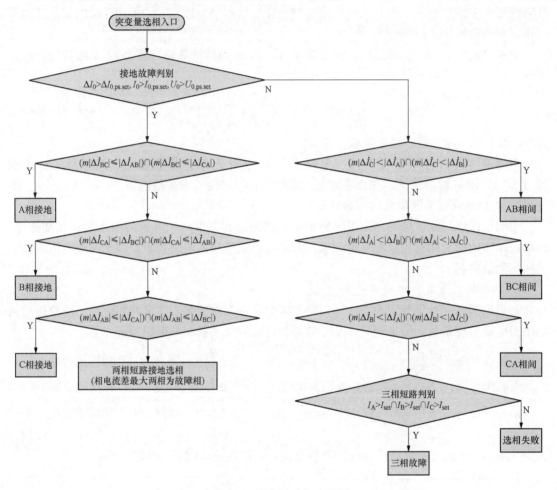

图 3.41 突变量选相流程图

基于相电流差突变量的故障选相元件反映故障分量，最大的优点在于不受负荷电流的影响，灵敏度高，动作速度快。我国超高压线路保护常配有（工频）故障分量阻抗元件（参见 3.10 节）以保证快速切除出口故障（动作时间为故障后半个周期左右），也需要这种快速选相元件。

故障选相的算法还有许多，例如利用序分量的选相原理等，请读者参考相关文献。

3.10 工频故障分量距离保护
(Distance Protection Using Power Frequency Fault Components)

距离保护的测量电压和测量电流以保护安装处故障后的全电压和全电流构成，本节介绍工频故障分量的概念及工频故障分量距离保护的构成原理和方法，并以工频故障分量距离保护为例，说明构成工频故障分量继电保护的原理和方法。

3.10.1 工频故障分量的概念 (Concept of Power Frequency Fault Components)

短路时电气变化量的计算如图 3.42 所示。以图 3.42（a）所示的双侧电源的电力系统为例，介绍工频故障分量的概念。

如图 3.42（a）所示的电力系统以某种非短路初始状态运行（正常运行、异常运行、两相运行等），当 k 点发生金属性短路故障时，故障点电压降为零。这时系统的状态可以用图 3.42（b）所示的等效状态来代替，图 3.42（b）中两附加电压源的电压大小相等、符号相反。假定电力系统为线性系统，则根据叠加原理，图 3.42（b）所示的运行状态又可以分解成图 3.42（c）和图 3.42（d）所示的两个运行状态的叠加。若令故障点处附加电源的电压值等于故障前状态下故障点处的电压，则图 3.42（c）相应于故障前的系统初始状态，各处的电压、电流均与故障前相同；图 3.42（d）为故障引入的附加故障状态，该系统中各处的电压、电流称为电压电流的故障分量或故障变化量、突变量。

系统在非短路初始状态下运行时，相当于图 3.42（c），这时 Δu 和 Δi 均为零，电压电流中没有故障分量。系统发生故障时，相当于图 3.42（d）的系统故障附加状态突然接入，这时 Δu 和 Δi 都不再为零，电压电流中出现故障分量。可见，电压、电流的故障分量，相当于图 3.42（d）所示的无源系统对于故障点处突然加上的附加电压源的响应。

将图 3.42（a）所示电力系统设为线性时不变系统，即假定故障发生后，非故障等效系统继续维持故障初始前状态不变（通常只能在故障后很短一段时间内，即电力系统仍维持当前暂态等值和各调节设备尚未动作时成立）。这样，在任何运行方式、运行状态下系统发生故障时，保护安装处测量到的全电压 u_{m}、全电流 i_{m} 可以看作是故障前状态下非故障分量电压 $u^{[0]}$、电流 $i^{[0]}$ 与故障分量 Δu、Δi 的叠加，即

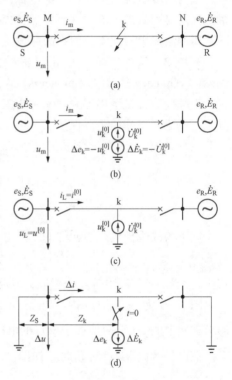

图 3.42 短路时电气变化量的计算图
(a) 故障系统；(b) 等效网络；
(c) 短路故障前状态；(d) 短路附加状态

$$\left.\begin{array}{l} u_{\mathrm{m}} = u^{[0]} + \Delta u \\ i_{\mathrm{m}} = i^{[0]} + \Delta i \end{array}\right\} \qquad (3.128)$$

根据式（3.128），可以导出求取故障分量的计算方法，即

$$\left.\begin{array}{l} \Delta u = u_{\mathrm{m}} - u^{[0]} \\ \Delta i = i_{\mathrm{m}} - i^{[0]} \end{array}\right\} \qquad (3.129)$$

式（3.129）表明，从保护安装处的全电压、全电流中减去故障前状态下的电压、电流，就可以求得故障分量电压、电流。

在 Δu 和 Δi 中，既包含了系统短路引起的工频电压、电流的变化量，还包含短路引起的暂态分量，即

$$\left.\begin{array}{l} \Delta u = \Delta u_{\mathrm{st}} + \Delta u_{\mathrm{tr}} \\ \Delta i = \Delta i_{\mathrm{st}} + \Delta i_{\mathrm{tr}} \end{array}\right\} \qquad (3.130)$$

式中　Δu_{st}、Δi_{st}——电压、电流故障分量中的工频稳态成分，称为工频故障分量或工频变
　　　　　　　　　　化量、突变量；

　　　　Δu_{tr}、Δi_{tr}——电压、电流故障分量中的暂态成分。

　　Δu_{st} 和 Δi_{st} 是按工频变化的正弦量，可以用相量的方式来表示。用相量表示时，一般省去下标，记为 $\Delta \dot{U}$ 和 $\Delta \dot{I}$。

　　故障分量的特点：①仅在故障后存在，非故障状态下不存在；②故障点的故障分量电压最大、系统中性点的故障分量电压为零；③保护安装处的故障分量电压、电流间相位关系由保护安装处到背侧系统中性点间的阻抗决定，且不受系统电势和短路点过渡电阻的影响；④故障分量独立于非故障状态，但仍受非故障状态运行方式（如初值）的影响。故障分量包括工频故障分量和故障暂态分量，二者都可以为继电保护所用。故障分量是由故障而产生的量，仅与故障状况有关，用于继电保护的测量时，可使保护的动作性能基本不受负荷状态、系统振荡等因素的影响，并可为保护提供更多的有用信息来改进动作特性。但是，按上述方法获得的故障分量通常只能在故障发生后较短时间内有效。

3.10.2　工频故障分量距离保护的工作原理（Principle of Distance Protection Using Power Frequency Fault Components）

　　工频故障分量距离保护（又称为工频变化量距离保护），是一种通过反应工频故障分量电压、电流而工作的距离保护。

　　在图 3.42（d）中，保护安装处的工频故障分量电流、电压可以分别表示为

$$\Delta \dot{I} = \frac{-\dot{U}_k^{[0]}}{Z_S + Z_k} = \frac{\Delta \dot{E}_k}{Z_S + Z_k} \tag{3.131}$$

$$\Delta \dot{U} = -\Delta \dot{I} Z_S \tag{3.132}$$

　　取工频故障分量距离元件的工作电压为

$$\Delta \dot{U}_{op} = \Delta \dot{U} - \Delta \dot{I} Z_{set} = -\Delta \dot{I}(Z_S + Z_{set}) \tag{3.133}$$

式中　Z_{set}——整定阻抗，一般取为线路正序阻抗的 $80\%\sim85\%$。

　　图 3.43 为在保护区内、外不同地点发生金属性短路时电压故障分量的分布，式（3.133）中的 $\Delta \dot{U}_{op}$ 对应图中 y 点的电压。

　　在保护区内 k1 点短路时，如图 3.43（b）所示，$\Delta \dot{U}_{op}$ 在 0 与 $\Delta \dot{E}_{k1}$ 连线的延长线上，这时有 $|\Delta \dot{U}_{op}| > |\Delta \dot{E}_{k1}|$。

　　在正向区外 k2 点短路时，如图 3.43（c）所示，$\Delta \dot{U}_{op}$ 在 0 与 $\Delta \dot{E}_{k2}$ 的连线上，$|\Delta \dot{U}_{op}| < |\Delta \dot{E}_{k2}|$。

　　在反向区外 k3 点短路时，如图 3.43（d）所示，$\Delta \dot{U}_{op}$ 在 0 与 $\Delta \dot{E}_{k3}$ 的连线上，$|\Delta \dot{U}_{op}| < |\Delta \dot{E}_{k3}|$。

　　可见，$\Delta \dot{E}_k = -\dot{U}_k^{[0]}$、$\Delta E_k = U_k^{[0]}$，通过比较工作电压 $\Delta \dot{U}_{op}$ 与故障附加状态下短路点电压的大小，即比较工作电压与非故障状态下短路点电压的大小 $U_k^{[0]}$，就能够区分保护区内外的故障。因此，工频故障分量距离元件的动作判据可以表示为

$$|\Delta \dot{U}_{op}| \geqslant U_k^{[0]} \tag{3.134}$$

需要指出，式（3.134）中 $U_{k}^{[0]} = |\dot{U}_{k}^{[0]}|$ 为故障前线路上对应故障处的电压，这是一个不可测量，由于事先不可能知道故障点在哪里，因此也是不可事先计算的状态量。通常采取近似的方法，取保护安装处在故障发生前的记忆电压，即取 $-\Delta\dot{E}_{k} = \dot{U}_{k}^{[0]} \approx \dot{U}^{[0]}$。由于正常运行时线路两端［如图 3.42（a）所示系统的 M、N 端］电动势的幅值和相位均相差很小，与可能故障处对应的正常电压相差也不大，因此近似在工程上可以接受。并且，工频故障分量距离保护主要用作加速切除线路出口近区故障的快速保护（与普通距离保护相配合），即仅用于距离 I 段，上述误差不会引起保护超范围动作。

3.10.3 工频故障分量距离保护的动作特性（Operating Characteristics of Impedance Relay Using Power Frequency Fault Components）

工频故障分量距离保护的动作特性可以用图 3.44 所示的等效网络分析。注意到故障分量等效电源位于故障点，其动作特性也需要分为正反向故障来分析。

当发生正向三相对称故障时，用于分析工频故障分量距离保护的动作特性的等效网络如图 3.44（a）所示。

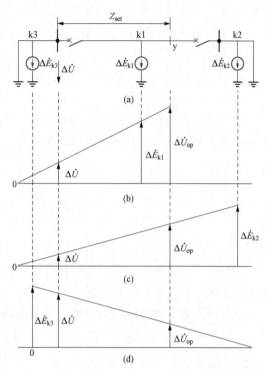

图 3.43 保护区内、外不同地点发生短路时电压故障分量的分布
（a）附加网络；（b）区内短路；
（c）正向区外短路；（d）反向区外短路

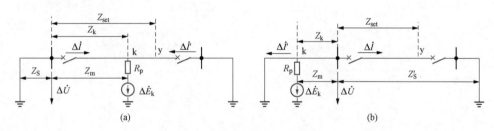

图 3.44 动作特性分析用等效网络
（a）正向故障；（b）反向故障

由图 3.44（a）及工频故障分量的定义可得

$$U_{k}^{[0]} = |\Delta\dot{E}_{k}| = |\Delta\dot{I}(Z_{S}+Z_{k})+C\Delta\dot{I}R_{p}| = |\Delta\dot{I}||Z_{S}+Z_{m}| \qquad (3.135)$$

$$Z_{m} = Z_{k} + CR_{p}$$

$$C = \frac{\Delta\dot{I} + \Delta\dot{I}'}{\Delta\dot{I}}$$

式中　Z_m——正向故障时的测量阻抗；

　　　C——工频故障分量电流助增系数。

$$| \Delta \dot{U}_{op} | = | - \Delta \dot{I} (Z_S + Z_{set}) | = | - \Delta \dot{I} | | Z_S + Z_{set} | \tag{3.136}$$

将式（3.135）、式（3.136）代入式（3.134），得到正方向故障时阻抗动作特性

$$| Z_S + Z_{set} | \geqslant | Z_m + Z_S | \tag{3.137}$$

式（3.137）为幅值比较形式的特性，根据比幅判据与比相判据的转换关系，不难得到正方向故障时相位比较形式的阻抗动作特性

$$90° \leqslant \arg \frac{Z_m - Z_{set}}{Z_m + 2Z_S + Z_{set}} \leqslant 270° \tag{3.138}$$

在阻抗平面上，相应的正向动作特性边界是以 $-Z_S$ 为圆心、以 $| Z_S + Z_{set} |$ 为半径的圆，如图 3.45（a）所示，圆内为动作区。可见，在正向故障时，特性圆的直径很大，有很强的允许过渡电阻能力。此外，尽管过渡电阻仍影响保护的动作范围，但由于 $\Delta \dot{I}'$ 一般与 $\Delta \dot{I}$ 同相位（假设系统等效阻抗角相等），过渡电阻呈电阻性，与 R 轴平行，不存在由于对侧电流助增引起的稳态超越问题。

当反向三相对称故障时，其系统等效网络如图 3.45（b）所示，可得

$$U_k^{[0]} = | \Delta \dot{E}_k | = | \Delta \dot{I} (Z'_S + Z_k) + C\Delta \dot{I} R_p | = | \Delta \dot{I} | | Z'_S - Z_m | \tag{3.139}$$

$$Z_m = - (Z_k + CR_p)$$

$$C = \frac{\Delta \dot{I} + \Delta \dot{I}'}{\Delta \dot{I}}$$

式中　Z_m——反向故障时的测量元件的测量阻抗；

　　　C——工频故障分量电流助增系数；

　　　Z'_S——保护安装处向对端系统看到的等值阻抗。

$$| \Delta \dot{U}_{op} | = | \Delta \dot{I} (Z'_S - Z_{set}) | = | \Delta \dot{I} | | Z'_S - Z_{set} | \tag{3.140}$$

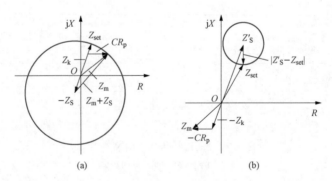

图 3.45　工频故障分量距离测量元件的动作特性

(a) 正向故障；(b) 反向故障

将式（3.139）、式（3.140）代入式（3.134），得到反方向故障时幅值和相位比较形式的阻抗动作特性

$$| Z'_S - Z_{set} | \geqslant | Z'_S - Z_m |$$

$$90° \leqslant \arg \frac{Z_{\mathrm{m}} - Z_{\mathrm{set}}}{Z_{\mathrm{m}} - (2Z_{\mathrm{S}}' - Z_{\mathrm{set}})} \leqslant 270° \tag{3.141}$$

反向故障情况下阻抗动作特性在阻抗平面上的图形如图 3.45（b）所示，即此时工频故障分量阻抗元件的动作区域是以 Z_{S}' 的末端为圆心、以 $|Z_{\mathrm{S}}' - Z_{\mathrm{set}}|$ 为半径的圆。由于动作的区域在第一象限，而测量阻抗 Z_{m} 位于第三象限，所以阻抗元件不动作，具有明确的方向性。

3.10.4　工频故障分量距离保护的特点及应用（Features and Application of the Distance Protection Using Power Frequency Fault Components）

工频故障分量距离保护（距离测量元件）具有如下特点：

（1）以电力系统故障引起的故障分量电压电流为测量信号，不反应故障前的负荷和系统振荡状态，动作性能基本上不受非故障状态的影响，无需振荡闭锁。

（2）仅反应故障分量中的工频稳态量，不反应其中的暂态分量，动作性能较为稳定。

（3）动作判据简单，实现方便，动作速度较快。

（4）具有明确的方向性，因而距离测量元件既可用作距离元件，又可用作方向元件。

（5）工频故障分量距离元件本身具有较好的选相能力。

鉴于上述特点，工频故障分量距离保护可以与普通距离保护相配合，作为快速距离保护加速切除距离Ⅰ段范围或线路出口附近的故障。此外，它还可以与四边形特性的阻抗继电器一起组成复合距离继电器，作为纵联保护的方向元件（参见第 4 章）。

3.11　距离保护特殊问题的分析
(Special Problems Analysis of Distance Protection)

3.11.1　线路串联补偿电容对距离保护的影响（Effect of Series Compensation Capacitor to Distance Protection of Transmission line）

在远距离的高压或超高压输电系统中，为了提高线路的传输能力和系统的稳定性，采用线路串联补偿电容（简称串补电容）的方法来减小系统间的联络阻抗。线路串接串补电容后，短路阻抗与短路距离之间不再成线性正比关系，在串补电容前和串补电容后发生短路时，短路阻抗将会发生突变，如图 3.46 所示。

短路阻抗与短路距离线性关系遭到破坏后，距离保护则无法正确测量故障距离。由图 3.46 可见，串补电容对距离元件测量阻抗的影响，与串补电容的安装位置和容抗的大小有密切的关系。串补电容一般可安装在线路的一端、中部或两端（这时需要两套）。串补线路中串补电容的补偿作用，通常用线路的串联补偿度

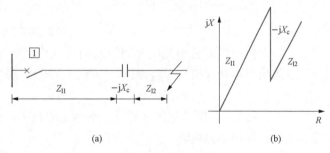

图 3.46　串补电容对短路阻抗的影响
(a) 系统示意图；(b) 短路阻抗的变化

（简称为补偿度，degree of compensation）来描述。补偿度的定义为

$$K_{\text{com}} = \frac{X_{\text{C}}}{X_{\text{L}}} \tag{3.142}$$

式中　X_{C}——串补电容的容抗，Ω；

　　　　X_{L}——被补偿线路补偿前的线路电抗，Ω。

补偿度大小的选择与系统稳定要求、线路长度（阻抗大小）、系统等效阻抗、串补电容投资以及技术难度等多种因素有关，一般补偿度不大于50％且留有裕度（常见工程均小于30％）。为了避免当线路发生短路时过大的短路电流及其在串补电容上形成过高的电压损坏串补电容，串补电容本身装设有大电流保护［其中采用金属氧化物压敏电阻（metal oxide varistors，MOV）等技术措施，具有微秒级的动作速度，电容短路电流瞬间被其旁路］，当短路电流超过其阈值时，快速（不大于1ms）短接三相串补电容。从充分发挥串补电容作用的角度出发，工程应用中规定，线路两端（串补电容外侧）发生金属性三相短路时，串补电容的大电流保护不应动作，串补电容承受短路电流和峰值电压的能力按此要求设计。假设串补电容允许的最大短路电流为$I_{\text{SC.max}}$，对应的允许峰值电压则为$U_{\text{SC.peak}} = \sqrt{2} I_{\text{SC.max}} X_{\text{C}}$。考虑这一背景，在具有不同系统阻抗和不同长度的线路上发生不同类型、不同位置以及不同过渡电阻的短路时，因串补电容大电流保护动作的不确定性，串补电容是否被短接从而如何对继电保护产生不利影响是一个复杂的问题。简而论之，如果串补电容在短路瞬间被其大电流保护迅速短接（这通常为在串补线路上离串补电容近距离范围或经较小过渡电阻的短路），便不会对距离保护的动作行为产生影响，只需要在串补电容不会被短接的场景下分析对距离保护的影响问题。另外，这种影响还与保护测量电压的测点位置（譬如电压互感器位于母线侧还是串补电容线路侧）有关。下面尽量在工程合理假定条件下，从串补电容仍串接于输电线路的角度（即假设短路电流尚未超过串补电容大电流保护动作阈值）扼要分析对距离保护的影响。

下面以最常见的串补电容安装于线路一端的情况为例，说明串补电容对距离保护的影响。在图3.47所示的系统中，串补电容安装在线路BC的始端，各线路两侧均装有距离保护，其阻抗测量元件均采用方向阻抗特性。

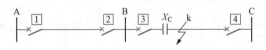

图 3.47　分析串补电容对距离保护影响的
电网示意图

假定距离保护的测量电压取自于母线（常见于220kV线路，背后母线为双母接线方式）。当线路BC上k点发生离B侧较近距离的短路时（设串补电容大电流保护未动作），保护动作如下：

（1）若短路点到B处串补电容间线路的感抗小于串补电容的容抗，则B侧保护3感受到的测量阻抗呈容性（相当于负感抗，即反向故障），测量阻抗将落在其动作区之外，保护3将拒动。

（2）AB线路B侧距离保护2感受到的测量阻抗为反方向的容抗，呈正向感性，落在其动作区之内，保护2将误动。

（3）保护1感受到的测量阻抗是AB线路的阻抗（感性）与串补电容容抗加上BC线路短路阻抗之和，总阻抗值减小，也可能会落入其动作区（譬如AB线路较短），导致保护1超越误动。

（4）保护4的测量阻抗不受串补电容的影响，可以正确动作。

当母线 C 的右侧发生离 C 侧近距离短路时，则可能因串补电容容抗使得测量阻抗变小而进入保护 3 的动作区造成其超越误动。如果短路故障发生在串补电容的左侧较近距离内，保护 4 也有可能因测量阻抗变小而超越误动。

另外，如果假定距离保护测量电压取自于串补电容的线路侧（常见于 500kV 及以上电压线路，背后母线为一个半断路器接线方式），保护 3 对上述故障的反应将完全不同，对于其正向线路的故障将不受串补电容的影响，而当反方向（即串补电容左侧）发生短路时，保护 3 的测量阻抗可能因反向容性（正向感性）而进入动作区造成误动。

为了克服或减少串补电容对线路上距离保护动作特性的不良影响，必须采取必要的措施。归纳前面的分析，主要需要解决两方面的问题：①正向故障超越保护范围；②正反向故障丧失保护方向性的问题。距离保护应对串补电容影响的措施主要有以下几种。

1. 采用直线型动作特性克服串补电容引起的保护反方向误动

如上述反方向误动的距离保护 2，当串补电容的容抗较线路 AB 的感抗较小时，可以采用图 3.48 所示的动作特性，采用方向圆和直线特性组合躲开反向串补电容的容抗值，即保护动作区位于横斜线的上方（阴影区域）。

这种做法的缺点是缩小了正向保护范围，当 AB 线路发生靠近 B 侧短路时，保护 2 将拒动，此处故障可以附加电流速断保护来切除。

2. 采用负序功率方向元件克服串补电容引起的保护反方向误动

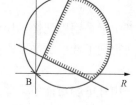

图 3.48　具有直线特性的方向阻抗特性

系统发生不对称短路，根据故障分量叠加原理，等效负序电源位于故障点处，负序电流由故障点经线路等设备流向系统中性点，负序功率反映由测量点看到的系统等效负序阻抗。

对于上述 AB 线路 B 侧保护 2 而言，若故障点在其反向线路上（如 k 点故障），该保护所见负序功率呈反向感性；若故障点在其正向线路上，由于串补电容的补偿度不大，其容抗远小于线路 BC 的阻抗，该保护所见负序功率呈正向感性，这表明此处的负序功率方向元件对于串补线路仍有明确的方向性，因此，对于上述反方向误动的距离保护 2，可以采用负序功率方向元件来闭锁其反向区外故障（如 k 点短路）。

对于上述距离保护 3，如果其电压取自串补电容线路侧，其主要问题也是需要防止反向故障（如 AB 线路故障）误动，如果 AB 线路加上 A 侧系统的阻抗大于串补电容的容抗（并留有足够裕度），也可以采用负序功率方向元件来闭锁其反向区外故障。

这种方法的缺点是三相对称故障时失效。

3. 采用以记忆电压为参考电压的距离元件克服串补电容对保护正反向动作的影响

采用记忆电压作为阻抗元件比相判据的参考电压，其初态特性和静态特性参见 3.7.3 的分析，利用初态特性可以消除串补电容造成距离 I 段的拒动区和误动区。下面以采用记忆电压为参考电压的方向阻抗特性为例讨论这一问题。

（1）保护 3。如果保护 3 的电压取自母线电压，反方向短路不受串补电容的影响，需要应对正方向近区短路使保护拒动问题和远区短路使保护超越误动问题。参见图 3.47，这时保护 3 的测量阻抗为 $-j(X_C - Z_k)$。对于前一个问题，譬如 BC 线路上 k 点发生正向近区短路，此时正向初态特性在阻抗平面上为包含坐标原点的偏移阻抗圆（设反向偏移阻抗为 Z_M），只要满足条件 $(X_C - X_k) < X_M$，测量阻抗将落在正向初态特性动作区内（参见图

3.30，其中 $Z'_{\text{M1}}=Z_{\text{M}}=X_{\text{M}}$），距离保护可以正确动作。注意到，当靠近串补电容线路侧出口短路时，串补电容大电流保护将动作于短接串补电容，故一定有 $X_{\text{k}}>0$，且通常 X_{C} 并不大（即补偿度并不大），上述条件易于满足且留有裕度。不过，采用以记忆电压为参考电压的方法不能解决正向远区短路距离元件超越误动问题，其对策下文讨论。如果保护 3 的电压取自串补电容线路侧电压，正方向短路不受串补电容的影响，需要应对反方向短路误动问题。譬如对于 AB 线路上的短路，最严重情况是 B 侧母线短路，这时保护 3 的测量阻抗为 $-(-jX_{\text{C}})=jX_{\text{C}}$，此时反向初态特性在阻抗平面上为上抛阻抗圆（其直径下端对应阻抗为 $Z_{\text{set.3}}$），只要满足条件 $X_{\text{C}}<X_{\text{set.3}}$，测量阻抗便一定不会进入其反向初态特性的动作区（参见图 3.32），显然这个条件也易于满足且留有较大裕度，距离保护能可靠地保证不会误动。因此，串补出线处的距离保护（如保护 3）的电压取自串补电容线路侧电压，对于克服串补电容的不利影响具有优越性，且不存在正向超越误动问题。

（2）保护 2。保护 2 也需要应对反方向短路保护误动问题。BC 线路上 k 点短路时，保护 2 的测量阻抗为 $j(X_{\text{C}}-Z_{\text{k}})$，只要满足条件 $(X_{\text{C}}-X_{\text{k}})<X_{\text{set.2}}$，测量阻抗便一定不会进入其反向初态特性的动作区（参见图 3.32），由于这个条件也易于满足，因此保护能可靠不误动。

由于采用以记忆电压为参考电压的距离元件克服串补电容影响的方法有较好的普适性，因而得到了较广泛的工程应用。

4. 通过缩短动作区克服串补电容引起的保护正向超越误动

串补电容可能使某些位置的距离元件感受到的测量阻抗变小，引起保护正向超越误动。这可能涉及串补站相关线路的对侧保护（如图 3.47 中的保护 1 和保护 4 等），也可能涉及串补线路的本侧保护（如图 3.47 中的保护 3，当电压取自母线时）。为了保证距离保护的选择性，可以采用合理减小整定值、缩短保护区来解决超越问题。

在图 3.47 中，对于距离保护 1，其整定值应计算为

$$Z_{\text{set}} = K_{\text{rel}}(Z_{\text{AB}} - jX_{\text{C}}) \tag{3.143}$$

而对于距离保护 3 和距离保护 4，其整定值应为

$$Z_{\text{set}} = K_{\text{rel}}(Z_{\text{BC}} - jX_{\text{C}}) \tag{3.144}$$

式中 Z_{AB}、Z_{BC}——线路 AB 和 BC 的正序阻抗。

按上述方法整定，可以避免区外短路时误动作，但缩短了内部故障的保护范围，即降低了保护的灵敏度。

在用于串补线路的继电保护装置已有对整定值自动进行上述调整的选项，以简化整定计算工作。譬如，以记忆电压或正序电压为参考电压的距离元件的电压动作方程分别为

$$90° \leqslant \arg \frac{\dot{U}_{\text{m}} - \dot{I}_{\text{m}}Z_{\text{set}} - jU_{\text{SC.peak}}/\sqrt{2}}{\dot{U}_{\text{m}}^{[0]}} \leqslant 270°$$

$$90° \leqslant \arg \frac{\dot{U}_{\text{m}} - \dot{I}_{\text{m}}Z_{\text{set}} - jU_{\text{SC.peak}}/\sqrt{2}}{\dot{U}_{\text{m1}}} \leqslant 270°$$

近年来，补偿度可调的可控串补（thyristor controlled series - compensation capacitor, TCSC）在电力系统中已得到应用，通常可控串补与上述补偿度不可调节的固定串补（fixed series - compensation capacitor, FSC）串联使用，而可调部分仅占小部分容抗。TCSC 对距离保护的影响与固定串补类似，此处不再细述。

3.11.2　双回线路对距离保护的影响 （Effect of Double - circuit Lines to Distance Protection）

3.11.2.1　平行双回线路对距离保护的影响

1. 保护原理

具有平行双回线路的系统等效电路图如图 3.49 所示。这里仅讨论平行双回线路的一种常见形式：两回线路在其两端共母线且长度 L 相同，两回线路之间的距离不大且保持不变（即占用同一线路走廊）。两回平行线路之间距离较近，线路之间的互感影响不能忽略，但因两回线距远大于三相线距，一回线路三相导线到另一回线路三相导线之间的距离可视为相等（单位长度互感也相等），因此分析两回线路之间相互影响时主要考虑两回线路之间零序互感的作用，或者说重点分析接地故障零序电流通过零序互感形成的对距离保护的接地距离测量元件影响。

平行双回线路分为同塔架设和非同塔架设，这里讨论的根据上述说明显然是指后者（且因平行距离不大而不能忽略两回线路间零序互感的作用），因为同塔并架平行双回线路的两回线间距离与各相线间距离已相当，不仅需要考虑两回线之间的零序互感，还需要考虑两回线路各相线之间因排列位置不平衡而引起的不对称互感的影响（后文将给予简介），不过，由于双回线间零序互感的影响仍

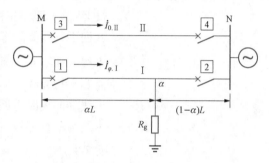

图 3.49　具有平行双回线路的系统等效电路图

为最大并起主导作用，只要采取必要的相间不平衡互感抑制措施即可。下面主要分析非同塔平行双回线路对距离保护影响，该分析结论仍然适用于同塔双回线路。

如果平行双回线路中某一回线路（如图 3.49 中线路Ⅰ回，简称本线）上某处（如 α 处）发生接地故障，本线的故障零序电流通过零序互感作用在与其平行相邻线路（如图 3.49 中线路Ⅱ回，简称平行邻线，为无故障的健全线路）中感应零序电压并形成零序电流，该电流反过来又在本线中感应零序电压，使本线接地距离元件的测量阻抗因受平行邻线零序电流的影响而不能正确反映故障距离（同样地，本线故障零序电流也会通过零序互感引起健全的平行邻线接地距离元件的测量误差）。一般，若平行邻线的零序电流与本线电流同向，其感应磁场对本线路起助磁作用，使得本线路测量阻抗增大，相当于保护区缩短（或阻抗整定值减小）；若平行邻线的零序电流与本线电流反向，其感应磁场对本线路起去磁作用，使得本线路测量阻抗减小，相当于保护区伸长（或阻抗整定值增大）。本线接地故障时平行邻线零序电流的方向与双回线路之间零序互感的强弱、接地短路点位置的远近、两侧系统等效零序阻抗的大小以及线路负荷的轻重等多种因素均有关。

在图 3.49 所示具有平行双回线路的电网中，用 α 表示距 M 端的故障位置（即短路点距 M 端的距离占全线路全长 L 的比值，$\alpha=0\sim1$，故障距离为 αL），现假设在本线（即线路Ⅰ回）上 α 处发生接地短路故障，忽略过渡电阻（即假设为金属性短路），本线距离保护 1 的测量电压（也是 M 侧母线残压）$\dot{U}_{mph}$ 为

$$\dot{U}_{mph} = Z_1 \dot{I}_1 + Z_2 \dot{I}_2 + Z_0 \dot{I}_0 + Z_0' \dot{I}_0'$$
$$= Z_1 \dot{I}_{ph} + (Z_0 - Z_1) \dot{I}_0 + Z_0' \dot{I}_0'$$

$$= Z_1 \left(\dot{I}_{ph} + \frac{Z_0 - Z_1}{3Z_1} \cdot 3\dot{I}_0 + \frac{Z_0'}{3Z_1} \cdot 3\dot{I}_0' \right)$$

$$= Z_1 (\dot{I}_{ph} + K \cdot 3\dot{I}_0 + K' \cdot 3\dot{I}_0')$$ (3.145)

$$= Z_1 (\dot{I}_{mph} + K' \cdot 3\dot{I}_0')$$

$$K = \frac{Z_0 - Z_1}{3Z_1}$$

$$K' = \frac{Z_0'}{3Z_1}$$

$$\dot{I}_{mph} = \dot{I}_{ph} + K \cdot 3\dot{I}_0$$

式中　Z_1、Z_2、Z_0、Z_0'——故障区段（对应距 M 端的故障位置 α，故障距离 αL）的本线（即线路Ⅰ回）正序阻抗、负序阻抗（设 $Z_1 = Z_2$）、零序阻抗和两回平行线间的零序互阻抗；

$\dot{I}_{ph}$、$\dot{I}_1$、$\dot{I}_2$、$\dot{I}_0$、$\dot{I}_0'$——本线（即线路Ⅰ回）的相电流、正序电流、负序电流、零序电流和平行邻线（即线路Ⅱ回）的零序电流；

K——本线（即线路Ⅰ回）的零序电流补偿系数；

K'——本线与平行邻线（即线路Ⅰ回与线路Ⅱ回）间的零序电流补偿系数；

$\dot{U}_{mph}$——本线保护 1 的测量电压；

$\dot{I}_{mph}$——保护 1 经本线零序电流补偿的测量电流。

由式（3.145），本线保护 1 的测量阻抗可表示为

$$Z_{mph} = \frac{\dot{U}_{mph}}{\dot{I}_{mph}} = Z_1 + Z_0' \cdot \frac{\dot{I}_0'}{\dot{I}_{mph}} = Z_1 + Z_0' \cdot \frac{\dot{I}_0'}{\dot{I}_{ph} + K \cdot 3\dot{I}_0} = Z_1 + \Delta Z_1 \quad (3.146)$$

$$\Delta Z_1 = Z_0' \cdot \frac{\dot{I}_0'}{\dot{I}_{mph}} = Z_0' \cdot \frac{\dot{I}_0'}{\dot{I}_{ph} + K \cdot 3\dot{I}_0}$$

式中　ΔZ_1——相邻线路零序电流在本线引起的附加阻抗。

以方向阻抗特性的距离元件为例，在考虑过渡电阻的影响后，其阻抗判据可表示为

$$90° \leqslant \arg \frac{Z_{mph} - Z_{set}}{Z_{mph}} = \arg \frac{Z_1 + \Delta Z_1 - Z_{set}}{Z_1 + \Delta Z_1} \leqslant 270°$$

反映平行邻线零序互感影响的附加阻抗 ΔZ_1 有点类似过渡电阻附加阻抗 Z_{kT}' 的作用，它也将导致测量阻抗的误差，区别是它所反映的是纵向零序感应电压的影响。由式（3.146）可见，问题的关键是接地短路故障电流如何影响 $\dot{I}_0'$ 与 $\dot{I}_{mph}$ 的相位关系，从而使 ΔZ_1 对测量阻抗 Z_{mph} 产生增大还是减小（即缩范围还是超范围）的作用，下面对此进行简化分析。假设线路及系统的正序与负序等效阻抗相等，且正序、负序和零序阻抗角相等，若再假设线路空载运行，那么接地故障时本线零序电流 $\dot{I}_0$ 与测量电流 $\dot{I}_{mph}$ 可视为同相，这样便把上述问题归结为平行邻线零序电流 $\dot{I}_0'$ 相对于本线 $\dot{I}_0$ 的相位关系问题，从而可以采用零序网络来处理。进一步假设零序自阻抗与零序互阻抗的阻抗角相等，上述问题便简化为本线故障区段正序阻抗 Z_1 和附加阻抗 ΔZ_1 的相位是同相还是反相，亦即转化为 $\dot{I}_0'$ 和 $\dot{I}_0$ 的相位是同相（两

电流流向相同而起助磁作用）还是反相（两电流流向相反而起去磁作用）的问题，这是目前比较典型的分析方法。平行双回线路接地故障的零序等效网络如图 3.50 所示，图中，由故障点 α 分开的靠 M 侧和 N 侧线路零序自阻抗分别为 $Z_{0.M}$ 及 $Z_{0.N}$（$Z_{0.M}=\alpha Lz_0$，$Z_{0.N}=(1-\alpha)Lz_0$，z_0 为单回线路单位长度零序自阻抗），靠 M 侧和 N 侧线路零序互阻抗分别为 $Z'_{0.M}$ 及 $Z'_{0.N}$（$Z'_{0.M}=\alpha Lz'_0$，$Z'_{0.N}=(1-\alpha)Lz'_0$，z'_0 为平行双回线之间单位长度零序互阻抗），而 $Z_{0.S}$ 与 $Z_{0.R}$ 则分别为 M 侧和 N 侧系统的等效零序阻抗（假定其阻抗角与线路零序阻抗角相等）。

由图 3.50 可见，故障点两侧本线零序电流（分别记为 $\dot{I}_{0.M}=\dot{I}_0$ 和 $\dot{I}_{0.N}$）的流向（基本）相反，这两个反向流动（即反相）的零序电流 $\dot{I}_{0.M}$ 与 $\dot{I}_{0.N}$ 均在平行邻线上按故障位置分开的两侧各自感应零序电动势 $\Delta\dot{E}_{0.M}$ 和 $\Delta\dot{E}_{0.N}$，且有 $\Delta\dot{E}_{0.M}=Z'_{0.M}\dot{I}_{0.M}=\alpha Lz'_0\dot{I}_{0.M}$ 和 $\Delta\dot{E}_{0.N}=Z'_{0.N}\dot{I}_{0.N}=(1-\alpha)Lz'_0\dot{I}_{0.N}$，这两个反相零序电动势的相量和，即

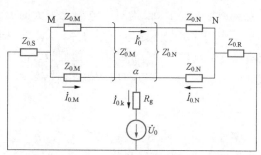

图 3.50　平行双回线路接地故障的零序
等效网络图

$\Delta\dot{E}_{0.MN}=\Delta\dot{E}_{0.M}+\Delta\dot{E}_{0.N}$，是决定平行邻线零序电流 $\dot{I}'_0$ 相位和大小的主要因素（其中含有两侧系统等效零序阻抗等其他影响因素）。可以预见，随着故障位置 α 在 0～1 之间的变化，$\dot{I}'_0$ 相对于 $\dot{I}_0$ 的相位从起初的反相变为同相，其间将在某一个故障位置 α_0 处出现相位逆转，此时 $\dot{I}'_0=0$。依据此条件并参见图 3.50，可以列写下列方程组以求取发生 $\dot{I}'_0$ 相位逆转所对应的故障位置 α_0

$$\left.\begin{array}{l}\alpha_0 Lz'_0\dot{I}_{0.M}=(1-\alpha_0)Lz'_0\dot{I}_{0.N}\\[2mm](Z_{0.S}+\alpha_0 Lz_0)\dot{I}_{0.M}=[Z_{0.R}+(1-\alpha_0)Lz_0]\dot{I}_{0.N}\end{array}\right\} \tag{3.147}$$

式（3.147）上式反映了平行邻线的感应零序电压的关系，下式反映了接地故障时本线零序电压的关系，由此可解得

$$\alpha_0=\frac{Z_{0.S}}{Z_{0.S}+Z_{0.R}}, \text{且} \lim_{Z_{0.S}\&Z_{0.N}\to 0}\alpha_0=\frac{1}{2} \tag{3.148}$$

可见，平行邻线 $\dot{I}'_0$ 相对于本线 $\dot{I}_0$ 发生相位逆转所对应的本线故障位置 α_0 仅与系统等效零序阻抗相关，当系统阻抗参数一定时，α_0 为确定值（对应于 $\dot{I}'_0=0$），这里与本线接地故障位置 α_0 对应处为平行邻线感应零序电压和零序电流的平衡点。显然，α_0 更靠近系统零序阻抗较小侧（通常为强电源侧）。相对于 M 侧母线位置而言，在平衡点 α_0 以近，即实际接地故障点 $\alpha<\alpha_0$ 时，$\dot{I}'_0$ 与 $\dot{I}_0$ 反相；在平衡点 α_0 以远，即实际接地故障点 $\alpha>\alpha_0$ 时，则 $\dot{I}'_0$ 与 $\dot{I}_0$ 同相；且当 $\alpha=1$ 时，$\dot{I}'_0=\dot{I}_0$。零序互感作用是平行双回线接地距离元件的测量阻抗不能准确反映故障距离的根本原因。就影响趋势而言，两回平行线路的零序电流反相（反向流动）可能导致距离保护测量阻抗减小（超范围），而同相（同向流动）则可导致测量阻抗增大（缩范围）。

设接地距离 I 段的阻抗定值为 $Z_{set}=\beta Lz_1$（其中：z_1 为单回线路的单位长度正序阻抗；β 为整定阻抗比或整定距离比，$\beta=0\sim 1$，一般整定为 $\beta=0.85$），β 同样也反映了零序网络中

保护动作范围的边界。有两种情况需要讨论：①当 $\beta > \alpha_0$ 时，若故障位置 $\alpha < \alpha_0$，尽管测量阻抗会偏小，但属于动作范围，不会影响保护的正确动作；若故障位置 $\alpha > \alpha_0$，测量阻抗会偏大，即故障在 α_0、β、1 之间均将出现缩范围。②当 $\beta < \alpha_0$ 时，若故障位置 $\alpha < \beta < \alpha_0$，测量阻抗会偏小，但属于动作范围，不会影响保护的正确动作；若故障位置 $\beta < \alpha < \alpha_0$，测量阻抗仍会偏小，即在 $\beta \sim \alpha_0$ 之间出现超范围动作；若一旦故障位置 $\alpha > \alpha_0$，测量阻抗会偏大，即故障在 $\alpha_0 \sim 1$ 之间将出现缩范围。对于上述后一种情况中在 $\beta \sim \alpha_0$ 之间出现超范围动作问题，注意到通常 $\alpha_0 < 1$（仅当对侧电源无穷大时 $\alpha_0 = 1$），即超越范围通常不至于到达对侧母线，保护动作切除的仍然是本线路故障，超越并未破坏选择性，不过考虑到距离Ⅰ段动作范围需要留有裕度，况且上述分析均有近似假设，故实用中仍需考虑避免此种超越。进一步取 $\beta = \alpha_0$，代入式（3.148），可以导出两侧系统等效零序阻抗比与整定阻抗比的临界关系为

$$\frac{Z_{0.S}}{Z_{0.R}} = \frac{\beta}{1-\beta}$$

譬如，设 $\beta = 0.85$，$Z_{0.S}/Z_{0.R} = 5.67$，意味着这时只要 $Z_{0.S}/Z_{0.R}$ 不大于 5.67 就不会出现接地距离Ⅰ段的超越。显然，平行双回线带来的超越现象易于出现在背后系统零序阻抗较大（电源较小）侧，且只会出现在接地距离Ⅰ段中，而距离Ⅱ段和Ⅲ段没有这种超越问题。另一方面，平行双回线引起距离保护缩范围现象一般都会存在，并且背后系统零序阻抗越小（电源越大）缩范围越严重。缩范围现象不仅使得接地距离Ⅰ段的保护区缩小，还会使得接地距离Ⅱ段和Ⅲ段保护区末端故障的灵敏度降低，在整定计算中需要按此情况进行灵敏度校核。

根据上述分析，$\dot{I}_0'$、$\dot{I}_0$ 均与平行线路零序互感以及线路两侧系统的等效零序阻抗大小密切相关，但还需考虑平行线路各种运行状态的影响。平行双回线路主要有三种运行状态：①本线路单回运行、平行相邻线路两端断路器断开（简称为本线运行邻线开断，相当于平行邻线处于备用）状态，$\dot{I}_0' = 0$，不会影响本线测量阻抗；②双回线路正常的并列运行（简称为双回线路并列运行）状态，$\dot{I}_0'$、$\dot{I}_0$ 及 α_0 与系统零序等效阻抗的关系如上分析；③本线路单回运行、平行相邻线路两端断路器断开且两端挂地线检修（简称为本线运行邻线挂检）状态，这时平行邻线的零序电流 $\dot{I}_0'$ 自成回路（该回路的系统零序等值阻抗为零），$\dot{I}_0'$ 与 $\dot{I}_0$ 仍将通过零序互感相互影响并对本线测量阻抗产生影响（分析从略），根据对零序电流平衡点 α_0 分析的假设条件，前述 α_0 与系统零序等效阻抗的关系仍然有效。

2. 应对方法

为了克服或减少平行双回线路对距离保护性能的不利影响，下面介绍两种应对方法。

（1）第一种方法，根据各种运行状态调整综合零序电流补偿系数或选择合理整定值来避免或减少平行双回线路对测量阻抗的影响。

为便于分析，将式（3.146）所示保护 1 的测量电压稍作变形后表示为

$$\dot{U}_{mph} = Z_1 \left(\dot{I}_{ph} + \frac{Z_0 - Z_1}{3Z_1} \cdot 3\dot{I}_0 + \frac{Z_0'}{3Z_1} \cdot 3\dot{I}_0' \right)$$

$$= Z_1 (\dot{I}_{ph} + K \cdot 3\dot{I}_0 + K' \cdot 3\dot{I}_0')$$

$$= Z_1 \left[\dot{I}_{ph} + \left(K + K' \cdot \frac{\dot{I}_0'}{\dot{I}_0} \right) 3\dot{I}_0 \right]$$

$$= Z_1(\dot{I}_{ph} + K'' 3\dot{I}_0) \tag{3.149}$$

$$K'' = \frac{Z_0 - Z_1}{3Z_1} + \frac{Z_0'}{3Z_1} \cdot \frac{\dot{I}_0'}{\dot{I}_0} = K + K' \cdot \frac{\dot{I}_0'}{\dot{I}_0}$$

式中 K''——考虑本线零序电流和平行邻线零序电流共同作用的本线综合零序电流补偿系数。

测量阻抗可表示为

$$Z_{mph} = \frac{\dot{U}_{mph}}{\dot{I}_{ph} + K'' \cdot 3\dot{I}_0} \tag{3.150}$$

这里测量阻抗仍然表达为经本线零序电流补偿的相电流形式，只是将平行双回线路零序互感的影响归为零序电流补偿系数的变化，这样阻抗判据形式不变，以方向阻抗元件为例，其阻抗判据仍可表为

$$90° \leqslant \arg \frac{Z_{mph} - Z_{set}}{Z_{mph}} \leqslant 270°$$

根据平行双回线路前述三种运行状态，从线路末端短路故障入手，考虑综合零序电流补偿系数 K'' 合理的处理方法。

运行状态 1，本线运行邻线开断，此时 $\dot{I}_0' = 0$，零序电流补偿系数

$$K''_{(1)} = K = \frac{Z_0 - Z_1}{3Z_1} \tag{3.151}$$

运行状态 2，双回线路并列运行，按线路末端发生单相接地短路考虑，此时，$\dot{I}_0 = \dot{I}_0'$，零序电流补偿系数

$$K''_{(2)} = \frac{Z_0 - Z_1 + Z_0'}{3Z_1} \tag{3.152}$$

运行状态 3，本线运行邻线挂检，仍按线路末端发生单相接地短路考虑，此时由于平行邻线两端接地，电压为零，故 $\dot{U}_0' = \dot{I}_0' Z_0 + \dot{I}_0 Z_0' = 0$，即 $\frac{\dot{I}_0'}{\dot{I}_0} = -\frac{Z_0'}{Z_0}$，此时零序电流补偿系数

$$K''_{(3)} = \frac{Z_0 - Z_1 - Z_{20}'/Z_0}{3Z_1} \tag{3.153}$$

结合上述三种运行状态下 K'' 的算法，讨论两种实用的整定计算方案。

整定方案一：对三种运行状态分别按上述算法选取不同的综合零序补偿系数 K''，而接地距离阻抗定值 Z_{set} 按单回线整定。即使这样，阻抗定值仍应遵守整定计算的基本原则：接地距离Ⅰ段按照可靠躲过本线路末端单相接地短路整定；而距离Ⅱ段需要保护线路全长，应在各种外部系统运行方式条件下，按照与下游线路保护配合的最小测量阻抗 $Z_{m.min}$ 整定，按照本线末端短路时最大测量阻抗 $Z_{m.man}$ 校验灵敏度，详见 3.5 节。该方案的优点是距离Ⅰ段具有相对最大的保护范围。不过，这个整定方案要求在保护装置内保存有多套定值，并且还需要按运行状态或者装置自动调整，或者人工调整相应的 K'' 值，这都存在实施的困难。

整定方案二：选定一种运行状态的综合零序补偿系数 K''，配合本线阻抗定值的合理整定方法来尽可能获得较优保护性能。这种方案的优点是易于实施，但保护性能总会有所损失。从防止超越的角度，保守的方案是综合零序补偿系数 K'' 按本线运行邻线挂检运行状态

整定，即取 $K'' = K''_{(3)}$，接地距离阻抗定值则按单回线整定原则整定。这个整定方案可确保任何运行状态下保护不会超越，但在非本线运行邻线挂检状态下有可能导致接地距离 I 段保护范围出现明显的缩范围、接地距离 II 段和 III 段灵敏度降低甚至不足的现象。工程应用中对此改进的整定计算方法有多种，下面举一例供参考：综合零序补偿系数 K'' 按本线运行邻线开断运行状态整定，即取 $K'' = K''_{(1)} = K$；接地距离阻抗定值则按单回线整定原则整定。该方法对于单回线停运状态显然是合适的；对于双回线并列运行状态，测量阻抗会由于零序补偿系数 K'' 值偏小而增大，保护范围缩小；而对于单回线挂检接地运行状态，测量阻抗又会由于零序补偿系数 K'' 值偏大而缩小，距离 I 段保护范围增大，容易超越。为了避免后者引起超越误动，一般建议将距离 I 段的整定范围缩短为线路全长的 70%（即取 $\beta = 0.70 \sim 0.75$）。这个整定方法会使得正常双回线并列运行状态下保护范围进一步缩小，但有利于维持一定的接地距离 II 段和 III 段的灵敏度。

（2）第二种方法，通过引入平行邻线的零序电流纠正距离元件测量阻抗的误差，这对于平行双回线路的故障线路是一种较为理想的方法。

再将式（3.146）或式（3.149）所示本线保护 1 的测量电压稍作变形后表示为

$$\dot{U}_{\mathrm{mph}} = Z_1(\dot{I}_{\mathrm{ph}} + K \cdot 3\dot{I}_0 + K' \cdot 3\dot{I}'_0) = Z_1 \dot{I}'_{\mathrm{mph}} \tag{3.154}$$

$$\dot{I}'_{\mathrm{mph}} = \dot{I}_{\mathrm{ph}} + K \cdot 3\dot{I}_0 + K' \cdot 3\dot{I}'_0$$

式中 $\dot{I}'_{\mathrm{mph}}$——经本线和平行邻线零序电流补偿的相测量电流。

这里引进了一个新的测量电流 $\dot{I}'_{\mathrm{mph}}$，它需要同时引入本线和平行相邻线的零序电流。测量阻抗可表示为

$$Z_{\mathrm{mph}} = \frac{\dot{U}_{\mathrm{mph}}}{\dot{I}'_{\mathrm{mph}}} = \frac{\dot{U}_{\mathrm{m}\varphi}}{\dot{I}_{\varphi} + K \cdot 3\dot{I}_0 + K' \cdot 3\dot{I}'} = Z_1 \tag{3.155}$$

金属性短路时，测量阻抗恰好等于短路区段正序阻抗，完全消除了平行相邻线路互感的影响。引入平行相邻线路零序补偿电流的方法，可以很好地解决平行双回线路中故障线路的距离测量误差问题，并且能自动适应平行线路各种运行状态。但是，这种方法直接用于非故障线路（平行邻线）的距离元件却存在一定的误动可能性，对此需要采取附加应对措施（不详述，请读者参考相关文献资料）。另外，上述方法在工程应用中由于两回线路的距离保护一般按各自间隔独立配置，引入平行相邻线路的零序电流需要跨间隔输入电流，会带来一定的困难性和可靠性问题。随着数字化变电站技术的进步，站域信息共享技术的逐渐成熟，上述方法将会有很好的发展前景。

3.11.2.2 同塔双回线路的距离保护问题

为了节省输电走廊、降低工程造价和提高输电容量，同塔双回（乃至同塔多回）输电线路越来越多见。考虑一种常见且简单的情形，即全程同塔双回线路（即连接两个变电站之间的双回线路全程同塔架设并且在变电站内可共母线运行）。

显然，同塔双回线路之间的距离比一般非同塔平行双回线路更近，互感对距离保护的影响更加不能忽视，而且还必须面对更为复杂的情形。同塔线路的两回线距与每回三相线距相当接近，或者说两回线路（共六条）导线间的距离相差不大，且排列位置使各相线互感难以对称，由此引起复杂的线路参数不对称的问题。普通单塔单回线路输电线路参数对称性采用三相导线空间合理布置并辅以相线换位来实现，而同塔双回线路由于多条导线空间对称布置

以及换位架设难度而往往采用不换位架设（尤其对于较短线路和同塔多回线路），带来比较严重的线路自阻抗、互阻抗参数不对称问题。另外，单塔单回线路对称、不对称短路形式不过 11 种，而同塔双回线路除了每回线路的短路形式外，还有可能发生两回线路各相导线之间的跨线故障，各种对称、不对称短路故障形式在理论上多达 120 种，其中包括接地短路 63 种，不接地短路 57 种；单回线路短路 22 种，跨线短路 98 种（其中又分为同名相和非同名相短路两大类）。另外，同塔双回线路也有与普通非同塔双回平行线路类似的三种运行状态：单回线运行（另一回线路两侧断路器断开）；双回线路并列运行；单回线运行且另一回线挂地线检修。这些情况为短路故障的分析、距离保护的影响及其对策增加了难度。

目前，距离保护针对同塔线路的对策，大体仍沿袭普通平行双回线路类似做法，如修正零序电流补偿系数的方法和调整距离保护整定值的方法；或者在此基础上再依据同塔线路参数不对称的特点，提出对这些方法的改进措施，请读者参考相关文献资料。

在实际工程中，同塔多回输电线路发展很快，同塔输电线路的回数也不断增多，同塔架设的形式也趋于复杂。譬如，同塔三回、四回甚至更多回数的输电线路；以及有不同电压等级同塔输电线路；还有非全程同塔多回输电线路，即多回输电线路只有一部分同塔架设，相关线路连接到不同的变电站。这些情况使得线路参数的不对称性更为复杂，对距离保护性能的影响也更为复杂，都是正在受到关注和研究的问题。

3.11.3　短路电压电流中的非工频分量对距离保护的影响（Effect of Non - periodical Elements of Fault Voltage and Currents to Distance Protection）

电力系统短路故障引起的电磁暂态过程，反映电力系统从短路前的正常运行状态向短路后的故障状态发展的过渡过程，其持续时间主要受电网结构、电力设备的性质和参数、短路性质与时刻以及故障切除时间等因素影响，一般约为几十到上百毫秒。在过渡过程中，系统中的电压和电流除工频分量外，还含有大量的非工频暂态分量，主要成分包括衰减直流分量（其大小与短路发生的时刻、衰减时间常数则与系统 R-L-C 参数相关，主要表现在故障电流中）、谐波分量（与电路元件的非线性特性相关）、非周期高频分量（由电容、电感分布参数引起的暂态能量交互作用及暂态行波过程产生）等。此外，电压、电流互感器也存在过渡过程，也会引起一定的非工频分量。

本章介绍的距离保护的原理是以工频正弦量为基础的，即假定距离保护的测量电压、电流可表达为工频相量。然而系统稳定性、安全性要求距离保护的快速段必须高速切除故障〔譬如距离Ⅰ段要求在故障后一个工频周期（20ms）左右动作〕，也就是说距离保护工作在电磁暂态过程中，距离保护必须在暂态信号中准确计算电压、电流的工频分量，从而正确实现故障距离的判定。这与静态特性（即相量分析）相比，属于距离保护暂态特性问题，暂态特性不好，同样会引起距离保护的不正确动作。因此，必须分析暂态信号中各种分量对工频距离保护动作性能的影响，并采取相应措施消除这些影响。无论是传统模拟式还是现代数字式距离保护都需要处理好非工频分量对暂态性能的不利影响，下面仅针对后者进行讨论。

1. 衰减直流分量对距离保护的影响及克服措施

故障暂态分析与工程应用经验表明，衰减直流分量主要呈现在故障电流中，对距离保护的影响主要是对电流测量的影响。这首先与距离保护装置的电流输入回路形式有关，目前数字式距离保护的电流变换环节主要有采用电抗变换器或小型电流变换器两种。对于前者，可以理解为暂态电流在给定阻抗上的压降，在参数设计合理条件下，其二次侧输出具有隔离一次侧衰减直流分量的作用（对高频分量同时产生放大作用，但电流中高频分量并不严重）；而后者可以理解为暂态电流在给定电阻上的压降，具有较好的传变全电流的能力，衰减直流分量将比较完整地呈现在二次侧输出信号中，需要采取抑制措施，但同时也给予设计数字式距离保护算法以更大的灵活空间。距离保护各个元件受衰减直流分量影响，还与其测量原理、滤波措施、计算方法等方面有密切关系。

抑制衰减直流分量影响的方法参见第9章。

2. 谐波及高频分量对距离保护的影响与克服措施

对于数字式距离保护，为了满足采样定理，输入信号必须经过模拟式低通滤波后才送入数据采集系统（参见第9章），这样在数字信号中，高频分量已得到较大的衰减，谐波信号的幅度也有所减少，随后再通过数字信号处理技术加以进一步抑制。数字式距离保护各个元件受谐波信号的影响，同样与其测量原理、滤波措施、计算方法等方面有密切的关系。

数字式距离保护中常用的离散傅氏算法能够滤除直流及各种整数次谐波，对于非整数次谐波和高频分量也有很好的衰减作用。半波积分算法对各种谐波也有较好的抑制作用，而导数算法、两点乘积算法以及解微分方程等算法受谐波影响较大，通过数字滤波器通常也可以获得良好的谐波抑制效果。

3.12 距离保护的基本构成与工作流程
(Basic Structure and Workflow Chart of Distance Protection)

3.12.1 距离保护的构成 (Elements of Distance Protection)

距离保护（主要是指距离保护装置）一般主要由信号输入回路、故障启动元件、距离测量元件、故障选相元件、振荡闭锁元件、故障处理逻辑、整组复归逻辑、电压回路断线闭锁元件和出口操作回路等几部分组成。在数字式距离保护装置中，其中首末两部分为模拟量与数字量的接口部件，而中间各部分均由软件实现。

1. 信号输入回路

信号输入回路既是电力系统各种信号进入距离保护的信息通道，又是保护装置外部强电系统与内部弱电系统的隔离屏障，以保证弱电系统安全和防止外部干扰进入。信号输入回路主要包括模拟量输入（AI）接口部件和开关量输入（DI）接口部件两个部分。AI接口将来自于TV和TA二次侧的模拟电量（距离保护通常包括三相电流加零序电流、三相电压加零序电压、断路器另一侧单相电压共9路电量）通过装置内部的小型电压、电流变换器隔离接入装置，然后经信号调理、信号采样和模数变换形成数字信号序列；DI将来自于外部电路的开关量（如断路器辅助触点等）通过光电转换隔离接入装置，变换为数字信号序列，为随后的数字信号处理做好准备。

2. 故障启动元件

为了提高保护的可靠性和工作效率，在电力系统无故障时，距离保护多数功能元件并不工作且跳闸出口一直处于闭锁状态，只有启动元件实时和全时运行以监视电力系统可能发生的各种故障和异常扰动，并在发现后及时发出启动指令和开放跳闸出口。启动元件相关问题详见3.8节和第9章。启动元件还是在装置部件异常时防止保护误动的重要部件之一，一般按双重（或三重）化冗余逻辑设计。各套启动元件位于独立硬件模板并具有独立信号输入通道，并采用与门（或三取二）动作逻辑，以确保一套系统部件异常（如部件损坏或干扰失效）时有效避免装置误动（不正确动作）。

3. 距离测量元件

距离测量元件（或阻抗测量元件）是距离保护的核心，由它判别线路故障距离（即故障点）是否落在保护区内。需要说明的是，本章主要介绍了基于工作电压和参考电压比相实现的电压动作方程方法，讨论了各类电压动作方程（或阻抗判据）的静态动作特性。另外，还有一类基于线路简化物理模型和瞬时采样值的距离元件实现方法，譬如微分方程算法。就工程应用的适应性来看，接地距离元件采用四边形（乃至多边形）动作特性更为理想，其负荷线便于灵活设置，具有更好的耐受过渡电阻的能力。

4. 故障选相元件

故障选相元件的重要作用是判定线路故障的类型和相别（单回线路也需要判别多达 11 种相别的短路故障），这是距离元件正确判定故障区段的基础，也是分相跳闸和分相重合闸的要求。本章主要介绍了基于相电流差突变量的故障选相元件（参见 3.9 节），它在故障突发短时内具有优良的选相能力。实际故障过程往往更为复杂，如外部故障启动后又出现或诱发内部故障（故障转移），又如内部故障切除前故障类型或相别发生变化（故障发展，对于距离Ⅲ段尤其需要考虑），这时突变量选相方法存在不足，往往需要增加利用故障后稳定不变的特征量的选相方法。目前常用方法之一是基于零、负序电流比相并配合阻抗元件的故障选相方法，请读者参考相关文献资料。

5. 振荡闭锁元件

电力系统振荡过程中，电压、电流发生周期性变化，可能导致相关距离保护误动作，需要采取振荡闭锁措施（详见 3.8 节）。静稳破坏或动稳破坏必然引起系统振荡，但短路故障（大扰动）虽极有可能但并不肯定会引起系统振荡，因此，距离保护理应在判定其安装位置发生振荡后再行闭锁保护（如采用阻抗特性圆"大圆套小圆"的振荡判别方法）。在复杂的实际运行工况下，准确判定系统振荡的过程有可能影响距离保护的速动性和可靠性，为此，我国普遍采用系统发生短路后仅短时开放保护（150ms）随后闭锁跳闸出口的措施，这种振荡闭锁元件主要由短路故障启动判据、静稳破坏启动判据及其相关的短时开放保护逻辑构成，并在振荡闭锁期间增加故障再开放判据以正确切除振荡过程中的内部短路故障。

6. 故障处理逻辑

故障处理逻辑用来实现距离保护各个元件和部件之间的功能配合（如选相元件与距离测量元件之间的功能配合）、时序配合（如距离Ⅰ段、Ⅱ段和Ⅲ段之间的时间配合），以及功能与时序的混合配合（如启动元件与振荡闭锁元件之间的功能及时序配合）。这实际反映了距离保护各个功能元件之间、各种时间元件之间的复杂逻辑组合与功能交互作用，它通常是距离保护最为复杂的部分。故障处理逻辑可以用程序流程图或逻辑关系图来表示。

7. 整组复归逻辑

整组复归逻辑与故障启动元件的动作相配合。保护装置由故障启动元件的动作进入故障处理过程，待全部故障处理任务（无论是内外部故障或异常扰动）完成，由整组复归逻辑判定保护动作完毕、电力系统故障或振荡平息并经必要延时后，收回各项操作命令，复位所有相关元件，下达相应信息整理、留存、上传等指令，然后使保护装置自动返回到系统故障前的状态，为下一次保护动作做好准备。一般情况，当距离测量元件持续判为距离Ⅲ段以外且到达整组复归时间，才进行保护的整组复归操作。距离保护的整组复归时间通常为数秒，因为需要覆盖故障发生至保护（包括其他相关线路的保护）的各项操作完毕的时间，此间需要完成初始故障判定、故障切除、振荡闭锁、自动重合闸、故障发展和故障转移处理以及各段保护延时动作等全部过程。

8. 电压回路断线闭锁元件

电压回路断线（如 TV 高压侧或低压侧熔断器熔断）会使保护测量电压消失、测量阻抗为零，极有可能造成距离测量元件（因属欠量动作元件）误动作。电压回路断线闭锁元件能迅速发现电压回路断线情况，及时闭锁保护避免误动，同时发出告警信号。由于线路短路故障通常不会与电压回路断线同时发生，只要能及时修复便不会影响保护的正常作用。超高压输电线路距离保护要求双重化冗余配置，两套保护装置各取自完全独立的电压回路，单一电压回路断线更不会影响保护的正确动作。

9. 出口操作回路

出口操作回路主要指跳闸出口和信号出口回路，也称为开关量输出（DO）接口部件，在保护动作时通过出口继电器接通跳闸回路并发出相应的信号。出口操作回路也需要通过光电隔离为数字电路加强安全防护和改善抗干扰能力，另外需要通过电路结合程序设计对出口继电器回路实行电源控制和正确性自动检查，以确保出口回路安全。

3.12.2　距离保护的精确工作电流与精确工作电压（Accurate Working Current and Accurate Working Voltage of Distance Protection）

为了使距离保护装置正确和准确地实现保护原理，需要保证其所有功能元件，尤其是阻抗测量元件在各种电网正常运行和故障状态下测量的精确性，显然，这需要保证各个输入通道的电压和电流测量的精确性，从而提出了距离保护的精确工作电流与精确工作电压问题。这个问题涉及测量电压、电流的信号输入环节以及各个功能元件的信号处理环节。在线路正常和故障过程中，电流和电压均有很大的动态范围。如电压，正常时在额定电压附近波动，而故障时可能从零到最大过电压之间变化；又如电流，正常时在空载和最大负载电流之间波动，而短路故障时严重情况下可能达到额定电流的几十倍并伴随大小相当的直流暂态偏移。因此，距离保护装置应当在保证工程要求的电流和电压测量精度的同时覆盖可能出现的最大动态范围。测量精确性问题就各个信号通道之间的关系而言主要是一致性问题，而就单个通道而言则主要是动态范围测量的线性度和测量值的准确度两个方面问题。

实际上，作为我国多年的工程经验，继电保护装置的交流信号输入均普遍采用小型电磁式变压器和变流器实现强弱电的变换与隔离，可有效提高保护装置的电气安全水平、抗干扰能力以及环境适应性，而电磁式变换器虽然在一般情况下都具有良好的线性度和准确度，但在最小和最大输入电量时容易进入其非线性区并增加变换误差。另外，继电保护装置内部其他环节在最小和最大输入电量时处理误差也趋于增大。因此，应用中主要关注在最小和最大输入电量情形下如何分析和把握测量精度问题，或者说从测量精度工程控制和检验的角度，只要保证任何一个电流和电压通道在其工程要求（由相关技术标准给出）的最小测量值和最大测量值时均满足精确工作电流和精确工作电压的技术指标，就能满足电压和电流测量的整体精确性要求。还需要指出，测量精确性问题不仅与保护装置相关，还与电力互感器及其二次回路相关，这里仅讨论距离保护装置测量精确性问题。

对于距离保护装置，需要进行针对性分析。

（1）精确工作电流。当发生线路出口附近短路时，电流测量值可能很大（接近最大电流测量值而产生测量误差），但测量阻抗远小于整定阻抗，即此时测量电流误差一般不会影响保护的正确动作；而当保护区末端带过渡电阻短路时，测量电流可能很小（接近最小电流测量值而产生测量误差），电流测量误差有可能造成保护缩范围和超范围动作。因此，通常只需要对最小精确工作电流进行分析和检验。

（2）精确工作电压。发生短路故障时，故障相电压降低，只有某些情形非故障相电压有所升高（通常都在设计裕度范围内），相应测量阻抗仍然很大，故最大电压值即使引起测量误差也不会导致距离保护不正确动作。当线路出口金属性短路时，故障相测量电压虽然接近零，但对此已有专门对策（参见 3.7 节），电压测量误差不会影响保护正确动作。不过，在距离保护应用于较短线路时，即使线路末端发生短路，其测量电压仍可能较低（接近最小精确电压测量值而产生测量误差），有可能造成保护缩范围和超范围动作，一般仅需要对最小精确工作电压进行分析和检验。

精确工作电流和精确工作电压是反映距离保护装置整体性能的重要技术指标。按照规定，最小精确工作电流应满足不大于额定电流的 5％，最小精确工作电压应满足不大于额定电压的 1％。在数字式距离保护装置中，精确工作电流和精确工作电压与其数据采集系统、算法以及保护原理的实现方法等多种因素有关。例如：提高模数转换的分辨率可以有效改善精确工作电流和精确工作电压的性能指标。总之，数字式距离保护装置在工程要求的范围内易于并能够做到电流和电压测量的良好线性度和精度，因此只要设计制造得当并在应用中通过必要的检验就能满足最小精确工作电流和最小精确工作电压的要求。另外，关于传统模拟式距离保护装置的精确工作电流和精确工作电压问题，因其目前使用较少，本书不予介绍，读者可参考其他资料。

3.12.3 距离保护的软件流程图 （The Software Flow Diagram of Distance Protection）

数字式保护装置软件除了完成保护功能外，还有许多其他任务和支持功能，主要分为主流程及主循环程序和采样中断服务程序，其软件结构和功能划分参见第 9 章。这里假定距离保护故障处理功能模块置于采样中断服务程序中（定时重复中断、无嵌套循环执行），它平时并不工作，由全时且实时工作的启动元件在发现系统异常和故障状态后引导其开始运行，并将启动性质相关信息同时导入。一个比较简单的距离保护故障处理功能模块的软件流程图如图 3.51 所示。

输电线路距离保护的故障处理程序模块，除了能正确处理一般区内外简单故障外，还需要兼顾很多在线路和系统实际故障过程中的复杂过程和配合问题，如故障位置转移（简称故障转移，指在很短时间内在线路不同地点相继发生短路故障，如先发生区外故障进而又发生区内故障等）、故障形式发展（简称故障发展，指同一地点短路故障类型发生改变，如单相接地故障发展成两相短路接地故障等）、不同主接线时自动重合闸的配置与配合（譬如 3/2 断路器主接线或双母线主接线时的不同处理以及不同类型重合闸等问题）、断路器失灵保护的启动与配合、线路弱馈端保护等特殊处理，还有诸如 TV 断线检测、故障报告信息存储辅助功能等，使得故障处理程序的逻辑及时序配合非常复杂。

图 3.51 所示的距离保护故障处理软件流程中省略了复杂处理逻辑，对重合闸、重合于永久故障加速保护动作、合闸于故障加速保护动作等辅助功能也只作了简化表述。这样做是为了使读者更好地理解和掌握距离保护的故障处理程序模块的主要特点和基本过程。

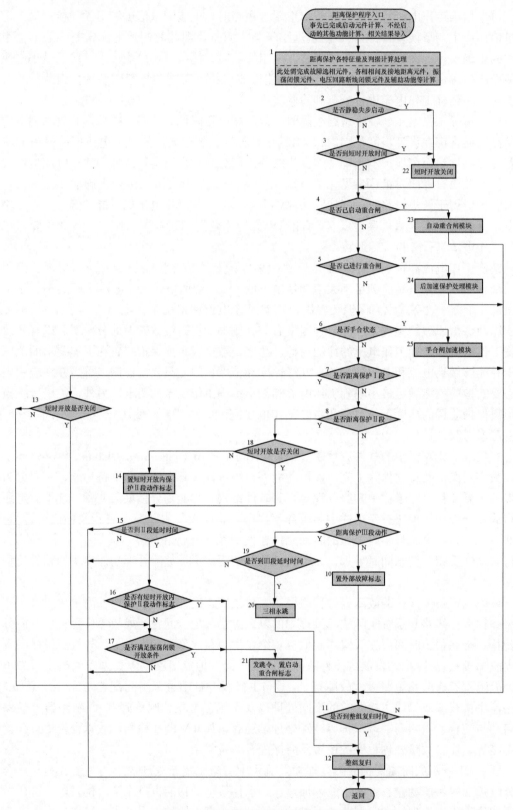

图 3.51　距离保护故障处理简略流程图

距离保护由诸多不同功能的元件组成，主要涉及启动元件、故障选相元件、距离测量元件、振荡闭锁及故障再开放元件、电压回路断线闭锁元件等基本元件，还涉及如自动重合闸、重合于故障加速保护、手合于故障加速保护等辅助功能。以下按图3.51介绍距离保护故障处理程序流程，并结合流程说明上述各个元件和辅助功能的作用及其相互配合关系。

进入故障处理程序模块后，在框1进行距离保护动作判据的计算和处理。这是距离保护故障处理的核心之一，包括基本特征量的计算、故障类型及故障相别判别（故障选相元件）、动作方程的计算处理及动作特性形成（距离测量元件），对保护区内外故障作出判断。另外，诸如振荡闭锁及故障再开放条件、电压回路断线闭锁、重合闸条件、重合闸后加速保护条件以及合闸于故障加速保护动作条件等辅助判据也需要在框1内计算完毕。框1计算和处理完成后，将所有这些结果交给后续逻辑和时序处理程序段。实际上，图3.51所示的距离保护的故障处理程序流程主要是对逻辑和时序处理过程的描述。

保护经启动元件进入故障处理程序模块。高压输电线路距离保护的启动元件通常由相电流差突变量启动元件、零序稳态量启动元件和静稳失步启动元件构成。若前两个启动元件任何一个动作，则判为线路上发生了短路故障；若前两个启动元件均未动作而静稳失步启动元件动作，则判为系统发生静稳失步。启动元件对引起启动的判据进行了标记并启动了短时开放保护的计时，故障处理程序将按此标记正确引导程序执行对应的功能。

进入逻辑和时序处理程序段后，首先在框2判别是否静稳失步启动：若是，表明系统发生了静稳破坏事故，则进入框22关闭短时开放保护功能，从而使距离保护可立即并在下一次进入采样中断服务时可直接进行振荡闭锁的处理；若不是，意味着保护是由短路故障启动判据启动的，表明线路上已发生了短路故障，进入框3。框3检查是否到达了短时开放时间：若未达到，表明可直接进行短路性质和区域的判别；若已到达短时开放时间（参见第3.8节，通常取150ms，此间采样中断服务程序以及故障处理程序已循环执行了多次，要么短路不在距离Ⅰ段范围内，要么短路在距离Ⅰ段范围内已引起跳闸并进入了重合闸等后续过程），表明系统随后可能会出现由内外部短路引起的系统振荡，为防止系统振荡引起距离保护后续处理的误判断（误动），也需要进入框22关闭短时开放保护功能，使距离保护可进入振荡闭锁的处理。

然后，故障处理程序在框4判别是否已启动重合闸（根据重合闸启动标志判断，它由先前循环中断服务中故障处理程序设置）：若否，则进入框5继续后面的其他流程；若是，说明在此之前已进行了跳闸并启动了重合闸操作，则进入框23的重合闸流程。在图3.52中，重合闸处理流程简化为一个自动重合闸模块，详见第5章。重合闸过程启动之后，先判断是否到达重合闸延时：若未到重合闸延时，则从中断返回等待；若到达重合闸延时，则判断是否满足重合闸条件。重合闸条件主要包括以下几方面：①保护装置投运时在控制字或当前压板设置的是否允许重合闸；②当前断路器的状态是否允许重合闸（如断路器的绝缘介质状态、内部压力等因素，通常由读取相应输入开关量状态确定）；③根据重合闸检测方式（包括单相重合闸、三相重合闸或综合重合闸以及检无压、检同期还是无条件重合闸等）经检测后确定如何或是否进行重合闸。若经判断前两个重合闸条件不满足，则不再进行重合闸操作，进一步判断早先保护已经执行的跳闸是否为单相跳闸，若是则应执行所谓沟通三跳（即补发三相跳闸令跳开其余的两相，这样可避免系统长期处于非全相运行状态），然后置整组复归标志、完成整组复归操作并从中断返回；若经判断前两个重合闸条件满足，则进一步检测第三个条件，待满足条件后（条件满足前中断返回，等候下次中断），按规定的重合闸方式执行重合闸操作并置重合闸标志（作为下阶段重合闸后加速保护的投入标志，见后面说明），最后还需经过等待整组复归时间的判定后从中断返回。

整组复归问题前文已作介绍，这里从软件流程角度作点补充说明。整组复归程序在判定保护动作完毕、阻抗动作判据持续判为Ⅲ段以外并到达整组复归时间后，将清除所有临时标志（即复位相关元件）、收回各种操作命令、下达事故报告处理指令，并对整组复归标志置位，从而使距离保护软件自动返回到事故发生前的状态。

接下来，故障处理程序在框5判别是否已进行重合闸（根据重合闸动作标志判定，由先前循环中断服务中故障处理程序设置）：若否，进入框6继续后面的流程；若是，说明在此之前已进行了重合闸操作，则进入框24执行重合闸后加速保护流程。在图3.51中，重合闸后加速保护流程简化为一个后加速保护处理模块。我国在超高压输电线路上普遍采用一次重合闸，即第一次重合闸后，若再次检测到区内故障（包括距离Ⅰ段、Ⅱ段和Ⅲ段的保护范围内的故障），即认为永久性故障，规定应立即三相加速跳闸，并不允许再次重合闸，称为加速永久跳闸三相。在此之后即直接进入整组复归过程。若经判断不满足任何一段保护动作条件，则表明重合成功，然后需经过等待整组复归时间的判定后从中断返回。

故障处理程序接下来由框6和框25进行手动合闸于故障的处理。在手动合闸操作中检测到的故障，最大可能是合闸前存在的故障或者因线路突然升压引起的绝缘损坏，可判定为永久性故障，因此规定无论故障发生在哪一段，均应不经重合闸加速永久跳闸三相。框6判别是否手动合闸状态（通常通过手动操作的按钮或合闸开关的触点状态来反映）：若是，则进入框25的手动合闸加速模块，在加速模块中若满足手合于故障的条件，则出口永跳三相；若不是手动合闸状态，则进入正常按三段延时故障处理的逻辑和时序过程。

接下来，故障处理程序在框7判别故障地点是否处在距离Ⅰ段保护区内：若不在距离Ⅰ段区内，则先设定距离Ⅰ段区外标志，然后转到框8进行距离Ⅱ段区内判断；若在距离Ⅰ段区内，则进入框13。框13进行短时开放是否关闭的判断：若未关闭，表明当前仍在短时开放时间内，可进入框21，距离Ⅰ段动作，发出跳闸令并置启动重合闸标志，然后转向整组复归的时间判定和处理；若短时开放已关闭，表明是在进入振荡闭锁后才判断为距离Ⅰ段保护区内，为避免因振荡引起的错误判断，转入框17。框17判断是否满足振荡闭锁开放条件：若满足，表明（在振荡过程中）的确发生了距离Ⅰ段保护区内故障，保护可进入框21动作跳闸，接下来流程与上相同；若不满足振荡闭锁开放条件，则不允许跳闸，程序从中断返回，等待下一次中断再作判断和处理。

框8判别故障地点是否处在距离Ⅱ段保护区内：若不在距离Ⅱ段区内，则先设定距离Ⅱ段区外标志并将距离Ⅱ段定时器清零，然后转到框9进行距离Ⅲ段区内判断；若在距离Ⅱ段区内，则进入框18。框18进行短时开放是否关闭的判断：若未关闭，表明当前仍在短时开放时间内（即在进入振荡闭锁前就已判为距离Ⅱ段区内故障），则进入框14设置"短时开放内保护Ⅱ段动作"标志（即对这种状态给以记忆），然后转向距离Ⅱ段延时处理；若短时开放已关闭，表明在进入振荡闭锁后才判为距离Ⅱ段区内故障，直接转向距离Ⅱ段延时处理。框15判断是否达到距离Ⅱ段延时时间：若未到达延时，则需继续等待，程序从中断返回，等待下一次中断再作判断和处理；若已到达延时时间，则进入框16。框16检查是否已设置了"短时开放内保护Ⅱ段动作"标志：若未设置，则在出口跳闸前必须进入框17检查是否满足振荡闭锁开放条件，以下的处理过程与距离Ⅰ段类似；若已设置"短时开放内保护Ⅱ段动作"标志，则无需检查振荡闭锁开放条件，直接进入框 21 动作跳闸，接下来流程与距离Ⅰ段相同。

框 9 判别故障地点是否处在距离Ⅲ段保护区内：若不在距离Ⅲ段保护区内，表明故障位于距离Ⅲ段以外（外部故障），则先将距离Ⅲ段定时器清零，并在框 10 置外部故障标志，然后进行等待整组复归处理；若在距离Ⅲ段保护区内，则进入延时处理。框 19 判断是否达到距离Ⅲ段延时时间：若未到达延时，则需继续等待，程序从中断返回，等待下一次中断再作判断和处理；若已到达延时时间，则直接进入框 20，由于距离Ⅲ段无需经振荡闭锁，且动作后不要求进行重合闸，因此可直接发三相永久跳闸令，然后转向整组复归处理。

习题及思考题
(Exercise and Questions)

3.1　距离保护是利用正常运行与短路状态间的哪些电气量的差异构成的？

3.2　什么是保护安装处的输电线路的故障区段阻抗（短路阻抗）、负荷阻抗、系统等值阻抗？

3.3　什么是故障环路？相间短路与接地短路所构成的故障环路的最明显差别是什么？

3.4　构成距离保护为什么必须用故障环路上的电压、电流作为测量电压和电流？

3.5　为了切除线路上各种类型的短路，一般配置哪几种接线方式的距离保护协同工作？

3.6　在本线路上发生金属性短路，测量阻抗为什么能够正确反应故障的距离？

3.7　为什么阻抗元件的动作特性必须是一个区域？画出常用动作区域的形状并陈述其优、缺点。

3.8　阻抗元件的幅值比较判据和相位比较判据之间的关系是什么？

3.9　用相位比较方法实现距离元件有何优点（以余弦比相公式为例说明）。

3.10　画图并解释偏移特性阻抗元件的测量阻抗、整定阻抗和动作阻抗的含义。

3.11　什么是阻抗元件的最大灵敏角？为什么通常选定线路阻抗角为最大灵敏角？

3.12　导出具有偏移圆特性的阻抗元件的绝对值比较动作方程和相位比较动作方程。

3.13　图 3.52 所示系统中，发电机以发电机 - 变压器组方式接入系统，最大开机方式为 4 台机全开，最小开机方式为两侧各开 1 台机，变压器 T5 和 T6 可能 2 台也可能 1 台运行。其参数为：

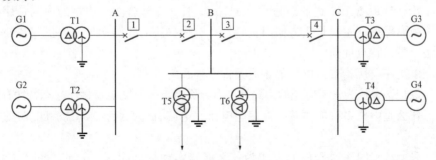

图 3.52　系统示意图

$E_{ph}=115/\sqrt{3}kV$；$X_{1.G1}=X_{2.G1}=X_{1.G2}=X_{2.G2}=15\Omega$，$X_{1.G3}=X_{2.G3}=X_{1.G4}=X_{2.G4}=10\Omega$，$X_{1.T1}\sim X_{1.T4}=10\Omega$，$X_{0.T1}\sim X_{0.T4}=30\Omega$，$X_{1.T5}=X_{1.T6}=20\Omega$，$X_{0.T5}=X_{0.T6}=40\Omega$；$L_{AB}=60km$，$L_{BC}=40km$；线路阻抗 $z_1=z_2=0.4\Omega/km$，$z_0=1.2\Omega/km$，线路阻抗角均为 $75°$；$I_{AB.Load.max}=I_{CB.Load.max}=300A$，负荷功率因数角为 $30°$；已知 $K_{ss}=1.2$，$K_{re}=1.2$，$K_{rel}^{I}=0.85$，$K_{rel}^{II}=0.75$，变压器均装有快速差动保护。

试解答：

（1）为了快速切除线路上的各种短路，线路 AB、BC 应在何处配备三段式距离保护？各选用何种接线方式？各选用何种动作特性？

（2）整定保护 1～4 的距离Ⅰ段，并按照你选定的动作特性，在一个阻抗复平面上画出各保护的动作区域。

（3）分别求出保护 1、4 接地距离Ⅱ段的最大、最小分支系数。

（4）分别求出保护 1、4 接地距离Ⅱ、Ⅲ段的定值及时限，并校验灵敏度。

（5）当 AB 线路中点处发生 BC 两相短路接地时，哪些地方的哪些测量元件动作，请逐一列出。保护、断路器正常工作情况下，哪些保护的何段以什么时间跳开了哪些断路器将短路切除？

（6）短路条件同（5），若保护 1 的接地距离Ⅰ段拒动、保护 2 处断路器拒动，哪些保护以何时间跳何断路器将短路切除？

（7）假定各保护回路正确工作的概率为 90%，在题（5）的短路条件下，全系统中断路器不被错误切除任意一个的概率是多少？体会保护动作可靠性应要求到多高。

3.14 什么是助增电流和外汲电流？它们对阻抗继电器的工作有什么影响？

3.15 在整定值相同的情况下，比较方向圆特性、全阻抗圆特性、苹果特性、橄榄特性的躲负荷能力。

3.16 特性经过坐标原点的方向阻抗元件有什么优点和缺点？画出相间距离和接地距离元件绝对值比较动作回路、相位比较动作回路的交流接线图。

3.17 在单侧电源线路上，过渡电阻对距离保护的影响是什么？

3.18 在双侧电源的线路上，保护测量到的过渡电阻为什么会呈容性或感性？

3.19 什么是距离保护的稳态超越？克服稳态超越影响的措施有哪些？

3.20 系统及保护配置同题 3.27，保护 6 的Ⅰ、Ⅱ段都采用方向阻抗特性，在距离 A 母线 20Ω 处发生经 15Ω 的过渡电阻短路，E_{G1} 超前 E_{G2} 相位角 $0°$、$30°$ 两种条件下，问保护 6 的Ⅰ、Ⅱ段动作情况。

3.21 什么是距离元件的参考电压，其作用是什么？选择参考电压的原则是什么？

3.22 距离保护（主要是指方向阻抗特性）有哪些应对线路出口（保护安装处）金属性短路的方法？各自特点如何？

3.23 以正序电压为参考电压的距离元件有什么特点？

3.24 以记忆电压为参考电压的距离元件有什么特点？其初态特性与稳态特性有何差别？

3.25 什么是电力系统的振荡？振荡时电压、电流有什么特点？阻抗继电器的测量阻抗如何变化？

3.26 采用故障时短时开放的方式为什么能够实现振荡闭锁？开放时间选择的原则是什么？

3.27 图 3.53 所示系统的母线 C、D、E 均为单侧电源。全系统阻抗角均匀为 80°，$Z_{1.G1}=Z_{1.G2}=15\Omega$，$Z_{1.A-B}=30\Omega$，$Z_{6.set}^{I}=24\Omega$，$Z_{6.set}^{II}=32\Omega$，$Z_6^{II}=0.4s$，系统最短振荡周期 $T=0.9s$。

试解答：

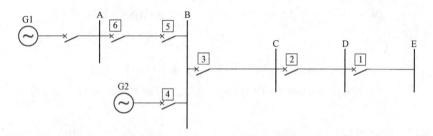

图 3.53 简单电力系统示意图

（1）G1、G2 两发电机电动势幅值相同，找出系统的振荡中心在何处？

（2）分析发生振荡期间母线 A、B、C、D 电压的变化规律及线路 BC 电流的变化。

（3）线路 BC、CD、DE 的保护是否需要加装振荡闭锁，为什么？

（4）保护 6 的 II 段采用方向阻抗特性，是否需要装振荡闭锁。

3.28 故障选相的作用是什么？简述相电流差突变量选相的原理。

3.29 用故障分量构成继电保护有什么优点？

3.30 什么是工频故障分量？如何求得？

3.31 简述工频故障分量距离继电器的工作原理。

3.32 串联补偿电容器对距离保护的正确工作有什么影响？如何克服这些影响？

3.33 平行双回线路对距离保护的正确工作有什么影响？如何克服这些影响？

3.34 什么是距离保护的暂态超越？克服暂态超越影响的措施有哪些？

3.35 距离保护装置一般由哪几部分组成？简述各部分的作用。

3.36 什么是最小精确工作电流和最小精确工作电压？测量电流或电压小于最小精工电流或电压时会出现什么问题？

3.37 说明数字式距离保护的工作流程。

4 输电线路纵联保护
Pilot Protection for Transmission Lines

4.1 输电线路纵联保护概述
(Introduction to Transmission Line Pilot Protection)

电流保护、距离保护仅利用被保护元件（如线路）一侧的电气量构成保护判据，这类保护不可能快速区分本线末端和对侧母线（或相邻线始端）故障，因而只能采用阶段式的配合关系实现故障元件的选择性切除。这样导致线路末端故障需要 II 段延时切除，这在 220kV 及以上电压等级的电力系统中难以满足系统稳定性对快速切除故障的要求。研究和实践表明，利用线路两侧的电气量可以快速、可靠地区分本线路内部任意点短路与外部短路，达到有选择、快速地切除全线路任意点短路的目的。为此需要将线路一侧电气量信息传到另一端去，安装于线路两侧的保护对两侧的电气量同时比较、联合工作，也就是说在线路两侧之间发生纵向的联系，以这种方式构成的保护称为输电线路的纵联保护。由于保护是否动作取决于安装在输电线两端的装置联合判断的结果，两端的装置组成一个保护单元，各端的装置不能独立构成保护，在国外又称为输电线的单元保护（unit protection）。理论上这种纵联保护仅反应线路区内故障，不反应正常运行和区外故障两种工况，因而具有输电线路内部短路时动作的绝对选择性。

输电线路的纵联保护两端比较的电气量可以是流过两端的电流、流过两端电流的相位和流过两端功率的方向等，比较两端不同电气量的差别构成不同原理的纵联保护。将一端的电气量或其用于被比较的特征传送到对端，可以根据不同的信息传送通道条件，采用不同的传输技术。以输电线路纵联保护为例，其一般构成如图 4.1 所示。

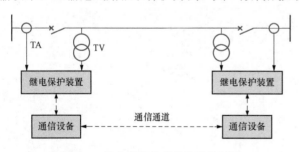

图 4.1 输电线路纵联保护结构框图

图中继电保护装置通过电压互感器 TV、电流互感器 TA 获取本端的电压、电流，根据不同的保护原理，两端保护分别提取本侧的用于两端比较的电气量特征，一方面通过通信设备将本端的电气量特征传送到对端，另一方面通过通信设备接收对端发送过来的电气量特征，并将两端的电气量特征进行比较，若符合动作条件则跳开本端断路器并告知对端，若不符合动作条件则不动作。可见，一套完整的纵联保护包括两端保护装置、通信设备和通信通道。

线路发生区内故障与其他运行状态（包括区外故障和正常运行）相比，有多种两端电气量特征存在明显差异，由此可构成不同原理的纵联保护。下面不考虑线路分布电容的影响，结合图 4.2 和表 4.1，进行简单的介绍。

区外故障［如图 4.2（b）所示］或正常运行时，任何时刻其两端电流相量和等于零，数学表达式为 $\sum \dot{I} = \dot{I}_M + \dot{I}_N = 0$。区内故障［如图 4.2（a）所示］时，故障点流出的短路电流 $\dot{I}_{kl}$ 是由线路两端提供的，即 $\sum \dot{I} = \dot{I}_{kl}$。由判据 $|\dot{I}_M + \dot{I}_N| \geqslant I_{set}$ 动作而判定为区内故障的保护原理称为纵联电流差动保护。

同理，区外故障时两端电流相位相反，即其相位差 $\arg\left(\dfrac{\dot{I}_M}{\dot{I}_N}\right) = 180°$；区内故障时，两端电流分别由两端电势提供，系统稳定运行时相位差小于 90°。由此特征差异构成了纵联电流相位差动保护。

线路两端的功率方向继电器（或方向阻抗继电器）也可以区分内部和区外故障。区内故障时，两端的功率方向 S_M 和 S_N 都为正方向。外部（k2 点）短路故障时，S_M 仍为正方向，但 S_N 为反方向。根据两侧功率方向都为正方向特征判定区内故障的保护原理称为方向比较式纵联保护。

表 4.1 两端电气量特征和保护原理

保护原理	区内故障的特征	区外故障或正常运行的特征
纵联电流差动保护	$\Sigma \dot{I} = \dot{I}_M + \dot{I}_N = \dot{I}_{kl}$	$\Sigma \dot{I} = \dot{I}_M + \dot{I}_N = 0$
纵联电流相位差动保护	$\left\| \arg\left(\dfrac{\dot{I}_M}{\dot{I}_N}\right) \right\| < 90°$	$\arg\left(\dfrac{\dot{I}_M}{\dot{I}_N}\right) = 180°$
方向比较式纵联保护	S_M 和 S_N 都是正方向	S_M 为正方向，S_N 为反方向

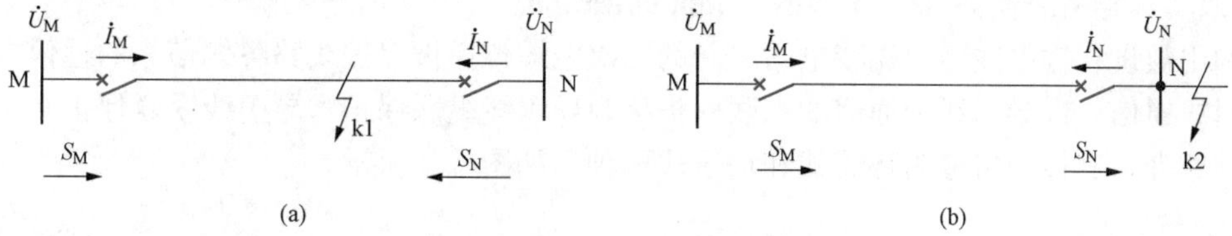

图 4.2 双端电源线路电气量
（a）区内故障；（b）区外故障

通信通道虽然只是传送信息的媒介，但纵联保护采用的原理往往受到通道的制约。按照技术出现的时间顺序，有下列 4 种通道：导引线通道、电力线载波通道、微波通道和光纤通道。

导引线通道需要铺设导引线电缆传送电气量信息，直接传输交流二次电量波形，故广泛采用电流差动保护。这种通道的投资随线路长度而增加，当线路较长（超过 10km）时就不经济了。同时，导引线越长，自身的运行安全性越低，从而在技术上也限制了导引线保护用于较长的线路。

微波通道和光纤通道都是多路通信通道，具有很宽的频带，广泛采用脉冲编码调制（PCM）方式，以扩大信息的传输量，提高抗干扰能力。这两种通道都可以长距离的传送交流电的波形，因而广泛采用电流差动保护。微波通道技术在我国继电保护中的应用比较晚，还没有普及就被性能更好、更安全的光纤通道所取代。由于光信号不受电磁干扰，在经济上也已经有竞争力，近年来光纤通道已成为纵联保护的主要通道形式。

电力线载波通道不需要专门架设通信通道，而是利用输电线路构成通道。载波通道由输电线路及其信息加工和连接设备（阻波器、结合电容器及高频收发信机）等组成。输电线路机械强度大，运行安全可靠，但是在线路发生故障时通道可能遭到破坏，为此应在技术上保证在线路故障、信号中断的情况下仍能正确动作。虽然载波通道也可以（慢速地）传送数字量，但应用于纵联保护时，通常只传送 1 和 0 两种状态的逻辑量，无法采用电流差动保护原理，只能采用方向比较式纵联保护和纵联电流相位差动保护。载波通道在光纤通道出现前，曾经是输电线路纵联保护的主要通道形式，随着光纤通道的广泛应用，在新建线路中有被取代的趋势，当然目前运行线路中还存在大量的载波通道。

正因为纵联保护采用的原理受通道的制约很大，纵联保护除了按上面的原理分类外，也按通道类型进行分类，例如导引线纵联保护（wire pilot，简称导引线保护）、电力线载波纵联保护（power line carrier pilot，简称载波保护，由于载波信号为高频信号，也称为高频保护）、光纤纵联保护（fiber‐optic pilot，简称光纤保护）等。

4.2 输电线路纵联保护两侧信息的交换
(Information Exchange between the Two Ends for Transmission Line Pilot Protection)

输电线路纵联保护的工作需要两端信息，两端保护要通过通信设备和通信通道快速地进行信息交换。随着信道设备和通信技术的发展，继电保护交换两端信息的设备和技术也在发展、变化，输电线路保护目前常用的通信方式分有：导引线通信、电力线载波通信、微波通信、光纤通信等。

4.2.1 导引线通信 (Pilot Wire Communication)

利用敷设在输电线路两端变电站之间的二次电缆传递被保护线路各侧信息的通信方式称为导引线通信，以导引线为通道的纵联保护称为导引线纵联保护。导引线纵联保护常采用电流差动原理，其接线可分为环流式和均压式两种，如图 4.3 所示。

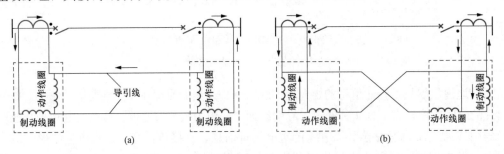

图 4.3 导引线纵联电流差动保护原理示意图
(a) 环流式；(b) 均压式

（1）环流式。线路两侧电流互感器的同极性端子经导引线连接起来。在模拟式保护中两端的保护继电器各有两个线圈，动作线圈跨接在两根导引线之间，流过两端的和电流起动作作用；制动线圈（也称平衡线圈）串接在导引线的回路中，流过两端的循环电流，起制动作用。当继电器的动作作用大于制动作用时，保护动作。在正常运行或区外故障时，被保护线路两侧电流互感器的同极性端子的输出电流大小相等而方向相反，动作线圈中没有电流流过，即处在电流平衡状态，此时导引线流过两端循环电流，故称环流式。

（2）均压式。线路两端电流互感器的异极性端子经导引线连接起来，继电器的动作线圈串接在导引线回路中，两端流过差电流；制动线圈则跨接在两根导引线之间，流过和电流。在正常运行或区外故障时，被保护线路两侧电流互感器极性相异的端子的输出电流大小相等且方向相同，故导引线及动作线圈中均没有电流通过，二次电流只能分别在各自的制动线圈及互感器二次绕组中流过，在两侧导引线线芯间电压大小相等方向相反，即处在电压平衡状态，这种工作模式也称为电压平衡原理。

环流式导引线保护具有电流互感器二次负载较小、受导引线线芯电容的影响小、单电源运行方式下发生区内故障时容易实现两侧保护同时跳闸等特点。但当导引线发生开路故障时保护要误动，导引线发生短路故障时保护却要拒动。相比而言，均压式导引线保护受导引线线芯电容影响较大，导引线发生开路故障时保护将拒动，导引线发生短路时保护将误动。

导引线纵差保护的突出优点是不受电力系统振荡的影响、不受非全相运行的影响、在单侧电源运行时仍能正确工作，还具有简单可靠、维修工作量极小、投运率极高、技术成熟、服务年限长、动作速度快等优点。导引线纵差保护的使用和保护装置的性能受导引线参数和使用长度影响：导引线愈长，分布电容愈大，则保护装置的安全可靠性愈低；导引电缆造价高，随着使用长度增加，初投资剧增。

4.2.2　电力线载波通信（Power Line Carrier Communication）

将线路两端的功率方向（或电流相位）信息转变为高频信号，经过高频耦合设备将高频信号加载到输电线路上，输电线路本身作为高频信号的通道将高频载波信号传输到对端，对端再经过高频耦合设备将高频信号接收，以实现各端功率方向（或电流相位）的比较，这就是高频保护或载波保护名称的由来。

1.电力线载波通信的构成

按照通道的构成，电力线载波通信又可分为使用两相线路的"相—相"式和使用一相一地的"相—地"式两种，其中"相—相"式高频通道信号传输的衰减小，而"相—地"式则比较经济。"相—地"式载波通道如图4.4所示，现将各组成部分的功能介绍如下。

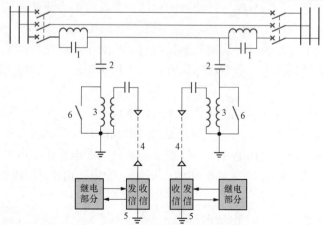

图4.4　载波通信示意图

1—阻波器；2—耦合电容器；3—连接滤波器；4—电缆；5—载波收发信机；6—接地开关

（1）输电线路。三相输电线路都可以用来传递高频信号，任意一相与大地间都可以组成"相—地"回路。

（2）阻波器。为了使两端发送的高频载波信号只在本线路内传输而不穿越到相邻线路上去，采用了电感线圈与可调电容组成的并联谐振回路，其阻抗与频率的关系如图 4.5 所示。当阻波器谐振频率等于高频载波信号的频率时，对载波电流呈现极高的阻抗（1000Ω 以上），从而将高频电流限制在本线路以内。而对工频电流，阻波器仅呈现电感线圈的阻抗（约 0.04Ω），不影响工频电能量传输。

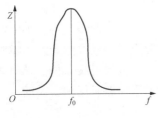

图 4.5　阻波器特性

（3）耦合电容器。为使工频对地泄漏电流减到极小，采用耦合电容器，它的电容量极小，对工频信号呈现非常大的阻抗，同时可以防止工频电压侵入高频收、发信机；对高频载波电流则呈现很小的阻抗，与连接滤波器共同组成带通滤波器，只允许此通带频率内的高频电流通过。

（4）连接滤波器。它由一个可调电感的空芯变压器和一个串接在二次侧的电容构成。连接滤波器与耦合电容器共同组成一个四端网络带通滤波器，使所选频带的高频电流能够顺利通过。由于架空输电线路的波阻抗约为 400Ω，而高频电缆的波阻抗约为 100Ω，该四端网络可使两侧的阻抗相匹配，从而使高频信号在收、发信机与输电线路间传递时不发生反射，减少高频能量的附加衰耗。同时空芯变压器的使用进一步使收、发信机与输电线路的高压部分相隔离，提高了安全性。

（5）高频收、发信机。高频收、发信机由继电保护部分控制发出预定频率（可设定）的高频信号，通常是在电力系统发生故障、保护启动后发出信号，但也有采用长期发信发生故障保护启动后停信或改变信号频率的工作方式。发信机发出的高频信号经载波信道传送到对端，被对端和本端的收信机所接受。换言之，只要输电线路上有高频电流，则不论该高频电流是哪一端的发信机发出的，两端的收信机都收到同样的高频信号。该信号传送至继电保护装置经比较判断后，作用于继电保护的输出部分。

（6）接地开关。当检修连接滤波器时，接通接地开关，使耦合电容器下端可靠接地。

2. 电力线载波通道的特点

电力线载波通信是电力系统的一种特有的通信方式，以电力线路为信息通道，通道传输的信号频率范围一般为 50～400kHz。载波频率低于 40kHz 时，受工频干扰太大，同时信道中的连接设备的构成也比较困难；载波频率过高时，将对中波广播等产生严重干扰，同时高频能量衰耗也将大大增加。电力线载波通信曾在一个历史阶段内成为电力系统应用最广的通信手段。它具有以下优点：

（1）无中继，通信距离长。电力线载波通信距离可达几百公里，中间不需要信号的中继设备，一般的输电线路只需要在线路两端配备载波机和高频信号耦合设备。

（2）经济、使用方便。使用电力线载波通道的装置（继电保护、电力自动化设备等）与载波机之间的距离很近，都在同一变电站内，高频电缆短，由于不需要再架信道，节省了投资。

（3）工程施工比较简单。输电线路建好后，装上阻波器、耦合电容器、结合滤波器，放好高频载波电缆，然后安装载波机，就可以进行调试。这些工作都在变电站内进行，基本上不需另外进行基建工程，能较快地建立起通信。在不少工期比较紧的输变电工程中，往往只有电力线载波通信才能和输变电工程同期建成，保证了输变电工程的如期投产。

由于电力线载波通道是直接通过高压输电线路传送高频载波电流的，因此高压输电线路上的干扰直接进入载波通道，高压输电线路的电晕、短路、开关操作等都会在不同程度上对载波通信造成干扰。另外，由于高频载波的通信速率低，难以满足纵联电流差动保护实时性的要求，一般用来传递状态信号，用于构成方向比较式纵联保护和电流相位比较式纵联保护。电力线载波通信还用于对系统运行状态监视的调度自动化信息的传递、电力系统内部的载波电话等。

3. 电力线载波通道的工作方式

输电线路纵联保护载波通道按其工作方式可分为三大类：正常无高频电流方式、正常有高频电流方式和移频方式。根据高频保护对动作可靠性要求的不同特点，可以选用任意的工作方式，我国电力系统主要采用正常无高频电流方式。

(1) 正常无高频电流方式。在电力系统正常运行工况下发信机不发信，沿通道不传送高频电流，发信机只在电力系统发生故障期间才由保护的启动元件启动发信，因此又称之为故障启动发信的方式。

在利用正常无高频电流方式时，为了确知高频通道完好，往往采用定期检查的方法，定期检查又可分为手动和自动两种。在手动检查的条件下，值班员手动启动发信，并检查高频信号是否合格，通常是每班一次，该方式在我国电力系统中得到了广泛的采用。自动检查的方法是利用专门的时间元件按规定时间自动启动发信，检查通道，并向值班员发出信号。

(2) 正常有高频电流方式。在电力系统正常工作条件下发信机处于发信状态，沿高频通道传送高频电流，因此又称之为长期发信方式。其主要优点是使高频保护中的高频通道部分经常处于被监视的状态，可靠性较高；此外，无需收、发信机启动元件，使装置稍为简化。它的缺点是因为发信机经常处于发信状态，增加了对其他通信设备的干扰时间；同时，因为经常处于收信状态，外界对高频信号干扰的时间长，要求收信机自身有更高的抗干扰能力。

在长期发信的条件下，通道部分能否得到完善的监视仍要视具体情况而定。例如，当两端发信机的工作频率不同时，任何一端的收信机只收对端送来的高频电流信号，收、发信机和通道的中断能够及时发现；但是当两端发信机工作在同一频率（为了节约频带资源，在高频保护中往往是这样使用的）时，由于任何一端的收信机不仅收到对端送来的高频电流，同时也收到本端发信机发出的高频电流，因此，任何一个发信机或通道工作的中断都不能直接从收信结果判断出来，仍需采用其他附加的措施才能达到完全监视的目的。

(3) 移频方式。在电力系统正常运行工况下，发信机处在发信状态，向对端送出频率为 f_1 的高频电流，这一高频电流可作为通道的连续检查或闭锁保护之用。在线路发生故障时，保护装置控制发信机停止发送频率为 f_1 的高频电流，改发频率为 f_2 的高频电流。这种方式能监视通道的工作情况，提高了通道工作的可靠性，并且抗干扰能力较强；但是它占用的频带宽，通道利用率低。移频方式在国外已得到了广泛的应用。

4. 电力线载波信号的种类

按照高频载波通道传送的信号在纵联保护中所起的不同作用，将电力线载波信号分为闭锁信号、允许信号和跳闸信号。

(1) 闭锁信号。闭锁信号是阻止保护动作于跳闸的信号。换句话说，无闭锁信号是保护作用于跳闸的必要条件。只有同时满足以下两条件时保护才作用于跳闸：

1）本端保护元件动作；

2）无闭锁信号。

表示闭锁信号逻辑的方框图如图4.6（a）所示。

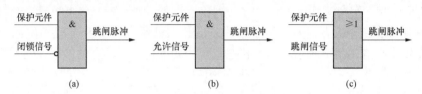

图4.6　高频保护信号逻辑图

(a) 闭锁信号；(b) 允许信号；(c) 跳闸信号

在闭锁式方向比较高频保护中，当区外故障时，闭锁信号自线路近故障点的一端发出，同时该端保护元件不动作，该端保护不能跳闸；线路另一端保护元件虽然动作，但由于收到对端发出的闭锁信号，所以也不作用于跳闸。当区内故障时，任何一端都不发送闭锁信号，两端保护都收不到闭锁信号，保护元件动作后即作用于跳闸。

（2）允许信号。允许信号是允许保护动作于跳闸的信号。换句话说，有允许信号是保护动作于跳闸的必要条件。只有同时满足以下两条件时，保护装置才动作于跳闸：

1）本端保护元件动作；

2）有允许信号。

表示允许信号的逻辑框图如图4.6（b）所示。

在允许式方向比较高频保护中，当区内故障时，线路两端互送允许信号，两端保护都收到对端的允许信号，保护元件动作后即作用于跳闸。当区外故障时，近故障端不发出允许信号、保护元件也不动作，近故障端保护不能跳闸；远故障端的保护元件虽动作，但收不到对端的允许信号，保护不能动作于跳闸。

（3）跳闸信号。跳闸信号是直接引起跳闸的信号，表示跳闸信号的逻辑框图如图4.6（c）所示。跳闸的条件是本端保护元件动作，或者对端传来跳闸信号。只要本端保护元件动作即作用于跳闸，与有无对端信号无关；只要收到跳闸信号即作用于跳闸，与本端保护元件动作与否无关。

从跳闸信号的逻辑可以看出，它在不知道对端信息的情况下就可以跳闸，所以本侧和对侧的保护元件必须具有直接区分区内故障和区外故障的能力，如距离保护Ⅰ段、零序电流保护Ⅰ段等。而阶段式保护Ⅰ段是不能保护线路的全长的，所以采用跳闸信号的纵联保护只有使用在两端保护的Ⅰ段有重叠区的线路才能快速切除全线任意点的短路。

还应指出，不能把有无高频电流等同于有无高频信号。高频信号是在高频电流有无的切换、频率的变化和时序的相互关系中体现出的信息，并不是高频电流本身。例如对于电流相位比较式纵联保护，有无高频信号不仅取决于是否收到高频电流，还取决于收到的高频电流与反映本端电流相位的高频电流间的相对时序关系。

4.2.3　光纤通信（Optical Fibre Communication）

光纤通信以光纤作为信号传递媒介。随着光纤技术的发展和光纤制造成本的降低，光纤通信网正在成为电力通信网的主干网，光纤通信在电力系统通信中得到越来越多的应用，例如连接各高压变电站的电力调度自动化信息系统、利用光纤通信的纵联保护、配电自动化通信网等都应用光纤通信。

1. 光纤通信的构成

图 4.7 所示为点对点单向光纤通信系统的构成示意图。它通常由光发射机、光纤、中继器和光接收机组成。光发射机的作用是把电信号转变为光信号，一般由电调制器和光调制器组成。光接收机的作用是把光信号转变为电信号，一般由光探测器和电解调器组成。

图 4.7 点对点单向光纤通信系统的构成

电调制器的作用是把信息转换为适合信道传输的信号，多为数字信号。光调制器的作用是把电调制信号转换为适合光纤信道传输的光信号，如直接调制激光器的光强（如图 4.8 所示），或通过外调制器调制激光器的相位。中继器的作用是对经光纤传输衰减后的信号进行放大，中继器有光 - 电 - 光中继器和全光中继器两种，如需对信息进行分出和插入，可使用光 - 电 - 光中继器；如只要求对光信号进行放大，则可以使用光放大器。光探测器的作用是把经光纤传输后的微弱光信号转变为电信号。电解调器的作用是把电信号放大，恢复出原信号。

光信号在光纤中的传播过程如图 4.9 所示。由玻璃或硅材料制成的光纤为细圆筒空芯状〔见图 4.9（b）〕。假定光线对着光纤射入，进入光纤内的光线按照入射方向前进，当光线射到芯和皮的交界面时会发生反射，如此不断地向前传播〔见图 4.9（a）〕。为了让光线在芯和皮的界面上发生全反射，而不折射到光纤外面去，需要采用适当的材料并保持光纤为一定的形状。由光学原理可知，当芯的折射率大于皮的折射率时，如果光到达交界面时的入射角大于某一临界值，就会产生全反射。由此可见，光不仅能在直的光纤中传播，还能在弯曲的光纤中传播。

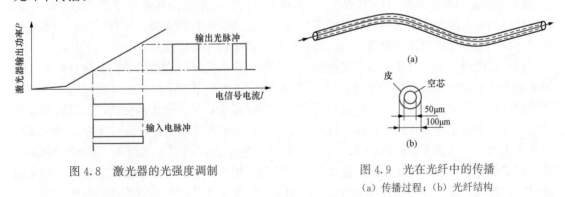

图 4.8 激光器的光强度调制

图 4.9 光在光纤中的传播
（a）传播过程；（b）光纤结构

2. 光纤通信的特点

（1）通信容量大。从理论上讲，用光作载波可以传输 100 亿个话路。实际上目前一对光纤一般可通过几百路到几千路，而一根细小的光缆又可包含几十根到几百根光纤，因此光纤通信系统的通信容量是非常大的。

（2）可以节约大量金属材料。光纤由玻璃或硅制成，其来源丰富，供应方便。光纤很细，直径约 $100\mu m$，对于最细的单模纤维光纤，1kg 的纯玻璃可拉制光纤几万千米长；对较粗的多模纤维光纤，也可拉制光纤 100 多千米长。而 100km 长的 1800 路同轴通信电缆就需用铜 12t、铝 50t。由此可见，光纤通信的经济效益是很可观的。

（3）光纤通信还有保密性好、敷设方便、不怕雷击、不受外界电磁干扰、抗腐蚀和不怕潮等优点。

（4）光纤最重要的特性之一是无感应性能，因此利用光纤可以构成无电磁感应的、极为可靠的通道。这一点对继电保护来说尤为重要，在易受地电位升高、暂态过程及其他严重干扰影响的金属线路地段之间，光纤是一种理想的通信媒介。

光纤通信的美中不足是通信距离还不够长，在长距离通信时，要用中继器及其附加设备。此外，当光纤断裂时不易找寻或修复，不过由于光缆中的光纤数目多，可以将断裂的光纤迅速用备用光纤替换。

3. 光纤通信的工作方式

输电线路纵联保护光纤通信按其工作方式可以分为两大类：专用通道方式和复用通道方式。

（1）专用通道方式。两端保护通过光纤芯直接连接，单独占用一对光纤芯。专用通道方式的优点在于保护信息直接通过保护装置内部的光纤通信单元将电信号调制成光信号传输到对端，传输环节少，通信延时小，通道内仅传输保护信息，系统构成简单，可靠性高且管理方便。它的缺点在于通信距离较短，一般在 80km 以内，通道的复用率低，对于双通道的纵联保护需要占用 2 对光纤芯，双重化主保护时需要占用 4 对光纤芯。

专用通道的敷设是通过电力特种光缆架设在电力杆塔和输电线路上实现的，常用的电力特种光缆有全介质自承式光缆（ADSS）和光纤复合架空地线（OPGW）。

1）全介质自承式光缆（ADSS）。一种全部由介质材料组成、自身包含必要的支撑系统、可直接悬挂于电力杆塔上的非金属光缆，具有抗电磁干扰、自重轻、施工方便、无需停电等优点。但设计时需要考虑最佳架挂位置，运行中易受到电腐蚀的影响，一般用于 110kV 及以下电压等级线路。

2）光纤复合架空地线（OPGW）。一种将光纤放置在架空高压输电线的地线中，用以构成输电线路上的光纤通信网，兼具地线与通信双重功能的特殊光缆，具有自重轻、不受电腐蚀影响、无需考虑架挂位置等优点，普遍应用于各个电压等级线路。

（2）复用通道方式。采用数字复接技术，利用已有的光纤网络对保护信息进行传输。复用通道方式利用 64kbit/s 的数字接口经 PCM 终端设备或利用 2Mbit/s 接口直接接入现有数字用户网络系统 PDH/SDH。它的优点是利用了数字复接技术，通道的复用率极高，不需再敷设光缆，节省了光缆和施工费用，且利用了 SDH 自愈环技术提高传输可靠性，同时传输距离大大增加，可延伸到网络的每一个通信接点。但是复用通道方式增加了传输的中间环节，保护信息不再独占光纤通道，通常与调度信息复用光纤芯，增加了管理难度，且与专用通道方式相比，信息传输的时间也较长。复用方式主要用于长距离输电线路的保护。

4.3　纵联电流差动保护
(Current Comparison Pilot Protection)

4.3.1　纵联电流差动保护的基本原理 (Principle of Current Comparison Pilot Protection)

图 4.10 所示为线路纵联电流差动保护的原理接线图，线路两端电流 $\dot{I}_M$、$\dot{I}_N$ 的参考方

向（正电流方向）都是母线指向线路。电流互感器（TA）的一次侧同名端都接母线侧，二次侧同名端并联。图中 KD 为差动电流测量元件（差动继电器），流经 KD 的电流为 $\dot{I}_{\mathrm{r}}$，称为继电器的差动电流。

在实际应用中，输电线路两侧装设特性和变比都相同的 TA。设 TA 的变比为 n_{TA}，忽略 TA 的励磁电流，差动电流 $\dot{I}_{\mathrm{r}}$ 为

$$\dot{I}_{\mathrm{r}} = \dot{I}_{\mathrm{m}} + \dot{I}_{\mathrm{n}} = \frac{\dot{I}_{\mathrm{M}} + \dot{I}_{\mathrm{N}}}{n_{\mathrm{TA}}} \tag{4.1}$$

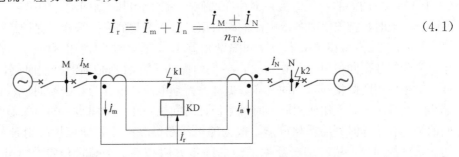

图 4.10　纵联电流差动保护区外、内短路示意图

当被保护线路外部（如 k2 点）短路时，按规定的电流正方向看，M 侧电流为正，N 侧电流为负。忽略线路分布电容电流的影响，两侧电流大小相等、方向相反，即 $\dot{I}_{\mathrm{M}} + \dot{I}_{\mathrm{N}} = 0$。显然，线路正常运行或 M 侧反方向短路时，也有 $\dot{I}_{\mathrm{M}} + \dot{I}_{\mathrm{N}} = 0$。当线路内部短路（如 k1 点）时，流经输电线两侧的故障电流均为正方向，且 $\dot{I}_{\mathrm{M}} + \dot{I}_{\mathrm{N}} = \dot{I}_{\mathrm{k}}$（$\dot{I}_{\mathrm{k}}$ 为 k1 点短路电流）。利用被保护元件两侧电流和在区内短路与区外短路时一个是短路点电流很大、一个几乎为零的差异，可构成电流差动保护。当下面判据满足时判定为区内故障

$$|\dot{I}_{\mathrm{r}}| > I_{\mathrm{set}} \tag{4.2}$$

其中 I_{set} 为继电器的动作电流，具体整定方法后面介绍。

电流差动保护原理是建立在基尔霍夫电流定理（或其推论割集定理）的基础之上。原理简单，能够灵敏、快速地切除区内的各种故障，被广泛地应用在能够方便地取得被保护元件各端电流的发电机、变压器、大型电动机以及母线保护中。输电线路的纵联电流差动保护是该原理应用的一个特例。设被保护设备有 n 个端口，接入差动继电器的差动电流为 $I_{\mathrm{r}} = \left| \sum_{k=1}^{n} \dot{I}_{\mathrm{k}} \right|$。将被保护设备看成一个点，如图 4.11 所示，根据基尔霍夫定律可知区外故障或正常运行时，$I_{\mathrm{r}} = 0$。内部短路时，相当于该点多了一个故障支路，假设短路电流 $\dot{I}_{\mathrm{f}}$ 的参考方向为流出该设备，有 $\sum_{k=1}^{n} \dot{I}_{\mathrm{k}} - \dot{I}_{\mathrm{f}} = 0$。因此差动电流为 $I_{\mathrm{r}} = I_{\mathrm{f}}$。

实际线路中存在的分布电容，可以看成是被保护设备的寄生支路。由于这些寄生支路没有包含在线路模型中，电容电流在差动继电器中产生了不平衡电流，可称为模型不平衡电流。模型不平衡电流的影响与被保护设备的类型有关，例如在发电机和母线的电流差动保护中，可以认为没有模型不平衡电流；而变压器电流差动保护中，某些运行状态会产生很大的模型不平衡电流（励磁涌流）。另外，

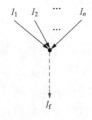

图 4.11　基尔霍夫电流定律示意图

接入继电器的二次侧电流不能完全反映一次侧电流（例如电流互感器励磁支路的分流），也会产生测量不平衡电流。如何减小这些不平衡电流的影响是电流差动保护中的核心问题，在后续章节中详细介绍。

4.3.2　两侧电流的同步测量（Synchronisation Measurement for Current at Two Ends）

对于电流差动保护，最重要的是比较两侧同时刻的电流，利用导引线直接传递短线路（小于 10km）两侧的二次电流，不存在两侧电流的不同时刻问题。但是，通过通信通道传递两侧电流时，首先要对各端电流的瞬时值进行数字化的离散采样，保护常用的采样速率为每工频周波 24 点，相差一个采样间隔则相差 15°，保护必须使用两侧同步数据才能正确工作。两侧的数据同步包含两层含义：一是两侧的采样时刻必须严格同时刻，又称为同步采样；二是使用两侧相同时刻的采样数据计算差动电流，也称为数据窗同步。然而通常线路两端相距上百千米，无法使用同一时钟来保证时间统一和采样同步，如何保证两个异地时钟时间的统一和采样时刻的严格同步，成为输电线路纵联电流差动保护应用必须解决的技术问题。常见的同步方法有基于数据通道的同步方法和基于全球定位系统（global positioning system，GPS）同步时钟的同步方法。以下介绍两种方法的基本原理。

1. 基于数据通道的同步方法（乒乓对时方法）

基于数据通道的同步方法包括采样时刻调整法、采样数据修正法和时钟校正法，尤以采样时刻调整法应用较多。图 4.12 所示的线路两侧保护中，任意规定一侧为主站，另一侧为从站。两侧的固有采样频率相同，采样间隔为 T_s，由晶振控制，t_{m1}、t_{m2}、$\cdots$、t_{mj}、$t_{m(j+1)}$ 为主站采样时刻点对应的主站时标，t_{s1}、t_{s2}、$\cdots$、t_{si}、$t_{s(i+1)}$ 为从站采样时刻点对应的主站时标。

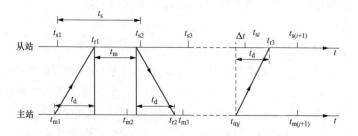

图 4.12　采样时刻调整法原理示意图

通道延时的测定：在正式开始同步采样前，主站在 t_{m1} 时刻向从站发送一帧信息，该信息包括主站当前时标和计算通道延时 t_d 的命令；从站收到命令后延时 t_m 时间将从站当前时标和延时时间 t_m 回送给主站。由于两个方向的信息传送是通过同一路径，可认为传输延时相同。主站收到返回信息的时刻为 t_{r2}，可计算出通道延时为

$$t_d = \frac{t_{r2} - t_{m1} - t_m}{2} \tag{4.3}$$

主站延时 t_m' 再将计算结果 t_d 及延时 t_m' 送给从站；从站接收到主站再次发来的信息后按照与主站相同的方法计算出通道延时 t_d'，并将 t_d' 与主站计算送来的 t_d 进行比较，二者一致时表明通信过程正确、通道延时计算无误，则开始采样，否则自动重复上述过程。

主站时标与从站时标的核对：在上述通道延时的测定过程中，主、从站都将各自的时标送给了对端（也可以专门单独发送），从站可以根据主站时标修改自己的时标，与主站相同，

以主站时标为两侧的时标，这种方式应用较多；也可以两侧都保存两侧的时标，记忆两侧时标的对应关系。

采样时刻的调整：假定采用以主站的时标为两侧时标方式，主站在当前本侧采样时刻 t_{mj} 将包括通道延时 t_d 和采样调整命令在内的一帧信息发送给从站，从站根据收到该信息的时刻 t_{r3} 以及 t_d 可首先确定出 t_{mj} 所对应本侧的时刻 t_{si}，然后计算出主、从站采样时刻间的误差 Δt 为

$$\Delta t = t_{si} - (t_{r3} - t_d) = t_{si} - t_{mj} \tag{4.4}$$

式中 t_{si}——与 t_{mj} 最靠近的从站采样时刻。

$\Delta t > 0$ 说明主站采样较从站超前，$\Delta t < 0$ 说明主站采样较从站滞后。为使两站同步采样，从站下次采样时刻 $t_{s(i+1)}$ 应调整为 $t_{s(i+1)} = (t_{si} + T_s) - \Delta t$。为稳定调节，常采用的调整方式为 $t_{s(i+1)} = (t_{si} + T_s) - \dfrac{\Delta t}{2^n}$，其中 2^n 为稳定调节系数，逐步调整，当两侧稳定同步后，即可向对侧传送采样数据。

基于数据通道的采样时刻调整法，主站采样保持相对独立，其从站根据主站的采样时刻进行实时调整。实验证明，当稳定调节系数 2^n 选取适当值时，两侧采样能稳定同步，两侧不同步的平均相对误差小于 5%。为保证两侧时钟的经常一致和采样时刻实时一致，两侧需要定时地（一定数量的采样间隔）进行校时和采样同步控制（取决于两侧晶振体的频差），这将增加通信的数据量。

2. 基于全球定位系统同步时钟的同步方法

全球定位系统（GPS）是美国于 1993 年全面建成的新一代卫星导航和定位系统，由 24 颗卫星组成，具有全球覆盖、全天候工作、24h 连续实时地为地面上无限个用户提供高精度位置和时间信息的能力。GPS 传递的时间能在全球范围内与国际标准时钟（UTC）保持高精度同步，是迄今为止最为理想的全球共享无线电时钟信号源。基于 GPS 时钟的输电线路纵联电流差动保护同步方案如图 4.13 所示。

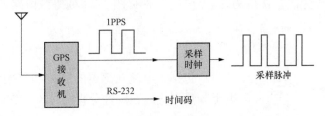

图 4.13   基于 GPS 的同步采样方案

图 4.13 中，专用定时型 GPS 接收机由接收天线和接收模块组成，接收机在任意时刻能同时接收其视野范围内 4～8 颗卫星的信息，通过对接收到的信息进行解码、运算和处理，能从中提取并输出两种时间信号：一是秒脉冲信号 1PPS（1 pulse per second），该脉冲信号上升沿与标准时钟 UTC 的同步误差不超过 1μs；二是经串行口输出与 1 PPS 对应的标准时间（年、月、日、时、分、秒）代码。在线路两端的保护装置中由高稳定性晶振体构成的采样时钟每过 1s 被 1PPS 信号同步一次（相位锁定），能保证晶振体产生的脉冲前沿与 UTC 具有 1μs 的同步精度，在线路两端采样时钟给出的采样脉冲之间具有不超过 2μs 的相对误差，实现了两端采样的严格同步。接收机输出的时间码可直接送给保护装置，用来实现两端相同时标。

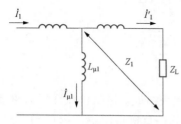

4.3.3　纵联电流差动保护的不平衡电流及减小其影响的方法（The Unbalanced Current of Current Comparison Pilot Protection and Measures to Eliminate its Effect）

电流差动保护中存在不平衡电流，记作 I_{unb}，其中包括测量不平衡电流和模型不平衡电流。下面讨论各种 I_{unb} 的产生原因、大小估算和减少其影响的方法。

1. 两侧同步测量误差产生的不平衡电流

经过两侧电流同步测量处理后，并不能完全消除同步误差。设区外故障（或正常运行）时穿越线路的电流为 $i_k = \sqrt{2} I_k \sin(2\pi f t + \varphi)$，接入继电器的两侧电流时间差为 Δt。考虑到 Δt 很小，继电器中产生的不平衡电流瞬时值为

$$|i_{unb}| = |i_k(t) - i_k(t - \Delta t)| \approx \left| \frac{\mathrm{d} i_k(t)}{\mathrm{d} t} \right| \cdot \Delta t \tag{4.5}$$

根据式（4.5），可得不平衡电流的有效值为

$$I'_{unb} = \frac{I_{unb}}{I_k} = 6.28 f \Delta t \tag{4.6}$$

I_{unb} 不但与 Δt 成正比，也与电流的频率 f 成正比。工程界曾经对不同路由情况下的乒乓对时方法进行过试验，极端情况下最大 $\Delta t = 0.2 \mathrm{ms}$。$f$ 为基波稳态分量（50Hz）时，$I'_{unb} = 6.28\%$；f 为 6 次谐波时，$I'_{unb} = 37.7\%$。稳态不平衡电流并不大，目前广泛采用的乒乓对时方法已经能够满足工程要求。区外故障时，电流中除了基波稳态分量外，还存在高次谐波暂态分量。高次谐波分量会放大该不平衡电流。

2. 电流互感器传变误差产生的不平衡电流

假设线路两端一次侧电流为 $\dot{I}_1$、$\dot{I}_2$，电流互感器的等效电路如图 4.14 所示。电流互感器的二次侧电流为

$$\dot{I}'_1 = \dot{I}_1 - \dot{I}_{\mu 1} \tag{4.7}$$

电流互感器的传变误差就是励磁电流 $\dot{I}_{\mu 1}$。根据图 4.14 的等效电路，得

$$\dot{I}_{\mu 1} = \frac{Z_1}{j\omega L_{\mu 1} + Z_1} \dot{I}_1 = \frac{1}{j \dfrac{\omega L_{\mu 1}}{Z_1} + 1} \dot{I}_1 \tag{4.8}$$

Z_1 包括了电流互感器的漏抗和二次侧负载阻抗，一般电阻分量占优，在定性分析时可以当作纯电阻处理。

区外故障时线路两端的一次侧电流为 $\dot{I}_2 = -\dot{I}_1$，故由电流互感器传变误差引起的不平衡电流为

$$I_{unb} = |\dot{I}'_1 + \dot{I}'_2| = |\dot{I}_{\mu 2} - \dot{I}_{\mu 1}| \tag{4.9}$$

不平衡电流实际上就是两个电流互感器励磁电流之差。由式（4.8）知，励磁电流总是落后于一次电流，故 $\dot{I}_{\mu 1}$ 与 $\dot{I}_{\mu 2}$ 之间的相位差不会超过 90°，它们是相互抵消的。假设 $I_{\mu 1}(I_{\mu 2})$ 比较大，不平衡电流将小于 $I_{\mu 1}(I_{\mu 2})$。若两个电流互感器的型号相同，它们的参数差异性小，不平衡电流也比较小；反之，不平衡电流比较大。通常采用同型系数 K_{st} 来表示互感器型号对不平衡电流的影响，即

$$I_{unb} = K_{st} I_{\mu 1} \tag{4.10}$$

图 4.14　电流互感器等效电路

$L_{\mu 1}$—励磁回路等效电感；

Z_L—二次负载的等效阻抗；

$\dot{I}_{\mu 1}$—励磁电流

当两个电流互感器型号相同时，取 $K_{st}=0.5$；否则取 $K_{st}=1$。对于线路电流差动保护，两侧电流互感器型号通常是相同的，故取 $K_{st}=0.5$。

励磁电流 $I_{\mu 1}$ 的大小取决于电流互感器铁芯是否饱和以及饱和的程度。$I_{\mu 1}$ 与铁芯磁通 Φ 之间的关系由铁芯的磁滞回线确定，如图 4.15 所示。图 4.15（a）的曲线 3 是励磁电流按照曲线 2 变化时的磁滞回线，曲线 1 是铁芯的基本磁化曲线（通常简称为磁化曲线）。由于曲线 2 的励磁电流是对称变化的，磁滞回线回绕着磁化曲线形成回环，近似分析时通常用磁化曲线来替代磁滞回线。磁化曲线上的 s 点称为饱和点。由于线圈电压 u 与铁芯磁通 Φ 之间的关系为 $u=W\dfrac{\mathrm{d}\Phi}{\mathrm{d}t}$（$W$ 是线圈的匝数，定性分析时可假设 $W=1$），故磁化曲线的斜率（严格讲是各点切线的斜率）就是励磁回路的电感 $L_{\mu 1}$。铁芯未饱和时，$L_{\mu 1}$ 很大且接近常数；铁芯饱和后磁化曲线变得很平坦，$L_{\mu 1}$ 大为减小。

如图 4.15（b）所示，若励磁电流 $I_{\mu 1}$ 中存在大量的非周期分量，按照曲线 2′ 变化，饱和后的 $L_{\mu 1}$ 还会进一步减小。由于非周期分量引起 $I_{\mu 1}$ 偏于时间轴的一侧，磁通也偏离磁化曲线并按照曲线 3′ 的局部磁滞回环变化。显然，偏离时间轴后 $L_{\mu 1}$ 会减小。非周期分量的存在将会显著地减小 $L_{\mu 1}$。

顺便指出，电流互感器一次侧电流消失后，励磁电流 $I_{\mu 1}$ 也相应地变为零。由于磁滞回线的磁滞现象，铁芯中将长期存在残留磁通，称为剩磁。剩磁的大小和方向与一次电流消失时刻的励磁电流 $I_{\mu 1}$ 有关。关于铁芯剩磁的概念在 6.3 节中会用到。

根据式（4.8）可知，当 I_1 比较小时，电流互感器不饱和。此时由于 $L_{\mu 1}$ 很大且基本不变，励磁电流 $I_{\mu 1}$ 很小并随着 I_1 增大也按比例增大。当励磁电流 $I_{\mu 1}$ 增大到铁芯饱和，即磁化曲线的 s 点后，励磁电感 $L_{\mu 1}$ 减小，励磁回路的分流增大。而励磁回路的分流增大又导致励磁电感进一步下降，其结果是励磁电流 $I_{\mu 1}$ 迅速增大。铁芯越饱和则励磁电流也越大，并且随一次电流的增加呈非线性增加。

从图 4.15（a）和式（4.8）中可以看到，铁芯是否饱和以及饱和的程

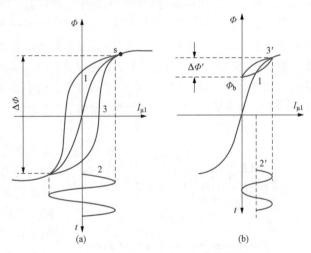

图 4.15 电流互感器铁芯的磁滞回线
(a) 励磁电流中无直流偏移；(b) 励磁电流中有直流偏移

度，除了与电流互感器的磁化曲线和一次电流 I_1 有关外，还与二次侧负载有关。在一次电流大小一定的情况下，二次侧负载越大（即负载阻抗 Z_L 越大），励磁回路的分流越大，铁芯越容易饱和。磁化曲线是由电流互感器铁芯材料和截面积决定的，电流互感器生产厂家根据产品的磁化曲线会提供"10％误差曲线"，即电流互感器误差达到 10％时，一次侧电流与二次侧负载阻抗之间的关系曲线。为了保证电流差动保护的正确工作，通常是根据电流互感器的"10％误差曲线"来选择电流互感器的型号。根据区外故障最大短路电流 $I_{k.max}$，在"10％误差曲线"中找出相应的二次侧负载阻抗的数值，如果实际的负载阻抗小于这个数值，

那么二次侧电流的误差就一定小于 10%，否则要选择容量更大的电流互感器。因此电流互感器可能的最大误差就是 10%，即

$$I_{\mu 1.\,max} = 0.1I_{k.\,max} \tag{4.11}$$

根据式（4.10），最大不平衡电流为

$$I_{unb.\,max} = 0.1K_{st}I_{k.\,max} \tag{4.12}$$

在进行不平衡电流计算时，通常在式（4.12）中引入一个非周期分量系数 K_{np}，来反映非周期分量的影响，即

$$I_{unb.\,max} = 0.1K_{np}K_{st}I_{k.\,max} \tag{4.13}$$

一般取 $K_{np}=1.5\sim2.0$。

需要注意，电流互感器的"10%误差曲线"是在一次电流为额定频率的正弦波情况下得到的，故式（4.13）的 $I_{unb.\,max}$ 只是稳态不平衡电流。在区外故障时，一次电流中除了稳态分量外，还有非周期分量等暂态分量。导致不平衡电流的瞬时值较稳态量大，非周期分量系数 K_{np} 就是考虑这个因素而引入的。由式（4.8）知，铁芯的饱和还与一次电流的频率有关。频率越低，铁芯越容易饱和。不衰减的非周期分量就是频率为零的直流分量。实际的非周期分量都是按一定时间常数衰减的，但对时间的变化率要小于稳态分量，可以粗略地看成是一个低频分量。衰减时间常数越大，频率越低，$\dot{I}_{\mu 1}$ 越大。因此非周期分量的存在将大大增加电流互感器的饱和程度，由此产生的误差称为电流互感器的暂态误差。电流差动保护是瞬时动作的，必须考虑非周期分量引起的暂态不平衡电流。

图 4.16 为区外故障时的短路电流和电流差动保护暂态不平衡电流的实验录波图。由于励磁电流不能突变，故障刚开始时电流互感器并没有饱和，不平衡电流不大。几个周波后电流互感器开始饱和，不平衡电流逐渐达到最大值。以后随着一次电流非周期分量的衰减，不平衡电流又逐渐下降并趋于稳态不平衡电流。暂态不平衡电流比稳态不平衡电流大许多倍，且含有很大的非周期分量，其特性完全偏于时间轴的一侧。

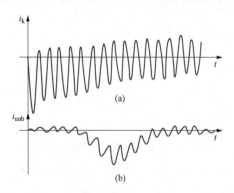

图 4.16 电流差动保护的暂态不平衡电流
（a）外部短路电流；（b）电流差动的变化曲线

为了减少因电流互感器性能不同引起的稳态不平衡电流，应尽可能使用型号、性能完全相同的 D 级电流互感器，使得两侧电流互感器的磁化曲线相同，以减小不平衡电流。另外，减小电流互感器的二次侧负载能够减少铁芯的饱和程度，也相应地减小了不平衡电流。减小二次负载的方法，除了减小二次侧电缆的电阻（增加电缆截面积）外，可以增大电流互感器的变比 n_{TA}。二次侧阻抗 Z_2 折算到一次侧的等效阻抗为 Z_2/n_{TA}^2。若采用二次侧额定电流为 1A 的电流互感器，等效阻抗只有额定电流为 5A 时的 1/25。在 500kV 及以上电压等级线路中，采用铁芯磁路中有小气隙的电流互感器，进一步减小不平衡电流。

电流差动保护很难通过动作电流（I_{set}）来躲过电流互感器暂态不平衡电流的影响。通常采取的措施是寻找区内短路和电流互感器饱和时的电气特征差异，识别出饱和时，闭锁电流差动保护。模拟式保护主要根据电流互感器暂态饱和时非周期分量含量大的特征来闭锁电

流差动保护。其缺点是区内故障时也可能存在较大的非周期分量，只有在非周期分量衰减后保护才能动作，影响了动作速度。数字式保护实现手段丰富，提出了多种电流互感器饱和的识别方法，技术指标有了很大的提高。电流互感器饱和的识别是电流差动保护的核心技术之一，其内容超出了本教材的范围。

3. 输电线路分布电容电流产生的不平衡电流

如前所示，线路分布电容产生的电容电流在差动继电器中全部变成不平衡电流。对较短的高压架空线路，电容电流不大，纵联电流差动保护可用不平衡电流的动作电流（I_{set}）躲过它。对于高压长距离架空输电线路或电缆线路，充电电容电流很大，若用动作电流（I_{set}）躲电容电流，将极大地降低区内故障时的保护灵敏度，所以通常采用测量电压来补偿电容电流。对于一般长度的输电线路，可以将分布参数等效为集中参数，按照图 4.17 的 π 型等效电路来进行分析。在正常运行与外部短路时两侧电流 $\dot{I}_M$ 和 $\dot{I}_N$ 的相位差已经不再是 180°，而电流 $\dot{I}_{MN}$ 和 $\dot{I}_{NM}$ 的相位差仍为 180°，因此应该使用 $\dot{I}_{MN}$ 和 $\dot{I}_{NM}$ 构成纵联电流差动保护。

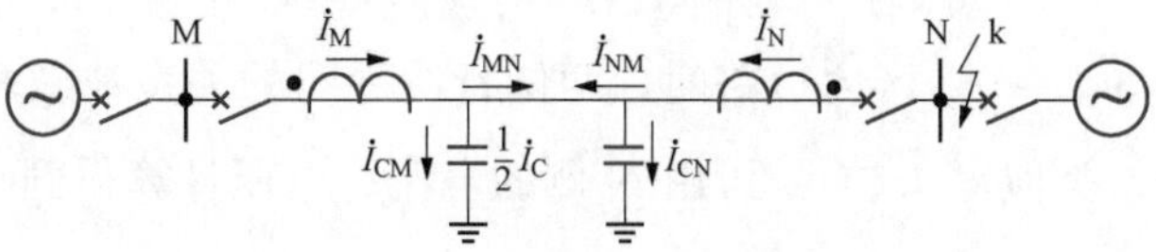

图 4.17 长距离输电线路的 π 型等效电路

考虑各种故障情况，每端各相的电容电流实时计算为

$$\dot{I}_C = \frac{1}{2}\left(\frac{\dot{U}_1}{-jX_{C1}} + \frac{\dot{U}_2}{-jX_{C2}} + \frac{\dot{U}_0}{-jX_{C0}}\right) \tag{4.14}$$

式中　$\dot{U}_1$、$\dot{U}_2$、$\dot{U}_0$——正、负、零序电压；

X_{C1}、X_{C2}、X_{C0}——正、负、零序容抗。

因为 $X_{C1}=X_{C2}$，所以

$$\dot{I}_C = \frac{1}{2}\left(\frac{\dot{U}_{ph}-\dot{U}_0}{-jX_{C1}} + \frac{\dot{U}_0}{-jX_{C0}}\right) \tag{4.15}$$

M 侧经补偿后向 N 侧传送的电流为

$$\dot{I}_{MN} = \dot{I}_M - \dot{I}_{CM} = \dot{I}_M - \frac{1}{2}\left(\frac{\dot{U}_{Mph}-\dot{U}_{M0}}{-jX_{C1}} + \frac{\dot{U}_{M0}}{-jX_{C0}}\right) \tag{4.16}$$

N 侧经补偿后向 M 侧传送的电流为

$$\dot{I}_{NM} = -\dot{I}_N - \dot{I}_{CN} = -\dot{I}_N - \frac{1}{2}\left(\frac{\dot{U}_{Nph}-\dot{U}_{N0}}{-jX_{C1}} + \frac{\dot{U}_{N0}}{-jX_{C0}}\right) \tag{4.17}$$

式中　$\dot{U}_{Mph}$、$\dot{U}_{M0}$——对应于 M 侧测得的相电压及零序电压；

$\dot{U}_{Nph}$、$\dot{U}_{N0}$——对应于 N 侧测得的相电压及零序电压。

实际上，补偿工频电容电流，各端如何分配总的电容量并不是关键，只是要求总的电容电流补偿量正确。

π 型等效线路模型的电容电流补偿方法，工程界称为稳态电容电流补偿方法，补偿效果不是很好。为了进一步减小不平衡电流，可以采用行波电流差动保护。分布参数线路的电流

和电压，可分解为两个方向相反、波速相同的行波。两个方向的行波都可以构成电流差动保护。下面以从 M 侧向 N 侧传播的行波为例加以介绍。为了叙述方便，线路两端的这个方向行波都称为前行波（严格定义应该是 M 侧保护为前行波，N 侧保护为后行波）。

由无损分布参数线路的波段方程可知，线路的波阻抗为 $Z_C=\sqrt{\dfrac{L}{C}}$，行波波速为 $\nu=\dfrac{1}{\sqrt{LC}}$，行波在线路的传播时间为 $\tau=X/\nu$。其中 L 和 C 分别为线路单位长度的电感和电容，X 为线路长度。M 侧的前行波电流 $\dot{I}_M^+(t)$ 可由本侧电流和电压计算得到，即

$$\dot{I}_M^+(t)=\frac{Z_C\dot{I}_M(t)+\dot{U}_M(t)}{2Z_C} \tag{4.18}$$

区外故障或正常运行时，$\dot{I}_M^+(t)$ 经过时间 τ 后传播到 N 侧，考虑到参考方向的规定，两侧前行波之间的关系为 $\dot{I}_M^+(t)=-\dot{I}_N^+(t+\tau)$。由此接入行波电流差动继电器的差动电流为

$$I_r=2|\dot{I}_M^+(t)+\dot{I}_N^+(t+\tau)| \tag{4.19}$$

显然区外故障时，$I_r=0$。区内短路时，两侧行波之间的关系被破坏，继电器就产生了差动电流。与 $\dot{I}_M^+(t)$ 类似，$\dot{I}_N^+(t)$ 可由 N 侧的电流、电压计算得到，考虑到电流参考方向的规定，计算式为

$$\dot{I}_N^+(t)=\frac{Z_C\dot{I}_N(t)-\dot{U}_N(t)}{2Z_C} \tag{4.20}$$

行波电流差动保护在理论上完全消除了无损线路的电容电流影响。行波电流差动保护与 Ⅱ型等效线路模型电容电流补偿的处理方法类似，都是引入电压量来消除电容电流的影响，只不过接入行波电流差动继电器中两个电流需要有一个 τ 的时间差，在数字式保护中才容易处理。顺便指出，对于短线路，$\tau\approx0$，区外故障时 $\dot{U}_M(t)\approx\dot{U}_N(t)$，行波电流差动保护就退化为传统的电流差动保护。

前面介绍的测量不平衡电流在行波电流差动保护中同样存在。另外还存在两种特殊的不平衡电流。一是原理上忽略实际线路中存在的电阻而产生的不平衡电流，但数值很小，可以忽略。二是由于 τ 往往不是信号采用周期 T_s 的整数倍，通常需要用线性差值近似计算 $\dot{I}_N^+(t+\tau)$。根据拉格朗日插值余项公式，可推导出可能的最大不平衡电流为

$$I_{unb}'=\frac{I_{unb}}{I_N^+}=4.93f^2T_s^2 \tag{4.21}$$

该最大不平衡电流的推导方法见相关参见文献。由式（4.21）知，不平衡电流与采样周期 T_s 和电流频率 f 的平方成正比。例如 $T_s=1$ ms（即每周波采样 20 点）时，基波 $I_{unb}'=1.2\%$，六次谐波 $I_{unb}'=44.4\%$。由此可见行波电流差动保护的不平衡电流对高次谐波比较敏感。区外故障或线路空冲（线路两侧断开时的某侧合闸）时，线路分布电容产生的暂态电流（主要成分为高次谐波）比稳态电流大得多。虽然行波电流差动保护在原理上对瞬时值也是成立的，但也应该采用较严格的滤波措施来减小电容电流的影响。

4.3.4 具有制动特性的差动继电器 (Differential Relay with Restraint Characteristic)

1. 差动继电器的制动特性

式（4.2）的 $|\dot{I}_r|>I_{set}$ 为电流差动保护差动保护的基本动作方程，动作电流 I_{set} 要躲过

前述的各种不平衡电流之和。按照该原则整定时往往很难满足灵敏度的要求，因此实际应用时多采用制动特性来提高区内故障的灵敏度。

电流互感器传变误差和两侧同步测量误差等产生的测量不平衡电流，与区外故障时的穿越电流 I_k 有关。I_k 越大，不平衡电流也越大。具有制动特性的差动继电器正是利用这个特点，在差动继电器中引入一个能够反映线路穿越电流大小的制动电流，继电器的动作电流不再是按躲过最大穿越电流（$I_{k.max}$）整定，而是根据制动电流自动调整。

对于双端线路，区外故障时，由于 $\dot{I}_M = -\dot{I}_N$，制动电流 I_{res} 可取任何一侧的电流，如 $I_{res} = I_M$。区外故障时的不平衡电流与短路电流有关，可以表示为 $I_{unb} = f(I_{res})$。则具有制动特性差动继电器的动作方程为

$$I_r > K_{rel} f(I_{res}) \tag{4.22}$$

式中　K_{rel}——可靠系数。

将差动电流 I_r 与制动电流 I_{res} 的关系在一个平面坐标上表示（见图 4.18），显然只有当差动电流处于曲线 $K_{rel} f(I_{res})$ 的上方时差动继电器才能动作并且肯定动作。$K_{rel} f(I_{res})$ 曲线称为差动继电器的制动特性，而处于制动特性上方的区域称为差动继电器的动作区，另一个区域相应地称为制动区。

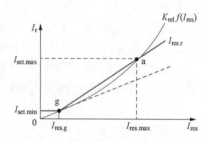

图 4.18　继电器制动特性

如图 4.18 所示，$K_{rel} f(I_{res})$ 曲线是一个关于 I_{res} 的单调上升函数。在 I_{res} 比较小时，电流互感器不饱和，$K_{rel} f(I_{res})$ 曲线是线性上升的；I_{res} 比较大时，电流互感器饱和，$K_{rel} f(I_{res})$ 曲线的变化率增加，曲线不再是线性的。

设线路穿越电流等于最大区外故障电流 $I_{k.max}$ 时，差动继电器动作电流和制动电流分别为 $I_{set.max}$ 和 $I_{res.max}$，如图 4.18 中的 a 点。此时差动继电器的不平衡电流达到最大值 $I_{unb.max}$，相应地，有

$$I_{set.max} = K_{rel} I_{unb.max} \tag{4.23}$$

理论上 $I_{res.max} = I_{k.max}$，但制动电流 I_{res} 也要经过电流互感器测量，互感器饱和会使测量到的制动电流 I_{res} 减小，故

$$I_{res.max} = I_{k.max} - I_{unb.max} \tag{4.24}$$

令

$$K_{res.max} = \frac{I_{set.max}}{I_{res.max}} \tag{4.25}$$

式中　$K_{res.max}$——制动特性的最大制动比。

由于电流互感器的饱和与许多因素有关，制动特性中非线性部分的具体数值是不易确定的。实用的制动特性要进行简化，在数字式电流差动保护中，常常采用一段与坐标横轴平行的直线和一段斜线构成的两折线特性，折线的纵坐标用 $I_{set.r}$ 表示，如图 4.18 所示。该折线的斜线部分穿过 a 点，其延长线穿过坐标原点。由于在 $I_{res} < I_{res.max}$ 时，$I_{set.r}$ 始终在 $K_{rel} f(I_{res})$ 曲线的上方，所以区外故障时差动继电器不会误动，但区内故障时灵敏度有所下降。折线的水平直线与斜线相交于 g 点，g 点所对应的动作电流 $I_{set.min}$ 称为最小动作电流，而对应的制动电流 $I_{res.g}$ 称为拐点电流。$I_{set.min}$ 是为了躲避线路电容电流等模型误差以及装置

测量回路的杂散噪声等产生的不平衡电流，与制动电流无关。制动特性的数学表达式为

$$I_{\text{set. r}} = \begin{cases} I_{\text{set. min}} & I_{\text{res}} < I_{\text{res. g}} \\ K I_{\text{res}} & I_{\text{res}} \geqslant I_{\text{res. g}} \end{cases} \tag{4.26}$$

其中，K 为制动特性的斜率，由图 4.18 知

$$K = \frac{I_{\text{set. max}} - I_{\text{set. min}}}{I_{\text{res. max}} - I_{\text{res. g}}} \tag{4.27}$$

由于电流互感器饱和是非线性的，K 的整定计算十分困难，在实际应用中一般由运行经验来确定，通常取 $K=0.4\sim1.0$。电流互感器严重饱和时差动继电器仍可能误动，因此前面介绍的减小电流互感器暂态不平衡电流的措施仍需保留。

采用制动特性并不能躲避线路分布电容产生的模型不平衡电流，因此最小动作电流 $I_{\text{set. min}}$ 按照躲过线路电容电流整定。如果采用电容电流补偿措施或行波电流差动保护，可适当降低整定值。对于短线路，这样计算出的 $I_{\text{set. min}}$ 有时会很小，对电流差动保护的安全性不利。在这种情况下，$I_{\text{set. min}}$ 可取 $|0.2I_{\text{N}}\sim0.5I_{\text{N}}|$。其中 I_{N} 为线路额定电流。

2. 差动继电器在区内故障时的动作行为

若按照上述区外短路不误动的原则选定差动继电器的制动特性（如图 4.19 中的折线 3 所示），以下分析输电线路区内故障时，差动继电器的动作情况。输电线路区内故障时，差

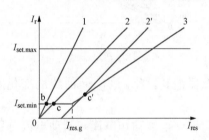

图 4.19　区内故障时，差动继电器的动作电流

动电流 I_{r} 与制动电流 I_{res} 的关系与系统运行方式有关。双侧电源供电时，若两侧电源的电动势和等效阻抗都相同，则 $I_{\text{r}}=I_{\text{M}}+I_{\text{N}}=2I_{\text{res}}$，其关系如图 4.19 的直线 1 所示，与制动特性相交于 b 点，差电流只要大于最小工作电流 $I_{\text{set. min}}$ 就能够动作。单侧电源供电时，若 I_{M} 是负荷侧，$I_{\text{res}}=I_{\text{M}}=0$，显然继电器的动作电流也是 $I_{\text{set. min}}$；若 I_{M} 是电源侧，则 $I_{\text{r}}=I_{\text{res}}=I_{\text{M}}$，其关系如图 4.19 的直线 2 所示，与制动特性相交于 c 点，这是电流差动保护最不利的情况。由于拐点电流 $I_{\text{res. g}}$ 通常大于 $I_{\text{set. min}}$，而直线 2 的斜率为 1，故此时继电器的动作电流也是 $I_{\text{set. min}}$。由此可见，在各种运行方式下的输电线路区内故障时，带有制动特性差动继电器的动作电流均为最小工作电流 $I_{\text{set. min}}$；不带制动的差动继电器的制动特性是平行于坐标横轴的直线，动作电流为固定的 $I_{\text{set. max}}$。继电器采用制动特性后，输电线路区内故障时将动作电流从原来的 $I_{\text{set. max}}$ 下降到 $I_{\text{set. min}}$，故差动继电器的灵敏度大为提高。

需要指出，在计算继电器的灵敏度时需要考虑负荷电流的影响，即制动电流除了故障电流外还要加上负荷电流。以图 4.19 中直线 2 为例，负荷电流是穿越性电流，不影响差动电流，但会使制动电流增加，差动电流与制动电流之间的关系变成了直线 2′。由于直线 2′ 与制动特性的斜线相交，继电器的动作电流将大于 $I_{\text{set. min}}$。尽管如此，仍比不带制动特性时灵敏得多。由于优点显著，制动特性在输电线路电流差动保护中获得了广泛的应用。灵敏系数的具体计算方法可参考相关文献。

从上面的分析可知，考虑负荷电流影响后，制动电流的选取方式会影响保护的灵敏度。制动电流的选取不是唯一的，例如也可以选择 $I_{\text{res}}=I_{\text{N}}$ 作为制动电流。在区外故障时，$I_{\text{res}}=I_{\text{N}}$ 和 $I_{\text{res}}=I_{\text{M}}$ 的制动作用是一样的；区内故障时两者的灵敏度不一样，显然选取故障电流小

的一侧作为制动电流时保护的灵敏度较高。在实际产品中，通常 I_{res} 由各侧电流综合而成，常见的方法有：

（1）平均电流制动

$$I_{res} = \frac{I_M + I_N}{2} \tag{4.28}$$

（2）复式制动

$$I_{res} = \frac{|\dot{I}_M - \dot{I}_N|}{2} \tag{4.29}$$

（3）标积制动。原理与复式制动相近，详见第 7 章。

区外故障时由于 $\dot{I}_M = -\dot{I}_N$，三种制动电流都等于线路的穿越电流。对于区内故障，双侧电源供电时后两种方法的制动电流比较小；单侧电源供电时三种方法制动电流是一样的，后两种方法并不能减少负荷电流的影响。

线路在发生对树枝放电等某些高阻短路时，短路点电流甚至会显著小于负荷电流。对于 220kV 及以上电压等级输电线路，要求保护装置能够切除 1000A 左右的短路电流（大致上可换算为 220kV 线路耐受 100Ω 过渡电阻、500kV 线路耐受 300Ω 过渡电阻）。阶段式的距离保护、零序电流保护很难满足灵敏度要求，只能靠纵联保护来有选择性地切除故障。对于重负荷线路，即使用式（4.29）的复式制动，灵敏度也可能不满足要求。为此，可以在前述全电流构成的差动保护基础上，再配置用零序电流或故障分量电流构成的差动保护（称为零序电流差动或故障分量电流差动）。由于零序电流和故障分量电流中没有负荷电流，可以灵敏地切除这些高阻短路。这类差动继电器的动作方程与全电流差动继电器相同，以零序电流差动为例，只是用 $\dot{I}_{0.M}$、$\dot{I}_{0.N}$ 代替式（4.1）中的 $\dot{I}_M$、$\dot{I}_N$ 即可。这样配置后，差动继电器的制动特性通常取消拐点电流，即其斜线的延长线穿过坐标原点，如图 4.20 所示。

4.3.5　纵联电流差动保护的总体逻辑框图（General Logic Diagram of Current Comparison Pilot Protection）

图 4.21 为线路纵联电流差动保护的总体逻辑框图，三相各配置一个电流差动继电器，故工程界也称为分相电流差动保护。A 相电流差动继电器动作时，"A 相差动作特性满足"输出逻辑 1，如果闭锁元件没有动作（即 Y2=1），经与门 Y3 发出"纵联 A 相差动动作"指令。B 相和 C 相的情况类似。保护装置后面的逻辑结合

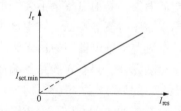

图 4.20　配置零序电流差动或故障分量差动继电器的制动特性

各相动作指令和自动重合闸的具体要求（自动重合闸参见第 5 章），发出某相跳闸指令（只断开单相故障时的故障相断路器）或三相跳闸指令（断开全部三相断路器）。

实际装置中通常还配置零序电流差动继电器（和/或变化量电流差动继电器），用以切除高阻接地短路。零序电流差动继电器动作时需要经过选相元件区分故障相别，再与各分相差动继电器构成或门输出。

完整的电流差动保护中除了核心元件（电流差动继电器）外，还需要配置异常检测元件和启动元件等，下面对其作用和原理略加说明。

闭锁元件 Y2 动作（Y2=0）时，闭锁电流差动保护。该元件主要是防止由于通信出错或电流互感器传变异常造成的电流差动保护误动。"差动保护退出"则是由工作人员控制的

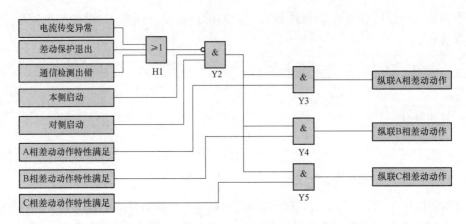

图 4.21　纵联电流差动保护的总体逻辑框图

一个输入信息。

通信出错包括误码、丢帧和通道路由变化等。误码可通过接收（线路对端）数据的 CRC 校验方式进行检测。接收数据不连续或者长时间接收不到数据时，可判定为丢帧。复用光纤通信会出现通道路由变化的情况。复用光纤通信的数据传送路由光纤网络确定，当原来通道出现故障而切换到其他通道时，需要重新计算通道延时（另外也可能短暂出现来回路由不一致的情况），为了确保数据同步，需要短暂闭锁电流差动保护。可以通过检测到的通道延时发生突变等异常特征来检测通道路由的变化。

电流传变异常包括 TA（电流互感器）饱和、TA 断线等。可通过 TA 饱和时不平衡电流与区内故障的差动电流特征差异进行 TA 饱和的检测（TA 饱和也可放在各相电流差动继电器中检测）。TA 断线的检测可假设短时间内只会发生线路某端的某相断线，断线时只有该电流消失，其他电气量不会发生突变。线路故障时，会出现多个电气量突变，或线路两端都出现零序电流等特征，利用这些特征差异可检测 TA 断线。

电流差动继电器与通信出错或电流传变异常检测元件在时间上必须得到配合，为此还配置了启动元件，只有在线路各端都启动时才开放电流差动保护。启动元件可利用 TA 断线检测中介绍的故障电气量特征构成。对于单电源线路，区内故障时负荷侧启动元件可能灵敏度不够，需要通过远方启动等逻辑进行处理。

4.4　方向比较式纵联保护
(Directional Comparison Pilot Protection)

4.4.1　方向比较式纵联保护的方向元件 (Directional Relay of Directional Comparison Pilot Protection)

方向元件（继电器）的作用是判断故障的方向，是方向比较式纵联保护中的关键元件。前面介绍的相间电流功率方向元件不能满足要求，而零序电流功率方向继电器和方向阻抗元件（距离继电器）都可以作为本保护的方向元件。另外还可以用其他电气量特征来判别故障方向。

表 4.2 列出了本保护经常采用的方向元件的接线方式和动作判据（方向阻抗元件除外）。表 4.2 中的 U_r、I_r 为接入方向元件的电压、电流；Z_r 为元件中设置的模拟阻抗，其相位角

会影响方向元件动作特性，而其幅值与动作特性无关。

表 4.2   方向比较式纵联保护的方向元件

名称	符号	U_r	I_r	Z_r	正方向故障动作判据
零序方向元件	F_0^+	$\dot{U}_0$	$\dot{I}_0$	Z_0	$270°>\arg\dfrac{\dot{U}_0}{Z_0\dot{I}_0}>90°$
负序方向元件	F_2^+	$\dot{U}_2$	$\dot{I}_2$	Z_1	$270°>\arg\dfrac{\dot{U}_2}{Z_1\dot{I}_2}>90°$
故障分量方向元件	ΔF^+	$\Delta\dot{U}_1$	$\Delta\dot{I}_1$	Z_1	$270°>\arg\dfrac{\Delta\dot{U}_1}{Z_1\Delta\dot{I}_1}>90°$
能量方向元件	ΔN^+	Δu	Δi	无	$\displaystyle\int_{-t_1}^{t}\Delta u\Delta i<0$

1. 故障分量方向元件

为了能反应各种类型的故障，接入故障分量方向元件的电压 $\Delta\dot{U}_1$、电流 $\Delta\dot{I}_1$ 为保护安装处的正序工频故障分量电压相量、电流相量。如图 4.22 所示，根据 3.10 节对工频故障分量的分析，以 M 端为例，按照规定的电压、电流正方向，在保护的正方向短路时，保护安装处电压、电流关系为

$$\Delta\dot{U}_1 =-\Delta\dot{I}_1 Z_{s1} \tag{4.30}$$

式中 Z_{s1}——保护安装处背后母线上等效电源的正序阻抗。

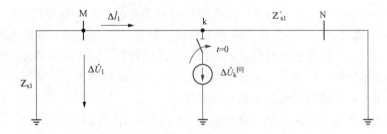

图 4.22 短路时正序工频故障分量系统示意图

在保护的反方向短路时，保护安装处电压、电流关系为

$$\Delta\dot{U}_1 = \Delta\dot{I}_1 Z'_{s1} \tag{4.31}$$

式中 Z'_{s1}——线路阻抗和对端母线上等效电源的正序阻抗之和。

可见，比较故障分量电压、电流的相位关系，可以明确地判定故障的方向。为了便于实现电压、电流相位关系的判定，实际的方向元件比较的是故障分量电压和故障分量电流在模拟阻抗 Z_r 上产生的电压之间的相位关系。实际上 Z_s、Z'_s 及线路单位长度阻抗 Z_1 的阻抗角差不多，在定性分析时可认为相等，通常取 $Z_r=Z_1$，故正方向故障时有

$$\arg\frac{\Delta\dot{U}_1}{Z_1\Delta\dot{I}_1} = \arg\left(-\frac{Z_{s1}}{Z_1}\right)\approx 180° \tag{4.32}$$

反方向故障时有

$$\arg \frac{\Delta \dot{U}_1}{Z_1 \Delta \dot{I}_1} = \arg \frac{Z'_{s1}}{Z_1} \approx 0° \tag{4.33}$$

考虑各种因素的影响，正方向故障对应的功率方向判据为

$$90° < \arg \frac{\Delta \dot{U}_1}{Z_1 \Delta \dot{I}_1} < 270° \tag{4.34}$$

反方向故障时的功率方向判据为

$$-90° < \arg \frac{\Delta \dot{U}_1}{Z_1 \Delta \dot{I}_1} < 90° \tag{4.35}$$

2. 零序方向元件和负序方向元件

零序和负序分量也是由故障点虚假电源产生的，也可以由图 4.22 的等效电路图来表示。

由于三相对称线路的负序阻抗等于正序阻抗，用负序电压 $\dot{U}_2$、负序电流 $\dot{I}_2$ 代替 $\Delta \dot{U}_1$、$\Delta \dot{I}_1$，就构成了负序方向元件的动作判据；用零序电压 $\dot{U}_0$、零序电流 $\dot{I}_0$ 以及线路零序阻抗 Z_0 代替 $\Delta \dot{U}_1$、$\Delta \dot{I}_1$、Z_1 就构成了零序方向元件动作判据。正反方向故障的分析方法与故障分量方向元件完全相同。顺便指出，零序方向元件其实就是前面介绍的零序电流功率方向元件。

零序方向元件只能反应接地短路故障。在故障分量方向元件出现以前，通常是由零序方向元件和负序方向元件结合，以判别所有类型的故障方向，但仍存在三相短路时无法判别故障方向的危险。数字式保护中广泛采用故障分量方向元件，负序方向元件逐渐被淘汰。

3. 能量方向元件

前面介绍的三种方向元件只有在工频稳态分量下才有选择性（绝大多数保护原理都是如此）。系统发生故障时，电压、电流中除了工频稳态分量外，还存在大量非周期分量和高次谐波分量等暂态分量。这些暂态分量会影响保护的正确判别，需要采取滤波措施滤出。滤波会影响保护的动作速度，滤波效果越好，保护的（固有）延时越大。为了提高方向元件的动作速度，可采用不需要滤波措施的能量方向元件。

能量方向元件是采用故障分量的瞬时电压 Δu 和电流 Δi 判别故障方向的。如图 4.22 所示，故障分量系统是一个单电源、零初值的系统。故障前系统中所有元件都无电压和电流，故障时在故障点加上一个虚假电源 $-u_{k(0)}$。设 $t=0$ 时刻发生故障，为了测量线路故障后传送的能量，令

$$\Delta N = \int_{-t_1}^{t} \Delta u \Delta i \, \mathrm{d}t \tag{4.36}$$

$\Delta u \Delta i$ 为保护安装处测量的瞬时功率。t_1 为大于保护装置启动延时的常数，目的是保证式（4.36）的积分区间包含了 $t=0$ 的故障发生时刻。由于故障前 $\Delta u=0$、$\Delta i=0$，故 t_1 的取值不需要很精确。这样，ΔN 就是故障后线路传送的能量。

线路和电源等效系统是由各种电阻、电感和电容组成的。各个电阻要消耗能量，数值为 $\int_0^t R_j \Delta i_j^2 \mathrm{d}t$。其中 R_j 和 Δi_j 为元件的电阻值和流过的电流，t 为故障持续时间；各个电感和电容会储存能量，数值分别为 $\frac{1}{2} L_j \Delta i_j^2$ 和 $\frac{1}{2} C_j \Delta u_j^2$。系统中所有元件消耗或储存的能量都是由单一的虚假电源 $-u_{k(0)}$ 提供的。

正方向故障时，保护安装处背后等效系统各元件消耗和储存的能量都是由电源$-u_{k(0)}$通过线路传送的。根据规定的参考方向，有 $\Delta N < 0$。反方向故障时，电源在保护安装处的背后，被保护线路和正方向电源等效系统中各元件消耗和存储的能量是由电源$-u_{k(0)}$通过保护安装处传送的。因此根据规定的参考方向，有 $\Delta N > 0$。

由此可见 ΔN 可以明确地判别故障方向。在此并没有对电源$-u_{k(0)}$以及各元件电压电流的频率、波形等作出限定性的假设。只要系统是线性的，满足叠加原理，即可以将故障系统分解为故障前系统和故障分量系统，上面的方向性在故障后任何时间都是成立的。因此能量方向元件不需要采取任何滤波措施，具有极高的动作速度，在实际应用时通常采取 $2\sim3\mathrm{ms}$ 的积分以提高安全性。

能量方向元件采用瞬时值判别故障方向，不适合用正序分量。为了能够判别三相线路中各种故障类型，同时减少储能元件释放原先储存能量等的波动影响，实际应用的能量方向元件的 ΔN 取

$$\Delta N = \int_{-t_1}^{t} \int_{-t_1}^{t} (\Delta u_\mathrm{a} - \Delta u_\mathrm{b})(\Delta i_\mathrm{a} - \Delta i_\mathrm{b}) + (\Delta u_\mathrm{b} - \Delta u_\mathrm{c})(\Delta i_\mathrm{b} - \Delta i_c) + (\Delta u_\mathrm{c} - \Delta u_\mathrm{a})(\Delta i_c - \Delta i_\mathrm{a}) \mathrm{d}t \mathrm{d}t$$

$$(4.37)$$

式（4.37）对测量的能量进行再次积分，目的是保证故障后 $|\Delta N|$ 随 t 而单调上升，进一步提高故障方向判定的安全性。

4. 方向比较式纵联保护对方向元件的要求

上面介绍的各种原理方向元件和方向阻抗元件各有优缺点，下面结合纵联方向保护对方向元件的要求，对它们进行简单的比较（未提及的方向元件表示能够满足要求）。

（1）能够反应所有类型故障且无死区。零序和负序方向元件只能满足部分故障类型。阻抗方向元件则需要根据故障类型判别投入故障环路的方向元件。

（2）能够反应故障电流水平很低的高阻故障。这种故障，阶段式保护是无法选择性动作的，只能靠纵联保护切除故障。阻抗方向元件不能满足要求。

（3）不受负荷的影响，在正常负荷状态下不启动。阻抗方向元件受负荷影响，但影响不大。

（4）不受系统振荡影响，在振荡无故障时不误动，振荡中再故障时仍能正确判定故障点的方向。阻抗方向元件在系统振荡时要误动，在采取好的振荡闭锁以及闭锁期间故障再开放的措施后，振荡时不会误动，振荡中再故障时有部分保护能力。零序电流保护不受影响。负序方向元件、故障分量方向元件和能量方向元件理论上不受影响，但由于提取技术的原因，会存在不平衡电压和电流，需要提高动作门槛防止误动，代价是灵敏度下降。

（5）在两相运行中又发生短路时仍能正确判定故障点的方向。零序方向元件和负序方向元件在两相运行时通常需要退出运行。有的情况虽然不需要退出（具体参见 3.10 节），但不受负荷和振荡影响等优点也消失了。

（6）复杂性故障时能够判别故障方向。实际系统中发生复杂形态故障的几率还是比较大的。例如遭受大面积雷击时，先发生反方向短路，同时或经过一定时间后又发生正方向短路。此时零序、负序和故障分量方向元件的故障方向判别会比较困难，阻抗方向元件有优势。

由此可见，任何一种单一原理的方向元件都不能完全满足要求，实际的方向比较式纵联保护往往配置多种原理方向元件来解决这个问题。

4.4.2　闭锁式方向纵联保护（Blocking Directional Pilot Protection）

"闭锁式方向纵联保护"的全称是"闭锁式方向比较式纵联保护"。为了便于叙述，本节中采用该简称。方向比较式纵联保护曾经是高压和超高压输电线路的主要快速保护方式。由于历史原因，工程界在采用不同方向判别原理时都有相应的保护名称，后面有简单的介绍。名称种类比较多，需要注意它们相互之间的区别和联系。

1. 闭锁式方向纵联保护的工作原理

目前在我国电力系统中广泛使用由电力线载波通道实现的闭锁式方向纵联保护（允许式纵联保护对通道技术要求更高）。此保护采用正常无高频载波电流，区外故障时由功率方向为负的一侧发出闭锁信号，该信号被两端的收信机同时接收，闭锁两端的保护，故称为闭锁式方向纵联保护。

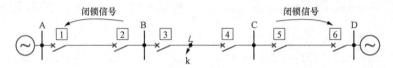

图 4.23　闭锁式方向纵联保护工作原理

闭锁式方向纵联保护的工作原理如图 4.23 所示。系统正常运行时，所有保护都不启动，各线路上也都没有高频电流。假定短路发生在 BC 线路上，则所有保护都启动，但保护 2、5 的功率方向为负，其余保护的功率方向全为正。保护 2 启动发信机发出高频闭锁信号，非故障线路 AB 上出现与该高频信号对应的高频电流，保护 1、2 都收到该闭锁信号，从而将保护 1、2 闭锁；保护 5 启动发信机发出闭锁信号，非故障线路 CD 上出现与该高频信号对应的高频电流，保护 5、6 都收到该闭锁信号，从而将保护 5、6 闭锁；因此非故障线路的保护不跳闸。故障线路 BC 上保护 3、4 功率方向全为正，不发闭锁信号，线路 BC 上不出现高频电流，保护 3、4 判定有正方向故障且没有收到闭锁信号，满足保护跳闸条件，保护 3、4 分别跳闸，切除故障线路。可见闭锁式方向纵联保护的跳闸判据是本端保护方向元件判定为正方向故障且收不到闭锁信号。

这种保护的优点是利用非故障线路一端的闭锁信号，闭锁非故障线路不跳闸，而对于故障线路跳闸，则不需要闭锁信号。这样在区内故障伴随有通道破坏（例如通道相接地或断线）时，两端保护仍能可靠跳闸。这是故障启动发信闭锁式纵联保护得到广泛应用的主要原因。

2. 闭锁式方向纵联保护的构成

闭锁式方向纵联保护安装于被保护线路的两端，其单端保护的简化动作逻辑类似于图 4.6 (a)，只是图中的保护元件被方向元件代替。需要指出的是，如果闭锁信号是由对端保护发出的，那么该信号的传输要经过发信机、高频通道、收信机等环节，信号从发出到被接收之间有一定的延时，而方向元件的判定是本端保护独立完成的，因此两个信号之间存在时间上的配合问题。换句话说，如果本端方向元件判为正方向但没有闭锁信号时可能有以下两种情况：一是对端保护也判为正方向，因而没有发出闭锁信号；二是对端保护判为反方向，也发出了闭锁信号，但由于传输延时本端保护尚未接收到该闭锁信号。为了防止在第二种情况下保护误动跳闸，闭锁式纵联保护在实践中必须考虑信号延时可能带来的影响，详细分析如下。

图 4.24 的保护动作逻辑图为线路一侧的保护装置原理框图，另一侧与此完全相同。其

中 KW$^+$ 为功率正方向元件，KA2 为高定值电流启动停信元件，KA1 为低定值电流启动发信元件，t_1 为瞬时动作延时返回元件，t_2 为延时动作瞬时返回元件。现将发生各种故障时保护的工作情况分述如下。

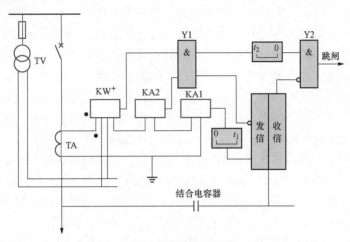

图 4.24　闭锁式方向纵联保护的原理接线图

（1）外部短路。如图 4.23 所示，1、2 分别表示线路 AB 上两端保护，对于 B 端的保护 2，启动元件 KA1 启动发信后，功率方向为负，功率正方向元件 KW$^+$ 不动作，发信机不停信，Y1 元件不动作，Y2 的两个输入条件都不满足，保护 2 不能跳闸。

对于 A 端的保护 1，元件 KA1 的灵敏度高，保护可能启动，KA1 启动后先启动发信机发出闭锁信号，但是随之启动元件 KA2、功率正方向元件 KW$^+$ 同时启动，Y1 元件有输出，立即停止发信，经 t_2 延时后 Y2 元件的一个输入条件满足，保护是否跳闸取决于本端保护是否收到对端（B 端）的保护发出的闭锁信号。

当区外故障被切除之前，B 端保护 2 不停地发闭锁信号，A 端保护 1 的 Y2 元件不动作，A 端保护不跳闸。当区外故障被切除后，A 端保护的启动元件 KA2、功率正方向元件 KW$^+$ 立即返回，A、B 两端的启动元件 KA1 立即返回，B 端保护经 t_1（一般为 100ms）延时后停止发信，A 端保护正方向元件 KW$^+$ 即使返回慢，也能确保在区外故障切除时可靠闭锁。

可见在区外故障情况下，如果远故障点（功率方向为正）一端收不到对端发来的高频电流，保护将会误跳闸。根据前面对闭锁信号传输延时的分析，闭锁式方向纵联保护不误动的关键是近故障点（功率方向为反方向）一端的保护要及时发出闭锁信号并保持发信状态，同时远故障点（功率方向为正）一端的保护要延时确认对端没有发出闭锁信号。t_2 延时元件就是考虑对端的闭锁信号传输需要一定的时间才能到达本端，防止在此之前由于收不到闭锁信号导致保护误动，一般整定 t_2 为 4～16ms。

（2）两端供电线路区内短路。对于图 4.23 中线路 BC 两端保护 3、4，两端的启动发信元件 KA1 都启动发信，但是，两侧功率方向都为正，两侧正方向元件 KW$^+$ 动作后准备跳闸并停止发信，经 t_2 延时后两侧跳闸。

（3）单电源供电线路区内短路。两端供电线路一端电源停运可能会变成单电源供电线路。如图 4.23 中系统 D 母线电源停运时，系统变为单电源系统，此时若 BC 线路发生区内短路，B 侧保护 3 的工作情况同（2）的分析，C 侧保护 4 不启动，因而不发闭锁信号，B 侧

（电源侧）保护收不到闭锁信号且本侧功率方向为正，满足跳闸条件，则立即跳开电源侧断路器，切除故障。

（4）对于用故障分量构成的功率方向元件，在振荡中不会误动。但对于用相电压、相电流组成的功率方向元件，方向阻抗元件等组成方向判别元件时，当振荡中心位于被保护线路上时，会引起误动，需要采取防止误动的措施。这也是采用故障分量方向元件的原因之一。

通过以上工作过程的分析可以看出，在区外故障时依靠近故障侧（功率方向为负）保护发出的闭锁信号实现远故障侧（功率方向为正）的保护不跳闸，并且保护启动后为防止保护误动，两端的保护不论是远故障端或近故障端总是首先假定故障发生在反方向，因此保护启动后首先启动发出高频闭锁信号，然后再根据本端的故障方向判别结果决定是停信还是保持发信状态。这带来了两个问题：一是需等待以确定对端的闭锁信号确实没有发出或消失后才能根据本端的判别结果跳闸，延迟了保护动作时间，这是闭锁式纵联保护的固有缺点，二是需要一个启动发信件 KA1 和一个停信元件 KA2，并且本侧 KA1 灵敏度要比两侧的 KA2 都高。如图 4.23 所示短路，若 AB 线路上保护 1、2 的两个元件灵敏度配合不当，保护 2 的 KA1 灵敏度低于保护 1 的 KA2 而没有启动，则会造成保护 1 的误跳闸。

图 4.24 中的正方向元件 KW^+ 可以采用故障分量方向元件（纵联方向保护）、零序方向元件（纵联零序保护）等，其启动元件的电流要与方向元件的电流对应，例如纵联零序保护采用零序电流元件，纵联方向保护采用故障分量电流元件等。

由于方向阻抗继电器本身有动作范围的限制，在用方向阻抗继电器作为方向元件时，可以用距离 II 段继电器代替图 4.24 的 KW^+、KA2 和 Y1，用全阻抗特性的距离 III 段继电器代替 KA1。为了节省成本，模拟式保护常常与三段式距离保护合用这两个距离继电器。即距离 II 或距离 III 段继电器动作时，启动各自的时间启动器，同时作为图 4.24 的方向元件参与纵联保护的逻辑配合。当时间继电器动作延时到达时，直接发出跳闸指令。这种方案的缺点是距离 III 段通常采用偏移动作特性，在区外故障时，KA1 和 KA2 之间的灵敏度可能失去配合。数字式保护增加继电器并不会增加成本，因此通常单独配置和整定。

对于 220kV 及以上电压等级的输电线路，为了减小区内故障时保护拒动的概率，提高保护的可依赖性，要求双重化配置。在光纤通信的电流差动保护出现以前，往往只能采用两套不同方向元件的闭锁式方向纵联保护装置，而通信都是采用高频载波通道。工程界为了便于区分，采用零序方向元件时称为纵联零序保护，也称为高频零序保护。相应地，其他原理分别称为纵联距离（高频距离）、纵联（故障分量）方向（高频方向）等。

电力线载波通信受外界电磁干扰影响比较大，正方向区外故障时，对方传送过来的闭锁信号可能会出现短暂消失的现象（称为闭锁信号的通道缺口），造成保护的误动。另外，通信通道（包括收发信机）的完好性自动监测比较麻烦（通常每天检查一次）。为此实际保护装置中通常采用图 4.25 的动作逻辑。与图 4.24 比较，图 4.25 取消了时间元件 t_2，增加了时间元件 t_4 和 t_3（以及附属的 H1 和 Y3）。t_4 是为了防止闭锁信号通道缺口引起的保护误动。t_3 是为了防止收发信机损害时引起的保护误动，只有在接收到发信信号后才允许停信，或门 H1 是将收到过发信的信号固定，与门 Y1 则是正方向故障切除后将该固定信号撤销。t_3 和 t_4 的延时都为 8ms 左右，合计 16ms。因此图 4.25 的动作逻辑在区内故障时保护动作速度比较慢。若采用光纤通信的方向比较式纵联保护，能够实时监测通道完好性，也不会出现通道缺口，应该采用图 4.24 的动作逻辑。

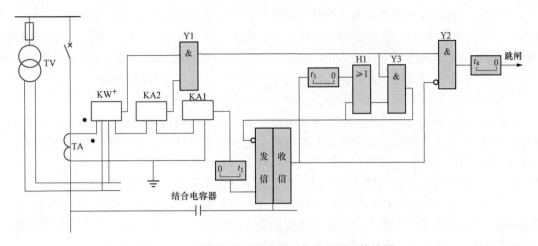

图 4.25　实际闭锁式方向纵联保护的原理接线图

4.4.3　影响方向比较式纵联保护正确工作的因素及应对措施（Factors Affecting the Correct Operation of Directional Pilot Protection and Solution Measures）

1. 非全相运行对方向比较式纵联保护的影响及应对措施

在我国的超高压输电系统中，为了提高电力系统运行的稳定性，经常采用单相故障跳开故障单相的方式（详见第 5 章），保留非故障的两相继续运行，这种运行状态称为非全相运行状态。在非全相运行状态下，若被保护线路再次发生区内故障（对故障期间电压、电流的计算涉及复杂故障分析理论可参见电力系统分析课程，此处原理分析从略），保护应该正确动作。若被保护的线路内部没有再次发生故障，方向纵联保护应该不动作。以下仅分析方向比较式纵联保护在非全相运行状态下的工作状况。

图 4.26 示出线路一相仅在 M 侧断开时的负序电压分布图和相量图，其中下标 M 代表母线侧，下标 L 代表线路侧，负序电压源接在 M、L 间的端口间（纵向不对称故障）。

由图 4.26（d）可见断线点两侧负序电压 $\dot{U}_{2L}$ 与 $\dot{U}_{2M}$ 的相位相反。如果电压互感器接在线路上，M 端负序方向元件取 $\dot{U}_{2L}$ 电压、$\dot{I}_{2M}$ 电流，符合式（4.35）功率方向为负的关系，M 侧方向元件判断为反方向短路，发出闭锁信号两侧保护被可靠闭锁，不会误跳闸。但是如果负序方向元件采用母线电压 $\dot{U}_{2M}$、电流 $\dot{I}_{2M}$，则功率方向为正，式（4.34）成立，负序方向元件动作停发闭锁信号，两侧保护误跳闸。因为在这种情况下 N 侧保护总是判为正方向故障而不发闭锁信号，所以会导致两侧保护误跳闸。

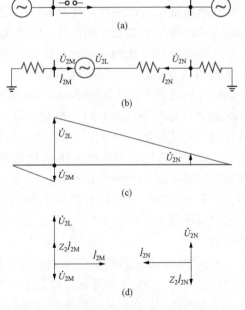

图 4.26　系统一相仅在一侧断开的情况

（a）系统图；（b）负序分量网络图；

（c）负序电压分布图；（d）相量图

　　实际非全相运行状态是一相在两侧同时断开的状态，特别是考虑分布电容的影响后，需要分析有两个断线端口的复杂故障下负序电压、电流的相位关系，结论同样是：当使用线路侧电压时，受电侧负序功率方向为正，送电侧的负序功率方向为负，发出闭锁信号，保护不会误动；如果使用母线电压，两侧的负序功率方向同时为正，保护将误动作。

　　零序功率方向在非全相运行期间与负序功率方向的特点一致。

　　故障分量方向元件能适应线路非全相运行，它将非全相运行视为非故障状态，在两相运行的负荷状态下不会动作。在两相运行的线路上若再次发生故障，其故障附加网络是两相运行时的等效网络在故障点叠加一个故障电源，判别区内、区外短路的式（4.30）、式（4.31）仍然成立，故障分量方向元件无论使用母线电压还是线路电压，仍能正确动作。

　　虽然采用线路侧电压时，零序、负序方向元件不会误动，但它们不受负荷电流和系统振荡影响的优点消失了。因此在两相运行期间还是应退出负序、零序方向元件，仅保留使用故障分量的方向元件。

　　2. 功率倒向对方向比较式纵联保护的影响及应对措施

　　图 4.27 系统中假设故障发生在线路 L1 上靠近 M 侧的 k 点，L1 两侧保护跳开断路器 QF3、QF4，切除故障。

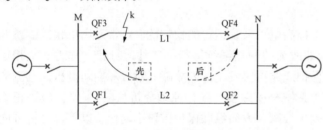

图 4.27　功率倒向电网示意图

　　但是 L1 两端的断路器切除故障一般不可能是同时的，这是由断路器动作时间的离散性和两侧保护动作时间的差异引起的。对于本例而言，最不利的情况出现在断路器 QF3 先于断路器 QF4 跳闸的情况。分析如下：

　　在断路器 QF3 跳闸前，线路 L2 中短路功率由 N 侧流向 M 侧，线路 L2 中 N 侧的功率方向为负，向 M 侧发送闭锁信号，因此线路 L2 两端保护仅启动，但不动作于跳闸。

　　在断路器 QF3 跳闸后而断路器 QF4 跳闸前，线路 L2 中的短路功率突然倒转方向，由 M 侧流向 N 侧，这一现象称为功率倒向。反应负序、零序和故障分量的方向元件在短路功率倒向时如果配合不当会出现纵联方向保护误动作跳开健全线路的情况。这是因为在断路器 QF3 跳闸后 QF4 跳闸前，M 侧的功率方向由负变为正，功率方向元件动作，停止发信并准备跳闸，此时 N 侧的功率方向由正变为负，方向元件应立即返回并向 M 侧发闭锁信号，但是由于该闭锁信号由 N 侧传送到 M 侧需要经过发信机、输电线路、收信机等环节，因此 M 侧在功率倒向发生后的一段时间内，可能尚未收到闭锁信号，导致 M 侧保护误动跳开 QF1。更为严重的是如果 M 侧的方向元件动作快，N 侧的方向元件返回慢（称为触点竞赛），则一段时间两侧方向元件均处于动作状态，线路 L2 上没有高频闭锁信号，造成线路两端的保护误动。

　　解决的办法是有可能发生功率倒向时，图 4.24 中的正方向元件 KW^+ 输出端增加一个时间元件 t_3。t_3 按照大于两侧方向元件动作与返回的最大时间差再加一个裕度时间整定。这样对于本例而言，在上述的功率倒向期间，M 侧的功率方向由负变为正后，功率方向元件动作，但并不立即停止发信而是延时 t_3 时间停信，两端的保护都接收到该闭锁信号，从而避免了功率倒向引起的保护误动作。增加 t_3 的代价是，发生区外转区内故障时，会略微增加故障切除时间。至于如何识别"有可能发生功率倒向"，数字式保护装置可以配置一个反方向动作元件（动作区与 KW$^+$ 刚好相反），在反方向元件和 KA1 都动作后就判定有可能发生功率倒向，投入 t_3。在反方向元件不动作时，正方向元件 KW$^+$ 不经过 t_3 延时。

　　3. 不同原理方向元件综合使用时对方向比较式纵联保护的影响及应对措施

　　前面已知，任何一种单一原理的方向元件都不能完全满足要求，实际保护装置中往往采用多种方向元件综合使用。假设保护中配置故障分量方向元件（ΔF^+）和零序方向元件（F_0^+）综合判别故障方向，基本逻辑是 ΔF^+ 和 F_0^+ 任何一个方向元件动作就判定为正方向故障，这个逻辑在平行线路（或环网）中可能会误动。如图 4.27 所示，当区外 k 点发生故障时，被保护线路 L2 两侧的 ΔF^+ 中一侧为正方向，另外一侧为反方向。根据式（4.34）正方向故障功率方向判据知，ΔF^+ 哪侧为正方向取决于故障线路和两侧等效系统正序阻抗之间的相互关系。零序方向元件 F_0^+ 的哪侧为正方向则取决于各零序阻抗之间的相互关系。假设 ΔF^+ 左侧为正方向，F_0^+ 右侧为正方向，基本逻辑就会误判为区内故障。如图 4.28 所示，解决的对策为各自增设一个反方向动作元件 ΔF^- 和 F_0^-，动作判据与对应的正方向元件刚好相反，而动作电流灵敏度要高于正方向元件。ΔF^- 和 F_0^- 中任何一个动作就判定为反方向故障。只有它们都不动作，且 ΔF^+ 和 F_0^+ 中有元件动作时才判定为正方向故障。这种反方向元件优先的动作逻辑并不会影响区内故障的保护灵敏度和动作速度。

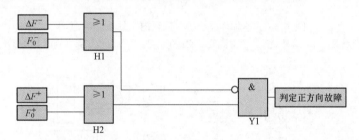

图 4.28　带有反方向动作元件的方向比较式纵联保护示意图

4.5　纵联电流相位差动保护
(Current Phase Comparison Pilot Protection)

　　1. 纵联电流相位差动保护的工作原理

　　由图 4.29（b）、（c）可以看出，仅利用输电线路两端电流相位在区外短路时相差 180°、区内短路时相差 0°，也可以区分区内、区外短路，这就是纵联电流相位差动保护原理。此时只需要两端传递各自的相位信息，例如两端保护仅在本端电流正半波或负半波时启动发信机发送高频信号，这样区外故障时两端电流按照规定的正方向相位为反相，输电线路上将出现连续的高频信号；区内故障时两端电流近似同相，输电线路上将出现间断的高频信号；因此高频信号的连续和间断反应了两端电流的相位比较结果，可以据此构成电流相位比较式纵联差动保护。这种方案在远距离输电线路的模拟式载波保护中获得广泛应用。以下结合图 4.30 给出的单频制闭锁式电流相位差动保护的工作原理框图说明其构成。

　　故障启动发信元件：采用低定值的负序电流 I_2^{I} 元件反应不对称短路，采用低定值的相电

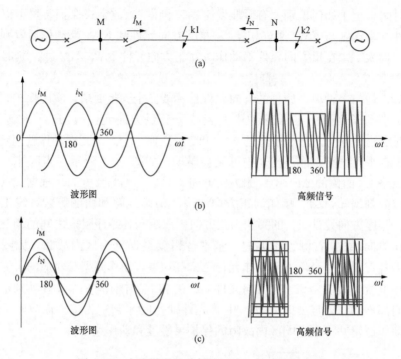

图 4.29　电流纵联差动保护区内、外短路示意图

（a）系统示意图；（b）区外短路两侧电流波形及高频信号；（c）区内短路两侧电流波形及高频信号

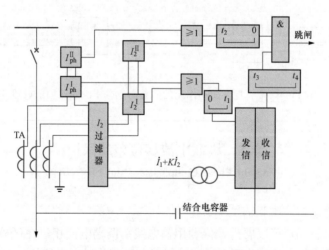

图 4.30　闭锁式纵联电流相位差动保护的原理框图

流 I_{ph}^{I} 元件反应对称短路，高频载波通道经常无电流，只有故障启动后才发出高频电流信号。

启动跳闸元件：采用高定值的负序电流 I_2^{II} 和相电流 I_{ph}^{II} 元件，启动本侧跳闸回路，只待收信机的输出满足跳闸条件便可跳闸。

发信机操作元件：为了能反应各种类型的短路又使实现简单，通过比较两侧的 $\dot{I}_1+K\dot{I}_2$ 电流相位（一般 K 取 6～8），实现区内、区外故障的区分。当该电流为正（或负）半波时，操作发信机发出连续的高频电流，而当该电流为负（或正）半波时，则不发高频电流。

收信比较时间 t_3 元件：收信机既可以收到本侧的高频电流又可以收到对侧的高频电流。当区内短路时，如果两侧电流同相位，两侧同时发出高频电流，不考虑高频信号传输延迟时，在两侧收信机中收到间隔半周波（10ms）的高频电流［如图 4.29（c）所示］；当区外短路时，两侧电流相差 180°，两侧相差 10ms 发出高频电流，在两侧收信机中收到无间断的连续高频电流［如图 4.29（b）所示］，因为高频信号在输电线路上传输时的衰减，收到的对端信号幅值略低。时间 t_3 元件对收到的高频电流进行整流并延时 t_3 后有输出，并展宽 t_4 时间。区外短路时高频电流间断的时间短，小于 t_3 延时，收信机回路无输出，保护不能跳闸。区内短路时高频电流间断时间长，t_3 延时满足，收信机回路有输出，保护跳闸。实际上考虑短路前两侧电势的相角差、分布电容的影响、高频信号的传输延迟等因素，在区外短路时收到的高频信号不完全连续，会有一定的间断时间，同样在区内短路时收到的高频电流间断时间也会小于半周波，因而对 t_3 要进行整定。

其他如使用两套灵敏度不同的启动元件、时间 t_1、t_2 元件等原因与图 4.24 闭锁式纵联方向保护相同。

2. 纵联电流相位差动保护的动作特性与相继动作

纵联电流相位差动保护的闭锁角及其整定：为了保证在任何外部短路条件下保护都不误动，需要分析区外短路时两侧收到的高频电流之间可能出现的最大不连续时间，据此得到对应工频的相角差，以整定 t_3 延时。一般说来，外部短路时流过线路两端电流互感器的一次电流是同一个电源产生、经过相同阻抗的电流，两侧相差 180°；经过电流互感器后，按照静态 10% 误差要求选择负载后，两侧二次电流的最大误差不超过 7°；经保护装置中的滤序器及收发信操作回路的角度误差的影响，两侧不超过 15°；高频信号在输电线路上传播，传播速度近似为 $3 \times 10^8 \, \text{m/s}$，传输的线路长度与等效工频角延迟为 $\frac{L}{100} \times 6°$。因而区外短路时两侧收到的高频电流之间的间隔角最小为 $180° \pm \left(7° + 15° + \frac{L}{100} \times 6°\right)$ 时，保护不应动作，所以要选择保护的闭锁角 $\varphi_y \geqslant 7° + 15° + \frac{L}{100} \times 6°$，即

$$\varphi_b = 7° + 15° + \frac{L}{100} \times 6° + \varphi_y \tag{4.38}$$

一般裕度角 φ_y 取 15°，可见线路越长闭锁角越大。

当按照上述原则整定闭锁角以后［如图 4.31（c）所示］，还要校验在区内短路最不利于动作时保护的动作灵敏度。对于图 4.31（a）所示系统，短路前 M 侧向 N 侧输送接近静态稳定边界的功率，即 $\dot{E}_M$ 超前 $\dot{E}_N$ 约 70°，在靠近 N 侧发生三相对称短路。M 侧正序电流 $\dot{I}_M$ 滞后 $\dot{E}_M$ 的角度由 M 侧发电机、变

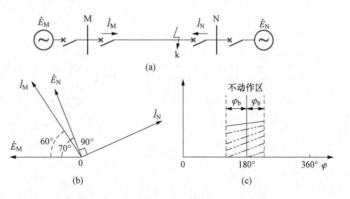

图 4.31 电流相位差动保护特性图

(a) 系统示意图；(b) 内部短路相量图；(c) 动作特性图

压器及线路 MN 的阻抗角决定，考虑最不利的情况，综合阻抗角取 60°。在 N 侧，$\dot{I}_N$ 滞后 $\dot{E}_N$ 的角度由发电机、变压器的阻抗角决定，考虑最不利的情况，综合阻抗角取 90°，两侧一次短路电流的相位差可达 100°，相量图如图 4.31（b）所示。再考虑互感器、保护装置的角误差和高频信号由滞后的 N 侧传输到 M 侧的时间延迟，在 M 侧收到的高频信号相位差最大可达

$$100° + 22° + \frac{L}{100} \times 6° = 122° + \frac{L}{100} \times 6° \tag{4.39}$$

随着被保护线路的增长，高频信号不连续的间隔缩短，有可能进入保护的不动作区。但是，对于滞后的 N 侧来说，超前侧 M 侧发出的高频信号经传输延迟 $\frac{L}{100} \times 6°$ 后，使 N 侧收到的高频信号不连续的间隔增长为 $122° - \frac{L}{100} \times 6°$，此时保护是可以动作的。为解决 M 侧不能跳闸问题，当 N 侧跳闸后，停止发高频信号，M 侧只能收到自己发的高频信号，间隔 180°，满足跳闸条件也随之跳闸，这种一侧保护随着另一侧保护动作而动作的情况称为保护的相继动作，保护相继动作使一侧故障切除的时间变慢。

3. 负序滤过器

负序电压、电流在继电保护中被广泛使用，按照负序分量的定义，负序电压与三相电压的关系为

$$\dot{U}_2 = \frac{1}{3}(\dot{U}_a + a^2\dot{U}_b + a\dot{U}_c) \tag{4.40}$$

在数字式保护中，负序分量可以在获得三个相量后按照式（4.40）计算得到，也可以通过负序滤过器得到；在模拟式保护中只能通过负序滤过器得到负序分量。从三相不对称电压、电流中取出负序分量的回路称为负序滤过器。

（1）负序电压滤过器。它一般通过阻容元件构成［如图 4.32（a）所示］，负序电压由 m、n 端子间输出，使用三相线电压作为输入，滤掉零序分量，选择电阻、电容参数，当只有正序输入时，让输出为零，当只有负序输入时，输出最大。满足以上要求的参数关系为

$$\left. \begin{array}{l} R_1 = \sqrt{3}X_1 \\ R_2 = \dfrac{1}{\sqrt{3}}X_2 \end{array} \right\} \tag{4.41}$$

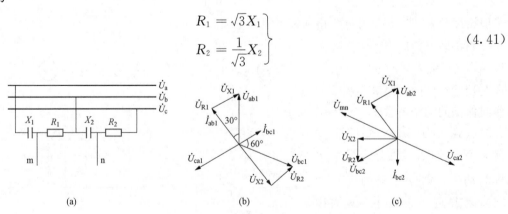

图 4.32　负序电压滤过器原理图

(a) 负序电压滤过器接线图；(b) 加入正序电压相量图；(c) 加入负序电压相量图

R_1、X_1回路中电流超前电压 $30°$，R_2、X_2回路中电流超前电压 $60°$，则可得到当输入电压中只有正序分量时 m、n 端子输出的负序电压为零；当输入电压中只有负序分量时 m、n 端子输出的负序电压为

$$\dot{U}_{mn} = \dot{U}_{R1} + \dot{U}_{X2} = \frac{\sqrt{3}}{2}\dot{U}_{ab2}\,e^{j30°} + \frac{\sqrt{3}}{2}\dot{U}_{bc2}\,e^{j-30°}$$

$$= 1.5\dot{U}_{ab2}\,e^{j60°} = 1.5\sqrt{3}\dot{U}_{a2}\,e^{j30°} \tag{4.42}$$

顺便指出，根据正序分量的定义，只要将引入滤序器的三相输入端子的任意两个调换一下（例如，$\dot{U}_a$ 接在 $\dot{U}_b$ 上、$\dot{U}_b$ 接在 $\dot{U}_a$ 上），就可得正序电压滤过器。由于阻容参数和系统频率的变化等，系统正常运行时负序滤过器也会有一定的不平衡电压输出。

（2）负序电流滤过器。图 4.33 为目前常用的模拟式负序电流滤过器，由电抗互感器 UR 和中间变流器 UA 组成，端子 m、n 间的输出正比于负序电流的电压。

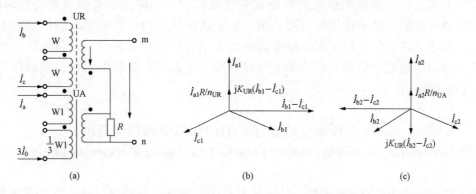

图 4.33　负序电流滤过器工作原理图
(a) 负序电流滤过器原理接线；(b) 加入正序电流相量图；(c) 加入负序电流相量图

电抗互感器 UR 的一次侧有两个匝数相同的绕组 W，反极性接入两相电流，零序分量被消除，其输出为超前两相电流差 $90°$ 的电压；中间变流器 UA 的一次侧有两个绕组 W1、$\frac{1}{3}$W1，反极性接入 a 相电流和 3 倍零序电流，零序分量作用被抵消，二次侧输出电流与正序电流同相位，在电阻 R 上形成电压。在 m、n 端子上输出的电压可表示为

$$\dot{U}_{mn} = \frac{1}{n_{UA}}(\dot{I}_a - \dot{I}_0)R - jK_{UR}(\dot{I}_b - \dot{I}_c) \tag{4.43}$$

当输入正序电流时的相量图如图 4.33（b）所示，输出电压为

$$\dot{U}_{mn1} = \frac{1}{n_{UA}}\dot{I}_{a1}R - jK_{UR}(\dot{I}_{b1} - \dot{I}_{c1})$$

$$= \dot{I}_{a1}(R/n_{UA} - \sqrt{3}K_{UR}) \tag{4.44}$$

如果选取参数 $R/n_{UA} = \sqrt{3}K_{UR}$，则正序输出电压为零，消除了正序的影响。

当输入负序电流时的相量图如图 4.33（c）所示，输出电压为

$$\dot{U}_{mn2} = \frac{1}{n_{UA}}I_{a2}R - jK_{UR}(\dot{I}_{b2} - \dot{I}_{c2})$$

$$= \dot{I}_{a2}(R/n_{UA} + \sqrt{3}K_{UR}) \tag{4.45}$$

输出与以 a 相为基准的负序电流同相位的电压。

如果在参数选择时，使得 $R/n_{UA} > \sqrt{3}K_{UR}$，则输出电压可以比于正序电流和负序电流的线性组合，即

$$\dot{U}_{mn2} = \dot{I}_{a1}(R/n_{UA} - \sqrt{3}K_{UR}) + \dot{I}_{a2}(R/n_{UA} + \sqrt{3}K_{UR})$$
$$= K_1\dot{I}_{a1} + K_2\dot{I}_{a2} = K_1(I_{a1} + K\dot{I}_{a2}) \tag{4.46}$$
$$K = (R/n_{UA} + \sqrt{3}K_{UR})/(R/n_{UA} - \sqrt{3}K_{UR}) = K_2/K_1$$

纵联电流相位差动保护在原理上可以看作是纵联电流差动保护的一种特殊实现方法。电流差动保护既比较线路两侧电流的大小，又比较电流的相位。而电流相位差动保护仅仅比较电流的相位，同样具有原理简单、不受系统振荡影响等优点。由于只需要传递简单的逻辑信号，可以方便地在载波通信中实现，电流相位差动保护曾经是模拟式输电线路纵联保护的主要配置方式之一。电流相位差动保护在载波通信中应用时，主要缺点是动作速度慢，尤其长线路只能靠相继动作切除故障。由于数字式纵联方向比较式保护的性能有了很大的提高，基于载波通信的数字式纵联电流相位差动保护没有获得推广。在采用光纤通信时，由于可以传送数字信号，在技术上可以克服上述缺点，纵联电流相位差动保护原理还是有价值的。

4.6 高压输电线路保护的配置原则和总体逻辑

(Protection Schemes and General Logic for High Voltage Transmission Lines)

为了提高继电保护的可依赖性，220kV 及以上电压等级的输电线路需要配置两套独立的纵联保护装置（特高压线路有时也会配置三套纵联保护装置），每套纵联保护装置中都附配距离和零序电流的阶段式保护。对于 500kV 及以上电压等级线路，还要求每套保护装置的通信通道、变电站直流电源和操作箱完全独立，电压和电流也从电压互感器（TV）和电流互感器（TA）不同的二次绕组接入。

图 4.34 为 500kV 及以上电压等级输电线路保护双重化配置的示意图。这些电压等级系统通常采用一个半断路器的母线结构，每条线路（或变压器）都与两个断路器相连，保护动作时需要将两个断路器都跳开。电流互感器按断路器配置，即取自断路器电流。保护装置中将两个断路器电流相加，形成线路电流。母线保护和其他线路的保护，也需要这些断路器电流。它们与本保护提取电流的位置，要保证不能产生保护死区，即所有故障都能有保护覆盖。

两套保护装置的电压取自线路电压互感器的两个独立二次绕组。顺便指出，双母线结构的 220kV 线路没有三相式的电压互感器（只装了一个单相式电压互感器作为他用），保护装置电压取自母线电压。为了正确判别故障，需要通过电压切换箱将与本线路连接的母线的电压接入到保护装置。电压切换箱是通过隔离开关的辅助位置接点来判别线路连接在哪根母线上的。对于一个半断路器的母线结构，线路与母线之间的开关环节太多（图 4.34 可看到两者之间最多有 6 个隔离开关和断路器），误判的概率大。为此在每条线路中都装设电压互感器。为了降低成本，线路电压互感器常常采用经过电容分压的所谓电容式电压互感器（CVT）。CVT 在系统故障时存在较严重的暂态过程。短线路正方向区外短路时，保护安装

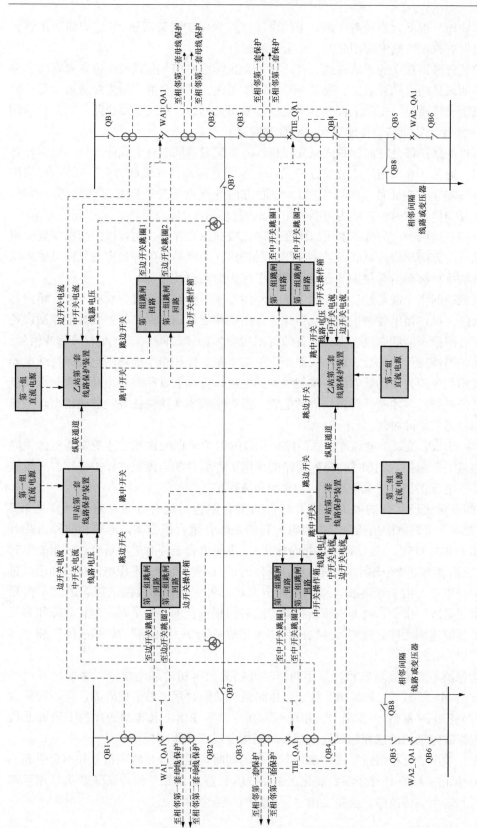

图 4.34 500kV 及以上电压等级输电线路保护的双重化配置示意图

处电压（称为残压）很低，容易造成距离Ⅰ段误动（称为保护的暂态超越）。如何防止该暂态超越是距离保护在短线路中应用时的一个重要问题。

两套保护装置采用独立的通信通道。有的是一套光纤通道和一套载波通道，也有两套都是光纤通道。如果是两套光纤通道，通常一套为速度更快、更安全的专用光纤通道，另一套为造价低的复用光纤通道。实际工程也有两套都是复用光纤的。对于重要线路，则两套都用专用光纤。对于220kV线路，可能只有一套载波通道。

如果两套纵联保护都是方向比较式纵联保护，需要配置不同原理的方向元件，以弥补各自原理的缺陷。通常一套采用故障分量方向元件＋零序方向元件（纵联方向），另一台采用方向阻抗元件＋零序方向元件（纵联距离）。纵联方向的优点是灵敏性和速动性都比较好，纵联距离则在复杂性故障时保护能力更强。由于电流差动保护优点突出，采用光纤通信时，一套肯定是电流差动保护。另外一套可以配置方向比较式纵联保护，也可以两套都配置电流差动保护。此时的方向比较式纵联保护多采用纵联距离。原因是故障分量方向元件灵敏度很高，区外较小的扰动都会引起保护的启动，降低了保护的安全性。

保护装置的跳闸指令需要经过操作箱去跳开断路器。两套保护装置分别接入操作箱内部独立的跳闸回路。操作箱由各种中间继电器构成，主要功能是确保保护装置或其他控制设备发出的跳闸、合闸指令能够完成。保护装置的跳闸指令为持续时间100ms左右的脉冲信号。跳闸指令到达断路器操作机构后，跳闸线圈产生驱动电流。操作箱中的跳闸电流保持继电器在保护装置跳闸指令消失后仍能够维持跳闸线圈的电流，直到通过断路器辅助位置触点信息判定断路器已经跳开后，才断开跳闸线圈的电流，最终完成本次跳闸任务。顺便指出，操作箱并不会增加故障的切除时间。

图4.35为220kV及以上电压等级线路保护装置的保护原理配置和总体逻辑举例。纵联保护为三相电流差动保护，例如"B相差动保护动作"表示B相电流差动保护动作。三段式保护配置了零序电流保护、接地距离保护和相间距离保护。

图4.35的逻辑比较复杂的原因是需要与自动重合闸进行配合（自动重合闸详见第5章），为此需要有5个跳闸输出指令。本逻辑配套的是综合重合闸方案，即单相故障时跳开故障相（例如B相故障时，"B相跳闸"指令输出），满足重合条件时进行重合；多相故障时跳开三相（"三相跳闸"指令输出），满足重合条件时进行三相重合。零序电流Ⅲ段和距离Ⅲ段等后备保护动作时，由于延时长，对系统冲击大，且可能是相邻线路故障，因此不再重合。此时发出"永跳"指令，跳开三相断路器，同时闭锁重合闸。为了判别单相故障和多相故障，设置了故障选相元件。选相元件输出为"A相故障""B相故障""C相故障"和"多相故障"。

电流差动保护不需要故障选相，某相动作时直接输出该相的跳闸指令，例如纵差动A相动作时经或门H2发出"A相跳闸"指令。相间距离动作时肯定是多相故障，也不需要故障选相，经过或门H6和H7，发出"三相跳闸"指令。零序电流和接地距离的Ⅰ段或Ⅱ段动作时，则根据故障选相的选相结果发出某相跳闸指令或三相跳闸指令。

顺便指出，发出"三相跳闸"或"永跳"指令的同时，发出分相跳闸指令并不会引起不好的影响。另外，图4.35还作了某些简化。例如"纵联差动A相"和"纵联差动B相"都动作时，就可判定为多相故障，直接发出"三相跳闸"指令。

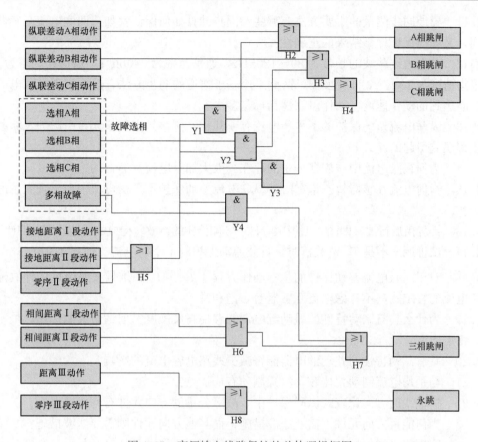

图 4.35 高压输电线路保护的总体逻辑框图

习题及思考题

(Exercise and Questions)

4.1 纵联保护的最基本原理是什么？

4.2 纵联保护与阶段式保护的根本差别是什么？陈述纵联保护的主要优、缺点。

4.3 实现输电线路纵联保护的主要困难是什么？这些困难在集中参数的元件（如发电机、变压器电动机等）上是否存在？

4.4 输电线路纵联保护中通道的作用是什么？通道的种类及其优缺点、适用范围有哪些？

4.5 通道传输的信号种类、通道的工作方式有哪些？

4.6 请画出输电线载波通道的构成元件框图，说明对各元件的技术要求。

4.7 光纤通信的工作方式有哪些？各自有何特点？

4.8 输电线路纵联电流差动保护在系统振荡、非全相运行期间，会否误动，为什么？

4.9 在依靠电力线载波通道的线路上实现纵联电流差动保护较实现方向比较式纵联保护的主要困难是什么？前者保护原理的主要优点是什么？

4.10 为什么纵联电流差动保护要求两侧测量和计算的严格同步，而方向比较式纵联差动保护原理则无两侧同步的要求？

4.11　异地同步测量的主要方法有哪些？同步计算如何保证？如果两侧电流互感器的变比不同，又如何保证计算结果的正确性？

4.12　若电力线载波的频带为 $80 \sim 120 \mathrm{kHz}$，通信速率为 $960 \mathrm{bit/s}$，通信误码率为 10^{-4}，数据采集精度为 12 位 A/D 变换器，两侧采用基于通道的同步方法，能否实现纵联电流差动保护？能达到的动作速度、动作可靠性指标是多少？

4.13　纵联电流差动保护的不平衡电流有哪几种？哪些是由测量误差引起的？哪些是由线路模型误差引起的？

4.14　为何线路电流中非周期分量的存在会大大加重电流互感器的饱和程度？

4.15　为何电流互感器暂态饱和时，纵联电流差动保护不平衡电流中会出现大量的非周期分量？

4.16　推导由后行波（即图 4.17 中由 N 向 M 侧传输的行波）构成的行波差别保护计算式。

4.17　试证明 τ 不是 T_s 整数倍时，行波差动保护的不平衡电流（即式 4.21）。

4.18　对于纵联电流差动保护的基本动作方程 $|\dot{I}_\mathrm{r}| > I_\mathrm{set}$，推导按照躲过区外故障最大不平衡电流的整定式（不考虑电流互感器暂态饱和）。

4.19　为什么具有制动特性的差动继电器能够提高灵敏度？何谓最大制动比、最小工作电流、拐点电流？

4.20　具有制动特性的差动继电器能否减少线路电容电流的影响？

4.21　与平均电流制动相比较，复式制动有何优点？

4.22　输电线路方向比较式纵联保护中，故障分量的方向元件有何优缺点？

4.23　为何能量方向元件不需要滤波措施，而其他方向元件则需要滤波措施？

4.24　闭锁式纵联保护为什么需要高、低定值的两个启动元件？

4.25　图 4.36 所示系统，线路全部配置闭锁式方向比较式纵联保护，分析在 k 点短路时各端保护方向元件的动作情况，各线路保护的工作过程及结果。

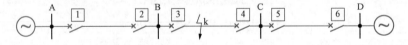

图 4.36　闭锁式方向纵联保护配置示意图

4.26　图 4.36 所示系统，线路全部配置闭锁式方向纵联保护，在 k 点短路时，若 AB 和 BC 线路通道同时故障，保护将会出现何种情况？靠什么保护动作切除故障？

4.27　根据图 4.24 的闭锁式方向纵联保护原理接线框图，画出采用阻抗方向元件时的保护原理框图，说明各元件的整定原则，以及区内、区外短路时保护的动作过程。

4.28　试述电流相位纵联差动保护原理比纵联电流差动保护原理的优缺点，实现技术要求方面的优缺点。

4.29　为什么选择比较两侧电流 $\dot{I}_1 + K\dot{I}_2$ 的相位，有何优缺点？设想比较两侧正序故障分量 $\Delta\dot{I}_1$ 的相位，有何优缺点？在模拟式保护中为什么未被采用？

4.30　什么是闭锁角？闭锁角的大小由什么决定？为什么保护必须考虑闭锁角？闭锁角的大小对保护有何影响？

4.31　什么是相继动作？为什么会出现相继动作？出现相继动作对电力系统有何影响？

5 输电线路自动重合闸
Auto - Reclosure for Transmission Lines

5.1　自动重合闸的作用及对它的基本要求
(Function and Basic Requirements to Auto - Reclosure)

5.1.1　自动重合闸的作用 (Function of Auto - Reclosure)

在电力系统的故障中，大多数是输电线路（特别是架空线路）的故障。运行经验表明，架空线路故障大都是"瞬时性"的，例如，由雷电引起的绝缘子表面闪络，大风引起的碰线，鸟类以及树枝等物掉落在导线上引起的短路等，在线路被继电保护迅速断开以后，电弧自行熄灭，外界物体（如树枝、鸟类等）也被电弧烧掉。此时，如果把断开的线路断路器再合上，就能够恢复正常的供电。因此，称这类故障是"瞬时性故障"。除此之外，也有"永久性故障"，例如由于线路倒杆、断线、绝缘子击穿或损坏等引起的故障，在线路被断开以后，它们仍然是存在的。这时，如果再合上电源，由于故障依然存在，线路还要被继电保护再次断开，不能恢复正常的供电。

由于输电线路上的故障具有以上性质，因此，在线路被断开以后再进行一次合闸就有可能大大提高供电的可靠性。为此在电力系统中广泛采用了当断路器跳闸以后能够自动将断路器重新合闸的自动重合闸装置。

在现场运行的线路重合闸装置，由于技术原因，目前大多数并不判断是瞬时性故障还是永久性故障，在保护跳闸后经预定延时将断路器重新合闸。显然，对瞬时性故障重合闸可以成功（指恢复供电不再断开），对永久性故障重合闸不可能成功。用重合成功的次数与总动作次数之比来表示重合闸的成功率，一般在 $60\% \sim 90\%$，国家电网有限公司近期某年度超高压线路故障重合闸动作成功率统计如表 5.1 所示，主要取决于瞬时性故障占总故障的比例，可见瞬时性故障比例相当高，重合闸效益明显。

表 5.1　　　　　　　　　近期某年度各电压等级线路重合闸成功率统计

保护类别	1000kV	750kV	500kV	330kV	220kV	合计
线路保护	100%	75.00%	67.83%	88.28%	71.34%	72.72%

衡量重合闸回路工作正确性的指标是正确动作率，即正确动作次数与总动作次数之比。表 5.2 给出国家电网有限公司近期某年度各类重合闸动作正确率统计，可见正确率极高。重合闸成功率与正确动作率是两个不同的指标，前者表达瞬时故障占总故障的比例，后者表达重合闸回路工作的正确性。

表 5.2　　　　　　　近期某年度各电压等级不同类别重合闸正确动作率统计表

保护类别	1000kV	750kV	500kV	330kV	220kV	合计
线路保护	100%	100%	99.96%	99.93%	100%	99.99%

续表

保护类别	1000kV	750kV	500kV	330kV	220kV	合计
母线保护	100%	100%	94.12%	100%	97.78%	97.85%
变压器保护	100%	100%	96.15%	80%	100%	98.47%
断路器保护	100%	100%	100%	100%	100%	100%
其他保护	/	/	96.97%	100%	100%	97.77%
总计	100%	100%	99.89%	99.91%	99.99%	99.96%

　　注　表中打"/"表示当年此电压等级类别的保护没有动作。

　　在电力系统中采用重合闸的技术经济效果主要可归纳如下：

　　（1）大大提高供电的可靠性，减少线路停电的时间与次数，特别是对单侧电源的单回线路尤为显著；

　　（2）在高压输电线路上采用合适的重合闸，是提高电力系统并列运行稳定性的经济、有效手段；

　　（3）对断路器本身由于机构不良或继电保护误动作而引起的误跳闸，也能起纠正的作用。

　　在采用重合闸以后，当重合于永久性故障上时，也将带来一些不利的影响。例如：

　　（1）使断路器的工作条件变得更加恶劣，因为它要在很短的时间内，连续切断两次短路电流。这种情况对于油断路器必须加以考虑，因为在第一次跳闸时，由于电弧的作用，已使绝缘介质的绝缘强度降低，在重合后第二次跳闸时，是在绝缘强度已经降低的不利条件下进行的。因此，油断路器在采用了重合闸以后，其遮断容量也要有不同程度的降低（一般降低至 80% 左右）。

　　（2）使电力系统再一次受到故障的冲击，对超高压系统如果重合时间不恰当还可能降低并列运行的稳定性。

　　对于采用重合闸的经济效益评估，用无重合闸时因停电而造成的国民经济损失与采用重合闸带来的损失综合衡量。由于重合闸装置本身的投资很低、工作可靠，实践证明架空输电线路采用重合闸经济效益明显，因此，在电力系统中获得了广泛的应用。随着输电线路瞬时与永久故障区分与自适应重合技术的发展，在永久故障时不再重合或最佳重合，则重合闸的使用将变得更为有利。

5.1.2　对自动重合闸的基本要求（Basic Requirements for Auto - Reclosure）

　　对 1kV 及以上的架空线路和电缆与架空线的混合线路，当其上有断路器时，就应装设自动重合闸；在用高压熔断器保护的线路上，一般采用自动重合熔断器；此外，在供电给地区负荷的电力变压器上，以及发电厂和变电站的母线上，必要时也可以装设自动重合闸。对自动重合闸的基本要求为：

　　（1）在下列情况下不希望重合闸重合时，重合闸不应动作。

　　1）由值班人员手动操作或通过遥控装置将断路器断开时。

　　2）手动投入断路器，由于线路上有故障，而随即被继电保护将其断开时。因为在这种情况下，故障是属于永久性的，它可能是由于检修质量不合格、隐患未消除或者保安的接地线忘记拆除等原因所导致，因此再重合一次也不可能成功。

　　3）当断路器处于不正常状态（例如操动机构中使用的气压、液压降低等）而不允许实现重合闸时。

　　（2）当断路器由继电保护动作或其他原因而跳闸后，重合闸均应动作，使断路器重新合闸。

　　（3）自动重合闸装置的动作次数应符合预先的规定。在配电网中存在主配电线路带多分支引出线供电馈线结构，主干配电线采用带重合闸的断路器而分支线仅采用负荷开关。为了只切除故障的分支，采用多次重合闸配合负荷开关（只能遮断负荷电流）动作隔离故障区段，需要视分支线的接线预先规定重合闸的动作次数。如一次式重合闸应该只动作 1 次，当重合于永久性故障而再次跳闸以后，不应该再动作；对二次式重合闸应该能够动作 2 次，当第二次重合于永久性故障而跳闸以后，不应该再动作。

　　（4）自动重合闸在动作以后，一般应能自动复归，准备好下一次再动作。但对 10 kV 及以下电压的线路，如当地有值班人员时，为简化重合闸的实现，也可以采用手动复归的方式。

　　（5）自动重合闸装置的合闸时间应能整定，并有可能在重合闸以前或重合闸以后加速继电保护的动作，以便更好地与继电保护相配合，加速故障的切除。

　　（6）双侧电源的线路上实现重合闸时，应考虑合闸时两侧电源间的同步问题，并满足所提出的要求（详见 5.2.2 节）。

　　为了能够满足第（1）、（2）项所提出的要求，应优先采用由手动控制开关的位置与断路器位置不对应的原则来启动重合闸，即当手动控制开关在合闸位置而断路器实际上在断开位置的情况下，使重合闸启动，这样就可以保证除手动跳闸（本地或远方）外不论是任何原因使断路器跳闸以后，都可以进行一次重合。

5.1.3　自动重合闸的分类（Classification of Auto‑Reclosure）

　　采用重合闸的目的有二：其一是保证并列运行系统的稳定性；其二是尽快恢复瞬时故障元件的供电，从而自动恢复整个系统的正常运行。根据重合闸控制的断路器所接通或断开的电力元件不同，可将重合闸分为线路重合闸、变压器重合闸和母线重合闸等。目前在 10kV 及以上的架空线路和电缆与架空线的混合线路上，广泛采用重合闸装置，只有个别的由于受系统条件的限制不能使用重合闸的除外。例如：断路器遮断容量不足；防止出现非同期情况；或者防止在特大型汽轮发电机出口重合于永久性故障时产生难于耐受的扭转力矩，而对轴系造成损坏等。根据系统的运行条件，事先安排哪些元件重合、哪些元件不重合、哪些元件在符合一定条件时才重合，是经过一定的技术经济比较确定的。经过长期的实践已经总结了部分经验，例如对于配电系统中单母线或双母线接线的变电站在母线故障时会造成全停或部分停电的严重后果，就有必要在枢纽变电站装设母线重合闸。母线重合闸可以专门配置，也可以简化实现。如果母线上连接的出线及变压器都装有三相重合闸，当配置母线重合闸时不需要增加重合闸装置与回路，只要在母线保护动作时闭锁那些预计不需要重合的线路和变压器，其他条件下线路、变压器都进行重合，就实现了母线重合闸的功能。另外还可由保护的功能决定是否启动重合闸，例如变压器油箱内部故障多数是永久性故障，因而当保护变压器绕组故障的瓦斯保护和差动保护动作后不重合，仅当后备保护动作时启动重合闸。

　　根据重合闸控制断路器连续合闸次数的不同，可将重合闸分为多次重合闸和一次重合闸。多次重合闸一般使用在配电网中与负荷开关（分段器）配合，自动隔离故障区段，是配电自动化中一种重要的故障隔离方式。而一次重合闸主要用于输电线路，提高系统的稳定性。后续主要讲述输电线路重合闸，其他重合闸的原理与其相似。

根据重合闸控制断路器相数的不同，可将重合闸分为单相重合闸、三相重合闸、综合重合闸和分相重合闸。对一个具体的线路，究竟使用何种重合闸方式，要结合系统的稳定性分析，选取对系统稳定最有利的重合方式。一般说来有：

（1）没有特殊要求的单电源线路，宜采用一般的三相重合闸。

（2）凡是选用简单的三相重合闸能满足遮断容量和系统稳定性要求的线路，都应当选用三相重合闸。

（3）当发生单相接地短路时，如果使用三相重合闸不能满足稳定要求，会出现大面积停电或重要用户停电，应当选用单相重合闸或综合重合闸。

5.2　输电线路的三相一次自动重合闸

(Single Shot Three Phase Auto - Reclosure for Transmission Lines)

5.2.1　单侧电源线路的三相一次自动重合闸（Single Shot Three Phase Auto - Reclosure for Single Source Systems）

三相一次重合闸的跳、合闸方式为无论本线路发生何种类型的故障，继电保护装置均将三相断路器跳开，重合闸启动，经预定延时（可整定，一般在 0.5～1.5s 间）发出重合脉冲，将三相断路器一起合上。若是瞬时性故障，因故障已经消失，重合成功，线路继续运行；若是永久性故障，继电保护再次动作跳开三相，不再重合。

单侧电源线路的三相一次自动重合闸，由于下述原因实现简单：在单侧电源的线路上，不需要考虑电源间同步的检查问题；三相同时跳开，重合不需要区分故障类别和选择故障相，只需要在重合时断路器满足允许重合的条件下，经预定的延时发出一次合闸脉冲。这种重合闸的实现器件有电磁继电器组合式、晶体管式、集成电路式、可编程逻辑控制式和与数字式保护一体化工作的数字式等多种。图 5.1 所示为单侧电源输电线路三相一次重合闸的工作原理框图，主要由重合闸启动、重合闸时间、一次合闸脉冲、手动跳闸后闭锁、手动合闸于故障时保护加速跳闸等元件组成。

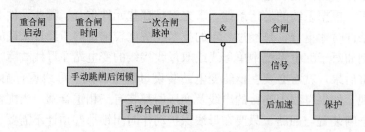

图 5.1　三相一次重合闸工作原理框图

重合闸启动：当断路器由继电保护动作跳闸或因其他非手动原因而跳闸后，重合闸均应启动。一般使用断路器的辅助常开触点或者用合闸位置继电器的触点构成，在正常运行情况下，当断路器由合闸位置变为跳闸位置时，马上发出启动指令。

　　重合闸时间：启动元件发出启动指令后，时间元件开始计时，达到预定的延时后，发出一个短暂的合闸脉冲命令。这个延时就是重合闸时间，是可以整定的，选择的原则见后述。

　　一次合闸脉冲：它马上发出一个长度足以保证合闸的脉冲命令，并且开始计时，准备重合闸的整组复归，复归时间一般为 15～25s。在这个时间内，即使再有重合闸时间元件发出的命令，它也不再发出可以合闸的第二个命令。此元件的作用是保证在一次跳闸后有足够的时间合上（对瞬时故障）和再次跳开（对永久故障）断路器，而不会出现多次重合。

　　手动跳闸后闭锁：当手动跳开断路器时，也会启动重合闸回路，为消除这种情况造成的不必要合闸，设置闭锁环节，使之不能形成合闸命令。

　　重合闸后加速保护跳闸回路：对于永久性故障，在保证选择性的前提下，尽可能地加快故障的再次切除，一般是解除保护Ⅱ段的延时，详见 5.2.4 自动重合闸与继电保护的配合。当手动合闸到带故障的线路上时，保护跳闸，故障一般是因为检修时的保安接地线没拆除、缺陷未修复等永久故障，闭锁重合闸，并且加速保护的再次跳闸。

5.2.2　双侧电源线路的检同期三相一次自动重合闸（Single Shot Three Phase Auto - Reclosure with Synchronisation Check for Two End Source Systems）

　　1. 双侧电源输电线路重合闸的特点

　　在双侧电源的输电线路上实现重合闸时，除应满足在 5.1.2 节中提出的各项要求外，还必须考虑如下的特点：

　　（1）当线路上发生故障跳闸以后，常常存在着重合闸时两侧电源是否同步，以及是否允许非同步合闸的问题。一般根据系统的具体情况，选用不同的重合闸重合条件。

　　（2）当线路上发生故障时，两侧的保护可能以不同的时限动作于跳闸，例如一侧为保护Ⅰ段动作跳闸，而另一侧为保护Ⅱ段动作跳闸，此时为了保证故障点电弧的熄灭和绝缘强度的恢复，以使重合闸有可能成功，线路两侧的重合闸必须保证在两侧的断路器都跳闸并且电弧熄灭以后，再进行重合，其重合闸时间与单侧电源的有所不同。

　　因此，双侧电源线路上的重合闸，应根据电网的接线方式和运行情况，在单侧电源重合闸的基础上，采取某些附加的措施，以适应新的要求。

　　2. 双侧电源输电线路重合闸的主要方式

　　（1）快速自动重合闸。在现代高压输电线路上，采用快速重合闸是提高系统并列运行稳定性和供电可靠性的有效措施。所谓快速重合闸，是指保护断开两侧断路器后在 0.5～0.6s 内使之再次重合，在这样短的时间内，两侧电动势功角摆开不大，冲击电流对电力元件、电力系统的冲击均在可以耐受范围内，线路重合后很快会拉入同步。使用快速重合闸需要满足一定的条件：

　　1）线路两侧都装有可以进行快速重合的断路器，如真空断路器、快速气体断路器等。

　　2）线路两侧都装有全线速动的保护，如纵联保护等，使两侧的断路器快速跳开。

　　3）重合瞬间输电线路中出现的冲击电流对电力设备、电力系统的冲击均在允许范围内。输电线路中出现的冲击电流周期分量可估算为

$$I = \frac{2E}{Z_\Sigma} \sin \frac{\delta}{2} \tag{5.1}$$

式中　Z_Σ——系统两侧电动势间总阻抗；

δ——两侧电动势角差，最严重取 $180°$；

E——两侧发电机电动势，可取 $1.05U_N$。

按规定，由式（5.1）算出的电流，不应超过下列数值：

对于汽轮发电机

$$I \leqslant \frac{0.65}{X''_d}I_N \tag{5.2}$$

对于有纵轴和横轴阻尼绕组的水轮发电机

$$I \leqslant \frac{0.6}{X''_d}I_N \tag{5.3}$$

对于无阻尼或阻尼绕组不全的水轮发电机

$$I \leqslant \frac{0.61}{X'_d}I_N \tag{5.4}$$

对于同步调相机

$$I \leqslant \frac{0.84}{X_d}I_N \tag{5.5}$$

对于电力变压器

$$I \leqslant \frac{100}{U_k\%}I_N \tag{5.6}$$

式中　I_N——各元件的额定电流；

　　　X''_d——次暂态电抗标幺值；

　　　X'_d——暂态电抗标幺值；

　　　X_d——同步电抗标幺值；

　　　$U_k\%$——短路电压百分值。

（2）非同期重合闸。当两侧断路器合闸时，系统可能已经失步，但系统可以承受非同期合闸电流冲击，期待合闸后系统自动拉入同步，此时系统中各电力元件都将受到冲击电流的影响，当冲击电流不超过式（5.2）～式（5.6）规定值时，可以采用非同期重合闸方式，否则不允许采用非同期重合方式。

（3）检同期的自动重合闸。当必须满足同期条件才能合闸时，需要使用检同期重合闸。因为实现检同期比较复杂，根据发电厂送出线路或输电断面上的输电线路电流间相互关系，有时采用简单的检测系统是否同步的方法。检同步重合有以下几种方法：

1）系统的结构保证线路两侧不会失步。线路两侧电力系统之间，在电气上有紧密的联系时（例如具有 3 个以上紧密联系的线路），由于同时断开所有联系的可能性几乎不存在，因此，当任一条线路断开之后进行重合闸时，都不会出现非同期合闸的问题，可以直接使用不检同期重合闸。

2）在双回线路上检查另一线路有电流的重合方式。在没有其他旁路联系的双回线路上（如图 5.2 所示），可采用检定另一回线路上是否有电流的重合闸。因为当另一回线路上有电流时，即表示两侧电源仍保持联系，一般是同步的，因此可以重合。采用这种重合闸方式的优点是电流检定比同步检定简单。

3）必须检定两侧电源确实同步之后，才能进行重合。为此可在线路的一侧采用检查线路无电压先重合，因另一侧断路器是断开的，不会造成非同期合闸；待一侧重合成功后，而在另一侧采用检定同步的重合闸,如图 5.3 所示。

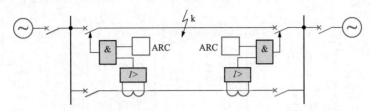

图 5.2　双回线路上采用检查另一回线路有电流的重合闸示意图

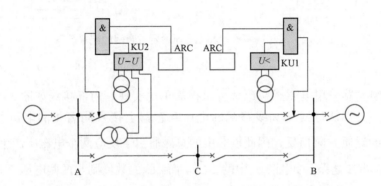

图 5.3　具有同步和无电压检定的重合闸接线示意图
KU2—同步检定继电器;KU1—无电压检定继电器;ARC—自动重合闸继电器

3. 具有同步检定和无电压检定的重合闸

具有同步检定和无电压检定的重合闸的接线示意图如图 5.3 所示,除在线路两侧均装设重合闸装置以外,在线路的一侧还装设有检定线路无电压的继电器 KU1,当线路无电压时允许重合闸重合;而在另一侧则装设检定同步的继电器 KU2,检测母线电压与线路电压间满足同期条件时允许重合闸重合。

当线路发生故障,两侧断路器跳闸以后,检定线路无电压一侧的重合闸首先动作,使断路器投入。如果重合不成功,则断路器再次跳闸不再重合(重合一次)。此时,由于线路另一侧没有电压,同步检定继电器不动作,因此,该侧重合闸根本不启动。如果重合成功,则另一侧在检定同步之后,再投入断路器,线路即恢复正常工作。

在使用检查线路无电压方式重合闸的一侧,当该侧断路器在正常运行情况下由于某种原因(如误碰跳闸机构、保护误动作等)而跳闸时,由于对侧并未跳闸,线路上有电压,因而就不能实现重合,这是一个很大的缺陷。为了解决这个问题,通常都是在检定无电压的一侧也同时投入同步检定继电器,两者经"或门"并联工作。此时如遇上述情况,则同步检定继电器就能够起作用,当符合同步条件时,即可将误跳闸的断路器重新投入。但是,在使用同步检定的另一侧,其无电压检定是绝对不允许同时投入的。

实际上,这种重合闸方式的配置原则如图 5.4 所示,一侧投入无电压检定和同步检定(两者并联工作),而另一侧只投入同步检定。两侧的投入方式可以利用其中的切换片定期轮换。这样可使两侧断路器切断故障的次数大致相同。

在重合闸中所用的无电压检定继电器,就是一般的低电压继电器,其整定值的选择应保证只当对侧断路器确实跳闸之后,才允许重合闸动作,根据经验,通常都是整定为 0.5 倍额

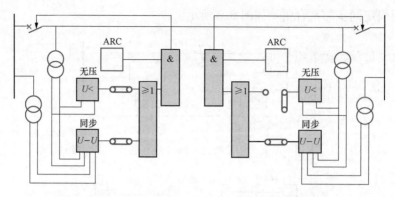

图 5.4　采用同步检定和无电压检定重合闸的配置关系

定电压。

　　同步检定继电器采用电磁感应原理可以很简单地实现，内部接线如图 5.5 所示。继电器有两组线圈，分别从母线侧和线路侧的电压互感器上接入同名相的电压。两组线圈在铁芯中所产生的磁通方向相反，因此铁芯中的总磁通 $\dot{\Phi}_\Sigma$ 反应两个电压所产生的磁通之差，亦即反应于两个电压之差，如图 5.6 中的 $\Delta\dot{U}$，而 ΔU 的数值则与两侧电压 $\dot{U}$ 和 $\dot{U}'$ 之间的相位差 δ 有关。当 $|\dot{U}| = |\dot{U}'| = U$ 时，同步检定继电器的电压相量图如图 5.6 所示。由图可得

$$\Delta U = 2U\sin\frac{\delta}{2} \tag{5.7}$$

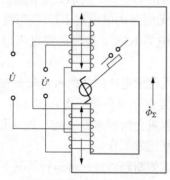
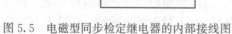
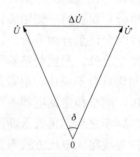

图 5.5　电磁型同步检定继电器的内部接线图　　　图 5.6　同步检定继电器的电压相量图

　　因此，从最后结果来看，继电器铁芯中的磁通将随 δ 而变化，如 $\delta = 0°$ 时，$\Delta U = 0$，$\dot{\Phi}_\Sigma = 0$；δ 增加，Φ_Σ 也类似式（5.7）增大，则作用于活动舌片上的电磁力矩增大。当 δ 大到一定数值后，电磁吸力吸动舌片，即把继电器的动断触点打开，将重合闸闭锁，使之不能动作。继电器的 δ 定值调节范围一般为 $20°\sim40°$。

　　无论用电磁感应继电器还是数字式继电器，为了检定线路无电压和检定同步，都需要在断路器断开的情况下，测量母线侧和线路侧电压的大小和相位，这样就需要在线路侧装设电压互感器或特殊的电压抽取装置。在高压输电线路上，增设电压互感器是十分不经济的，因此一般都是利用结合电容器或断路器的电容式套管等来抽取电压。

5.2.3 重合闸时限的整定原则 (Setting Principle for Reclosure Time)

现在电力系统广泛使用的重合闸一般不区分故障是瞬时性的还是永久性的。对于瞬时性故障，必须等待故障点的故障消除、绝缘强度恢复后才有可能重合成功，而这个时间与湿度、风速等气候条件有关。对于永久性故障，除考虑上述时间外，还要考虑重合到永久故障后，断路器内部的油压、气压的恢复以及绝缘介质绝缘强度的恢复等，保证断路器能够再次切断短路电流。按以上原则确定的最小时间，称为最小重合闸时间，实际使用的重合闸时间必须大于这个时间，根据重合闸在系统中所起的主要作用，凭经验或计算确定。

1. 单侧电源线路的三相重合闸

单侧电源线路的重合闸的主要作用是尽可能缩短电源中断的时间，重合闸的动作时限原则上越短越好，应按照最小重合闸时间整定。因为电源中断后，电动机的转速急剧下降，电动机被其负荷转矩所制动，当重合闸成功恢复供电以后，很多电动机要自启动，断电时间越长电动机转速降得越低，自启动电流越大，往往又会引起电网内电压的降低，因而造成自启动的困难或拖延其恢复正常工作的时间。

重合闸的最小时间按下述原则确定：

（1）在断路器跳闸后，负荷电动机向故障点反馈电流的时间；故障点的电弧熄灭并使周围介质恢复绝缘强度需要的时间。

（2）在断路器动作跳闸息弧后，其触头周围绝缘强度的恢复以及消弧室重新充满油、气需要的时间；同时其操动机构恢复原状准备好再次动作需要的时间。

（3）如果重合闸是利用继电保护跳闸出口启动，其动作时限还应该加上断路器的跳闸时间。

根据我国一些电力系统的运行经验，重合闸的最小时间为 $0.3\sim0.4\mathrm{s}$。

2. 双侧电源线路三相重合闸的最小时间

其最小重合闸时间除满足以上原则外，还应考虑线路两侧继电保护以不同时限切除故障的可能性。

从最不利的情况出发，每一侧的重合闸都应该以本侧先跳闸而对侧后跳闸来作为考虑整定时间的依据。如图 5.7 所示，设本侧保护（保护 1）的动作时间为 $t_{\mathrm{pr.1}}$、断路器动作时间为 t_{QF1}，对侧保护（保护 2）的动作时间为 $t_{\mathrm{pr.2}}$、断路器动作时间为 t_{QF2}，则在本侧跳闸以后，对侧还需要经过 $(t_{\mathrm{pr.2}}+$

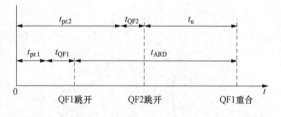

图 5.7 双侧电源线路重合闸动作时限配合示意图

$t_{\mathrm{QF2}}-t_{\mathrm{pr.1}}-t_{\mathrm{QF1}})$ 的时间才能跳闸。再考虑故障点灭弧和周围介质去游离的时间 t_{u}，则先跳闸一侧重合闸装置 ARC 的动作时限应整定为

$$t_{\mathrm{ARC}}=t_{\mathrm{pr.2}}+t_{\mathrm{QF2}}-t_{\mathrm{pr.1}}-t_{\mathrm{QF1}}+t_{\mathrm{u}} \tag{5.8}$$

当线路上装设纵联保护时，一般考虑一端快速辅助保护动作（如电流速断、距离保护Ⅰ段）时间（约 30ms），另一端由纵联保护跳闸（可能慢至 100~120ms）。当线路采用阶段式保护做主保护时，$t_{\mathrm{pr.1}}$ 应采用本侧Ⅰ段保护的动作时间，而 $t_{\mathrm{pr.2}}$ 一般采用对侧Ⅱ段（或Ⅲ段）保护的动作时间。

3. 双侧电源线路三相重合闸的最佳重合时间的概念

重合闸对系统稳定性的影响主要取决于重合闸方式（故障跳开与重合的相数，如单相重合、三相重合、综合重合与分相重合等）和重合时间。前者根据系统条件在配置重合闸时确定，后者在整定重合闸时间时计算确定。

对于联系薄弱依靠重合闸成功才能维持首摆稳定的系统（一般在个别电厂投产初期或联网初期，线路尚未完全建成时），瞬时故障切除后重合时间越短，两侧功角摆开越小，重合成功后增大的减速面积越大，越能阻止系统的失步。图 5.8（b）给出其功角特性，因为不重合或重合成功系统都是稳定的，L2 线路最佳重合时间是最小重合时间。对于故障切除后不重合首摆可以稳定的系统，线路较短联系紧密，其功角特性如图 5.8（c）所示，若重合成功系统肯定是稳定的；如果重合于永久故障并再次被保护切除，不同的重合时间，会造成系统稳定和不稳定两种后果。合适的重合时间可以使不重合时稳定的系统变得更稳定，也可以使很大的摇摆幅度在重合后变得很小；不合适的重合时间，可以使不重合时稳定的系统因为不恰当时机的重合变得不稳定。

对图 5.8（c）的情况，系统正常运行于 P_{e1} 的 1 点，功角为 δ_0，短路后运行点落在 P_{e2} 的 2 点并且功角逐步增大，至 δ_c 故障切除，运行于 P_{e3} 的 3 点。在发电机惯性作用下，摆至 δ_{max} 加速面积与减速面积相等，开始回摆至 δ_h 时，重合于永久故障上，运行在 P_{e2} 的 4 点。继续回摆至 δ_{cc} 时，故障被再次切除，落于 P_{e3} 的 5 点，δ_{cc} 越靠近新的稳定平衡点 δ_s，则后续的摇摆越轻微。在此减速过程中由于再次短路，减小了发电机转子在回摆中累积的减速能量，从而使发电机转子上的净累积能量很小，经几次轻微摇摆后，落于新的稳定平衡点 δ_s 运行。

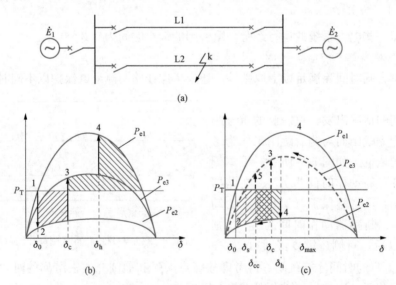

图 5.8 重合闸时间对稳定性影响示意图
(a) 等值系统示意图；(b) 瞬时故障快速重合示意图；(c) 永久故障最佳重合示意图

如果重合不是发生在回摆而是在加速过程中，例如在 δ_{max} 附近，再次故障产生的加速能量会使转子角度继续增大而失步。

从理论和实际的计算都可以证明，重合闸操作存在最佳时刻。最佳重合时刻的条件是：

最后一次操作完成后，对应最终网络拓扑下稳定平衡点的系统暂态能量值最小的时刻。最佳重合时刻是周期性出现的，并且最佳时刻的附近是次最佳，它使"最佳时刻"具有实际的可捕捉的应用意义。最佳重合时刻受故障前运行方式、状态和故障类型的影响，略有变化，但影响最大的是整个系统的等值惯性。最佳重合时刻可以由附加在重合闸元件中专门的环节来捕捉，但算法较复杂；最佳重合时间是与系统运行条件和故障场景有关的变量，而目前使用的重合闸延时是根据经验确定的固定值。目前已经有软件计算对稳定性影响最严重的故障条件下的最佳重合时间，对某省 500kV 网架单相重合闸算例表明，最佳重合时间重合比最小重合时间重合提高暂稳极限功率 5%～10%，而三相重合闸采用最佳重合时间可以提高暂稳极限 15%～30%。尽管最佳重合时间是在重合于严重的永久故障时对系统的再次冲击最小的原则计算的，在其他故障形态下重合时就算不是最佳也是次佳，不会是最坏。图 5.9 给出我国某实际系统中某关键联络线在三相永久故障时三相重合闸时间与系统暂态能量、重合后摇摆角度的关系。暂态能量越小的时刻重合后功角摇摆越小，此刻重合最好，图 5.9（a）中不同的能量曲线表明故障前输送功率对暂态能量随重合时间的影响较小。图 5.9（b）表明在最佳时刻（暂态能量最小）1.45s 重合时阻尼了系统摇摆，很快稳定；而在该系统实际使用的时间 0.7s 重合，叠加了故障冲击，系统快速失步。

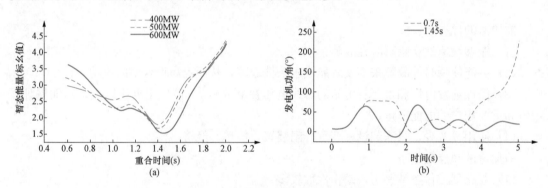

图 5.9　重合时间对系统稳定性的影响

（a）在传输不同的功率下重合闸时间与系统不平衡能量的关系；（b）不同的重合时间对系统功角差的影响

5.2.4　自动重合闸与继电保护的配合（Coordination Between Auto - Reclosure and Protection Relaying）

为了能尽量利用重合闸所提供的条件以加速切除故障，继电保护与之配合时，一般采用重合闸前加速保护和重合闸后加速保护两种方式，根据不同的线路结构及其保护隔离故障方式选用。

1. 重合闸前加速保护

为了快速切除瞬时故障，在重合闸重合前保护快速动作可能是无选择性的，重合闸前加速保护动作一般又简称为"前加速"。图 5.10 所示的网络接线中，假定在每条线路上均装设过电流保护，其动作时限按阶梯形原则来配合，在靠近电源端保护 3 处的时限就很长。为了加速故障的切除，可在保护 3 处采用前加速的方式，即当任何一条线路上发生故障时，第一次都由保护 3 瞬时无选择性动作予以切除，重合闸以后保护第二次动作切除故障是有选择性的。例如故障是在线路 AB 以外（如 k1 点故障），则保护 3 的第一次动作是无选择性的，但断路器 QF3 跳闸后，如果此时的故障是瞬时性的，则在重合闸以后就恢复了供电；如果故障是永久性的，则保护 3 第二次就按有选择性的时限 t_3 动作。为了使无选择性的动作范围不扩展得太长，一般规定当变压器低压侧短路时，保护 3 不应动作。因此，其动作电流还应按照躲开相邻变压器低压侧的短路（如 k2 点短路）来整定。

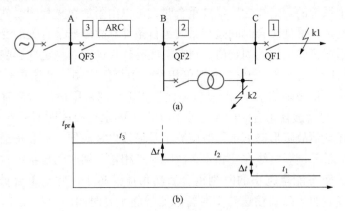

图 5.10　重合闸前加速保护的网络接线图

（a）网络接线图；（b）时间配合关系

前加速的优点是：

（1）能够快速地切除瞬时性故障；

（2）可能使瞬时性故障来不及发展成永久性故障，从而提高重合闸的成功率；

（3）能保证发电厂和重要变电站的母线电压在 0.6～0.7 倍额定电压以上，从而保证厂用电和重要用户的电能质量；

（4）使用设备少，只需装设一套重合闸装置，简单，经济。

前加速的缺点是：

（1）断路器工作条件恶劣，动作次数较多；

（2）重合于永久性故障上时，故障切除的时间可能较长；

（3）如果重合闸装置或断路器 QF3 拒绝合闸，则将扩大停电范围，甚至在最末一级线路上故障时，都会使连接在这条线路上的所有用户停电。

前加速保护主要用于 35kV 以下由发电厂或重要变电站引出的直配线路上，以便快速切除故障，保证母线电压。

2. 重合闸后加速保护

为了保证重合于永久故障的快速切除，重合闸重合于永久故障后保护不带延时快速动作，重合闸重合后加速保护速度一般又简称为"后加速"。所谓后加速就是当线路第一次故障时，保护有选择性动作，然后进行重合。如果重合于永久性故障，则在断路器合闸后，再加速保护动作瞬时切除故障，而与第一次动作是否带有时限无关。

"后加速"的配合方式广泛应用于 35kV 以上的网络及对重要负荷供电的输电线路上。因为在这些线路上一般都装有性能比较完备的保护装置，例如三段式电流保护、距离保护等，第一次是有选择性地切除故障且切除故障的时间（瞬时动作或具有 0.5s 的延时）均为系统运行所允许。而在重合闸以后如果本级保护再次动作，则表明下级保护未能切除永久故障，加速本级保护的动作（一般是加速保护第Ⅱ段的动作，有时也可以加速保护第Ⅲ段的动作），就可以更快地切除永久性故障。

后加速的优点是：

（1）第一次是有选择性地切除故障，特别是在重要的高压电网中，一般不允许保护无选择性地动作而后以重合闸来纠正（即前加速），不会扩大停电范围；

（2）保证了永久性故障能快速切除，并仍然是有选择性的；

（3）和前加速相比，使用中不受网络结构和负荷条件的限制，一般说来是有利而无害的。

后加速的缺点是：

（1）每个断路器上都需要装设一套重合闸，与前加速相比略为复杂；

（2）第一次切除故障可能带有延时。

实现重合闸后加速过电流保护的原理接线如图 5.11 所示。图中 KA 为过电流继电器的触点，当线路发生故障时，它启动时间继电器 KT，然后经整定的时限后 KT2 触点闭合，启动出口继电器 KCO 而跳闸。当重合闸启动以后，后加速元件 KCP 的触点将闭合 1s 的时间，如果重合于永久性故障上，则 KA 再次动作，此时即可由时间继电器 KT 的瞬时动合触点 KT1、连接片 XB 和 KCP 的触点串联而立即启动 KCO 动作于跳闸，从而实现了重合闸后过电流保护加速动作的要求。

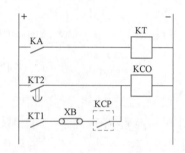

图 5.11　重合闸后加速过电流保护的原理接线图

5.3　高压输电线路的单相自动重合闸
(Single Pole Auto - Reclosure for HV Transmission Lines)

以上所讨论的自动重合闸都是三相式的，即不论送电线路上发生单相接地短路还是相间短路，继电保护动作后均使断路器三相断开，然后重合闸再将三相投入。

但是，运行经验表明，在 220～1000kV 的架空线路上，由于线间距离大，其绝大部分短路故障都是单相接地短路，近期某年国家电网有限公司统计超、特高压输电线路单相接地短路占所有短路故障的比例：220kV 为 90.22％，330kV 为 98.55％，500kV 为 86.75％，750kV 为 100％，1000kV 为 100％。在这种情况下，如果只把发生故障的一相断开，而未发生故障的两相仍然继续运行，就能够大大提高系统并列运行的稳定性。如果线路发生的是瞬时性故障，经预定的延时后单相重合成功，即恢复三相的正常运行。如果是永久性故障，则再次切除故障并不再进行重合，目前一般是采用重合不成功时就跳开三相的方式。这种单相短路跳开故障单相经一定时间重合单相、若不成功再跳开三相的重合方式称为单相自动重合闸。

5.3.1　单相自动重合闸与保护的配合关系 (Connection of Single Phase Auto - Reclosure and Protection Relay)

早期应用的电磁和电子式（又称模拟式）继电保护装置由于其运算能力有限，只判断故障发生在保护区内、区外，当故障在区内时输出保护动作信号，而决定跳三相还是跳单相、跳哪一相，是由重合闸内的故障选相元件、保护动作信号经重合闸的跳闸逻辑来完成的，最后由重合闸操作箱发出跳、合断路器的命令。图 5.12 所示为保护信息、选相元件与重合闸回路的配合框图。

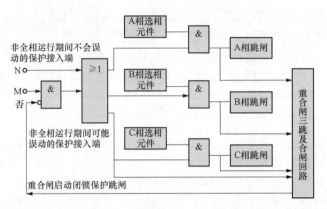

图 5.12　保护装置、选相元件与重合闸回路的配合框图

　　保护装置和选相元件动作后，经"与"门进行单相跳闸，并同时启动重合闸合闸回路。对于单相接地故障，就进行单相跳闸和单相重合。对于相间短路则在保护和选相元件相配合进行判断之后，跳开三相，然后进行三相重合或不进行重合。

　　在单相重合闸过程中，由于出现纵向不对称，因此将产生负序分量和零序分量，这就可能引起本线路保护以及系统中其他保护的误动作。对于可能误动作的保护，应整定保护的动作时限大于单相非全相运行的时间以躲开之，或在单相重合闸动作时将该保护予以闭锁。为了实现对误动作保护的闭锁，在单相重合闸与继电保护相连接的输入端都设有两个端子：一个端子接入在非全相运行中仍然能继续正确工作的保护出口信号，习惯上称为 N 端子；另一个端子则接入非全相运行中可能误动作的保护出口信号，称为 M 端子。在重合闸启动以后，利用"否"回路即可将接入 M 端的保护跳闸回路闭锁。当断路器被重合而恢复全相运行时，这些保护也立即恢复工作。

　　现在的高压线路数字式保护都在内部设计了性能优良的选相元件，满足选相跳闸的需要。另外，为了适应系统运行方式的需要，要求方便地设置重合闸的使用方式：单相重合闸方式、三相重合闸方式、综合重合闸方式（见 5.4 节）、重合闸停用方式。图 5.13 给出了数字式保护与重合闸配合逻辑示意图。

　　单相重合闸方式：当设置为单相重合闸方式时，重合闸通过 b 端向外提供一个"三跳方式"为 0 的信号，关闭 Y2。

　　（1）当线路发生单相接地短路时（如 $K_A^{(1)}$），由数字保护通过选相元件判断为 $K_A^{(1)}$，投入 A 相保护元件，B、C 相和相间保护元件均不投入使用输出为 0。如果 A 相保护动作，则立即发出 A 相跳闸的命令，同时，经 H1 向重合闸的 a 端发出启动单相重合闸的命令，而 Y2 已经被关闭，且相间保护元件的输出为 0，因此，不会经 H3 去驱动三相跳闸。重合闸启动信号发出后与保护的配合逻辑如图 5.1 所示，仅再次合闸单相。

　　（2）当线路发生相间短路时，三相跳闸不重合。数字式保护通过选相元件判断后，投入相应的相间保护元件，如果相间保护动作，则立即经 H3 发出三相跳闸的命令。同时，保护的三跳信息经过 c 端通知重合闸，由于重合闸设置为单重方式 b 端输出为 0，实现闭锁单相重合闸功能的目的。

　　三相重合闸方式：在三相重合闸方式下，重合闸通过 b 端向外提供一个"三跳方式"为 1 的信号，开放 Y2。

　　（1）当线路发生单相接地短路时（设 $K_A^{(1)}$），由微机保护通过选相元件判断为 $K_A^{(1)}$，于是，投入 A 相保护元件，B、C 相和相间保护元件均不投入使用。如果 A 相保护动作，则立即发出 A 相跳闸的命令，经 H1 启动重合闸，此时 Y2 的两个输入端均为 1，立即经 H3 驱动三相跳闸。

　　（2）当线路发生相间短路时，保护通过选相元件判断后，投入相应的相间保护元件，如果相间保护动作，则立即经 H3 发出三相跳闸的命令，同时，将三跳信号通知重合闸。此时，由于重合闸设置为三重方式，此信号同时作为启动重合闸的命令使用。

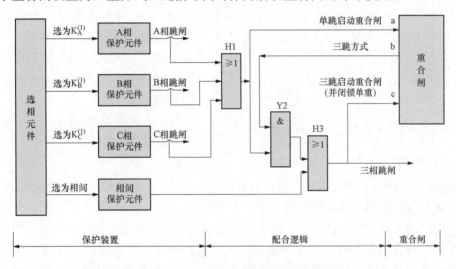

图 5.13　重合闸与数字式保护的配合示意图

5.3.2　单相自动重合闸的特点（Function and Features of Single Phase Auto - Reclosure）

1. 故障相选择元件

　　为实现单相重合闸，首先就必须有故障相的选择元件（简称选相元件）。对选相元件的基本要求有：

　　（1）应保证选择性，即选相元件与继电保护相配合只跳开发生故障的一相，而接于另外两相上的选相元件不应动作。

　　（2）在故障相末端发生单相接地短路时，接于该相上的选相元件应保证足够的灵敏性。

　　根据网络接线和运行的特点，满足以上要求的常用选相元件有如下几种：

　　（1）电流选相元件：在每相上装设一个过电流继电器，它是根据故障相短路电流增大的原理而动作的。其动作电流按照大于最大负荷电流的原则进行整定，以保证动作的选择性。这种选相元件适于装设在电源端，且短路电流比较大的情况。

　　（2）低电压选相元件：用三个低电压继电器分别接于三相的相电压上，低电压继电器是根据故障相电压降低的原理而动作。它的启动电压应小于正常运行时以及非全相运行时可能出现的最低电压。这种选相元件一般适于装设在小电源侧或单侧电源线路的受电侧，因为在这一侧如用电流选相元件，则往往不能满足选择性和灵敏性的要求。

　　（3）阻抗选相元件、相电流差突变量选相元件等，常用于高压输电线路上，有较高的灵敏度和选相能力，详见第 3 章中距离保护的故障类型判断和故障选相。

2. 动作时限的选择

当采用单相重合闸时，其动作时限的选择除应满足三相重合闸时所提出的要求（即大于故障点灭弧时间及周围介质去游离的时间，大于断路器及其操动机构复归原状准备好再次动作的时间）外，还应考虑下列问题。

（1）不论是单侧电源还是双侧电源，均应考虑两侧选相元件与继电保护以不同时限切除故障的可能性。

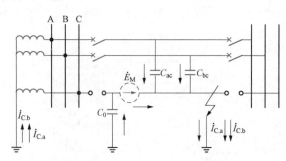

图 5.14　C 相单相接地时，潜供电流的示意图

（2）潜供电流对灭弧所产生的影响。这是指当故障相线路自两侧切除后（如图 5.14 所示），由于非故障相与断开相之间存在有静电（通过电容）和电磁（通过互感）的联系，因此，虽然短路电流已被切断，但在故障点的弧光通道中，仍然流有如下的电流：

1）非故障相 A 通过 A、C 相间的电容 C_{ac} 供给的电流；

2）非故障相 B 通过 B、C 相间的电容 C_{bc} 供给电流；

3）继续运行的两相中，由于流过负荷电流 $\dot{I}_{La}$ 和 $\dot{I}_{Lb}$ 而在 C 相中产生互感电动势 $\dot{E}_M$，此电动势通过故障点和该相对地电容 C_0 而产生的电流。

这些电流的总和称为潜供电流。由于潜供电流的影响，将使短路时弧光通道的去游离受到严重阻碍，而自动重合闸只有在故障点电弧熄灭且绝缘强度恢复以后才有可能成功，因此，单相重合闸的时间还必须考虑潜供电流的影响。一般线路的电压越高，线路越长，则潜供电流就越大。潜供电流的持续时间不仅与其大小有关，还与故障电流的大小、故障切除的时间、弧光的长度以及故障点的风速等因素有关。因此，为了正确地整定单相重合闸的时间，国内外许多电力系统都是由实测来确定灭弧时间。如我国某电力系统中，在 220kV 的线路上，根据实测确定保证单相重合闸期间的熄弧时间应在 0.6s 以上。

3. 对单相重合闸的评价

采用单相重合闸的主要优点是：

（1）能在绝大多数的故障情况下保证对用户的连续供电，从而提高供电的可靠性；当由单侧电源单回路向重要负荷供电时，对保证不间断供电有更显著的优越性。

（2）在双侧电源的联络线上采用单相重合闸，可以在故障时大大加强两个系统之间的联系，从而提高系统并列运行的暂态稳定性。对于联系比较薄弱的系统，当三相切除并继之以三相重合闸而很难再恢复同步时，采用单相重合闸就能避免两系统解列。

采用单相重合闸的缺点是：

（1）需要有按相操作的断路器。

（2）需要专门的选相元件与继电器保护相配合，再考虑一些特殊的要求后，使重合闸回路的接线比较复杂。

（3）在单相重合闸过程中，由于非全相运行可能引起本线路和电网中其他线路的保护误动作，因此，就需要根据实际情况采取措施予以防止。这将使保护的接线、整定计算和调试工作复杂化。

　　由于单相重合闸具有以上特点，并在实践中证明了它的优越性，因此，已在 220～1000kV 的线路上获得了广泛的应用。对于 110kV 的电网，一般不推荐这种重合闸方式，只在由单侧电源向重要负荷供电的某些线路及根据系统运行需要装设单相重合闸的某些重要线路上，才考虑使用。

5.3.3　输电线路自适应单相重合闸的概念（Adaptive Single Phase Auto - Reclosure）

　　表 5.1 对近期某年度国家电网有限公司各电压等级线路重合闸成功率统计表明，约有 30％以下的故障是永久性故障。重合闸重合于永久性故障上，其一是使电力设备在短时间内遭受两次故障电流的冲击，加速了设备的损坏；其二是现场的重合闸多数没有按照最佳时间整定重合，当重合于永久性故障时，会对系统造成二次故障冲击，甚至造成稳定性的破坏。如果在单相故障被单相切除后，能够判别故障是永久性还是瞬时性的，并且在永久性故障时闭锁重合闸，就可以避免重合于永久故障时的不利影响。这种能自动识别故障的性质，在永久性故障时不重合的重合闸称为自适应重合闸。

　　在单相故障被单相切除后，断开相由于运行的两相电容耦合和电磁感应的作用，仍然有一定的电压，其电压的大小除与电容大小、感应强弱等有关外，还与断开相是否继续存在接地点直接相关。永久性故障时接地点长期存在，断开相两端电压持续较低；瞬时性故障当电弧熄灭后，接地点消失，断开相两端电压持续较高；据此可以构成利用断开相电压判据的永久与瞬时故障的识别元件，根据永久与瞬时故障的其他差别，还可以构成电压补偿、组合补偿等识别元件，目前在原理与实现技术上不存在困难。

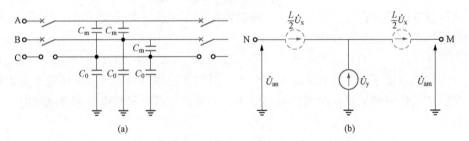

图 5.15　单相断开后的耦合、感应电压分布
(a) 耦合电路图；(b) 电压分布图

1. 单相重合闸期间断开相工频电压分布

　　单相故障切除后的三相线路等值电路如图 5.15 (a) 所示，单相断开，其余两相运行，三相间有相间耦合电容 C_m、相地耦合电容 C_0 及相间互感 L_m。

　　根据电路基本理论，可以求得线路断开相上电容耦合电压 U_y 为

$$\dot{U}_y = \dot{U}_{ph} \frac{c_m}{2c_m + c_0} \tag{5.9}$$

式中　　c_m、c_0——单位长度线路的相间、相对地电容。

　　　　$\dot{U}_{ph}$——相电压。

　　断开相单位长度上的感应电压 U_x 为

$$\dot{U}_x = (\dot{I}_b + \dot{I}_c)z_m = 3\dot{I}_0 z_m \tag{5.10}$$

式中　z_m——单位长度线路的相间互感阻抗。

如果将长度为 L 的线路等值为 π 型电路，则断开相电压分布如图 5.15（b）所示。其中电容耦合电压与线路长度无关，并与线路感应电压相位差约 $90°$，感应电压与线路长度、零序电流成正比，两端感应电压各为线路全长感应电压的一半。对于瞬时性故障，断开相两端相电压分别为

$$|\dot{U}_{an}| = \sqrt{U_y^2 + \left(\frac{1}{2}U_x\right)^2 - \frac{L}{2}U_yU_x\cos(90°+\theta)} \tag{5.11}$$

$$|\dot{U}_{am}| = \sqrt{U_y^2 + \left(\frac{1}{2}U_x\right)^2 - \frac{L}{2}U_yU_x\cos(90°-\theta)} \tag{5.12}$$

式中　θ——功率因数角，电压超前电流时为正。

当 $\cos\theta=1$，即 $\theta=0°$ 时，式（5.11）、式（5.12）得以简化如下

$$|\dot{U}_{an}| = |\dot{U}_{am}| = \sqrt{U_y^2 + \left(\frac{L}{2}U_x\right)^2} \tag{5.13}$$

2. 永久性故障时不重合

当线路发生永久性金属接地短路后，线路对地电容经短路点放电，电容耦合电压被短接，此时在线路两端只有感应电压，由短路点的位置决定。设接地点距 M 端的距离为 l，则两端电压为

$$\dot{U}_{am} = l\dot{U}_x$$
$$\dot{U}_{an} = -(L-l)\dot{U}_x \tag{5.14}$$

应该保证在线路上任意点发生永久故障时两端都不重合，如果使用电压判据，允许任意端合闸的电压 U_{set} 可以表示为

$$(U_{set} \geqslant K_{rel}lU_x) \bigcap (U_{set} \geqslant K_{rel}|L-l|U_x) \tag{5.15}$$

式（5.15）保证了永久性故障时不重合，在瞬时性故障时是否出现电压低于整定值而不能重合呢？考虑瞬时性故障在两端的最小电压，即线路空载时只有电容耦合电压时，要能重合必须满足

$$U_{am} = U_{an} = U_y \geqslant U_{set} \tag{5.16}$$

将式（5.9）、式（5.10）、式（5.15）等代入式（5.16），可得

$$l \leqslant \frac{U_{ph}}{3U_{0x}} \times \frac{C_m}{2C_m+C_0} \times \frac{1}{K_{rel}} \tag{5.17}$$

式中　U_{ph}——相电压；

　　　U_{0x}——单位长度线路零序互感电压，$U_{0x}=I_0z_m$；

　　　K_{rel}——可靠系数，一般取 1.2。

将我国常用的线路参数、传送自然功率条件代入式（5.17），算出在两端都可靠识别永久性与瞬时性故障的线路最大长度分别约为：220kV 线路 153km，330kV 线路 126km，500kV 线路 161km。当线路长度 L 更长、考虑过渡电阻影响等因素时，还可以采用式（5.18）所示电压补偿重合判据，它的区分线路长度是电压法的 2 倍。

$$\left|\dot{U} - \frac{L}{2}\dot{U}_x\right| \geqslant \left|\frac{K_{rel}L}{2}\dot{U}_x\right| \tag{5.18}$$

式中　$\dot{U}$——断开相测量电压。

超高压输电线路侧电压一般是可以抽取的，利用断开相电压可以实现永久性与瞬时性故障的区分，当线路电压高于整定值时过电压继电器触点闭合允许重合闸合闸，当电压低于整定值时闭锁重合闸。

5.4　高压输电线路的综合重合闸
(Introduction of Compromise Phases Auto - Reclosure for HV Transmission Lines)

以上分别讨论了三相重合闸和单相重合闸的基本原理和实现中需要考虑的一些问题。对于有些线路，在采用单相重合闸后，如果发生各种相间故障时仍然需要切除三相，然后再进行三相重合闸，如重合不成功则再次断开三相而不再进行重合。因此，实践上在实现单相重合闸时，也总是把实现三相重合闸的问题结合在一起考虑，能够自动根据故障类型实现单相重合闸、三相重合闸功能的重合闸称为综合重合闸。

实现综合重合闸回路接线时，应实现的功能和考虑的一些基本原则如下。

（1）单相接地短路时跳开单相，然后进行单相重合；如重合不成功则跳开三相而不再进行重合。

（2）各种相间短路时跳开三相，然后进行三相重合；如重合不成功，仍跳开三相，而不进行重合。

（3）当选相元件拒绝动作时，应能跳开三相并进行三相重合。

（4）对于非全相运行中可能误动作的保护，应进行可靠的闭锁；对于在单相接地时可能误动作的相间保护（如距离保护），应有防止单相接地误跳三相的措施。

（5）当一相跳开后重合闸拒绝动作时，为防止线路长期出现非全相运行，应将其他两相自动断开。

（6）任意两相的分相跳闸继电器动作后，应联跳第三相，使三相断路器均跳闸。

（7）无论单相或三相重合闸，在重合不成功之后，均应考虑能加速切除三相，即实现重合闸后加速。

（8）在非全相运行过程中，如又发生另一相或两相的故障，保护应能有选择性地予以切除。上述故障如发生在单相重合闸的脉冲发出以前，则在故障切除后能进行三相重合；如发生在重合闸脉冲发出以后，则切除三相不再进行重合。

（9）对空气断路器或液压传动的油断路器，当气压或液压低至不允许实现重合闸时，应将重合闸回路自动闭锁；但如果在重合闸过程中下降到低于运行值时，则应保证重合闸动作的完成。

为使重合闸操作箱通用，在设计接线时考虑实现单相重合闸、三相重合闸、综合重合闸以及停用重合闸功能的各种方式，请同学们在图 5.13 的重合闸与数字式保护配合基础上，修改完善综合重合闸的逻辑图。

习题及思考题
(Exercise and Questions)

5.1　在超高压电网中，目前使用的重合闸有何优缺点？

5.2 何为瞬时性故障？何为永久性故障？

5.3 在超高压电网中使用三相重合闸为什么要考虑两侧电源的同期问题？使用单相重合闸是否需要考虑同期问题？

5.4 在什么条件下重合闸可以不考虑两侧电源的同期问题？

5.5 如果必须考虑同期合闸，重合闸是否必须装检同期元件？

5.6 如用数字式装置实现重合闸，请画出其检同期环节的原理框图。

5.7 三相重合闸的最小重合时间主要由哪些因素决定？单相重合闸的最小重合时间主要由哪些因素决定？

5.8 为什么存在最佳重合时刻？由哪些主要因素决定？

5.9 使用单相重合闸有哪些优点？它对继电保护的正确工作带来了哪些不利影响？我国为什么还要采用这种重合闸方式？

5.10 等值电路的哪些差异使得可以区分单相重合闸期间瞬时性故障与永久性故障？

5.11 对选相元件的基本要求是什么？常用的选相原理有哪些？

5.12 什么是重合闸前加速保护？有何优缺点？主要适用于什么场合？

5.13 什么是重合闸后加速保护？有何优缺点？主要适用于什么场合？

6　电力变压器保护
Power Transformer Protection

6.1　电力变压器的故障类型和不正常运行状态
(Fault Types and Abnormal Operation Conditions of Power Transformer)

在电力系统中广泛地用变压器来升高或降低电压。变压器是电力系统不可缺少的重要电气设备。它的故障将给供电可靠性和系统安全运行带来严重的影响，同时大容量的电力变压器也是十分贵重的设备。因此应根据变压器容量等级和重要程度装设性能良好、动作可靠的继电保护装置。

变压器的故障可以分为油箱外和油箱内两种故障。油箱外的故障，主要是套管和引出线上发生相间短路以及接地短路。油箱内的故障包括绕组的相间短路、接地短路、匝间短路以及铁芯的烧损等。油箱内故障时产生的电弧，不仅会损坏绕组的绝缘、烧毁铁芯，还会由于绝缘材料和变压器油因受热分解而产生大量的气体，有可能引起变压器油箱的爆炸。对于变压器发生的各种故障，保护装置应能尽快地将变压器切除。实践表明，变压器套管和引出线上的相间短路、接地短路、绕组的匝间短路是比较常见的故障形式，而变压器油箱内发生相间短路的情况比较少。

变压器的不正常运行状态主要有变压器外部短路引起的过电流、负荷长时间超过额定容量引起的过负荷、风扇故障或漏油等原因引起冷却能力的下降等，这些不正常运行状态会使绕组和铁芯过热。此外，对于中性点不接地运行的星形接线变压器，外部接地短路时有可能造成变压器中性点过电压，威胁变压器的绝缘；大容量变压器在过电压或低频率等异常运行工况下会使变压器过励磁，引起铁芯和其他金属构件的过热。变压器处于不正常运行状态时，继电保护应根据其严重程度，发出告警信号，使运行人员及时发现并采取相应的措施，以确保变压器的安全。

变压器油箱内故障时，除了变压器各侧电流、电压变化外，油箱内的油、气、温度等非电量也会发生变化。因此，变压器保护分电量保护和非电量保护两种。非电量保护装设在变压器内部。线路保护中采用的许多保护如过电流保护、纵差动保护等，在变压器的电量保护中都有应用，但在配置上有区别。本章下面各节重点介绍这些电量保护。

6.2　变压器纵差动保护
(Longitudinal Differential Protection for Power Transformer)

6.2.1　变压器纵差动保护的基本原理和接线方式（Basic Principle and Connection of Longitudinal Differential Protection for Power Transformer）

前面已经介绍了线路纵联电流差动保护的原理。纵联电流差动保护不但能够正确区分区内外故障，而且不需要与其他元件的保护配合，可以无延时地切除区内各种故障，具有独特

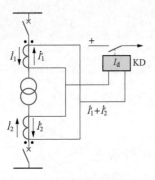

图 6.1 双绕组单相变压器纵
差动保护的原理接线图

的优点，因而被广泛用作变压器的主保护（变压器保护中习惯称为纵差动保护）。图 6.1 所示为双绕组单相变压器纵差动保护的原理接线图。$\dot{I}_1$、$\dot{I}_2$ 分别为变压器一次侧和二次侧的电流，参考方向为母线指向变压器；$\dot{I}_1'$、$\dot{I}_2'$ 为相应的电流互感器二次电流。流入差动继电器 KD 的差动电流为

$$\dot{I}_r = \dot{I}_1' + \dot{I}_2' \tag{6.1}$$

纵差动保护的动作判据为

$$I_r \geqslant I_{set} \tag{6.2}$$

$$I_r = |\dot{I}_1' + \dot{I}_2'|$$

式中 I_{set}——纵差动保护的动作电流；

I_r——差动电流的有效值。

设变压器的变比为 $n_T = U_1/U_2$，n_{TA1}、n_{TA2} 为两侧电流互感器的变比，式（6.1）可进一步表示为

$$\dot{I}_r' = \frac{\dot{I}_2}{n_{TA2}} + \frac{\dot{I}_1}{n_{TA1}}$$

变形为

$$\dot{I}_r = \frac{n_T \dot{I}_1 + \dot{I}_2}{n_{TA2}} + \left(1 - \frac{n_{TA1} n_T}{n_{TA2}}\right) \frac{\dot{I}_1}{n_{TA1}} \tag{6.3}$$

若选择电流互感器的变比，使之满足

$$\frac{n_{TA2}}{n_{TA1}} = n_T \tag{6.4}$$

则式（6.3）变为

$$\dot{I}_r = \frac{n_T \dot{I}_1 + \dot{I}_2}{n_{TA2}} \tag{6.5}$$

忽略变压器的损耗，正常运行和区外故障时一次电流的关系为 $\dot{I}_2 + n_T \dot{I}_1 = 0$。根据式（6.5），正常运行和变压器外部故障时，差动电流为零，保护不会动作；变压器内部（包括变压器与电流互感器之间的引线）任何一点故障时，相当于变压器内部多了一个故障支路，流入差动继电器的差动电流等于故障点电流（变换到电流互感器二次侧），只要故障电流大于差动继电器的动作电流，差动保护就能迅速动作。因此，式（6.4）成为变压器纵差动保护中电流互感器变比选择的依据。

顺便指出，本章图中的电流互感器的参考方向假定一次侧电流从同名端流入，二次侧电流从同名端流出；而变压器各侧电流的参考方向总是母线指向变压器，否则后面涉及的三绕组变压器的参考方向定义比较困难。

实际电力系统都是三相变压器（或三相变压器组），并且通常采用 Yd11 的接线方式，如图 6.2（a）所示。这样的接线方式造成了变压器一、二次侧电流的不对应，以 A 相为例，正常运行时，由于 $\dot{I}_{dA} = \dot{I}_{da} - \dot{I}_{db}$，$\dot{I}_{dA}$ 超前 $\dot{I}_{da}$ 30°，如图 6.2（b）所示。若仍用上述针对单相变压器的差动继电器的接线方式，将一、二次侧电流直接引入差动保护，则会在继电器中

产生很大的差动电流。可以通过改变纵差动保护的接线方式消除这个电流，就是将引入差动继电器的星形侧的电流也采用两相电流差，即

$$\left. \begin{array}{l} \dot{I}_{A.r} = (\dot{I}'_{YA} - \dot{I}'_{YB}) + \dot{I}'_{dA} \\ \dot{I}_{B.r} = (\dot{I}'_{YB} - \dot{I}'_{YC}) + \dot{I}'_{dB} \\ \dot{I}_{C.r} = (\dot{I}'_{YC} - \dot{I}'_{YA}) + \dot{I}'_{dC} \end{array} \right\} \tag{6.6}$$

式中 $\dot{I}_{A.r}$、$\dot{I}_{B.r}$、$\dot{I}_{C.r}$——流入三个差动继电器的差动电流。

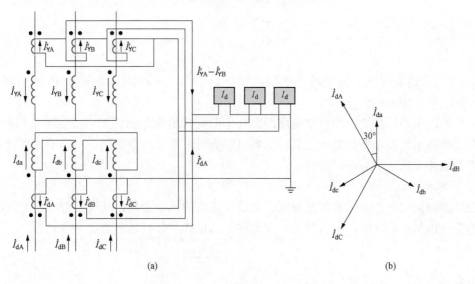

(a)   (b)

图 6.2 双绕组三相变压器纵差动保护原理接线图

(a) 接线图；(b) 对称工况下的相量关系

这样就可以消除两侧电流不对应。由于星形侧采用了两相电流差，该侧流入差动继电器的电流增大到原来的 $\sqrt{3}$ 倍。为了保证正常运行及外部故障情况下差动回路没有电流，该侧电流互感器的变比也要相应地增大到 $\sqrt{3}$ 倍，即两侧电流互感器变比的选择应该满足

$$\frac{n_{TA2}}{n_{TA1}} = \frac{n_T}{\sqrt{3}} \tag{6.7}$$

为了满足式（6.6），变压器两侧电流互感器采取不同的接线方式，如图 6.2（a）所示。三角形侧采用 YY12 的接线方式，将各相电流直接接入差动继电器内；星形侧采用 Yd11 的接线方式，将两相电流差接入

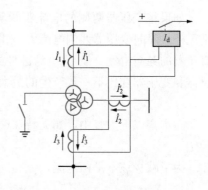

图 6.3 三绕组变压器纵差动保护接线单元示意图

差动继电器内。模拟式的差动保护都是采用图 6.2（a）所示的接线方式；对于数字式差动保护，一般将星形侧的三相电流直接接入保护装置内，由计算机的软件实现式（6.6）的功能，以简化接线。

电力系统中常常采用三绕组变压器。三绕组变压器的纵差动保护原理与双绕组变压器是一样的。图 6.3 所示的是 Yyd11 接线方式下三绕组变压器纵差动保护的单相示意图，接入

纵差动继电器的差电流为

$$\dot{I}_r = \dot{I}_1' + \dot{I}_2' + \dot{I}_3' \tag{6.8}$$

三相变压器各侧电流互感器的接线方式和变比的选择也要参照 Yd11 双绕组变压器的方式进行调整，即三角形侧电流互感器用星形接线方式；两个星形侧电流互感器则采用三角形接线方式。设变压器的 1-3 侧和 2-3 侧的变比为 n_{T13} 和 n_{T23}，考虑到正常运行和区外故障时变压器各侧电流满足 $n_{T13}\dot{I}_1 + n_{T23}\dot{I}_2 + \dot{I}_3 = 0$，电流互感器变比的选择应该满足

$$\left.\begin{aligned} \frac{n_{TA3}}{n_{TA1}} &= \frac{n_{T13}}{\sqrt{3}} \\ \frac{n_{TA3}}{n_{TA2}} &= \frac{n_{T23}}{\sqrt{3}} \end{aligned}\right\} \tag{6.9}$$

6.2.2 变压器纵差动保护的不平衡电流（The Unbalanced Current in Differential Protection for Power Transformer）

变压器纵差动保护是一种等效电路图意义上的间接电流差动保护，产生不平衡电流 I_{unb} 的因素比线路电流差动保护更加复杂。下面以双绕组单相变压器为例，对其不平衡电流产生的原因和消除方法分别加以讨论。

1. 计算变比与实际变比不一致产生的不平衡电流

变压器两侧的电流互感器都是根据产品目录选取的标准变比，其规格种类是有限的。变压器的变比也是有标准的，三者的关系很难完全满足式（6.4），令变比差系数为

$$\Delta f_{za} = \left| 1 - \frac{n_{TA1}n_T}{n_{TA2}} \right| \tag{6.10}$$

根据式（6.3）可得

$$I_{unb} = \frac{n_T\dot{I}_1 + \dot{I}_2}{n_{TA2}} + \frac{\Delta f_{za}\dot{I}_1}{n_{TA1}} \tag{6.11}$$

如果将变压器两侧的电流都折算到电流互感器的二次侧，并忽略 Δf_{za} 不为零的影响，则区外故障时变压器两侧电流大小相等，即 $I = I_2 = n_T I_1$，但方向相反，I 称为区外故障时变压器的穿越电流。设 $I_{k.max}$ 为区外故障时最大的穿越电流，根据式（6.11）知，由电流互感器和变压器变比不一致产生的最大不平衡电流 $I_{unb.max}$ 为

$$I_{unb.max} = \Delta f_{za} I_{k.max} \tag{6.12}$$

在本章以下内容中，如无特殊说明，变压器各侧电流都是折算到二次侧的，即 $n_T I_1$ 记为 I_1。

为了减少该不平衡电流，令

$$\Delta n = -\left(1 - \frac{n_{TA1}n_T}{n_{TA2}} \right) \tag{6.13}$$

由式（6.3）知，由计算变比与实际变比不一致产生的不平衡电流为 $-\Delta n\dot{I}_1'$。电流互感器变比选定后，Δn 就是一个常数，所以可以用 $\Delta n\dot{I}_1'$ 将这个不平衡电流补偿掉。此时引入差动继电器的电流为

$$\dot{I}_r = \dot{I}_1' + \dot{I}_2' + \Delta n\dot{I}_1' \tag{6.14}$$

Δn 就是需要补偿的系数。当然也可以用 $\dot{I}_2'$ 来进行补偿，此时的补偿系数读者可自行

推导。

数字式纵差动保护装置只需按照式（6.14）进行简单的计算就能够实现补偿。模拟式纵差动保护装置则需要采用中间变流器等进行补偿，可减少但往往不能完全消除 Δf_{za} 的影响，具体实现方法不在此介绍。

2. 由变压器带负荷调节分接头产生的不平衡电流

电力系统中经常采用带负荷调压的变压器，利用改变变压器分接头的位置来保持系统的运行电压。改变分接头的位置，实际上就是改变变压器的变比 n_T。电流互感器的变比选定后不可能根据运行方式进行调整，只能根据变压器分接头未调整时的变比进行选择。因此，由于改变分接头的位置产生的最大不平衡电流为

$$I_{unb. max} = \Delta U I_{k. max} \tag{6.15}$$

式中 ΔU——由变压器分接头改变引起的相对误差，考虑到电压可以从正负两个方向进行调整，一般 ΔU 可取调整范围的一半。

变压器分接头调整引起的不平衡电流不大，且制动特性差动差动继电器可以减少其影响，通常不需要采取特殊的减小不平衡电流的措施。

3. 电流互感器传变误差产生的不平衡电流

电流互感器传变误差产生的不平衡电流在线路电流差动保护中已经讨论。变压器高低压侧额定电流不同，采用的电流互感器型号肯定不同。因此式（4.10）中计算不平衡电流时，其同型系数取 $K_{st}=1$。

4. 变压器励磁电流产生的不平衡电流

将变压器参数折算到二次侧后，单相变压器等效电路如图 6.4 表示。显然，励磁回路相当于变压器内部故障的故障支路。励磁电流 I_μ 全部流入差动继电器中，形成不平衡电流，即

$$I_{unb} = I_\mu \tag{6.16}$$

三相变压器的情况也完全相同。励磁电流的大小取决于励磁电感 L_μ 的数值，也就是取决于变压器铁芯是否饱和。正常运行和外部故障时变压器不会饱和，励磁电流一般不会超过额定电流的 $2\%\sim5\%$，对纵差动保护的影响常常略去不计。当变压器空载投入或外部故障切除后电压恢复时，变压器电压从零或很小的数值突然上升到运行电压。在这个电压上升的暂态过程中，变压器可能会严重饱和，产生很大的暂态励磁电流。这个暂态励磁电流称为励磁涌流，最大励磁涌流 $I_{\mu. max}$ 为

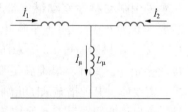

图 6.4 双绕组单相变压器等效电路

$$I_{\mu. max} = K_\mu I_N \tag{6.17}$$

式中 I_N——变压器额定电流；

K_μ——最大励磁电流 $I_{\mu. max}$ 与 I_N 之间的倍数。

如图 6.5 所示，K_μ 与变压器的额定容量 S_T 有关，小容量的变压器可达 $K_\mu=4\sim8$。大容量变压器的 K_μ 较小，但衰减更慢。

综上所述，除了励磁涌流外，变压器纵差动保护中的其他不平衡电流都与区外故障的穿越电流有关，最大不平衡电流为

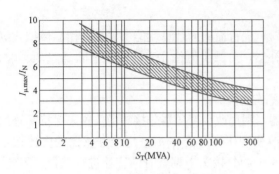

图 6.5　$I_{\mu.\max}$ 与变压器额定容量
S_T 的关系曲线

$$I_{\text{unb.max}} = (\Delta f_{\text{za}} + \Delta U + 0.1 K_{\text{np}} K_{\text{st}}) I_{\text{k.max}}$$
$$(6.18)$$

式中　K_{np}——非周期分量系数，一般取
　　　　　　　$1.5 \sim 2.0$。

6.2.3　变压器纵差动保护的动作特性和参数范围（Operation Characteristics and Parameter Scope of Differential Protection for Power Transformer）

如果变压器纵差动保护采用不带制动特性的基本动作特性，需要防止式（6.17）的励磁涌流和式（6.18）的其他不平衡电流造成的纵差动保护误动。另外，变压器某侧电流互感器二次回路断线时产生的不平衡电流也会造成纵差动保护的误动。因此纵差动保护的动作电流需要取上述三种不平衡电流的最大值，并带一定的裕量。传统技术的差动继电器能够采取措施适当减少不平衡电流的影响（例如 BCH-2 型继电器可取 $K_\mu = 1$，$K_{\text{np}} = 1$），但变压器内部故障时灵敏度还是比较低。

变压器数字式纵差动保护广泛采用具有拐点电流的制动特性差动继电器，如图 6.6 所示。制动电流的选取方法与线路电流差动保护类似。不过对于三绕组变压器，式（4.29）的复式制动和标积制动电流不能直接应用，采用平均制动方式比较方便。根据运行经验，式（4.26）各参数的整定范围为

$$K = 0.4 \sim 1.0 \tag{6.19}$$
$$I_{\text{res.g}} = (0.6 \sim 1.1) I_N \tag{6.20}$$
$$I_{\text{set.min}} = (0.2 \sim 0.5) I_N \tag{6.21}$$

式中　I_N——变压器的额定电流。

采用制动特性差动继电器后，最小动作电流 $I_{\text{set.min}}$ 不需要考虑（6.18）的不平衡电流影响。励磁涌流大小与 $I_{\text{k.max}}$ 无关，只能通过 $I_{\text{set.min}}$ 来防止误动。但励磁涌流很大，按此整定 $I_{\text{set.min}}$ 时，很难满足变压器内部故障的灵敏度要求，需要通过其他措施来防止励磁涌流引起纵差动保护的误动。这也是变压器纵差动保护的核心问题，具体内容在 6.3 节中介绍。因此式（6.21）是不考虑励磁涌流影响下的参数

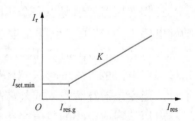

图 6.6　差动继电器的制动特性

取值范围。$I_{\text{set.min}}$ 需要躲过一些杂散的不平衡电流，同时在内部故障时尽量提高故障检测水平。

拐点电流 $I_{\text{res.g}}$ 的选取需要考虑变压器绕组匝间短路的保护灵敏度问题。变压器油箱内故障中，绕组匝间短路是比较常见的故障。原因是外部雷电等过电压行波侵入到绕组中时，在匝间形成短暂但幅值很大的电压差，击穿匝间的绝缘。匝间短路时相当于变压器多了一个短路绕组。为了方便理解，以图 6.7 所示的低压侧断开的变压器为例。低压侧发生匝间短路时相当于一个变比 N 很大的双绕组变压器发生内部故障（发生在高压侧时则相当于自耦变压器）。短路绕组产生很大的短路电流，但工程实际和模拟变压器试验都表明，当短路匝数少（例如小于 5%）时，变压器高压侧电流 I_1（此时就等于差动电流）并不大，甚至会小于变压器额定电流。可能是由于 N 很大时，某些原来可以忽略的因素占据了主导地位，目前还

难以进行精确的仿真计算。

考虑到绕组匝间短路时差动电流可能在变压器额定电流 I_N 附近，而外部故障的超越电流在 I_N 附近时，认为电流互感器不会饱和，不需要通过斜线 K 减少不平衡电流的影响。因此，式（6.20）的拐点电流取 $I_{res.\,g}=(0.6\sim1.1)I_N$，避免匝间短路时保护的灵敏度受到斜线 K 的不利影响。

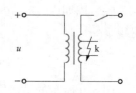

图 6.7　变压器匝间短路示意图

上面的动作特性不能躲过电流互感器二次回路断线产生的不平衡电流。数字式纵差动保护通常根据电流互感器二次回路断线和变压器故障时的电气量特征差异，识别出断线时闭锁保护。具体方法不作介绍。

6.3　变压器的励磁涌流及鉴别方法
(Power Transformer Magnetising Inrush and Identification Methods)

6.3.1　单相变压器的励磁涌流（Magnetising Inrush Current in Single Phase Power Transformers）

根据前面的讨论，我们已经知道励磁涌流是由于变压器铁芯饱和造成的。下面以一台单相变压器的空载合闸为例来说明励磁涌流产生的原因。为了表达方便，以变压器额定电压的幅值和额定磁通的幅值为基值的标幺值来表示电压 u 和磁通 Φ。变压器的额定磁通是指变压器运行电压等于额定电压时，铁芯中产生的磁通。用标幺值表示时，电压和磁通之间的关系为

$$u=\frac{\mathrm{d}\Phi}{\mathrm{d}t} \tag{6.22}$$

设变压器在 $t=0$ 时刻空载合闸时，加在变压器上的电压为 $u=U_m\sin(\omega t+\alpha)$。解式（6.22）的微分方程，得

$$\Phi=-\Phi_m\cos(\omega t+\alpha)+\Phi_{(0)} \tag{6.23}$$

式中，$-\Phi_m\cos(\omega t+\alpha)$ 为稳态磁通分量，其中 $\Phi_m=U_m/\omega$；$\Phi_{(0)}$ 为自由分量，如计及变压器的损耗，$\Phi_{(0)}$ 应该是衰减的非周期分量，这里没有考虑损耗，所以是直流分量。由于铁芯的磁通不能突变，可求得

$$\Phi_{(0)}=\Phi_m\cos\alpha+\Phi_r \tag{6.24}$$

式中　Φ_r——变压器铁芯的剩磁，其大小和方向与变压器切除时刻的电压（磁通）有关。

电力变压器的饱和磁通一般为 $\Phi_{sat}=1.15\sim1.40$，而变压器的运行电压一般不会超过额定电压的 10%，相应的磁通 Φ 不会超过饱和磁通 Φ_{sat}。所以在变压器稳态运行时，铁芯是不会饱和的。但在变压器空载合闸时产生的暂态过程中，由于 $\Phi_{(0)}$ 的作用可能会使 Φ 大于 Φ_{sat}，造成变压器铁芯的饱和。若铁芯的剩磁 $\Phi_r>0$，$\cos\alpha>0$，合闸半个周期（$\omega t=\pi$）后 Φ 达到最大值，即 $\Phi=2\Phi_m\cos\alpha+\Phi_r$。最严重的情况是在电压过零时刻（$\alpha=0$）合闸，$\Phi$ 的最大值为 $2\Phi_m+\Phi_r$，远大于饱和磁通 Φ_{sat}，造成变压器的严重饱和。此时 Φ 的波形如图 6.8 所示。

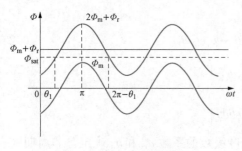

图 6.8　变压器暂态磁通

在励磁涌流分析中，通常用 $\theta=\omega t+\alpha$ 来代替时间，这样 Φ 是以 2π 为周期变化的。在 $(0，2\pi)$ 周期内，$\theta_1<\theta<2\pi-\theta_1$ 时发生饱和，而 $\theta=\pi$ 时饱和最严重。令 $\Phi=\Phi_{sat}$，由图 6.8 可得

$$\theta_1 = \arccos\left(\frac{\Phi_m\cos\alpha + \Phi_r - \Phi_{sat}}{\Phi_m}\right), 0 < \theta_1 < \pi \tag{6.25}$$

图 6.9 所示的是变压器的近似磁化曲线，铁芯不饱和时，磁化曲线的斜率很大，励磁电流 i_μ 近似为零；铁芯饱和后，磁化曲线的斜率 L_μ 很小，i_μ 大大增加，形成励磁涌流。其波形与 $\Phi-\Phi_{sat}$ 只相差一个 L_μ，故在 $(0，2\pi)$ 周期内有

$$i_\mu = \begin{cases} 0, & 0 \leqslant 0 \leqslant \theta_1 \text{ 或 } \theta \geqslant 2\pi-\theta_1 \\ I_m(\cos\theta_1 - \cos\theta), & \theta_1 < \theta < 2\pi-\theta_1 \end{cases} \tag{6.26}$$

$$I_m = \Phi_m/L_\mu$$

励磁涌流的波形如图 6.10 所示，波形完全偏离时间轴的一侧，且是间断的。波形间断的宽度称为励磁涌流的间断角 θ_J，显然

$$\theta_J = 2\theta_1 \tag{6.27}$$

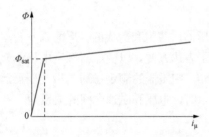

图 6.9　变压器近似磁化曲线

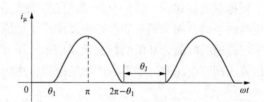

图 6.10　励磁涌流波形

间断角 θ_J 是区别励磁涌流和故障电流的一个重要特征，饱和越严重间断角越小。θ_J 的数值与变压器电压（稳态磁通）幅值 Φ_m、合闸角 α 以及铁芯剩磁 Φ_r 有关。通常只关心各种情况下最小的间断角，在计算时可取 $\Phi_m=1.1$、$\alpha=0$、$\Phi_{sat}=1.15$。Φ_r 则取最大剩磁。变压器的最大剩磁与许多因素有关，现场实测也很困难，具体数值目前还有争议，较为保守地可取 $\Phi_r=0.7$。据此按式（6.26）和式（6.27）算得 $\theta_J=108°$。

上面讨论的是正向饱和［即 $\Phi(0)>0$］的情况。若 $\Phi_{(0)}<0$，则会发生反向饱和，情况与正向饱和类似，只是 $\theta=2\pi$ 时饱和最严重，励磁涌流达到最大；而在计算 θ_1 时，式（6.25）的 Φ_{sat} 前应加"－"号，而 Φ_r 则取 -0.7，θ_1 的范围为 $\pi<\theta_1<2\pi$。

励磁涌流中除了基波分量外，还存在大量的非周期分量和谐波分量。由于励磁涌流是周期函数，可以展开成傅里叶级数

$$i_\mu = \frac{b_0}{2} + \sum_{n=1}^{\infty}(a_n\sin n\theta + b_n\cos\theta) \tag{6.28}$$

$$\left.\begin{array}{l} a_n = \dfrac{1}{\pi}\displaystyle\int_0^{2\pi} i_\mu\sin\theta d\theta \\[3mm] b_n = \dfrac{1}{\pi}\displaystyle\int_0^{2\pi} i_\mu\sin\theta d\theta \end{array}\right\} \tag{6.29}$$

励磁涌流中各次谐波分量的幅值可以根据傅里叶级数的系数 a_n 和 b_n 确定：非周期（直流）分量为 $I_{\mu 0}=b_0/2$、基波分量为 $I_{\mu 1}=\sqrt{a_1^2+b_1^2}$、高次谐波分量为

$$I_{\mu n}=\sqrt{a_n^2+b_n^2},\ n=2,3,\cdots$$

将式（6.26）代入式（6.29），就可以计算出非周期分量和各次谐波分量。通常关心的是励磁涌流中非周期分量和高次谐波分量的含量（即它们与基波分量的相对大小）。显然，在上述简化的饱和特性的前提下，它们只与间断角有关，与励磁涌流幅值 I_μ 无关。表 6.1 列出了几种间断角下的各次谐波含量。

表 6.1　　　　　　　　　　不同间断角下的谐波含量（%）

间断角	非周期分量	基波	二次谐波	三次谐波	四次谐波
$\theta_J=108°$	76.8	100	13.2	7.8	2.8
$\theta_J=150°$	69.2	100	28.8	7.5	3.5
$\theta_J=180°$	63.7	100	42.4	0.0	8.5

综合上面的分析，单相变压器励磁涌流有以下特点：

（1）在变压器空载合闸时，涌流是否产生以及涌流的大小与合闸角有关，合闸角 $\alpha=0$ 和 $\alpha=\pi$ 时励磁涌流最大。

（2）波形完全偏离时间轴的一侧，并且出现间断。涌流越大，间断角越小。

（3）含有很大成分的非周期分量，间断角越小，非周期分量越大。

（4）含有大量的高次谐波分量，而以二次谐波为主。间断角越小，二次谐波也越小。

6.3.2　三相变压器励磁涌流的特征（Characteristics of Magnetising Inrush Current in Three Phase Power Transformers）

三相变压器空载合闸时，三相绕组都会产生励磁涌流。对于 Yd11 接线的三相变压器，引入每相差动保护的电流为两个变压器绕组电流之差，其励磁涌流也应该是两个绕组励磁涌流的差值，即 $i_{\mu A.r}=i_{\mu A}-i_{\mu B}$、$i_{\mu B.r}=i_{\mu B}-i_{\mu C}$、$i_{\mu C.r}=i_{\mu C}-i_{\mu A}$。两个励磁涌流相减后，涌流的时域特征和频域特征都有所变化。下面结合一个算例来说明它们的特点。计算条件：$\Phi_m=1.1$，$\Phi_{sat}=1.15$；三相的剩磁 $\Phi_{r.A}=0.7$，$\Phi_{r.B}=\Phi_{r.C}=-0.7$；A 相的合闸角 $\alpha_A=0$。由于三相电压是对称的，故 $\alpha_B=4\pi/3$，$\alpha_C=2\pi/3$。经计算 $i_{\mu A}$、$i_{\mu B}$、$i_{\mu C}$ 的波形如图 6.11（a）所示，$i_{\mu A.r}$、$i_{\mu B.r}$、$i_{\mu C.r}$ 的波形分别如图 6.11（b）、（c）、（d）所示。在图 6.11（a）中，要注意 $i_{\mu A}$、$i_{\mu B}$、$i_{\mu C}$ 最大值出现的时刻：$i_{\mu A}$ 是正向涌流，在 $\omega t=\pi$ 时达到最大值；$i_{\mu B}$ 是反向涌流，故在 $\omega t=2\pi/3$（即 $\omega t+\alpha B=2\pi$）时达到最大值；$i_{\mu C}$ 也是反向涌流，最大值发生在 $\omega t=4\pi/3$ 处。$i_{\mu A}$、$i_{\mu B}$、$i_{\mu C}$ 的间断角和二次谐波分别为 78.6°、49.6°、78.6° 和 14.8%、37.6%、14.8%。

结合上面的算例，对于一般情况，三相变压器励磁涌流有以下特点：

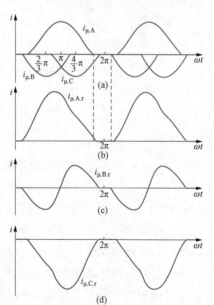

图 6.11　三相变压器励磁涌流波形

(a) $i_{\mu A}$、$i_{\mu B}$、$i_{\mu C}$ 波形；

(b) $i_{\mu A.r}$ 波形；(c) $i_{\mu B.r}$ 波形；(d) $i_{\mu C.r}$ 波形

（1）由于三相电压之间有 $120°(2\pi/3)$ 的相位差，因而三相励磁涌流不会相同，任何情况下空载投入变压器，至少在两相中要出现不同程度的励磁涌流。

（2）某相励磁涌流（$i_{\mu.B.\tau}$）可能不再偏离时间轴的一侧，变成了对称性涌流。其他两相仍为偏离时间轴一侧的非对称性涌流。对称性涌流的数值比较小。非对称性涌流仍含有大量的非周期分量，但对称性涌流中无非周期分量。

（3）三相励磁涌流中有一相或两相二次谐波含量比较小，但至少有一相比较大。

（4）励磁涌流的波形仍然是间断的，但间断角显著减小，其中又以对称性涌流的间断角最小。但对称性涌流有另外一个特点：励磁涌流的正向最大值与反向最大值之间的相位相差 120°。这个相位差称为"波宽"，显然稳态故障电流的波宽为 180°。

6.3.3　串并联变压器的和应涌流现象（Phenomenon of Sympathetic Inrush in Series - parallel Power Transformers）

在电网中邻近的并联或串联变压器之间，已经工作的变压器由于其他变压器的合闸可能会产生涌流的现象，被称为和应涌流现象。下面以图 6.12 所示的两台并联运行变压器为例介绍和应涌流产生的机理。图中 T1 为合闸变压器，T2 为运行变压器，$L_{\mu1}$、$L_{\sigma1}$、$R_{\sigma1}$、$L_{\mu2}$、$L_{\sigma2}$、$R_{\sigma2}$ 分别为 T1、T2 励磁电感、一次侧绕组漏感与电阻，L_s、R_s 为系统电感、电阻、二次侧绕组漏抗和阻抗。分析中假设 T2 空载运行，变压器二次侧绕组漏感与电阻对分析无影响，图 6.12 中未画出。

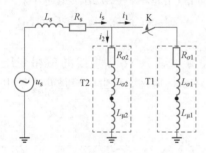

图 6.12　两台并联运行变压器产生和应涌流的等效电路

T1 空载合闸后，T2 的磁通满足

$$\frac{\mathrm{d}\Phi_2}{\mathrm{d}t} = u_s - L_s\frac{\mathrm{d}i_s}{\mathrm{d}t} - R_s i_s - R_{\sigma2} i_2 \quad (6.30)$$

T2 空载运行，在 T2 和应涌流产生以前有 $i_2 = 0$、$i_s = i_1$。对式（6.30）进行一个工频周期的定积分，考察 T2 的磁通变化量。u_s 只有工频周期分量，i_1 除了周期分量外还存在大量衰减的非周期分量。由于周期分量的积分为 0，在间断角期间（$i_1 = 0$）开始积分时，$\frac{\mathrm{d}i_s}{\mathrm{d}t}$ 的积分也为 0。这样有

$$\Delta\Phi_{2.p} = -R_s T i_{1.f} \quad (6.31)$$

式中　T——工频周期；

　　　$i_{1.f}$——电流 i_1 中的非周期分量在一个周期内的平均值；

　　　$\Delta\Phi_{2.p}$——一个工频周期中 T2 的磁通变化量。

$\Delta\Phi_{2.p}$ 是由于 T1 的励磁涌流在系统等效电阻 R_s 中积累产生的。$\Delta\Phi_{2.p}$ 使得 T2 的交流磁通往某个方向偏离，称为偏磁。偏磁绝对值随时间积累，当偏磁与交流磁通的和达到饱和点时，就产生了和应涌流。当然，如果 T1 励磁涌流中的非周期分量衰减比较快，则不会产生和应涌流。和应涌流的饱和严重程度比单台变压器励磁涌流要小，间断角等特征更加明显，但和应涌流中的非周期分量与合闸变压器励磁涌流非周期分量的极性是相反的（如图 6.13 所示）。一旦产生了和应涌流，系统电流 i_s 中的非周期分量（两者的代数和）大为减小，系统等效电阻 R_s 的阻尼作用几乎消失，T1 和 T2 励磁涌流中的非周期分量只能靠自身的绕组电阻 $R_{\sigma1}$ 和 $R_{\sigma2}$ 进行衰减。因此和应涌流（以及引发和应涌流后的合闸变压器的励磁涌流）

的衰减比单台变压器合闸涌流要缓慢得多，图 6.13 中给出了运行变压器 T2 产生的和应涌流波形。为方便比较，图 6.13 也给出了合闸变压器 T1 的励磁涌流波形。同理，不同电压等级的变压器之间有时也会产生（串联）和应涌流。衰减非常慢的非周期分量会造成电流互感器的工作状态恶化，曾经出现负荷大小的电流引起电流互感器饱和，从而造成变压器纵差动保护误动的实际案例。这是采用拐点电流制动特性（即制动特性斜线的延长线不经过坐标原点）时应注意的问题。

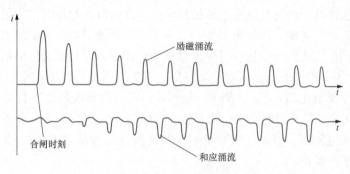

图 6.13　变压器励磁涌流与和应涌流的波形

6.3.4　防止励磁涌流引起误动的方法（Methods to Overcome Maloperation）

根据三相变压器励磁涌流的特征，我国通常采取以下三种方法来防止励磁涌流引起纵差动保护的误动。

1. 采用速饱和中间变流器

励磁涌流中含有大量的非周期分量。早期的变压器纵差动保护利用该特征，在差动回路中串接速饱和中间变流器来防止差动保护的误动。速饱和中间变流器是一种铁芯很细的电流互感器，当一次侧电流非周期含量大时，铁芯迅速饱和，二次侧输出电流很小。对于 Yd11接线的三相变压器，常常有一相是对称性涌流，没有非周期分量，中间变流器不能饱和，只能通过差动继电器的动作电流来躲过。考虑到对称性涌流的幅值比较小，整定计算时，励磁涌流的最大倍数（即励磁涌流与变压器额定电流的比值）取 1。

速饱和原理的纵差动保护动作电流大、灵敏度低，并且在变压器内部故障时，会因非周期分量的存在而延缓保护的动作，因此已逐渐被淘汰。

2. 二次谐波制动的方法

二次谐波制动方法是根据励磁涌流中含有大量二次谐波分量的特点，当检测到差电流中二次谐波含量大于整定值时，就将差动继电器闭锁，以防止励磁涌流引起误动。采用这种方法的保护称为二次谐波制动的差动保护。二次谐波制动元件的动作判据为 $I_2 > K_2 I_1$。其中 I_1、I_2 分别为差动电流中的基波分量和二次谐波分量的幅值；K_2 称为二次谐波制动比，按躲过各种励磁涌流下最小的二次谐波含量整定，整定范围通常为

$$K_2 = 15\% \sim 20\% \tag{6.32}$$

具体数值根据现场空载合闸试验或运行经验来确定。

对于实际运行的三相变压器，早先的二次谐波制动是采用按相制动的方案。若某相的差动电流中二次谐波含量大于制动比 K_2，就将该相的差动继电器闭锁，各相是相互独立的。从上面的讨论中可知，在涌流严重时，二次谐波含量会小于 15%，按式（6.32）整定有可

能会误动。若降低整定值则会影响内部故障时纵差动保护的动作速度（等待短路电流中的二次谐波含量衰减）。由于三相励磁涌流中至少有一相励磁涌流二次谐波含量比较高，近年来广泛采用三相或门制动方案，即三相差动电流中只要有一相的二次谐波含量超过制动比 K_2，就将三相差动继电器全部闭锁。采用三相或门制动方案后，K_2 仍可按式（6.32）的范围整定。变压器内部故障时，测量电流中的暂态分量也可能存在二次谐波。若二次谐波含量超过 K_2，差动保护也将被闭锁，一直等到暂态分量衰减后才能动作。电流互感器饱和也会在二次电流中产生二次谐波。电流互感器饱和越严重，二次谐波含量越大。为了加快内部严重故障时纵差动保护的动作速度，往往再增加一组不带二次谐波制动的差动继电器，称为差动电流速断保护。差动电流速断保护按躲过最大励磁涌流整定，即励磁涌流的最大倍数取 $4\sim8$。

图 6.14 所示为一种二次谐波制动差动保护的总体逻辑电路框图，$I_{\text{ph.r}}>I_{\text{ph.set.r}}$ 表示某相带有制动特性的差动继电器；$I_{\text{ph2}}>K_2I_{\text{ph1}}$ 表示某相的二次谐波制动元件，与 H2、"非门"以及 Y1 一起构成了三相或门制动的二次谐波制动方案；$I_{\text{ph.r}}>I'_{\text{set.r}}$ 表示某相差动电流速断继电器，由于动作电流 $I'_{\text{set.r}}$ 很大，故采用不带制动特性的差动继电器，$I_{\text{ph.r}}>I'_{\text{set.r}}$ 与 H1 一起构成差动电流速断保护。

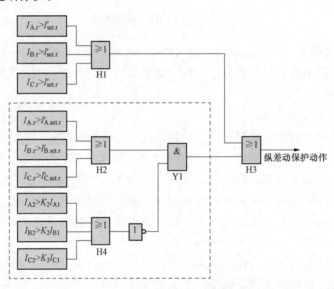

图 6.14 二次谐波制动差动保护总体逻辑电路框图

二次谐波制动的差动保护原理在具体实现时需要用滤波技术（或算法）从差动电流中分离出基波分量和二次谐波分量。在数字式纵差动保护中广泛采用傅里叶算法来实现这个功能。傅里叶算法将在第 9 章介绍。

二次谐波制动差动保护原理简单、调试方便、灵敏度高，在变压器纵差动保护中获得了非常广泛的应用。但在具有静止无功补偿装置等电容分量比较大的系统，故障暂态电流中有比较大的二次谐波含量，差动保护的速度会受到影响。若空载合闸前变压器已经存在故障，合闸后故障相为故障电流，非故障相为励磁涌流，采用三相或门制动的方案时，差动保护必将被闭锁。由于励磁涌流衰减很慢，保护的动作时间可能会长达数百毫秒。这是二次谐波制动差动保护的主要缺点。

3. 间断角鉴别的方法

由对励磁涌流的分析可知,励磁涌流的波形中会出现间断角,而变压器内部故障时流入差动继电器的稳态差电流是正弦波,不会出现间断角。间断角鉴别的方法就是利用这个特征鉴别励磁涌流和故障电流,即通过检测差电流波形是否存在间断角,当间断角大于整定值时将差动保护闭锁。

间断角的整定值一般取 65°。对于 Yd11 接线的三相变压器,非对称涌流的间断角比较大,间断角闭锁元件能够可靠地动作,并有足够的裕量,而对称性涌流的间断角有可能小于65°。由于整定值太小会影响内部故障时的灵敏度和动作速度,进一步减小整定值并不可取。由于对称性涌流的波宽等于 120°,而故障电流(正弦波)的波宽为 180°,因此在间断角判据的基础上再增加一个反应波宽的辅助判据,在波宽小于 140°(有 20°的裕量)时也将差动保护闭锁。

间断角原理差动保护的总体逻辑与图 6.14 类似,只是用间断角闭锁元件代替图中的二次谐波制定元件;另外,间断角闭锁元件是按相闭锁的。

间断角原理的关键技术是间断角(以及波宽)的检测技巧。下面仅介绍一种间断角的检测方法。励磁涌流中含有大量的非周期分量,很容易造成电流互感器的饱和。电流互感器饱和会造成二次侧电流间断角的消失。这个现象可以用图6.15 所示的电流互感器等效电路来说明。一次侧的励磁涌流 i 可以看成是一个恒流源。显然电流互感器的励磁电流

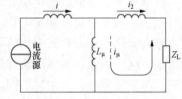

图 6.15　电流互感器等效电路

i_μ 落后于 i,故对于图 6.16(a)所示的励磁涌流 i_μ,在 i 下降到 0 的时刻 $i_\mu>0$。由于电感电流不能突变,i 进入间断区后 i_μ 通过电流互感器的负载电阻续流,其结果是二次侧测量到的励磁涌流 $i_{\mu2}$ 在间断区出现了相当大的反向涌流,间断角消失,如图 6.16(b)所示。

反向涌流是按二次回路时间常数衰减的非周期分量,变化比较慢。图 6.16(c)所示的 $i'_{\mu2}$ 是对 $i_{\mu2}$ 进行微分后的绝对值 $|i'_{\mu2}|$ 的波形。反向涌流经过微分后,间断角又得到"恢复",故可以在 $|i'_{\mu2}|$ 的波形里测量间断角,如图 6.16(c)所示。ε 是动作门槛,必须大于 $i'_{\mu2}$ 中残余的反向涌流的变化率,当 $|i'_{\mu2}|<\varepsilon$ 的持续时间超过 $65°/\omega(\omega=314$ 是一个常数)时,间断角闭锁元件动作。

由图 6.16(c)可知,通过 ε 检测出来的间断角比实际值要大。间断角的测量误差不会引起保护的误动(测量值大更容易闭锁差动保护),但在变压器内部故障时会降低灵敏度。图 6.16(d)的 $|i'_k|$ 是变压器内部故障电流经过微分后的波形,虽然没有间断角,但 $|i'_k|<\varepsilon$ 的部分却被误测为间断角。显然 $|i'_k|$ 越小,间断角也越大,在 $|i'_k|$ 比较小时会将差动保护误闭锁。为了提高灵敏度,可以采用浮动门槛,即取 $\varepsilon=KI'_{m2}$。其中 I'_{m2} 为 i'_k 的幅值;K 为比例系数,其数值必须大于反向涌流最大值与 I'_{m2} 的比值,一般取 $K=0.25$(厂家固定,用户不能整定)。若

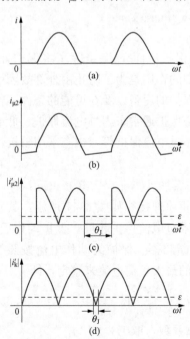

图 6.16　间断角的检测方法

i_2' 为正弦波,不难算出间断角 $\theta_J = 2\sin K = 29°$。θ_J 与电流大小无关,并且远小于整定值(65°),不会影响差动保护的灵敏度。

间断角原理由于采用按相闭锁的方法,在变压器合闸于内部故障时,能够快速动作。这是比二次谐波制动(三相或门制动)方法优越的地方。对于其他内部故障,暂态高次谐波分量会使电流波形畸变(微分后畸变更加严重)。波形畸变一般不会产生间断角,但会影响电流的波宽。若波形畸变很严重导致波宽小于整定值(140°),则差动保护也将被暂时闭锁而造成动作延缓。显然,造成保护动作延缓的因素,二次谐波制动与间断角原理是有差异的。对于大型变压器,可以同时采用两种原理的纵差动保护,能够优势互补,加快内部故障的动作速度,不失为一种好的配置方案。

励磁涌流的鉴别方法可以分为频域特征鉴别和时域特征鉴别两类。采用速饱和中间变流器的方法和二次谐波制动的方法属于频域特征鉴别,而间断角鉴别的方法则属于时域特征鉴别。在频域和时域中还提出了许多其他的方法,在此不一一介绍。

在结束本节以前,简单地介绍一下变压器过励磁现象。如上所述,变压器正常运行时,运行电压一般不会超过额定电压的 10%,铁芯不会饱和。但对于有些工况,例如超高压远距离输电线路由于突然失去负荷而造成变压器的过电压时,会造成铁芯饱和,使励磁电流大大增加。这个现象称为变压器的过励磁。显然,变压器过励磁时纵差动保护中会产生不平衡电流。与变压器空载合闸时不同,过励磁时变压器铁芯的饱和是对称的,励磁电流中有较大的五次谐波等奇次谐波分量,但没有间断没有偶次谐波分量,上述各种方法并不能区分励磁电流与故障电流。因此,对于有可能产生过励磁的大型变压器,通常采用五次谐波制动的方法,来防止纵差动保护的误动,其实现方法与二次谐波制动方法类似。

6.4 变压器相间短路的后备保护
(Backup Protection for Transformer Phase-to-Phase Faults)

变压器的主保护通常采用差动保护和瓦斯保护(瓦斯保护后面介绍)。除了主保护外,变压器还应装设相间短路和接地短路的后备保护。后备保护的作用是为了防止由外部故障引起的变压器绕组过电流,并作为相邻元件(母线或线路)保护的后备以及在可能的条件下作为变压器内部故障时主保护的后备。变压器的相间短路后备保护通常采用过电流保护、低电压启动的过电流保护、复合电压启动的过电流保护以及负序过电流保护等,也有采用阻抗保护作为后备保护的情况。

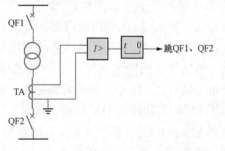

图 6.17 变压器过电流保护的单相
原理接线图

6.4.1 过电流保护 (Overcurrent Protection)

保护装置的单相原理接线如图 6.17 所示,其工作原理与线路定时限过电流保护相同。保护动作后,跳开变压器两侧的断路器。保护的动作电流按照躲过变压器可能出现的最大负荷电流来整定,即

$$I_{set} = \frac{K_{rel}}{K_{re}} I_{L.max} \qquad (6.33)$$

式中 K_{rel}——可靠系数,取 1.2~1.3;

K_{re}——返回系数,取 0.85~0.95;

$I_{L.max}$——变压器可能出现的最大负荷电流。

$I_{L.max}$可按以下情况考虑，并取最大值：

（1）对并列运行的变压器，应考虑切除一台最大容量的变压器时，在其他变压器中出现的过负荷。当各台变压器容量相同时，计算式为

$$I_{L.max} = \frac{n}{n-1}I_N \tag{6.34}$$

式中　n——并列运行变压器的可能最少台数；

　　　I_N——每台变压器的额定电流。

（2）对降压变压器，应考虑电动机自启动时的最大电流，计算式为

$$I_{L.max} = K_{ss}I'_{L.max} \tag{6.35}$$

式中　$I'_{L.max}$——正常工作时的最大负荷电流（一般为变压器的额定电流）；

　　　K_{ss}——综合负荷的自启动系数，对于 110kV 的降压变电站，低压 6～10kV 侧取 $K_{ss}=1.5$～2.5，中压 35kV 侧取 $K_{ss}=1.5$～2.0。

保护的动作时限和灵敏系数的校验，与线路保护定时限过电流保护相同，不再赘述。

6.4.2　低电压启动的过电流保护（Overcurrent Protection with Low Start - up Voltage）

过电流保护按躲过可能出现的最大负荷电流整定，动作电流比较大，对于升压变压器或容量较大的降压变压器，灵敏度往往不能满足要求。为此可以采用低电压启动的过电流保护。

该保护的原理接线如图 6.18 所示，只有在电流元件和电压元件同时动作后，才能启动时间继电器，经过预定的延时后动作于跳闸。由于电压互感器回路发生断线时，低电压继电器将误动作，因此在实际装置中还需配置电压回路断线闭锁的功能，具体逻辑此处从略。

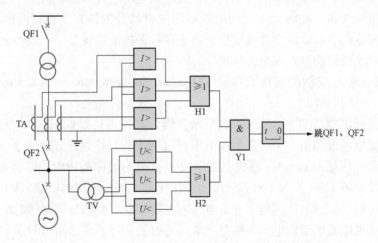

图 6.18　低电压启动的过电流保护原理接线图

采用低电压继电器后，电流继电器的整定值就可以不再考虑并联运行变压器切除或电动机自启动时可能出现的最大负荷，而是按大于变压器的额定电流整定，即

$$I_{set} = \frac{K_{rel}}{K_{re}}I_N \tag{6.36}$$

低电压继电器的动作电压按以下条件整定，并取最小值。

（1）按躲过正常运行时可能出现的最低工作电压整定，计算式为

$$U_{set} = \frac{U_{L.min}}{K_{rel}K_{re}} \qquad (6.37)$$

式中　$U_{L.min}$——最低工作电压，一般取 $0.9U_N$（U_N 为变压器的额定电压）；

　　　K_{rel}——可靠系数，取 1.1～1.2；

　　　K_{re}——低电压继电器的返回系数，取 1.15～1.25。

（2）按躲过电动机自启动时的电压整定：

当低压继电器由变压器低压侧互感器供电时，计算式为

$$U_{set} = (0.5 \sim 0.6)U_N \qquad (6.38)$$

当低压继电器由变压器高压侧互感器供电时，计算式为

$$U_{set} = 0.7U_N \qquad (6.39)$$

式（6.38）和式（6.39）是考虑异步电动机的堵转电压而定的。对于降压变压器，负荷在低压侧，电动机自启动时高压侧电压比低压侧高了一个变压器压降（标幺值）。所以高压侧取值比较高。对于发电厂的升压变压器，负荷在高压侧，电动机自启动时低压侧电压实际上更高，但仍按式（6.38）整定，原因是发电机在失磁运行时低压母线电压会比较低。关于发电机的失磁保护在发电机保护中介绍。

电流继电器灵敏度的校验方法与不带低电压启动的过电流保护相同。低电压继电器的灵敏系数按下式校验

$$K_{sen} = \frac{U_{set}}{U_{k.min}} \geqslant 1.25 \qquad (6.40)$$

式中　$U_{k.min}$——灵敏度校验点发生三相金属性短路时，保护安装处感受到的最大残压。

对于升压变压器，如果低电压继电器只接在一侧电压互感器上，则另一侧故障时，往往不能满足灵敏度的要求。此时可采用两组低电压继电器分别接在变压器两侧的电压互感器上，并用触点并联的方法，以提高灵敏度。由于这种保护的接线复杂，近年来已广泛采用复合电压启动的过电流保护和负序电流保护。

6.4.3　复合电压启动的过电流保护（Overcurrent Protection with Composite Start - up Voltage）

这种保护是低电压启动过电流保护的一个发展，其原理接线如图 6.19 所示。它将原来的三个低电压继电器改为由一个接于负序电压滤过器上的负序过电压继电器 KV2 和一个接于线电压上的低电压继电器 KV1 组成。由于发生各种不对称故障时，都能出现负序电压，故负序过电压继电器 KV2 作为不对称故障的电压保护，而低电压继电器 KV1 则作为三相短路故障时的电压保护。过电流继电器和低电压继电器的整定原则与低电压启动过电流保护相同。负序过电压继电器的动作电压按躲过正常运行时的负序滤过器出现的最大不平衡电压来整定，通常取

$$U_{2.set} = (0.06 \sim 0.12)U_N \qquad (6.41)$$

由此可见，复合电压启动过电流保护在不对称故障时电压继电器的灵敏度高，并且接线比较简单，因此应用比较广泛。

图 6.19 是数字式复合电压启动的过电流保护原理接线，三相短路时其灵敏度与低电压启动过电流保护相同。对于模拟式保护，由于技术上的原因，电压继电器的返回系数比较

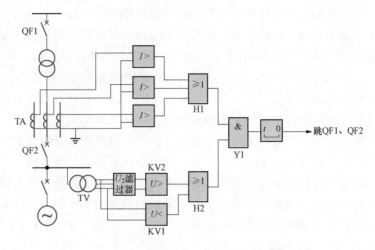

图 6.19   复合电压启动的过电流保护原理接线图

大，通常利用三相短路故障瞬间会出现短时负序电压的特征，采用在负序过电压继电器动作时强制使低电压继电器动作的技术措施，来消除返回系数的影响，以提高保护的灵敏度。具体接线方式参阅相关文献。数字式电压继电器的返回系数可以接近 1，故通常不采用这种方法。

对于大容量的变压器和发电机组，由于额定电流很大，而相邻元件末端两相短路故障时的故障电流可能较小，因此复合电压启动的过电流保护往往不能满足作为相邻元件后备保护时对灵敏度的要求。在这种情况下，可采用负序过电流保护，以提高不对称故障时的灵敏度。负序过电流保护原理将在发电机保护中讨论。

6.4.4   三绕组变压器相间短路后备保护的特点 (Characteristics of Phase - to - Phase Fault Backup Protection for Three Winding Transformers)

三绕组变压器一侧断路器跳开后，另外两侧还能够继续运行。所以三绕组变压器的相间短路的后备保护在作为相邻元件的后备时，应该有选择性地只跳开近故障点一侧的断路器，保证另外两侧继续运行，尽可能地缩小故障影响范围；而作为变压器内部故障的后备时，应该跳开三侧断路器，使变压器退出运行。例如，图 6.20 中的 k1 点故障时，应只跳开断路器 QF3；k2 点故障时则将 QF1、QF2、QF3 全部跳开。为此，通常需要在变压器的两侧或三侧都装设过电流保护（或复合电压启动的过电流保护等），各侧保护之间要相互配合。保护的配置与变压器主接线方式及其各侧电源情况等因素有关。现结合图 6.20，以下面两种情况为例说明其配置原则。图中 t_1'、t_2'、t_3' 分别表示各侧母线后备保护的动作时限。定义 t_T 作为跳开变压器三侧断路器 QF1、QF2 和 QF3 的时限。

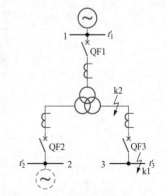

图 6.20   三绕组变压器过电流保护配置说明图

1. 单侧电源的三绕组变压器

可以只装设两套过电流保护。一套装在电源侧，另一套装在负荷侧（如图中的 3 侧）。负荷侧的过电流保护只作为母线 3 保护的后备，动作后只跳开断路器 QF3。动作时限应该与母线 3 保护的动作时限相配合，即 $t_3 = t_3' + \Delta t$，其中 Δt 为一个时限级差。电源侧的过电流保护作为变压器主保护和母线 2 保护的后备。为了满足外部故障时尽可能缩小故障影响范围的要求，电源侧的过电流保护采用两个时间元件，以较小的时限 t_1 跳开断路器 QF2，以较大的时限 $t_T = t_1 + \Delta t$ 跳开三侧断路器 QF1、QF2 和 QF3。对于 t_1，若 $t_1 < t_3$，在母线 3 故障时，电源侧的过电流保护仍会无选择性地跳开 QF2，因此应该与 t_2' 和 t_3 中的较大者进行配合，即取 $t_1 = \max(t_2', t_2) + \Delta t$。这样，母线 3 故障时保护的动作时间最快，母线 2 故障时其次，变压器内部故障时保护的动作时间最慢。母线 2 和母线 3 故障时流过负荷侧过电流保护的电流是不一样的。为了提高外部故障时保护的灵敏度，负荷侧过电流保护应该装设在容量较小的一侧，对于降压变压器通常是低压侧。若电源侧过电流保护作为母线 2 的后备保护灵敏度不够时，则应该在三侧绕组中都装设过电流保护。两个负荷侧的保护只作为本侧母线保护的后备。电源侧保护则兼作为变压器主保护的后备，只需要一个时间元件。三者动作时间的配合原则相同。

2. 多侧电源的三绕组变压器

设图 6.20 的 2 侧也带有电源，这时应该在三侧分别装设过电流保护 I1、I2、I3 作为本侧母线保护的后备保护，动作时限分别为 t_1、t_2、t_3，主电源侧的过电流保护兼作变压器主保护的后备保护。主电源一般是指升压变压器的低压侧、降压变压器的高压侧、联络变压器的大电源侧。假设 1 侧为主电源侧，2 侧和 3 侧过电流保护的动作时限分别取 $t_2 = t_2' + \Delta t$、$t_3 = t_3' + \Delta t$。2 侧的过电流保护还增设一个方向元件 F2，方向指向母线 2。1 侧的过电流保护也增设一个方向指向母线的方向元件 F1，并设置两个动作时限：短时限取 $t_1 = t_1' + \Delta t$，过电流元件和方向元件同时启动时，经短时限跳开断路器 QF1；长时限取 $t_T = \max(t_1, t_2, t_3) + \Delta t$，过电流元件启动，但方向元件不启动时，经长时限跳开变压器三侧断路器。

各种故障下保护的动作情况：母线 3 故障时，虽然三侧保护的电流元件都启动，但 1 侧和 2 侧的方向元件不会启动，又因 $t_3 < t_T$，3 侧过电流保护先动作跳开 QF3，使 2 侧和 3 侧继续运行。母线 2 故障时，1 侧和 2 侧过电流保护都启动，但 1 侧的方向元件不启动，因 $t_2 < t_T$，2 侧过电流保护先动作跳开 QF2，变压器仍能运行。同理，母线 1 故障时只跳开 QF1，变压器也能运行。变压器内部故障时，则 1 侧过电流保护经时限 t_T 跳开三侧断路器。

该方案的缺点是变压器内部故障且电流差动等主保护拒动时，切除故障的时间会很长。下面介绍一种改进方案：如图 6.21（a）所示，三侧分别装设电流保护 I1、I2、I3 作为本

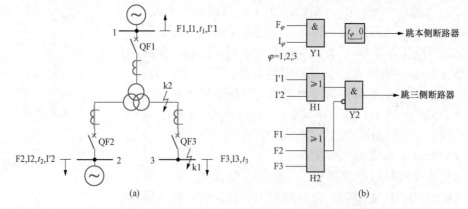

图 6.21　多侧电源的三绕组变压器过电流保护配置及动作逻辑图

（a）过电流保护配置；（b）保护动作逻辑

侧母线保护的后备保护，动作时限分别为 t_1、t_2、t_3，保护动作于本侧断路器，同时三侧的过电流保护均增设指向各侧母线的方向元件 F1、F2、F3。当变压器外部故障时，故障侧的电流元件及方向元件均启动，动作时限与该侧母线保护配合后跳开该侧的断路器。变压器内部故障时，方向元件 F1、F2、F3 都不会启动，为此再在两个电源侧分别增设两个反应变压器内部故障的电流后备保护 I'_1、I'_2，动作电流按保证在变压器内部故障时有足够的灵敏度选取。当 I'_1、I'_2 动作，且方向元件 F1、F2、F3 都不动作时判定为变压器内部故障，跳开变压器三侧断路器。上述改进方案的动作逻辑如图 6.21（b）所示，该动作逻辑在变压器内部故障时能够瞬时动作，同时也可降低远后备保护的动作电流，提高灵敏度。

6.5 变压器接地短路的后备保护
(Backup Protection for Transformer Earth Faults)

电力系统中，接地故障是最常见的故障形式。接于中性点直接接地系统的变压器，一般要求装设接地保护作为变压器主保护和相邻元件接地保护的后备保护。发生接地故障时，变压器中性点将出现零序电流，母线将出现零序电压，变压器的接地后备保护通常反应这些电气量。

6.5.1 变电站单台变压器的零序电流保护（Zero Sequence Current Protection for Single Transformer）

中性点直接接地运行的变压器都采用零序电流保护作为变压器接地后备保护。零序电流保护通常采用两段式。零序电流保护 I 段与相邻元件零序电流保护 I 段相配合；零序电流保护 II 段与相邻元件零序电流保护后备段（注意，不是 II 段）相配合。与三绕组变压器相间后备保护类似，零序电流保护在配置上要考虑缩小故障影响范围的问题。根据需要，每段零序电流保护可设两个时限，并以较短的时限动作于缩小故障影响范围，以较长的时限断开变压器各侧断路器。

图 6.22 所示的是双绕组变压器零序电流保护的原理接线和保护逻辑电路。零序电流取自变压器中性点电流互感器的二次侧。由于是双母线运行，在另一条母线故障时，零序电流保护应该跳开母联断路器 QF，使变压器能够继续运行。所以零序电流保护 I 段和 II 段均采用两个时限，短时限 t_1、t_3 跳开母联断路器 QF，长时限 t_2、t_4 跳开变压器两侧断路器。

零序电流保护 I 段的动作电流整定计算式为

$$I_{set}^{I} = K_{rel}K_b I_{1x.set}^{I} \qquad (6.42)$$

式中　K_{rel}——可靠系数，取 1.2；
　　　K_b——零序电流分支系数；
　　　$I_{1x.set}^{I}$——相邻元件零序电流 I 段的动作电流。

零序电流保护 I 段的短时限取 $t_1 = 0.5 \sim 1.0s$；长时限在 t_1 上再增加一级时限，即 $t_2 = t_1 + \Delta t$。

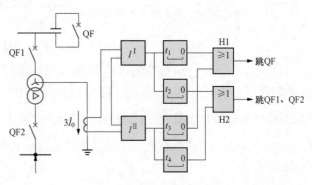

图 6.22　零序电流保护的原理接线和保护逻辑电路

零序电流保护Ⅱ段的动作电流也按式（6.42）整定，只是式中的电流 $I_{1x.set}^{I}$ 应理解为相邻元件零序电流保护后备段的动作电流。动作时限 $t_3 = t_3' + \Delta t$（t_3' 为相邻元件保护后备段时限），$t_4 = t_3 + \Delta t$。

零序电流保护Ⅰ段的灵敏系数按变压器母线处故障校验，Ⅱ段按相邻元件末端故障校验，校验方法与线路零序电流保护相同。

三绕组变压器往往有两侧中性点直接接地运行，应该在两侧中性点上分别装设两段式的零序电流保护。各侧的零序电流保护作为本侧相邻元件保护的后备和变压器主保护的后备。在动作电流整定时要考虑对侧接地故障的影响，灵敏度不够时可考虑装设零序电流方向元件。若不是双母线运行，各段也设两个时限，短时限动作于跳开变压器的本侧断路器，长时限动作于跳开变压器的各侧断路器。若是双母线运行，也需要按照尽量减小影响范围的原则，有选择性地跳开母联断路器、变压器本侧断路器和各侧断路器，具体配置可参阅相关文献。

6.5.2　自耦变压器零序电流保护的特点 （Features of Zero Sequence Current Protection for Autotransformer）

自耦变压器具有体积小、价格便宜、效率高等优点，在大容量、高电压电力系统中获得广泛的应用。如图6.23所示，自耦变压器通常采用三绕组，高、中压之间除了磁的联系外还有电的联系，采用中性点直接接地的星形（YN）接线方式；第三绕组（低压绕组）与普通变压器一样，与其他两侧只有磁的联系，采用三角形（d）接线方式。自耦变压器的等效电路与YNynd接线方式的普通变压器完全一样，只是变压器漏抗等参数的计算方法有所不同，保护配置与普通变压器也基本相同。但对于零序电流保护，两者的安装地点不一样。普通三绕组变压器，两侧的零序电流保护通常接于各侧接地中性线的零序电流互感器上。自耦变压器高、中压两侧由于具有共同的接地中性点，两侧的零序电流保护不能接于中性线的零序电流互感器上，而应分别接于本侧三相电流互感器的零序电流滤过器上。下面说明其理由。

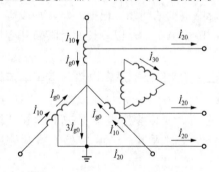

图 6.23　三相自耦变压器零序电流的分布

在图6.23的自耦变压器零序电流分布图中，$\dot{I}_{10}$、$\dot{I}_{20}$ 分别为高、中压侧零序电流，$\dot{I}_{g0}$、$\dot{I}_{30}$ 分别为公共绕组和低压绕组的零序电流。变压器中性线上的电流 $3\dot{I}_{g0}$ 与高、中压侧零序电流之间的关系为

$$3\dot{I}_{g0} = 3\dot{I}_{10} - 3\dot{I}_{20} \tag{6.43}$$

设图6.24（a）所示系统的 k 点发生接地故障，其零序等效电路如图6.24（b）所示（参数归算到中压侧）。X_{10}、X_{20}、X_{30} 分别为高、中、低压侧的等效漏抗；X_{M0}、X_{N0} 分别为两侧系统的等效零电抗；$\dot{I}_{10}'$ 为归算到中压侧的高压侧零序电流，与有名值电流的关系为 $\dot{I}_{10} = \dot{I}_{10}'/n_{12}$，$n_{12}$ 为变压器高、中压之间的变比。由图6.24（b）可得变压器两侧零序电流之间的关系为

$$\dot{I}_{20} = \dot{I}_{10}' \frac{X_{30}}{X_{30} + X_{20} + X_{N0}} = n_{12}\dot{I}_{10} \frac{X_{30}}{X_{30} + X_{20} + X_{N0}} \tag{6.44}$$

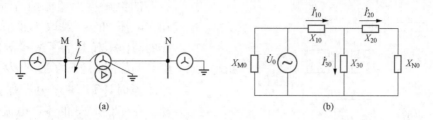

图 6.24 外部短路接地及等效零序电路图

(a) 系统图；(b) 等效电路

将式（6.44）代入式（6.43），得

$$3\dot{I}_{g0} = 3\dot{I}_{10}\left(1 - \frac{n_{12}X_{30}}{X_{30}+X_{20}+X_{N0}}\right) = 3\dot{I}_{10}\frac{X_{20}+X_{N0}-(n_{12}-1)X_{30}}{X_{30}+X_{20}+X_{N0}} \quad (6.45)$$

由式（6.45）可见，流入中性线的电流 $3\dot{I}_{g0}$ 将随着中压侧系统阻抗 X_{N0} 的变化而变化，当 $X_{20}+X_{N0}=(n_{12}-1)X_{30}$ 时，$3\dot{I}_{g0}=0$；而当 $X_{20}+X_{N0}>(n_{12}-1)X_{30}$ 时与 $X_{20}+X_{N0}<(n_{12}-1)X_{30}$ 时，$3\dot{I}_{g0}$ 的相位相差 180°。因此，自耦变压器中性线上零序电流 $3\dot{I}_{g0}$ 的大小和方向都是不确定的，不能用于零序电流保护。

6.5.3 多台变压器并联运行时的接地后备保护（Earth Fault Backup Protection for Multiple Transformers in Parallel Operation）

对于多台变压器并联运行的变电站，通常采用一部分变压器中性点接地运行，而另一部分变压器中性点不接地运行的方式。这样可以将接地故障电流水平限制在合理范围内，同时也使整个电力系统零序电流的大小和分布情况尽量不受运行方式变化的影响，提高系统零序电流保护的灵敏度。如图 6.25 所示，T2 和 T3 中性点接地运行，T1 中性点不接地运行。

k2 点发生单相接地故障时，T2 和 T3 由零序电流保护动作而被切除，T1 由于无零序电流，仍将带故障运行。此时由于接地中性点失去，变成了中性点不接地系统单相接地故障的情况，将产生接近额定相电压的零序电压，危及变压器和其他电气设备的绝缘，因此需要装设中性点不接地运行方式下的接地保护将 T1 切除。中性点不接地运行方式下的接地保护根据变压器绝缘等级的不同，分别采用如下的保护方案。

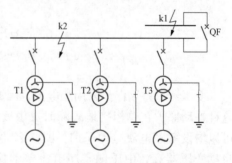

图 6.25 多台变压器并联运行的变电站

1. 全绝缘变压器的接地保护

全绝缘变压器在所连接的系统发生单相接地故障的同时又变为中性点不接地（即图 6.26 中 T2、T3 先跳闸）时，绝缘不会受到威胁，但此时产生的零序过电压会危及其他电气设备的绝缘，需装设零序电压保护将变压器切除。其接地保护的原理接线如图 6.26 所示。零序电流保护作为变压器中性点运行时的接地保护，与图 6.22 的单台变压器接地保护完全一样。零序电压保护作为中性点不接地运行时的接地保护，零序电压取自电压互感器二次侧的开口三角形绕组。零序电压保护的动作电压要躲过在部分中性点接地的电网中发生单相接地时，保护安装处可能出现的最大零序电压；同时要在发生单相接地且失去接地中性点时有

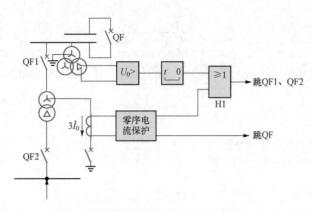

图 6.26　全绝缘变压器接地保护原理接线图

足够的灵敏度。考虑两方面的因素，动作电压 $3U_0$ 一般取 $1.8U_N$。采取这样的动作电压是为了减少故障影响范围。例如图 6.25 的 k1 点发生单相接地故障时，T1 零序电压保护不会启动，在 T2 和 T3 的零序电流保护将母联断路器 QF 跳开后，各变压器仍能继续运行；而 k2 点发生故障时，QF 和 T2、T3 跳开后，接地中性点失去，T1 的零序电压保护动作。由于零序电压保护只有在中性点失去、系统中没有零序电流的情况下才能够动作，不需要与其他元件的接地保护相配合，故动作时限只需躲过暂态电压的时间，通常取 $0.3\sim0.5s$。

2. 分级绝缘变压器的接地后备保护的概念

220kV 及以上电压等级的大型变压器，为了降低造价，高压绕组采用分级绝缘，中性点绝缘水平比较低，在单相接地故障且失去中性点接地时，其绝缘会受到破坏。为此可以在变压器中性点装设放电间隙，当间隙上的电压超过动作电压时迅速放电，形成中性点对地的短路，从而保护变压器中性点的绝缘。因放电间隙不能长时间通过电流，故在放电间隙上装设零序电流元件，在检测到间隙放电后迅速切除变压器。另外，放电间隙是一种比较粗糙的设施，气象条件、连续放电的次数都可能会出现该动作而不能动作的情况，因此还需装设零序电压元件，作为间隙不能放电时的后备，动作于切除变压器，动作电压和时限的整定方法与全绝缘变压器的零序电压保护相同。

6.6　变压器零序电流差动保护
(Zero Sequence Differential Protection for Power Transformer)

变压器纵差动保护采用相电流，因此变压器发生内部单相接地故障时灵敏度比较低。若这种差动保护在单相接地故障时灵敏度不足，可以增设零序电流差动保护。图 6.27 所示为自耦变压器高、中压侧零序电流差动保护的原理接线图，流入差动保护的差电流 I_{r0} 为

$$I_{r0} = \frac{|\,3\dot{I}_{g0} - 3\dot{I}_{z0} - 3\dot{I}_0\,|}{n} \quad (6.46)$$

式中　$3\dot{I}_0$——接于变压器中性点电流互感器的电流；

$3\dot{I}_{g0}$、$3\dot{I}_{z0}$——接于变压器高压侧和中压侧三相电流互感器零序滤过器的输出电流；

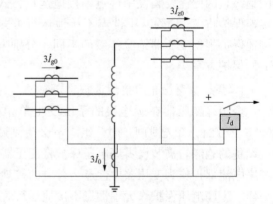

图 6.27　自耦变压器高、中压侧零序电流差动保护原理接线图

n——电流互感器的变比。

零序电流差动保护要求各个电流互感器选取相同的变比，若变比不一样则会在外部接地故障时产生不平衡电流。对于三绕组的普通变压器，可以在中性点直接接地的两侧分别装设零序电流差动保护。

零序电流差动保护的动作判据与一般差动保护一样，整定原则为：

（1）躲过外部单相接地故障时的不平衡电流。不平衡电流的计算公式与一般电流差动保护类似。

（2）躲过励磁涌流情况下和外部三相故障时产生的零序不平衡电流。励磁涌流对零序电流差动保护而言是穿越性电流，理论上不会产生不平衡电流，三相故障时一次侧也无零序电流。实际中产生的零序不平衡电流是由各个电流互感器传变误差引起的，计算公式参见相关文献。

从上面的整定原则可以看到，零序电流差动保护的动作电流比一般电流差动保护小，因此在变压器内部单相接地故障时灵敏度比较高。

6.7　变压器保护配置原则
(Transformer Protection Schemes)

上面各节介绍的保护原理都是反应电气量特征的，对于变压器内部的某些轻微故障，灵敏性可能不能满足要求，因此变压器通常还装设反应油箱内部油、气、温度等特征的非电量保护。此外，对于某些不正常运行状态，如果有可能损伤变压器，也需要装设专门的保护。根据规程规定，变压器一般应装设下列保护。

1. 瓦斯保护

电力变压器通常是利用变压器油作为绝缘和冷却介质。当变压器油箱内故障时，在故障电流和故障点电弧的作用下，变压器油和其他绝缘材料会受热分解，产生大量气体。气体排出的多少以及排出速度与变压器故障的严重程度有关。利用这种气体来实现保护的装置，称为瓦斯保护。瓦斯保护能够保护变压器油箱内的各种轻微故障（如绕组轻微的匝间短路、铁芯烧损等），但不能反应变压器绝缘子闪络等油箱外面的故障。容量为800kVA及以上的油浸式变压器和400kVA及以上的车间内油浸式变压器，应装设瓦斯保护。

瓦斯保护的主要元件是气体继电器，它安装在油箱和油枕之间的连接管道上，如图6.28所示。气体继电器有两个输出触点：一个反应变压器内部的不正常情况或轻微故障，称为轻瓦斯；另一个反应变压器的严重故障，称为重瓦斯。轻瓦斯动作于信号，使运行人员能够迅速发现故障并及时处理；重瓦斯动作于跳开变压器各侧断路器。

气体继电器大致的工作原理如下：变压器发生轻微故障时，油箱内产生的气体较少且速度慢，由于油枕处在油箱的上方，气体沿管道上升，气体继

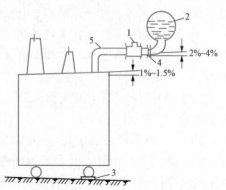

图 6.28　气体继电器安装位置
1—气体继电器；2—油枕；3—钢垫块；
4—阀门；5—导油管

电器内的油面下降，当下降到动作门槛时，轻瓦斯动作，发出警告信号。变压器发生严重故障时，故障点周围的温度剧增而迅速产生大量的气体，变压器内部压力升高，迫使变压器油从油箱经过管道向油枕方向冲去，当气体继电器感受到的油速达到动作门槛时，重瓦斯动作，瞬时作用于跳闸回路，切除变压器，以防事故扩大。

2. 纵差动保护或电流速断保护

对于容量为 6300kVA 及以上的变压器、发电厂厂用变压器和并列运行的变压器，以及 10000kVA 及以上的发电厂厂用备用变压器和单独运行的变压器，应装设纵差动保护。对于容量为 10000kVA 以下的变压器，当后备保护的动作时限大于 0.5s 时，应装设电流速断保护。对 2000kVA 以上的变压器，当电流速断保护的灵敏性不能满足要求时，也应装设纵差动保护。

3. 外部相间短路和接地短路时的后备保护

这部分内容前面已经介绍，不再赘述。

4. 过负荷保护

变压器长期过负荷运行时，绕组会因发热而受到损伤。对 400kVA 以上的变压器，当数台并列运行，或单独运行并作为其他负荷的备用电源时，应根据可能过负荷的情况，装设过负荷保护。过负荷保护接于一相电流上，并延时作用于信号。对于无经常值班人员的变电站，必要时过负荷保护可动作于自动减负荷或跳闸。对自耦变压器和多绕组变压器，过负荷保护应能反应公共绕组及各侧过负荷的情况。

5. 过励磁保护

由频率降低和电压升高引起变压器过励磁时，励磁电流会急剧增加，铁芯及附近的金属构件损耗会增加，从而引起高温。长时间或多次反复过励磁时，绝缘将因过热而老化。高压侧电压为 500kV 及以上的变压器，应装设过励磁保护，在变压器允许的过励磁范围内，保护作用于信号，当过励磁超过允许值时，可动作于跳闸。过励磁保护反应于铁芯的实际工作磁密和额定工作磁密之比（称为过励磁倍数）而动作。实际工作磁密通常通过检测变压器电压幅值与频率的比值来计算。

6. 其他非电量保护

对变压器温度及油箱内压力升高和冷却系统故障，应按现行有关变压器的标准要求，专设可作用于信号或动作于跳闸的非电量保护。

为了满足电力系统稳定方面的要求，当变压器发生故障时，要求保护装置快速切除故障。变压器的瓦斯保护和纵差动保护（对小容量变压器则为电流速断保护）已构成双重化快速保护，但变压器外部引出线上的故障只有一套快速保护。当变压器故障而纵差动保护拒动时，将由带延时的后备保护切除故障。为了保证在任何情况下都能快速切除故障，大型变压器应装设双重纵差动保护。

图 6.29 所示的是 220/110/35kV 变压器的一种保护配置方案。变压器采用 YNynd 的接线方式，高压侧的中性点装设放电间隙，中压侧中性点直接接地运行。图中 TA1、TA2、TA3 表示高、中、低压侧的电流互感器；TA01、TA02、TA01′ 表示高、中压侧中性线以及放电间隙回路的电流互感器；TV1、TV2、TV3 表示高、中、低压侧的电压互感器；带有数字的小方框表示各种保护，例如方框 7 表示变压器高压侧装设了零序电流电压保护，电压引自 TV1，电流引自 TA01 和 TA01′。

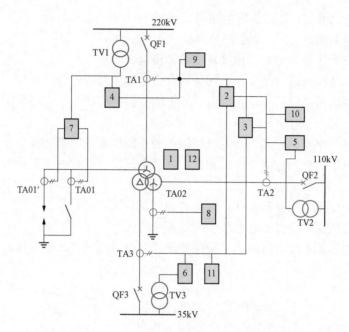

图 6.29   220/110/35kV 变压器保护配置图

1—瓦斯保护；2—第一纵差动保护（二次谐波制动原理）；3—第二纵差动保护（间断角鉴别原理）；

4、5、6—高、中、低压侧的复合电压启动的过电流保护；7—高压侧的零序电流电压保护；

8—中压侧的零序电流保护；9、10、11—高、中、低压侧的过负荷保护；12—其他非电量保护

习题及思考题
(Exercise and Questions)

6.1 变压器可能发生哪些故障和不正常运行状态？它们与线路相比有何异同？

6.2 若三相变压器采用 YNy12 接线方式，纵差动保护电流互感器能否采用单相变压器的接线方式，并说明理由。

6.3 证明式（6.9）给出的是三绕组变压器纵差动保护各侧电流互感器变比选择原则。

6.4 比较变压器纵差动保护和线路纵差动电流保护不平衡电流特点的异同。

6.5 一台双绕组降压变压器的容量为 15MVA，电压比为 $35\pm2\times2.5\%/6.6kV$，Yd11 接线；采用 BCH - 2 型继电器。求差动保护的动作电流。已知：6.6kV 外部短路的最大三相短路电流为 9420A；35kV 侧电流互感器变比为 600/5，35kV 侧电流互感器变比为 1500/5；可靠系数取 $K_{rel}=1.3$。

6.6 变压器纵差动保护的拐点电流选取要考虑哪些因素？

6.7 励磁涌流是怎么产生的？与哪些因素有关？

6.8 三相励磁涌流是否会出现两个对称性涌流？为什么？

6.9 流入三相变压器 A 相差动继电器的励磁涌流为 $i_{\mu.A.r}=i_{\mu A}-i_{\mu B}$。设 $i_{\mu.A.r}$、$i_{\mu.B.r}$ 的间断角为 θ_A 和 θ_B，分别求下面三种情况下 $i_{\mu.A.r}$ 的间断角：

（1）$i_{\mu.A.r}$、$i_{\mu.B.r}$ 均为正向涌流；

（2）$i_{\mu A\cdot \tau}$为正向涌流，$i_{\mu B\cdot \tau}$为反向涌流；

（3）$i_{\mu A\cdot \tau}$为反向涌流，$i_{\mu B\cdot \tau}$为正向涌流。

6.10　为什么和应涌流的衰减比普通励磁涌流缓慢？

6.11　无穷大系统的两台变压器之间是否会产生和应涌流？为什么？

6.12　变压器纵差动保护中消除励磁涌流影响的措施有哪些？它们利用了哪些特征？各自有何特点？

6.13　变压器过电流保护和线路过电流保护的整定原则的区别在哪里？

6.14　与低电压启动的过电流保护相比，复合电压启动的过电流保护为什么能够提高灵敏度？

6.15　三绕组变压器相间后备保护的配置原则是什么？

6.16　零序电流保护为什么在各段中均设两个时限？

6.17　多台变压器并联运行时，全绝缘变压器和分级绝缘变压器对接地保护的要求有何区别？

7 发电机保护
Generator Protection

7.1 发电机的故障、不正常运行状态及其保护方式
(Faults，Abnormal Operation Conditions of Generator and Its Protection)

发电机的安全运行对保证电力系统的正常工作和电能质量起着决定性的作用，同时发电机本身也是造价较高的电气设备，因此，应该针对各种不同的故障和不正常运行状态，装设性能完善的继电保护装置。

发电机本体故障包含定子侧故障和转子侧故障。定子侧故障类型主要有定子绕组相间短路、定子同相同分支或不同分支绕组内的匝间短路、定子绕组单相接地等；转子侧故障类型主要有转子绕组一点接地故障、转子绕组两点接地或绕组匝间短路故障、转子励磁回路全部或部分失磁故障等。对于大型发电机组启停机期间发生的故障，由于可能没有励磁或转子转速处于不正常运行等状态，因此需要专门的启停机故障保护。

发电机的不正常运行状态主要有：由于外部短路而引起的定子绕组过电流；由于负荷超过发电机额定容量而引起的三相对称过负荷；由于外部不对称短路或不对称负荷（如单相负荷、非全相运行等）而引起的发电机负序过电流；由于突然甩负荷而引起的定子绕组过电压；由于励磁回路故障或强励时间过长而引起的转子绕组过负荷；由于汽轮机主汽门突然关闭而引起的发电机逆功率；由于发电机启停机期间突然加电的误上电事故等。

针对以上故障类型及不正常运行状态，发电机继电保护设置应考虑以下特点和原则。

（1）由于发电机定子侧电压远高于转子侧电压，因此定子侧发生短路性故障对发电机的危害更大；由于发电机结构特点，发电机本体故障中定子侧单相接地故障和失磁故障发生的概率相对较高，发电机定子相间短路较大部分是由定子单相接地故障发展起来的，发电机承受正序电流的能力远高于负序电流，因此掌握发电机的这些故障特点可以更好地保护发电机的运行安全。

（2）100MW 及以上容量发电机及发电机 - 变压器组电气量保护应按双重化微机保护配置，保护配置原则应以强化主保护、简化后备保护为原则。每套发电机 - 变压器组保护装置均应含完整的主保护及后备保护，宜使用主、后一体化的保护装置。当发电机与变压器之间装设断路器时，发电机与变压器保护装置应分别独立设置。当发电机出口不装设断路器时，发电机与变压器保护装置可合并设置，每一套保护宜具有发电机纵联差动保护和变压器纵联差动保护功能。

双重化配置的两套电气量保护的直流电源、电流回路、电压回路、开入量、跳闸回路等应相互独立，彼此没有电气联系，并且安装在各自柜内。当运行中的一套保护因异常需退出或检修时，应不影响另一套保护的正常运行。双重化配置的两套电气量保护应分别动作于断路器的一组跳闸线圈。

（3）非电量保护应设置独立的装置、独立的电源回路和出口跳闸回路，与电气量保护必须完全分开。非电量保护宜独立组屏。非电量保护的跳闸回路应同时作用于断路器的两组跳闸线圈。

（4）对 1MW 以上发电机的定子绕组及其引出线的相间短路，应装设纵差动保护；对 100MW 以下的发电机 - 变压器组，当发电机与变压器之间有断路器时，发电机与变压器宜分别装设单独的纵联差动保护；对 100MW 及以上的发电机 - 变压器组，应装设双重主保护，每一套主保护宜具有发电机纵联差动保护和变压器纵联差动保护功能。

（5）对直接连于母线的发电机定子绕组单相接地故障，当单相接地故障电流（不考虑消弧线圈的补偿作用）大于制造厂的规定值（如无制造厂规定值可参考表 7.1 规定的允许值）时，应装设有选择性的接地保护装置。

表 7.1　　　　　　　　　　　发电机定子绕组单相接地故障电流允许值

发电机额定电压（kV）	发电机额定容量（MW）		接地电容电流允许值（A）
6.3	<50		4
10.5	汽轮发电机	50～100	3
	水轮发电机	10～100	
13.80～15.75	汽轮发电机	125～200	2*
	水轮发电机	40～225	
18～20	300～600		1

* 对氢冷发电机的接地电容电流允许值为 2.5A。

对于发电机 - 变压器组，容量在 100MW 以下的发电机，应装设保护区不小于定子绕组串联匝数 90% 的定子接地保护；容量在 100MW 及以上的发电机，应装设保护区为 100% 的定子接地保护，保护带时限动作于信号，必要时也可以动作于切机。

（6）对于发电机定子绕组的匝间短路，当定子绕组星形接线、每相有并联分支且中性点侧有分支引出端时，应装设零序电流型横差保护或裂相横差保护、不完全纵差保护；对于 50MW 及以上发电机，当中性点只有三个引出端子时，根据用户和制造厂的要求，也可装设专用的匝间短路保护。

（7）对于发电机外部短路引起的过电流，可采用下列保护方式，出口宜带有二延时，较短延时用于解列，较长延时用于停机。其中的电流元件宜配置在发电机中性点侧。

1）1MW 及以下与其他发电机或电力系统并列运行的发电机，应装设过电流保护；

2）1MW 以上的发电机，宜装设复合电压（包括负序电压及线电压）启动的过电流保护。灵敏度不满足要求时可增设负序过电流保护；

3）50MW 及以上的发电机，宜装设负序过电流保护和单元件低压启动过电流保护；

4）自并励（无串联变压器）发电机，宜采用带电流记忆（保持）的低压过电流保护。

（8）对过负荷引起的发电机定子绕组过电流，应按下列规定装设定子绕组过负荷保护：

1）定子绕组非直接冷却的发电机，应装设定时限过负荷保护；

2）定子绕组为直接冷却且过负荷能力较低（如低于 1.5 倍、60s），过负荷保护由定时限和反时限两部分组成。

（9）对由不对称负荷、非全相运行及外部不对称短路引起的负序电流，应按下列规定装设负序过电流保护（即转子表层过负荷保护）：

1）50MW 及以上 A 值（转子表层承受负序过电流能力的常数）大于 10 的发电机，应装设定时限负序过负荷保护；

2）100MW 及以上 A 值小于 10 的发电机，应装设由定时限和反时限两部分组成的负序过电流保护。

（10）对发电机绕组的异常过电压，应按下列规定装设过电压保护：

1）对水轮发电机，应装设过电压保护，宜动作于解列灭磁；

2）对于 100MW 及以上的汽轮发电机，宜装设过电压保护，宜动作于解列灭磁或程序跳闸。

（11）对 1MW 及以下发电机的转子一点接地故障，可装设定期检测装置。1MW 及以上的发电机应装设专用的转子一点接地保护装置延时动作于信号，宜减负荷平稳停机，有条件时可动作于程序跳闸。对旋转励磁的发电机，宜装设一点接地故障定期检测装置。

（12）对励磁电流异常下降或完全消失的失磁故障，应按下列规定装设失磁保护装置：

1）对不允许失磁运行的发电机及失磁对电力系统有重大影响的发电机，应装设专用的失磁保护。

2）对汽轮发电机，失磁保护宜瞬时或短延时动作于信号，有条件的机组可进行励磁切换。当失磁后母线电压低于系统允许值时，带时限动作于解列。当发电机母线电压低于保证厂用电稳定运行要求的电压时，带时限动作于解列，并切换厂用电源。有条件的机组失磁保护也可动作于自动减出力。当减出力至发电机失磁允许负荷以下、其运行时间接近于失磁允许运行时限时，可动作于程序跳闸。

3）对水轮发电机，失磁保护应带时限动作于解列。

（13）300MW 及以上发电机，应装设过励磁保护。保护装置可装设由低定值和高定值两部分组成的定时限过励磁保护或反时限过励磁保护，有条件时应优先装设反时限过励磁保护。

1）反时限的保护特性曲线应与发电机的允许过励磁能力相配合；

2）汽轮发电机装设了过励磁保护可不再装设过电压保护。

（14）对发电机变电动机运行的异常运行方式，200MW 及以上的汽轮发电机，宜装设逆功率保护。对燃气轮发电机，应装设逆功率保护。保护装置由灵敏的功率继电器构成，带时限动作于信号，经汽轮机允许的逆功率时间延时动作于解列。

（15）对低于额定频率带负载运行的 300MW 及以上汽轮发电机，应装设低频率保护，保护动作于信号，并有累计时间显示。对高于额定频率带负载运行的 100MW 及以上汽轮发电机或水轮发电机，应装设高频率保护，保护动作于解列灭磁或程序跳闸。

（16）300MW 及以上发电机，宜装设失步保护。在短路故障、系统同步振荡、电压回路断线等情况下，保护不应误动作。

（17）对 300MW 及以上汽轮发电机，发电机励磁回路一点接地、发电机运行频率异常、励磁电流异常下降或消失等异常运行方式，保护动作于停机，宜采用程序跳闸方式。采用程序跳闸方式时，由逆功率继电器作闭锁元件。

（18）对调相运行的水轮发电机，在调相运行期间有可能失去电源时，应装设解列保护，保护装置带时限动作于停机。

（19）对于发电机启停过程中发生的故障、断路器断口闪络及发电机轴电流过大等故障和异常运行方式，可根据机组特点和电力系统运行要求，采取措施或增设相应保护。对300MW及以上机组，宜装设突然加电压保护。

（20）抽水蓄能发电机组应根据其机组容量和接线方式装设与水轮发电机相当的保护，且应能满足发电机、调相机或电动机不同运行方式的要求，宜装设变频启动和发电机电制动停机需要的保护。

图 7.1　某 300MW 及以上发电机 - 变压器组保护典型配置图

（21）自并励发电机的励磁变压器宜采用电流速断保护作为主保护，过电流保护作为后备保护。对交流励磁发电机的主励磁机的短路故障，宜在中性点侧的 TA 回路装设电流速断保护作为主保护，过电流保护作为后备保护。

图 7.1（见文后插页或扫码查阅）为某 300MW 及以上发电机 - 变压器组保护典型配置图。

7.2　发电机定子绕组短路故障的保护
(Protection of Short Circuit in Generator Stator Windings)

7.2.1　发电机定子绕组短路故障的特点 (Characteristics of Generator Stator Winding Short Circuit Faults)

发电机定子绕组中性点一般不直接接地，而是通过高阻接地、消弧线圈接地或不接地，故发电机的定子绕组都设计为全绝缘。尽管如此，发电机定子绕组仍可能由于绝缘老化、过电压冲击或者机械振动等原因发生单相接地和短路故障。发电机定子单相接地并不会引起大的短路电流，属于非短路性故障。发电机内部短路故障主要是指定子的各种相间和匝间短路故障，短路故障时在发电机被短接的绕组中将会出现很大的短路电流，严重损伤发电机本体，甚至使发电机报废，危害十分严重，修复费用也非常高。因此发电机定子绕组的短路故障保护历来是发电机保护的研究重点之一。

发电机定子的短路故障形成比较复杂，大体归纳起来主要有五种情况：①发生单相接地，然后由于电弧引发故障点处相间短路；②直接发生线棒间绝缘击穿形成相间短路；③发生单相接地，然后由于电位的变化引发其他地点发生另一点的接地，从而构成两点接地短路；④发电机端部放电构成相间短路；⑤定子绕组同一相的匝间短路故障。

近年来短路故障的统计数据表明，在发电机及其机端引出线的短路性故障中，相间短路是发生最多的，是发电机保护考虑的重点。虽然定子绕组匝间短路发生的概率相对较少，但也有发生的可能性，也需要配置保护。

7.2.2　比率制动式纵差动保护 (Longitudinal Differential Protection with Characteristics of Percentage Restraint)

发电机纵差动保护基本原理与前面章节介绍的差动保护相似，已作过详细介绍。此处为了便于说明发电机纵差动保护的特点，对其原理（如图 7.2 所示）再作一简单描述。图中以一相为例，规定一次电流以流入发电机为正方向。当正常运行以及发生保护区外故障时，流入差动继电器的差动电流为零，继电器将不动作。当发生发电机内部故障时，流入差动继电器的差动电流将会出现较大的数值，当差动电流超过整定值时，继电器判为发生了发电机内部故障而作用于跳闸。

按照传统的纵差动保护整定方法，为防止纵差动保护在外部短路时误动，继电器动作电流 I_d 应躲过最大不平衡电流 $I_{unb.max}$，这样一来，纵差动保护动作电流 I_{set} 将比较大，降低了保护的灵敏度，甚至有可能在发电机内部相间短路时拒动。为了解决这个问题，考虑到不平衡电流随着流过 TA 电流的增加而增加的因素，提出了比率制动式纵差动保护，使动作值随着外部短路电流的增大而自动增大。

设 $I_d = |\dot{I}_1' + \dot{I}_2'|$，$I_{res} = \left| \dfrac{\dot{I}_1' - \dot{I}_2'}{2} \right|$，比率制动式差动保

护的动作方程为

图 7.2　发电机纵差动保护
原理图

$$\left.\begin{array}{ll} I_d > K(I_{res} - I_{res.min}) + I_{d.min}, & I_{res} > I_{res.min} \\ I_d > I_{d.min}, & I_{res} \leqslant I_{res.min} \end{array}\right\} \tag{7.1}$$

式中　I_d——差动电流，或称动作电流；

I_{res}——制动电流；

$I_{res.min}$——拐点电流；

$I_{d.min}$——动作电流；

K——制动线斜率（即图 7.3 中斜线 BC 的斜率）。

式（7.1）对应的比率制动特性如图 7.3 所示。由式（7.1）可以看出，它在动作方程中引入了动作电流和拐点电流，制动线 BC 一般已不再经过原点，从而能够更好地拟合 TA 的误差特性，进一步提高差动保护的灵敏度。以往传统保护中常使用过原点的 OC 连线的斜率表示制动系数（记为 K_{res}），而在这里比率制动线 BC 的斜率是 $K(K = \tan\alpha)$。

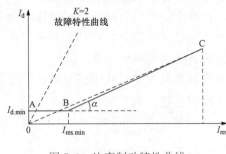

图 7.3　比率制动特性曲线

根据比率制动特性曲线（见图 7.3）分析，当发电机正常运行，或区外较远的地方发生短路时，差动电流接近为零，差动保护不会误动。而在发电机内部发生短路故障时，差动电流明显增大，$\dot{I}_1$ 和 $\dot{I}_2$ 相位接近相同，减小了制动量，从而可灵敏动作。当发生发电机内部轻微故障时，虽然有负荷电流制动，但制动量比较小，保护一般也能可靠动作。

差动保护制动曲线还有多折线的比率制动和变比率制动等多种其他原理。

7.2.3　标积制动式纵差动保护（Longitudinal Differential Protection with Characteristics of Product Restraint）

标积制动是比率制动原理的另一种表达形式，其关系将在第 9 章说明。这里介绍一种实用的标积制动式纵差动保护判据。仍以电流流入发电机为正方向，令

$$I_d = |\dot{I}_1' + \dot{I}_2'| \tag{7.2}$$

$$I_{res} = \begin{cases} \sqrt{|\dot{I}_1' \dot{I}_2' \cos(180° - \theta)|}, & \cos(180° - \theta) \geqslant 0 \\ \sqrt{0}, & \cos(180° - \theta) < 0 \end{cases} \tag{7.3}$$

标积制动式纵差动保护的动作判据为式（7.4）或式（7.1），则

$$(I_d \geqslant K_s I_{res}) \bigcap (I_d \geqslant I_{d.min}) \tag{7.4}$$

式中　K_s——标积制动系数；

　　　　θ——$\dot{I}_1'$和$\dot{I}_2'$的夹角。

7.2.4　发电机纵差动保护的接线方式（Connection Mode of Generator Longitudinal Differential Protection）

本节所论适用于比率制动式纵差动保护和标积制动式纵差动保护。

1. 发电机纵差动保护的动作逻辑

由于发电机中性点为非直接接地，当发电机内部发生相间短路时，会有两相或三相的差动继电器同时动作。根据这一特点，在保护跳闸逻辑设计时可以作相应的考虑。当两相或两相以上差动继电器动作时，可判断为发电机内部发生短路故障；而仅有一相差动继电器动作时，则判为 TA 断线。为了对付发生一点在区内接地而另外一点在区外接地引起的短路故障，当有一相差动继电器动作且同时有负序电压时，也判定为发电机内部短路故障。这种动作逻辑的特点是单相 TA 断线不会误动，因此可省去专用的 TA 断线闭锁环节，保护安全可靠。

2. 发电机不完全纵差动保护接线

常规纵差动保护引入发电机定子机端和中性点的全部相电流 $\dot{I}_1$ 和 $\dot{I}_2$，在定子绕组发生同相匝间短路时两电流仍然相等，保护将不能动作。而通常大型的汽轮发电机或水轮发电机每相定子绕组均为两个或者多个并联分支，如图 7.4 所示。若仅引入发电机的中性点部分分支电流 $\dot{I}_2'$ 来构成纵差动保护，选择适当的 TA 变比，也可以保证正常运行及区外故障时没有差流，而在发生发电机相间与匝间短路时均会形成差流，当超过定值时，可切除故障。这种纵差动保护被称为不完全纵差动保护。

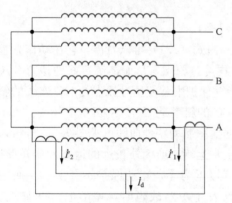

图 7.4　发电机不完全纵差动保护原理接线
（以 A 相为例）

不完全纵差动保护可按下列原则选择配置中性点 TA 的个数

$$a/2 \leqslant N \leqslant (a/2)+1 \tag{7.5}$$

式中　N——中性点侧每相接入纵差动保护的分支数；

　　　　a——发电机每相并联的分支总数。

式（7.5）简单地取分支总数的一半，如果分支总数是奇数，则取一半多 1。由于存在 N 选多时相间短路灵敏度高但匝间短路灵敏度下降，N 选少时匝间短路灵敏度提高而相间短路灵敏度会下降的问题，式（7.5）选取的 N 是一种偏于安全的 TA 配置方式。对于具体一台发电机，上述 TA 的个数选取方法并不一定是最理想的，灵敏度也不一定最高，它只是不完全纵差动保护的一种简单的应用方法。

由于发电机不完全纵差动保护仅引入了中性点的部分分支电流，因此在应用时要注意以下问题：

（1）TA 的误差。发电机机端和中性点 TA 的变比不再相等，不可能使用同一型号的

TA，因此 TA 引起的不平衡电流将会增加。

（2）误差源增加。除了通常的误差以外，不完全纵差动保护还会存在一些特别的误差源，如各分支参数的一些微小差异（气隙不对称、电机振动等）引起的不平衡。

（3）整定值。相对于发电机完全纵差动保护而言，由于不完全纵差动保护的误差增加，在整定时应该考虑适当提高纵差动保护的动作门槛和比率制动系数。

（4）灵敏度。不完全纵差动保护的灵敏度与发电机中性点分支上 TA 的布置位置及 TA 的数量有密切的关系。在应用不完全纵差动保护前应考虑进行必要的发电机内部短路故障灵敏度分析与计算。

7.2.5 发电机纵差动保护整定与灵敏度（Setting and Sensitivity of Generator Longitudinal Differential Protection）

1. 纵差动保护灵敏度系数的定义与校验

根据规程规定，发电机纵差动保护的灵敏度是在发电机机端发生两相金属性短路情况下差动电流和动作电流的比值，要求 $K_{sen} \geqslant 1.5$。随着对发电机内部短路分析的进一步深入，对发电机内部发生轻微故障的分析成为可能，可以更多地分析内部发生故障时的保护动作行为，从而更好地选择保护原理和方案。

2. 纵差动保护的整定

由图 7.2 可以看出，具有比率制动特性的纵差动保护的动作特性可由 A、B、C 三点决定。对纵差动保护的整定计算，实质上就是对 $I_{d.min}$、$I_{res.min}$ 及 K 的整定计算。

（1）动作电流 $I_{d.min}$ 的整定。动作电流 $I_{d.min}$ 的整定原则是躲过发电机额定工况下差动回路中的最大不平衡电流。在发电机额定工况下，在差动回路中产生的不平衡电流主要由纵差动保护两侧的 TA 变比误差、二次回路参数及测量误差（简称为二次误差）引起。因此动作电流为

$$I_{d.min} = K_{rel}(I_{er1} + I_{er2}) \tag{7.6}$$

式中　K_{rel}——可靠系数，取 1.5~2.0；

　　　I_{er1}——保护两侧的 TA 变比误差产生的差流，取 $0.06I_{GN}$（I_{GN} 为发电机额定电流）；

　　　I_{er2}——保护两侧的二次误差（包括二次回路引线差异以及纵差动保护输入通道变换系数调整不一致）产生的差流，取 $0.1I_{GN}$。

将以上数据代入式（7.6）得 $I_{d.min} = (0.24 \sim 0.32)I_{GN}$，通常取 $0.3I_{GN}$。

对于不完全纵差动保护，尚需考虑发电机每相各分支电流的差异，应适当提高 $I_{d.min}$ 的整定值。在数字保护中，由于可由软件对纵差动保护两侧输入量进行精确平衡调整，可有效地减小上述稳态误差，因此发电机正常平稳运行时，在数字保护中引起的差电流很小，动作电流的不平衡更多的是指暂态不平衡量。

（2）拐点电流 $I_{res.min}$ 的整定。拐点电流 $I_{res.min}$ 的大小，决定保护开始产生制动作用的电流的大小。由图 7.2 可以看出，在动作电流 $I_{d.min}$ 及动作特性曲线的斜率 K 保持不变的情况下，$I_{res.min}$ 越小，差动保护的动作区越小，而制动区增大；反之亦然。因此，拐点电流的大小直接影响差动保护的动作灵敏度。通常拐点电流整定计算式为

$$I_{res.min} = (0.7 \sim 1.0)I_{GN} \tag{7.7}$$

（3）比率制动特性的制动系数 K_{res} 和制动线斜率 K 的整定。发电机纵差动保护比率制动特性的制动线斜率 K，决定于夹角 α（见图 7.2）。可以看出，当拐点电流确定后，夹角 α

决定于 C 点。而特性曲线上的 C 点又可近似由发电机外部故障时最大短路电流 $I_{\text{k. max}}$ 与差动回路中的最大不平衡电流 $I_{\text{unb. max}}$ 确定。由此制动系数 K_{res}（即 OC 连线的斜率）可以表示为

$$K_{\text{res}} = \frac{I_{\text{unb. max}}}{I_{\text{k. max}}} \tag{7.8}$$

而制动线斜率 K 则可表示为

$$K = \frac{I_{\text{unb. max}} - I_{\text{d. min}}}{I_{\text{k. max}} - I_{\text{res. min}}} \tag{7.9}$$

差动回路中的最大不平衡电流，除与纵差动保护用两侧 TA 的 10% 误差、二次回路参数差异及差动保护测量误差（即前述二次误差）有关外，尚与纵差动保护两侧 TA 暂态特性有关。考虑到上述情况，外部故障时，为躲过差动回路中的最大不平衡电流，C 点的纵坐标电流应取为

$$I_{\text{d. max}} = K_{\text{rel}}(0.1 + 0.1 + K_{\text{f}})I_{\text{k. max}} \tag{7.10}$$

式中　　K_{rel}——可靠系数，取 $1.3 \sim 1.5$；

K_{f}——暂态特性系数，当两侧 TA 变比、型号完全相同且二次回路参数相同时，$K_{\text{f}} \approx 0$，当两侧 TA 变比、型号不同时，K_{f} 可取 $0.05 \sim 0.10$；

$I_{\text{d. max}}$——最大动作电流。

将以上数据代入式（7.10）得，$I_{\text{d. max}} \approx (0.26 \sim 0.45) I_{\text{k. max}}$。令 $I_{\text{d. max}} = I_{\text{unb. max}}$，代入式（7.8），可得 $K_{\text{res}} \approx 0.26 \sim 0.45$。

因此，对于发电机完全纵差动保护，K_{res} 可取 0.3；而对于不完全纵差动保护，K_{res} 可取 $0.3 \sim 0.4$。而制动线斜率 K 则可以根据 $I_{\text{k. max}}$ 与 K_{res} 推导得出。

7.2.6　发电机横差动保护（Transverse Differential Protection for Generator Turn - to - Turn Faults）

1. 发电机裂相横差动保护基本原理

在大容量发电机中，由于额定电流很大，其每相都是由两个或两个以上并联分支绕组组成的，在正常运行的时候，各绕组中的电动势相等，流过相等的负荷电流。当同相内非等电位点发生匝间短路时，各绕组中的电动势就不再相等，因而会出现因电动势差而在各绕组间产生的环流。利用这个环流，可以实现对发电机定子绕组匝间短路的保护，构成裂相横差动保护。以一个每相具有两个并联分支绕组的发电机为例，发生不同性质的同相内部短路时，裂相横差动保护的原理可由图 7.5 和图 7.6 来说明。

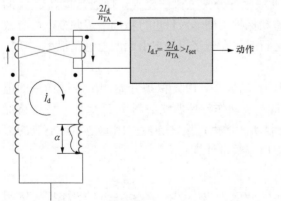

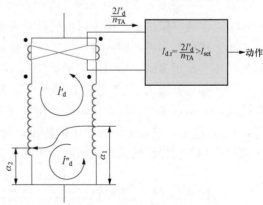

图 7.5　某一绕组内部匝间短路横差动保护　　　　　图 7.6　同相不同绕组匝间短路横差动保护

（1）图 7.5 所示一个分支绕组内部发生匝间短路时，两个分支绕组的电动势将不等，出现环流 I_d，这时在差动回路中将会有 $I_{d.r} = \dfrac{2I_d}{n_{TA}}$（$n_{TA}$ 为 TA 变比），当此电流大于动作电流时，保护可靠动作。但是当短路匝数 α 较小时，环流也较小，有可能小于动作电流，所以保护有死区。

（2）由图 7.6 所示同相的两个并联分支绕组间发生匝间短路时，只要这两个分支绕组短路点存在电动势差（譬如可简单地理解为当 $\alpha_1 \neq \alpha_2$ 时），就分别产生两个环流 $\dot{I}_d'$、$\dot{I}_d''$，此时差动电流为 $I_{d.r} = \dfrac{2\dot{I}_d'}{n_{TA}}$。

（3）保护原理可采用比率制动原理，其动作电流取（0.2～0.4）I_{GN}、制动系数取 0.3～0.6、拐点电流取（0.7～1.0）I_{GN}。

2. 单元件横差动保护基本原理

单元件横差动保护适用于具有多分支的定子绕组且有两个以上中性点引出端子的发电机，能反应定子绕组匝间短路、分支线棒开焊及机内绕组相间短路，其原理如图 7.7 所示。

理想发电机正常工作时中性点连线上不会有电流产生。实际上发电机不同中性点之间存在不平衡电流，可能的原因有：

（1）定子同相而不同分支的绕组参数不完全相同，致使两端的电动势及支路电流有差异；

（2）发电机定子气隙磁场不完全均匀，在不同定子绕组中产生的感应电动势不同；

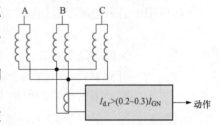

图 7.7 单元件横差动保护接线原理图

（3）转子偏心，在不同的定子绕组中产生不同电动势；

（4）存在三次谐波电流。

因此单元件横差动保护动作电流必须要克服这些不平衡量，整定式为

$$I_{set} = K_{rel}(I_{unb1} + I_{unb2} + I_{unb3}) \tag{7.11}$$

式中　I_{unb1}——额定工况下，同相不同分支绕组由于绕组之间参数的差异产生的不平衡电流，由于是三相之和，一般可取 $3 \times 2\% I_{GN}$；

　　　　I_{unb2}——磁场气隙不平衡产生的不平衡电流，一般可取 $5\% I_{GN}$；

　　　　I_{unb3}——转子偏心（包括正常和异常工况）产生的不平衡电流，一般可取 $10\% I_{GN}$；

　　　　K_{rel}——可靠系数，取 1.2～1.5。

将各参数代入式（7.11）中得，$I_{set} = (0.25 \sim 0.31)I_{GN}$，一般可以选取经验数据（0.2～0.3）$I_{GN}$。必要时，应采用实测值来进行整定。

上述整定计算中没有考虑三次谐波电流的影响，而经验表明在很多情况下存在较大的三次谐波不平衡电流。因此，单元件横差动保护需要具有性能良好的三次谐波滤过器。基于此考虑，单元件横差动保护整定计算时，不再需要考虑三次谐波电流的影响。

7.2.7　纵向零序电压式定子绕组匝间短路保护（Longitudinal Zero Sequence Voltage Protection for Stator Turn - to - Turn Faults）

1. 纵向零序电压式定子绕组匝间短路保护基本原理

发电机定子绕组在其同一分支匝间或同相不同分支间短路故障，均会出现纵向不对称

（即机端相对于中性点出现不对称），从而产生纵向零序电压。该电压由专用电压互感器（互感器一次中性点与发电机中性点通过高压电缆连接起来，而不允许接地）的开口三角形绕组两端取得。当测量到纵向零序电压超过定值时，保护动作。理论上保护不反应发电机定子单相接地故障和系统侧接地短路故障，但由于暂态和主变压器高低压侧绕组之间的电容耦合，线路接地故障会产生少量的不平衡纵向零序电压输出，在整定时需要考虑不平衡量的影响。

2. 纵向零序电压的整定

不同容量不同型号的发电机，其定子绕组的结构及线棒在各定子槽内的分布不同。因此，对于不同的发电机产生匝间短路的类型以及匝间短路时的最少短路匝数也不一样，在匝间短路时可能产生的最大及最小纵向零序电压值的差异很大。发生最小短路匝数的匝间短路时，在有些机组上产生的最小零序电压可能只有 2～4V（TV 二次值），甚至更低。

在对纵向零序电压式定子绕组匝间短路保护进行整定计算时，首先应对发电机定子的结构进行研究，并估算发生最少匝数匝间短路时的最小纵向零序电压值，然后据此进行整定和灵敏度校核，同时还需要考虑躲开各种因素引起的不平衡电压。

实际应用中，纵向零序电压式定子绕组匝间短路保护的动作电压，整定式为

$$U_{0.\,set} = K_{rel}U_{0.\,max} \tag{7.12}$$

式中 $U_{0.\,set}$——纵向零序电压式定子绕组匝间短路保护的动作电压；

K_{rel}——可靠系数，可取 1.2～1.5；

$U_{0.\,max}$——区外不对称短路时最大不平衡电压，可由实测和外推法确定。

运行经验表明，纵向零序电压式定子绕组匝间短路保护的动作电压一般可取 2.5～3.0V，该保护也需要具有性能良好的滤除三次谐波的滤波器。

3. 负序功率方向元件

为防止区外故障时匝间短路保护误动作，可增设负序功率方向元件。同样，负序功率方向元件的动作方向，应根据不同发电机的定子绕组结构来加以确定。对于定子绕组匝间短路时能产生较大负序功率的发电机（例如定子绕组呈单星形连接的 125MW 汽轮发电机），负序功率方向元件的动作方向应指向发电机。此时，负序功率方向元件为允许式，即发电机内部故障时，方向元件动作，其触点闭合允许匝间保护动作。对灵敏度不满足要求的发电机可采用闭锁方式，即方向元件采用动断触点，当区外发生故障时，触点打开，闭锁保护，可防止保护误动。

7.3 发电机定子绕组单相接地保护
(Protection for Generator Stator Single Phase Earth Fault)

7.3.1 发电机定子绕组单相接地时电气量的特征 (Characteristics of Electric Quantities of Generator Stator Single Phase Earth Fault)

如前所述，由于发电机容易发生绕组线棒和定子铁芯之间绝缘的破坏，因此发生单相接地故障的比例很高，约占定子故障的 70%～80%。由于大型发电机组定子绕组对地电容较大，当发电机机端附近发生接地故障时，故障点的电容电流比较大，影响发电机的安全运行；同时由于接地故障的存在，会引起接地弧光过电压，可能导致发电机其他位置绝缘的破

坏，形成危害严重的相间或匝间短路故障。

当中性点不接地的发电机内部发生单相接地故障时，接地电容电流应在规定的允许值（如表 7.1 所示）之内。由于大型发电机造价昂贵，结构复杂，检修困难，且容量的增大使得其接地故障电流也随之增大，为了防止故障电流烧坏铁芯，有的大型发电机装设了消弧线圈，通过消弧线圈的电感电流与接地电容电流的相互抵消，把定子绕组单相接地电容电流限制在规定的允许值之内。

发电机中性点采用高阻接地方式（即中性点经配电变压器接地，配电变压器的二次侧接小电阻）的主要目的是限制发电机单相接地时的暂态过电压，防止暂态过电压破坏定子绕组绝缘，但另一方面也人为地增大了故障电流。因此采用这种接地方式的发电机定子绕组接地保护应选择尽快跳闸。

假设 A 相在距离定子绕组中性点 α 处发生金属性接地故障，如图 7.8 所示。近似估计，机端各相对地电动势为

$$\left.\begin{aligned}
\dot{U}_{\mathrm{AD}} &= (1-\alpha)\dot{E}_{\mathrm{A}} \\
\dot{U}_{\mathrm{BD}} &= \dot{E}_{\mathrm{B}} - \alpha\dot{E}_{\mathrm{A}} \\
\dot{U}_{\mathrm{CD}} &= \dot{E}_{\mathrm{C}} - \alpha\dot{E}_{\mathrm{A}}
\end{aligned}\right\} \tag{7.13}$$

式中　α——中性点到故障点的绕组占全部绕组的百分数。

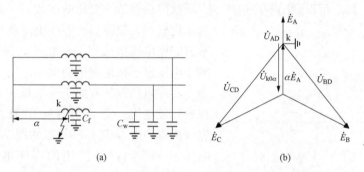

图 7.8　发电机定子绕组单相接地时的电路图和相量图

(a) 电路图；(b) 相量图

由相量图可以求得故障零序电压为

$$\dot{U}_{\mathrm{k0}\alpha} = \frac{1}{3}(\dot{U}_{\mathrm{AD}} + \dot{U}_{\mathrm{BD}} + \dot{U}_{\mathrm{CD}}) = -\alpha\dot{E}_{\mathrm{A}} \tag{7.14}$$

式（7.14）表明，零序电压将随着故障点位置的不同而改变。当 $\alpha=1$ 时，即机端接地时，故障点的零序电压 $\dot{U}_{\mathrm{k0}\alpha}$ 最大，等于额定相电压。

零序等效网络中（如图 7.9 所示），C_{f} 为发电机各相的对地电容，C_{w} 为发电机外部各元件对地电容，L 代表中性点消弧线圈的电感。

当中性点不接地时，故障点的接地电流为

$$\dot{I}_{\mathrm{k}\alpha} = -\mathrm{j}3\omega(C_{\mathrm{f}} + C_{\mathrm{w}})\alpha\dot{E}_{\mathrm{A}} \tag{7.15}$$

当中性点经消弧线圈接地时，故障点的接地电流为

$$\dot{I}_{\mathrm{k}\alpha} = \mathrm{j}\left[\frac{1}{\omega L} - 3\omega(C_{\mathrm{f}} + C_{\mathrm{w}})\right]\alpha\dot{E}_{\mathrm{A}} \tag{7.16}$$

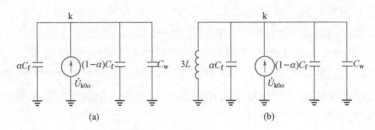

图 7.9　发电机定子绕组单相接地时的零序等效网络

(a) 中性点不接地；(b) 中性点经消弧线圈接地

　　由式（7.16）可知，经消弧线圈接地可以补偿故障接地的容性电流。在大型发电机 - 变压器组单元接线的情况下，由于总电容为定值，一般采用欠补偿运行方式，即补偿的感性电流小于接地容性电流，这样有利于减小电力变压器耦合电容传递的过电压。

　　当发电机电压网络的接地电容电流大于允许值时，不论该网络是否装有消弧线圈，接地保护动作于跳闸；当接地电流小于允许值时，接地保护动作于信号，即可以不立即跳闸，值班人员请示调度中心，转移故障发电机的负荷，然后平稳停机进行检修。

7.3.2　利用零序电压构成的发电机定子绕组单相接地保护（Stator Single Phase Earth Fault Protection Using Zero Sequence Voltage）

　　根据式（7.15）可以画出零序电压 $3U_0$ 随故障点位置 α 变化的曲线图，如图 7.10 所示。

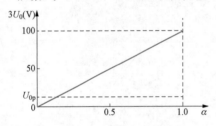

越靠近机端，故障点的零序电压就越高，可以利用基波零序电压构成定子单相接地保护。图中 U_{0p} 为零序电压定子接地保护的动作电压。

　　零序电压保护常用于发电机 - 变压器组的接地保护。发电机—变压器组的一次接线及相关对地电容（用集中电容表示）分布如图 7.11 所示，零序电压定子接地保护使用的零序电压的获取如图 7.12 所示。

图 7.10　定子绕组单相接地时 $3U_0$ 与 α 的关系曲线

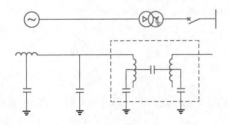

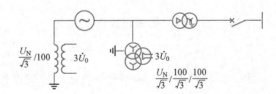

图 7.11　发电机 - 变压器组电压系统的对地电容　　　　图 7.12　发电机 - 变压器组单相接地保护
　　　　　分布示意图　　　　　　　　　　　　　　　　　　接线原理图

　　图 7.12 中的机端电压互感器变比为 $\dfrac{U_N}{\sqrt{3}}\Big/\dfrac{100}{\sqrt{3}}\Big/\dfrac{100}{\sqrt{3}}$，中性点单相电压互感器变比为 $\dfrac{U_N}{\sqrt{3}}\Big/100$。如果机端发生金属性单相接地故障，从机端或者中性点电压互感器得到的基波零序电压二次值为 100V。距离中性点 α 处发生单相金属性接地故障时，基波零序电压二次值为 $\alpha \times 100$V。

　　零序电压可取自发电机机端 TV 的开口三角绕组或中性点 TV 二次侧（也可从发电机中

性点接地消弧线圈或者配电变压器二次绕组取得）。当保护动作于跳闸且零序电压取自发电机机端 TV 开口三角绕组时需要有 TV 一次侧断线的闭锁措施。

影响不平衡零序电压 $3U_0$ 的因素主要有：发电机的三次谐波电势、机端三相 TV 各相间的变比误差（主要是 TV 一次绕组对开口三角绕组之间的变比误差）、发电机电压系统中三相对地绝缘不一致，以及主变压器高压侧发生接地故障时由变压器高压侧传递到发电机系统的零序电压。

发电机正常运行时，相电压中含有三次谐波，因此，在机端电压互感器接成开口三角的一侧也有三次谐波电压输出。为了提高灵敏度，保护需有三次谐波滤除功能。

100％定子接地保护一般由两部分组成：一部分是零序电压保护，保护定子绕组的 85％以上；另一部分需由其他原理（如三次谐波原理或叠加电源方式原理）的保护共同构成 100％定子接地保护。

7.3.3 利用三次谐波电压构成的发电机定子绕组单相接地保护（Stator Single Phase Earth Fault Protection Using Third Harmonic Voltages）

1. 保护原理

由于发电机气隙磁通密度的非正弦分布和铁磁饱和的影响，在定子绕组中感应的电动势除基波分量外，还含有高次谐波分量。其中三次谐波分量是零序性质的分量，虽然在线电动势中被消除，但是在相电动势中依然存在。

如果把发电机的对地电容等效地看作集中在发电机的中性点 N 和机端 S，且每相的电容大小都是 $0.5C_f$，并将发电机端引出线、升压变压器、厂用变压器以及电压互感器等设备的每相对地电容 C_w 也等效在机端，并设三次谐波电动势为 E_3，那么当发电机中性点不接地时，其等效电路如图 7.13（a）所示。这时中性点及机端的三次谐波电压分别为

$$U_{N3} = \frac{C_f + 2C_w}{2(C_f + C_w)}E_3 \tag{7.17}$$

$$U_{S3} = \frac{C_f}{2(C_f + C_w)}E_3 \tag{7.18}$$

机端三次谐波电压 U_{S3} 与中性点三次谐波电压 U_{N3} 之比为

$$\frac{U_{S3}}{U_{N3}} = \frac{C_f}{C_f + 2C_w} \tag{7.19}$$

由式（7.19）可见，在正常运行时，发电机中性点侧的三次谐波电压 U_{N3} 总是大于发电机端的三次谐波电压 U_{S3}。当发电机孤立运行时，即发电机出线端开路，$C_w = 0$ 时，$U_{N3} = U_{S3}$。

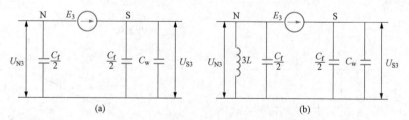

图 7.13 发电机三次谐波电动势和对地电容的等效电路图

(a) 中性点不接地；(b) 中性点经消弧线圈接地

当发电机中性点经消弧线圈接地时，其等效电路如图 7.13（b）所示，假设基波电容电流被完全补偿，即

$$\omega L = \frac{1}{3\omega(C_\mathrm{f} + C_\mathrm{w})} \qquad (7.20)$$

此时发电机中性点侧对三次谐波的等效电抗为

$$X_{\mathrm{N}3} = \frac{3\omega(3L)\left(\dfrac{-2}{3\omega C_\mathrm{f}}\right)}{3\omega(3L) - \dfrac{2}{3\omega C_\mathrm{f}}} \qquad (7.21)$$

整理后得

$$X_{\mathrm{N}3} = -\frac{6}{\omega(7C_\mathrm{f} - 2C_\mathrm{w})} \qquad (7.22)$$

发电机端对三次谐波的等效电抗为

$$X_{\mathrm{S}3} = -\frac{2}{3\omega(C_\mathrm{f} + 2C_\mathrm{w})} \qquad (7.23)$$

因此，发电机端三次谐波电压和中性点三次谐波电压之比为

$$\frac{U_{\mathrm{S}3}}{U_{\mathrm{N}3}} = \frac{X_{\mathrm{S}3}}{X_{\mathrm{N}3}} = \frac{7C_\mathrm{f} - 2C_\mathrm{w}}{9(C_\mathrm{f} + 2C_\mathrm{w})} \qquad (7.24)$$

式（7.24）表明，接入消弧线圈后，正常运行时，中性点的三次谐波电压 $U_{\mathrm{N}3}$ 比机端三次谐波电压 $U_{\mathrm{S}3}$ 更大。在发电机出线端开路后，即 $C_\mathrm{w} = 0$ 时，则

$$\frac{U_{\mathrm{S}3}}{U_{\mathrm{N}3}} = \frac{7}{9} \qquad (7.25)$$

在正常运行情况下，尽管发电机的三次谐波电动势 E_3 随着发电机的结构及运行状态而改变，但是其机端三次谐波电压与中性点三次谐波电压的比值总是符合以上关系的。

当发电机定子绕组发生金属性单相接地时，设接地发生在距中性点 α 处，其等效电路如图 7.14 所示，此时不管发电机中性点是否接有消弧线圈，总是有 $U_{\mathrm{N}3} = \alpha E_3$ 和 $U_{\mathrm{S}3} = (1-\alpha)E_3$，两者之比为

$$\frac{U_{\mathrm{S}3}}{U_{\mathrm{N}3}} = \frac{1-\alpha}{\alpha} \qquad (7.26)$$

中性点电压 $U_{\mathrm{N}3}$ 和机端电压 $U_{\mathrm{S}3}$ 随故障点 α 的变化曲线如图 7.15 所示。因此，如果利用机端三次谐波电压 $U_{\mathrm{S}3}$ 作为动作量，而用中性点三次谐波电压 $U_{\mathrm{N}3}$ 作为制动量来构成接地保护，且当保护动作条件为 $U_{\mathrm{S}3} \geqslant U_{\mathrm{N}3}$ 时，则在正常运行时保护不可能动作，而当中性点附近发生接地时具有很高的灵敏性。利用此原理构成的接地保护，可以反应距中性点约 50% 范围内的接地故障。

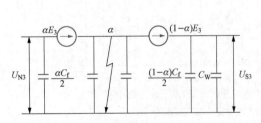

图 7.14　发电机单相接地时三次谐波电动势分布的
等效电路图

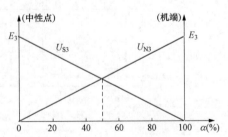

图 7.15　中性点电压 $U_{\mathrm{N}3}$ 和机端电压 $U_{\mathrm{S}3}$
随故障点 α 的变化曲线

利用三次谐波构成的接地保护可以反应发电机定子绕组中 $\alpha < 0.5$ 范围内的单相接地故障，并且当故障点越靠近中性点时，保护的灵敏性就越高；利用基波零序电压构成的接地保护，则可以反应 $\alpha > 0.15$ 范围内的单相接地故障，且当故障点越靠近发电机机端时，保护的灵敏性就越高。因此，利用三次谐波电压比值和基波零序电压的组合可以构成 100% 的定子绕组单相接地保护。

2. 反应三次谐波电压比值的定子绕组单相接地保护

利用反应三次谐波电压比值 $|U_{S3}/U_{N3}|$ 和基波零序电压可以构成 100% 定子绕组单相接地保护。反应三次谐波电压比值的定子绕组接地保护的动作判据为

$$|U_{S3}/U_{N3}| > \beta \tag{7.27}$$

式中　β——整定比值。

需要指出，发电机中性点不接地或经消弧线圈接地与发电机经配电变压器高阻接地，两者的整定比值 β 是有区别的。

3. 改进的反应三次谐波电压比值的定子绕组单相接地保护

动作判据 $|U_{S3}/U_{N3}| > \beta$ 可以改写为 $|U_{S3}| > \beta|U_{N3}|$，即 U_{S3} 为动作量，U_{N3} 为制动量。该判据的动作灵敏度仍不够高，尤其是当中性点经过渡电阻发生接地故障时，容易发生误动。改进的措施是增加调整系数 K_p，进一步减小动作量，这样也就能进一步减小制动量，即可减小制动系数 β，使 $\beta \ll 1.0$，从而可获得更高灵敏度和防误动能力。

改进的动作判据为

$$|U_{S3} - K_p U_{N3}| > \beta|U_{N3}| \tag{7.28}$$

当发电机发生单相接地时，若故障点在机端附近，U_{S3} 减小而 U_{N3} 增大；若故障点在中性点附近，U_{S3} 增大而 U_{N3} 减小。其结果是：故障点在中性点附近时，组合动作量 $|U_{S3} - K_p U_{N3}|$ 显著增大，而此时制动量 $\beta|U_{N3}|$ 却比较小，保护可灵敏动作；若在机端发生金属性接地故障，$|U_{N3}|$ 虽会显著增大，但制动量 $\beta|U_{N3}|$ 却因为 $\beta \ll 1.0$ 不会很大，而此时动作量 $|U_{S3} - K_p U_{N3}| = |K_p U_{N3}|$，由于 $|K_p|$ 接近 1.0，所以动作量 $|K_p U_{N3}|$ 很大，于是保护仍可灵敏动作。如果此动作判据调试合理，三次谐波电压式定子绕组单相接地保护的灵敏度可得到大幅提高。

7.3.4　利用零序电压和叠加电源构成的发电机 100% 定子绕组单相接地保护（100% Stator Single Phase Earth Fault Protection Using Zero Sequence Voltage and Injection Source）

叠加电源方式的发电机 100% 定子绕组单相接地保护采用叠加低频电源，叠加电源频率主要是 12.5Hz 和 20Hz 两种，由发电机中性点变压器或发电机端 TV 开口三角形绕组处注入一次发电机定子绕组。这种方式能够独立地检测接地故障，与发电机的运行方式无关，不仅可以在发电机正常运行的状态下检测，还能在发电机静止或是启动、停机的过程中检测。更重要的是，这种方式对定子绕组各处故障检测的灵敏度相同。叠加 20Hz 低频电源方式的发电机 100% 定子绕组单相接地保护原理图如图 7.16 所示。

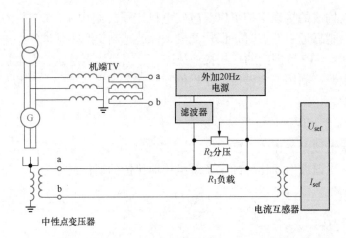

图 7.16　叠加 20Hz 低频电源构成的发电机 100％定子绕组接地保护

7.4　发电机定子负序电流保护（发电机转子表层过负荷保护）

(Generator Nagtive Current Protection)

7.4.1　负序电流保护的作用　(The Effection of Nagtive Current Protection)

当电力系统中发生不对称短路或在正常运行情况下三相负荷不平衡时，在发电机定子绕组中将出现负序电流。此电流在发电机空气隙中建立的负序旋转磁场相对于转子为 2 倍的同步转速，因此将在转子绕组、阻尼绕组以及转子铁芯等部件上感应出 100Hz 的倍频电流。该电流使得转子上电流密度很大的某些部位（如转子端部、护环内表面等），可能出现局部灼伤，甚至可能使护环受热松脱，导致发电机重大事故。此外，负序气隙旋转磁场与转子电流之间以及正序气隙旋转磁场与定子负序电流之间所产生的 100Hz 交变电磁转矩，将同时作用在转子大轴和定子机座上，从而引起 100Hz 的振动，威胁发电机安全。

负序电流在转子中所引起的发热量，正比于负序电流的平方与所持续的时间的乘积。在最严重的情况下，假设发电机转子为绝热体（即不向周围散热），则不使转子过热所允许的负序电流和时间的关系，可表示为

$$\int_0^t i_{2.*}^2 \, dt = I_{2.*}^2 \, t = A \tag{7.29}$$

$$I_{2.*} = \sqrt{\frac{\int_0^t i_{2.*}^2 \, dt}{t}} \tag{7.30}$$

式中　　$i_{2.*}$——流经发电机的负序电流（以发电机额定电流为基准的标幺值）；

t——电流 $i_{2.*}$ 所持续的时间；

$I_{2.*}^2$——在时间 t 内 $i_{2.*}^2$ 的平均值（以发电机额定电流为基准的标幺值）；

A——与发电机型式和冷却方式有关的常数。

关于 A 的数值，应采用制造厂所提供的数据。对于凸极式发电机或调相机可取 $A=40$；对于空气或氢气表面冷却的隐极式发电机可取 $A=30$；对于导线直接冷却的 $100 \sim 300$MW 汽轮发电机可取 $A=6 \sim 15$ 等。

随着发电机组容量的不断增大，它所允许的承受负序过负荷的能力也随之下降（A 值减小）。例如取 600MW 汽轮发电机 A 的设计值为 4，其允许负序电流与持续时间的关系如图 7.17 中的曲线 abcde 所示。这对负序电流保护的性能提出了更高的要求。

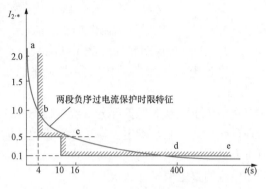

图 7.17　两段定时限负序过电流保护动作特性

针对上述情况而装设的发电机负序过电流保护实际上是对定子绕组电流不平衡而引起转子过热的一种保护，因此应作为发电机的主保护。

图 7.17 所示为两段定时限负序过电流保护动作特性与发电机允许负序电流曲线的配合情况。

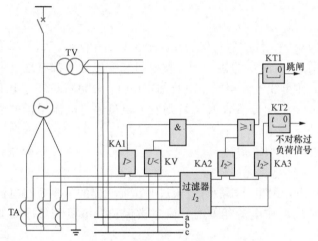

图 7.18　发电机负序电流及单相式电压启动的过电流
保护的原理接线图

此外，由于大容量机组的额定电流很大，而在相邻元件末端发生两相短路时的短路电流可能较小，此时采用复合电压启动的过电流保护往往不能满足作为相邻元件后备保护时对灵敏性的要求。在这种情况下，采用负序过电流保护作为后备保护，就可以提高不对称短路时的灵敏性。由于负序过电流保护不能反应于三相短路，因此，当用它作为后备保护时，还需要附加装一个单相式的低电压启动过电流保护，以专门反应三相短路，如图 7.18 所示。

7.4.2　定时限负序过电流保护（Definite Time Nagtive Overcurrent Protection）

对表面冷却的汽轮发电机和水轮发电机大都采用两段式定时限负序过电流保护，其原理接线如图 7.18 所示。在经过负序电流过滤器输出的回路中，接入两个电流元件 KA3 和 KA2。其中继电器 KA2 具有较大的整定值，经时间继电器 KT1 的延时后动作于发电机跳闸，以作为防止转子过热和后备保护之用。另一继电器 KA3 则具有较小的整定值，当负序电流超过发电机的长期允许值时，经时间继电器 KT2 的延时后，发出发电机的不对称过负荷信号。由接于相电流上的过电流继电器 KA1 和接于线电压上的低电压继电器 KV 组成单相式的低电压启动过电流保护，以专门反应三相对称短路。单相式低电压启动过电流保护与负序过电流保护是并联工作的，也经过时间继电器 KT1 的延时后动作于跳闸。

负序过电流保护的整定值可按以下原则考虑：对过负荷的信号部分（继电器 KA3），其整定值应按照躲开发电机长期允许的负序电流值和最大负荷下负序过滤器的不平衡电流（均应考虑继电器的返回系数）来确定。根据有关规定，汽轮发电机的长期允许负序电流为 6%～8%的额定电流，水轮发电机的长期允许负序电流为 12%的额定电流。因此，一般情况下其整定值可取为

$$I_{2.\,set.\,*} = 0.1 I_{2.\infty.\,*} \tag{7.31}$$

式中　$I_{2.\,set.\,*}$——负序过电流保护整定值；

　　　　$I_{2.\infty.\,*}$——长期允许的负序电流。

　　负序过电流保护的动作时限则应保证在外部不对称短路时动作的选择性，一般采用 $5\sim10s$。

　　对动作于跳闸的保护部分（继电器 KA2），其整定值应按照发电机短时间允许的负序电流，参照式（7.31）确定。在选择动作电流时，应当给出一个计算时间 t_{cal}，在这个时间内，值班人员有可能采取措施来切除产生负序电流的运行方式，一般 $t_{cal}=120s$，此时保护装置动作电流的整定值（标幺值）应为

$$I_{2.\,set.\,*} \leqslant \sqrt{\frac{A}{120}} I_{2.\infty.\,*} \tag{7.32}$$

　　对表面冷却的发电机组，$A=30\sim40$，代入式（7.32）后可得

$$I_{2.\,set.\,*} = (0.5 \sim 0.6) I_{2.\infty.\,*} \tag{7.33}$$

　　此外，保护装置的动作电流还应与相邻元件的后备保护在灵敏系数上相配合，满足越靠近故障点灵敏系数越高的要求。如在图 7.19 所示的接线中，发电机和变压器上都有独立的负序过电流保护作为后备保护，则当高压母线上 k 点发生不对称短路时，发电机负序过电流保护的灵敏系数应较变压器的低。引入一个配合系数 K_{coop}，则发电机负序过电流保护的动作电流的整定值应为

$$I_{2.\,set.\,*} = K_{coop} I_{2.\,cal.\,*} \tag{7.34}$$

式中　K_{coop}——配合系数，取 1.1；

　　　$I_{2.\,cal.\,*}$——在进行计算的运行方式下，发生外部故障且流过升压变压器的负序短路电流正好与其负序电流保护的动作电流相等时，流过被保护发电机的负序短路电流。

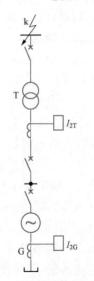

图 7.19　对灵敏系数相互配合的说明接线图

　　保护的动作时限仍按后备保护的原则逐级配合，一般取为 $3\sim5s$。

　　如果将按照上述原则整定的两段式定时限负序过电流保护，应用于直接冷却的大容量发电机，例如 $A=4$ 的 600MW 机组上，其定值根据式（7.34），采用 $0.5I_{2.\infty}$、4s 动作于跳闸和 $0.1I_{2.\infty}$、10s 作用于信号，其保护动作时限特性与发电机允许的负序电流曲线的配合情况标示于图 7.17 中。由此可见：

　　（1）在曲线 ab 段内，保护装置的动作时限（4s）大于发电机允许的时间，因此，可能出现发电机已被损坏而保护尚未动作的情况。

　　（2）在曲线 bc 段内，保护装置的动作时限小于发电机的允许时间，从发电机能继续安全运行的角度来看，在不该切除的时候就将它切除了，因此，没有充分利用发电机本身所具有的承受负序电流的能力。

　　（3）在曲线 cd 段内，是靠保护装置动作发信号，然后由值班人员来处理的。但当负序

电流靠近 c 点附近时，发电机所允许的时间与保护装置动作的时间实际相差很小，因此，就可能发生保护给出信号后，值班人员还未来得及处理时，发电机就已超过了允许时间。由此可见，在 cd 段内只动作于发出信号也是不安全的。

（4）在曲线 de 段内，保护不反应。

由以上分析可以看出，两段式定时限负序过电流保护的动作特性与发电机允许的负序电流曲线不能很好地配合。此外，它也不能反映负序电流变化时发电机转子的热积累过程。例如当出现负序电流连续升降或在较大的负序电流下持续一段时间后，又降低到比较小的数值等情况时，都可能使转子损坏，而保护中的时间继电器却来不及动作。

因此，为防止发电机转子遭受负序电流的损坏，在 100MW 及以上、A<10 的发电机上应装设能够模拟发电机允许负序电流曲线的反时限负序过电流保护。

7.4.3 反时限负序过电流保护（Inverse Time Nagtive Overcurrent Protection）

反时限负序过电流保护反映发电机定子的负序电流大小，防止发电机转子表面过热。该保护电流取自发电机中性点 TA 三相电流。

反时限曲线特性如图 7.20 所示。它由上限定时限、反时限、下限定时限三部分组成。

当发电机负序电流大于上限整定值时，则按上限定时限动作；如果负序电流低于下限整定值，但不足以使反时限部分动作，或反时限部分动作时间太长时，则按下限定时限动作；负序电流在上、下限整定值之间，则按反时限动作。

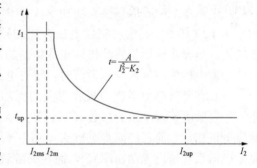

负序反时限特性能真实地模拟转子的热积累过程，并能模拟散热，即发电机发热后若负序电流消失，热积累并不立即消失，而是慢慢地散热消失，如此时负序电流再次增大，则上一次的热积累将成为该次的初值。

图 7.20　反时限负序过电流保护
动作特性曲线

反时限部分的动作方程为

$$(I_{2*}^2 - K_{22})t \geqslant A \tag{7.35}$$

式中　I_{2*}——发电机负序电流标幺值；

K_{22}——发电机发热同时的散热效应系数；

A——发电机的 A 值。

发电机反时限负序过电流保护逻辑图如图 7.21 所示。

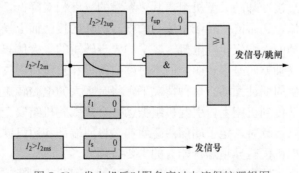

图 7.21　发电机反时限负序过电流保护逻辑图

7.5 发电机的失磁故障保护

(Loss of Excitation Protection of Generator)

7.5.1 发电机失磁运行及后果 (Generator Operation with Loss of Excitation and Its Consequences)

发电机失磁故障是指发电机的励磁突然全部消失或部分消失。引起失磁的原因有转子绕组故障、励磁机故障、自动灭磁开关误跳闸、半导体励磁系统中某些元件损坏或回路发生故障以及误操作等。各种失磁故障综合起来看，有以下几种形式：励磁绕组直接短路或经励磁电机电枢绕组闭路而引起的失磁，励磁绕组开路引起的失磁，励磁绕组经灭磁电阻短接而失磁，励磁绕组经整流器闭路（交流电源消失）失磁。

当发电机完全失去励磁时，励磁电流将逐渐衰减至零。由于发电机的感应电动势 $\dot{E}_d$ 随着励磁电流的减小而减小，因此，其电磁转矩也将小于原动机的转矩，因而引起转子加速，使发电机的功角 δ 增大。当 δ 超过静态稳定极限角时，发电机与系统失去同步。发电机失磁后将从电力系统中吸取感性无功功率。在发电机超过同步转速后，转子回路中将感应出频率为 $f_g - f_s$（其中，f_g 为对应发电机转速的频率，f_s 为系统的频率）的电流，此电流产生异步转矩。当异步转矩与原动机转矩达到新的平衡时，即进入稳定的异步运行。

当发电机失磁进入异步运行时，将对电力系统和发电机产生以下影响：

（1）需要从电力系统中吸收很大的无功功率以建立发电机的磁场。所需无功功率的大小，主要取决于发电机的参数（X_1、X_2、X_{ad}）以及实际运行时的转差率。汽轮发电机与水轮发电机相比，前者的同步电抗 X_d（$X_d = X_1 + X_{ad}$）较大，所需无功功率较小。假设失磁前发电机向系统送出无功功率 Q_1，而在失磁后从系统吸收无功功率 Q_2，则系统中将出现 $Q_1 + Q_2$ 的无功功率缺额。失磁前带的有功功率越大，失磁后转差就越大，所吸收的无功功率也就越大，因此，在重负荷下失磁进入异步运行后，如不采取措施，发电机将因过电流使定子过热。

（2）由于从电力系统中吸收无功功率将引起电力系统的电压下降，如果电力系统的容量较小或无功功率储备不足，则可能使失磁发电机的机端电压、升压变压器高压侧的母线电压或其他邻近的电压低于允许值，从而破坏了负荷与各电源间的稳定运行，甚至可能因电压崩溃而使系统瓦解。

（3）失磁后发电机的转速超过同步转速，因此，在转子及励磁回路中将产生频率为 $f_g - f_s$ 的交流电流，即差频电流。差频电流在转子回路中产生的损耗，如果超出允许值，将使转子过热。特别是直接冷却的大型机组，其热容量的裕度相对降低，转子更易过热。而流过转子表层的差频电流，还可能使转子本体与槽楔、护环的接触面上发生严重的局部过热。

（4）对于直接冷却的大型汽轮发电机，其平均异步转矩的最大值较小，惯性常数也相对较低，转子在纵轴和横轴方向呈现较明显的不对称，使得在重负荷下失磁后，这种发电机的转矩、有功功率要发生周期性摆动。这种情况下，将有很大的电磁转矩周期性地作用在发电机轴系上，并通过定子传到机座上，引起机组振动，直接威胁机组安全。

（5）低励磁或失磁运行时，定子端部漏磁增加，将使端部和边段铁芯过热。实际上，这一情况通常是限制发电机失磁异步运行能力的主要条件。

由于汽轮发电机异步功率比较大，调速器也较灵敏，因此当超速运行后，调速器立即关小汽门，使汽轮机的输出功率与发电机的异步功率很快达到平衡，在转差率小于 0.5% 的情况下即可稳定运行。故汽轮发电机在很小转差下异步运行一段时间，原则上是完全允许的。此时，是否需要并允许异步运行，则主要取决于电力系统的具体情况。例如，当电力系统的有功功率供应比较紧张，同时一台发电机失磁后，系统能够供给它所需的无功功率，并能保证电力系统的电压水平时，则失磁后就应该继续运行。反之，若系统没有能力供给失磁发电机所需要的无功功率，并且系统中有功功率有足够的储备，则失磁以后就不应该继续运行。

水轮发电机一般不允许在失磁以后继续运行，主要原因如下：①其异步功率较小，必须在较大的转差下（一般达到 1%～2%）运行，才能发出较大的功率；②由于水轮机的调速器不够灵敏，时滞较大，甚至可能在功率尚未达到平衡以前就大大超速，从而使发电机与系统解列；③其同步电抗较小，如果异步运行，则需要从电力系统吸收大量的无功功率；④其纵轴和横轴很不对称，异步运行时，机组振动较大等。

在发电机上，尤其是在大型发电机上应装设失磁保护，以便及时发现失磁故障，并采取必要的措施（如发出信号、自动减负荷、动作于跳闸等），以保证发电机和系统的安全。

7.5.2 发电机失磁后的机端测量阻抗（Generator Terminal Impedance after Loss of Excitation）

发电机与无限大系统并列运行等效电路和相量图如图 7.22 所示。图中 $\dot{E}_d$ 为发电机的同步电动势；$\dot{U}_g$ 为发电机端的相电压；$\dot{U}_S$ 为无穷大系统的相电压；$\dot{I}$ 为发电机的定子电流；X_d 为发电机的同步电抗；X_S 为发电机与系统之间的联系电抗，$X_\Sigma = X_d + X_S$；φ 为受端的功率因数角；δ 为 $\dot{E}_d$ 和 $\dot{U}_S$ 之间的夹角（即功角）。根据电机学，发电机送到受端的功率 $\widetilde{S} = P - jQ$（本章规定发电机送出感性无功功率时表示为 $P - jQ$），其中 P、Q 分别为

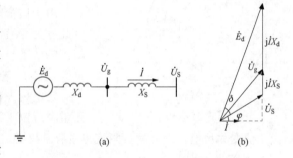

图 7.22　发电机与无限大系统并列运行
(a) 等效电路；(b) 相量图

$$P = \frac{E_d U_S}{X_\Sigma} \sin\delta \tag{7.36}$$

$$Q = \frac{E_d U_S}{X_\Sigma} \cos\delta - \frac{U_S^2}{X_\Sigma} \tag{7.37}$$

受端的功率因数角为

$$\varphi = \arctan \frac{Q}{P} \tag{7.38}$$

在正常运行时，$\delta < 90°$；一般当不考虑励磁调节器的影响时，$\delta = 90°$ 为稳定运行的极限；$\delta > 90°$ 后发电机失步。

1. 发电机在失磁过程中的机端测量阻抗

发电机从失磁开始到进入稳态异步运行，一般可分为三个阶段。

（1）失磁后到失步前。

在此阶段中，转子电流逐渐减小，发电机的电磁功率 P 开始减小，由于原动机所供给

的机械功率还来不及减小，于是转子逐渐加速，使 $\dot{E}_\mathrm{d}$ 与 $\dot{U}_\mathrm{s}$ 之间的功角 δ 随之增大，P 又要回升。在这一阶段中，$\sin\delta$ 的增大与 $\dot{E}_\mathrm{d}$ 的减小相互补偿，基本上保持了电磁功率 P 不变。

与此同时，无功功率 Q 将随着 $\dot{E}_\mathrm{d}$ 的减小和 δ 的增大而迅速减小，按式（7.37）计算的 Q 值将由正变为负，即发电机变为吸收感性的无功功率。

在这一阶段中，发电机端的测量阻抗为

$$Z_\mathrm{g}=\frac{\dot{U}_\mathrm{g}}{\dot{I}}=\frac{\dot{U}_\mathrm{s}+\mathrm{j}\dot{I}X_\mathrm{s}}{\dot{I}}=\frac{\dot{U}_\mathrm{s}\dot{U}_\mathrm{s}}{\dot{I}\overset{\frown}{\dot{U}_\mathrm{s}}}+\mathrm{j}X_\mathrm{s}=\frac{U_\mathrm{s}^2}{\widetilde{S}}+\mathrm{j}X_\mathrm{s}$$

$$=\frac{U_\mathrm{s}^2}{2P}\times\frac{P-\mathrm{j}Q+P+\mathrm{j}Q}{P-\mathrm{j}Q}+\mathrm{j}X_\mathrm{s}=\frac{U_\mathrm{s}^2}{2P}\Big(1+\frac{P+\mathrm{j}Q}{P-\mathrm{j}Q}\Big)+\mathrm{j}X_\mathrm{s} \qquad (7.39)$$

$$=\Big(\frac{U_\mathrm{s}^2}{2P}+\mathrm{j}X_\mathrm{s}\Big)+\frac{U_\mathrm{s}^2}{2P}\mathrm{e}^{\mathrm{j}2\varphi}$$

$$\varphi=\arctan\frac{Q}{P}$$

式（7.39）中的 U_s、X_s 和 P 为常数，而 Q 和 φ 为变数，因此它是一个圆的方程式，表示在复阻抗平面上如图 7.23 所示。其圆心 O' 的坐标为 $\Big(\dfrac{U_\mathrm{s}^2}{2P},\ X_\mathrm{s}\Big)$，半径为 $\dfrac{U_\mathrm{s}^2}{2P}$。

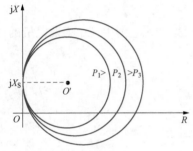

图 7.23　等有功阻抗圆

由于这个圆是在有功功率 P 不变的条件下做出的，因此称为等有功阻抗圆。由式（7.39）可见，机端测量阻抗的轨迹与 P 有密切关系，对应不同的 P 有不同的阻抗圆，且 P 越大时圆的直径越小。

发电机失磁以前，向系统送出无功功率，φ 为正，测量阻抗位于第一象限，失磁以后随着无功功率的变化，φ 由正值变为负值，因此测量阻抗也沿着圆周随之由第一象限过渡到第四象限。

（2）临界失步点。

对汽轮发电机组，当 $\delta=90°$ 时，发电机处于失去静态稳定的临界状态，故称为临界失步点。此时由式（7.37）可得输送到受端的无功功率为

$$Q=-\frac{U_\mathrm{s}^2}{X_\Sigma} \qquad (7.40)$$

式中，Q 为负值，表明临界失步时，发电机自系统吸收无功功率，且为一常数，故临界失步点也称为等无功点。此时机端的测量阻抗为

$$Z_\mathrm{g}=\frac{\dot{U}_\mathrm{g}}{\dot{I}}=\frac{U_\mathrm{s}^2}{\widetilde{S}}+\mathrm{j}X_\mathrm{s}=\frac{U_\mathrm{s}^2}{-\mathrm{j}2Q}\times\frac{P-\mathrm{j}Q-(P+\mathrm{j}Q)}{\widetilde{S}}+\mathrm{j}X_\mathrm{s}$$

$$=\frac{U_\mathrm{s}^2}{-\mathrm{j}2Q}\times\frac{P-\mathrm{j}Q-(P+\mathrm{j}Q)}{\widetilde{S}}+\mathrm{j}X_\mathrm{s}=\frac{U_\mathrm{s}^2}{-\mathrm{j}2Q}\times\Big(1-\frac{P+\mathrm{j}Q}{P-\mathrm{j}Q}\Big)+\mathrm{j}X_\mathrm{s}$$

$$=\frac{U_\mathrm{s}^2}{-\mathrm{j}2Q}\times(1-\mathrm{e}^{\mathrm{j}2\varphi})+\mathrm{j}X_\mathrm{s}$$

将式（7.40）的 Q 值代入并化简后可得

$$Z_\mathrm{g}=\frac{X_\mathrm{d}+X_\mathrm{s}}{\mathrm{j}2}(1-\mathrm{e}^{\mathrm{j}2\varphi})+\mathrm{j}X_\mathrm{s}=-\mathrm{j}\frac{X_\mathrm{d}+X_\mathrm{s}}{2}+\mathrm{j}\frac{X_\mathrm{d}+X_\mathrm{s}}{2}\mathrm{e}^{\mathrm{j}2\varphi}+\mathrm{j}X_\mathrm{s}$$

$$=-\mathrm{j}\frac{X_\mathrm{d}-X_\mathrm{S}}{2}+\mathrm{j}\frac{X_\mathrm{d}-X_\mathrm{S}}{2}\mathrm{e}^{\mathrm{j}2\varphi} \tag{7.41}$$

由式（7.40）可知，发电机在输出不同的有功功率 P 而临界失稳时，其无功功率 Q 恒为常数。因此，在式（7.41）中，φ 为变数，也是一个圆的方程，如图 7.24 所示。其圆心 O' 的坐标为 $\left(0,-\dfrac{X_\mathrm{d}-X_\mathrm{S}}{2}\right)$，圆的半径为 $\dfrac{X_\mathrm{d}+X_\mathrm{S}}{2}$。这个圆称为临界失步圆，也称为静稳阻抗圆或等无功阻抗圆。其圆周为发电机以不同的有功功率 P 临界失稳时，机端测量阻抗的轨迹，圆内为静稳破坏区。

（3）静稳破坏后的异步运行阶段。

静稳破坏后的异步运行阶段可用图 7.25 所示的等效

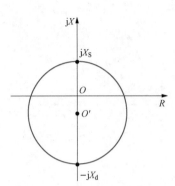

图 7.24 临界失步圆

电路来表示，此时按图 7.22 所规定的电流正方向，机端测量阻抗应为

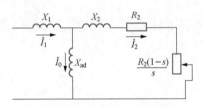

图 7.25 异步电机等效图

$$Z_\mathrm{g}=-\left[\mathrm{j}X_1+\frac{\mathrm{j}X_\mathrm{ad}\left(\dfrac{R_2}{s}+\mathrm{j}X_2\right)}{\dfrac{R_2}{s}+\mathrm{j}(X_\mathrm{ad}+X_2)}\right] \tag{7.42}$$

当发电机空载运行失磁时，转差 $s\approx0$，$\dfrac{R_2}{s}\approx\infty$，此时机端的测量阻抗为最大

$$Z_\mathrm{g}=-\mathrm{j}X_1-\mathrm{j}X_\mathrm{ad}=-\mathrm{j}X_\mathrm{d} \tag{7.43}$$

当发电机在其他运行方式下失磁时，Z_g 将随转差率增大而减小，并位于第四象限。极限情况是当 $f_\mathrm{g}\to\infty$ 时，$s\to-\infty$，$\dfrac{R_2}{s}\to0$，Z_g 的数值为最小。此时，有

$$Z_\mathrm{g}=-\mathrm{j}\left(X_1+\frac{X_2X_\mathrm{ad}}{X_2+X_\mathrm{ad}}\right)=-\mathrm{j}X_\mathrm{d}' \tag{7.44}$$

综上所述，当发电机失磁前在过激状态下运行时，其机端测量阻抗位于复数平面的第一象限（如图 7.26 中的 a 或 a′点所示），失磁以后，测量阻抗沿等有功阻抗圆向第四象限移动。当它与静稳阻抗圆（等无功阻抗圆）相交时（b 或 b′点），表示机组运行处于静稳定的极限。越过 b（或 b′）点以后，转入异步运行，最后稳定运行于 c（或 c′）点，此时平均异步功率与调节后的原动机输入功率相平衡。

2. 发电机在其他运行方式下的机端测量阻抗

为了便于和失磁情况下的机端测量阻抗（如图 7.27 中的 Z_g4 所示）进行鉴别和比较，现对发电机在下列几种运行情况下的机端测量阻抗简要说明。

（1）发电机正常运行时的机端测量阻抗。

当发电机向外输送有功功率和无功功率时，其机

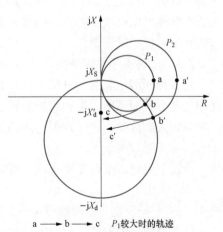

a ——→ b ——→ c P_1较大时的轨迹
a′ ——→ b′ ——→ c′ P_2较小时的轨迹

图 7.26 发电机机端测量阻抗在失磁后的变化轨迹

端测量阻抗 Z_g 位于第一象限，如图 7.27 中的 Z_{g1}，它与 R 轴的夹角 φ 为发电机运行时的功率因数角。当发电机只输出有功功率时，测量阻抗 Z_{g2} 位于 R 轴上。当发电机欠激运行时，向外输送有功功率，同时从电力系统吸收一部分无功功率（Q 值变为负），但仍保持同步并列运行，此时，测量阻抗 Z_{g3} 位于第四象限。

（2）发电机外部故障时的机端测量阻抗。

当采用 0°接线方式时，故障相测量阻抗位于第一象限，其大小和相位正比于短路点到保护安装地点之间的阻抗 Z_k，如图 7.27 中的 Z_{g5}。如继电器接于非故障相，则测量阻抗的大小和相位需经具体分析后确定。

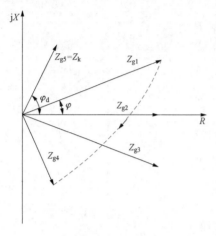

图 7.27 发电机在各种运行情况下的机端测量阻抗

（3）发电机与系统间发生振荡时的机端测量阻抗。

根据图 7.28 的等效电路和振荡对保护影响的分析，当假定机端母线为无限大母线，即认为 $E_d \approx U_s$ 时，振荡中心位于 $\frac{1}{2}X_\Sigma$ 处。当 $X_s \approx 0$ 时，振荡中心即位于 $\frac{1}{2}X'_d$ 处，此时机端测量阻抗的轨迹沿直线 $\overline{OO'}$ 变化，如图 7.28 所示。当 $\delta = 180°$ 时，测量阻抗的最小值 $Z_g = -j\frac{1}{2}X'_d$。

（4）发电机自同步并列时的机端测量阻抗。

在发电机接近于额定转速，不加励磁而投入断路器的瞬间，与发电机空载运行时发生失磁的情况实质上是一样的。但由于自同步并列的方式是在断路器投

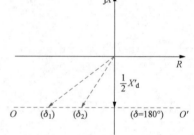

图 7.28 系统振荡时机端测量阻抗的变化轨迹

入后立即给发电机加上励磁，因此，发电机无励磁运行的时间极短。对此情况，应该采取措施防止失磁保护的误动作。

7.5.3 失磁保护转子判据（Rotor Criteria of Loss of Excitation Protection）

由各种原因引起的发电机失磁，其转子励磁绕组电压 u_f 都会出现降低的现象，降低的幅度随失磁方式而不同。失磁保护的转子判据，便是根据失磁后 u_f 初期下降（以至到负）的特点来判别失磁故障。转子判据有两种整定方式。

1. 整定值固定的转子判据

由转子欠电压继电器来实现，可整定为

$$u_{f.set} = 0.8u_{f.0} \tag{7.45}$$

式中　$u_{f.0}$——发电机空载励磁电压。

整定值固定的方式，在发电机输出有功功率较大的情况下发生部分失磁时，测量阻抗可能已越过静稳边界，但 u_f 仍大于动作值，以致按此转子判据整定的保护仍未动作。因此，目前趋向于采用按当前有功负荷下静稳边界所对应的励磁电压整定。

2. 整定值随有功功率改变的转子判据

发电机在某一有功负荷 P 时失磁，其达到静稳边界所对应的励磁电压 u_f 也是某一定值。转子欠电压继电器即按此值整定，当 P 改变时，整定值跟随改变。

隐极发电机经电抗 X_S 连接到无穷大电源母线，该母线电压为 U_S，在该母线处送出的有功功率 P_S，亦即发电机有功功率为 $P=\dfrac{E_q U_S}{X_{d\Sigma}}\sin\delta$，其中 $X_{d\Sigma}=X_d+X_S$。失磁后，u_f 下降，i_f 衰减，E_q 随之衰减。在静稳极限处，$\delta=90°$，此时 $E_{q.\,lim}=\dfrac{PX_{d\Sigma}}{U_S}$（下标 lim 代表极限之意）。以标幺值表示时，$U_S=1$，与 $E_{q.\,lim}$ 对应的静稳极限励磁电压 $u_{f.\,lim}=E_{q.\,lim}$，故

$$u_{f.\,lim}=PX_{d\Sigma} \tag{7.46}$$

绘成曲线如图 7.29 所示。图中同时画出了隐极机和凸极机静稳极限励磁电压 $u_{f.\,lim}$ 随着 P 的变化曲线，其中 P_T 为凸极机功率。由于凸极机分析相对比较复杂，此处不再分析。

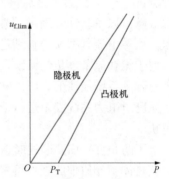

图 7.29　极限励磁电压与有功功率的关系曲线

7.5.4　失磁保护的构成方式（Basic Schemes of Loss of Excitation Protection）

大型发电机失磁后，当电力系统或发电机本身的安全运行遭到威胁时，应将故障的发电机切除，以防止故障的扩大。完整的失磁保护通常由发电机机端测量阻抗判据、转子低电压判据、变压器高压侧低电压判据、定子过电流判据构成。一种比较典型的发电机失磁保护构成的逻辑图如图 7.30 所示。

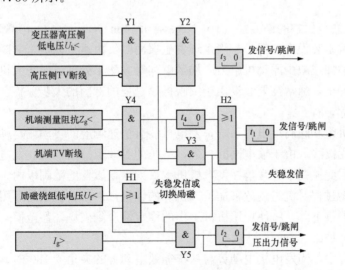

图 7.30　发电机失磁保护的逻辑图

通常取机端阻抗判据作为失磁保护的主判据。一般情况下阻抗整定边界为静稳边界圆，也称为静稳边界判据，也可为其他形状。当定子静稳判据和转子低电压判据同时满足时，判定发电机已失磁失稳，经与门 Y3 和延时 t_1 后出口切除发电机。若因某种原因造成失磁时转

子低电压判据拒动，定子静稳判据也可单独出口切除发电机，此时为了单个元件动作的可靠性，需增加延时 t_4 才能出口。

转子低电压判据满足时发失磁信号，并输出切换励磁命令。此判据可以预测发电机是否因失磁而失去稳定，从而在发电机尚未失去稳定之前及早地采取措施（如切换励磁等），以防止事故的扩大。转子低电压判据满足且静稳边界判据满足时，经与门 Y3 电路也将迅速发出失稳信号，此信号表明发电机由失磁导致失去了静稳，将进入异步运行。

汽轮机在失磁时一般允许异步运行一段时间，此期间由定子过电流判据进行监测。若定子电流大于 1.05 倍的额定电流，表明平均异步功率超过 0.5 倍的额定功率，发出压出力命令，压低发电机的出力后，允许汽轮机继续稳定异步运行一段时间。稳定异步运行一般允许 $2\sim15\text{min}$（t_2），经过 t_2 之后再发跳闸命令。这样，在 t_1 期间，运行人员可有足够的时间去排除故障，以重新恢复励磁，避免跳闸，这对安全运行具有重要意义。如果出力在 t_2 内不能恢复，而过电流判据又一直满足，则发跳闸命令以保证发电机本身的安全。

对于无功储备不足的系统，当发电机失磁后，有可能在发电机失去静稳之前，高压侧电压就达到了系统崩溃值。所以转子低电压判据满足且高压侧低电压判据满足时，说明发电机的失磁已对电力系统安全运行造成了威胁，经与门 Y2 和短延时 t_3 发出跳闸命令，迅速切除发电机。

为了防止 TV 回路断线时造成失磁保护误动作，变压器高、低压侧均有 TV 断线闭锁元件，其具体工作原理此处不再赘述。

7.6 发电机的失步保护
(Generator Out of Step Protection)

7.6.1 装设失步保护的必要性（The Necessority for Generator Out of Step Protection）

中小机组通常不装设失步保护。当系统发生振荡时，由运行人员来判断，然后利用人工增加励磁电流、增加或减少原动机出力、局部解列等方法来处理。对于大机组，这样处理将不能保证机组的安全，通常需要装设用于反映振荡过程的专门的失步保护。

失步带来的危害有：

（1）对于大机组和超高压电力系统，发电机装有快速响应的自动调整励磁装置，并与升压变压器组成单元接线。由于输电网的扩大，系统的等效阻抗值下降，发电机和变压器的阻抗值相对增加，因此振荡中心常落在发电机机端或升压变压器的范围以内。由于振荡中心落在机端附近，振荡过程对机组的危害加重。机炉的辅机都由接在机端的厂用变压器供电，机端电压周期性地严重下降，将使厂用机械工作的稳定性遭到破坏，甚至使一些重要电动机制动，导致停机、停炉。

（2）振荡过程中，当发电机电动势与系统等效电动势的夹角为 180°时，振荡电流的幅值将接近机端三相短路时流过的短路电流的幅值。如此大的电流反复出现有可能使定子绕组端部受到机械损伤。

（3）由于大机组热容量相对下降，振荡电流引起的热效应的持续时间也有限制，因为时间过长有可能导致发电机定子绕组过热而损坏。

（4）振荡过程常伴随短路及网络操作过程，短路、切除及重合闸操作都可能引发汽轮发电机轴系扭转振荡，甚至造成严重事故。

（5）在短路伴随振荡的情况下，定子绕组端部先遭受短路电流产生的应力，相继又承受振荡电流产生的应力，使定子绕组端部出现机械损伤的可能性增加。

由于失步带来上述危害，因此通常要求发电机失步保护在振荡的第一、二个振荡周期内能够可靠动作。

7.6.2 失步保护原理（Principle of Generator Out of Step Protection）

失步保护只反映发电机的失步情况，能可靠躲过系统短路和同步摇摆，并能在失步开始的摇摆过程中区分加速失步和减速失步。实用的失步保护主要基于反映发电机机端测量阻抗变化轨迹的原理，具体分析见第3章。

这里介绍一种易于在数字保护中实现的具有双遮挡器动作特性的失步保护原理。如图7.31所示（忽略线路电阻），假定振荡中心落在机端保护安装处 M，R_1、R_2、R_3、R_4 将阻抗平面分为0～4共五个区，加速失步时测量阻抗轨迹从 $+R$ 向 $-R$ 方向变化，0～4区依次从右到左排列；减速失步时测量阻抗轨迹从 $-R$ 向 $+R$ 方向变化，0～4区依次从左到右排列。当测量阻抗从右向左穿过 R_1 时判断为加速失步，当测量阻抗从左向右穿过 R_4 时判定为减速失步。加速失步信号或减速失步信号作用于降低或提高原动机出力。若在加速或减速信号发出后，没能使振荡平息，进行失步周期（也称滑极）计数。当失步周期累计达到一定值，失步保护出口跳闸。

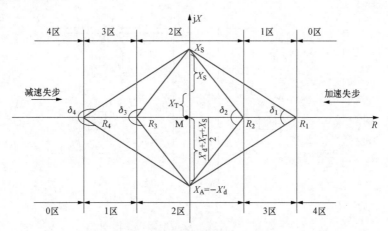

图 7.31 失步阻抗轨迹与失步保护整定图

若测量阻抗在任一区内永久停留，则判定为短路。若测量阻抗轨迹部分穿越这些区域后以相反的方向返回，则判断为可恢复的摇摆。

7.7 发电机励磁回路故障保护
(Grounded Field Winding Protection of Generator)

发电机励磁回路（包括转子绕组）绝缘破坏会引起转子绕组匝间短路和励磁回路一点接地故障以及两点接地故障。发电机励磁回路一点接地故障很常见，两点接地故障也时有发生。励磁回路一点接地故障，不会对发电机造成危害，但如果发生两点接地故障，则会严重威胁发电机的安全。

当发电机励磁回路发生两点接地故障时，由于故障点流过相当大的故障电流，使转子本体烧伤；或由于部分绕组被短接，励磁电流增加，可能因过热而使励磁绕组烧伤。同时，部分绕组被短接后，气隙磁通会失去平衡，从而引起振动，特别是多极发电机会引起严重的振动，甚至会造成灾难性的后果。此外，汽轮发电机励磁回路两点接地，还可能使轴系和汽轮机磁化。因此，应该避免励磁回路的两点接地故障。

7.7.1　发电机励磁回路一点接地保护（Single Grounded Field Winding Protection of Generator）

1. 直流电桥式发电机励磁回路一点接地保护

利用电桥原理构成的一点接地保护原理如图 7.32（a）所示。励磁绕组 LE 对地绝缘电阻为分布参数，此分布电阻用位于励磁绕组中点的集中电阻 R_y 表示。励磁绕组电阻构成电桥的两臂，将外接电阻 R_1 和 R_2 构成电桥的另外两臂。在 R_1 和 R_2 的连接点 a 与地之间，接入继电器 KA，相当于把继电器 KA 与绝缘电阻 R_y 串联后接于电桥的对角线上。在正常情况下，调节电阻 R_1 和 R_2，使流过继电器 KA 的不平衡电流最小，并使继电器的动作电流大于此不平衡电流。

当励磁绕组的某一点 k 经过渡电阻 R_g 接地后，电桥失去平衡。此时，流过继电器 KA 的电流由故障点 k 的位置和过渡电阻 R_g 的大小决定。当流过电流大于继电器 KA 的动作电流时，继电器动作，如图 7.32（b）所示。

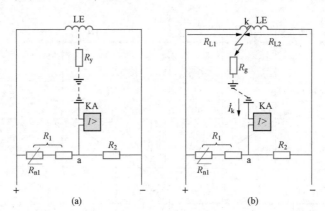

图 7.32　电桥式一点接地保护原理图
（a）正常情况；（b）k 点经过渡电阻 R_g 一点接地

当励磁绕组的正端或负端发生接地故障时，这种保护装置的灵敏度很高。然而，当故障点在励磁绕组中点附近时，即使发生金属性接地，保护装置也不能动作，因而存在死区。

为消除电桥式一点接地保护的缺陷，通常在电桥的 R_1 臂上串联接入一非线性电阻 R_{n1}，如图 7.32（b）所示。当电压升高时，电流非线性地增加，电阻 R_{n1} 下降，反之则 R_{n1} 上升。随着励磁电压 U_f 的变化，非线性电阻时刻改变电桥的平衡条件，在某一电压下的死区，在另一电压下变为动作区，从而减小了拒动的概率。

2. 叠加交流电压式发电机励磁回路一点接地保护

利用导纳继电器的叠加交流电压式一点接地保护原理如图 7.33 所示。图中，TAA1 和 TAA2 是中间变流器，与整流器 U1 和 U2 组成两个电气量绝对值的电压形成回路；R_m 和 R_n

是整定电阻；L、C 组成 50Hz 带通滤波器，其中电容 C 还起着隔离直流的作用；R_b 是附加电阻；励磁回路的对地分布电导和电容以集中参数 $g_y = 1/R_y$ 和 $b_y = \omega C_y = 1/X_y$ 来表示，其中，R_y 是励磁回路对地绝缘电阻，C_y 是对地电容，X_y 则是相应的对地容抗。

50Hz 交流电压 $\dot{U}$ 经附加电阻 R_b、滤波器的 L、C 和变流器 TAA1 的一次绕组 W1 叠加到励磁绕组与地之间，构成测量回路，且通过测量回路的电流用 $\dot{I}$ 表示。同时交流电压 $\dot{U}$ 还加到整定电阻 R_m 和 R_n、变流器 TAA1 的一次绕组 W2 和变流器 TAA2 的一次绕组 W3 和 W4 所构成的整定回路上，且流过整定回路的电流用 $\dot{I}_m$ 和 $\dot{I}_n$ 表示。

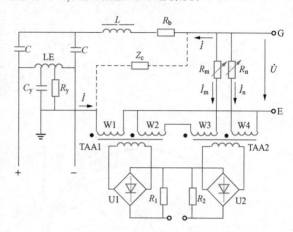

图 7.33　叠加交流电压式一点接地保护原理图

设 TAA1 和 TAA2 的每个一次绕组对二次绕组的匝数比均为 n，并将漏抗略去不计，W2 和 W3、W4 的有效电阻归入 R_m 和 R_n 之中，规定保护装置的动作条件为

$$\left| \frac{1}{n}(\dot{I} - \dot{I}_m) \right| \leqslant \left| \frac{1}{n}(\dot{I}_n - \dot{I}_m) \right| \tag{7.47}$$

用导纳表示上述动作条件为

$$|Y - g_m| \leqslant |g_n - g_m| \tag{7.48}$$

动作的边界条件为

$$|Y - g_m| = |g_n - g_m| \tag{7.49}$$

式（7.49）中的 Y 是图 7.33 中 G、E 两端的测量导纳。此导纳随着励磁绕组的对地电纳 g_y 和对地电容 C_y 而变化。随着 g_y 和 C_y 的变化，测量导纳 Y 的轨迹是一个圆，圆心 $Y_{c.set} = g_m$、半径 $Y_{r.set} = g_n - g_m$。也就是说，保护装置的动作边界在导纳平面上是一个圆，圆心在 g 轴上 $Y_{c.set} = g_m$ 处，半径为 $Y_{r.set} = g_n - g_m$。

$Y_{c.set}$ 和 $Y_{r.set}$ 称为整定导纳，由 $Y_{c.set}$ 和 $Y_{r.set}$ 决定的圆，称为整定圆，如图 7.34 所示，圆内是动作区。在正常情况下，测量导纳 Y 的末端在圆外。当发生接地故障后，对地电纳变大，若 Y 的末端进入圆内，保护动作。

叠加交流电压式一点接地保护的等效电路如图 7.35 所示。图中阻抗 Z_b 为由 G、E 两点看到的除 C_y、R_y 外的电流 $\dot{I}$ 回路的所有阻抗，而且 Z_b 是常数。

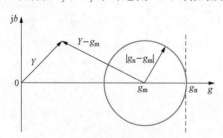

图 7.34　叠加交流电压式一点接地保护的
整定圆图

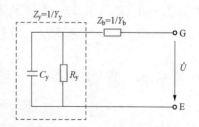

图 7.35　叠加交流电压式一点接地保护的
等效电路

设法使 Z_b 为纯电阻 R_b，即 G、E 两点间测量回路中，除励磁绕组对地电容 C_y 及 R_y 外，其综合阻抗为纯阻性，亦即图 7.33 中的 L 和 C 对于 50Hz 而言应该完全补偿，当 $R_y=R_{y.set}$ 时，对地测量导纳的临界动作轨迹为一圆，圆心为

$$Y_c = \frac{1}{R_b} - \frac{R_{y.set}}{2(R_b^2 + R_b R_{y.set})} \tag{7.50}$$

半径为

$$Y_r = \frac{R_{y.set}}{2(R_b^2 + R_b R_{y.set})} \tag{7.51}$$

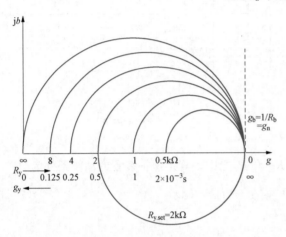

图 7.36　等电导圆和整定圆

其中，R_b 是保护装置参数，是可调的已知数，只要选定励磁回路接地保护的整定值 $R_{y.set}$，就可根据 Y_c 和 Y_r 作出对应的对地测量导纳圆。因为这种导纳圆是对某一个不变的电导 $1/R_{y.set}$ 而言的，所以为等电导圆，如图 7.36 所示的实线图，其中间的整实线圆为 $R_{y.set}=2k\Omega$ 的整定圆。

如果图 7.36 中对应 $R_{y.set}=2k\Omega$ 的等电导圆与图 7.34 的整定圆重合，则当励磁绕组对地绝缘下降到 $R_{y.set}=2k\Omega$ 时，励磁回路一点接地保护动作，并且

与励磁绕组对地电容 C_y 无关。这里，继电器回路的 Z_b 必须为纯电阻 R_b 时，此励磁回路一点接地保护才能达到这样的理想动作特性。

3. 切换采样式发电机励磁回路一点接地保护

一种切换采样式一点接地保护的原理图如图 7.37 所示。图中，U_f' 为定子负端点到故障点的绕组电压，R_g 为过渡电阻，E 为叠加电压，R_1、R_2 为负载电阻。

如图 7.37 所示，在转子的负极经 R_1、R_2 两电阻叠加一直流电压 E，为了能测量转子的接地电阻，在电阻 R_2 上并联电子开关 S，电子开关 S 以某一固定频率开合改变电路参数，保护检测在 S 闭合和打开的过程中的电流 I_g。定义当 S 闭合时的电流 $I_g=I_c$，当 S 打开时电流 $I_g=I_o$，则

$$\left.\begin{array}{l} U_f'+E = I_c(R_1+R_g), \quad \text{S 闭合时}\\ U_f'+E = I_c(R_2+R_1+R_g), \quad \text{S 打开时} \end{array}\right\} \tag{7.52}$$

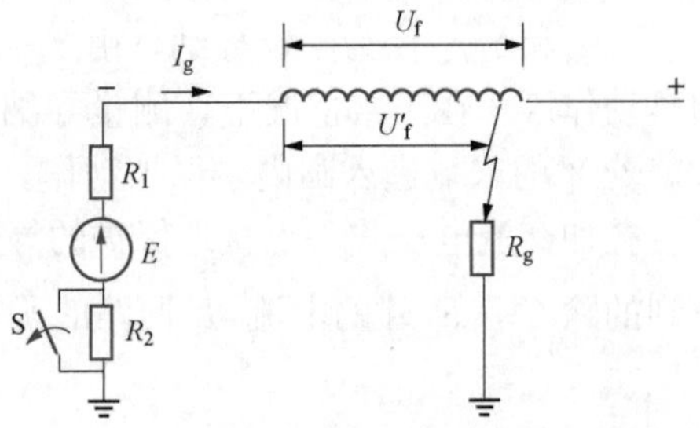

图 7.37　切换采样式励磁回路一点接地保护

由式（7.52）消去 E 可得

$$R_g = \frac{R_1 I_o - R_1 I_c + R_2 I_o}{I_c - I_o} \tag{7.53}$$

这种切换采样式转子一点接地保护灵敏度不因故障点位置的变化而变化，不受分布电容的影响，同时在启、停机时也能够实施保护。

7.7.2 反应发电机定子电压二次谐波分量的励磁回路两点接地保护 (Double Grounded Field Winding Protection Based on the Second harmonic Stator Voltage)

这种发电机转子两点接地及匝间短路保护基于反映发电机定子电压二次谐波分量的原理。当发电机转子绕组两点接地或匝间短路时，气隙磁通分布的对称性遭到破坏，出现偶次谐波，发电机定子绕组每相感应电动势也就出现了偶次谐波分量。因此利用定子电压的二次谐波分量，就可以实现转子两点接地及匝间短路保护。

通过分析可以发现转子侧发生两点接地或匝间短路故障在定子侧形成的二次谐波电压的相序和发电机外部不对称短路产生的负序电流所形成的定子二次谐波电压相序相反。利用此特征可以实现灵敏度更高的转子两点接地保护。

习题及思考题
(Exercise and Questions)

7.1 简述发电机保护的配置。

7.2 简述发电机－变压器组保护的配置。

7.3 写出发电机标积制动和比率制动差动原理的表达式。

7.4 发电机的完全差动保护为何不反应匝间短路故障，变压器差动保护能反应吗？

7.5 试分析不完全纵差动保护的特点和不足，以及中性点分支的选取原则。

7.6 简述发电机纵差动保护和横差动保护特点。

7.7 简述发电机定子单相接地保护重要性。

7.8 大容量发电机为什么要采用 100% 定子接地保护？

7.9 简述负序电流对发电机和变压器的影响有何不同。

7.10 为什么大容量发电机应采用负序反时限过电流保护？

7.11 发电机失磁对系统和发电机本身有什么影响？汽轮发电机允许失磁后继续运行的条件是什么？

7.12 发电机励磁回路为什么要装设一点接地和两点接地保护？

7.13 试分析发电机 $3U_0$ 定子接地保护中 $3U_0$ 电压和接地点的关系。

7.14 试分析失磁保护静稳圆边界的物理概念。

7.15 试从制动原理分析，在同等条件下发电机差动保护要比变压器差动保护灵敏。

7.16 试分析比率制动系数和斜率的关系。

8 母线保护
Busbar Protection

8.1 母线故障和装设母线保护基本原则
(Busbar Fault and Basic Principle for Installation of Busbar Protection)

发电厂和变电站的母线是电力系统中的一个重要组成元件，当母线上发生故障时，将使连接在故障母线上的所有元件在修复故障母线期间，或转换到另一组无故障的母线上运行以前被迫停电。此外，电力系统中枢纽变电站的母线上发生故障时，还可能会引起系统稳定的破坏，造成严重的后果。

由于发电厂变电站内避雷设施较好且维护能力强，母线实际发生故障的概率较小，但随着电压等级的升高，尤其1000kV及以上的特高压电压等级母线出现，站内设备（如互感器、开关）出现故障的概率有所增加。母线故障概率虽小，但如果故障处理不当，对电力系统运行的危害将非常严重，继电保护的拒动和误动都将会引起严重的后果，因此母线保护的安全性和可靠性显得尤其重要。

母线上可能会发生各种类型的接地和相间短路故障。但母线短路故障类型与输电线路不同。在输电线路的短路故障中，单相接地故障约占故障总数的80%以上。而在母线故障中，大部分故障是由绝缘子对地放电所引起的，母线故障开始阶段大多表现为单相接地故障，而随着短路电弧的移动，故障往往发展为两相或三相接地短路。

母线故障保护分为不采用专门的母线保护和采用专门的母线保护两大类。

8.1.1 不采用专门的母线保护 (Without Special Busbar Protection)

一般来说，不采用专门的母线保护，而利用供电元件的保护装置就可以把母线故障切除，例如：

（1）如图8.1所示的发电厂采用单母线接线，若接于母线的线路对侧没有电源，此时母线上的故障就可以利用发电机的过电流保护使发电机的断路器跳闸予以切除；

（2）如图8.2所示的降压变电站，其低压侧的母线正常时分开运行，若接于低压侧母线上的线路为馈电线路，则低压母线上的故障就可以由相应变压器的过电流保护使变压器断路器跳闸予以切除；

（3）如图8.3所示的双侧电源网络（或环形网络），当变电站B母线上k点短路时，则可以由保护1、4的第Ⅱ段动作予以切除等。

当利用供电元件的保护装置切除母线故障时，故障切除的时间一般较长。此外，当双母线同时运行或母线为分段单母线时，上述保护不能保证有选择性地切除故障母线；当超高压枢纽变电站和大型发电厂母线为分段单母线时，上述保护不能保证有选择性地切除故障母线。超高压枢纽变电站和大型发电厂的母线联系着各个地区系统和各台大型发电机组，母线发生短路直接破坏了各部分系统之间或各台机组之间的同步运行，严重影响电力系统的安全供电。虽然母线短路概率比输电线短路低得多，但一旦发生，后果特别严重。因此，对那些威胁电力系统稳定运行、使发电厂厂用电及重要负荷的供电电压低于允许值（一般为额定电压的 60%）的母线故障，必须装设有选择性的快速母线保护。

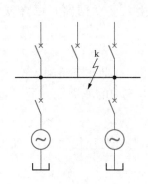

图 8.1　利用发电机的过电流保护
切除母线故障

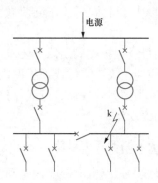

图 8.2　利用变压器的过电流保护切除
低压母线故障

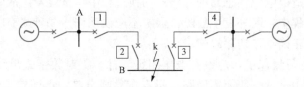

图 8.3　在双侧电源网络上，利用电源侧的保护切除母线故障

8.1.2　采用专门的母线保护（With Special Busbar Protection）

采用专门的母线保护的母线一般应安装以下原则配置母线保护：

（1）对 220～500kV 母线，应装设快速、有选择地切除故障的母线保护：

1）对 $1\frac{1}{2}$ 断路器接线，每组母线应装设两套母线保护；

2）对双母线、双母线分段等接线，为防止母线保护因检修退出失去保护，母线发生故障会危及系统稳定和使事故扩大时，宜装设两套母线保护。

（2）对发电厂和变电站的 35～110kV 电压的母线，在下列情况下应装设专用的母线保护：

1）110kV 双母线；

2）110kV 单母线、重要发电厂或 110kV 以上重要变电站的 35～66kV 母线，需要快速切除母线上的故障时；

3）35～66kV 电力网中，主要变电站的 35～66kV 双母线或分段单母线需快速而有选择地切除一段或一组母线上的故障，以保证系统安全稳定运行和可靠供电。

（3）对发电厂和主要变电站的 3～10kV 分段母线及并列运行的双母线，一般可由发电机和变压器的后备保护实现对母线的保护。在下列情况下，应装设专用母线保护：

1）须快速而有选择地切除一段或一组母线上的故障，以保证发电厂及电力网安全运行和重要负荷的可靠供电时；

2）当线路断路器不允许切除线路电抗器前的短路时。

（4）对 3～10kV 分段母线宜采用不完全电流差动保护，保护装置仅接入有电源支路的电流。保护装置由两段组成，第一段采用无时限或带时限的电流速断保护，当灵敏系数不符合要求时，可采用电压闭锁电流速断保护；第二段采用过电流保护，当灵敏系数不符合要求时，可将一部分负荷较大的配电线路接入差动回路，以降低保护的动作电流。

（5）专用母线保护应满足以下要求：

1）保护应能正确反应母线保护区内的各种类型故障，并动作于跳闸。

2）对各种类型区外故障，母线保护不应由于短路电流中的非周期分量引起电流互感器的暂态饱和而误动作。

3）对构成环路的各类母线（如 $1\frac{1}{2}$ 断路器接线、双母线分段接线等），保护不应因母线故障时流出母线的短路电流影响而拒动。

4）母线保护应能适应被保护母线的各种运行方式：①应能在双母线分组或分段运行时，有选择性地切除故障母线。②应能自动适应双母线连接元件运行位置的切换。切换过程中保护不应误动作，不应造成电流互感器的开路；切换过程中，母线发生故障，保护应能正确动作切除故障；切换过程中，区外发生故障，保护不应误动作。③母线充电合闸于有故障的母线时，母线保护应能正确动作切除故障母线。

5）双母线接线的母线保护，应设有电压闭锁元件。①对数字式母线保护装置，可在启动出口继电器的逻辑中设置电压闭锁回路，而不在跳闸出口触点回路上串接电压闭锁触点。②对非数字式母线保护装置电压闭锁触点应分别与跳闸出口触点串接。母联或分段断路器的跳闸回路可不经电压闭锁触点控制。

6）双母线的母线保护，应保证：①母联与分段断路器的跳闸出口时间不应大于线路及变压器断路器的跳闸出口时间。②能可靠切除母联或分段断路器与电流互感器之间的故障。

7）母线保护仅实现三相跳闸出口，且应允许接于本母线的断路器失灵保护共用其跳闸出口回路。

8）母线保护动作后，除 $1\frac{1}{2}$ 断路器接线外，对不带分支且有纵联保护的线路，应采取措施，使对侧断路器能速动跳闸。

9）母线保护应允许使用不同变比的电流互感器。

10）当交流电流回路不正常或断线时应闭锁母线差动保护，并发出告警信号，对 $1\frac{1}{2}$ 断路器接线可以只发告警信号而不闭锁母线差动保护。

11）闭锁元件启动、直流消失、装置异常、保护动作跳闸应发出信号。此外，应具有启动遥信及事件记录触点。

（6）在旁路断路器和兼作旁路的母联断路器或分段断路器上，应装设可代替线路保护的保护装置。在旁路断路器代替线路断路器期间，如必须保持线路纵联保护运行，可将该线路的一套纵联保护切换到旁路断路器上或者采取其他措施，使旁路断路器仍有纵联保护在运行。

（7）在母联或分段断路器上，宜配置相电流或零序电流保护，保护应具备可瞬时和延时跳闸的回路，作为母线充电保护，并兼作新线路投运时（母联或分段断路器与线路断路器串接）的辅助保护。

（8）对各类双断路器接线方式，当双断路器所连接的线路或元件退出运行而双断路器之间仍连接运行时，应装设短引线保护以保护双断路器之间的连接线故障。

在母线保护中，对于超高压和特高压母线，断路器的失灵处理不当，会严重扩大停电范围，造成大面积的电网事故。断路器失灵误判也会引起母线上线路的失电，因此现代母线保护中对失灵保护尤其重视，严防失灵保护的误动和拒动。

（9）在220～500kV电力网中，以及110kV电力网的个别重要部分，应按下列原则装设一套断路器失灵保护：

1）线路或电力设备的后备保护采用近后备方式；

2）如断路器与电流互感器之间发生故障不能由该回路主保护切除形成保护死区，而其他线路或变压器后备保护切除又扩大停电范围，并引起严重后果时（必要时，可为该保护死区增设保护，以快速切除该故障）；

3）对220～500kV分相操作的断路器，可仅考虑断路器单相拒动的情况。

（10）断路器失灵保护的启动应符合下列要求：

1）为提高动作可靠性，必须同时具备下列条件，断路器失灵保护方可启动：①故障线路或电力设备能瞬时复归的出口继电器动作后不返回（故障切除后，启动失灵的保护出口返回时间应不大于30ms）；②断路器未断开的判别元件动作后不返回。若主设备保护出口继电器返回时间不符合要求，判别元件应双重化。

2）失灵保护的判别元件一般应为相电流元件；发电机 - 变压器组或变压器断路器失灵保护的判别元件应采用零序电流元件或负序电流元件。判别元件的动作时间和返回时间均不应大于20ms。

（11）失灵保护动作时间应按下述原则整定：

1）$1\frac{1}{2}$断路器接线失灵保护应瞬时再次动作于本断路器的两组跳闸线圈跳闸，再经一时限动作于断开其他相邻断路器。

2）单、双母线的失灵保护，视系统保护配置的具体情况，可以较短时限动作于断开与拒动断路器相关的母联及分段断路器，再经一时限动作于断开与拒动断路器连接在同一母线上的所有有源支路的断路器；也可仅经一时限动作于断开与拒动断路器连接在同一母线上的所有有源支路的断路器。变压器断路器的失灵保护还应动作于断开变压器接有电源一侧的断路器。

（12）失灵保护装设闭锁元件的原则是：

1）$1\frac{1}{2}$断路器接线的失灵保护不装设闭锁元件。

2）有专用跳闸出口回路的单母线及双母线断路器失灵保护应装设闭锁元件。

3）与母差保护共用跳闸出口回路的失灵保护不装设独立的闭锁元件，应共用母差保护的闭锁元件，闭锁元件的灵敏度应按失灵保护的要求整定；对数字式保护，闭锁元件的灵敏度宜按母线及线路的不同要求分别整定。

4）设有闭锁元件的。

（13）发电机、变压器及高压电抗器断路器的失灵保护，为防止闭锁元件灵敏度不足应采取相应措施或不设闭锁回路。

（14）双母线的失灵保护应能自动适应连接元件位置的切换。

（15）失灵保护动作跳闸应满足下列要求：

1）对具有双跳闸线圈的相邻断路器，应同时动作于两组跳闸回路；

2）对远方跳对侧断路器的，宜利用两个传输通道传送跳闸命令；

3）应闭锁重合闸。

8.2 母线差动保护基本原理
(Basic Principle of Busbar Differential Protection)

为满足速动性和选择性的要求，母线保护都是按差动原理构成的。实现母线差动保护必须考虑在母线上一般连接着较多的电气元件（如线路、变压器、发电机等），因此，不能像发电机的差动保护那样，只用简单的接线加以实现。但不管母线上元件有多少，实现差动保护的基本原则仍是适用的。

（1）在正常运行以及母线范围以外故障时，在母线上所有连接元件中，流入的电流和流出的电流相等，或表示为 $\sum \dot{I}_{\mathrm{pi}} = 0$。

（2）当母线上发生故障时，所有与母线连接的元件都向故障点供给短路电流或流出残留的负荷电流，根据基尔霍夫电流定律，$\sum \dot{I}_{\mathrm{pi}} = \dot{I}_{\mathrm{k}}$（$\dot{I}_{\mathrm{k}}$ 为短路点的总电流）。

（3）从每个连接元件中电流的相位来看，在正常运行及外部故障时，至少有一个元件中的电流相位和其余元件中的电流相位是相反的。具体说来，就是电流流入的元件和电流流出的元件中电流的相位相反。而当母线故障时，除电流等于零的元件以外，其他元件中的电流是接近同相位的。

根据原则（1）和原则（2）可构成电流差动保护，根据原则（3）可构成电流比相式差动保护。

本节将结合以上原则，主要讨论用于母线的电流差动保护。

8.2.1 单母线完全电流母线差动保护 (Single Busbar Complete Differential Protection)

图 8.4 所示完全电流母线差动保护的原理接线图中，在母线的所有连接元件上装设具有相同变比和特性的电流互感器，$\dot{I}_{\mathrm{p1}}$、$\dot{I}_{\mathrm{p2}}$、$\cdots$、$\dot{I}_{\mathrm{pn}}$ 为一次侧电流，$\dot{I}_{\mathrm{s1}}$、$\dot{I}_{\mathrm{s2}}$、$\cdots$、$\dot{I}_{\mathrm{sn}}$ 为二次侧电流。在一次侧电流总和为零时，母线保护用电流互感器（TA）必须具有相同的变比 n_{TA}，才能保证二次侧的电流总和也为零。所有 TA 的二次侧同极性端连接在一起，接至差动继电器中，则继电器中的电流 $\dot{I}_{\mathrm{KA}}$ 即为各个母线连接元件二次侧电流的相量和。

由于 TA 有误差，因此在母线正常运行及外部故障时，继电器中有不平衡电流 $\dot{I}_{\mathrm{ubp}}$ 出现。而当母线发生故障（如图 8.4 中 k 点所示）时，所有与电源连

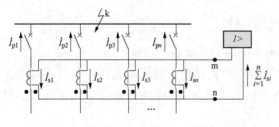

图 8.4　完全电流母线差动保护的原理接线图

接的元件都向 k 点供给短路电流，则流入继电器的电流为

$$I_{KA} = \sum_{i=1}^{n} \dot{I}_{si} = \frac{1}{n_{TA}} \sum_{i=1}^{n} \dot{I}_{pi} = \frac{1}{n_{TA}} \dot{I}_{k} \tag{8.1}$$

式（8.1）中 $\dot{I}_k$ 即为故障点的全部短路电流，此电流足够使差动继电器动作而驱动出口继电器，从而使所有连接元件的断路器跳闸。

差动继电器的动作电流应按如下条件考虑，并选择其中较大的一个。

（1）躲开外部故障时所产生的最大不平衡电流，当所有电流互感器均按 10％误差曲线选择，且差动继电器采用具有速饱和铁芯的继电器时，其动作电流 $I_{r.set}$ 计算式为

$$I_{r.set} = K_{rel} I_{unb.max} = K_{rel} \times 0.1 I_{k.max}/n_{TA} \tag{8.2}$$

式中　K_{rel}——可靠系数，取为 1.3；

$I_{k.max}$——在母线范围外任一连接元件上短路时，流过差动保护 TA 一次侧的最大短路电流；

n_{TA}——母线保护用 TA 的变比。

（2）由于母线差动保护电流回路中连接的元件较多，接线复杂，因此，TA 二次回路断线的概率比较大。为了防止在正常运行情况下，任一 TA 二次回路断线引起保护装置误动作，动作电流应大于任一连接元件中最大的负荷电流 $I_{L.max}$，即

$$I_{r.set} = K_{rel} I_{L.max}/n_{TA} \tag{8.3}$$

当保护范围内部故障时，应采用下式校验灵敏系数

$$K_{sen} = \frac{I_{k.min}}{I_{r.set} n_{TA}} \tag{8.4}$$

式中　$I_{k.min}$——在母线上发生故障的最小短路电流门槛值，其值一般应不低于 2。

完全电流差动保护的原理比较简单，通常适用于单母线或经常只有一组母线运行的双母线。

8.2.2　高阻抗母线差动保护（High Impedance Busbar Differential Protection）

在母线发生外部短路时，一般情况下，非故障支路电流不很大，TA 不易饱和；但是故障支路电流及各电源支路电流之和可能非常大，TA 可能极度饱和，相应的励磁阻抗必然很小，极限情况近似为零。这时，虽然一次电流很大，但其几乎全部流入励磁支路，二次侧电流近似为零，差动继电器中将流过很大的不平衡电流，完全电流母线差动保护将误动作。

为避免上述情况下母线保护的误动，可将图 8.4 中的电流差动继电器改用内阻（一般约为 2.5～7.5kΩ）很高的电压继电器。高阻抗母线差动保护的原理接线如图 8.5 所示。

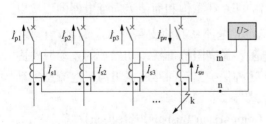

图 8.5　高阻抗母线差动保护原理接线图

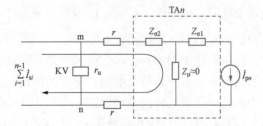

图 8.6　母线外部短路时高阻抗母线差动保护等效电路
Z_μ—励磁阻抗；$Z_{\sigma1}$、$Z_{\sigma2}$—TA 一次和二次绕组漏抗；
r—故障支路 TA 至电压继电器二次回路的阻抗值
（二次回路连线阻抗值）；r_u—电压差动继电器的内阻

　　假设母线上连接有 n 条支路（如图 8.5 所示），第 n 条支路为故障支路，母线外部短路的等效回路如图 8.6 所示，图中虚线框内为故障支路 TA 的等效回路。

　　外部短路时，若电流互感器无误差，则非故障支路二次侧电流之和与故障支路二次侧电流大小相等、方向相反，此时差动继电器（不论是电流型的还是电压型的）中电流为零，非故障支路二次侧电流都流入故障支路 TA 的二次绕组。外部短路最严重的情况是故障支路的 TA 出现极度饱和的情况，其励磁阻抗 Z_μ 近似为零，一次电流全部流入励磁支路。由于电压差动继电器 KV 的内阻 r_u 很高，非故障支路二次侧电流都流入故障支路 TA 的二次绕组，差动继电器中电流仍然很小，不会动作。内部短路时，所有引出线电流都流入母线，所有支路的二次侧电流都流向电压继电器。由于其内阻很高，电压继电器端出现高电压，于是电压继电器动作。

　　高阻抗母线差动保护的优点是保护的接线简单、选择性好、灵敏度高，在一定程度上可防止母线发生外部短路且 TA 饱和时母线保护的误动作。但高阻抗母线差动保护要求各个支路 TA 的变比相同，TA 二次侧电阻和漏抗要小。TA 的二次侧要尽可能在配电装置处就地并联，以减小二次回路连线的电阻，因此，这种母线保护一般只适用于单母线。此外，由于二次回路阻抗较大，在区内故障产生大故障电流的情况下，TA 二次侧可能出现相当高的电压，因此必须对二次侧电流回路的电缆和其他部件采取加强绝缘水平的措施。

8.2.3　具有比率制动特性的中阻抗母线差动保护（Medium Impedance Busbar Protection with characteristics of percentage restraint）

　　将比率制动的电流型差动保护应用于母线，动作判据可为最大值制动，即

$$\left| \sum_{i=1}^{n} \dot{I}_i \right| - K_{res} \{|\dot{I}_i|\}_{max} \geqslant I_{set.0}, \quad i = 1, 2, 3, \cdots, n \tag{8.5}$$

或动作判据为模值和制动，即

$$\left| \sum_{i=1}^{n} \dot{I}_i \right| - K_{res} \sum_{i=1}^{n} |\dot{I}_i| \geqslant I_{set.0}, \quad i = 1, 2, 3, \cdots, n \tag{8.6}$$

式中　K_{res}——制动系数；

　　　　$\dot{I}_i$——母线各连接元件 TA 二次电流值；

　　$\{|\dot{I}_i|\}_{max}$——$|\dot{I}_i|$ 中的最大值；

　　　　$I_{set.0}$——动作电流门槛值。

　　当母线外部短路而使故障支路的 TA 严重饱和时，该 TA 二次侧电流接近于零，式（8.5）和式（8.6）中会失去一个最大的制动电流。为了弥补这一缺陷，可在差动回路中适当增加电阻，如图 8.6 所示，使因第 n 条故障支路的 TA 严重饱和而使流向继电器的二次电流 $\dot{I}_{sn}$，该 TA 的二次回路（$Z_{\sigma2}$ 回路）仍流过电流，此电流从其他支路流入，起制动作用。由于保留了比率制动特性，这种保护差动回路的电阻不像高阻抗母线差动保护的差动回路内阻那么高，也就不需要有限制高电压的措施。由于这种保护差动回路的电阻高于电流型差动保护，低于高阻抗母线差动保护，故称之为中阻抗式母线差动保护。

8.2.4　电流比相式母线保护（Phase Current Comparison Busbar Protection）

　　电流差动保护要求在母线外部短路或正常运行时的二次电流总和 $\sum \dot{I}_{si} = 0$。由于在实际运行中 TA 特性总是存在差异，差电流中不平衡电流较大，这必然会影响电流差动保护的灵敏度。这里介绍一种仅比较电流相位关系的比相式母线保护。

电流比相式母线保护的基本原理是根据母线在内部故障和外部故障时各连接元件电流相位的变化来实现的。当母线发生短路时，各有源支路的电流相位几乎是一致的；当发生外部短路时，非故障有源支路的电流流入母线，故障支路的电流则流出母线，两者相位相反，利用这种相位关系可构成电流比相式母线保护。

8.2.5　元件固定连接的双母线电流差动保护（Differential Protection for Permanent Connected Double Busbar Systems）

双母线是发电厂和变电站中广泛采用的一种母线方式。在发电厂以及重要变电站的高压母线上，一般都采用双母线同时运行（母线联络断路器经常投入），而每组母线上连接一部分（大约 1/2）供电和受电元件的方式。当任一组母线上发生故障时，只会短时影响到一半的负荷供电，而另一组母线上的连接元件仍可继续运行，大大提高了供电的可靠性。因此，要求母线保护具有选择故障母线的能力。

一般情况下，双母线同时运行时，每组母线上连接的供电元件和受电元件的连接方式较为固定，因此有可能装设元件固定连接的双母线电流差动保护。

元件固定连接的双母线电流差动保护主要由三组差动保护组成。如图 8.7 所示（图中各隔离开关处在某一运行方式下），第一组由 TA1、TA2、TA5 和差动继电器 KD1（Ⅰ母分差动）组成，用以选择Ⅰ母线上的故障；第二组由 TA3、TA4、TA6 和差动继电器 KD2（Ⅱ母分差动）组成，用以选择Ⅱ母线上的故障；第三组是由 TA1、TA2、TA3、TA4 和差动继电器 KD3 组成的一个完全电流差动（总差动）保护。当任一组母线上发生故障时，保护都会动作；而当母线外部故障时，不会动作；在正常运行方式下，它作为整个保护的启动元件；当固定接线方式破坏并保护范围外部故障时，可防止保护的非选择性动作。

如图 8.8 所示，当正常运行及母线外部故障（k 点）时，流经继电器 KD1、KD2 和 KD3 的电流均为不平衡电流，保护装置已从定值上躲开，不会误动作。

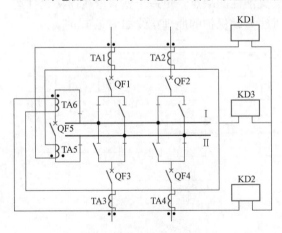

图 8.7　元件固定连接的双母线电流差动保护
原理接线图

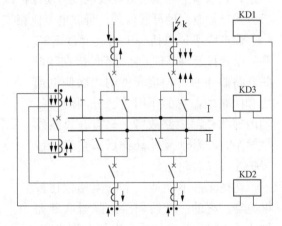

图 8.8　按正常连接方式运行时，保护范围外部
故障时电流的分布

如图 8.9 所示，当Ⅰ母线上（k 点）短路时，由电流的分布情况可见，继电器 KD1 和 KD3 中流入全部故障电流，而继电器 KD2 中为不平衡电流，于是 KD1 和 KD3 启动。KD3 动作后使母联断路器 QF5 跳闸。KD1 动作后即可使断路器 QF1 和 QF2 跳闸，并发出相应的信号。这样就把发生故障的Ⅰ母线从电力系统中切除了，而没有故障的Ⅱ母线仍可继续运

行。同理可分析当Ⅱ母线上某点短路时，只有 KD2 和 KD3 动作，最后由断路器 QF3、QF4 和 QF5 跳闸切除故障。

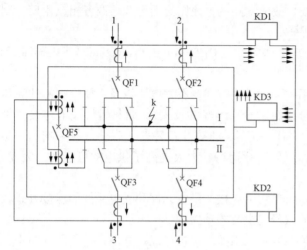

图 8.9　按正常连接方式运行时，
Ⅰ母线上故障时电流的分布

在固定连接方式破坏时，保护装置的动作情况将发生变化。例如当连接支路 1 自母线Ⅰ切换到母线Ⅱ上工作时，差动保护的二次回路不能随之切换，因此，按原有接线工作的Ⅰ、Ⅱ两母线的差动保护都不能正确反映母线上实际连接元件的 $\sum i$，因而在 KD1 和 KD2 中将出现差电流。在这种情况下，保护的动作将无法选择在哪一组母线上发生了故障。

综上所述，当双母线按照固定连接方式运行时，保护装置可以保证有选择性地只切除发生故障的一组母线，而另一组母线可继续运行；当固定接线方式破坏时，任一母线上的故障都将导致切除两组母线，即保护失去选择性。因此从保护的角度看，希望尽量保证固定接线的运行方式不被破坏，这就必然限制了电力系统调度运行的灵活性，这是此种保护的主要缺点。

8.2.6　母联电流比相式母线差动保护（Phase Comparison of Currents in the Interconnections between Busbars）

母联电流比相式母线差动保护是在具有固定连接元件的双母线电流差动保护的基础上的改进，它基本上克服了双母线电流差动保护缺乏灵活性的缺点，更适于做双母线连接元件运行方式经常改变的母线保护。母联电流比相式母线差动保护的原理接线如图 8.10 所示。

此母线保护包括一个启动元件 KST 和一个选择元件 KD。启动元件接在除母联断路器外所有连接元件的二次侧电流之和回路中，它的作用是区分两组母线的内部和外部短路故障。只有在母线发生短路时，启动元件动作后，整组母线保护才得以启动。

选择元件 KD 是一个电流相位比较继电器。它的一个线圈接入除母联断路器之外其他连接元件的二次侧电流之和，另一个线圈则接在母联断路器的电流互感器二次侧。

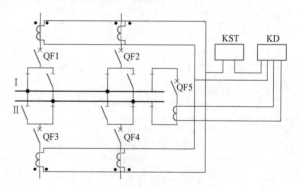

图 8.10　母联电流比相式母线差动保护
原理接线图

它利用比较母联断路器中电流与总差动电流的相位选择出故障母线。这是因为当Ⅰ母线上故障时，流过母联断路器的短路电流是由母线Ⅱ流向母线Ⅰ，而当Ⅱ母线上故障时，流过母联断路器的短路电流则是由母线Ⅰ流向母线Ⅱ。在这两种故障情况下，母联断路器电流相位变化了180°，而总差动电流反映母线故障的总电流，其相位不变。因此利用这两个电流的相位比较，就可以选择出故障母线，并切除选择出的故障母线上的全部断路器。基于这一原理，当母线上发生故障时，不管母线上的元件如何连接，只要母联断路器中有电流流过，选择元件 KD 就能正确动作，因此对母线上的连接元件就无需提出固定连接的要求，这是母联电流比相式母线差动保护的主要优点，该保护适用于连接元件切换较多的场合。

8.2.7　母线差动保护常见类型及特点比较（Common Types of Busbar Protection and Their Features）

按照母线差动保护装置差电流回路输入阻抗的大小，可将其分为低阻抗母线差动保护（一般为几欧）、中阻抗母线差动保护（一般为几百欧）和高阻抗母线差动保护（一般为几千欧）。

常规的母线保护及数字式母线保护均为低阻抗母线差动保护。低阻抗母线差动保护装置比较简单，一般采用先进的、久经考验的判据，系统的监视较为简单。但低阻抗母线差动保护在外部故障使 TA 饱和时，母线差动继电器中会出现较大不平衡电流，可能使母差保护误动作。数字式低阻抗母线保护采用 TA 饱和识别和闭锁辅助措施，能有效防止 TA 饱和引起的误动。因此，数字式低阻抗母线保护在我国电力系统中得到了广泛的应用。

高阻抗母线差动保护（参见 8.2.2）较好地解决了母线区外故障 TA 饱和时保护误动的问题。但在母线内部故障时，TA 的二次侧可能出现过高电压，对继电器可靠工作不利，且要求 TA 的传变特性完全一致、变比相同，这对于扩建的变电站来说较难做到。

中阻抗母线差动保护方案于 20 世纪 60 年代末在 IEEE 上发表，70 年代初由瑞典 ASEA 公司（现 ABB 公司）研制出基于中阻抗方案的 RADSS 母线差动保护。中阻抗母线差动保护将高阻抗的特性和比率制动特性两者有效结合，在处理 TA 饱和方面具有独特的优势。它以电流瞬时值作测量比较，测量元件和差动元件多为集成电路或整流型继电器，当母线内部故障时，动作速度极快，动作时间一般小于 10ms，因此又被称为"半周波继电器"，在我国电力系统中得到了广泛的应用。

按照母线的接线方式对母线差动保护进行分类，主要有单母分段、双母线、双母带旁路（专用旁路或母联兼旁路）、双母单分段、双母双分段、1/2 接线母线差动保护等。桥式接线和四边形接线母线不用专用母线差动保护。

8.2.8　数字式母线差动保护的基本判据及算法（Basic Criteria and Algorithms for Digital Busbar Protection）

数字式母线差动保护主要采用电流差动保护原理。由于数字式保护的特点，一些保护原理得以充分发挥自身性能优势。本节将就数字式母线差动保护普遍采用的普通比率制动特性、复式比率制动特性、故障分量比率制动特性母线差动保护的判据及算法进行介绍。

1. 普通比率制动特性母线差动保护

在数字式母线差动保护中主要采用的普通比率制动特性母线电流差动保护判据为

$$
\left.
\begin{aligned}
&\left| \sum_{i=1}^{n} \dot{I}_i \right| \geqslant I_{\text{set.0}} \\
&\left| \sum_{i=1}^{n} \dot{I}_i \right| > K_{\text{res}} \sum_{i=1}^{n} | \dot{I}_i |
\end{aligned}
\right\}
\tag{8.7}
$$

式中　K_{res}——制动系数；

　　　$I_{\text{set.0}}$——最小动作电流门槛值。

比率制动特性母线差动保护判据是建立在基尔霍夫电流定律的基础之上的，反映了各个连接元件电流的相量和，在通常情况下能保证区外故障时具有良好的选择性，区内故障时有较高的灵敏度，因此在数字式母线差动保护中被广泛应用。

　　2. 复式比率制动特性母线差动保护

　　普通比率制动特性母线差动保护利用穿越性故障电流作为制动电流来克服差动不平衡电流，以防止在外部短路时差动保护的误动作。但在母线内部短路时，差动继电器中也有制动电流，尤其是在 $1\frac{1}{2}$ 断路器接线的母线中可能有部分故障电流流出母线，加大了制动量，在此种情况下普通比率制动特性母线差动保护的灵敏度将有所下降。为了提高比率制动特性母线差动保护的灵敏性，希望进一步降低在发生内部短路时的制动电流。

　　为此，提出的复式比率制动特性母线差动保护算法为

$$\left.\begin{array}{c} \left| \sum\limits_{i=1}^{n} \dot{I}_i \right| \geqslant I_{\text{set.}0} \\[3mm] \dfrac{\left| \sum\limits_{i=1}^{n} \dot{I}_i \right|}{\sum\limits_{i=1}^{n} | \dot{I}_i | - \left| \sum\limits_{i=1}^{n} \dot{I}_i \right|} > K'_{\text{res}} \end{array}\right\} \tag{8.8}$$

　　理想条件下，在母线外部短路时，差动电流为零，则式（8.8）中第二式的左边为零；在内部短路时，式（8.8）第二式的左边分母近似为零，则式（8.8）左侧很大。

　　可见，复式比率制动特性母线差动保护测量到的比率在内部短路和外部短路两种状态下扩展到了理想的极限，使得制动系数 K'_{res} 有极广的范围可以选择。所以复式比率制动特性母线差动保护较普通比率制动特性母线差动保护具有更良好的选择性。从理论上也可分析出这两种保护原理相互之间的对应关系。

　　3. 故障分量比率制动特性母线差动保护

　　将故障分量比率制动特性应用于母线差动保护中，可避免故障前的负荷电流对比率制动特性产生的不良影响，可提高母线差动保护的灵敏度。

　　故障分量比率制动特性母线差动保护算法为

$$\left.\begin{array}{c} \left| \sum\limits_{i=1}^{n} \Delta \dot{I}_i \right| > \Delta I_{\text{set.}0} \\[3mm] \left| \sum\limits_{i=1}^{n} \Delta \dot{I}_i \right| > K_{\text{res}} \sum\limits_{i=1}^{n} | \Delta \dot{I}_i | \end{array}\right\} \tag{8.9}$$

式（8.9）中故障分量的算法将在第 9 章说明。

8.3　母线保护的特殊问题及其对策

(Special Problems and Their Solutions for Busbar Protection)

8.3.1　电流互感器的饱和问题及母线保护常用的对策（Current Transformer Saturation and Solutions for Busbar Protection）

　　由于母线的连接元件众多，在发生近端区外故障时，故障支路电流可能非常大，其 TA 易发生饱和，有时可达极度饱和。这种情况对于普遍以差动保护作为主保护的母线而言极为

不利，可能会导致母线差动保护误动作。因此，母线保护必须要考虑防止 TA 饱和误动作的措施，在母线区外故障且 TA 饱和时，能可靠闭锁差动保护，同时在发生区外故障转换为区内故障时，能保证差动保护快速开放、正确动作。

国内较常采用的母线差动保护有中阻抗母线差动保护和数字式母线差动保护，并且在110kV 及以上电压等级的电网中广泛使用，具有较高的稳定性和可靠性。在这些母线保护中采用了多种抗 TA 饱和的方法，本节将对此予以说明。

1. 中阻抗母线差动保护抗 TA 饱和的措施

中阻抗母线差动保护利用 TA 饱和时励磁阻抗降低的特点来防止差动保护误动作。由于保护装置本身差动回路电流继电器的阻抗一般为几百欧，TA 饱和造成的不平衡电流大部分被饱和 TA 的励磁阻抗分流，流入差动回路的电流很少，再加之中阻抗母线差动保护带有制动特性，可以使外部故障引起 TA 饱和时保护不误动。而对于内部故障 TA 饱和的情况，则利用差动保护的快速性在 TA 饱和前即动作于跳闸，不会出现拒动的现象。

2. 数字式母线差动保护抗 TA 饱和的措施

数字式母线差动保护主要为低阻抗母线差动保护，影响其动作正确性的关键就是 TA 饱和问题。结合数字式保护性能特点，数字式母线差动保护抗 TA 饱和的基本对策主要基于以下几种原理：

（1）具有制动特性的母线差动保护。在 TA 饱和不是非常严重时，比率制动特性可以保证母线差动保护不误动作。但当 TA 进入深度饱和时，此方法仍不能避免保护误动，需要采用其他专门的抗 TA 饱和的方法。

（2）TA 线性区母线差动保护。TA 进入饱和后，每个频率周期内的一次电流过零点附近存在不饱和时段。TA 线性区母线差动保护就是利用 TA 的这一特性，在 TA 每个频率周期退出饱和的线性区内，投入差动保护。由于此种原理的保护实质上是避开了 TA 饱和区，所以能对母线故障作出正确的判定。为保证 TA 线性区母线差动保护正确动作，必须能实时检测每个频率周期 TA 饱和与退出饱和的时刻。但是由于 TA 饱和时的电流波形复杂，如何正确判断 TA 饱和和退出饱和的时刻，以及如何判别出 TA 的线性传变区是实现此方法的关键和难点。

（3）TA 饱和的同步识别法。当母线区外故障时，无论故障电流有多大，TA 在故障的最初瞬间（在 1/4 频率周期内）都不会饱和，在饱和之前差电流很小，母线差动电流元件不会误动。若以母线电压构成差动保护的启动元件，在故障发生时则可以瞬时动作，两者的动作有一段时间差。当母线区内故障时，差电流增大和母线电压降低同时发生。TA 饱和的同步识别法就是利用这一特点，区分母线的区内、外故障，在判别出母线区外故障 TA 饱和时则闭锁母线差动保护。考虑到系统可能会发生区外转区内的母线转换性故障，因而 TA 饱和的闭锁应该是周期性的。

（4）通过比较差动电流变化率鉴别 TA 是否饱和。TA 饱和后，二次侧电流波形出现缺损，在饱和点附近二次侧电流的变化率突增。而当母线区内故障时，由于各条线路的电流都流入母线，差电流基本上按照正弦规律变化，不会出现区外故障 TA 饱和条件下差电流突变较大的情况。因此可以利用差电流的这一特点进行 TA 饱和的检测。

TA 进入饱和需要时间，而在 TA 进入饱和后，在每个频率周期一次电流过零点附近都存在一个不饱和时段，在此时段内 TA 仍可不畸变地传变一次电流，此时差电流变化率很小。利用这一特点也可构成 TA 饱和检测元件。在短路初瞬和 TA 饱和后每个频率周期内的不饱和时段，饱和检测元件都能够可靠地闭锁保护。

（5）波形对称原理。TA 饱和后，二次侧电流波形发生严重畸变，一频率周期内波形的对称性被破坏，采用分析波形的对称性可以判定 TA 是否饱和。判别对称性的方法有多种，最基本的一种是电流相隔半频率周期的导数的模值是否相等。

（6）谐波制动原理。当发生区外故障 TA 饱和时，差电流的波形实际是饱和 TA 励磁支路的电流波形。当 TA 发生轻度饱和时，故障支路的二次电流出现波形缺损现象，差电流中包含有大量的高次谐波。随着 TA 饱和深度的加深，二次电流波形缺损的程度也随着加剧。但内部故障时差电流的波形接近工频电流，谐波含量少。

谐波制动原理利用了 TA 饱和时差电流波形畸变的特点，根据差电流中谐波分量的波形特征检测 TA 是否发生饱和。这种方法有利于发生保护区外转区内故障时根据故障电流中存在谐波分量减少的情况而迅速开放差动判据。

8.3.2　母线运行方式的切换及保护的自适应（Change of Busbar Operation Mode and Adaptivity of Protection）

在各种主接线方式中，双母线接线运行最复杂。随着运行方式的变化，母线上各种连接元件在运行中需要经常在两条母线上切换，因此希望母线保护能自动适应系统运行方式的变化，免去人工干预及由此引起的人为误操作。

可以利用隔离开关辅助触点来判断母线运行方式。在集成电路型母线保护中，通常会引入隔离开关辅助触点来判断母线运行方式的。为防止隔离开关辅助触点引入环节发生错误，有些母线保护采用引入每副隔离开关的动合触点和动断触点，以两对触点的组合来判别隔离开关状态。但这种方法常会因为隔离开关辅助触点不可靠（如接触不良、触点粘连或触点抖动等），而导致出错，因此在实际工程应用中并不真正有效。当辅助触点出错时，会导致母线保护拒动或因保护失去选择性而扩大故障切除范围。

数字式保护具有强大的计算、自检及逻辑处理能力，数字式母线保护可以充分利用这些优势，采用将隔离开关辅助触点和电流识别两种方法相结合，且更加先进、有效的运行方式自适应方法。具体实现方法是：将运行于母线上的所有连接单元的隔离开关辅助触点引入保护装置，实时计算保护装置所采集的各连接元件负荷电流瞬时值，根据运行方式识别判据，来校验隔离开关辅助触点的正确性，校验确定无误后，形成各个单元的运行方式字，运行方式字反映了母线各连接元件与母线的连接情况；若校验发现有误，保护装置则自动纠正其错误。数字式母线保护的这种自动适应运行方式的方法能更有效地减轻运行人员的负担，提高母线保护动作的正确率。

8.3.3　$1\frac{1}{2}$ 断路器接线的母线及其保护问题（Special Connected Busbars and Their Protection）

当母线为 $1\frac{1}{2}$ 断路器接线，在母线内部短路时可能有电流流出。图 8.11 示出了 $1\frac{1}{2}$ 断路器的母线短路时有电流流出的情况。这种情况会使比较母线连接元件电流相位原理的母线保护拒动，也会使具有制动特性原理的母线差动保护的灵敏度降低。要考虑在内部短路时有一定电流流出的影响，是母线保护需要注意的问题之一。

8.3.4　母线死区保护（Busbar Dead Zone Protection）

由于保护通常所称的正方向和反方向是以电流互感器 TA 的安装位置为分界的，而切除故障是由断路器完成的，那么在断路器和电流互感器之间如发生短路，就有可能发生保护动作后故障并不能切除或多套保护同时动作，造成事故扩大的严重后果。

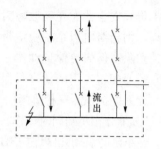

图 8.11　$1\frac{1}{2}$ 断路器的母线短路时有电流流出的情况

如图 8.12（a）为 $1\frac{1}{2}$ 母线接线，母线中 k1 处故障，在母线 I 保护区内，但母线 I 保护动作跳开含 QF1 的所有母线 I 断路器正确跳开后，故障点仍没有被安全隔离，仍然在系统中存在。图 8.12（b）、（c）为双母接线故障，故障发生在母线 II 保护区内，但母线 II 保护动作跳开含 QF 的所有母线 II 断路器后，故障没有被隔离，此类故障即为典型的死区故障。

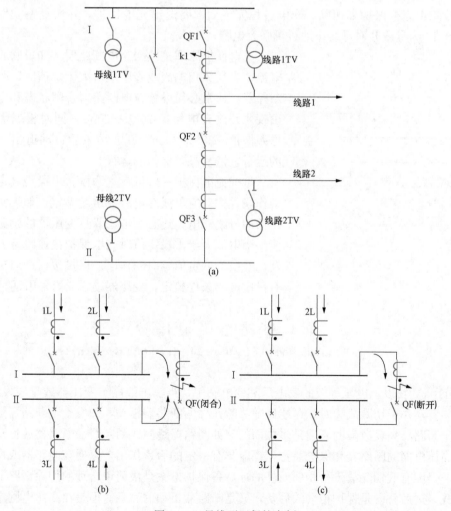

图 8.12　母线死区保护案例

（a）$1\frac{1}{2}$ 接线母线保护死区；（b）双母线故障发生在 II 差动范围内；（c）跳开母线 II 和母联断路器后，故障并没有被切除母线发生此类死区故障时，短路电流一般较大，对系统影响也较大，如果母线电压等级较高，则会对电力系统稳定带来极大的隐患。从理论上讲，死区内的故障可以由启动失灵保护来切除，但失灵保护动作一般要经较长的延时，对系统稳定非常不利。所以对于高压母线通常需要配置专门的比失灵保护动作快的死区保护。

死区保护检测三相跳闸信号（例如：发电机 - 变压器组三相跳闸，线路三相跳闸，或 A、B、C 三个分相跳闸同时动作）、三相跳位信号（断路器辅助触点），并同时检测死区电流的存在，经小延时启动死区保护出口。出口的跳闸方式原则上和失灵保护的出口跳闸方式一致。

8.3.5 母线充电保护（Bushar Charging Protection）

母线在投运或大修后恢复供电时，由于母线存在一定的电容和对地电容，当使用母联断路器或分段断路器对不带电母线充电时，会产生一定的容性冲击电流，且这种容性的电容电流随着电压等级的升高会显著增大。从理论上分析，电容电流会流入差动保护的差回路，而差动保护通常灵敏度都很高，有可能造成差动保护误动，致使母线无故障跳闸，导致充电失败。为了防止差动保护的这种不正确动作，在充电试验时，可将纵联差动保护退出，充电过程中的故障由充电保护来切除。充电过程完成后，要退出充电保护，并恢复差动保护的运行。图 8.13 为母线Ⅱ对母线Ⅰ通过母联充电图。

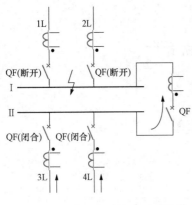

图 8.13 母线Ⅱ对母线Ⅰ通过母联
充电图

充电保护原理是检测充电断路器（如母联）流过的电流，当任一相电流或零序电流大于定值时，跳开充电断路器。通常必须设置充电断路器合闸状态和电流同时出现才开放充电保护 200～300ms，同时根据需要闭锁母差保护。200～300ms 开放结束后自动退出充电保护的运行，恢复母差保护的运行。

母线充电保护一般可设置两段。Ⅰ段为高定值瞬时动作段，按对空母线充电有灵敏度整定，如果需对带变压器的母线充电，还必须考虑躲过变压器的励磁涌流电流。当电流大于Ⅰ段定值时充电保护快速跳开充电断路器。Ⅱ段为低定值延时动作段，保护按保证对母线故障有灵敏度的条件整定，变压器励磁涌流采用延时躲过。

8.4 断路器失灵保护
(Brief Introduction to Circuit Breaker Failure Protection)

在 110kV 及以上电压等级的发电厂和变电站中，当输电线路、变压器或母线发生短路，在保护装置动作于切除故障时，可能伴随故障元件的断路器拒动，即发生了断路器的失灵故障。产生断路器失灵故障的原因是多方面的，如断路器跳闸线圈断线、断路器的操动机构失灵等。高压电网的断路器和保护装置，都应具有一定的后备作用，以便在断路器或保护装置失灵时，仍能有效切除故障。相邻元件的远后备保护方案是最简单合理的切除断路器失灵故障的方式，远后备既是保护拒动的后备，又是断路器拒动的后备。但是在高压电网中，由于各电源支路的助增作用，实现上述后备方式往往有较大困难（灵敏度不够），而且动作时间较长，易造成事故范围的扩大，甚至引起系统失稳而瓦解。因此，电网中枢地区重要的

220kV 及以上主干线路，系统稳定要求必须装设全线速动保护时，通常可装设两套独立的全线速动主保护（即保护的双重化），以防保护装置的拒动，对于断路器的拒动则需专门装设断路器失灵保护。

1. 装设断路器失灵保护的条件

由于断路器失灵保护是在系统故障的同时断路器失灵的双重故障情况下的保护，因此允许适当降低对它的要求，即仅要最终能切除故障即可。装设断路器失灵保护的条件如下：

（1）相邻元件保护的远后备保护灵敏度不够时，应装设断路器失灵保护。对分相操作的断路器，允许只按单相接地故障来校验其灵敏度。

（2）根据变电站的重要性和装设失灵保护作用的大小来决定装设断路器失灵保护。例如多母线运行的 220kV 及以上变电站，当失灵保护能缩小断路器拒动引起的停电范围时，就应装设失灵保护。

2. 对断路器失灵保护的要求

（1）失灵保护的误动和母线保护误动一样，影响范围很广，必须有较高的可靠性（安全性）。

（2）失灵保护首先动作于母联断路器和分段断路器，此后相邻元件保护已能相继动作切除故障时，失灵保护仅动作于母联断路器和分段断路器。

（3）在保证不误动的前提下，应以较短延时、有选择性地切除有关断路器。

（4）失灵保护的故障鉴别元件和跳闸闭锁元件，应对断路器所在线路或设备末端故障有足够灵敏度。

图 8.14 母线断路器失灵保护的基本原理框图可利用图 8.15 予以说明。所有连接至一组（或一段）母线上的元件的保护装置，当其出口继电器动作于跳开本身断路器的同时，也启动失灵保护中的公用时间继电器，此时间继电器的延时应大于故障元件的断路器跳闸时间及保护装置返回时间之和，因此，并不妨碍正常切除故障。

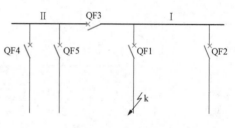

图 8.14　母线接线形式

如果故障线路的断路器（如 QF1）拒动，则时间继电器动作，启动失灵保护的出口继电器，使连接至该组（段）母线上所有其他有电源的断路器（如 QF2、QF3）跳闸，从而切除了 k 点的故障，起到了 QF1 拒动时的后备作用。

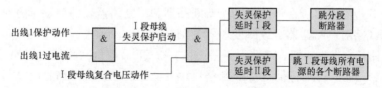

图 8.15　断路器失灵保护逻辑框图（以Ⅰ段母线为例）

为了提高失灵保护不误动的可靠性，首先对于失灵保护的启动，还需另一条件组成与门。此另一条件通常为检测各相电流，若电流持续存在，说明断路器失灵，故障尚未清除。电流元件的定值，如能满足灵敏度要求，应尽可能整定大于负荷电流。为提高出口回路的可靠性，应再装设低压元件和（或）零序过电压元件或负序过电压元件，后者控制的中间继电器触点与出口中间继电器触点串联构成失灵保护的跳闸回路。延时可分为两级，较短一级（延时

I段）跳母联断路器或分段断路器；较长一级（延时II段）跳所有有电源的出线断路器。图 8.15 给出了断路器失灵保护的逻辑框图。防止失灵保护误动所采用的可靠性措施要缜密而周到。

由于断路器失灵保护和母线保护动作后都要跳开母线上所有电源的各个断路器，因此两者的出口跳闸回路可以共用，许多情况下它们组装在同一保护屏上。

3. $1\frac{1}{2}$ 断路器失灵保护问题

如图 8.16 所示，在 $1\frac{1}{2}$ 接线方式下，如果在线路 2 发生短路，线路保护跳开 QF21 和 QF22 断路器。假如 QF21 断路器失灵，为了短路点的熄弧，QF21 断路器的失灵保护应将 500kV 母线 I 上所有的断路器（图中 QF11、QF31 断路器）都跳开。

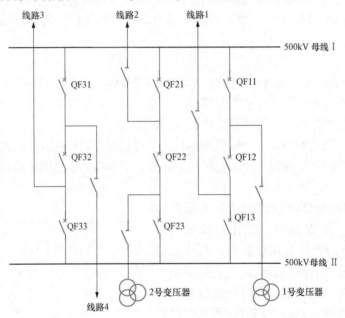

图 8.16 500kV 变电站 $1\frac{1}{2}$ 接线方式简图

如果在 500kV 母线 I 上发生短路，母线保护动作跳母线上所有断路器。假如 QF21 断路器失灵，QF21 断路器的失灵保护应将 QF22 断路器跳开，并发远方跳闸命令跳线路 2 对侧的断路器。如连接元件是变压器，则跳开变压器各侧断路器。因此，边断路器的失灵保护动作后应该跳开边断路器所在母线上的所有断路器和中断路器，并启动远方跳闸功能跳与边断路器相连的线路对侧断路器（或跳变压器各侧断路器）。

如果在线路 2 上发生短路，线路保护跳 QF21 和 QF22 两个断路器。假如 QF22 断路器失灵，QF22 断路器的失灵保护应将 QF23 断路器跳开，并发远方跳闸命令跳 2 号主变压器各侧断路器，这样短路点才能熄弧。所以中断路器的失灵保护动作后应该跳它两侧的两个边断路器，并启动远方跳闸功能跳与中断路器相连的线路对侧断路器（或跳变压器各侧断路器）。

如果上述失灵保护不启动远方跳闸功能，则利用线路的后备保护虽然可以切除对侧断路器，但将加长故障切除时间，而且中断路器失灵保护基本上都具有失灵动作启动远方跳闸功能。

断路器失灵，除了断路器拒跳情况外，还存在三相跳闸不一致的情况。由于设备质量和操作等原因，运行中可能出现三相断路器动作不一致的现象，最终导致只有一相或者两相跳开，处于非全相的异常状态。特别是线路中分相操作的断路器使用越来越普遍的情况下，这种情况出现的概率明显增加。出现这种三相跳闸不一致的情况也属于断路器失灵。但断路器三相跳闸不一致必须和单相重合闸期间短时间的非全相运行和设备故障的引起的三相跳闸不一致的情况严格区分。

线路单相重合闸期间短时间的非全相运行属于允许运行状态。但电力系统处于非全相运行状态时，系统中出现的负序、零序等分量对电气设备产生一定危害，同时也影响系统保护装置的正确动作，所以电力系统不允许长时间地处于非全相运行状态运行。在线路由于压力、机械、二次回路问题重合不成功时，由于系统在非全相运行时保护很弱甚至无其他保护去跳开另外两相健全相，导致系统可能长期处于非全相运行，所以在分相操作的断路器安装有非全相保护（三相不一致保护）。

根据规定 220kV 及以上电压等级的断路器均应配置断路器本体三相位置不一致保护。即在断路器单相跳开后，如果重合闸动作，断路器由于压力、机械、二次回路等原因，没有重合成功，必须在 2~2.5s 内跳开三相，并且不再重合，以保证系统的安全。

三相不一致保护一般可采用三相跳位开入不一致和跳位相无电流作为条件启动，经零序电流判据或经负序电流判据或单独的延时动作，延时出口跳本断路器三相。该保护动作后不应启动失灵，同时须闭锁重合闸。

图 8.17 为典型失灵保护动作原理图。图 8.18（见文后插页或扫码查阅）和图 8.19（见文后插页或扫码查阅）分别为双母线接线、$1\frac{1}{2}$ 母线接线母线保护典型配置图。

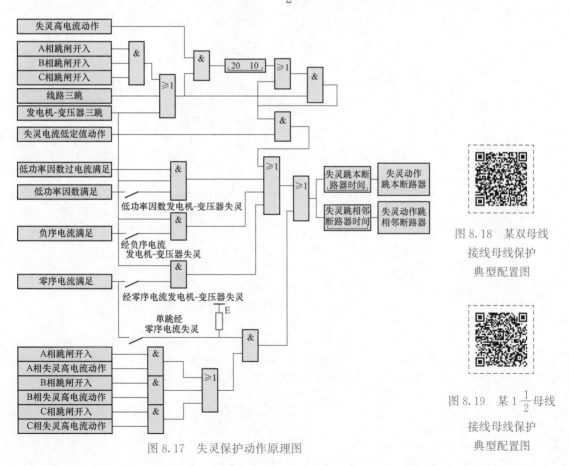

图 8.18 某双母线接线母线保护典型配置图

图 8.19 某 $1\frac{1}{2}$ 母线接线母线保护典型配置图

图 8.17 失灵保护动作原理图

习题及思考题
(Exercise and Questions)

8.1 简述双母线上母线保护的配置。

8.2 试述判别母线故障的基本方法。

8.3 简述何谓母线完全电流差动保护。

8.4 分别简述高阻抗母线差动保护、中阻抗母线差动保护和低阻抗母线差动保护的工作原理。试分析电流互感器饱和对三者的影响。

8.5 简述运行方式改变对双母线接线方式母线差动保护的影响，并试简述数字式母线差动保护对运行方式的自适应方法。

8.6 简述何谓断路器失灵保护。

9 数字式继电保护技术基础
Technical Basis of Digital Protection

数字式继电保护（digital protection 或 digital protective relaying）是指基于可编程数字电路技术和实时数字信号处理技术实现的电力系统继电保护。在电力系统继电保护的学术界和工程技术界，数字式继电保护常被称作计算机型继电保护（computer protection）、微型计算机型继电保护（microcomputer based protection）、微处理器型继电保护（microprocessor based protection），或简称微机保护（这也是国内最常见的一种简称）。本书采用数字式继电保护（以下简称数字式保护）这个名称，因为它可以更为准确地反映该领域的基本原理、技术特点和本质特征。

继电保护装置（简称保护装置）按其实现技术可分为机电型、整流型、晶体管型、集成电路型以及数字式保护装置五大类型。这种关于各类保护装置的排序恰好反映了历史发展进程，历史最长的是机电型保护装置，历史最短的和最先进的是数字式保护装置。其中前四种类型的保护装置的共同点是通过模拟电路直接对输入模拟电量或者模拟信号进行处理，因而统称为模拟式保护装置。数字式保护区别于模拟式保护的本质特征在于它是建立在数字技术基础上的。在数字式保护装置中，各种类型的输入信号（通常包括模拟量、开关量、脉冲量等类型的信号）首先将被转化为数字信号，然后通过对这些数字信号的处理来实现继电保护功能。数字式保护装置不仅能够实现其他类型保护装置难以实现的复杂保护原理、提高继电保护的性能，还能提供诸如简化调试及整定、自身工作状态监视、事故记录及分析等高级辅助功能，也可以完成电力自动化要求的各种智能化测量、控制、通信及管理等任务，同时具有优良的性价比。这些特点使得数字式保护具有无可比拟的技术和经济优势，它从诞生之日起很快就得到迅速的发展和普遍的应用。尽管上述五类保护装置在电力系统中都有使用，但数字式保护装置已在电力系统中占据主导地位，它代表了现代继电保护发展的方向。

本章介绍数字式保护技术原理方面的基础知识，主要包括硬件原理、数据采集、数字滤波、特征量的算法、保护动作判据的算法以及软件流程等方面的内容。

9.1 数字式保护装置硬件原理概述
(Introduction of Hardware Systems of Digital Protective Relays)

一台完整的数字式保护装置主要由硬件和软件两部分构成。硬件指模拟和数字电子电路，提供软件运行的平台和数字式保护装置与外部系统的电气联系；软件指计算机程序，按照保护原理和功能的要求对硬件进行控制，有序地完成数据采集、外部信息交换、数字运算和逻辑判断、动作指令执行等各项操作。模拟式保护装置完全依赖硬件电路来实现保护原理和功能。而数字式保护装置则需要硬件和软件的配合才能实现保护原理和功能，缺一不可。不过从保护功能角度而言，软件代表了数字式保护装置的内涵和特点。为同一套硬件配上不同的软件，就能构成不同特性或不同功能的保护装置，这一优点使得数字式保护装置具有超越模拟式保护装置的灵活性、开放性和适应性。

数字式保护装置的硬件系统原理框图如图 9.1 所示。由图可见，数字式保护装置的硬件以数字核心部件为中心，围绕着数字核心部件的是各种外围接口部件，下面分别介绍各部件的功用和特点。

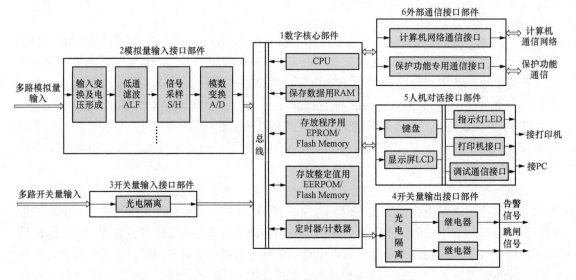

图 9.1　数字式保护装置的硬件系统原理框图

9.1.1　数字核心部件（Digital Core Unit）

（1）数字式保护装置的数字核心部件实质上是一台特别设计的专用嵌入式微型计算机，一般由中央处理器（CPU）、存储器、定时器/计数器及控制电路等部分组成，并通过数据总线、地址总线、控制总线连成一个系统，实现数据交换和操作控制。继电保护程序在数字核心部件内运行，完成数字信号处理任务，指挥各种外围接口部件运转，从而实现继电保护的原理和各项功能。

（2）CPU 是数字核心部件以及整个数字保护装置的指挥中枢，计算机程序的运行依赖于 CPU 来实现。因此，CPU 在很大程度上决定了数字保护装置的技术水平。CPU 的主要技术指标包括字长（用二进制位数表示）、指令的丰富性、运行速度（用典型指令执行时间表示）等。应用于数字式保护装置的 CPU 主要有以下几种类型：

1）单片微处理器，其特点是将 CPU 与定时器/计数器及某些输入/输出接口器件集成在一起，特别适于构成紧凑的测量、控制及保护装置，如 Intel 公司的 8031 系列及其兼容产品（字长 8 位）、8096 以及 80C196（字长 16 位）等。多采用 16 位单片微处理器构成中、低压或中、小型电力设备的数字式保护装置。

2）通用微处理器，如 Intel 公司的 80X86 系列、Motorola 公司的 MC863XX 系列等，其中的 32 位、64 位 CPU 具有很高的性能，适用于各种复杂的数字式保护装置。

3）数字信号处理器（DSP），其主要特点是高运算速度、高可靠性、低功耗以及可由硬件完成某些数字信号处理算法并包含相关指令等，已在各类数字保护装置中得到广泛使用。尤其是可支持浮点运算的 32 位 DSP 具有极高的信息处理能力，特别适于构成高性能的数字式保护装置。

（3）存储器用来保存程序和数据，它的存储容量和访问速度（读取时间）也会影响整个数字式保护装置的性能。在数字式保护装置中，数字信息大致可分为三类：①经常变化的数据，要求能在 CPU 和存储器之间进行高速数据交换（读写），如实时采样值、控制变量、运算过程的数据等；②计算机程序，在开发阶段定稿后不再需要也不允许改变，装置失电后也不允许改变；③整定值等控制参数，需要经常调整，但装置掉电后也不允许改变。根据上述三类数字信息通常把存储器的存储空间分为数据存储区、程序存储区和定值存储区，相应的采用了三种不同类型存储器件：

1）随机存储器（RAM）。RAM 用来暂存需要快速交换的大量临时数据，如数据采集系统提供的数据信息、计算处理过程的中间结果等。RAM 中的数据允许高速读取和写入，但在失电后会丢失。以往从简化电路设计、降低功耗和提高数据可靠性出发通常采用静态随机存储器（SRAM）。随着技术进步和满足缩小装置体积、增加存储空间的要求，大容量高速动态存储器（DRAM）的使用越来越广泛。还有一种非易失性随机存储器（NVRAM），既可以高速读写，又可以在失电后不丢失数据，适用于快速保存大量数据。

2）只读存储器（ROM）。常用的是一种紫外线可擦除且电可编程只读存储器（EPROM），用来保存数字式保护的运行程序和固定不变的数据。EPROM 中的数据允许高速读取且在失电后不会丢失。改写 EPROM 存储的内容需要两个过程：首先在专用擦除器内经紫外线较长时间照射擦除原来保存的数据，然后在专用写入器（称为编程器）写入新数据，因此 EPROM 的内容不能在保护装置中直接改写，但保存数据的可靠性很高。

3）电可擦除且可编程只读存储器（EEPROM），用来保存在使用中偶尔需要改写的控制参数，如继电保护的整定值等。EEPROM 中保存的数据允许高速读取且在失电后不会丢失，同时无需专用设备就可以直接改写，修改整定值比较方便。但也正是因为改写方便，EEPROM 保存数据的可靠性不如 EPROM，不宜用来保存程序，另外 EEPROM 写入数据的速度很慢，也不能用它代替 RAM。EEPROM 有两种接口形式：一种为并行数据总线；另一种为串行数据总线。串行数据总线的数据操作需要按特定编码格式逐位进行（类似于串行通信），读写速度比并行数据总线慢，但数据保存的可靠性较高。现在更倾向于采用串行 EEPROM 来保存定值，并通过在数字式保护装置上电或复位后将串行 EEPROM 中的定值调入 RAM 存储区来满足继电保护运行中高速使用的要求。

（4）快闪存储器（flash memory，也称为快擦写存储器）在数字式保护装置中正逐步得到广泛使用。其数据读写和存储特点与并行 EEPROM 类似（即快读慢写、掉电后不丢失数据），但存储容量更大且可靠性更高，不仅可以用来保存整定值，还可以用来保存大量的故障记录数据（便于事后事故分析），也可被用来保存程序。不少 CPU（如常用的 DSP）中已内置了 Flash Memory 器件，主要用来保存程序，从而可省去外部程序存储器。

（5）定时器/计数器在数字式保护中也是十分重要的器件，它除了为延时动作的保护提供精确计时外，还可以用来提供定时采样触发信号、形成中断控制等。很多 CPU 中已将定时器/计数器集成在其内部。

数字核心部件的控制电路包括地址译码器、地址锁存器、数据缓冲器、晶体振荡器以及时钟发生器、中断控制器等，它的作用是保证整个数字电路的有效连接和协调工作。早期这些控制电路由分离的逻辑器件相互连线构成，而现在已广泛采用了大规模可编程逻辑器件（如 CPLD 和 FPGA 等器件），大大简化了印制板的连线，提高了数字核心部件的可靠性。

9.1.2　模拟量输入（AI）接口部件（AI Interface Unit）

继电保护的基本输入电量是模拟性质的电信号。一次系统的模拟电量可分为交流电量（包括交流电压和交流电流）、直流电量（包括直流电压和直流电流）以及各种非电量（如温度、压力等信号）。它们经过各种电力传感器（如电压互感器 TV 或电流互感器 TA 等）转变为二次电信号，再由引线端子进入数字式保护装置。这些模拟电信号需要正确地变换成离散化的数字量，这个过程也就是通常所说的数据采集，因此模拟量输入接口部件也称为模拟量数据采集部件或数据采集系统，简称为 AI（analog input）接口。

数字式保护装置的 AI 接口需要包含多路不同性质的模拟量输入通道，如不同相别的交流电压和电流、零序电压和电流以及直流电压和电流等，具体情况取决于保护装置的功能要求，但一般都要求由 AI 接口得到的多路数字信号之间保持在时间上的同时性（对于交流信号相当于保持各通道之间原有相位关系）和同类通道之间变换比例一致（如三相电压的幅值变换比相同）。另外，要求 AI 接口能够不失真地传变输入信号。继电保护装置需要工作在故障暂态过程中，故障电流、电压较正常状态呈现很大的动态变化范围，因此 AI 接口在可能的输入信号最大变化范围内应能保持良好的线性度和变换精度。

以交流信号输入（取自于 TV、TA 的二次侧）为例，典型的交流 AI 接口按信号流程（即信号传递顺序）主要包括以下各部分（参见图 9.1）：输入变换及电压形成回路、前置模拟低通滤波器（ALF）、采样保持（S/H）电路、模数变换（A/D）电路。AI 接口是数字式保护装置的关键部件之一，它的设计必须遵循数字化处理的基本原理并达到技术要求，还要适合电力系统故障电量的动态范围。数据采集的基本原理参见本章 9.2.1 小节，下面仅对上述交流 AI 接口的主要部分作简要说明。

（1）输入变换及电压形成回路。完成输入信号的标度变换与隔离。交流信号输入变换由输入变换器来实现，接收来自电力互感器二次侧的电压、电流信号。其作用是通过装置内的输入变压器、变流器将二次电压、电流进一步变小，以适应弱电电子元件的参数范围，同时使二次回路与保护装置内部电路之间实现电气隔离和电磁屏蔽，以保障保护装置内部弱电元件的安全，减少来自高压设备对弱电元件正常工作的干扰。交流电压隔离变换可直接采用小型电压变换器，如图 9.2（a）所示。而对于交流电流，由于通常使用的弱电电子器件为电压输入型器件，在进行电流隔离变换的同时还需将其转换为电压信号，这个转换过程称为电压形成。电压形成的方式与电流变换器的形式有关，主要有以下两种：

1）采用电流变换器。其工作原理与电流互感器类同。此时电压形成的常用方法是在电流变换器二次侧接入一个低阻值电阻，二次侧输出电流流过电阻便产生与二次侧电流同相位、正比例的输出电压，如图 9.2（b）所示。

2）采用电抗变换器。如图 9.2（c）所示，电抗变换器是一种铁芯带气隙的特殊电流变换器，其原方输入电流而二次侧输出电压，输出电压与一次侧电流的微分成正比，相当于电流在阻抗上的压降。电抗变换器的这种特点可使其二次侧输出电压较少受一次侧电流中衰减直流分量的影响，但对一次侧电流中的高次谐波有放大作用，使用中应加以注意。

（2）前置模拟低通滤波器（ALF），一种结构简单的低通滤波器。ALF 的作用主要是抑制输入信号中对保护无用的较高频率的成分，以便数字采样过程易于满足采样定理（详见

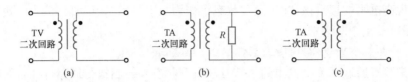

图 9.2 输入变换及电压形成回路的原理图

(a) 电压输入变换；(b) 采用电流变换器的电压形成；(c) 采用电抗变换器的电压形成

9.2 节) 的要求，故每一路 AI 通道都需要配置 ALF。ALF 可采用简单的有源或无源低通滤波电路，一种常用的二阶 RC 型无源滤波电路如图 9.3 所示。

上述输入变换、电压形成及模拟低通滤波三部分电路合起来通常又被称为信号调理回路。上面介绍的是交流信号的调理，直流信号的调理和交流信号类似，主要差别在于输入变换器，常用的有隔离放大器（光电型或逆变型）或基于霍尔效应的传感器等。

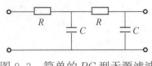

图 9.3 简单的 RC 型无源滤波电路

（3）采样保持（S/H）电路。完成对输入模拟信号的采样。采样保持，指在某时刻获取（抽取）输入模拟信号在该时刻的瞬时值，并维持适当时间不变，以便模数变换回路将其转化为数字量。如果按固定的时间间隔重复地进行这种采样操作，就可将时间上连续变化的模拟信号转换为离散的模拟信号序列，也称为时间量化过程。

（4）模数变换（A/D）电路。实现模拟量到数字量的变换。A/D 变换将由 S/H 电路采集（抽取）的模拟信号的瞬时采样值变换为相应的数字值，也称为幅度量化过程。

9.1.3 开关量输入（DI）接口部件（DI Interface Unit）

这里开关量泛指那些反映是或非两种状态的逻辑变量，如断路器的合闸或分闸状态、隔离开关或继电器触点的通或断状态、控制信号的有或无状态等。继电保护装置常常需要确知相关开关的状态才能正确地动作，外部设备一般通过其辅助继电器触点的闭合与断开来提供开关量状态信号。由于开关量状态正好对应二进制数字的"1"或"0"，所以开关量可作为数字量读入（每一路开关量信号占用二进制数字的一位），因此，开关量输入接口简称为 DI（digital input）接口。DI 接口作用是为开关量提供输入通道，并在数字保护装置内外部之间实现电气隔离，以保证内部弱电电子电路的安全和减少外部干扰。一种典型的 DI 接口电路如图 9.4 所示（仅绘出一路），它使用光电耦合器件实现电气隔离。光电耦合器件内部由发光二极管和光敏晶体管组成。常用的光电耦合器件为电流型，当外部继电器触点闭合时，电流经限流电阻（见图 9.4 中的 R_1、R_2，而电容 C 起外部干扰的吸收过滤作用）流过发光二极管使其发光，光敏晶体管受光照射而导通，其输出端呈现低电平"0"。反之，当外部继电器触点断开时，无电流流过发光二极管，光敏晶体管无光照射而截止，

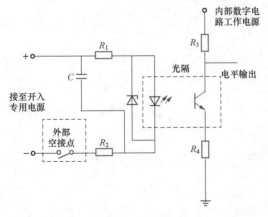

图 9.4 采用光电耦合器件的开关量输入接口电路

其输出端呈现高电平"1"。该"0""1"状态可作为数字量由 CPU 直接读入，也可控制中断控制器向 CPU 发出中断请求。

9.1.4　开关量输出（DO）接口部件（DO Interface Unit）

数字保护装置通过开关量输出的"0"或"1"状态来控制执行回路（如告警信号或跳闸回路继电器触点）的通或断，因此开关量输出接口简称为 DO（digital output）接口。DO接口的作用是为正确地发出开关量操作命令提供输出通道，并在数字式保护装置内外部之间实现电气隔离，以保证内部弱电电子电路的安全和减少外部干扰。一种典型的使用光电耦合器件的 DO 接口电路如图 9.5 所示（仅绘出一路），其工作原理可参见 DI 接口说明。继电器线圈两端并联的二极管为续流二极管，它在CPU 输出由"0"变为"1"，光敏晶体管突然由导通变为截止时，为继电器线圈释放储存的能量提供电流通路，这样一方面加快继电器的返回，另一方面避免电流突变产生较高的反向电压而引起相关元件的损坏和产生强烈的干扰信号。另一个需要注意的问题是，在重要的开关量输出回路（如跳闸回路中），需要对跳闸

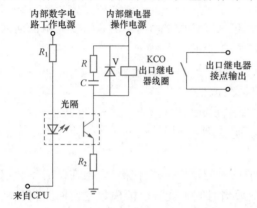

图 9.5　采用光电耦合器件的开关量输出及
继电器控制电路

出口继电器的电源回路采取控制措施，同时对光隔导通回路采用异或逻辑控制，其示意图如图 9.6 所示。这样做主要是为了防止因强烈干扰甚至元件损坏在输出回路出现不正常状态改变时，以及因保护装置上电（合上电源）或工作电源不正常通断在输出回路出现不确定状态时，导致保护装置发生误动，其电路工作过程和控制原理请读者参考第 3 章 3.8 节和本章9.4 节与启动相关的内容自行分析。

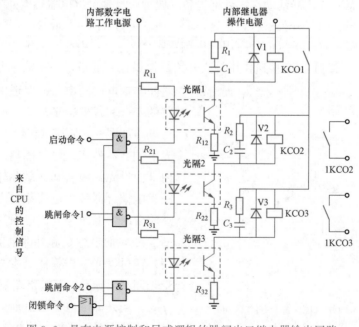

图 9.6　具有电源控制和异或逻辑的跳闸出口继电器输出回路

9.1.5 人机对话接口（MMI）部件（MMI Unit）

人机对话接口简称为 MMI（man‑machine interface），其作用是建立起数字保护装置与使用者之间的信息联系，以便对保护装置进行人工操作、调试和得到反馈信息。继电保护的操作主要包括整定值和控制命令的输入等；而反馈信息主要包括被保护的一次设备是否发生故障、何种性质的故障、保护装置是否已发生动作以及保护装置本身是否运行正常等。所有模拟式保护装置的人机对话手段都很有限，一般只能通过切换开关或电位器进行整定值调整，通过指示灯和信号继电器来反映保护动作情况，通过外接仪表来了解电子电路工作是否正常（只能在装置退出运行后才能进行）。而数字式保护装置采用智能化人机界面使人机信息交换功能大为丰富、操作更为方便。数字保护装置的 MMI 部件通常包括以下几个部分：

（1）紧凑键盘。主要用来修改整定值和输入操作命令。其控制电路简捷且键的数量很少，例如通常只有光标移动键（如含上、下、左、右四方向移动）、数值增减键（增值和减值）、操作确认键、操作取消键等几个键，需要与显示屏相配合来完成对保护装置的各种操作任务，故称之为紧凑键盘。

（2）显示屏。通常采用小型图形化（或点阵式）液晶显示屏（LCD），用来实现数据、曲线、图形及汉字的显示，显示内容通常包括整定值、控制命令、采样值、测量值、被保护设备故障报告（含故障发生的时间、性质、保护动作情况）、保护装置运行状态的报告等。数字式保护装置通常都能通过彩色或单色 LCD 和紧凑键盘来实现菜单和图标操作。

（3）指示灯。可对一些重要事件，如保护装置动作、保护装置运行正常、保护装置故障等提供明显的监视信号。指示灯通常采用发光二极管（LED）。

（4）按钮。用来完成对某些特定功能的直接控制，如数字保护装置的系统复位（reset）按钮、信号复归按钮等。

（5）调试通信接口。在对数字保护装置进行现场调试时，用来与通用计算机（如笔记本电脑）相连，实现视窗化和图形化的高级自动调试功能。

（6）打印机接口。用来连接打印机形成纸质报告。早期重要的数字式保护装置通常都配备打印机，现基本上已取消，改由将相关信息经通信网传送给电站自动化系统。

9.1.6 外部通信接口（CI）部件（CI Unit）

外部通信接口简称为 CI（communication interface），其作用是提供与计算机通信网络以及远程通信网的信息通道。CI 可分为两大类：①CI 为实现特殊保护功能的专用通信接口，如输电线路纵联保护，它要求位于输电线路两端的保护交换信息和相互配合，共同完成保护功能，这时需要为不同类型的纵联保护提供载波、微波或光纤等通信接口；②CI 为通用计算机网络接口，可与电站计算机局域网以及电力系统远程通信网相连，实现更高一级的信息管理和控制功能，如信息交互、数据共享、远方操作及远程维护等。

数字式保护装置除了上述各部件外，还需要工作电源。由于电源必须保证对所有有源器件安全、稳定、优质、可靠地供电并满足它们的特殊要求（如安全隔离、抗干扰、短时失电保持等要求），故电源部件是最重要的部件之一。通常采用开关式逆变电源组件。

需要指出，一台完整的数字式保护装置硬件系统要比图 9.1 所示内容丰富和复杂得多，涉及很多工业应用中的技术问题和系统设计问题，主要包括装置结构设计、工作电源选择、各项硬件功能在插件上分配、抗干扰（EMC，即电磁兼容）技术和装置自身故障诊断（简称自检或自诊断）等可靠性措施。这些需要实际参与数字保护装置的研发工作才能掌握。另外，现代数字式保护装置内部通常采用分层多微机系统模式，其特点是由多个独立并行的下层 CPU 子系统（插件）分担保护功能；由一个上层 CPU 管理系统（插件）通过内部通信网对各个下层 CPU 子系统进行管理和数据交换，同时担负对外部通信网络接口、人机对话接口的控制。这种结构可有效提高数字保护装置的处理能力、可靠性以及硬件模块化、标准化水平。

随着微机硬件系统处理能力不断增强，数字式保护装置软件系统的技术水平也在不断发展。数字式保护装置要求极高的实时处理能力，早期限于 CPU 的处理能力，均采用低级语言（汇编语言甚至机器语言）编程；保护功能软件现已普遍采用高级语言（如 C 语言）和面向对象的模块化编程技术，而且标准化的实时多任务操作系统平台也逐步得到应用，使继电保护软件的可读性、可维护性、可开发性以及安全性、灵活性和适应性得到全面提高。

9.2　数字式保护的数据采集与数字滤波
(Data Acquisition and Digital Filtering of Digital Protection)

9.2.1　数据采集系统的基本原理（Basic Theories of Data Acquisition Systems）

数字式保护的基本特征是由软件对数字信号进行计算和逻辑处理来实现继电保护的原理与功能，而所依据的电力系统的主要电量却是模拟性质的信号，因此，首先需要通过数字信号采集系统将连续的模拟信号转变为离散的数字信号（由上述模拟量输入接口通过 CPU 控制实现），这个过程称为离散化。离散化过程包含了两个子过程：①采样过程，通过采样保持器（S/H）对时间进行离散化，即把时间连续的信号变为时间离散的信号，或者说在一个个等时间间隔的瞬时点上抽取信号的瞬时值；②模数变换过程，通过模数变换器（A/D）对采样信号幅度进行离散化，即把时间上已离散而数值上仍连续的瞬时值变换为数字量。

下面讨论与采样和模数变换过程有关的一些基本概念。

1. 采样过程描述及采样定理

设输入模拟信号为 $x_A(t)$，现在以确定的时间间隔 T_S 对其连续采样，得到一组代表 $x_A(t)$ 在各采样点瞬时值的采样值序列 $x(n)$，可表示为

$$x(n) = x_A(nT_S), \quad n = 1,2,3,\cdots \tag{9.1}$$

采样过程如图 9.7 所示。例如，设输入模拟信号 $x_A(t) = X_m\sin(\omega t + \varphi)$，则有 $x(n) = X_m\sin(\omega nT_S + \varphi)$。请注意，这里 n 只能为整数，意味着 $x(n)$ 只在采样点上有值，而在采样点以外没有定义，不能认为这些位置上其值为零。换言之，$x(n)$ 是以 n 为变量，以 T_S 为时间间隔的一组采样序列。下面将要讨论的各种算法，都是对这种采样序列的运算。

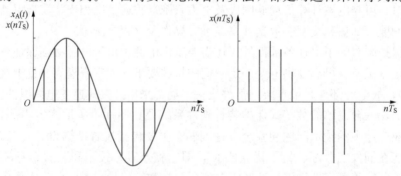

图 9.7　采样过程示意图

上述确定的相邻采样值之间的间隔时间 T_S 称为采样周期。采样周期 T_S 的倒数称为采样频率（简称采样率），记为 f_S，即

$$f_S = \frac{1}{T_S} \tag{9.2}$$

采样率反映了采样速度。在电力系统的实际应用中，习惯用采样率 f_S 相对于基波频率（通常为工频）的倍数（记为 N）来表示采样速率，称为每基频周期采样点数，或简称为 N 点采样。设基频频率为 f_1、基频周期为 T_1，则有

$$N = \frac{f_S}{f_1} = \frac{T_1}{T_S} \tag{9.3}$$

如何选择采样率，或者说，对连续信号进行采样时应选择多高的采样率才能保证不丢失原始信号中的信息？研究表明，无论原始输入信号的频率成分多复杂，保证采样后不丢失其中信息的充分必要条件，或者说由采样值能完整、正确和唯一地恢复输入连续信号的充分必要条件是，采样率 f_S 应大于输入信号的最高频率 f_S 的 2 倍，即

$$f_S > 2f_{\max} \tag{9.4}$$

这就是著名的采样定理（sampling theory）。

采样定理的必要性可以用图 9.8 加以说明。图 9.8（a）所示为当 $f_S < 2f_{\max}$ 时引起错误的情况：原高频信号如实线所示，由于采样率太低，由采样值观察，将会误认为输入信号为虚线所示的低频信号。图 9.8（b）所示为当 $f_S = 2f_{\max}$ 时引起错误的情况：对于实线所示的信号—频率周期可以得到两个采样值，但由这两个采样值还可以得到另一同频率但不同幅值和相位的信号（虚线所示），实际上由这两个采样值可以得到无数个同频率但不同幅值和相位的信号，这表明当 $f_S = 2f_{\max}$ 时，由采样值无法唯一地确定输入信号。

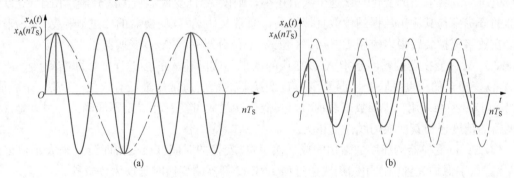

图 9.8 说明采样定理必要性的示意图

（a）$f_S < 2f_{\max}$ 引起的错误；（b）$f_S = 2f_{\max}$ 引起的错误

实际应用中，确定采样率还需考虑以下问题：

（1）电力系统的故障信号中可能包含很高的频率成分，但多数保护原理只需要使用基波（如距离保护）和较低次的高次谐波成分（如变压器差动保护中基于二次谐波比的涌流制动判据），为了不对数字式保护的硬件系统提出过高的要求，可以对输入信号先进行模拟低通滤波，降低其最高频率，从而可选取较低的采样频率。前置模拟低通滤波器（ALF）主要就是为此目的而设置的。

（2）实用采样频率通常按保护原理所用信号频率的 4～10 倍来选择。例如常用采样率为 $f_S = 600\text{Hz}(N=12)$、$f_S = 800\text{Hz}(N=16)$、$f_S = 1000\text{Hz}(N=20)$ 及 $f_S = 1200\text{Hz}(N=24)$

等。这样选择主要是为了保证计算精度，同时也考虑了数字滤波的性能要求。另外，由于简单的前置模拟低通滤波器难于达到很低的截止频率和理想的高频截断特性，因而限制了采样频率不能太低。

2. 模数变换过程及技术指标

模数变换（A/D变换）的基本原理简单地说是用一个微小的标准单位电压（即A/D的分辨率）来度量一个无限精度的待测量的电压值（即瞬时采样值），从而得到它所对应的一个有限精度的数字值（即待测量的电压值可以被标准单位电压分为多少份）。显然，选定的标准单位电压越小，A/D变换的分辨率越高，得到的数字量就能越精确地刻画瞬时采样值。但无论多小，总会有误差，该误差被称为量化误差。这也说明了A/D的分辨率越高，量化误差越小。

A/D变换器的主要技术指标是分辨率、精度和变换速度，简述如下：

（1）分辨率是反映A/D对输入电压信号微小变化的区分能力的一种度量。A/D变换器分辨率的计算公式为

$$r_{A/D} = \frac{U_{A/D.n}}{2B_{A/D}} \tag{9.5}$$

式中　$r_{A/D}$——A/D变换器的分辨率（用最小可分辨电压表示），V；

$U_{A/D.n}$——A/D变换器额定满量程电压，即最大允许的输入信号电压，V；

$B_{A/D}$——A/D变换器最大可输出数字量对应的二进制位数。

以满量程电压值为±5V、最大可输出数字量对应的二进制位数$B_{A/D}=12$的A/D变换器为例，其A/D变换器的分辨率$r_{A/D}=10/2^{12}=10/4096\approx0.00244$（V）。也就是说，如果输入信号电压（或者电压的变化）比这个数值还小，则该A/D变换器将无法分辨。由于A/D转换器的分辨率与其输出数据的位数直接相关，通常又用A/D变换器的二进制位数$B_{A/D}$来表示。在数字保护装置中多使用12位、14位或16位分辨率的A/D变换器。

（2）A/D变换器的精度是指A/D变换的结果与实际输入的接近程度，即准确度，或者说A/D变换器的精度反映变换误差。A/D变换器的精度通常用最低有效位（LSB）来表征，即当A/D变换结果用二进制数来表示时，其低位端最大可能有几位是不准确的。另外，A/D变换器的精度还与其变换的线性度相关。

（3）A/D变换器的速度通常用完成一次A/D变换的时间（或变换时延）来表示，记为$\Delta T_{A/D}$。数字保护装置中常用的逐次逼近型A/D变换器的变换时延仅为数微秒。

3. 多通道数据采集系统的实现方案

数字保护装置中要求数据采集系统同时完成多路模拟输入信号的数据采集，并保证这多路数字采样序列在每一时刻采样值的同时性。数字保护装置中广泛实用的数据采集系统由多路采样保持器（S/H）、多路转换器（MPX）及模数变换器（A/D）组成，其原理示意图如图9.9所示。

由图可见，为实现多路模拟信号的同时采样，每一路模拟通道对应一路采样保持器（S/H），并由CPU通过逻辑控制电路对它们进行同时采样操作。平时，采样保持器处于跟随状态，其输出随输入信号电压变化；到达采样时刻，CPU发出指令，使各通道采样保持器同时进入采样保持状态，即捕捉当前时刻输入信号电压的瞬时值并记忆保持，以保证在A/D变换期间电压值恒定不变。然后通过多路转换器（MPX）的控制待所有通道逐一完成

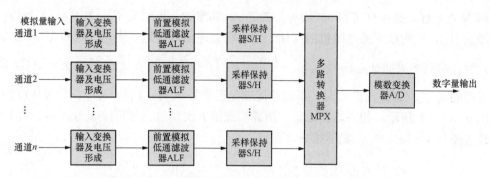

图 9.9 基于采样保持器、多路转换器和 A/D 变换器的多路数据同时采集原理示意图

A/D 变换之后，CPU 又将控制各路采样保持器恢复到跟随状态，为下一次转换做好准备。以后不断依此循环，形成数字采样序列。

多路转换器（MPX）是一种多信号输入、单信号输出的电子切换开关器件，可由 CPU 通过编码控制将多通道输入信号（由 S/H 送来）依次与其输出端连通，而其输出端与模数变换器的输入端相连，在 CPU 的控制下逐一将各通道的采样值变换成数字量，并读入内存。利用多路转换器可以只用一路 A/D 变换器实现所有通道的模数变换，大大简化电路和降低成本，当然，同时也对 A/D 变换器的变换速度提出了较高的要求。因此，在此方案中，A/D 变换器通常采用所谓逐次逼近型 A/D 变换器（请参阅微机接口原理方面的书籍）。

采样保持器、多路转换器以及逐次逼近型 A/D 变换器既有各自独立的集成电路芯片，也有组合在一起的集成电路芯片，需要根据具体设计指标来选择。

在国内生产的数字式保护装置中，还有一种基于电压频率变换器（VFC）和计数器的多路数据采集系统方案，请读者参考相关文献。

9.2.2 数字滤波的基本概念（Basic Concepts of Digital Filtering）

数字式保护通过对采样序列的数字运算和时序逻辑处理来实现继电保护的原理和功能。数字运算主要包括数字滤波、基本特征量（如幅值、相位、阻抗、功率等）的计算和保护动作方程的运算三项内容。后两项习惯上简称为算法，将在以下两节讨论。这里先简要介绍数字滤波的基本概念。

大多数数字式继电保护是以故障信号中的基频分量或某种整次谐波分量为基础构成的。而在实际故障情况下，输入的电流、电压信号中，除了保护所需的有用成分外，还包含有许多无效的噪声分量，如衰减直流分量、无用谐波分量和各种高频分量等。有两种基本途径来消除噪声分量的影响：①首先采用数字滤波器对输入信号采样序列进行滤波，然后再使用算法对滤波后的有效正弦信号进行运算处理；②设计算法时使其本身具有良好的滤波性能，直接对输入信号采样序列进行运算处理。但一般情况下这两种基本途径或多或少都需要用到数字滤波器。

数字滤波器的特点是不以计算电气量特征参数为目的，而是通过对采样序列的数字运算得到一个新的序列（通常仍称为采样序列），在这个新的采样序列中已滤除了不需要的频率成分，只保留了需要的频率成分。为什么通过运算可以实现数字滤波呢？下面先用简单的例子加以说明。

设有一个第 k 次谐波的原始正弦输入信号 $x_k(t) = U_{mk} \sin(w_k t + a)$，选择采样率为每基

频周期 N 点采样，经采样可得 $x_k(n)=x_k(nT_S)$，其周期可表示为 $T_k=T_1/k=(N/k)T_S$，波形如图 9.10（a）所示。通过微机的存储记忆可将上述信号延迟。当延迟时间为 $T_k/2$（即半周期）时，得到半周期延迟信号 $x_k\left(t-\dfrac{T_k}{2}\right)=x_k\left[\left(n-\dfrac{N}{2k}\right)T_S\right]$，波形如图 9.10（b）所示；当延迟时间为 T_k（即整周期）时，得到整周期延迟信号 $x_k(t-T_k)=x_k[\ (n-N/k)T_S]$，波形如图 9.10（c）所示。如果需要滤除（消除）此第 k 次谐波，可将图 9.10（a）、（b）波形相加或者图 9.10（a）、（c）波形相减，则有

$$x_k(t)+x_k\left(t-\frac{T_k}{2}\right)=x_k(nT_S)+x_k\left[\left(n-\frac{N}{2k}\right)T_S\right]=0$$

或 $$x_k(t)-x_k(t-T_k)=x_k(nT_S)-x_k(n-N/k)T_S=0$$

即通过上述运算消除了第 k 次谐波（实际上也消除了第 k 次谐波的整倍数谐波），而其他信号，只要其频率不为 $x_k(t)$ 频率的整倍数，都将不同程度地得到保留。反之，如果在上两式中交换加、减号［即取图 9.10（a）、（b）波形相减或者图 9.10（a）、（c）波形相加］，可使第 k 次谐波得到增强，并且相对于其他频率的信号增强最大。由此可见，通过对采样序列采样信号的适当延时与运算相配合可实现滤波。当然，为了获得优良的滤波特性实际应用的数字滤波器的运算过程要比上例复杂。

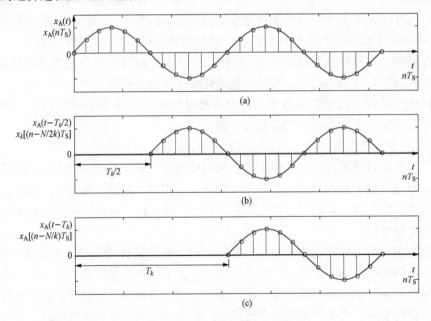

图 9.10 数字滤波基本原理示意图

(a) $x_k(t)=x_k(nT_S)$；(b) $x_k\left(t-\dfrac{T_k}{2}\right)=x_k\left[\left(n-\dfrac{N}{2k}\right)T_S\right]$；(c) $x_k(t-T_k)=x_k\left[\left(n-\dfrac{N}{k}\right)T_S\right]$

一般地，线性数字滤波器的运算过程可用常系数线性差分方程表述为

$$y(n)=\sum_{i=0}^{K}a_ix(n-i)+\sum_{i=1}^{K}b_iy(n-i) \tag{9.6}$$

式中 $x(n)$、$y(n)$——滤波器的输入值采样序列和输出值采样序列；

a_i、b_i——滤波器的系数，简称滤波系数。

通过选择滤波系数 a_i 和 b_i，可控制数字滤波器的滤波特性。在式（9.6）中，若系数 b_i 全部为 0，称之为有限冲激响应（FIR）数字滤波器，此时，当前的输出 $y(n)$ 只是过去和当前的输入值 $x(n-i)$ 的函数，而与过去的输出值 $y(n-i)$ 无关。若系数 b_i 不全为 0，即过去的输出对现在的输出也有直接影响，称之为无限冲激响应（IIR）数字滤波器。FIR 数字滤波器没有输出信号对输入的反馈，IIR 数字滤波器则有输出信号对输入的反馈作用。

数字滤波器的滤波特性用频率响应特性来表征，包括幅频特性和相频特性。幅频特性反映经过数字滤波后，输入和输出信号的幅值随频率的变化情况；而相频特性则反映输入和输出信号的相位移随频率的变化情况。获得数字滤波器的频率响应特性需要使用数学工具 Z 变换（关于 Z 变换基本知识请读者查阅相关文献）。

设离散序列 $x(n)$ 的 Z 变换为 $Z[x(n)]=X(z)$，这里 $z=e^{sT_s}$，$s=\sigma+j\omega$。对离散系统的差分方程式（9.6）进行 Z 变换，有

$$Y(z) = \sum_{i=0}^{K} a_i X(z) z^{-i} + \sum_{i=1}^{K} b_i Y(z) z^{-i} \tag{9.7}$$

定义该离散系统的转移函数为 $H(z)=\dfrac{Y(z)}{X(z)}$，则有

$$H(z) = \frac{Y(z)}{X(z)} = \frac{\sum\limits_{i=0}^{K} a_i z^{-i}}{1 - \sum\limits_{i=1}^{K} b_i z^{-i}} \tag{9.8}$$

注意 $H(z)=|H(z)|e^{j\varphi_H(z)}$，$Y(z)=|Y(z)|e^{j\varphi_Y(z)}$，$X(z)=|X(z)|e^{j\varphi_X(z)}$ 均为复数，因此，式（9.8）还可表示为

$$H(z) = |H(z)|e^{j\varphi_H(z)} = \frac{Y(z)}{X(z)} = \frac{|Y(z)|e^{j\varphi_Y(z)}}{|X(z)|e^{j\varphi_X(z)}} = \frac{|Y(z)|}{|X(z)|}e^{j[\varphi_Y(z)-\varphi_X(z)]} \tag{9.9}$$

若在式（9.9）中取 $z=e^{j\omega T_s}$ 代入，即获得该系统的频域响应特性，记为 $H(\omega)$。于是得到幅频和相频特性响应分别为

$$|H(\omega)| = \left| \frac{Y(\omega)}{Z(\omega)} \right| \tag{9.10}$$

$$\varphi_H(\omega) = \varphi_Y(\omega) - \varphi_X(\omega) \tag{9.11}$$

在数字保护中，只要各通道模拟信号采用同样的数字滤波器，无论相频特性响应如何，都不会改变各信号的相对相位关系，也不会影响相位判别，因此，通常主要关心幅频特性响应，因为它反映了对不同频率信号的增益（即对有用信号的增强和对无用信号的衰减程度）。

对于 FIR 型数字滤波器，其差分方程为

$$y(n) = \sum_{i=0}^{K} a_i x(n-i) \tag{9.12}$$

这意味着当前滤波输出与当前及前 K 个输入数据有关。更确切地说，需等待 $K+1$ 个输入数据之后滤波器才可能得到第一个滤波输出数据，也就是说，滤波输出采样序列相对于输入采样序列出现了时间上的延迟，K 越大则时延越长。定义 FIR 型数字滤波器的响应时延 τ 为

$$\tau = KT_s \tag{9.13}$$

由于 T_s 为常数，因而在实用中广泛采用数字滤波器产生一个输出数据所需要等待的输

入数据的个数来表示时延，称为数据窗，记为 W_d（整数）。显然有

$$W_d = K + 1 \left.\begin{array}{l} \\ \end{array}\right\}$$
$$\tau = KT_s = (W_d - 1)T_s \quad\quad (9.14)$$

时延和数据窗反映数字滤波器对输入信号的响应速度，是非常重要的技术指标。

FIR 型数字滤波器的优点是由于采用有限个输入信号的采样值进行滤波计算，不存在信号反馈，因而没有稳定性问题，也不会因计算过程中舍入误差的累积造成滤波特性逐步恶化。此外，由于滤波器的数据窗明确，便于确定它的滤波时延，易于在滤波特性与滤波时延之间进行协调。而 IIR 数字滤波器利用了反馈信号，易于获得更为理想的滤波特性，但存在滤波系统稳定性问题，在设计和应用中需特别注意。实际应用的数字保护装置中，采用 FIR 数字滤波器居多。

数字滤波器作为数字信号处理领域中的一个重要组成部分，已建立起完整的理论体系和成熟的设计方法。但继电保护装置作为一种实时性要求较高而且需要使用故障暂态信号的自动装置，其主要原理往往需要滤取电力系统工频或某次谐波分量，因此对滤波器的性能有一些特殊的要求。通过学者们的研究，提出了很多具有针对性的适于数字保护的数字滤波器及其设计方法。

9.2.3　数字保护中常用的简单数字滤波器（Simple Digital Filters Commonly Used in Digital Protections）

1. 最简单的单位系数数字滤波器

（1）差分（相减）滤波器。这是一种最简单的数字滤波器，它的滤波差分方程为

$$y(n) = x(n) - x(n-K) \quad\quad (9.15)$$

式中　K——差分步长，为根据不同的滤波要求事先选择的整常数，$K \geqslant 1$。

采用 Z 变换法可由差分方程得到该滤波系统转移函数为 $H(z) = 1 - z^{-K}$，令 $z = e^{j\omega T_s}$，得到其频域响应特性为

$$H(\omega) = 1 - e^{-j\omega T_s K} = 1 - \cos(\omega T_s K) + j\sin(\omega T_s K)$$

若取每基频周期内采样点数为 N、基频频率为 f_1，则有 $T_s = \dfrac{1}{N f_1}$。将此关系代入，可得到差分滤波器的幅频特性为

$$|H(\omega)| = \left| 2\sin\frac{K\omega T_s}{2} \right| = \left| 2\sin\frac{Kf}{N f_1}\pi \right| \quad\quad (9.16)$$

这里频率响应特性中 f 的变化范围应满足采样定理要求，即 $f < \dfrac{N}{2} f_1$。式（9.16）中若设 $f_m = \dfrac{N}{K} f_1$，其幅频特性曲线如图 9.11 所示。当取 $f = m f_m$（$m = 0$，1，2，$\cdots$）时，$|H(\omega)| = 0$，这表明经差分滤波后输入信号中的直流分量以及频率为 f_m 和 f_m 的整次谐波分量将被完全滤除。当 $f = \left(m + \dfrac{1}{2}\right) f_m$（$m = 0$，1，2，$\cdots$）时，有一系列等幅极大值 $|H(\omega)| = 2$，这表明经差分滤波后输入信

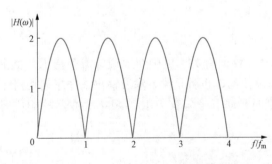

图 9.11　差分滤波器幅频特性

号中所有对应此频率的谐波将会得到等幅的最大输出。通过合理地选择（或控制）参数 N 与 K，可以控制滤波器的滤波特性。

在数字保护装置中，差分滤波器主要有以下用途：

1）消除直流和某些谐波分量的影响。差分滤波器对故障信号中的某些高频分量有放大作用，一般不宜单独使用，需要与其他的数字滤波器和算法配合使用，以便得到良好的综合滤波效果。

2）抑制故障信号中的衰减直流分量的影响。利用差分滤波器可以完全滤除恒定直流分量，也可对衰减直流分量起到良好的抑制作用。为获得最好的抑制衰减直流分量的效果，需要合理地选择数据窗。通常数据窗越短（如取 $K=1$），抑制衰减直流分量的效果越好，但需要综合考虑对其他有用信号的不利影响以及有限精度运算误差。

（2）积分滤波器。这也是一种常用的简单数字滤波器，其滤波方程为

$$y(n) = \sum_{i=0}^{K} x(n-i) \tag{9.17}$$

式中　K——积分区间，常数，可按不同的滤波要求选择，$K \geqslant 1$。

积分滤波器的幅频特性为

$$H(\omega) = \left| \frac{\sin \dfrac{(K+1)\omega T_{\mathrm{S}}}{2}}{\sin \dfrac{\omega T_{\mathrm{S}}}{2}} \right| = \left| \frac{\sin \dfrac{(K+1)f}{Nf_1}\pi}{\sin \dfrac{f}{Nf_1}\pi} \right| \tag{9.18}$$

式（9.18）中若设 $f_{\mathrm{m}} = \dfrac{N}{K+1}f_1$，其幅频特性曲线如图 9.12 所示。当 $f = mf_{\mathrm{m}}$（$m=0$，1，2，…）时，$|H(\omega)| = 0$，对应此频率的谐波分量将被完全滤除；当 $f = \left(m + \dfrac{1}{2}\right)f_{\mathrm{m}}$（$m = 0$，1，2，…）时，有一系列极值点，而当 $f=0$ 时，$|H(\omega)|$ 得到其最大值 $|H_{\max}(\omega)| = |H(0)| = K+1$，且随 f 的增大，在其他的极值点上 $|H(\omega)|$ 逐步减小，并均小于 $|H(0)|$。这表明积分滤波器是不能滤除输入信号中的直流分量和低频分量的，但对高频分量有一定的抑制作用，频率越高，抑制作用越强。进一步考虑取 $K = (N-2)/2$，即取积分区间或数据窗约为半个基频周期时，$f_{\mathrm{m}} = 2f_1$，表明此时积分滤波器可滤除所有的偶次谐波分量。

上述差分和积分滤波器的结构非常简单，并具有单位系数的特点，计算量很小，但各自独立使用时，滤波特性难以满足要求。

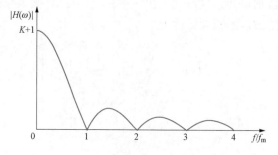

图 9.12　积分滤波器幅频特性

2. 级联数字滤波器

为了改善滤波特性，可将多个简单的数字滤波器进行级联。级联类似于多个模拟滤波器相串联，即将前一个滤波器的输出作为后一滤波器的输入，如此依次相连，构成一个新的滤波器，称为级联滤波器。

级联滤波器的时延为各个滤波器时延之和。设有 M 个滤波器级联，第 i 个滤波器的时

延为 τ_i，则级联滤波器的时延为

$$\tau = \sum_{i=1}^{M} \tau_i \tag{9.19}$$

相应的，若设第 i 个滤波器的数据窗为 W_{di}，则级联滤波器的数据窗为

$$W_d = \sum_{i=1}^{M} W_{di} - (M-1) \tag{9.20}$$

级联滤波器的幅频特性等于各滤波器的幅频特性的乘积。对于 M 个滤波器级联，设第 i 个滤波器的幅频特性为 $H_i(\omega)$，那么级联滤波器的幅频特性 $H(\omega)$ 为

$$H(\omega) = \prod_{i=1}^{M} H_i(\omega) \tag{9.21}$$

利用式（9.21）还可以把这 M 个滤波器频域特性连乘展开，合成统一的频域特性，然后再还原成时域差分方程，从而综合得到一个新的数字滤波器（差分方程）。当然，此时即使上述 M 个滤波器都是单位系数的，但新的滤波器一般将不再是单位系数的，但能保证是整系数的。

通过合理选择具有不同滤波特性的滤波器进行级联，可使级联滤波器的滤波性能得到明显改善。例如，为了提取故障暂态信号中的基频分量，可将差分滤波器与积分滤波器相级联，利用差分滤波器消除直流分量和减少非周期分量的影响，而借助积分滤波器来抑制高频分量；还可将多个积分滤波器相级联，进一步加强放大基频分量和抑制高频分量的作用。

例如，利用差分滤波器和积分滤波器的级联设计一个获取基频分量的级联数字滤波器，要求滤除直流分量并具有良好的高频衰减特性。设采样频率 $f_S = 1200\text{Hz}$（即每基频周期 24 点采样，$N=24$）。可以考虑选用一个差分滤波器和两个积分滤波器依次级联，组成三单元级联滤波器。各滤波器的滤波差分方程选择为

$$y_1(n) = x(n) - x(n-6), \quad y_2(n) = \sum_{i=0}^{7} y_1(n-i), \quad y(n) = \sum_{i=0}^{9} y_2(n-i)$$

由式（9.19）、式（9.20），可得滤波器的时延 $\tau = (6+7+9)T_S = 22T_S \approx 18.33(\text{ms})$，数据窗 $W_d = (7+8+10) - (3-1) = 23$。又根据式（9.21）、式（9.16）、式（9.18），该级联滤波器的幅频特性为

$$H(\omega) = \frac{Y_m}{X_m} = \left| 2\sin\frac{6f}{24f_1}\pi \right| \times \left| \frac{2\sin\dfrac{(7+1)f}{24f_1}\pi}{\sin\dfrac{f}{24f_1}\pi} \right| \times \left| \frac{\sin\dfrac{(9+1)f}{24f_1}\pi}{\sin\dfrac{f}{24f_1}\pi} \right| \tag{9.22}$$

由式（9.22）得到的级联滤波器幅频特性见图 9.13。

由图 9.13 可见，该级联滤波器具有优良的滤波特性，相对于基频分量（有用信号），它对其他所有高于 2.4 次谐波的高频分量（无用信号）的衰减不小于 20dB，对非周期分量也具有良好的抑制效果。

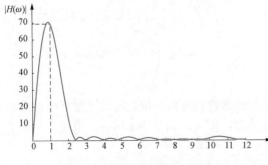

图 9.13　级联滤波器幅频特性

级联滤波是一种设计数字滤波器的常

用方法，不仅可用于 FIR 数字滤波器，也可用于 IIR 数字滤波器的设计。不过，级联滤波设计方法过于依赖经验，滤波特性不易控制，因此需要采用其他更为方便有效的数字滤波器设计方法，如零极点配置法、加窗法、脉冲响应不变法、双线性变换法等，请读者参考其他文献资料。

数字滤波器的选择主要取决于应用场合的不同要求，包括所采用的保护原理、故障信号的特点以及保护硬件的处理能力等。此外，在进行滤波器的选型和滤波特性的设计时，还应充分考虑与对滤波输出序列进行后续计算的算法相配合。算法最终需要完成输入信号的特征参数的计算和保护原理的实现，不同的算法对滤波器的要求也会有所不同，两者应综合考虑。

9.3　数字式保护的特征量算法
(Basic Algorithms Used in Digital Protections)

数字式保护的算法不完全等同于数字滤波，算法的目的是从数字滤波器的输出采样序列或直接从输入采样序列中求取电气信号的特征参数，进而实现保护动作判据或动作方程。在数字式保护中算法可分为两大类：①特征量算法，用来计算保护所需的各种电气量的特征参数，如交流电流和电压的幅值及相位、功率、阻抗、序分量等；②保护动作判据（operation criterion）或动作方程（operation equation）的算法，与具体的保护功能密切相关，并需要利用特征量算法的结果。最后还需要完成各种逻辑处理及时序配合的计算和处理，才能最终实现故障判定。特征量算法是数字式保护算法的基础，本节介绍在数字式保护中常用的特征量算法。

9.3.1　正弦信号的特征量算法（Basic Algorithms for Sinusoidal Signals）

正弦信号的特征量算法是指基于正弦函数模型的特征量算法，即假设提供给算法的电流、电压采样数据为纯正弦函数序列。以电压为例，正弦信号可表示为

$$u(t) = U_m \sin(\omega t + \alpha) \tag{9.23}$$

$$\omega = 2\pi f$$

式中　U_m、α、ω——正弦电压的幅值、相位、频率。

设周期为 T，每周期采样数 N 为常整数，则有 $\omega T_S = 2\pi f \dfrac{T}{N} = \dfrac{2\pi}{N}$。正弦信号的采样序列可表示为

$$u(n) = U_m \sin(\omega T_S n + \alpha) = U_m \sin\left(\frac{2\pi}{N}n + \alpha\right) \tag{9.24}$$

在实际故障情况下，输入交流信号并不是正弦信号，因此，采用基于正弦函数模型的算法，必须与数字滤波器配合使用，即式（9.24）所示信号为经过数字滤波后的正弦采样值序列。

1. 正弦信号幅值的直接算法

这类算法很多，如采样值的最大值算法、正选采样值的导数（差分）算法等，请读者查阅相关文献资料，这里介绍常用的两种。

（1）半周绝对值积分算法。对于连续函数 $u(t) = U_m \sin(\omega t + \alpha)$，设在半周期 $T/2$ 内对

其绝对值的积分值记为 S，则

$$S = \int_0^{T/2} |u(t)| \, dt = \int_0^{T/2} |U_m \sin(\omega t + \alpha)| \, dt$$

$$= \frac{U_m}{\omega} \left[\int_\alpha^\pi \sin(\omega t) \, d\omega t + \int_0^\alpha \sin(\omega t) \, d\omega t \right] = \frac{2U_m}{\omega} \tag{9.25}$$

所以得到

$$U_m = \frac{\omega}{2} S = \frac{\omega}{2} \int_0^{T/2} |u(t)| \, dt$$

上式离散化后，可求得幅值的估值 $\bar{U}_m$ 为

$$\bar{U}_m = \frac{\omega}{2} \sum_{i=0}^{N/2-1} \left[|u(iT_S) T_S| \right] = \frac{\pi}{N} \sum_{i=0}^{N/2-1} |u(i)| \tag{9.26}$$

式（9.26）采用离散积分代替连续积分（即通过采样值求和，用分块矩形面积之和代替连续积分之面积），所以也带来计算误差，并且此误差同样也受初相 α 和采样点数 N 的影响。由于积分运算对高频噪声有较强的抑制能力，因此半周绝对值积分算法具有一定的抗干扰和抑制高次谐波能力。该算法的时延为半个频率周期。

（2）采样值积算法。进一步考虑用尽量短的数据窗来计算正弦函数的幅值。一个正弦函数可以由三个基本特征量完全刻画，即幅值 U_m（以电压为例）、初相 α、频率 $\omega = 2\pi f$（对于基波 $\omega_1 = 2\pi f_1$），或者说确定一个正弦函数需要求取上述三个未知数。为了求解这三个未知数，需要建立三个独立方程，我们可以利用三个不同时刻的采样值来得到这三个方程。设 $u(n)$、$n(n+K)$、$u(n+2K)$ 分别为在采样时刻 t_n、t_{n+K}、t_{n+2K} 时的电压采样值，可得到下列方程组

$$\left. \begin{aligned} u(n) &= U_m \sin(\omega t_n + \alpha) \\ u(n+K) &= U_m \sin(\omega t_{n+K} + \alpha) = U_m \sin(\omega t_n + \omega K T_S + \alpha) \\ u(n+2K) &= U_m \sin(\omega t_{n+2K} + \alpha) = U_m \sin(\omega t_n + \omega \times 2K T_S + \alpha) \end{aligned} \right\} \tag{9.27}$$

求解上述方程组，便可确定正弦函数的三个基本特征量。这说明只需要三个采样值就能求得包括幅值 U_m 在内的正弦函数的全部特征量。如果假定正弦函数频率已知（在电力系统继电保护很多情况下这个假定是合适的，这时可选择 N 为常整数），正弦函数的待求特征量减为两个，即上述方程组的方程个数可减至两个，这时只需要两个不同时刻的采样值就能求得幅值和相位。由于式（9.27）为超越方程，直接求取需要用到三角函数，数字计算的计算量较大，往往不能满足继电保护快速实时计算的要求，因此常常根据实际需要使用的特征量来构造简化算法，尽量避免三角函数或反三角函数的运算。例如，对于幅值的计算就可以通过采样值之间的乘积运算来实现，称为采样值积算法。采样值积算法包括两采样值积算法和三采样值积算法。

1）两采样值积算法。设在时刻 n 和 $n+K$ 得到正弦信号两个采样值，即取式（9.27）的前两式，将这两式相加和相减可得到

$$u(n) + u(n+K) = U_m [\sin(\omega t_n + \alpha) + \sin(\omega t_n + \omega K T_S + \alpha)]$$

$$= 2U_m \sin\left(\omega t_n + \alpha + \frac{\omega T_S}{2} K\right) \cos\left(\frac{\omega T_S}{2} K\right) \tag{9.28}$$

$$u(n) - u(n+K) = U_\mathrm{m}\left[\sin(\omega t_n + \alpha) + \sin(\omega t_n + \omega K T_\mathrm{S} + \alpha)\right]$$

$$= 2U_\mathrm{m}\cos\left(\omega t_n + \alpha + \frac{\omega T_\mathrm{S}}{2}K\right)\sin\left(\frac{\omega T_\mathrm{S}}{2}K\right) \tag{9.29}$$

上两式分别平方后，再相加，可解得

$$U_\mathrm{m}^2 = \frac{u^2(n) + u^2(n+K) - 2u(n)u(n+K)\cos(K\omega T_\mathrm{S})}{\sin^2(K\omega T_\mathrm{S})} \tag{9.30}$$

在式（9.30）中，$\sin(K\omega T_\mathrm{S})$、$\cos(K\omega T_\mathrm{S})$ 都是可事先离线算出的常数。因此，用两点积算法来计算幅值（幅值的平方）的计算量不大。实时计算中在响应速度要求不高的场合，为进一步减少计算量，可选择 $K\omega T_\mathrm{S} = \pi/2$（即 $K = N/4$），从而有

$$U_\mathrm{m}^2 = u^2(n) + u^2\left(n + \frac{N}{4}\right) \tag{9.31}$$

需要指出的是，虽然上述简单算法的计算量得到减少，但因算法的数据窗的时长为 1/4 输入信号周期，时延较长。为提高算法的计算速度，可取 $K=1$，此时数据窗仅为一个采样周期 T_S，但算法的计算量略微增大。

2）三采样值积算法。当有三个采样值时，由式（9.30）可得

$$\left.\begin{array}{l} U_\mathrm{m}^2 = \dfrac{u^2(n) + u^2(n+K) - 2u(n)u(n+K)\cos(K\omega T_\mathrm{S})}{\sin^2(K\omega T_\mathrm{S})} \\[3mm] U_\mathrm{m}^2 = \dfrac{u^2(n+K) + u^2(n+2K) - 2u(n+K)u(n+2K)\cos(K\omega T_\mathrm{S})}{\sin^2(K\omega T_\mathrm{S})} \end{array}\right\} \tag{9.32}$$

由上两式中分子相等可解得

$$\cos(K\omega T_\mathrm{S}) = \frac{u^2(n) - u^2(n+2K)}{2u(n+K)[u(n) - u(n+2K)]} = \frac{u(n) + u(n+2K)}{2u(n+K)} \tag{9.33}$$

代入式（9.32）的任何一式均可得到三采样值积算法为

$$U_\mathrm{m}^2 = \frac{u^2(n+K) - u(n)u(n+2K)}{\sin^2(K\omega T_\mathrm{S})} \tag{9.34}$$

请注意，上述利用采样值的积算法是在假设已知 ω 的条件下得到的，当利用三个采样值计算时，对于式（9.27）的三式联立方程组，却只有两个未知数（即 U_m 和 α），这种冗余方程组的求解应当有多种求解算法。因此，我们可以导出多种形式的三采样值积算法，这一点留给读者自己去尝试。

由式（9.33）并注意到 $\sin^2(K\omega T_\mathrm{S}) = 1 - \cos^2(K\omega T_\mathrm{S})$，代入式（9.32）得到

$$U_\mathrm{m}^2 = \frac{u^2(n+K) - u(n)u(n+2K)}{1 - \left[\dfrac{u(n) + u(n+2K)}{2u(n+K)}\right]^2} = \frac{4u^2(n+K)[u^2(n+K) - u(n)u(n+2K)]}{4u^2(n+K) - [u(n) + u(n+2K)]^2} \tag{9.35}$$

由于式（9.35）不含 ω 值，即幅值计算结果与正弦输入信号的频率无关，亦即该算法不受信号频率变化的影响。这正是利用了三个采样值来求解式（9.27）的结果，当然计算量有所增加。为得到最快响应，式（9.35）中可取 $K=1$。

2. 正弦信号复相量的算法

电气工程中，正弦信号通常采用复相量表示，继电保护中也常常利用复相量来构成动作判据。下面讨论由正弦信号采样值序列直接计算其复相量的算法。

（1）计算复相量实部和虚部的两采样值算法。正弦信号对应的复相量可以表示为模值及

相角，或者表示为实部及虚部，计算式为

$$\dot{U}_m = U_m e^{j\alpha} = U_m\cos\alpha + jU_m\sin\alpha = U_R + jU_I \qquad (9.36)$$

$$U_R = U_m\cos\alpha, U_1 = U_m\sin\alpha$$

式中 U_R、U_I——复相量 $\dot{U}_m$ 的实部、虚部。

这个复相量是一个旋转相量，通常规定逆时针旋转为正方向，并且正弦信号（及其采样值序列）可视为该旋转相量在直角复平面的实轴或者虚轴上的投影。若视正弦信号为旋转相量在虚轴上的投影，则有（请读者思考，若视为旋转相量在实轴上的投影又该如何？）

$$u(t) = U_m\sin(\omega t + \alpha) = U_m\cos\alpha\sin\omega t + U_m\sin\alpha\cos\omega t$$
$$= U_R\sin\omega t + U_I\cos\omega t \qquad (9.37)$$

其离散采样序列可表示为

$$u(n) = U_R\sin\left(\frac{2\pi}{N}n\right) + U_I\cos\left(\frac{2\pi}{N}n\right) \qquad (9.38)$$

式（9.38）中当分别取 $n=0$ 和 $n=N/4$ 时，复相量的实部和虚部表达式为

$$\left.\begin{array}{l} U_R = u\left(\dfrac{N}{4}\right) = U_m\cos\alpha \\[2mm] U_I = u(0) = U_m\sin\alpha \end{array}\right\} \qquad (9.39)$$

进一步讨论快速算法。设在 $n=0$ 和 $n=K$ 得到两个采样值，可由式（9.37）列出方程组

$$\left.\begin{array}{l} u(0) = U_m\sin\alpha = U_I \\[2mm] u(K) = U_R\sin\left(K\,\dfrac{2\pi}{N}\right) + u(0)\cos\left(K\,\dfrac{2\pi}{N}\right) \end{array}\right\} \qquad (9.40)$$

由式（9.40）可以导出

$$\left.\begin{array}{l} U_R = \dfrac{u(K) - u(0)\cos\left(K\,\dfrac{2\pi}{N}\right)}{\sin\left(K\,\dfrac{2\pi}{N}\right)} \\[6mm] U_I = u(0) \end{array}\right\} \qquad (9.41)$$

式（9.41）取 $K=N/4$，即为式（9.39），此时计算量最小。为获得最短时延，可取 $K=1$。

实际上，复相量的实部与虚部决定于初相，而初相又决定于计算始点，前面在推导复相量的实部与虚部的算法时曾假定计算始点为 0（即对应于 0 时刻初相值），对于一般地将 n 作为计算始点的情况（即对应于 n 时刻初相值），式（9.41）可改为

$$\left.\begin{array}{l} U_R = \dfrac{u(n+K) - u(n)\cos\left(K\,\dfrac{2\pi}{N}\right)}{\sin\left(K\,\dfrac{2\pi}{N}\right)} \\[6mm] U_I = u(n) \end{array}\right\} \qquad (9.42)$$

随着 n 的增加（时间后移），式（9.42）计算的实、虚部是变化的，即复相量的初相是变化的，并总是对应于 n 时刻的初相，反映出相量逆时针旋转，每移动一个采样点引起的初相相位增量为 $K\,\dfrac{2\pi}{N}$。这就是将 n 作为计算始点对应于 n 时刻初相值的含义，或者说用式（9.42）计算的实、虚部总是反映（对应）当前时刻旋转相量的初相。

（2）根据复相量实部和虚部求取其模值与相位的算法。根据复相量实部和虚部求取其模值与相位的计算式为

$$
\left.
\begin{array}{l}
U_{\mathrm{m}} = \sqrt{U_{\mathrm{R}}^2 + U_{\mathrm{I}}^2} \\
\theta = \arctan(U_{\mathrm{I}}/U_{\mathrm{R}})
\end{array}
\right\} \tag{9.43}
$$

式（9.43）需要开平方和求反正切函数，在实时计算中计算量较大。为减少计算量，开平方和相角计算可采用快速查表法，请读者查阅其他文献。如果在数字式保护中，相角计算结果是用来构成相位比较判据，则可以通过其他算法来实现，从而避免直接计算相角。这将在后面介绍。下面讨论根据复相量的实部和虚部求取其模值的快速近似算法。

对式（9.43）的第一式，取 $|U_{\mathrm{R}}|$ 和 $|U_{\mathrm{I}}|$ 两数中的大者为 L，小者为 S，即定义

$$
\left.
\begin{array}{l}
L = \max(|U_{\mathrm{R}}|, |U_{\mathrm{I}}|) \\
S = \min(|U_{\mathrm{R}}|, |U_{\mathrm{I}}|)
\end{array}
\right\} \tag{9.44}
$$

再令

$$
r = S/L \tag{9.45}
$$

显然 r 的取值范围为 $0\sim1$。将式（9.45）代入式（9.43）的第一式，得到

$$
U_{\mathrm{m}} = L\sqrt{1+r^2} \tag{9.46}
$$

设 $\overline{U}_{\mathrm{m}}$ 为 U_{m} 的估计值，为简化计算这里取线性估计，故令

$$
\overline{U}_{\mathrm{m}} = L + bS = L(1+br) \tag{9.47}
$$

式（9.47）为模值近似算法的基本运算式。现在的问题是如何确定 b。令 $\overline{U}_{\mathrm{m}}=U_{\mathrm{m}}$，由式（9.46）、式（9.47）联立求解，可得 $b=\dfrac{\sqrt{1+r^2}-1}{r}$。当取 $r=0$ 或 1 时，b 值分别为 0 或 $\sqrt{2}$；而当取 $r=0\sim1$ 时，b 与 r 的关系如图 9.14 中的曲线所示。它的形状非常近似于直线，因此可考虑用一条直线来近似它。这里按近似误差最小的原则举出两种直线方程。

$$
\left\{
\begin{array}{ll}
\text{第一种直线方程：} & b = 0.4285r \tag{9.48} \\
\text{第二种直线方程：} & b = 0.0075 + 0.414r \tag{9.49}
\end{array}
\right.
$$

将上述直线方程代入式（9.47），就可求出模值 U_{m} 的近似值。

当采用式（9.48）所示直线和式（9.47）时，最大相对误差约为 $\pm1\%$；当采用式（9.49）所示直线和式（9.47）时，最大相对误差约为 $\pm0.75\%$。若采用分段直线来逼近 $b-r$ 曲线，可进一步改善 $\overline{U}_{\mathrm{m}}$ 估值的精度，但会增加由判断引起的逻辑判断时延和编程的复杂性，需要权衡。

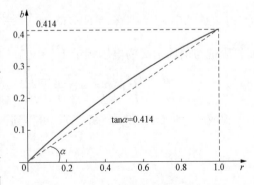

图 9.14 b 与 r 的关系曲线及近似直线

更简单的算法是在式（9.47）中令 b 为常数。分析表明，若取 $b=1/2.975$，可使正负相对误差的最大值相等，约为 $\pm5.5\%$。为进一步简化计算，可令 $b=1/3$，则式（9.47）变为

$$3\bar{U}_m = 3L + S \tag{9.50}$$

这种算法的计算量很小，可在一些对精度要求不高的情况下使用。

3. 功率的算法

根据复功率的定义，视在功率与有功功率和无功功率的关系可表示为

$$S = P + jQ = UI\cos\theta + jUI\sin\theta \tag{9.51}$$

而视在功率与前面定义的电压相量 $\dot{U}_m = U_R + jU_I$ 与电流相量 $\dot{I}_m = I_R + jI_I$ 的关系可表示为

$$S = \dot{U}\,\hat{I} = \frac{1}{2}\dot{U}_m\,\hat{I}_m = \frac{1}{2}(U_R + jU_I) \times (I_R - jI_I) = \frac{1}{2}(U_R I_R + U_I I_I)_1 + j\frac{1}{2}(U_I I_R - U_R I_I) \tag{9.52}$$

式中　　$\hat{I}_m$——$\dot{I}_m$ 的共轭相量，即 $\hat{I}_m = I_R - jI_I$。

比较式（9.51）和式（9.52），可得到

$$\left.\begin{array}{l} P = UI\cos\theta = \dfrac{1}{2}(U_R I_R + U_I I_I) \\[2mm] Q = UI\sin\theta = \dfrac{1}{2}(U_I I_R - U_R I_I) \end{array}\right\} \tag{9.53}$$

在基于纯正弦基波信号的条件下，只要将式（9.41）或式（9.42）的计算结果代入式（9.53）即可得基波功率算法。例如，将式（9.41）直接代入式（9.53），经化简可得基于正弦信号两采样值的基波功率算法为

$$\left.\begin{array}{l} P = UI\cos\theta = \dfrac{u(0)i(0) + u(K)i(K) - \left[u(0)i(K) + u(K)i(0)\right]\cos\left(K\dfrac{2\pi}{N}\right)}{2\sin^2\left(K\dfrac{2\pi}{N}\right)} \\[6mm] Q = UI\sin\theta = \dfrac{u(0)i(K) - u(K)i(0)}{2\sin\left(K\dfrac{2\pi}{N}\right)} \end{array}\right\} \tag{9.54}$$

同理，在式（9.54）中若取 $K=1$，计算时延最短；若取 $K=N/4$，则可使得计算量最小。

4. 阻抗的算法

根据阻抗的定义，复阻抗与电阻和电抗的关系可表示为

$$Z = R + jX = \frac{UI\cos\theta}{I^2} + j\frac{UI\sin\theta}{I^2} = \frac{P}{I^2} + j\frac{Q}{I^2} \tag{9.55}$$

而复阻抗与前面定义的电压相量 $\dot{U}_m = U_R + jU_I$ 和电流相量 $\dot{I}_m = I_R + jI_I$ 的关系可表示为

$$Z = \frac{\dot{U}}{\dot{I}} = \frac{\dot{U}_m}{\dot{I}_m} = \frac{U_R + jU_I}{I_R + jI_I} = \frac{(U_R I_R + U_I I_I) + j(U_I I_R - U_R I_I)}{I_R^2 + I_I^2} \tag{9.56}$$

比较式（9.55）和式（9.56），可得到

$$\left.\begin{array}{l} R = \dfrac{U_R I_R + U_I I_I}{I_R^2 + I_I^2} \\[3mm] X = \dfrac{U_I I_R - U_R I_I}{I_R^2 + I_I^2} \end{array}\right\} \tag{9.57}$$

在基于纯正弦基波信号的条件下，只要将式（9.41）或式（9.42）的计算结果代入式（9.57）即可得基波阻抗算法。另外，还可依式（9.54）的关系，将式（9.54）、式（9.30）

（改为电流，并取 $n=0$）直接代入式（9.55），经化简可得到基于正弦信号采样值的基波阻抗算法为

$$
\left.\begin{aligned}
R &= \frac{P}{I^2} = \frac{2UI\cos\theta}{I_{\mathrm{m}}^2} \\
&= \frac{u(0)i(0) + u(K)i(K) - [u(0)i(K) + u(K)i(0)]\cos\left(K\dfrac{2\pi}{N}\right)}{i^2(0) + i^2(K) - 2i(0)i(K)\cos(K\omega_1 T_S)} \\
X &= \frac{Q}{I^2} = \frac{2UI\sin\theta}{I_{\mathrm{m}}^2} \\
&= \frac{[u(0)i(K) - u(K)i(0)]\sin(K\omega_1 T_S)}{i^2(0) + i^2(K) - 2i(0)i(K)\cos(K\omega_1 T_S)}
\end{aligned}\right\}
\tag{9.58}
$$

同样地，在式（9.58）中若取 $K=1$，计算时延最短；若取 $K=N/4$，则可使得计算量最小。

9.3.2 非正弦信号的特征量算法（Basic Algorithms for Non‑Sinusoidal Signals）

系统发生故障时，输入信号并非纯正弦信号，其中除了含有基波分量外，还含有各种整次谐波、非整次谐波和衰减直流分量。前面讨论的是基于纯正弦信号模型的算法，它们通常需要与数字滤波器配合使用。在数字保护装置中，还有一类算法是基于非正弦交流信号模型构造的，本身具有良好的滤波特性，可以从故障信号中直接计算基波及某次谐波的特征量。依据对非正弦交流信号不同的假设模型和不同的滤波理论，有多种不同的此类算法，如傅氏算法、最小二乘算法、卡尔曼最佳滤波算法等。这里只介绍应用最为普遍的全周傅氏算法。

全周傅氏算法的基本思想源于傅里叶级数。假设输入信号为周期函数，即输入信号中除基频分量外，还包含直流分量和各种整次谐波分量。仍以电压为例，此时输入信号可表示为

$$
\begin{aligned}
u(t) &= U_{\mathrm{m}0} + \sum_{k=1}^{M} U_{\mathrm{m}k}\sin(k\omega_1 t + \varphi_k) \\
&= U_{\mathrm{m}0} + \sum_{k=1}^{M} [U_{\mathrm{m}k}\cos\varphi_k \sin(k\omega_1 t) + U_{\mathrm{m}k}\sin\varphi_k \cos(k\omega_1 t)] \\
&= U_{\mathrm{m}0} + \sum_{k=1}^{M} [U_{\mathrm{R}k}\sin(k\omega_1 t) + U_{\mathrm{I}k}\cos(k\omega_1 t)]
\end{aligned}
\tag{9.59}
$$

式中　ω_1——基频角频率；

$\quad M$——信号中所含的最高次谐波的次数；

$\quad k$——谐波次数，表示第 k 次谐波；

$U_{\mathrm{m}k}$、φ_k——第 k 次谐波分量的幅值和相位；

$\quad U_{\mathrm{R}k}$——第 k 次谐波分量的实部，$U_{\mathrm{R}k} = U_{\mathrm{m}}\cos\varphi_k$；

$\quad U_{\mathrm{I}k}$——第 k 次谐波分量的虚部，$U_{\mathrm{I}k} = U_{\mathrm{m}}\sin\varphi_k$；

$\quad U_{\mathrm{m}0}$——直流分量，即第 0 次谐波。

根据三角函数系在区间 $[0, T_1]$（T_1 为基频周期）上的正交性和傅里叶系数的计算方法，可在式（9.59）中直接导出实、虚部计算式为

$$
\left.\begin{aligned}
U_{\mathrm{R}k} &= \frac{2}{T_1}\int_0^{T_1} u(t)\sin(k\omega_1 t)\,\mathrm{d}t \\
U_{\mathrm{I}k} &= \frac{2}{T_1}\int_0^{T_1} u(t)\cos(k\omega_1 t)\,\mathrm{d}t
\end{aligned}\right\}
\tag{9.60}
$$

取每基频周期 N 点采样，并采用按采样时刻分段的矩形面积之和（当然也可采用梯形面积之和，请读者尝试）来近似上式连续积分，则有

$$U_{Rk} = \frac{2}{N}\sum_{i=0}^{N-1} u(i)\sin\left(ki \times \frac{2\pi}{N}\right)$$

$$U_{Ik} = \frac{2}{N}\sum_{i=0}^{N-1} u(i)\cos\left(ki \times \frac{2\pi}{N}\right)$$

(9.61)

该算法的数据窗为一个完整的基频周期，称为全周傅氏算法。全周傅氏算法的滤波系数为可事先算得的常数，故算法的实时计算量不大。如取 $k=1$，则得到基频分量的实部和虚部为

$$\left.\begin{array}{l} U_{RI} = \dfrac{2}{N}\displaystyle\sum_{i=0}^{N-1} u(i)\sin\left(i \times \dfrac{2\pi}{N}\right) \\[3mm] U_{I1} = \dfrac{2}{N}\displaystyle\sum_{i=0}^{N-1} u(i)\cos\left(i \times \dfrac{2\pi}{N}\right) \end{array}\right\}$$

(9.62)

式（9.62）的幅频特性如图 9.15 所示。由图可见，全周傅氏算法可保留基波并完全滤除恒定直流分量及所有整次谐波分量，虽不能完全滤除非整次谐波分量，但有很好的抑制作用，对高频分量的滤波能力也相当强。分析表明，全周傅氏算法的主要缺点是易受衰减的非周期分量的影响，在最严重情况下，计算误差可能超过 10%。为减小由衰减直流分量引起的计算误差，一个简单可行的方法是对输入信号的原始采样数据先进行一次差分滤波，然后再进行傅氏计算。

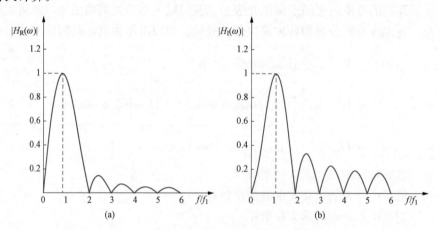

图 9.15 计算基频分量的全周傅氏算法的幅频特性
(a) 实部算法的幅频特性；(b) 虚部算法的幅频特性

观察式（9.61），其实部和虚部算法实质上是两个 FIR（非递归型）数字滤波器，而这两个 FIR 数字滤波器的系数严格满足正交条件，因此全周傅氏算法的实部和虚部算法构成了一组正交滤波器。正是这种正交特性，可使其正确获得基波及各次谐波对应相量的实部和虚部。由此可以看出，输入信号特征量的实、虚部算法与数字滤波器可以统一起来，构造实、虚部算法无非是要找到一组正交滤波器。

总的来看，全周傅氏算法原理清晰，计算精度高，因此在数字保护装置中得到了广泛应用。不过该算法的数据窗较长（一个基频周期），使保护的动作速度受到一定限制。实际上，

无论采用何种算法或数字滤波器，要提高滤波性能，都不可避免地需要延长它们的数据窗，这需要根据实际要求在这两者之间进行权衡。

为了提高算法的响应速度（减小动作时延），可以在式（9.61）中将数据窗压缩到半个基频周期，从而得到所谓半周傅氏算法，当然其滤波效果和计算精度均会劣化，对此读者可自行推导和分析，或参考其他文献。

实际工程中，对于严重故障（如近区及金属性短路故障），因故障量值变化很大，允许较大计算误差，也不易造成保护误动，关键是需要加快故障切除速度；而对于轻微故障（如远区及带过渡电阻短路故障）则需要保证计算精度，防止保护误判，允许适当降低保护动作速度。由此可以考虑在保护快速段采取一种策略：在故障发生后，待前半个周期数据到来即先采用半周傅氏算法，以相对保守的整定值（如在距离保护中减小距离Ⅰ段整定阻抗）加快严重故障的判定和切除；若不满足这种快速判据，再待全周期数据到达后，采用全周傅氏算法，并恢复正常整定值做更为精确的故障判定。这种策略将有利于根据故障严重程度兼顾和优化处理继电保护快速性和精确性的矛盾，是数字式继电保护中常用的处理方法。

9.3.3 移相算法及序分量算法（Phase‐Shifting Algorithms and Sequence‐Component Algorithms）

1. 移相算法

在实现继电保护原理时常常要求将复相量旋转一个相位角（或改变一个正弦函数的初始相位），并保持其幅值不变，这种运算称为移相算法。

对一个用实部和虚部表示的复相量做移相计算很简单。设初始相量为 $\dot{U} = U_R + jU_I$，现将其旋转 β 相位角得到一个新相量 $\dot{U}' = U'_R + jU'_I$。根据相量计算方法，有

$$\dot{U}' = \dot{U}e^{j\beta} = (U_R + jU_I)(\cos\beta + j\sin\beta)$$

将其展开便可得到移相算法

$$U'_R = U_R\cos\beta - U_I\sin\beta$$
$$U'_I = U_I\cos\beta + U_R\sin\beta \tag{9.63}$$

式中 β——移相角度，当 $\beta > 0$ 时，向超前方向（逆时针）移相；当 $\beta < 0$ 时，向滞后方向（顺时针）移相。

一般情况下，式（9.63）中的实部和虚部可采用傅氏算法的结果。对于正弦函数模型，也可采用式（9.39）、式（9.41）、式（9.42）所示算法的结果，或者直接将这些计算式代入式（9.63），得到用正弦函数采样值表示的移相算法。

有时候，还需要直接对采样序列进行移相，即通过对一个正弦输入信号采样序列进行计算得到一个被改变了初始相位的新的采样序列。采样序列移相的最简单的方法是时差法，即通过对采样序列的延时来获得移相序列，移相后的序列与原始序列的关系可表示为

$$u'(n) = u(n-k) = u(nT_S - kT_S) = u(t - \beta/\omega) = u(t - \Delta t) \tag{9.64}$$

由于该方法简单，此处不细论。但需注意，时差法的移相角度受采样周期的限制（即移相步长为 $2\pi/N$，或者说移相角度为 $2\pi/N$ 的整倍数），移相精度较低（对此可以通过在采样序列中进行插值加以解决，工程上多用线性插值近似以减少实时计算量）。同时，当移相角度较大时，延时较长。采样序列移相的改进方法可利用式（9.42）的算法，仍保持为旋转相量对虚轴的投影，将其代入式（9.63）的第二式可得到快速的序列移相算法，请读者思考。

2. 序分量算法

在各种继电保护原理中，广泛使用对称分量。以电压为例（以 A 相电压为基准），用相电压相量表示的零序电压 $\dot{U}_0$、正序电压 $\dot{U}_1$ 及负序电压 $\dot{U}_2$ 的表达式为

$$3\dot{U}_0 = (\dot{U}_A + \dot{U}_B + \dot{U}_C)$$

$$3\dot{U}_1 = (\dot{U}_A + \dot{U}_B e^{-j\frac{4}{3}\pi} + \dot{U}_C e^{-j\frac{2}{3}\pi}) \tag{9.65}$$

$$3\dot{U}_2 = (\dot{U}_A + \dot{U}_B e^{-j\frac{2}{3}\pi} + \dot{U}_C e^{-j\frac{4}{3}\pi})$$

式中

$$e^{-j2\pi/3} = \cos(-2\pi/3) + j\sin(-2\pi/3) = -1/2 - j\sqrt{3}/2$$

$$e^{-j4\pi/3} = \cos(-4\pi/3) + j\sin(-4\pi/3) = -1/2 - j\sqrt{3}/2$$

对称分量的计算根据输入量的性质也有两类算法，即复相量的滤序算法和正弦采样序列的滤序算法。

（1）复相量滤序算法。假定已通过前面的算法（如傅氏算法）求得了各相电压基频相量的实部和虚部，三相电压的相量记为

$$\left.\begin{aligned} \dot{U}_A &= U_{RA} + jU_{IA} \\ \dot{U}_B &= U_{RB} + jU_{IB} \\ \dot{U}_C &= U_{RC} + jU_{IC} \end{aligned}\right\} \tag{9.66}$$

而零序分量、正序分量及负序分量电压的相量记为

$$\left.\begin{aligned} \dot{U}_0 &= U_{R0} + jU_{I0} \\ \dot{U}_1 &= U_{R1} + jU_{I1} \\ \dot{U}_2 &= U_{R2} + jU_{I2} \end{aligned}\right\} \tag{9.67}$$

这时只需将式（9.66）、式（9.67）代入式（9.65），便可直接算出各序分量的相量。以负序分量为例，由式（9.65）、式（9.66）、式（9.67），可得

$$\left.\begin{aligned} 3U_{R2} &= U_{RA} - \frac{1}{2}U_{RB} + \frac{\sqrt{3}}{2}U_{IB} - \frac{1}{2}U_{RC} - \frac{\sqrt{3}}{2}U_{IC} \\ 3U_{I2} &= U_{IA} - \frac{1}{2}U_{IB} - \frac{\sqrt{3}}{2}U_{RB} - \frac{1}{2}U_{IC} + \frac{\sqrt{3}}{2}U_{RC} \end{aligned}\right\} \tag{9.68}$$

零序分量和正序分量可仿此计算。对于正弦函数模型，也可采用式（9.39）、式（9.41）、式（9.42）计算的结果，或者直接将这些计算式代入式（9.68），得到用正弦函数采样值表示的滤序算法。

（2）正弦采样序列的滤序算法。假定已通过前面的数字滤波求得了各相电压基频分量采样值序列，三相基频电压采样值分别为 $u_A(n)$、$u_B(n)$、$u_C(n)$。

零序分量的计算比较简单，可采用同时刻的采样值直接相加，即

$$3u_0(n) = u_A(n) + u_B(n) + u_C(n) \tag{9.69}$$

对于负序分量（正序分量仿此计算），参考式（9.65），根据前述利用时差移相原理，可有

$$3u_2(n) = u_A(n) + u_B(n - N/3) + u_C(n + N/3) \tag{9.70}$$

式（9.70）的数据窗宽度为 $W_d = 2N/3 + 1$（时延为 2/3 个基频周期），数据窗（时延）

较长。

为了缩短数据窗，注意到对于正弦量有 $u(n)=-u(n-N/2)$，以此来处理式（9.70）的 C 相电压，即取 $u_C(n+N/3)=-u_C(n+N/3-N/2)=-u_C(n-N/6)$；再利用正弦函数的关系 $\sin(\varphi-2\pi/3)=-\sin\varphi+\sin(\varphi-2\pi/6)$，依此来处理式（9.70）中的 B 相电压，即取 $u_B=(n-N/3)=-u_B(n)+u_B(n-N/6)$，代入式（9.70），可得

$$3u_2(n)=u_A(n)-u_B(n)+u_B(n-N/6)-u_C(n-N/6) \tag{9.71}$$

式（9.71）的数据窗宽度为 $W_d=N/6+1$（相当于 1/6 个基频周期），计算延时大为缩短。由于采样次数只能为整数，因此采用式（9.70）时，N 必须为 3 的倍数；而采用式（9.71）时 N 必须为 6 的倍数。对此同样也可以采用采样序列插值算法来加以解决。

以上介绍的采样值滤序算法的特点是计算量非常小，只需要做简单的加减法运算，而且响应速度也比较快。若想进一步加快响应速度，而且不对 N 的选择附加限制，则可结合采用前述对采样序列的快速移相算法来实现采样序列的滤序算法，请读者思考。

9.3.4 基于输电线路简化物理模型的阻抗算法（The Impedance Algorithm of Transmission Lines Based on Its Simplified Physical - Models）

由本书第 3 章分析，保护安装处到故障点间线路正序阻抗的大小可以正确反映输电线路的故障距离，因此可以通过直接计算线路故障区段的正序阻抗来实现距离保护，这是与电压动作方程方法不同的另一类实现距离保护的方法。下面讨论基于输电线路的简化物理模型，建立刻画系统故障暂态过程的微分方程，求解微分方程，获取线路故障区段正序阻抗的算法。采用不同的输电线路模型将导出不同的阻抗算法，最简单也是最常用的模型为忽略分布电容的影响，假设输电线路为仅由电阻和电感串联组成的简化模型，称为基于输电线路 RL 模型的微分方程算法。微分方程算法在原理上具有两个优点：①直接解算正序电感（而非正序电抗），因而算法可不受系统频率变化的影响；②在故障建模和微分方程中考虑了 RL 电路暂态过程，线路故障区段电感和电阻计算结果可不受衰减直流分量的影响。

遵循距离保护原理实现和保护动作特性构成的常用策略，可以先按金属性短路推导故障区段测量阻抗的算法，然后再考虑过渡电阻的作用来构造合理的动作区域，形成完整的保护判据和动作特性。

对于输电线路的 RL 模型，当线路上发生金属性短路故障时，保护安装处测量电压和电流满足微分方程

$$u=R_1 i+L_1\frac{\mathrm{d}i}{\mathrm{d}t} \tag{9.72}$$

式中 R_1、L_1——故障点至测量端之间线路段的正序电阻和正序电感。

式（9.72）中的测量电压 u 和电流 i 的选取同样与故障类型和相别有关。对于相间短路（包括两相短路、两相短路接地、三相短路），u、i 分别应为故障相的两相电压差和电流差（即 u_e、i_e）；而对于单相接地短路，u 应采用故障相电压，电流 i 则为经零序电流补偿的故障相电流（即 u_{ph}、$i_{ph}+K\cdot 3i_0$）。在微分方程算法中，零序电流补偿系数 K 需要按序电阻和序电感（电抗）分别处理，下文说明。

在式（9.72）中，u、i 和 $\frac{\mathrm{d}i}{\mathrm{d}t}$ 均为可以测量的已知量，参数 R_1 和 L_1 为待求量。对于给

定输电线路，$R_1/L_1=r_1/l_1$（r_1、l_1 分别为单位长度正序电阻和电感）是可事先确定的常数，因此，实际需求解的未知参数只有一个，即 R_1 或 L_1。令 $K_{rl}=R_1/L_1$，式（9.72）可写为

$$u = L_1\left(K_{rl}i + \frac{\mathrm{d}i}{\mathrm{d}t}\right) \tag{9.73}$$

可解得正序电感值为

$$L_1 = \frac{u}{\left(K_{rl}i + \frac{\mathrm{d}i}{\mathrm{d}t}\right)} \tag{9.74}$$

然后再根据 $R_1=K_{rl}L_1$ 可计算正序电阻值。

在采用离散采样值进行计算时，电流的导数通常采用中点差分近似代替，即

$$\frac{\mathrm{d}i(n)}{\mathrm{d}t} = \frac{i(n+1)-i(n-1)}{2T_S} \tag{9.75}$$

将式（9.75）代入式（9.74）并写成采样值形式，得

$$\left.\begin{aligned} L_1 &= \frac{u(n)}{K_{rl}i(n) + \dfrac{i(n+1)-i(n-1)}{2T_S}} \\ R_1 &= \frac{u(n)}{i(n) + \dfrac{1}{K_{rl}}\dfrac{i(n+1)-i(n-1)}{2T_S}} \end{aligned}\right\} \tag{9.76}$$

求出电抗 L_1 后，根据 $X_1=\omega L_1$ 即可算出电抗值。

为了使距离测量元件具有耐受过渡电阻的能力，需要在阻抗平面上构造合适的动作区域（动作特性），如通常采用多边形动作特性。由于接地短路故障的过渡电阻往往较大，对于接地距离测量元件可以对上述算法进行改进。设单相接地短路过渡电阻为 R_g，故障点对地电压瞬时值为 u_k，对故障线路区段可写出微分方程

$$u = R_1(i + K_r \times 3i_0) + L_1\frac{\mathrm{d}(i + K_l \times 3i_0)}{\mathrm{d}t} + u_k \tag{9.77}$$

式中　K_r、K_l——与电阻和电感分量相关的零序电流补偿系数。

设 r_0、r_1、l_0、l_1 分别为输电线路单位长度的零序和正序电阻和电感，式（9.77）中零序电流补偿系数可表示为 $K_r=\dfrac{R_0-R_1}{3R_1}=\dfrac{r_0-r_1}{3r_1}$，$K_l=\dfrac{L_0-L_1}{3L_1}=\dfrac{l_0-l_1}{3l_1}$。当线路确定后，$K_r$、$K_l$ 均为已知常数。

仿照式（9.73）～式（9.75）的方法对式（9.77）进行处理，先令

$$D(n) = K_{rl}[i(n) + K_r \times 3i_0(n)] + \frac{1}{2T_S}\{i(n+1)-i(n-1) + K_l \times 3[i_0(n+1)-i_0(n-1)]\}$$

再将式（9.77）变换为离散形式，将 $D(n)$ 表达式代入

$$u(n) = L_1 D(n) + u_k(n) \tag{9.78}$$

在式（9.78）中，表达式 $D(n)$ 中各量均为测量值及常数，故 $D(n)$ 为可计算的系数。但为计算 L_1 还需要知道短路点电压 $u_k(n)$，却无法测得。对于确定结构的零序网络（相对而言，零序网络结构运行中变化不大），存在下述关系

$$u_k = 3i_{0.k}R_g = \frac{3i_0}{C_0}R_g \tag{9.79}$$

$$i_{0.k} = u_k/3R_g$$

$$C_0 = i_0 / i_{0.k}$$

式中 $i_{0.k}$——短路点电流；

$\quad\quad i_0$——保护安装处的零序电流（可测量）；

$\quad\quad C_0$——零序网络的本侧零序电流分配系数。

假定短路点两侧零序网络阻抗角相同，则 C_0 为实常数，故 $3R_g/C_0$ 可视为实数待求量，而 i_0 为流过保护安装处的零序电流（可测量）。于是，利用两个采样时刻的采样值，根据式（9.78）可写出方程组

$$\left.\begin{aligned} u(n) = L_1 D(n) + i_0(n)\frac{3R_g}{C_0} \\ u(n+1) = L_1 D(n+1) + i_0(n+1)\frac{3R_g}{C_0} \end{aligned}\right\} \tag{9.80}$$

可解得

$$L_1 = \frac{u(n)i_0(n) - u(n+1)i_0(n)}{D(n)i_0(n+1) - D(n+1)i_0(n)} \tag{9.81}$$

进而根据 $X_1 = \omega L_1$ 可算出电抗值，并可解出电阻值 R_1。

需要注意，上述算法的前提是假定短路点的电流 $i_{0.k}$ 与流过保护安装处的电流 i_0 同相位，但在实际电力网络中两者存在相位差，计算结果存在误差。因此，在利用微分方程算法实现接地距离保护时，仍然需要在阻抗平面上建立一个合理的动作区域（代表动作特性）。综合考虑避免超越和提高耐受过渡电阻能力等因素，多采用多边形动作特性（如四边形特性），其实现方法将在 9.4.4 小节介绍。上述微分方程算法以线路的简化 RL 模型为基础，忽略了输电线路分布电容的作用，尤其是高频分量的影响，因此带来了计算误差。微分方程算法在实际应用时，应与低通或带通数字滤波器配合使用。

9.3.5 故障分量的算法（Superimposed Component Algorithms, Fault - Component Algorithms）

故障分量也称为故障附加分量（叠加分量、故障变化量）。在用线性叠加原理进行故障分析时，故障附加网络中由故障点附加电源单独产生的各电量（电压、电流及功率量）均为故障分量，而故障分量与故障前正常电量的叠加即为故障后电量。对数字式保护装置而言，故障分量通常指保护测量点的故障分量。故障分量包括各相电量的故障分量和各序电量的故障分量。如果故障前系统是完全对称的，那么故障后的负序和零序分量即为故障分量。一般的，故障前系统未必完全对称，故障分量应由故障后网络的电量与对应的正常网络的电量之差值求得，而当用相量表示时，故障分量为故障后网络的电量与对应的正常运行网络的电量的相量差。由于故障分量具有不受故障前系统状态影响等许多特点，因而在数字式保护中广泛使用基于故障分量的保护原理。

系统发生故障后一段足够短的时段内，系统各调节装置尚未来得及动作，系统各电源电势的幅值与相位仍维持故障发生前的状态，此时可以用故障后的测量电量与故障前记忆（存储）的电量之差求得故障分量，这是最为简便易行和应用最多的故障分量的计算方法。由于故障前系统未必对称，对于负序和零序故障分量也可采用这种故障前后电量之差的算法来消除故障前系统不平衡的影响。当故障发生一段时间后，系统各调节装置开始动作，系统各电源电势的幅值与相位已发生变化，这时对应的正常状态不再是故障前的正常状态，因而利用故障前后电量计算故障分量的方法会产生很大的误差。因此，故障分量的这种计算方法只限

于故障发生后一段短时间内使用，通常只用于保护的快速段（如保护的第Ⅰ、Ⅱ段）。

1. 采样序列的故障分量算法

以电流为例，设基频采样数为 N，基于采样序列的故障分量算法为

$$\Delta i(n) = i(n) - i(n - K_B N) \tag{9.82}$$

或

$$\Delta i(n) = i(n) + i\left(n - \frac{2K_B - 1}{2}N\right) \tag{9.83}$$

式中　K_B——差值计算的相邻基频周期数，$K_B = 1, 2, \cdots$。

式（9.82）是用当前采样值与 K_B 个基频整周期前的采样值之差求得故障分量的采样值，常被称为周期比较算法；而式（9.83）是用当前采样值与 $2K_B - 1$ 个基频半周期前的采样值之和求得故障分量的采样值，常被称为半周比较算法。经过式（9.82）或式（9.83）的连续运算，就可以得到一组新的采样值序列——故障分量序列，然后对该序列应用前面各种算法，就可以计算出故障分量的复相量、模值、相位以及功率、阻抗等特征量，进而可实现基于故障分量的保护原理。

为了正确地使用式（9.82）或式（9.83）获得故障分量，选择计算始点和计算区间非常重要。实际上，必须保证式（9.82）或式（9.83）右边第一项是故障发生后的数据，第二项是故障发生前的数据，才能正确地获得有效的故障分量采样序列。假定 $n = 0$ 为故障发生时刻，把它作为计算始点（显然这是最合理的做法，只有如此才能使保护动作最快），那么能够获得有效的故障分量采样序列的最大区间（用连续采样点数和基频周期数表示）：对于式（9.82）为 $K_B N$ 点采样数据和 K_B 个基频周期；而对于式（9.83）则为 $\frac{2K_B - 1}{2}N$ 点采样数据和 $K_B - \frac{1}{2}$ 个基频周期。剩下的问题是如何在原始采样序列中标定计算始点，即 $n = 0$ 对应哪个采样数据，或者说如何确定故障发生时刻，这通常由启动算法（在 9.4 节介绍）来给定。

在上述算法中，K_B 值的选择与具体保护原理及其实现方法、所采用算法的数据窗的长短以及保护所处系统频率变化范围（或者要求保护对频率变化适应范围）有关。一般来讲，取较大的 K_B 值可获得较大的故障分量计算区间，允许使用较长数据窗的算法，但又易受系统频率变化的影响，引起计算误差，因此，K_B 不能取得过大，一般取 $K_B \leqslant 2$。另外，数据采集系统在长期运行过程中会由于温度漂移而产生稳态直流偏移，式（9.82）所示的周期比较算法能自动地消除此类稳态直流偏移。

2. 复相量的故障分量算法

故障分量的相量，也可以通过故障后计算相量与故障前计算相量的相量差求得。以基频电压为例，其故障分量相量可表示为

$$\Delta \dot{U} = \dot{U} - \dot{U}_{(0)} = \Delta U_R + j\Delta U_1 = (U_R - U_{R(0)}) + j(U_I - U_{I(0)}) \tag{9.84}$$

$$\dot{U} = U_R + jU_I$$

$$\dot{U}_{(0)} = U_{R(0)} + jU_{I(0)}$$

式中　$\Delta \dot{U}$——故障分量电压相量（电压相量的故障分量）；

　　　$\dot{U}$——故障后电压相量；

　　　$\dot{U}_{(0)}$——故障前电压相量。

式（9.84）给出了故障分量相量及其实、虚部的表达和算法。应用式（9.84）时，同样应注意在计算故障后及故障前相量时必须满足计算始点和计算区间的要求，即计算故障后相量必须使用故障后的采样数据，计算故障前相量必须使用故障前的采样数据，并且保持它们所使用的采样数据在时间上相差基频周期的整倍数（即周周比较法）。

9.4 数字式保护的基本动作判据的算法
(Algorithms of Basic Operation Criterions in Digital Protections)

继电保护原理及整组功能的实现通常是许多不同的基本元件（或称基本功能模块）综合作用的结果，各个基本元件的动作特性又是通过动作判据（或称动作方程）及相关的逻辑和时序来表达，而动作判据的算法是建立在特征量算法之上的更高层次的算法。数字式保护装置的各个动作判据虽然比较复杂，但都是由基本动作判据演化而来的。下面介绍数字式保护中常用的基本元件及其基本动作判据的算法，对这些基本动作判据的扩展和综合应用可以实现各种实用的复杂动作判据。

9.4.1 启动判据的作用与算法 (Effects and Algorithms of Starting Criterions)

数字式保护中通常采用位于中断服务程序的启动元件来灵敏、快速地探测系统故障扰动，待判定系统存在故障扰动之后才进入故障处理程序模块，并由后者完成保护的动作特性算法、时序逻辑处理等任务，最终对区内外故障作出判断和处理。

采用启动元件和故障处理模块相配合的程序结构对提高数字式保护可靠性和完善保护性能有非常重要的作用，在第3章已有初步论述，这里再作一点补充说明。启动元件的主要作用可以体现在以下几个方面：

（1）计算处理量很大的故障处理程序平时无需投入运行，大大减轻CPU平时的负担，让CPU有时间来处理自检、通信、人机对话以及故障报告形成、辅助测量和分析等任务，可有效提高CPU的工作效率。

（2）标定故障发生的准确时刻，使故障处理程序能正确地获取故障发生前后的数据，保证故障计算和判别的准确性和可靠性。故障判别元件的算法通常都需要较长的数据窗，如果不标定故障发生时刻，在数据窗中可能同时出现故障前数据和故障后数据，计算结果将很不确定，还有可能会引起某些原理的保护误判断。

（3）数字保护装置出口继电器的操作电源平时是不投入的，有利于提高出口回路的可靠性和实现对该回路的自检（参见本章9.1节）。当启动元件动作后，便立即投入出口继电器电源，可加快出口操作回路的准备时间。数字保护中通常采用两套甚至三套启动元件置于相互独立的CPU模块（插件）中，通过其"与"逻辑或者"三取二"逻辑来控制出口继电器的操作电源，可有效防止硬件故障引起保护误动作。

（4）启动元件可有效提高数字式保护的抗干扰能力。

启动元件通过启动判据来实现，其算法称作启动判据算法，简称启动算法。对启动算法的基本要求是：在正常负荷状态下不要启动（对于超高压线路保护，通常还希望在发生系统振荡而本线路未发生故障时不要启动），但在故障发生瞬间具有较高的启动灵敏度和足够的响应速度。数字保护装置中根据保护原理的不同而采用不同的启动量和启动算法，最常见的有反映测量量大小的稳态量启动算法和反映扰动前后变化量的突变量启动算法。

1. 稳态量启动元件及算法

稳态量启动元件是指直接根据测量量的大小决定是否启动的判别元件，它包括过量启动元件（测量量增大动作，如过电流启动元件）和欠量启动元件（测量量降低动作，如低电压启动元件）。注意"稳态量"在这里只是根据工程习惯采用的一个名称而已，以便与后面将要介绍的突变量启动元件相区别，实际上稳态量启动元件的输入量可能是稳态量（故障前），也可能是暂态量（故障后）。现以反映基频分量的过电流启动元件为例，其启动判据为

$$I > I_{\text{s.set}} \tag{9.85}$$

式中 I——基波电流相量的计算有效值，$I = I_{\text{m}} / \sqrt{2} = |\dot{I}_{\text{m}}| / \sqrt{2}$；

   $I_{\text{s.set}}$——过电流启动判据的整定值。

式（9.85）中，整定值在工程中通常用二次回路测量的有效值表示，因此当采用反映正弦峰值的相量及模值的算法时，需要引入标度变换系数 $1/\sqrt{2}$。启动元件的作用仅为检测系统的故障扰动，对检测性能的主要要求是保证在故障发生前其计算值稳定。故障发生前输入信号一般为正弦函数，可采用最短数据窗的正弦函数模型的算法，以利于减少计算量和提高相应速度。譬如可采用两采样值或三采样值积算法（参见本章 9.3.1 小节），这时算得模值平方，可将式（9.85）稍作变形得到新的启动判据为

$$I_{\text{m}}^2 > 2I_{\text{s.set}}^2 \tag{9.86}$$

启动元件通常应采用较短数据窗的算法，并通过 M 次重复计算和连续判定才发出启动指令，以避免因干扰等偶然原因引起误启动。因为干扰信号一般为极为短暂的偶发信号，连续多次短窗算法可剔除干扰影响。实用中常取 $M = 3$。

为了确保启动灵敏度，启动判据的整定值 $I_{\text{s.set}}$ 应选取得足够灵敏，如使 $I_{\text{s.set}}$ 能躲过正常运行的最大负荷电流或不平衡电流即可（确保小于保护范围最小短路电流）。因为保护是否动作，由保护故障检测判别元件而不是由启动元件决定，因此适当提高启动元件的灵敏度不会影响保护动作的选择性和可靠性。

实用中，具体采用什么电量作为启动量取决于保护原理。常用的启动量有相电流（或相电压）、两相电流差（或线电压）、差动电流、序分量及其更为复杂的组合量等。如在电流保护中采用相电流，在低电压保护中采用线电压，在距离保护中其稳态量启动判据采用零序电流和零序电压，在变压器电流差动保护中其稳态量启动判据采用差电流等。

除了上述两采样值和三采样值积算法，其他短窗算法也可根据具体情况加以选用。如利用式（9.41）所示相量实、虚部算法配合式（9.47）或式（9.50）所示近似模值算法，为提高启动判据的稳定性和避免复杂模值计算，在响应速度要求不高时，也可采用半周绝对值积分算法。

2. 突变量启动元件及算法

为提高启动灵敏度，数字保护装置中广泛使用突变量启动元件，其基本原理与反映采样值的故障分量类似，以电流启动方式为例，突变量启动判据的算法通常有如下两种（设每基频周期采样次数为 N）

$$|\Delta i(n)| = |i(n) - i(n - K_{\text{B}}N)| > \Delta I_{\text{s.set}} \tag{9.87}$$

或

$$|\Delta i(n)| = \left| i(n) + i\left(n - \frac{2K_{\text{B}} - 1}{2}N\right) \right| > \Delta I_{\text{s.set}} \tag{9.88}$$

式中 $\Delta I_{s.set}$——突变量启动判据的门槛值（整定值），$\Delta I_{s.set}>0$。

为防止干扰引起误启动，式（9.87）、式（9.88）同样需要使用连续多点采样值进行连续多次（如3次）判定。在额定频率下正常运行时，$|\Delta i(n)|$的理论值接近于零，即使考虑了各种测量、计算和随机误差，其值也比较小。因此，整定值$\Delta I_{s.set}$可选择得很小，故突变量启动元件具有较高灵敏度。但需注意，当系统频率发生波动而偏离工频时，$|\Delta i(n)|$的不平衡值会增加，在启动整定值中应考虑足够的裕度。在上述突变量启动判据中，减小K_B值有利于减小系统频率波动的不利影响，一般可取$K_B=1$。

突变量启动元件基于故障分量原理，其特点是不受系统正常运行状态的影响，能有效地提高启动的灵敏度。对于上述稳态相电流启动元件，为避免误启动，整定值$I_{s.set}$至少必须大于最大负荷电流，但是当重负荷长线保护区末端带过渡电阻短路时，短路电流的大小可能接近最大负荷电流，该启动元件将拒动。而此时短路电流与负荷电流却存在较大的相位差。因此，两者的相量差，或者说故障分量（突变量）仍比较大，使得突变量启动元件可以可靠启动。

如上所述，实际运行中，系统频率会偏离工频，这时就有可能造成启动元件误启动；另外，当发生系统振荡时，若振荡频率较快，或振荡引起的电网频率偏差较大，也有可能造成启动元件误启动。为了进一步减少系统频率波动的影响，需改善启动元件的稳定性和提高启动灵敏度，实用中与式（9.87）、式（9.88）相对应的电流突变量改进启动判据为

$$\left.\begin{array}{l}|\Delta\Delta i(n)|=\left|\,|i(n)-i(n-N)|-|i(n-N)-i(n-2N)|\,\right|>\Delta\Delta I_{s.set}\\[2mm]|\Delta\Delta i(n)|=\left|\,\left|i(n)-i\left(n-\dfrac{N}{2}\right)\right|-\left|i\left(n-\dfrac{N}{2}\right)-i(n-2N)\right|\,\right|>\Delta\Delta I_{s.set}\end{array}\right\} \quad (9.89)$$

式中 $\Delta\Delta I_{s.set}$——启动门槛值（整定值），$\Delta\Delta I_{s.set}>0$。

以式（9.89）的第一式为例，当系统频率偏移时，$i(n)$与$i(n-N)$之间将出现一个相角差，使$|\Delta i(n)|$产生不平衡差值，而$i(n-N)$与$i(n-2N)$之间也将出现相角差，使$|\Delta i(n-N)|$产生一个大小几乎相同的差值，两者相减后基本上可以消除系统频率偏移引起的差异。显然，它对系统振荡引起的不平衡电流也有很好的削弱作用，有利于防止由此引起的误启动。

9.4.2 相位比较和幅值比较判据的算法 （Algorithms of Phase-Comparators and Amplitude-Comparators）

相位比较和幅值比较判据是用来实现各种继电保护原理的基本元件，也是关键元件，在距离保护、纵联保护、差动保护、方向保护等均有广泛应用。尽管对于某种具体保护中使用的相位比较判据和幅值比较判据有其特殊性和复杂性，但都是由相位比较判据和幅值比较判据的基本形式演变而来的。本书第3章曾针对距离保护对相位比较判据和幅值比较判据以及它们之间的关系进行过讨论，本小节将重点讨论相位比较判据和幅值比较判据的算法。

1．相位比较判据的算法

常用的相位比较判据有两种基本形式，即余弦型比相判据和正弦型比相判据，它们是复平面上各种直线或圆弧构成的动作特性的基础。

（1）余弦型比相判据的算法。余弦型比相判据的基本表达式为

$$90°\leqslant\arg\frac{\dot{C}_C}{\dot{D}_C}\leqslant 270° \quad (9.90)$$

余弦型比相判据的用途很广泛，例如许多距离保护使用的圆特性距离元件常被表示为余弦型比相判据的形式，这时可以理解为 $\dot{C}_C$ 为工作电压（或操作电压、补偿电压），$\dot{D}_C$ 为参考电压（或基准电压、极化电压）。注意在式（9.90）中有

$$\frac{\dot{C}_C}{\dot{D}_C} = \frac{C_C D_C}{D_C^2} = \frac{(C_{CR}D_{CR} + C_{CI}D_{CI}) + j(C_{CI}D_{CR} - C_{CR}D_{CI})}{D_C^2}$$

当上式所示相量的相角满足式（9.90）条件时，其实部必然小于或等于零，由此可得到余弦型比相判据的算法为

$$C_{CR}D_{CR} + C_{CI}D_{CI} \leqslant 0 \tag{9.91}$$

（2）正弦型比相判据的算法。正弦型比相判据的表达式为

$$0° \leqslant \arg \frac{\dot{C}_S}{\dot{D}_S} \leqslant 180° \tag{9.92}$$

正弦型比相判据的用途也很广泛，例如方向元件和距离保护的直线特性距离元件常被表示为正弦型比相判据的形式。类似于上述分析，其算法为

$$C_{SI}D_{SR} - C_{SR}D_{SI} \geqslant 0 \tag{9.93}$$

余弦型比相判据与正弦型比相判据是可以相互转换的，在式（9.92）中，各项均旋转 $90°$，即 $90° \leqslant \arg \dfrac{\dot{C}_S e^{j90°}}{\dot{D}_S} \leqslant 270°$，只要令 $\dot{C}_S e^{j90°} = \dot{C}_C$ 和 $\dot{D}_S = \dot{D}_C$ 就能得到式（9.90），由此同样可以导出式（9.93）所示的算法。

另外，上述余弦型和正弦型比相判据的比相区域都是比较理想的（即比相范围为 $180°$，且比相边界为 $90°\sim270°$ 或者 $0°\sim180°$），在复平面上可对应于直线形或完整的圆形动作区。实用中由于动作方程（或动作区）比较复杂，其比相区域往往会有很多变化，譬如会出现比相边界不为 $90°\sim270°$ 或者 $0°\sim180°$（如偏移一个角度）、比相范围小于或大于 $180°$ 或者甚至采用不对称动作区等情况。只要动作边界是由圆弧段和直线构成，上述各种情况都可以转化为余弦型或正弦型比相判据及其某种逻辑组合。

例如，某种具有向右偏转（倾斜）圆特性的姆欧型接地距离元件的动作方程为

$$90° - \beta \leqslant \arg \frac{\dot{U}_{ph} - Z_{set}(\dot{I}_{ph} + k\dot{I}_0)}{\dot{U}_{ph}} \leqslant 270° - \beta$$

式中 $\beta \leqslant 0$ 为圆特性右偏角定值，Z_{set} 为阻抗定值。它可转化为 $90° \leqslant \arg \dfrac{\dot{U}_{ph} - Z_{set}(\dot{I}_{ph} + k\dot{I}_0)}{\dot{U}_{ph}e^{-j\beta}} \leqslant 270°$，从而可归结为余弦型比相判据。

2. 幅值比较判据的算法

幅值比较的基本判据形式为

$$|\dot{A}| \geqslant |\dot{B}| \tag{9.94}$$

展开为

$$|A_R + jA_I| \geqslant |B_R + jB_I| \tag{9.95}$$

这表明幅值比较判据可以通过相量实、虚部的各种算法结合由实、虚部求模值的各种算法来实现，此处不赘述。

为避免求模值运算，可对式（9.94）取平方运算，得

$$|\dot{A}|^2 \geqslant |\dot{B}|^2$$

即
$$A^2 \geqslant B^2 \tag{9.96}$$

展开可得到幅值比较判据的平方算法

$$A_R^2 + A_I^2 \geqslant B_R^2 + B_I^2 \tag{9.97}$$

根据相量求取和差的平行四边形法则，余弦比相判据与幅值比较判据之间可以相互转换，其转换关系为

$$\left. \begin{array}{l} \dot{A} = \dot{D}_C - \dot{C}_C, \dot{B} = \dot{D}_C + \dot{C}_C \\ \dot{C}_C = \dfrac{1}{2}(\dot{B} - \dot{A}), \dot{D}_C = \dfrac{1}{2}(\dot{B} + \dot{A}) \end{array} \right\} \tag{9.98}$$

通过正弦型比相判据与余弦型比相判据之间的转换关系，也能实现正弦型比相判据与幅值比相判据之间的相互转换。事实上，其他更为复杂的比相判据，都能通过相位变换，结合"与""或"等逻辑组合，实现与幅值比相判据之间的相互转换。总之，幅值比较判据可以由相位比较判据的算法来实现，反之亦然，具体实现请读者思考。

9.4.3 功率方向判据的算法 （Algorithms of Power - Direction Criterions）

功率方向元件也是各种保护装置中的常用元件。功率方向实际上反映的是电压与电流的比相，可以用前述相位比较或幅值比较判据来实现，但需要注意两点：

（1）参与比相的电压和电流可能是多样化的，即可能是相电压和相电流、线电压和两相电流差、线电压和相电流（如 90°接线）、序分量电压和电流（如零序或者负序方向判据）、故障分量电压和电流的比相以及这些电压和电流的线性组合的综合比相，需要综合应用前面介绍的各种特征量算法和比相或比幅判据来实现。

（2）功率方向判据通常要求满足最灵敏角的要求，即要求电压或者电流相量旋转某一角度，因此功率方向判据在实用中需要结合移相算法。

9.4.4 实现距离元件动作特性的算法 （Algorithms of Operation Characteristics of Distance Elements）

距离保护的核心是距离元件（或称阻抗元件），距离保护的性能主要取决于距离元件的动作特性。数字保护的距离元件按其实现方法主要可分为两类：动作方程式和测量阻抗式。下面简要讨论实现距离元件动作特性的算法。

1. 动作方程式距离元件

动作方程式距离元件是指由基于工作电压（或操作电压、补偿电压）和参考电压（或基准电压、极化电压）的比相式动作判据以及与之对应的比幅式动作判据构成的距离元件。对于那些比较简单的，可以在阻抗平面上直接表示为圆特性或直线特性的距离元件（如姆欧特性距离元件，即方向阻抗特性距离元件）。对于更为复杂的情况，如各种复合特性的距离元件，一般也可以表示为多个不同的圆特性或者直线特性距离元件的"与""或"逻辑组合（如四边形特性可以视为四个不同的直线特性基本距离元件的"与"逻辑关系）。

各种动作方程式距离元件在第 3 章已有详细介绍，它们均可以由 9.4.2 小节介绍的相位比较和幅值比较算法的基本形式及其逻辑组合来实现，此处不赘述。

2. 测量阻抗式距离元件

测量阻抗式距离元件的特点是先根据故障类型和故障相别计算出测量阻抗，然后根据阻抗平面上动作区域（动作特性）构成判据及算法。测量阻抗的算法前面已介绍，譬如基于线

路简化物理模型的微分方程算法，由此可计算出测量电抗 $X_m = X_l = \omega L_l$ 和测量电阻 $R_m = R_l$，然后可按动作特性要求形成判据及算法。

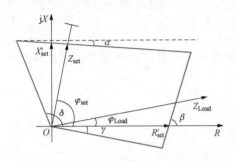

图 9.16　四边形距离元件动作特性图

下面举一个例子，设在阻抗平面的动作区域为如图 9.16 所示的四边形特性，其动作判据及其算法可表示为

$$\left.\begin{array}{l} R_m \tan\gamma \leqslant X_m \leqslant (X'_{set} + R_m \tan a) \\ X_m \cot\delta \leqslant R_m \leqslant (R'_{set} + X_m \cot\beta) \end{array}\right\} \quad (9.99)$$

这里参数范围为 $X'_{set}>0$、$R'_{set}>0$、$0°>\alpha>-90°$、$0°>\gamma>-90°$、$90°>\beta>0°$、$180°>\delta>90°$，它们均为整定值，故 $\tan\alpha$、$\tan\gamma$、$\cot\beta$、$\cot\delta$ 为常数。注意，这里整定值 X'_{set}、R'_{set} 并不是通常阻抗整定值 $Z_{set} = R_{set} + jX_{set}$ 的虚、实部，但它与其及线路最大负荷阻抗 $Z_{Load} = R_{Load} + jX_{Load}$ 相关，应遵循整定原则（参见第 3 章）换算成实际整定值，请读者自行尝试推导。

实用中，还有其他各种更为复杂的测量阻抗式距离元件，在第 3 章已介绍过一些，它们都可以仿照上述方法加以实现。

9.4.5　电流差动判据的算法（Algorithms of Current Differential Criterions）

纵联电流差动保护主要为具有穿越制动特性的比率制动式差动保护。现以两端有引出线的电力设备（如发电机、双绕组变压器、无分支线路等）的纵联电流差动保护为例说明。规定两侧测量电流 $\dot{I}_1$ 和 $\dot{I}_2$ 的假定正向均指向被保护设备，比率制动式电流差动保护的基本判据形式为

$$|\dot{I}_1 + \dot{I}_2| \geqslant \frac{K}{2}|\dot{I}_1 - \dot{I}_2| \quad (9.100)$$

式中　K——比率制动系数，$0<K<2$；

$\dot{I}_1$、$\dot{I}_2$——保护设备两侧引出线上测量电流，根据被保护设备及其原理的不同，$\dot{I}_1$、$\dot{I}_2$ 可以同为对应相的相电流、两相差电流、序电流以及综合电流。

将式（9.100）展开为

$$|(I_{1R} + I_{2R}) + j(I_{1I} + I_{2I})| \geqslant \frac{K}{2}|(I_{1R} - I_{2R}) + j(I_{1I} - I_{2I})| \quad (9.101)$$

这表明比率制动式差动保护动作判据也可以通过前述相量实、虚部的各种算法结合由实、虚部求模值的各种算法来实现，此处不赘述。

为避免求模值运算，可对式（9.100）取平方运算，即

$$|\dot{I}_1 + \dot{I}_2|^2 \geqslant \frac{K^2}{4}|\dot{I}_1 - \dot{I}_2|^2 \quad (9.102)$$

展开可得到比率制动式差动保护动作判据的平方算法为

$$(I_{1R} + I_{2R})^2 + (I_{1I} + I_{2I})^2 \geqslant \frac{K^2}{4}[(I_{1R} - I_{2R})^2 + (I_{1I} - I_{2I})^2] \quad (9.103)$$

进一步讨论式（9.102）所示比率制动式差动保护动作判据的其他表现形式与算法。现考虑对式（9.102）作等式变换。根据余弦定理，注意到该式的右边为

$$|\dot{I}_1 - \dot{I}_2|^2 = I_1^2 + I_2^2 - 2I_1 I_2 \cos\theta = |\dot{I}_1 + \dot{I}_2|^2 - 4I_1 I_2 \cos\theta \quad (9.104)$$

$$\theta = \arg(\dot{I}_1 / \dot{I}_2)$$

式中 θ—— $\dot{I}_1$ 与 $\dot{I}_2$ 之间的夹角。

将式 (9.104) 代入式 (9.102)，可得

$$|\dot{I}_1 + \dot{I}_2|^2 \geqslant \frac{-4K^2}{4-K^2} I_1 I_2 \cos\theta \tag{9.105}$$

这是比率制动式差动保护动作判据的另一种表达形式。式 (9.105) 右边的制动量 $I_1 I_2 \cos\theta$ 为相量 $\dot{I}_1$ 与 $\dot{I}_2$ 的标积，故称为标积制动。采用标积制动量构成的电流差动保护又称为标积制动式电流差动保护，其基本动作判据一般可表为

$$|\dot{I}_1 + \dot{I}_2|^2 \geqslant S(-I_1 I_2 \cos\theta) \tag{9.106}$$

式中 S——标积制动系数，$S>0$。

比较式 (9.106) 和式 (9.105)，可知比率制动系数 K 与标积制动系数 S 的转换关系为

$$\left. \begin{aligned} S &= \frac{4K^2}{4-K^2} \\ K &= \sqrt{\frac{4S}{S+4}} \end{aligned} \right\} \tag{9.107}$$

以上分析说明，由式 (9.100) 或式 (9.102) 表示的比率制动式差动保护与由式 (9.106) 表示的标积制动式电流差动保护在原理上是完全一致的，只是两种不同的表达形式和两种不同的算法，并且两种判据可以通过比率制动系数与标积制动系数的关系而相互转换。

进一步讨论标积制动量的算法。设 $\dot{I}_1 = I_1 e^{j\alpha}$、$\dot{I}_2 = I_2 e^{j\beta}$，$\theta = \alpha - \beta$，则有

$$\dot{I}_1 \widehat{I}_2 = I_1 I_2 e^{j(\alpha-\beta)} = I_1 I_2 e^{j\theta} = I_1 I_2 \cos\theta + j I_1 I_2 \sin\theta$$

又 $\dot{I}_1 \widehat{I}_2 = (I_{1R} I_{2R} + I_{1I} I_{2I}) + j(I_{1I} I_{2R} - I_{1R} I_{2I})$

比较上两式，可知式 (9.106) 的右边有

$$I_1 I_2 \cos\theta = I_{1R} I_{2R} + I_{1I} I_{2I} \tag{9.108}$$

将式 (9.108) 代入式 (9.106)，可得标积制动式电流差动保护的基本动作判据的算法为

$$(I_{1R} + I_{2R})^2 + (I_{1I} + I_{2I})^2 \geqslant S(-I_{1R} I_{2R} - I_{1I} I_{2I}) \tag{9.109}$$

本书前面各章中还介绍了标积制动式电流差动保护的其他形式，其算法可由上面介绍的算法经变换得到。

实用中，电流纵联差动保护的判据往往更复杂，如采用多段折线式动作判据，以及多侧电流的差动保护判据（指多端引出线的电力设备，如三绕组的变压器、T形接线的线路、母线等的差动保护判据），这些情况下的电流差动保护动作判据的算法，均可以由本小节介绍的电流差动保护基本动作判据的算法演变得到。

9.5 数字式保护装置的软件构成
(The Software Structure of Digital Protective Relays)

如本章 9.1 节所述，数字式保护装置由硬件电路和软件程序共同构成，而保护装置的原理、特性及性能特点更多地由软件来体现，而且数字式保护装置许多特有的优良辅助功能也主要是由软件来实现的，正因为如此，对软件的结构、性能以及可靠性提出了很高的技术要

求。本节从数字式保护装置软件的基本功能要求出发,介绍其软件结构和程序流程,并讨论这些基本功能的含义和实现方法。

9.5.1　数字式保护装置的基本软件流程（Basic Software Flow Diagrams of Digital Protective Relays）

1. 数字式保护装置软件的基本功能

首先需要明确两个问题:①数字式保护装置中软件的各项功能必须有相应的硬件电路的支持,并满足硬件电路的技术要求。在后面讨论诸如自检、人机对话、通信等功能的软件实现时,假定均已得到硬件的充分支持。②数字式保护装置的功能与保护功能不是等同的概念,而是前者包含后者。

数字保护装置除了具备高性能的保护功能外,还包括数字保护装置的系统监控、人机对话、通信、自检、事故记录及分析报告、调试以及远程操作等功能。

与各种数字式实时测控系统相类似,数字式保护装置的基本软件结构及程序流程由主程序流程和中断服务程序流程构成。下面考虑一个简单而典型的软件结构,即软件系统由主程序和一个采样中断服务程序构成:主程序执行对整个系统的监控以及实时性要求相对较低的各项辅助功能;采样中断服务程序按采样周期不断地定时中断前者,周期性地执行实时性要求较高的保护和辅助功能。

2. 数字式保护装置软件的主流程及主循环

数字式保护装置软件的主流程如图9.17所示。由图可见,主流程可看作由上电复位流程及主循环流程两部分组成。

保护装置在合上电源(简称上电)或硬件复位(简称复位)后,首先进入框1,执行系统初始化。初始化的作用是使整个硬件系统处于正常工作状态。系统初始化又可细分为低级初始化和

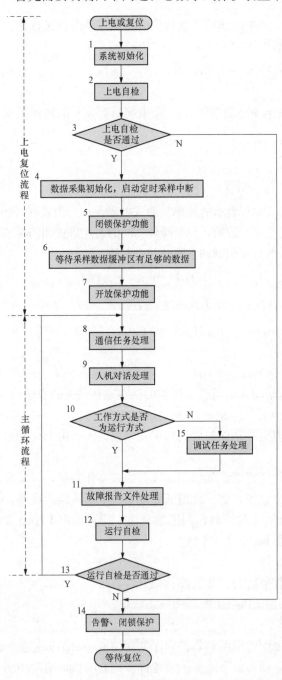

图 9.17　数字式保护装置软件的主流程图

高级初始化：低级初始化任务通常包括与各存储器相应的可用地址空间的设定、输入或输出口的定义、定时器功能的设定、中断控制器的设定以及安全机制等其他功能的设定；高级初始化是指与保护装置各项功能直接有关的初始化，如地址空间的分配、各数据缓冲区的定义、各个控制标志的初始设定、整定值的换算与加载、各输入输出口的置位或复归等。

　　然后，程序进入框 2，执行上电后的全面自检。

　　自检（self-check）是数字保护装置软件对自身硬软件系统工作状态正确性和主要元器件完好性进行自动检查的简称。通过自检可以迅速地发现保护装置缺陷，发出告警信号并闭锁保护出口，等待技术人员排除故障，从而使数字保护装置工作的可靠性、安全性得到根本性的改善。自检是数字保护装置的一种特有的、非常重要的智能化安全技术，自检功能主要包括程序的自检、定值的自检、输入通道的自检、输出回路的自检、通信系统的自检、工作电源的自检、数据存储器（如 RAM）的自检、程序存储器（如 EPROM）的自检以及其他关键元器件的自检等。例如，对于三相交流系统，对输入通道及采集数据的正确性进行检查的判断式为

$$|i_a + i_b + i_c - 3i_0| < \varepsilon_i \qquad (9.110)$$

$$|u_a + u_b + u_c - 3u_0| < \varepsilon_u \qquad (9.111)$$

式中　ε_i、ε_u——反映数字式保护装置测量误差的门槛值。

　　若输入回路完好，数据采集系统正常，采样过程未受到干扰，则无论电力系统处于何种运行状态，式（9.110）和式（9.111）均应该成立；反之，如果某个环节出现错误，两式其中之一则有可能不成立。所以可根据式（9.110）和式（9.111）来判断采集数据的正确性。在数据准确的前提下，才能进行后续计算，否则应将本次采集的数据丢弃或填补估计值（插值）。

　　自检在程序中分为上电自检和运行自检。上电自检是在保护装置上电或复位过程（保护功能程序运行之前）进行的一次性自检，此时有时间进行比较全面的自检，以保证开始执行保护功能程序时装置处于完好的工作状态。而运行自检是在保护装置运行过程中进行的自检，以便及时发现运行中出现的装置故障或坏数据等不良现象。由于保护程序在运行中的大部分时间必须分配给保护功能以及其他辅助功能，因此在运行自检中通常需对自检任务进行简化，同时采用分类处理的措施：对于某些必须快速报警、处理量较小以及必须一次性完成的自检任务应置于中断服务程序中；而对于其他较次要且处理量又较大的自检任务，则置于主循环程序中，并且采用分时处理的方法。这里只是为了说明软件流程而简单介绍了自检的概念，关于自检的原理和实现方法请读者参阅相关文献。

　　上电自检完成后，在框 3 判别自检是否通过：若自检不能通过将转至框 14，发出告警信号并闭锁保护，然后等待人工复位；若上电自检通过，则进入框 4，保护功能程序开始运行。

　　框 4 执行数据采集初始化和启动定时采样中断。其主要作用是对循环保存采样数据的存储区（称为采样数据缓冲区）进行地址分配，设置标志当前最新数据的动态地址指针，然后按规定的采样周期对控制循环采样的中断定时器赋初值并令其启动，开放采样中断。从此定时器开始每隔一个采样周期循环产生一次采样中断请求，由采样中断服务程序响应中断，周而复始地运转。

由于保护功能的实现需要足够的数据（可理解为保护算法需要一定时宽的数据窗），因而不能马上进入保护功能的处理，因此在框 5 暂时闭锁保护功能（实质上是通过设置闭锁保护的控制字，通知采样中断服务程序暂时不要执行启动元件、故障处理程序等相关功能）。框 6 的作用则是等待一段时间使采样数据缓冲区获得足够的数据供计算使用。在具备足够的采样数据之后，进入框 7 重新开放保护功能，此后主程序进入主循环。

主循环在数字保护正常运行过程中是一个无终循环，只有在复位操作和自检判定出错时才会中止和重启。在主循环过程中，每逢中断到来，当前任务被暂时中止，CPU 响应中断并转而执行中断服务；CPU 完成中断服务任务后又返回主循环，继续刚才被中断的任务。主循环利用中断服务的剩余时间来完成各种非严格定时的任务，譬如通信任务处理、人机对话处理、调试任务处理、故障报告处理以及运行自检等。需要指出，在主循环中需要逐一执行的各项任务往往都要求得到及时的服务，那么一个任务不能因执行时间过长而影响其他任务的执行，更不能出现内部死循环。为避免这种情况，主循环中任何一个任务当不满足上述要求时，需要作分时处理，在各任务间还需要处理好优先权问题。

在主循环中，框 8 执行通信任务处理。需要指出，此处并不是指对装置外部或装置内部其他部分进行信息发送和接收操作，而是为信息发送和接收进行数据准备：如根据保护程序其他部分的数据发送请求而收集相关数据，按通信规约进行通信信息整理和打包，并将其置于数据发送缓冲区；又如对数据接收缓冲区的数据进行整理、分类和任务解释，并将其按任务类别交给相应的任务处理程序。至于通信的发送和接收数据的操作需要满足严格的通信速率（如串行通信的波特率）要求，并且应保证发送数据的及时性和接收数据的完整性（不丢失数据），即要求很强的实时性。因此通信的发送和接收操作一般需根据硬件系统的设计，或者置于中断程序中或者置于专用的通信软件和硬件模块中。

框 9 执行人机对话处理。关于人机对话处理，不同的硬件配置模式对应不同的处理方式。若采用具备独立 CPU 的专用上层管理插件，则通常上层管理插件与保护功能插件采用通信交换信息，并由上层管理插件的 CPU 负责人机对话部件的控制，此处保护功能插件通过通信与管理插件 CPU 交换数据，那么框 9 只需完成框 8 交付的信息处理任务；若没有配置具备独立 CPU 的专用上层管理插件，此时需要由保护功能插件的 CPU 对人机对话部件进行管理，此时框 9 程序应执行如扫描键盘及控制按钮、在 LCD 上显示数据等任务，同时对各种操作命令进行解释和分类，并按任务类别交给相应的任务处理程序执行。

框 10 判别数字保护系统当前工作方式，即处于调试方式还是运行方式：若是调试方式，则在框 15 先执行由框 8 或框 9 下达的调试功能任务；若是运行方式，以及在执行完毕调试任务后，均进入框 11 去执行后续任务。

调试功能是指数字保护装置特有的对控制参数进行给定、核对和对自身性能进行辅助测试、调整的功能。继电保护装置新安装或定期检修之后，需要进行项目繁多的调试工作，以保证保护装置的性能指标和状态符合技术要求，如各测量通道的校准、整定值的输入和修改、各项保护特性的测定、出口操作回路的传动检测、通信系统的测试以及保护装置各种辅助功能的调整等。对于模拟式保护装置，调试往往要借助于各种仪器仪表，并花费大量时间和人力；而数字式保护装置则通过智能化调试程序，可以高效、可靠地完成调试工作。另外，数字式保护装置通常还预留了调试通信接口，通过它与通用电脑接口，可实现视窗化、菜单化和图形化的高级调试、管理和分析功能。简单、便捷和丰富的调试功能是数字式保护装置深受现场技术人员喜爱的重要原因之一。调试功能虽然重要，但在处理某些调试任务过程中可能会影响保护运行安全，这些调试功能只能在数字式保护装置退出运行后才能执行。为此数字式保护装置设计了两种基本工作方式：运行方式和调试方式，可通过开关或键盘操作来进行工作方式的切换。

随着电站数字自动化和网络通信技术的发展，数字式保护装置已成为整个电站自动化系统的一个智能电子设备（IED，intelligent electronic device）。它作为通信网的一个设备节点，与电站计算机监控系统交互和共享信息，不仅其人机对话、设备调试、定值整定以及其他信息管理等就地功能均可由后台集中管理机或电站计算机监控系统担负，还可由调度中心或设备管理中心实现远程控制和维护。

框 11 为故障报告文件处理程序。电力系统发生故障或者数字式保护装置自身发生故障时，数字式保护装置在完成处理任务之后，可自动生成、保存并通过通信网络向后台集中管理机或电站计算机监控系统提交故障报告。故障报告对于系统事故的追忆和分析，以及对于保护装置自身动作正确性的评估有非常重要的作用，这也是数字保护的优势之一。对故障报告内容的要求在逐渐变高，以电力系统事故为例，一份故障报告通常要求包括故障时刻、故障性质及原因、保护装置的动作行为及根据、计算结果、延时情况、使用的整定值、故障前后的采样数据（相当于故障录波）等等完整的信息，另外甚至还要求提供附带时标的程序实际流程、中间计算结果、逻辑判别过程等对保护动作行为的细节描述以及故障诊断的结果（如故障定位等）等，以便使得整个事故过程和保护装置的处理过程一目了然。故障报告中的原始数据是在故障处理过程中由故障处理程序模块等来临时保存的，而故障报告的信息综合、文件生成和转储则由故障报告文件处理程序来完成。

最后在框 12 和框 13 执行运行自检功能。若自检判定保护装置出错，则告警并闭锁保护，然后等待人工复位；若自检通过则继续执行主循环程序。在主循环中的运行自检主要是执行如保护程序的自检、整定值的自检、数据存储器（如 RAM）的自检、程序存储器（如 EPROM）的自检以及某些元器件的自检等。这些自检任务由于处理量较大，需要通过分时和循环执行程序来完成。

至此完成了一次主循环的过程，返回到框 8，然后周而复始。

3. 采样中断服务程序的流程

数字式保护装置的软件系统根据具体设计的不同，可能存在多个中断源，相应地有多个不同的中断服务程序，但其中必不可少的是采样中断服务程序。为简化说明，以下考虑一个较为简单（也是实际可行）的情形，即只有一个定时采样中断源，从而只有一个采样中断服务程序，并由它完成所有需要定时、及时和优先处理的任务。

采样中断服务程序的基本流程如图 9.18 所示。采样中断服务程序并不只是进行周期性的数据采集（即采样和 A/D 变换），通常还需完成通信数据收发、运行自检、调试、启动检测及最重要的故障处理（即保护功能实现）等任务。由于中断服务程序是由采样定时器周期性激活的，习惯上称为采样中断服务程序。

响应采样中断后的初始阶段和中断返回前的最末阶段通常必须进行保留现场和恢复现场的操作，必要时还需执行关闭中断和重新开放中断的操作，这些属于中断响应和服务的基本程序的内容，图中未标出。采样中断服务程序进入框 1 执行数据采集处理，首先完成各通道模拟信号的采样和 A/D 变换，并将采集的数据按各通道和时间的先后顺序存入采样数据缓

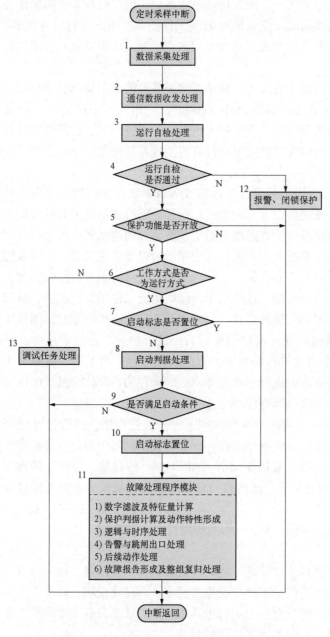

图 9.18　采样中断服务程序的基本流程图

冲区，并标定指向最新采样数据的地址指针。另外，还需要完成各路开关量输入信号、脉冲信号、频率测量信号等采集处理工作。

框 2 主要完成通信所要求的直接接受和发送数据的任务，对于规定在中断服务中应做出响应的通信处理任务也必须迅速加以执行（如线路电流纵联差动保护对侧传来的通信数据）。采样中断的速率必须足够高，在满足采样率规定指标的同时，必要时还应兼顾与通信速率（如波特率）相匹配，满足不迟滞发送数据和不丢失接收数据的要求（若采样率不能够达到此要求，则需要另设更高速率的通信中断）。

框 3 完成必须在中断服务中完成的运行自检任务，并在框 4 进行判断：若运行自检没有通过将转向框 12 进行装置故障告警、闭锁保护等处理，并置相关标志，然后直接从中断返回，等候人工处理；若自检通过则可以进入框 5 执行后续任务。中断服务中完成的运行自检任务是指输入/输出回路的自检、工作电源的自检等，它们往往需要当前数据，还会立即影响保护后续功能的正确性（如输入通道和电源状态），或者不允许被中断打断（如输出回路），否则会引起不可预料的结果，甚至造成保护误动作，因此必须由中断服务程序完成。

框 5 判断保护功能是否开放，其作用完全是为了与主程序中框 5～框 7 任务相配合，即在保护装置上电或系统复位之后需等待一段时间，使采样数据缓冲区获得足够的数据供保护功能计算使用。若保护功能尚未开放，则从中断返回，继续等待；若保护功能已开放，则进入框 6 开始执行保护相关的处理功能。

框 6 判别当前保护装置的基本工作方式（通常来自人机对话部件的请求），根据当前工作方式执行不同的流程：若为调试方式，则在框 13 完成由调试功能规定必须在中断服务中执行的处理任务后即可从中断返回；若为运行方式，则直接进入框 7。不少调试功能是需要中断服务程序配合或者在中断中完成的，如利用外加信号源对各模拟输入通道的标度（幅值、相位准确性和各通道一致性等）进行调试时需要中断采样数据和相关计算结果给予配合。

框 7 判别启动标志是否置位，若已置位则说明在此次中断之前启动元件已经检测到了可能的系统事故扰动（框 11 故障处理程序已被启动并在运行），当前暂时无需在此再计算启动判据和进行启动判定，于是跳过框 8～框 10 直接进入框 11 执行故障处理程序模块。若启动标志未被置位则进入框 8，进行启动判据处理，并在框 9 对是否满足启动条件作出判断。若判断为满足启动条件，则标定故障发生时刻，在框 10 对启动标志置位，为下一次响应采样中断后框 7 的判别做好准备，接着也进入框 11 的执行故障处理程序模块；若不满足启动条件，表明当前没有系统事故扰动，便可从中断返回。这里框 8 涉及的启动元件非常重要，参见 9.4.1 节。

框 11 为故障处理程序模块，它是完成保护功能、形成保护动作特性的核心部分。框 11 说明抛开了具体保护内容，扼要列举了故障处理程序模块的基本功能和处理步骤，主要包括：①数字滤波及特征量计算；②保护判据计算及动作特性形成；③逻辑与时序处理；④告警与跳闸出口处理；⑤后续动作处理，如重合闸及启动断路器失灵保护等；⑥故障报告形成及整组复归处理。在 9.5.2 小节，将以变压器差动保护为例对故障处理程序模块做进一步说明，关于线路距离保护的故障处理流程参见第 3 章。

相对于正常运行时间而言，故障处理时间很短，因此，在故障处理的时候，只保留采样中断服务程序中的数据采集与保存、通信数据收发、运行自检等必须严格定时完成的以及必须及时响应的任务外，其他中断服务任务（如启动元件）和主循环中的大部分任务将会自动地暂时中止，留待故障处理完毕后再恢复正常执行，这就要求编制相关的程序模块来适应这一要求。

另外，在故障处理程序模块的执行过程中，有些任务不能在一次采样中断服务周期（即采样周期 T_S）中完成。常见的此类情况有：①数据窗等待问题：各种算法都有一定时宽的数据窗，即需要等待多点采样数据逐步都到达后才能最终完成计算；②信号滞后等待问题：如纵联保护远方信号需要传输时间等，在信号正确到达之前，故障处理程序必须等待；③动作延时等待问题：如后备保护通常需要较长的延时，CPU 在此期间需保持重复计算和故障判断，并在出现不满足判据时执行整组复归操作，只有一直满足判据并到达规定时延时，才能发出告警或跳闸；④计算处理超时问题：因计算处理量太大而在一个采样中断服务周期中无法完成。前三种情况有共同之处，即无论 CPU 的处理能力有多强，都必须等待完整信息或规定时延的到达。而最后种情况主要受限于 CPU 的处理能力。

为了解决好上述问题，在编制采样中断服务程序（尤其是故障处理程序）时需要严格遵循两点基本要求：

（1）在当前中断服务中还不完全具备完成该任务的条件时，不允许在中断服务中等待，在处理完当前可以执行的部分任务后，应立即转至下一具备处理条件的任务或从中断返回，未完成的处理任务留待下一次中断服务时再进行判断和处理。这是针对非 CPU 能力而出现的延时等待的对策。

（2）针对与 CPU 处理能力相关的对策问题：在设计每次中断服务任务时不允许超过在一次中断服务限定时间内 CPU 的处理能力，或者说应选用足够能力的 CPU 保证能在一次中断服务限定时间内完成全部计算处理任务并留有裕度（这是可以做到并且推荐的做法），以避免中断程序走死或不可预计的中断嵌套。当受限于 CPU 的能力在一次中断服务限定时间内无法完成规定的故障处理任务时，故障处理程序模块则需要采用分时分步处理的方法。

在实际使用保护装置中，对故障处理程序模块还有其他的处理方法，如一次中断嵌套法和中断返回转移法等，也可解决延时等待和计算超时问题，读者可参阅其他参考文献。

完成框 11 任务后执行中断返回，便结束了此次采样中断服务，CPU 从中断返回至被打断的主循环程序执行，并等待下一次采样中断的到来，周而复始。

9.5.2　变压器差动保护的软件流程（The Software Flow Diagram of Digital Transformer Differential Protection）

输电线路距离保护和变压器差动保护都是具有代表性的保护，其基本实现方法对其他保护均有借鉴作用，输电线路距离保护的故障处理程序模块参见第 3 章 3.12 节，本小节以变压器差动保护为例来简单介绍故障处理程序的流程。

数字式变压器差动保护的故障处理程序模块的流程图如图 9.19 所示。与该故障处理程序相关的主程序、采样中断程序以及其他部分和微机保护流程类似，这里不再细述。通常在采用中断服务程序中利用启动元件判断是否启动（可采用反应相电流、差电流或突变量的启动判据），启动后进入差动保护的故障处理程序模块。

数字式变压器差动保护的原理和实现方法详见本书第 6 章。这里假定是用于一台双绕组变压器的差动保护，主判据为具有三折线式比率制动特性的差动电流（简称差流）判据，同时配置了差流速断判据、二次谐波比原理的励磁涌流制动判据、五次谐波比原理的稳态过励磁制动判据。假定变压器两侧电流的相位移以及两侧 TA 变比误差已由数字计算进行了补偿。对于双绕组变压器，规定其两侧分别记为 Ⅰ 侧和 Ⅱ 侧，各侧电流流入变压器为其假定正方向。

用相量表示的三段折线式比率制动特性的差动保护元件动作判据为

$$\left.\begin{array}{ll} I_d > I_{d.\min}, & I_r \leqslant I_{r1} \\ I_d > K_1(I_r - I_{r1}) + I_{d.\min}, & I_{r1} < I_r \leqslant I_{r2} \\ I_d > K_2(I_r - I_{r2}) + K_1(I_{r2} - I_{r1}) + I_{d.\min}, & I_r > I_{r2} \end{array}\right\} \qquad (9.112)$$

$$I_d = |\dot{I}_{\mathrm{I}} + \dot{I}_{\mathrm{II}}|$$

$$I_r = |\dot{I}_{\mathrm{I}} - \dot{I}_{\mathrm{II}}|$$

式中　I_d——差动电流模值；

　　　I_r——制动电流模值；

　$I_{d.\min}$——不带制动时差流最小动作电流门槛（整定值）；

K_1、K_2——第 1 和第 2 段折线斜率（整定值），$K_1 < K_2$；

I_{r1}、I_{r2}——与第 1 和第 2 折点对应的制动电流（整定值），$I_{r1} < I_{r2}$。

差流速断保护动作判据为

$$I_d > I_{d.\max}$$

式中　$I_{d.\max}$——差流速断保护动作电流门槛（整定值）。

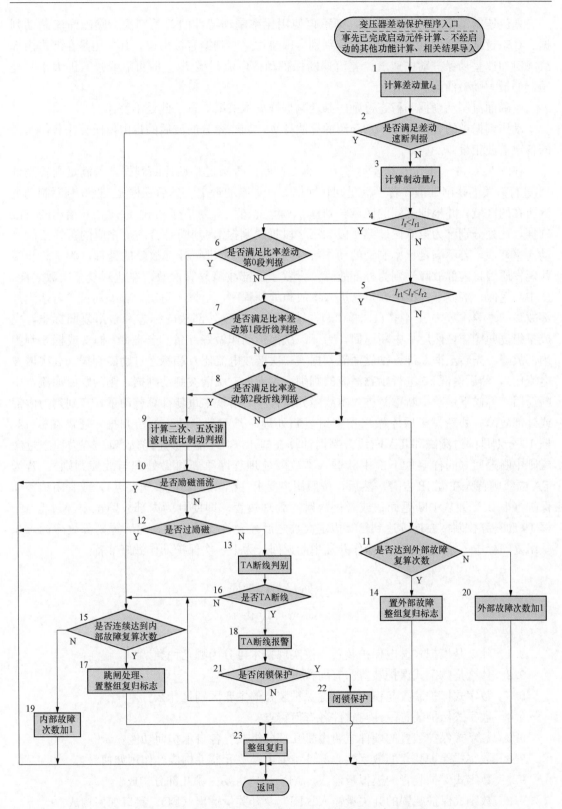

图 9.19 数字式变压器差动保护的故障处理程序流程图

差流速断动作判据一旦满足，则不再使用比率制动特性的差动判据、励磁涌流制动判据、稳态过励磁制动判据和 TA 断线判别，即跳过这些判据直接出口，其作用是在严重内部故障时加速差动保护动作速度。差流速断保护动作电流门槛 $I_{d.max}$ 应可靠躲过（即大于）变压器的最大励磁涌流。

励磁涌流制动判据和稳态过励磁制动判据详见本书第 6 章，此处不赘述。

动作判据中的各量可按本章介绍的算法计算，如经差分滤波后的再由傅氏算法获得所需的各次谐波相量。

在图 9.19 中，框 1 计算差动量 I_d，框 2 判断是否满足差动速断判据，若满足则转到框 15 进行有关的跳闸处理，若不满足则转向框 3 计算制动量 I_r，然后在框 4、框 5 判断制动电流所在的区域，并根据不同的区域转到框 6、框 7、框 8 ［对应于由式（9.112）给出的三段判据，此处分别称为第 0 段、第 1 段和第 2 段折线判据］，判断是否满足相应的折线段的制动比率特性，若不满足比率制动的动作特性则转到框 11 进行外部故障的处理，为了防止某些偶发原因将内部故障误判为外部故障，设置了外部故障复算次数，在达到复算次数之前，从中断返回，等候下一次中断重新进入本故障处理程序，由框 1 再次计算差动量；若达到外部故障的复算次数之后（框 11、框 20），转至框 14，置外部故障标志和整组复归标志，完成整组复归操作，然后从中断返回，为下一次保护动作做好准备。若框 6、框 7 或框 8 判为内部故障，先转至框 9 计算励磁涌流判据（二次谐波电流比）和稳态过励磁判据（五次谐波电流比），然后由框 10 进行励磁涌流的判别。若满足二次谐波制动判据，则为励磁涌流，中断返回，等候下一次中断重新进入本故障处理程序，由框 1 重新计算差动量，直到判为内部或外部故障并处理完毕后才做保护整组复归处理；若不满足励磁涌流判据，还需在框 12、框 16 分别排除过激磁和 TA 断线（判据计算在框 13），才能判为内部故障。若为稳态过激磁则中断返回（同样等候下次中断进入本故障处理程序重新再做处理与故障判别）；若为 TA 断线则首先在框 18 告警。然后，按照用户要求（框 21，其值事先设定），或者闭锁差动保护（框 23）并从中断返回；或者进入跳闸处理过程。即使判为内部故障也要经过框 15、框 19 的复算控制，在连续达到复算规定次数之后才允许保护跳闸，然后置内部故障标志和整组复归标志，完成整组复归操作并从中断返回，为下一次保护动作做好准备。

习题及思考题
(Exercise and Questions)

9.1　什么是模拟式继电保护装置？按实现技术可分为哪几种类型？

9.2　什么是数字式保护装置？有何特点和优点？

9.3　数字式保护装置与模拟式继电保护装置的主要区别是什么？

9.4　数字式保护装置硬件与软件各有何特点？

9.5　数字式保护装置的硬件主要由哪几部分组成？各自承担何功能？

9.6　数字式保护装置的数字核心部件主要由哪些元器件构成？作用如何？

9.7　数字式保护装置的模拟量输入（AI）接口主要由哪几部分构成？

9.8　数字式保护装置的开关量输入（DI）及开关量输出（DO）接口如何构成？

9.9　试分析具有电源控制和异或逻辑的跳闸出口继电器输出回路的工作过程和控制

原理。

9.10　什么是数字式保护装置人机接口（MMI）？有哪些主要功能？

9.11　数字式保护装置外部通信接口（CI）有哪两类？各自功能如何？

9.12　数字式保护装置的工作电源有何特点和要求？

9.13　现代数字式保护装置的硬件和软件系统有哪些特点？

9.14　何谓数字信号采集系统？数字信号采集包括哪两个基本离散化过程？

9.15　模拟信号的采样序列如何表示？设输入相电压、相电流分别为 $u(t)=U_{\mathrm{m}}\sin(\omega_1 t+\varphi_{\mathrm{U}})$，$i(t)=I_{\mathrm{m}}\sin(\omega_1 t+\varphi_{\mathrm{U}}-\theta)$，并已知，每基频周期采样点数 $N=12$，$U_{\mathrm{m}}=\dfrac{100\sqrt{2}}{\sqrt{3}}$V，$I_{\mathrm{m}}=5\sqrt{2}$A，$\omega_1=100\pi$，$\varphi_{\mathrm{U}}=\theta=\pi/12$，要求写出一个基频周期的采样值序列。

9.16　简述采样周期、采样频率及每基频周期采样点数的含义及其相互关系。

9.17　何谓采样定理？请简单说明采样定理的必要性。实用中如何选择采样率？

9.18　前置模拟低通滤波器（ALF）有何作用？通常应如何实现？

9.19　设每基频周期 N 点采样，请确定理想前置模拟低通滤波器（ALF）的截止频率 f_{C}。若 $N=12$，则 f_{S}、T_{S} 及 f_{C} 各为多少？

9.20　模数变换器（A/D 变换器）有哪些主要技术指标？解释其含义。

9.21　请简述多通道数据采集系统的实现方案、工作原理及特点。

9.22　何谓数字式保护算法？它包含哪些基本内容？

9.23　归纳理解数字滤波器的基本概念、特点、数学描述及其分类。

9.24　什么是数字滤波器的频率响应？如何求取？

9.25　什么是差分滤波器和积分滤波器？什么是级联滤波器？各有何特点？

9.26　设 $f_{\mathrm{S}}=600$Hz，设计一个差分滤波器，要求滤掉直流分量及 2、4、6 等偶次谐波，写出其差分方程表达式。

9.27　有一个积分滤波器，其滤波方程为 $y(n)=\sum\limits_{i=0}^{8}x(n-i)$，设每基频周期采样次数 $N=20$。请计算其响应时延 τ 及数据窗 W_{d}。

9.28　现有一个四单元级联滤波器，各单元滤波器的滤波方程为

$$y_1(n)=x(n)-x(n-2)，\quad y_3(n)=x(n)-x(n-6)$$

$$y_2(n)=\sum_{i=0}^{2}y_1(n-i)，\quad y_4(n)=\sum_{i=0}^{3}y_2(n-i)$$

设每基频周期采样次数 $N=12$，请完成：

（1）推导并绘出该级联滤波器的幅频特性 $H(\omega)$；

（2）计算其响应时延 τ 及数据窗 W_{d}。

9.29　已知输入信号为 $u(t)=10\sin(\omega_1 t+\pi/6)$，每基频周期采样点数 $N=12$，列出一周期的采样序列，并用半周绝对值积分法求出 U_{m}。

9.30　采用二采样值积算法和三采样值积算法，利用 9.15 题得到的采样值序列，计算电压幅值、电流幅值、有功功率、无功功率、电阻及电抗。

9.31　利用 9.29 题得到的采样值序列，采用基于正弦信号的二采样值相量算法，计算相量的实、虚部（要求按最小时延和最小计算量两种形式计算）。

9.32 利用第 9.31 题计算得到的电压相量的实部和虚部，采用本章 9.3 节给出的三种复数求模值的近似算法计算电压模值，并分析计算误差。

9.33 何谓全周傅氏算法？它有何特点？

9.34 采用全周傅氏算法，利用 9.15 题得到的采样值序列，计算基波电压相量的实部和虚部、电流相量的实部和虚部、电压幅值、电流幅值、有功功率、无功功率、电阻及电抗。

9.35 采用线路 RL 模型的微分方程算法，利用 9.15 题得到的采样值序列，计算电阻及电抗。

9.36 设计一种微分方程算法，它不需要知道 $K_{rl} = \dfrac{R_1}{L_1}$。

9.37 说明数字式保护中采用启动元件的主要理由。对启动元件有哪些基本要求？主要有哪些类型的启动判据？

9.38 相位比较判据（比相判据）有哪两种基本形式？如何实现它们的算法？如何在它们之间相互转换？

9.39 幅值比较判据（比幅判据）的算法如何？怎样实现比幅判据与比相判据之间的相互转换？

9.40 距离元件按其实现方法主要可分为哪两类？其算法有何特点？

9.41 什么是比率制动式电流差动保护判据和标积制动式电流差动保护判据的基本形式？它们的相互关系如何？算法应如何实现？

9.42 数字保护装置有哪些基本功能要求？其软件的主流程如何构成？

9.43 什么是系统初始化？什么时候进行系统初始化？有哪些基本任务？

9.44 归纳数字保护装置中自检的基本概念、作用和特点。

9.45 何为采样中断服务程序？其主要功能有哪些？编制采样中断服务程序时需要严格遵循那些基本要求？为什么？

9.46 结合第 3 章 3.12 节和本章 9.5 节内容，分析距离保护和变压器差动保护故障处理程序的主要流程。

参 考 文 献

［1］ 贺家李，宋从矩．高等学校教材 电力系统继电保护原理．3 版．北京：中国电力出版社，1994.

［2］ 杨奇逊．高等学校教材 微型机继电保护基础．北京：中国电力出版社，1988.

［3］ 葛耀中．新型继电保护与故障测距原理与技术．西安：西安交通大学出版社，1996.

［4］ 朱声石．高压电网继电保护原理与技术．4 版．北京：中国电力出版社，2014.

［5］ 黄少锋．电力系统继电保护．北京：中国电力出版社，2014.

［6］ 王瑞敏．电力系统继电保护．北京：北京科学技术出版社，1994.

［7］ 王梅义．电网继电保护应用．北京：中国电力出版社，1998.

［8］ 贺家李，葛耀中．超高压输电线路故障分析与继电保护．北京：科学出版社，1987.

［9］ 赵慧梅，张保会，段建东，等．一种自适应捕捉特征频带的配电网单相接地故障选线新方案［J］．中国电机工程学报，2006 年 Vol 26（2）：41－46.

［10］ 张保会，雷敏，袁宇春．优化重合闸时间提高网络传输能力．继电器，1998（1）：17.

［11］ 陈曾田．电力变压器保护．2 版．北京：中国电力出版社，1989.

［12］ 崔家佩，等．电力系统继电保护与安全自动装置整定计算．北京：中国电力出版社，1993（1997 年重印）.

［13］ 王春生，卓乐友，艾素兰．母线保护．北京：水利电力出版社，1991.

［14］ 王维俭，王祥珩，王赞基．大型发电机变压器内部故障分析与继电保护．北京：中国电力出版社，2006.

［15］ 陈德树，张哲，尹项根．微机继电保护．北京：中国电力出版社，2000.

［16］ A. G. Phadke, J. S. Thorp. Computer Relaying for Power Systems. NewYork：Research Study Press, 1988.

［17］ 陆征军，李栋，毛亚胜，陆于平．微机母线保护的母线运行方式自适应方案．电力系统自动化，1999，23（10）.

［18］ 李力，吕航，沈国荣，郑玉平．LFP - 915 微机母线保护装置．电力系统自动化，2000，24.

［19］ 程利军，杨奇逊．中阻抗母线保护原理、整定及运行的探讨．电网技术，2000，24（6）.

［20］ 李晓明．现代高压电网继电保护原理．北京：中国电力出版社，2007.

［21］ 张武军，何奔腾．行波差动保护不平衡差流分析及实用方案．电力系统自动化，2007，31（20）.